# 平原缓丘区水库关键工程地质问题防治技术与应用研究

赵健仓　来　光　张乾青　张志敏
毛德强　董金玉　孙　刚　李金良　著

黄河水利出版社
·郑州·

## 内 容 提 要

本书选择低山丘陵与冲、洪积平原过渡带的大中型水库为研究对象，在区域工程地质背景研究的基础上，以水库工程地质问题分析为主线，以工程地质勘察及试验研究为手段，依托河南省已建、在建或正在进行前期勘测设计的10余项大中型水利枢纽工程，收集、分析和整理了大量专题研究资料、技术文献、规程规范等，对平原缓丘区水库典型的工程地质问题处理及实践经验进行技术总结与分析。重点剖析包括坝基渗透变形、水库浸没、水库塌岸、地震液化等平原缓丘区水库所具有的典型工程地质问题，提出了防治技术与治理经验。

本书可供水利工程地质勘察专业技术人员以及大专院校相关专业师生阅读参考。

**图书在版编目(CIP)数据**

平原缓丘区水库关键工程地质问题防治技术与应用研究/赵健仓等著. —郑州：黄河水利出版社，2023. 10

ISBN 978-7-5509-3191-6

Ⅰ. ①平… Ⅱ. ①赵… Ⅲ. ①水库工程-工程地质-研究 Ⅳ. ①TV632

中国版本图书馆 CIP 数据核字(2021)第 267474 号

组稿编辑：王路平　电话：0371-66022212　E-mail：hhslwlp@163. com

田丽萍　66025553　912810592@qq. com

出 版 社：黄河水利出版社　网址：www. yrcp. com

地址：河南省郑州市顺河路黄委会综合楼14层　邮政编码：450003

发行单位：黄河水利出版社

发行部电话：0371-66026940、66020550、66028024、66022620(传真)

E-mail：hhslcbs@126. com

承印单位：河南新华印刷集团有限公司

开本：787 mm×1 092 mm　1/16

印张：25. 75

字数：595 千字

版次：2023 年 10 月第 1 版　印次：2023 年 10 月第 1 次印刷

定价：180. 00 元

# 前　言

水是生命之源,是社会安全和经济发展的基础性、先导性、控制性要素,水资源丰沛与否决定了现代社会的人口、经济、生态承载空间。党的十八大以来,在“节水优先、空间均衡、系统治理、两手发力”治水思路指引下,完善流域防洪工程体系、实施国家水网重大工程、推进智慧水利系统建设、建立健全节水制度政策等成为“十四五”水利发展规划体系中明确的重大任务。我国中东部地区倾斜平原缓丘河段上分布有数百座平原缓丘区水库。新时期下,随着南水北调等一批重大引调水工程的建设运行,协同调控、绿色生态、数字赋能等新元素推动了平原缓丘区水库的功能更新,在人口密集、经济发达的平原缓丘区建设调蓄水库,科学推进水库群的联合调度,成为保障国家用水及粮食安全、防御水旱灾害、集约水资源配置和复苏河湖生态等战略目标的关键举措。

大量实践经验表明,平原缓丘区水库与高山峡谷型水库由于所在区域的地形地貌、地质构造、工程任务等差异,在项目规划、勘测设计、施工工艺、安全评价、监测预警、运行维护等方面各具相对不同的方法技术体系。从工程地质角度而言,平原缓丘区水库的工程地质问题多与第四系覆盖层岩土体渗透性、抗渗透变形能力、风化及卸荷岩体等工程地质特性相关,侧重于渗漏及渗透变形、软土地基、地震液化、水库浸没、水库塌岸等,而超高边坡、高地应力及水库诱发地震等方面问题则涉及较少。本书根据平原缓丘区数十座大型水利枢纽的工程勘察实践,对平原缓丘区水库典型工程地质问题及处理技术进行了总结与分析,介绍了坝基渗透稳定现场试验方法、坝体坝基差异性沉降控制、水库浸没范围预测、水库渗漏探测与评价、天然建材强度特性试验、混凝土骨料碱活性等方面研究成果。本书还参考了许多技术文献及资料,并配有大量图表和具体工程案例,便于读者快速而深入地理解书中所介绍的工程地质问题特征及对应防治措施,旨在为针对性解决相关工程的工程地质缺陷提供借鉴,为项目的咨询、决策提供高效的技术支撑。

本书中相关研究内容由河南省水利勘测有限公司、山东大学、华北水利水电大学、河南省盛水源环境工程有限公司、山东倍特力地基工程技术有限公司等单位历经十余年联合开展攻关完成。

本书得到了河南省水利科技攻关计划项目(GG202005 及 GG202008)等相关课题的技术支撑,在此表示感谢!对于为本研究提供现场试验条件和配合的工程技术人员、合作单位,在此一并表示衷心的感谢!

由于作者水平和能力有限,书中难免存在不当之处。作者将以感激的心情诚恳接受旨在改进本书的所有读者的任何批评和建议。

作　者

2021 年 11 月

# 目 录

## 第一篇 综 述



## 第二篇 枢纽区工程地质问题及处理

## 第三篇　水库区工程地质问题及处理



## 第四篇　引、泄水建筑物工程地质问题及处理

## 第五篇　天然建筑材料



## 第六篇　监测、预警、信息化

# 第一篇　综　述

## 第1章　河南省平原缓丘区水库工程综述

### 1.1　平原缓丘区水库定义

水库是在山谷、河道、低洼地及下透水层修筑挡水坝或堤堰、隔水墙等，以拦洪蓄水和调节水流为目的的水利工程建筑物。大型水库具有调蓄江河、因势利导、兴利除害的属性，承担着保障国家防洪、供水、灌溉和能源安全等重要功能，是国民经济社会发展中不可或缺的重要基础设施。截至2017年底，全国已建成各类水库98 795座，总库容9 035亿$m^3$，其中大型水库732座，总库容7 210亿$m^3$，占全部总库容的79.8%。

按水库所在位置和形成条件，通常分为山谷水库、平原水库和地下水库三种类型。山谷水库多是用拦河坝截断河谷，拦截河川径流，抬高水位形成，绝大部分水库属于这一类型；平原水库是在平原地区，利用现状河道或洼地，通过下挖和在地上修筑围堤、坝而形成的水库，又称平原地区围坝型水库；地下水库是由地下贮水层中的孔隙和天然的溶洞或通过修建地下隔水墙拦截地下水形成的水库。

中华人民共和国成立70多年以来，特别是改革开放40多年来，大规模水库大坝的建设，使得中国筑坝技术快速发展，实现了100 m级高坝、200 m级高坝到300 m级高坝的多级跨越。加快推进现代化建设高质量发展、全面提升水资源配置、推动战略性基础设施建设的需求对我国水库大坝的建设和管理都提出了更新、更高的要求。然而，传统的水库分类方式，特别是山谷水库的定义显得过于宽泛，从溪洛渡、小湾等巨型水电站，至三峡、小浪底等跨世纪综合性水利枢纽，再到淮河出山店、黄河东庄等一批骨干水利工程都归类为山谷水库。事实上，相对于我国西部江河上游的高山峡谷型水库，位于我国中东部地区倾斜平原缓丘河段的平原缓丘区水库，在应对防洪安保、水资源配置和生态调度等问题方面的优势尤为突出，且在勘测设计、筑坝工艺、安全评价、监测预警、后期运维方面都具有相对独立的技术体系。综上所述，进一步完善水库分类标准，明确平原缓丘区水库的定义类型，对提高水库建设规律的认识，改进设计理论和方法，深化工程安全标准和质量标准，健全建设管理制度和安全评估体系具有重要意义。

平原缓丘区水库是在低山丘陵与倾斜平原过渡带区，利用河道、洼淀、天然湖泊，通过下挖和在地上修筑围坝拦洪蓄水和调节水流的建筑物。这样的水库相对于山区峡谷型水库有以下特点：

(1)一般位于大江、大河中下游丘陵与平原地区，如我国松嫩平原、辽河平原、黄淮海中下游冲积平原及内蒙古、新疆等地区就修筑有大量的平原缓丘区水库，且主要功能多为防洪、供水、灌溉，兼顾发电、渔业、旅游等。

(2)主要建筑物多为主坝、副坝、溢洪道、输水洞等，坝型基本为土石坝，主坝坝轴线较长，可长达数千米，最大坝高一般在 50 m 以下。

(3)蓄水深度一般不超过 50 m，库区淹没投资要占工程总投资的 60%～80%甚至更高，而山区型水库一般不到 50%。

(4)浸没、渗漏、塌岸为库区主要工程地质问题。

(5)坝基多具二元结构，上部覆盖层多为较深的淤泥质或粉细砂土，也存在一些地基液化问题。

(6)土石坝所需天然建筑材料多位于库区内。

以河南省为例，位于东部平原地区的宿鸭湖、白龟山和位于郑州市郑东新区的龙湖，以及位于缓丘地带的出山店、燕山、昭平台皆为典型的平原缓丘区水库。此类水库位于河流的中、下游河段，坝型皆为土石坝，淹没处理投资占工程投资比例大多超过 60%，部分项目甚至超过 80%，因此水库淹没处理投资直接影响枢纽工程的可行性。从工程地质问题分析角度而言，平原缓丘区水库更加侧重于研究第四系覆盖层、浸没问题、渗透变形问题、地震液化问题、塌岸问题等，而甚少涉及超高边坡、高地应力及水库诱发地震问题等。

未来，水库大坝的建设和运行将向着综合治理、健康河流和永续利用的方向发展，以安全、质量和绿色作为工程建设运行的核心价值，将风险防控与生态保护放在更加突出的地位。规划建设平原缓丘区水库将成为实现水资源的安全利用、缓解流域水资源危机、强化流域生态管控和推进江河水权分配的重要举措之一。根据《水利水电工程等级划分及洪水标准》(SL 252—2017)，水库工程分为五个等别，水利水电工程分等指标见表 1-1。

**表 1-1 水利水电工程分等指标**

| 工程等别 | 工程规模 | 水库总库容/亿 $m^3$ | 防洪 | | | 治涝 | 灌溉 | 供水 | | 发电 |
|---|---|---|---|---|---|---|---|---|---|---|
| | | | 保护人口/万人 | 保护农田面积/万亩 | 保护区当量经济规模/万人 | 治涝面积/万亩 | 灌溉面积/万亩 | 供水对象重要性 | 年引水量/亿 $m^3$ | 发电装机容量/MW |
| Ⅰ | 大(1)型 | ≥10 | ≥150 | ≥500 | ≥300 | ≥200 | ≥150 | 特别重要 | ≥10 | ≥1 200 |
| Ⅱ | 大(2)型 | <10，≥1.0 | <150，≥50 | <500，≥100 | <300，≥100 | <200，≥60 | <150，≥50 | 重要 | <10，≥3 | <1 200，≥300 |
| Ⅲ | 中型 | <1.0，≥0.10 | <50，≥20 | <100，≥30 | <100，≥40 | <60，≥15 | <50，≥5 | 比较重要 | <3，≥1 | <300，≥50 |
| Ⅳ | 小(1)型 | <0.1，≥0.01 | <20，≥5 | <30，≥5 | <40，≥10 | <15，≥3 | <5，≥0.5 | 一般 | <1，≥0.3 | <50，≥10 |
| Ⅴ | 小(2)型 | <0.01，≥0.001 | <5 | <5 | <10 | <3 | <0.5 | | <0.3 | <10 |

注：1. 水库总库容是指水库最高水位以下静库容；治涝面积指设计治涝面积；灌溉面积指设计灌溉面积；年引水量指供水工程渠首设计年均引(取)水量。

2. 保护区当量经济规模指标仅限于城市保护区；防洪、供水中的多项指标满足 1 项即可。

3. 按供水量对象的重要性确定工程等别时，该工程应为供水对象的主要水源。

4. 1 亩＝1/15 $hm^2$，下同。

## 1.2 河南省平原缓丘区水库研究意义

水资源是经济社会发展的基础性、先导性、控制性要素,水的承载空间决定了经济社会的发展空间。自古以来,我国基本水情一直是夏汛冬枯、北缺南丰,水资源时空分布极不均衡。党的十八大以来,党中央统筹推进水灾害防治、水资源节约、水生态保护修复、水环境治理,建成了一批跨流域跨区域配置水资源的重大引调水工程。其中,南水北调东线、中线一期主体工程自2014年建成通水至2020年末,已累计调水400多亿 $m^3$,直接受益人口达1.2亿,在经济社会发展和生态环境保护方面发挥了重要作用。南水北调,缓解了北“渴”,从“极度紧缺”到“紧平衡”,北方水资源安全却依然严峻。统计数据显示:2020年京津冀地区人均水资源量仅为全国水平的1/9,以全国0.9%的水资源总量、2.3%的国土面积,养育了全国8%的人口、贡献了10%的GDP。农业大省河南人均水资源量为全国水平的1/5,以全国1.4%的水资源总量,养活了全国7%的人口,生产了全国10%的粮食,支撑了全国5.6%的经济总量。可见,现阶段北方地区水资源配置与生产力布局仍不相匹配。对此,2021年5月,习近平总书记在河南调研时指出,黄淮海流域作为北方地区的主要组成部分,在国家发展格局中具有举足轻重的作用,关乎经济安全、粮食安全、能源安全、生态安全。进入新发展阶段、贯彻新发展理念、构建新发展格局,形成全国统一大市场和畅通的国内大循环,促进南北方协调发展,需要水资源的有力支撑。加快国家水网建设,破解水资源配置与经济社会发展需求不相适应的矛盾,是新阶段我国发展面临的重大战略问题。

河南省地处我国地势的第二阶梯向第三阶梯过渡的地带,其中,根据河南地势特征分为山地、平原两大陆地地貌(见表1-2),西部、西北部和南部为山区,中、东部为黄淮海平原(华北平原),西南部分为盆地(见图1-1),是我国唯一地跨长江、黄河、淮河、海河四大流域的省份。省内河流大多发源于西部、西北部和东南部山区,河流中下游东部平原为以农田生态系统为主,经济完善,交通发达的人口密集区,自西向东依次呈现山地、丘陵、平原的自然地理环境。可以说,河南省的地形地貌和水资源分布情况是中国的一个缩影,科学推进梯级水库群联合优化调度、系统完善供水基础设施网络规划、逐步实施重大引调水及调蓄工程建设对河南省乃至全国水资源空间均衡配置、保障重点区域供水安全、改善流域生态环境具有重要意义。

**表1-2 河南省主要陆地地貌类型**

| 名称 | | | 高程/m | 相对高度/m | 特殊地貌 |
|---|---|---|---|---|---|
| 山地 | 中山 | 中山 | 1 000~3 500 | 500~1 000 | 黄土山地、岩溶地貌 |
| | | 低中山 | | 100~500 | |
| | 低山 | 中低山 | 500~1 000 | 500~1 000 | |
| | | 低山 | | 100~500 | |
| | 丘陵 | | <500 | <100 | |
| 平原 | 高平原 | | 200~600 | | 黄土台地、山前冲洪积扇(平原) |
| | 平原 | | 0~200 | | |

**图 1-1　河南省地形地貌分布**

平原缓丘区水库的分布十分广泛，且很多平原水库分布在人口密集的大中城市附近（见图 1-2），其建设运行在径流调节、梯级补偿、防洪减灾、灌溉供水、生态保护等方面的综合利用效益巨大，而一旦发生问题，对人民的生命财产安全都会造成巨大的影响。如河南信阳的出山店水库是淮河干流上唯一的一座大（1）型水库，对保护下游 170 万人口和 220 万亩耕地的生命财产安全具有难以替代的作用；河南省、山东省分别将平原水库与南水北调、引江济淮（河南段）、引黄入冀、胶东调水等工程进行对接，实现了对水资源的多渠道、跨区域、远距离调控，恢复和改善了灌溉条件，在保障工农业生产和国民经济健康发展中发挥了至关重要的作用；雄安、观音寺等一系列平原缓丘区调蓄水库的开工建设运行可以充分发挥南水北调工程效益，有效提升工程沿线受水区的供水保障率，为南水北调增加“安全阀”和“稳定器”。因此，平原缓丘区水库已经在社会的各方面发挥着巨大的作用，以后将继续存在和发展。

尽管平原缓丘区水库建设已有几十年的发展历史，但目前，平原缓丘区水库与高山峡谷型水库在安全标准、勘测设计方法、施工技术要求和质量控制指标上并无实质性区别。比较而言，由于缺少像三峡、小浪底、白鹤滩这种世界级水利工程，针对平原缓丘区水库的建设、运行、管理技术体系方面的研究仍不够系统深入，工程的健康评价系统没有得到强化，进一步制约了水库持久、高效地发挥其经济效益和社会效益，对推进水资源管理数字化、智能化、精细化产生了一定程度上的影响。

众所周知，水库的运行受环境条件和工程自身条件的影响，如水文地质和工程地质条件、降雨及气候条件、工程设计与施工质量、工程管理等。随着时间的推移，水库工程可能

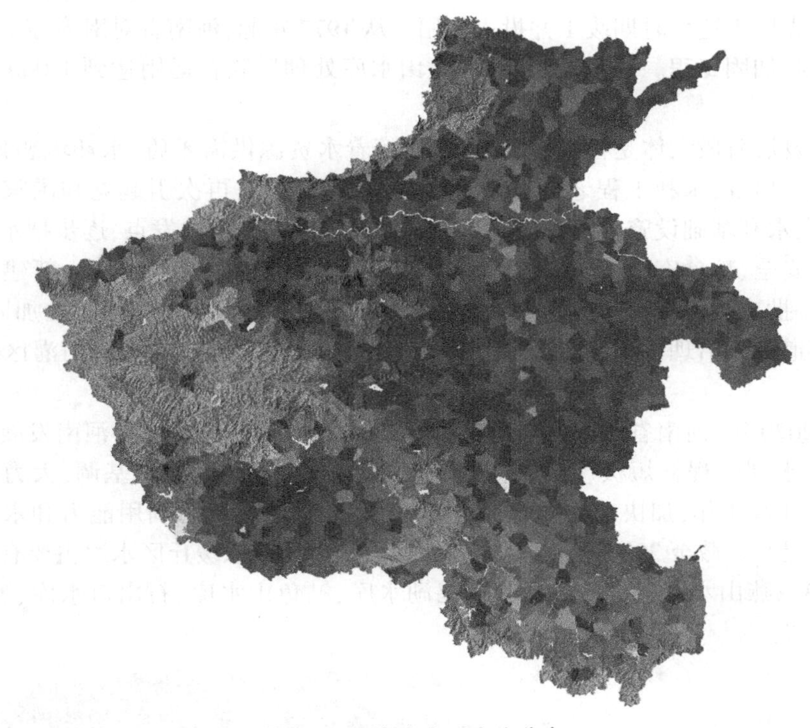

图 1-2 河南省人口密度分布

产生不同程度的老化、病变和裂缝等问题,将严重影响水库的"健康"。河南省的平原缓丘区水库多建于 20 世纪 50~70 年代,当时建设标准不高,加之多年运行,部分水库出现不同程度的病险。这些隐患若不能被解决,将影响水库的安全运行及效益。因此,根据平原缓丘区水库的特点,开展水库大坝的健康安全鉴定及评价显得迫切而重要。

## 1.3 河南省平原缓丘区水库工程实例

河南省平原缓丘区水库的建设大体历经了三个发展阶段,呈波浪式推进发展。

第一个发展阶段是 1950~1957 年。中华人民共和国成立后,全省人民响应毛泽东主席"一定要把淮河修好""要把黄河的事情办好""一定要根治海河"的伟大号召,以治淮为重点,蓄泄兼筹,建成了如南湾、宿鸭湖、昭平台等一大批大、中型平原缓丘区水利骨干枢纽工程。其中,位于驻马店汝南县的宿鸭湖水库是亚洲面积最大的平原人工水库,蓄水面积 239 $km^2$,水面开阔,风景宜人,素有"人造洞庭"的美誉。此阶段的水库建设初步解决了淮河、黄河、长江流域重要河道的重大水害隐患。但在这一阶段,由于缺乏水文资料,许多项目工程的设计标准偏低,工程质量难以保证,由此引发的后果给国家和人民造成了极大的浪费和损失,其"后遗症"直到 20 世纪 60 年代末才得以缓解。

第二个发展阶段是在"文化大革命"中后期,当时在"以粮为纲""水利是农业的命脉"的指导思想下,又一次得到了全民的积极响应,改天换地,改造旧山河成为主要的动力。"大搞农田水利基本建设""农业学大寨"是当时的主要标志;泼河水库、五岳水库、鲇鱼山水库等先后于这一时期竣工并投入使用。从 1977 年起,河南省对南湾等 5 座大型水库开展了除险加固工程。昭平台水库、白龟山水库处理后联合运用达到 1 000 年一遇防洪标准。

第三个发展阶段大体是在世纪之交以来,随着水资源供需矛盾、水环境恶化、饮用水安全等新问题出现,水利工程老化失修等问题的日益突出,再次引起党和国家的高度重视,不断加大水利基础设施投资,以除险加固、保证防洪安全为出发点,逐步把水利的发展导向了民生安全、粮食安全、国家安全的战略高度。通过近 20 年的努力,新建了以出山店、燕山等一批控制性工程,基本完成了所有大中型水库和小型水库的除险加固,完成了重要行洪河道综合治理,修建了南水北调工程,恢复或新建了一大批农田灌区和供水工程等。

2016~2020 年,河南省深入贯彻中央新时期治水思路,围绕中央对河南发展的要求和定位,按照“水利工程补短板、水利行业强监管”的水利改革发展总基调,大力推进全省“四水同治”建设工作,加快水利设施建设,全面推进水资源节约利用能力和水安全保障水平的稳步提升。截至 2020 年底,完成投入使用的大型平原缓丘区水库主要有出山店水库(见图 1-3)、燕山水库、石漫滩水库、宿鸭湖水库、鲇鱼山水库、石山口水库、五岳水库、昭平台水库等。

图 1-3 出山店水库大坝

## 1.3.1 出山店水库

出山店水库是淮河干流上唯一一座大(1)型水库,位于淮河干流上游,坝址坐落在信阳市浉河区双井镇出山店村北约 3 km,东南距信阳市区约 15 km(见图 1-4),是一座以防洪为主,结合灌溉、供水、兼顾发电等综合利用的大(1)型水库。该水库于 2014 年 11 月

28日开工建设,2019年5月23日正式下闸蓄水,2021年12月30日水利部主持竣工验收。

图1-4　出山店水库交通位置图

水库控制流域面积2 900 km$^2$,大坝以上干流长100 km,河道平均比降25‰,年均径流量11.13亿m$^3$。工程设计洪水标准为1 000年一遇,设计洪水位为95.78 m;校核洪水标准为10 000年一遇,校核洪水位98.12 m,总库容12.51亿m$^3$,兴利库容1.45 m$^3$;水库正常蓄水位88.00 m,回水长度33.78 km,水面面积5 200 hm$^2$;死水位84.00 m,死库容0.39亿m$^3$,多年平均泥沙淤积量62.43万m$^3$。

水库工程主要由主坝、副坝、灌溉洞、电站厂房等部分组成。

主坝为混凝土坝与土坝连接组成的混合坝型,全长3 690.57 m。混凝土坝为重力坝,由溢流表孔坝段、泄流底孔坝段、电站坝段、左岸非溢流坝段、连接坝段组成,全长429.57 m,坝顶高程100.40 m,防浪墙顶高程101.60 m,最大坝高40.6 m,坝顶宽40.1 m;土坝为黏土心墙砂壳坝,坝顶高程100.40 m,防浪墙顶高程101.60 m,最大坝高27.40 m,坝顶宽8.0 m,全长3 261.0 m。

出山店水库于1959年和1971年两度开工建设,后因3年自然灾害和资金问题而两次停建。2014年11月28日,导流明渠工程先期开工建设。2015年8月16日,主体工程正式开工建设。2018年5月29日,混凝土坝段坝体全部筑至设计高程100.40 m,达到设计高程;11月2日,大坝南北全线贯通,主体工程土建部分基本完工,工程总投资98.7亿元。

水库的建成使淮河干流王家坝以上的防洪标准由不足10年一遇提高到20年一遇,确保了水库下游保护区内的14.7万hm$^2$耕地和170万人的防洪安全,减轻淮河中游的防洪压力,减小王家坝以下部分行蓄洪区的启用概率;工程还可为下游农田灌溉提供水源,同时向信阳市提供生活及工业用水。因此,建设出山店水库,对于控制上游山区洪水、提高下游河道防洪标准,同时充分利用洪水资源促进当地经济发展,具有显著的社会效益、环境效益和生态效益。

### 1.3.2 燕山水库

燕山水库位于淮河流域沙颍河主要支流澧河上游甘江河上。坝址坐落在河南省叶县辛店乡境内,因附近的燕山而得名(见图 1-5)。燕山水库开发目标以防洪为主,结合供水、灌溉,兼顾发电等综合利用,为二级水功能区。水库属大(2)型水库,于 2003 年 12 月 9 日开工建设,2008 年 6 月 20 日建成。

图 1-5 燕山水库交通位置图

燕山水库是治淮工作中的一项重点工程,控制流域面积 1 169 km$^2$,主要建筑物设计洪水标准为 500 年一遇,校核洪水标准为 5 000 年一遇。校核洪水位 116. 40 m,设计洪水位 114. 60 m,正常蓄水位 106. 00 m,回水长度 31. 95 km,水面面积 4 000 hm$^2$,死水位 95. 00 m。总库容 9. 25 亿 m$^3$,兴利库容 2 亿 m$^3$,死库容 0. 20 亿 m$^3$;多年平均淤积量 232. 5 万 m$^3$。

大坝为斜墙分区(均质)坝,坝顶长 4 070 m、宽 8. 45 m,坝顶高程 117. 80 m,最大坝高 34. 7 m。

2003 年 12 月 9 日,燕山水库前期工程开工建设;2006 年 3 月 18 日,主体工程开工建设,10 月 20 日成功截流;2008 年 6 月 20 日,通过水利部组织的下闸蓄水验收,经水利部批准,正式投入运用。

2008 年 6 月水库运用后,按设计正常运行至今。2010 年 9 月 7 日,库水位达 107. 3 m,创建库以来历史最高水位;2017 年,水库在高水位(106 m 以上)持续安全运行 44 d。

2008~2019 年,燕山水库防洪减灾效益累计达到 7. 3 亿元;2010~2019 年,总发电量 3 962. 60 万 kW · h,发电效益 1 200. 13 万元;2014~2019 年,工业与城市供水收益 453. 45 万元。2008~2019 年,综合总效益达到 7. 47 亿元。

### 1.3.3　石漫滩水库

石漫滩水库位于河南省平顶山舞钢市境内的淮河上游洪河支流滚河上(见图1-6),开发目标以防洪为主,结合工业供水、灌溉、养殖和旅游等综合利用。石漫滩水库属大(2)型水库。该水库于1951年4月1日动工兴建,同年7月24日建成;1975年8月8日溃坝,1993年9月15日动工复建,1998年1月9日建成。

图1-6　石漫滩水库交通位置图

石漫滩水库控制流域面积230.00 km$^2$,占滚河总流域面积335.18 km$^2$的69%,100年一遇洪水设计,1 000年一遇洪水校核。总库容1.20亿m$^3$,兴利库容0.63亿m$^3$,死库容0.056亿m$^3$。

水库设计洪水位110.65 m,校核洪水位112.05 m,正常蓄水位107.00 m,死水位95.00 m。大坝为全断面碾压混凝土重力坝,坝顶长645 m、宽7 m,坝顶高程112.50 m(废黄河高程),最大坝高40.50 m。坝内设有一条纵向灌浆排水廊道,分设4条观测廊道和一道集水井。廊道断面为城门形,宽2.50 m、高3.50 m。廊道内地面高程为77.00 m。坝址处多年平均径流量8 400万m$^3$。

石漫滩水库是中华人民共和国成立后在淮河流域修建的第一座水库,1951年4月1日开工建设,7月24日水库的主体工程建设基本完成,号称“治淮第一坝”,坝型为均质土坝。最初设计库容为4 700万m$^3$,可拦蓄100年一遇洪水。1975年8月,水库流域内发生历史上罕见的特大暴雨洪水,大坝于8日0时30分因洪水漫顶而溃决。1991年江淮大水后,国务院及时召开了治淮会议,决定将石漫滩水库复建工程作为“八五”18项骨干工程之一,国家计划委员会于1992年5月将该工程列为国家重点建设项目。同年9月,水利部批复了石漫滩水库的初步设计,并列入年度计划。1993年9月15日水库动工复建,1998 年 1 月 9 日通过竣工验收并投入运行。工程总投资为 2.6 亿元。

石漫滩水库复建后,拦蓄了小洪河上游滚河上的洪峰,防护了滚河杨庄以下至五沟营区间(主要在西平县境内)的农田、工程设施及群众的生命财产。据统计,石漫滩水库垮坝后(1975~1984 年)下游平均每年受灾面积 4.53 万 $hm^2$,造成受灾面积 15.33 万 $hm^2$。石漫滩水库复建后,削减了下游河道的洪峰和洪量,提高了河道防洪能力,减少了下游河道决口漫溢的洪灾损失,为 5 年一遇以下洪水腾出下游河槽,为两岸低洼涝地区的排水创造了条件,同时减轻了下游杨庄、老王坡滞洪区的负担,减少滞洪区的进水机会和淹没面积,发挥了较大的防洪社会效益,年均减灾效益 6 000 余万元。1 000 年一遇洪水时可削减洪峰 37%。

### 1.3.4　鲇鱼山水库

鲇鱼山水库位于淮河支流灌河上,坝址在商城县城西 5 km 的鲇鱼山村附近(见图 1-7),坝址地理坐标为东经 115°20′、北纬 31°47′。鲇鱼山水库是一座以防洪、灌溉为主,兼顾发电、工业及生活供水等综合利用的大(2)型水利枢纽工程。

图 1-7　鲇鱼山水库交通位置图

鲇鱼山水库为治理淮河的大型重点水利工程之一,控制流域面积 924 $km^2$,总库容 9.16 亿 $m^3$。水库于 1970 年开工建设,1976 年建成。水库原按 100 年一遇洪水设计,1 000 年一遇洪水校核,后因水库标准偏低和工程存在质量问题,于 1992~1995 年对其进行初次除险加固,使水库校核防洪标准由 1 000 年一遇提高到 5 000 年一遇。死水位 84 m,相应库容 0.15 亿 $m^3$,防洪起调水位 106.0 m,相应库容 4.68 亿 $m^3$;兴利水位 107.0 m,相应库容 5.1 亿 $m^3$,百年一遇洪水位 111.4 m,相应库容 7.34 亿 $m^3$;5 000 年一遇洪水位 114.5 m,相应库容 9.16 亿 $m^3$。水库主体工程有主坝、副坝、溢洪道、泄洪灌溉(发电)洞、水库电站等,拦河大坝为黏土心墙砂壳坝。

## 1.3.5　石山口水库

石山口水库位于淮河流域竹竿河支流小潢河的上游，坝址在河南省信阳市罗山县子路镇石山口村附近，北距 312 国道约 20 km（见图 1-8），地理坐标为东经 114°23′、北纬 32°03′。有防汛沥青公路相连，交通较便利。石山口水库是一座以防洪、灌溉为主，结合养殖、发电、城镇供水等综合利用的大(2)型水库。

图 1-8　石山口水库工程交通位置图

石山口水库控制流域面积 306 km²，总库容 3.72 亿 m³；100 年一遇设计水位 80.60 m（废黄河口高程系统），相应库容 2.05 亿 m³；兴利水位 79.50 m，相应库容 1.69 亿 m³。

水库下游有 312 国道、宁西铁路、叶信高速公路、沪兰新光缆干线等重要交通通信设施和罗山县城，石山口水库的防汛安全关系到下游十几万人民的生命财产和国家交通通信干线的安全，因此石山口水库的防汛安全地位极其重要。

石山口水库在建库前未做全面的地质勘察工作，1958 年由信阳地区水利局与罗山县水利局联合进行查勘选址，由武汉水利电力学院做出初步设计，于 1959 年 1 月正式开始施工，1960 年因故停工。1962 年春开工复建，由于原设计存在问题较多，于 1963 年开始重新做规划设计，1966 年冬水库及灌区续建工程全面开工，1968 年 10 月基本建成。1975 年 8 月大洪水之后，经水文复核，水库防洪标准偏低，后进行了改善加固，改善加固工程于 1982 年基本完成。水电站于 1980 年建成投入运行。现石山口水库主要建筑物有主坝、副坝、溢洪道、输水洞、南干渠首闸、北干渠首闸及水电站。

## 1.3.6　五岳水库

五岳水库为淮河水系寨河上游青龙河支流上的一座以防洪灌溉为主，兼顾发电、水产养殖、供水等综合利用的大(2)型水库。坝址地处光山县南向店西北 4 km 的长冲村西,距县城 38 km,北距沪陕高速及 312 国道约 35 km(见图 1-9)。

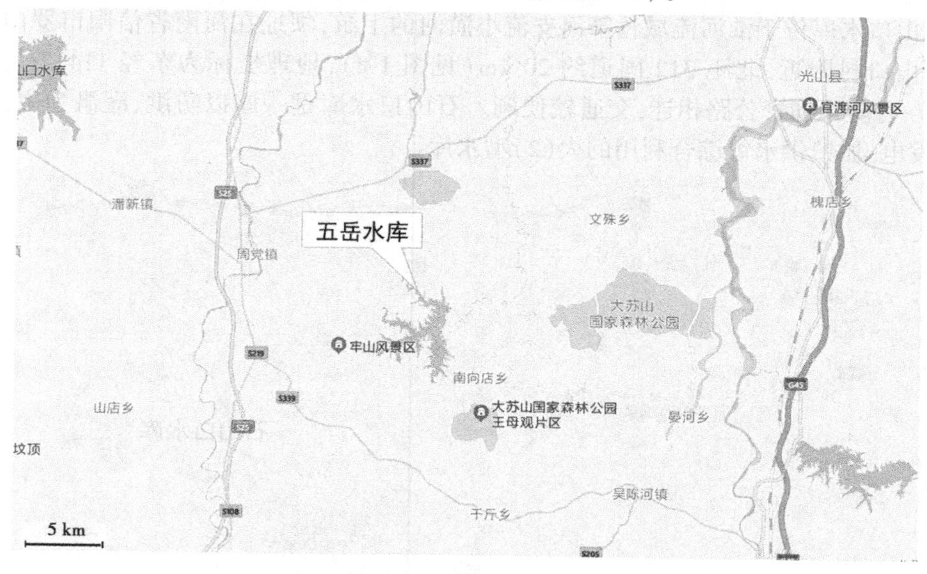


**图 1-9　五岳水库工程区交通位置**

五岳水库控制流域面积 102 km²,总库容 1.22 亿 m³,按 100 年一遇洪水设计,5 000 年一遇洪水校核。设计水位高程 89.97 m,相应库容 1.03 亿 m³,校核水位 91.37 m,总库容 1.22 亿 m³。正常蓄水位 89.184 m,死水位 77.88 m。

水库下游有 312 国道、宁西铁路、沪陕高速公路、沪兰新光缆干线等重要交通、通信设施及光山和潢川两座县城,五岳水库的防汛安全关系到下游数十万人民的生命财产和国家交通、通信干线的安全,因此五岳水库的防汛安全地位极其重要。

五岳水库始建于 1966 年,由光山县水利局设计施工,1970 年建成,主体工程有主坝、副坝、溢洪道、副溢洪道、输水洞和水电站等。其中,主坝是黏土心墙砂壳坝,坝顶长 561 m、宽 5.1 m,最大坝高 28.8 m,坝顶高程 93.7 m,坝基防渗采用截水槽辅以水平铺盖。副坝位于水库南端,共计 5 处,全长 472.4 m。1#、2#、4#、5#副坝长 50~100 m,3#副坝长 202.8 m,坝高 4~5.3 m,最大坝高 8.0 m,坝顶高程 93.7 m;溢洪道位于主坝右岸,为开敞式溢洪道,采用鼻坎挑流消能,堰顶高程 85.3 m,设有二孔弧形钢丝网闸门,单孔宽 10 m、高 4 m,最大泄流量 510 m³/s,尾水渠长 650 m,现状底宽 20~40 m,原初设为冲排水,仅开挖小断面,拟引流冲刷;副溢洪道位于主溢洪道西南,为"75·8"大水后增设的非常溢洪道,为自溃黏土斜墙坝,坝底高程 85.5 m,顶部高程 92.7 m,堰宽 60 m,于 1976 年开挖,最大泄流量 1 296 m³/s;为了便于蓄水兴利,在副溢洪道进口设有 7 m 高的砂体黏土铺盖子埝,1976 年修建时埝顶高程为 91.5 m,1977 年 6 月又将子埝加高 1.0 m 至现状坝顶高程;输水洞位于主坝左坝头,为钢筋混凝土有压圆洞,洞身长 75.5 m,内径 3 m,底板高程 82.5 m,最大泄流量 76 m³/s,进口处有螺旋杆式启闭机带钢闸门控制;水电站位于输水洞下游尾水渠,为装机 2×75=150 kW 的小水电站。

## 1.3.7 泼河水库

泼河水库在淮河水系潢河的支流泼河上，坝址在河南省信阳市光山县泼河镇南约 3 km 处。北距沪陕高速及 312 国道 20~23 km（见图 1-10），地理坐标为东经 114°54′、北纬 31°47′。泼河水库是一座以防洪、灌溉为主，结合水力发电、水产养殖、供水等综合利用的大（2）型水库。

泼河水库控制流域面积 222 $km^2$，总库容 2.35 亿 $m^3$，100 年一遇洪水设计，设计洪水位 81.10 m，5 000 一遇洪水校核，校核洪水位 86.60 m，兴利水位 82.00 m，死水位 70.00 m。

**图 1-10 泼河水库交通位置图**

水库下游有 312 国道、宁西铁路、京九铁路、沪陕高速公路、阿深高速公路、沪兰新光缆干线、京九光缆等重要交通、通信设施及光山和潢川两座县城，泼河水库的防汛安全关系到下游 50 万人民的生命财产和国家交通、通信干线的安全，因此泼河水库的防汛安全地位极其重要。

泼河水库始建于 1966 年底，主体工程 1970 年 1 月基本建成，1972 年 4 月竣工。"75 · 8"特大洪水后，1976 年将坝顶垂直加高 0.9 m，坝顶高程 87.50 m。现泼河水库主要建筑物有主坝、副坝、溢洪道、泄洪洞、灌溉（发电）洞、左岸输水管及水电站。

## 1.3.8 宿鸭湖水库

宿鸭湖水库位于河南省汝南县城西的汝河中游上，坝址北起汝南县张楼乡玉皇庙汝河左堤、南至汝南县三桥乡后店臻头河右堤，上游距驻马店市 25 km，下游东距汝南县城 8 km（见图 1-11）。宿鸭湖水库属平原水库，水面面积 130 $km^2$，是一座以防洪为主，结合灌溉、发电、水产养殖、旅游等综合利用的大(1)型水库。水库于1958年2月20日动工兴建,同年7月建成,自1959年起至2014年先后进行了六次除险加固。

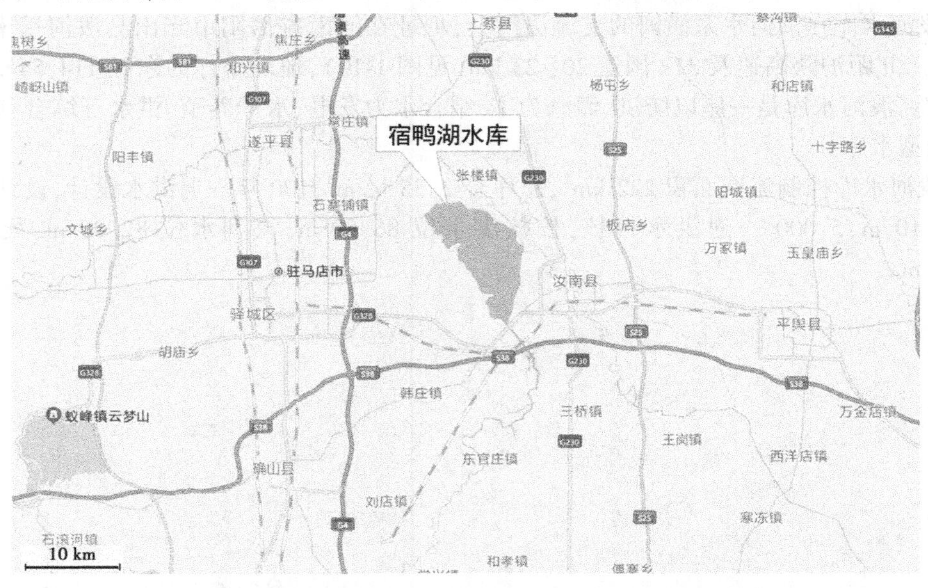


图1-11 宿鸭湖水库交通位置图

宿鸭湖水库控制流域面积4 498 km²,占汝河流域面积的61%,宿鸭湖水库按100年一遇洪水设计、1 000年一遇洪水校核。校核洪水位58.80 m,设计洪水位57.39 m,正常蓄水位53.00 m,死水位50.50 m;总库容16.38亿 m³,兴利库容2.24亿 m³,死库容0.42亿 m³;水库淤积量7 710万 m³。

水库工程主要由大坝、溢洪道、泄洪闸、灌溉渠首闸、电站等组成。大坝为壤土填筑的碾压式均质土坝,坝长34.2 km、宽8 m,坝顶高程59.50 m,最大坝高18 m。溢洪道为开敞式河道,全长5.42 km,底宽80 m,为约束水流,西岸建堤,堤顶设计高程58.00 m,堤顶宽3 m。泄洪闸共两座,均为开敞式钢筋混凝土结构弧形钢闸门,五孔闸单孔尺寸9.5 m×14 m,七孔闸单孔尺寸9 m×9 m。灌溉渠首闸两座,桂庄渠首闸为钢筋混凝土箱形结构弧形钢闸门,共2孔,单孔尺寸4 m×4 m;南干渠首闸为浆砌石箱形结构平板混凝土闸门,共3孔,单孔尺寸3.5 m×3.5 m。水库建有两座电站,桂庄电站1975年竣工,为坝后式电站,孔口尺寸3 m×3 m×3 m,装机容量2×630 kW;夏屯电站1993年竣工,为引水式电站,孔口尺寸2 m×3 m×2.5 m,装机容量2×1 600 kW。

水库处于浅山区向丘陵平原过渡地带,西部为山地丘陵,东部为黄淮平原。

水库于1958年2月20日开工建设,同年7月建成。为充分发挥宿鸭湖水库功能,自1959年起先后进行了六次除险加固。1959年至1961年冬第一次除险加固,将坝顶宽由4 m加宽至7 m,增筑块石护坡;1962年2月至1963年5月第二次除险加固,扩大老村进洪口,改善鸿门堰上游险工护坡等;1969年12月至1974年8月第三次除险加固,将水库的防洪标准在原有基础上提高到100年一遇洪水设计、500年一遇洪水校核,引洪道向西扩宽6 m,新建七孔泄洪闸等;1975年12月至1982年第四次除险加固,北岗段以北大坝全部翻修,引洪道东岸扩宽 8 m,处理七孔闸下游管涌渗水,修复泄洪闸被洪水冲毁部分等;1985 年 10 月至 1990 年 12 月第五次除险加固,主要建筑物按 100 年一遇洪水设计、1 000 年一遇洪水校核,大坝加高加厚,增修防浪墙,泄洪闸加固等;2009 年 11 月至 2014 年 10 月第六次除险加固,主要工程有加高洼地坝段、坝顶及防浪墙,在原址重建五孔泄洪闸,加固七孔泄洪闸,增设大坝安全监测设施,修建坝后防汛道路等。

### 1.3.9 南湾水库

南湾水库位于淮河上游右岸支流浉河上,坝址在河南省信阳市浉河区南湾街道办事处南湾村,距信阳市区 5 000 m(见图 1-12),是以防洪、灌溉、城市供水为主,兼发电、水产、旅游和生态调控等的大(1)型水库。1952 年 12 月开工,1955 年 11 月完成土坝工程,1957 年 7 月完成溢洪道工程。

图 1-12 南湾水库交通位置图

水库控制流域面积 1 100 km$^2$,大坝以上干流长度 76.5 km。水库按 1 000 年一遇洪水设计,设计洪水位 108.89 m;10 000 年一遇洪水校核,校核洪水位 110.56 m,总库容 13.55 亿 m$^3$;兴利水位 103.00 m,兴利库容 6.28 亿 m$^3$;防洪起调水位 102.60 m;死水位 88.00 m,死库容 0.42 亿 m$^3$。正常蓄水位 103.50 m,相应水面面积 7 763 hm$^2$;回水长度约 22 km。

水库主要由大坝、输水洞、溢洪道、灌溉工程、水电站和供水工程等组成。大坝主坝坐落在贤山与蜈蚣岭之间,主坝为黏土心墙砂壳坝,坝顶长 816 m、宽 8 m,坝顶高程 114.17 m,最大坝高 38.37 m。

水库于 1955 年建成投入运用以来,工程设施运行良好,多年平均入库水量 4.62 亿 m$^3$,年最大入库水量为 1956 年的 12.58 亿 m$^3$,拦蓄最大洪峰流量 4 690 m$^3$/s,保障了下游的防洪安全,并在淮河防洪体系中发挥了重要作用。南湾水库风景旅游区以其丰富的生态资源和人文资源著称,现为国家 AAAA 级景区,国家森林公园、国家水利风景区,省级风景名胜区。水库主要经济鱼类有鲢鱼、鳙鱼、草鱼等,"南湾鱼"被认定为中国驰名商标,享誉中原。

### 1.3.10 昭平台水库

昭平台水库位于淮河流域沙颍河水系沙河干流上,坝址位于河南省平顶山市鲁山县城以西 12 km 处库区乡婆娑街村附近,国道 207、311 线通过坝址区(见图 1-13)。水库控制流域面积 1 430 $km^2$,总库容 6.8 亿 $m^3$,是一座以防洪、灌溉为主,结合发电、养鱼、工业用水等综合利用的水库。

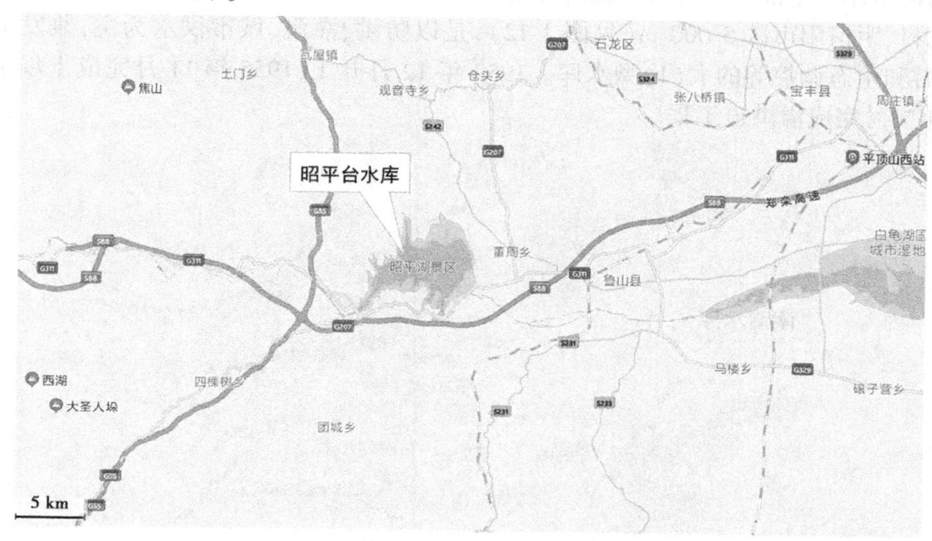


图 1-13 昭平台水库交通位置图

昭平台水库是淮河流域沙河上游第一座大(2)型水库,1958 年动工兴建,1959 年 6 月大坝、白土沟溢洪道、输水洞等工程基本建成。后于 1963 年、1968 年、1979 年、2003 年进行了续建改造和加固。

水库设计洪水标准为 100 年一遇设计洪水位 177.89 m,相应库容 5.48 亿 $m^3$;5 000 年一遇校核洪水位 180.82 m,相应库容 6.80 亿 $m^3$;正常蓄水位 169.00 m,死水位 159.00 m。

现状水库枢纽工程主要由主坝、白土沟副坝、尧沟正常溢洪道、杨家岭非常溢洪道、输水洞等组成。

主坝:黏土斜墙砂壳坝,最大坝高 35.5 m,坝顶高程 181.80 m,坝顶长度 2 315 m,防浪墙墙顶高程 183.0 m。

白土沟副坝:均质土坝,副坝最高 35.5 m,坝长 923 m。

尧沟正常溢洪道:闸底高程 164.00 m,泄洪闸共 5 孔 10 m×11 m 闸门,最大泄量 4 245 $m^3/s$。

杨家岭非常溢洪道:泄洪闸闸底板高程 169.5 m,共 16 孔 10 m×9 m 弧形闸门。

输水洞:进口高程 150.0 m,泄量 144 $m^3/s$。

### 1.3.11　白龟山水库

白龟山水库位于沙颍河干流上，坝址坐落于平顶山市西南郊，距平顶山市中心 9 km（见图 1-14），是一座以防洪为主，结合城市供水、农业灌溉和生态补水等为一体的综合利用的大(2)型水库。库区为平顶山市饮用水水资源保护区。水库始建于 1958 年 12 月，1960 年基本建成，后经改扩建，于 1966 年 8 月正式竣工。

图 1-14　白龟山水库交通位置图

水库控制流域面积 2 740 km$^2$，与上游 51 km 处的昭平台水库形成梯级水库，其中昭平台水库—白龟山水库区间流域面积 1 310 km$^2$。水库防洪标准为 100 年一遇洪水设计，2 000 年一遇洪水校核。校核洪水位 109.56 m，设计洪水位 106.19 m，汛限水位 102.00 m，兴利水位 103.00 m，死水位 97.50 m。总库容 9.22 亿 m$^3$，调洪库容 6.811 2 亿 m$^3$，兴利库容 2.36 亿 m$^3$，死库容 0.66 亿 m$^3$。水库由河坝、顺河坝、北副坝、洪闸、泄洪闸、北干渠渠首闸、南干渠渠首闸、灌区工程等主要建筑物组成。

拦河坝位于九里山与泄洪闸之间，为均质土坝，坝顶长 1 545 m、宽 7 m，坝顶高程 110.40 m，防浪墙墙顶高程 111.60 m，最大坝高 24 m；顺河坝为均质土坝，坝长 18 017 m，最大顶宽 6 m，坝顶高程 110.40 m，防浪墙墙顶高程 111.60 m，最大坝高 16.26 m；北副坝位于水库北侧，采用路坝结合方案，路坝结合段长 3 640 m，利用山体与微地形段长 747 m，共计 4 387 m；水库集水面积 1 310 km$^2$，淤积量达 1 500 万 m$^3$；拦洪闸位于拦河坝北坝头，单孔 6 m×2.6 m 移动式平面钢闸门，闸底板高程 109.00 m，设计水头 2.6 m，采用无水启闭。

水库于 1976 年大坝垂直加高 1 m，经过 1998~2006 年的除险加固工程，白龟山水库充分发挥了水库防洪库容的调节作用，在调洪削峰、防洪减灾方面发挥了显著作用，成功抵御了 2000 年、2010 年的大洪水和 2014 年的特大干旱，共调节 18 次致灾洪水，平均削减洪峰 71%。1967~2018 年间白龟山水库累计发挥防洪效益达 300 多亿元，年平均防洪减灾效益达

6亿多元。

水库于1978~2019年累计供应工业生产用水约19亿 $m^3$,生活用水22亿 $m^3$,工业循环供水344亿 $m^3$。

2014年平顶山市发生大旱,白龟山水库三次动用死库容向平顶山城区进行应急供水1 532万 $m^3$,水库低于死水位运行59 d。8月6日至9月20日,历时46 d,由丹江口水库向白龟山水库应急调水5 011万 $m^3$,有效缓解了平顶山市百万居民的供水紧张状况。

2017年,南水北调工程对白龟山水库进行生态补水20 475万 $m^3$,水库水位从99.65 m提高到103.38 m,蓄水量达到3.27亿 $m^3$,保证了供水安全。

### 1.3.12 濮阳市引黄灌溉调节水库

濮阳市引黄灌溉调节水库位于濮阳新区,水库是"十一五"期间水利部规划的中型水库之一,也是河南省规划的引黄调蓄工程之一。水库属平原区水库,在渠村灌区第三濮清南干渠(现为引黄入冀补淀工程总干渠)以东,京开大道以西,濮范高速以南,绿城路以北(见图1-15)。2012年6月开工,2014年9月建成投用,濮阳市将其命名为龙湖。

图1-15 濮阳市引黄灌溉调节水库交通位置图

水库占地面积5.5 $km^2$,水域面积3.2 $km^2$。库区共分为东湖和西湖两部分,东西湖采用库内河道连接,河道长2.4 km,宽50~60 m。水库正常蓄水位51.50 m,平均水深5.04 m,最大水深6.5 m,库容1 612万 $m^3$。渠村引黄闸引入的黄河水经第三濮清南干渠,再通过进水闸或提水泵站、自流引水或提水至引水河道和水库。

水库工程主要包括引水建筑物、调节水库和出水建筑物等。水库自第三濮清南干渠55+500处引水,通过节制闸抬高濮清南干渠水位至49.50 m(渠道该处的设计水位为48.87 m),节制闸共2孔,单孔净宽5 m,闸底板高程46.10 m。进水闸采用开敞式平板钢闸门结构,共5孔,单孔净宽6.0 m,门高3.8 m,闸底板高程48.50 m。提水泵站位于进水闸右侧,共设4台机组,泵站与进水闸并排布置。引水河道长3.35 km,宽60 m,渠底48.0~48.5 m,

坡比为 1/6 700。水库共设 2 个出水河道,1 号出水河道设在水库的北侧,长 1 051 m,出水至顺城河;2 号出水河道设在水库的东侧,长 520 m,出水至马颊河。

## 1.4　河南省在建及规划平原缓丘区水库工程概况

### 1.4.1　杨庄水库(观音寺调蓄工程)

南水北调中线观音寺调蓄工程共分为四个部分:引输水工程、调蓄下库、抽水蓄能电站工程、调蓄上库。其中,调蓄下库(杨庄水库)场区位于新郑市西南约 9 km、南水北调中线总干渠西侧。拟新建的调蓄上库(青岗庙水库)位于新郑市辛店镇西南具茨山管委会青岗庙村附近,距总干渠直线距离约 10 km,附近有 G107 国道、S88 郑栾高速、S60 商登高速、S103 省道通过(见图 1-16)。

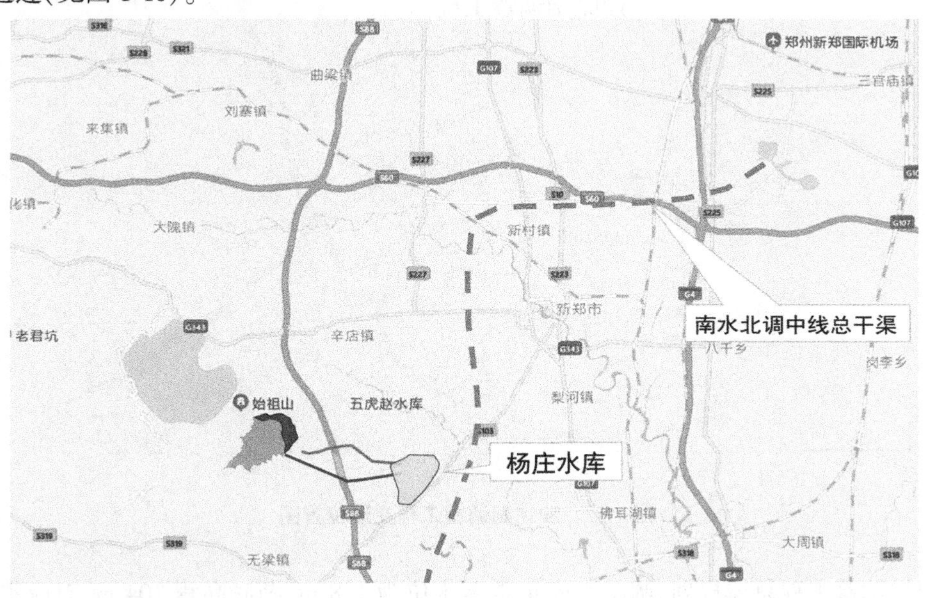


图 1-16　杨庄水库交通位置图

规划工程总库容为 3.0 亿 $m^3$,其中调蓄下库总库容为 1.6 亿 $m^3$、调蓄上库总库容为 1.4 亿 $m^3$。其中,引输水工程主要功能为连接总干渠和调蓄下库,工程建设内容包括退水闸闸后改建、引水闸、输水暗渠、调节池、提水泵站、输水管线、控制闸等七部分。调蓄下库(杨庄水库)包括库区工程和影响工程两部分。杨庄水库采用人工开挖而成,正常蓄水位为 143 m,湖底高程 123 m,最大水深 20 m,相应水域面积 8 185 亩,对应总库容 1.6 亿 $m^3$。湖周防护堤长度为 9 908 m,堤顶高程 146 m,最大堤高 12 m。影响工程包括五虎赵水库改建工程和沂水河改道工程。

该工程在南水北调工程建设中具有重要的战略意义,其主要功能是应急供水。工程建成后,为总干渠分段停水检修提供水源支撑;进一步提升中线一期工程应急供水保障能力;进一步增强部分受水区抗供水风险能力。该项目对郑州市用水结构优化、生产力合理布局、经济社会增速发展、生态环境改善都具有重要意义。

### 1.4.2 沙陀湖调蓄工程

南水北调中线禹州沙陀湖调蓄工程位于南水北调颍河倒虹吸上游,依托颍河河道、利用颍河倒虹吸上游的颍河两岸低洼区域,通过人工开挖形成调蓄湖,调蓄湖西北端位于顺店镇下毋村南、东南端位于朱阁镇沙陀村附近。调蓄湖南端距离南水北调总干渠[桩号SH(3)86+280处]0.8 km,距离南水北调颍河倒虹吸1.6 km。相应位置总干渠渠底高程119.2 m,总干渠水位高程126.2 m(见图1-17)。

图1-17 沙坨湖调蓄工程交通位置图

根据调蓄工程总体规划,调蓄水库正常蓄水位为128 m,湖底高程104 m,对应水深24 m,水面宽0.6~1.0 km,水面长5.6 km,相应水域面积6 752亩,对应库容0.96亿$m^3$。调蓄湖50年一遇设计标准对应洪水位128.25 m,300年一遇校核标准对应洪水位128.35 m,总库容0.98亿$m^3$。湖周防护堤长度为12.6 km,堤顶高程131 m,最大堤高16 m。

沙陀湖调蓄工程主要建设内容包括沙陀调蓄湖工程、总干渠与沙陀湖联通工程、调蓄湖淹没影响处理工程。其中,联通工程包含新建引水闸、退水闸、输水涵管及提水泵站和调蓄湖控制闸;影响处理工程主要为颍河治理工程,书堂河、下宋河、沙陀沟改建、扩建工程;新建颍河白沙东干渠渠首橡胶坝、引水闸及渠首干渠复建工程。

沙陀湖调蓄工程的主要任务包括以下三个方面:①总干渠停水检修期间,为许昌市、登封市等提供应急水源,兼顾向下游地区的供水能力。②提供许昌市、登封市90 d应急备用水源,保证受水区90 d城市用水的50%,许昌市90 d城市用水的100%,提高许昌市、登封市应急供水安全程度。③促进许昌市、登封市社会、经济、生态环境效益协调、统一发展。

## 1.4.3　袁湾水库

袁湾水库位于河南省信阳市光山县南部淮河一级支流潢河干流上，坝址位于光山县晏河乡袁湾村南，坝址有乡村公路与省道 S213 及大广高速（G45）相通，京九铁路从库区通过（见图 1-18）。

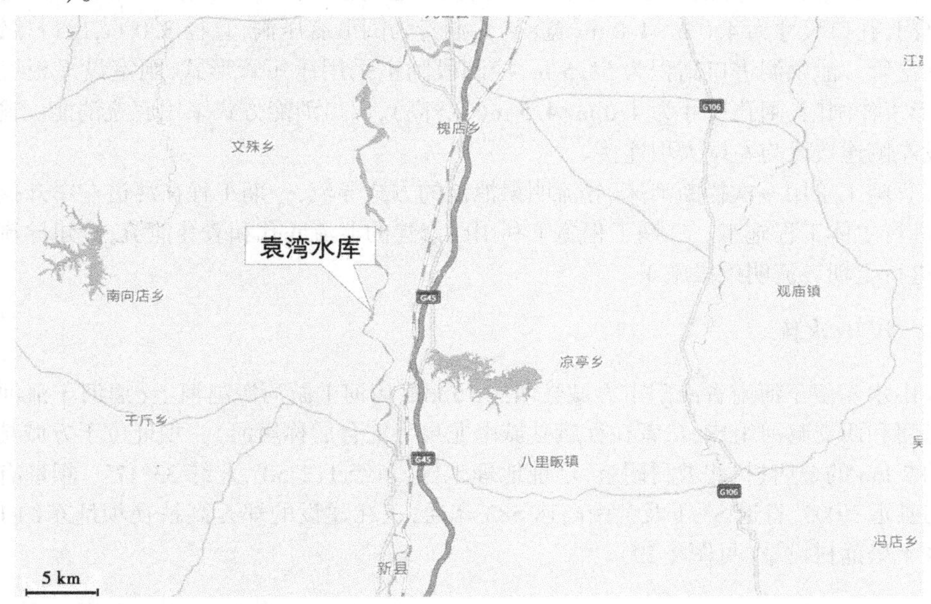


图 1-18　袁湾水库交通位置图

潢河是淮河南岸一级支流，流经信阳新县、光山、潢川等县，流域面积 2 400 km$^2$，占淮河干流洪河口以上流域面积 18 250 km$^2$ 的 13.15%，河长 140 km，由南向北流，于潢川县新台入淮河。流域内雨量充沛，年降雨量达 1 338 mm，汛期降雨量约占全年降雨量的 50%，气候温暖，作物以水稻、小麦为主。

袁湾水库所处河流是淮河一级支流潢河，该水库是以防洪为主，兼顾供水、灌溉、改善生态等综合利用的大(2)型水利枢纽工程。水库控制流域面积 480 km$^2$，占潢河流域面积的 20%，基本上控制了潢河的山区面积。袁湾水库设计洪水标准采用 100 年一遇，相应洪水位 74. 14 m；校核洪水标准采用 2 000 年一遇，相应洪水位 77. 49 m，总库容 2. 35 亿 m$^3$。水库死水位 62. 0 m，死库容 0. 104 亿 m$^3$；正常蓄水位 68. 5 m，兴利库容 0. 505 亿 m$^3$。

工程主要建筑物包括主坝、副坝、溢流坝、泄洪洞、输水洞和电站。袁湾水库工程规模为大(2)型，工程等别为Ⅱ等，其主要建筑物级别为 2 级，次要建筑物级别为 3 级，临时建筑物为施工围堰、导流明渠，建筑物级别为 4 级。

主坝采用均质坝结合溢流坝方案，坝轴线总长 1 810 m，河槽内布置溢流坝段，溢流坝段包括溢流堰、泄洪洞、输水洞，电站布置于大坝下游溢流堰尾水渠左侧。

副坝位于左坝头左岸垭口处，坝长 150 m，采用黏性土均质坝，坝顶不设防浪墙，坝顶高程为 80. 3 m。

溢流坝包括上游连接段、闸室段、消能段、尾水渠段。闸室为开敞式实用堰结构形式，采用 WES 曲线型实用堰，堰顶高程 65.5 m，共 3 孔，每孔净宽 10.0 m，总净宽 30.0 m。闸室长度 45 m，出口消能方式采用底流消能。

输水洞、泄洪洞控制段为两孔一联整体式结构。输水洞、泄洪洞包括引渠段、控制段、消能段，与溢流堰共用部分消力池及尾水渠。输水洞进口底高程 56.5 m，进口设置拦污栅、事故检修门，孔口尺寸为 4.0 m×4.0 m(宽×高)，洞身为圆形有压洞，直径 3.0 m，出口接锥阀，设电站岔管。泄洪洞进口高程为 53.5 m，控制段闸室采用压短管形式，闸室设平板检修闸门、弧形工作闸门，闸孔尺寸为 4.0 m×4.5 m(宽×高)，出口消能方式采用底流消能。输水洞左侧设左侧连接段与左岸大坝连接。

工程施工采用一次拦断河床、导流明渠泄流的方式导流，一期工程在河道左岸开挖导流明渠，进行主体工程施工。二期工程施工利用已修建的泄流底孔和表孔泄流，修建导流明渠截流，进行土坝导流明渠段施工。

### 1.4.4　汉山水库

汉山水库位于河南省南阳市方城县西约 15 km，唐河上游河源赵河上(唐河干流河源由东支潘河和西支赵河组成，二者在社旗县城南龙泉寺汇合后称唐河)。坝址位于方城县袁店乡北约 2 km 的金店村、北坡村附近，坝址地理坐标：东经 112°50′，北纬 33°17′。坝址有乡村公路与县道 X005、省道 S331 及兰南高速 S83 相通，正在建设的郑万高铁在坝址东约 10 km 清河乡十里铺村设站(见图 1-19)。

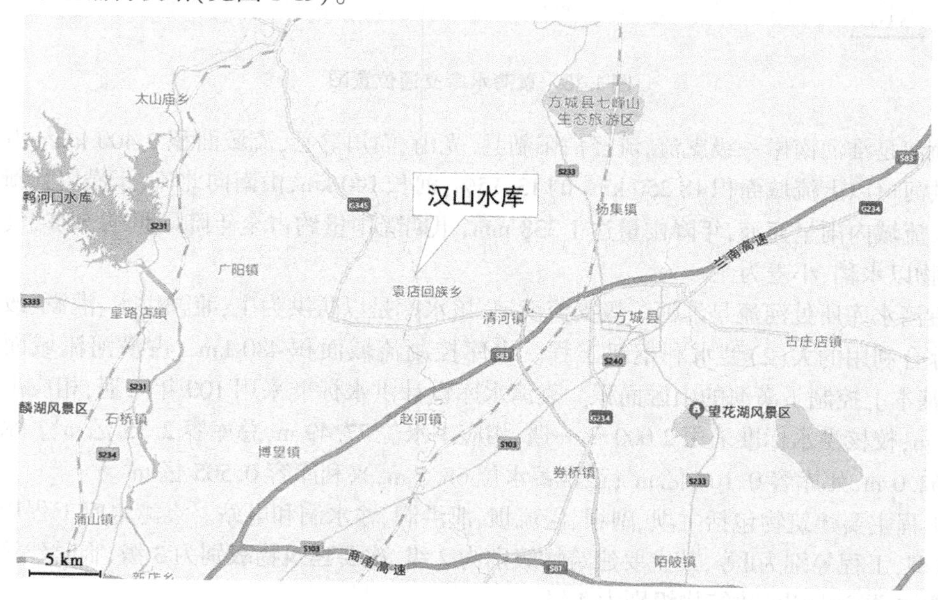


图 1-19　汉山水库交通位置图

汉山水库为长江流域唐白河水系唐河上游规划的大型水库，控制流域面积 245.3 $km^2$，坝址区以上河道长度 30.7 km，多年平均径流量 6 030 万 $m^3$。水库工程任务以防洪、灌溉为主,兼顾供水等综合利用。规划水库总库容为1.15亿$m^3$,属大(2)型水库,工程等别为Ⅱ等,其主要建筑物级别为2级,次要建筑物级别为3级。汉山水库建成后可灌溉农田10.5万亩,每年可向周边城镇提供生活及工业供水约1 360万$m^3$。

汉山水库设计洪水标准采用100年一遇,相应洪水位177.05 m;校核洪水标准采用2 000年一遇,相应洪水位180.30 m。水库死水位为166 m,死库容772万$m^3$,正常蓄水位175 m,兴利库容4 788万$m^3$。工程主要建筑物包括大坝、溢流堰、放空洞、输水洞等。

土坝段总长2 089.5 m,以溢流堰、输水洞、放空洞为界分为左、右两个坝段,其中左坝段长1 695.4 m(桩号DB0+000~DB1+695.4),右坝段长394.1 m(桩号DB1+795.9~DB2+190),大坝采用土质防渗体分区坝,坝顶宽度10 m,坝顶高程181.30 m,防浪墙高1.2 m,防浪墙顶高程182.50 m,最大坝高26.3 m。

溢流堰中心线位置大坝桩号为DB1+763.4,桩号范围为DB1+730.9~DB1+795.9,总长65 m。溢流堰包括上游连接段、闸室段、消能段、尾水渠段。闸室为开敞式实用堰结构形式,采用WES曲线形实用堰,堰顶高程170.0 m,共5孔,每孔净宽10 m,总宽度60 m。闸室长度36.5 m,出口消能方式采用底流消能。溢流堰右岸闸墩采用刺墙与右岸大坝连接。

输水洞、放空洞(施工期作为导流洞)共用一块底板,输水洞中心线位置大坝桩号为DB1+702.4,放空洞中心线位置大坝桩号DB1+714.9,输水洞、放空洞桩号范围为DB1+695.4~DB1+721.9,总宽26.5 m。输水洞、放空洞包括引渠段、控制段、消能段,与溢流堰共用尾水渠。输水洞进口底高程为160.0 m,进口设拦污栅、事故检修门,闸孔尺寸为4.0 m×4.0 m(宽×高),洞身为圆形有压洞,直径3.0 m,出口接锥阀(预留基流岔管、引水岔管)。放空洞进口高程为158.0 m,控制段闸室采用有压短管形式,闸室设平板检修闸门,弧形工作闸门,闸孔尺寸为3.5 m×3.0 m(宽×高),洞身采用无压城门洞,断面尺寸为3.5 m×5.0 m(宽×高),出口消能方式采用底流消能。输水洞左岸闸墩采用刺墙与左岸大坝连接。

为满足水库运行管理,结合大坝及管理生活区的位置及形式,需布置坝下防汛路(前期作为坝下施工道路)、建管营地对外交通道路。道路设计标准为三级公路,设计时速40 km/h,转弯处设计时速30 km/h,纵向坡度控制在7%以下,道路横坡为2%,采用双车道净宽7.5 m沥青混凝土路面。坝下防汛路长2 625.5 m,建管营地对外交通道路长305 m。

汉山水库建管营地布置在大坝右坝头,通过对外交通道路与坝下防汛路相连。营区总占地面积6 000 $m^2$,建筑面积共1 100 $m^2$(办公用房600 $m^2$、生产用房500 $m^2$),营区设办公室、仓库、油库、配电房等。

### 1.4.5 张湾水库

张湾水库位于河南省信阳市罗山县南,根据设计规划,初步选定3个坝址进行比选,上坝址(周党坝址)紧靠周党镇南边缘,S219从坝址区通过,中坝址(天湖坝址)位于莽张镇东南7.8 km左右的天湖村、史湾村附近,坝西端有乡村公路通往S219,下坝址(尖山寨坝址)位于庙仙乡章楼村附近,坝址区有乡村公路通往下游的G312(见图1-20)。

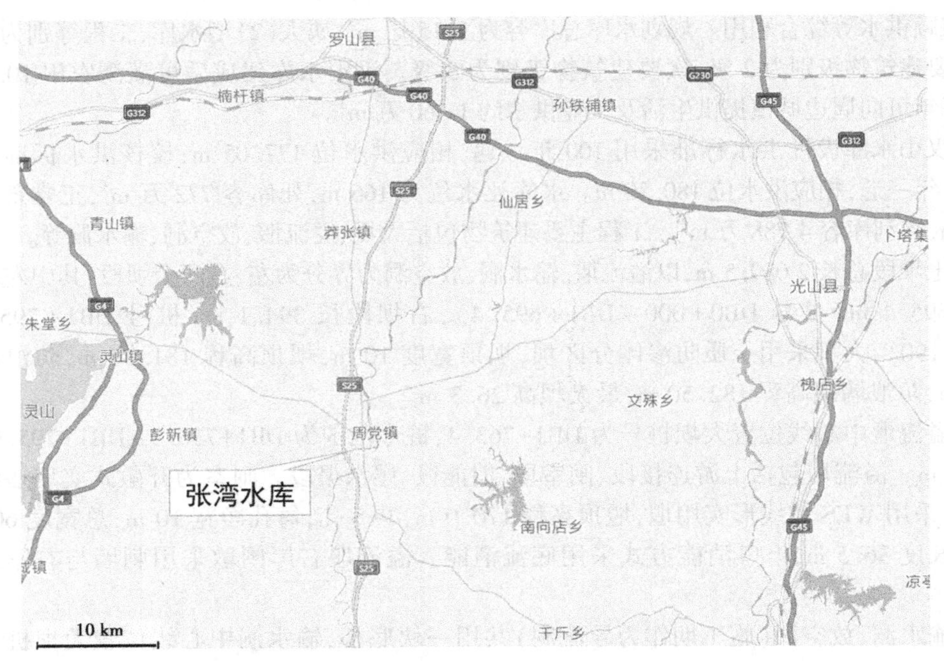


图 1-20　张湾水库交通位置图

拟建的淮河流域张湾水库工程是淮河上游防洪工程的重要组成部分，也是列入历次淮河流域防洪工程规划的项目之一。张湾水库位于淮河支流竹竿河上，是以防洪、灌溉为主，兼顾发电、供水、水产养殖等综合利用的大型水库。2013 年 3 月 2 日国务院批复的《淮河流域综合规划(2012~2030 年)》中，张湾水库是淮河流域近期实施的 5 座大型水库之一。

张湾水库位于河南省信阳市罗山县、光山县境内，为淮河一级支流竹竿河上规划的大型水库，控制面积 1 360 km$^2$，占竹竿河总面积的 52.1%，基本上控制了竹竿河的山区和丘陵面积。竹竿河流经信阳罗山、光山等县，流域面积 2 610 km$^2$，占淮河干流洪河口以上流域面积 18 250 km$^2$ 的 14.3%。竹竿河流域内山区占 15%、丘陵占 46%、岗地和平原占 39%。河长 112 km，由南向北流，于息县以上入淮河。流域内雨量充沛，年雨量达 1 000~1 200 mm，汛期降雨量约占全年雨量的 50%，气候温暖，作物以水稻、小麦为主。

# 第2章 平原缓丘区水库工程地质特征及问题

## 2.1 地形地貌

平原缓丘区水库一般位于低山丘陵区与山前倾斜平原过渡地带，库区地貌形态主要为低山丘陵和河谷地貌两个地貌单元。

低山丘陵：一般山体高程较低，山顶多基岩出露，变质岩山体大部分基岩被第四系薄层坡积物覆盖，山坡较为平缓，沟谷之间多被第四系冲坡积物覆盖，露头较少；岩浆岩山体基岩多裸露，山坡相对较陡，局部覆盖第四系薄层坡积物，山上植被茂盛；沉积岩山体大部分基岩被第四系中厚层坡洪积物覆盖，基岩零星出露，山坡平缓。低山在个别岩石坚硬的地段形成陡壁，河谷深切，相对高差可达50 m以上。

河谷地貌：河谷多呈"U"字形，阶地发育或较发育，阶地面较平整，微向河流倾斜，河床一般较宽，在河床两侧多有漫滩发育，漫滩与河床大多没有明显的界线。低山区河谷多狭窄，Ⅱ级阶地局部发育；丘陵区河谷较平坦、宽阔，河谷地貌特征明显，Ⅰ阶地发育，Ⅱ阶地较发育。

## 2.2 地层岩性

相对于山区水库而言，平原缓丘区水库一般位于大江、大河中下游低山丘陵及倾斜平原地区，这些地区一般在第四系沉积地层分布广泛，地层厚度达数十米至数百米，多具二元结构，且具有明显的沉积韵律。同一地层顺水流方向黏粒逐渐增加，垂直方向由下往上黏粒逐渐增加。受支流与河流走向的影响，土层因相变岩性有明显变化。

岩性组成主要是壤土、砂土、黏土和砾石等，存在强、弱透水层过渡带等，且土体较厚，基岩埋深较大，地基表层大多是富含有钙质的耕植土，库区地层交互沉积频繁，岩性在空间分布上差异较大。每个统、组下部沉积物的颗粒较粗，向上逐渐变细，组成一定的沉积旋回，随着地壳沉降频繁，沉降幅度各异。

## 2.3 地质构造及地震

地质构造与地震具有一定的区域性，与水库类型无关。具有柔性的土石坝对于不同的区域构造稳定性、地质构造与地震有一定的适应性，对于不同区域稳定性分级应有对应的分析与处理。平原缓丘区水库大坝等主体建筑物不宜建在活断层上；顺河向断层的渗漏性影响水库的渗漏及渗透变形；地震动参数Ⅶ度区以上地基液化影响坝基稳定；混凝土坝基缓倾角断层影响坝基稳定。

## 2.4 水文地质

### 2.4.1 第四系松散层孔隙含水层组

该含水层组主要分布在冲(洪)积平原、河谷平原，场区地下水类型多为第四系松散层孔隙潜水，主要赋存于砂壤土、轻粉质壤土及粉细砂层内，下部粉细砂层中地下水具承压性；砂壤土、粉细砂具中等透水性，轻粉质壤土具弱-中等透水性，重粉质壤土多具弱透水性，为相对隔水层。地下水埋深一般较浅，地下水流向总体与地形倾向一致。地下水具动态特征，变幅随季节性变化。

场区内地下水主要接受大气降水、侧向径流及局部河段入渗补给，消耗于蒸发、开采、侧向径流及河流排泄。河水与地下水互为补排，河水水位高时，河水补给地下水；河水水位低时，地下水补给河水。

### 2.4.2 新近系碎屑岩类孔隙裂隙含水层组

含水层岩性主要为新近系的砂岩、砾岩等碎屑岩，该含水层组多为未胶结-微胶结，成岩差，发育孔隙、裂隙，岩性、厚度不均匀，空间分布不连续，含水层组富水性及水力联系存在明显差异。

碎屑岩类孔隙裂隙水主要补给方式为降水入渗补给及基岩裂隙水径流补给；排泄方式主要为侧向径流排泄和人工开采等。地下水总的流向与地形坡降一致。由山前到平原，从粗到细，地下水径流条件由好到差。

## 2.5 天然建筑材料

### 2.5.1 土料

为尽量少占农用耕地，保护有限的国土资源，平原缓丘区水库天然建筑材料产地一般遵循因地制宜、就地取材、权衡利弊、综合比选的原则，筑坝土料应优选库内取土。当利用坝前土层做天然铺盖时，应确保取土后坝前土层应能满足水平防渗要求，料场应在坝上游坡脚 500 m 以外布置，并尽量采用平采方式；若为下挖式库区，应充分利用开挖土、砂料，减少弃土量。为保证土料的抗水性，坝体材料中有机质含量不超 5%，易溶盐含量小于 3%，以避免有机质及易溶盐分解和溶滤后强度降低造成集中渗漏和沉陷。筑堤土料要有一定的可塑性，碾压后可结成整体，以保证围堤随基础沉降变形不发生裂缝。

若库内土料丰富、质量合格，均质土坝坝型是土石坝优选的可靠坝型。

### 2.5.2 坝壳砂砾料

根据当地材料坝选择原则，一般缓丘倾斜平原区河道内均有适宜的砂粒料，砂(砾)

壳黏土心墙坝是土石坝优选的坝型之一。坝壳砂砾石料选择中，在综合考虑坝体稳定、坝壳砂抗液化等因素条件下，坝壳砂选择在中细颗粒级配以上的砂层，相对密度一般大于或等于0.75为控制指标，为保证坝壳砂砾料的稳定性、渗透性，坝壳砂砾的紧密密度应大于2.0 g/cm$^3$，泥质含量不应超过8%，堆积内摩擦角大于30°，堆积渗透系数大于1×10$^{-3}$ cm/s。

当作为混凝土粗细骨料时，由于其颗粒粒径组差异性偏大、紧密密度偏小、细度模数偏低等因素影响，通常需人工分选条件下使用。碱活性是影响混凝土结构物耐久性的重要因素，作为重要建筑物的混凝土结构使用料，应考虑骨料的碱活性危害。硫酸盐及硫化物含量对混凝土产生膨胀破坏作用，是引起混凝土腐蚀破坏的主要原因，其含量应小于1%。为减少骨料坚固性的破坏能力，其指标要求一般小于或等于8%。为确保混凝土强度及耐久性，细骨料细度模数一般为2.0~3.0、粗骨料粒度模数一般为6.25~8.30。

### 2.5.3 人工骨料

缓丘倾斜平原库周第四系覆盖较厚，基岩风化较深或为软岩-极软岩，一般无适宜的人工骨料，应根据区域地质资料结合工程经验在库周适宜的运距、运输条件范围内寻找满足规范要求的混凝土人工骨料。

人工骨料原岩强度指标直接影响混凝土粗细骨料指标，其单轴饱和抗压强度大于40 MPa，软化系数大于0.75，干密度大于2.4 g/cm$^3$。碱活性及硫酸盐危害不因骨料的物理破碎而改变，原岩宜进行碱活性及硫酸盐的相关试验。

## 2.6 主要地质问题及危害

平原缓丘区水库常修建在低山丘陵与倾斜平原过渡带区，上游来水量丰富的平原地区，利于聚水、地势低洼的盆地，水资源丰富、地势开阔的高原等。主要拦河建筑物为土石坝和围堤，其所处区域共同的特征有：地形平缓，坡度较小，径流缓慢，地质条件差。

在地形平缓的区域修建水库，设计水位常高于库区地面平均高程，蓄水运行后易导致渗漏产生，常伴随着浸没现象。库区浸没、渗漏影响突出，是平原缓丘区水库最普遍的问题之一。

土石坝是最普遍采用的一种坝型，与山区水库相比，平原缓丘区水库坝基多呈现二元结构，地质组成主要是壤土、砂土、黏土和砾石等，存在强、弱透水层过渡带等，且土体较厚，基岩埋深较大，地基表层大多是富含有机质的耕植土，库区地层交互沉积频繁，岩性在空间分布上差异较大。

我国平原缓丘区水库的建设在20世纪50~60年代达到高峰期，这些多是在中华人民共和国第一个五年计划及第二个五年计划（1953~1962年）时期修建的水库工程，对国民经济发挥着巨大的作用。然而，由于过去的筑坝技术水平比较落后，不少的工程虽然完成，但工程质量差、“后遗症”多，留下了许多问题隐患，经过几十年的运行，造成了大批的病险水库。大量的建设和除险加固实践经验为处理平原缓丘区水库典型工程地质问题及危害提供了参考，下面概括性介绍平原缓丘区水库呈现出的水库渗漏、浸没、坝基渗漏及渗透变形、软土沉降等主要地质问题及其危害(见图 2-1)。

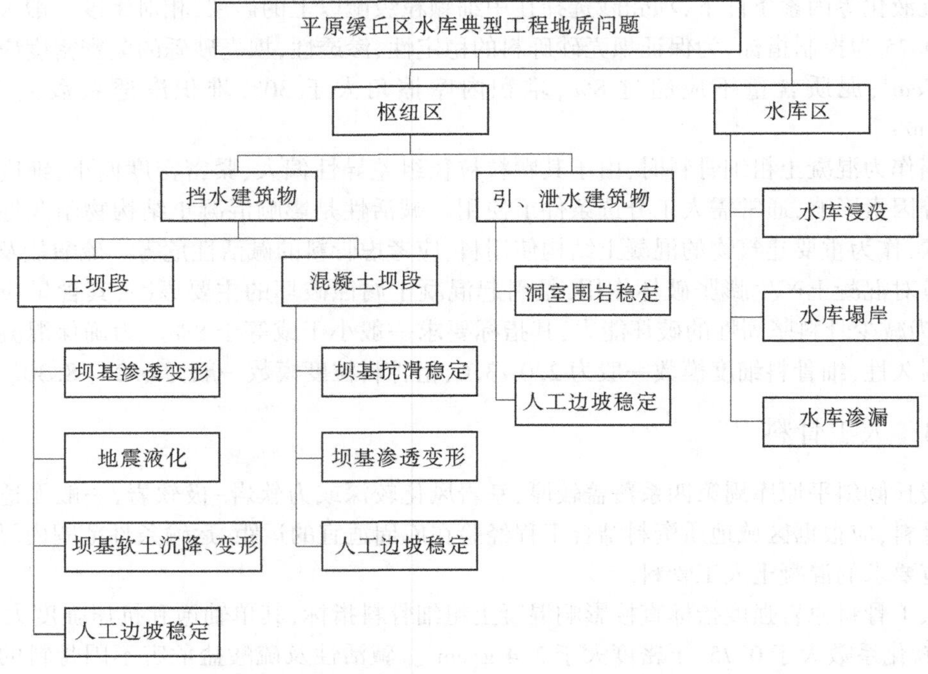


图 2-1 平原缓丘区水库典型工程地质问题分布

### 2.6.1 水库浸没

水库蓄水使库区周边地区的地下水位抬高,导致地面产生盐渍化、沼泽化及建筑物地基条件恶化等次生灾害或现象,统称为浸没。

水库蓄水后,水库周边地带地下水位壅高,加上毛管水抬升,当其上升高度达到建筑物地基或农作物根系,且持续时间较长时,将产生浸没问题。当降雨量大于蒸发量时,水库浸没一般表现为沼泽化;当多年蒸发量大于降雨量时,水库浸没一般表现为盐渍化。

浸没对滨库地区的工农业生产和居民危害甚大。可使农田沼泽化或盐渍化,农田作物减产;使建筑物地基条件恶化,影响其稳定和正常使用;浸没问题较严重时,可能影响水库正常蓄水位的选择,甚至影响坝址的选择。坝基渗漏量控制后,一定的渗漏量会造成坝下游浸没问题。

### 2.6.2 库岸变形破坏

水库蓄水后,被淹没的斜坡岩土体因为饱水而强度降低,水库水位陡降会在斜坡岩土体内产生地下水渗透压力,库水波浪对岸坡产生冲刷作用等,这些因素都可能导致水库岸坡变形破坏。根据水库岸坡变形的破坏形式与物质组成,大致分为塌岸、崩塌、滑坡及其他变形等四种类型,平原缓丘区水库库岸变形破坏的主要形式为水库塌岸。

### 2.6.3 水库渗漏

平原缓丘区水库围坝是由土、石料堆积压实而成的,由于其本身材料及坝基地层的特性,水库蓄水后,在水头差的作用下,库水具有向坝下游渗流的条件。如果水库渗流量过大,影响其蓄水兴利;若渗透坡降过大,超过土体的抗渗强度,致使土体发生渗透变形,这样的渗流,称为渗漏。平原缓丘区水库一旦发生渗漏险情,渗透破坏加剧,大坝稳定性降低,严重威胁大坝安全与稳定及库区居民的生命与财产安全。

### 2.6.4 坝基渗漏及渗透变形

渗透水流作用于岩土上的渗透力使坝体、坝基内的岩土体颗粒发生移动而被渗流挟走,引起岩土体强度降低,甚至发生破坏的现象称为渗透变形。据统计,渗透变形破坏在土石坝及堤防工程的失事原因中占到总数的46.1%,对土石坝安全存在很大威胁。

平原缓丘区水库坝轴线和围堤距离长,地质表层为黏土或亚黏土,下部为砂,松散的地质条件增大了堤坝中渗透变形发生的概率,因此堤坝渗漏及渗透稳定问题是平原缓丘区水库土石坝工程中一项极其重要的课题。

### 2.6.5 地震液化

处于流域中下游的平原缓丘区水库,由于其大多数坐落于第四系冲洪积地层上,地基呈二元或多元地质结构,主要建筑物为堤坝和泄洪闸,综合考虑当地建筑材料和对天然坝基的强度变形要求,采用土石坝型较多。

坝基中的粉砂、细砂等地震时易液化的地层对堤坝的稳定性危害很大,因此处于饱和状态下的坝基抗震稳定值得重视。斜墙坝的保护层和心墙坝的上游砂土坝壳,如果其级配不良或压实度差,地震时由于饱和砂土中孔隙水压力上升,有可能失稳而滑坡,应检验其抗液化的能力。因此,地基的抗震稳定十分重要,地基不良可以使土石坝在地震时发生严重震害,包括地基液化,地基中软弱夹层的沉降和滑动,以及地基中渗水、管涌对坝所造成的危害。与此同时,地震时坝体的裂缝和变形对坝的安全造成的威胁需要注意,裂缝削弱了坝的整体性,许多裂缝常成为滑坡的先兆,裂缝可成为渗水的通道,特别是对易于发生管涌、侵蚀的土体的危害更大。

### 2.6.6 坝基软土沉降、变形

软土是一种简称,主要由细粒土组成,其具有松软、孔隙比大、压缩性高和不均匀性及沉降速度快等特点,在同一地区往往呈带状分布,厚度变化不大。

缓丘及倾斜平原地区,通常地质情况较为复杂,水利工程地基中多有淤泥等软土层分布,即通常所说的软土地基,即软基。软基的不可预见性较大,如果在施工过程中没有做好相应的处理,那么在工程使用中很可能会出现建筑受损,坝基难以固定及发生沉降,如果软土层受力不均匀,建筑物的荷载作用在软土层上,不仅造成周围地面的变形,引起堤坝的不均匀沉降,严重者甚至导致坝体开裂等。

在对地基研究过程中,软土地基处理技术就成为整个水库工程施工质量的关键,软土地基处理对于平原缓丘区水库建设来说至关重要。

### 2.6.7 坝基抗滑稳定

平原缓丘区水库建设中,深厚覆盖层坝基是最常见的不良地基类型。坝基软弱岩土层抗剪能力低、坝基深层抗滑稳定能力不足使得下游坝体及坝基沿淤泥质黏土层或缓倾角软弱结构面坍滑是大坝滑动稳定破坏的主要模式。根据土石坝的事故调查,在软弱地基中发生坝基失稳滑动是土石坝失稳的重要原因之一。

因此,在不良地质条件的坝基上修建土石坝,需特别重视坝基的抗滑稳定研究,并选择合理的加固措施,以保障工程的安全。在坝体抗滑稳定计算中,刚体极限平衡法一直是土石坝抗滑稳定分析的主导方法,近年来,随着计算机技术的发展,有限元法、有限差分法等数值分析方法也逐渐应用于抗滑稳定分析中,与刚体极限平衡法相比,数值方法能较好地模拟复杂的地质构造,反映坝体坝基的应力变形情况,但由于缺乏公认的安全评价体系,应用的广泛性受到一定限制。因此,在国内外相关设计规范中,刚体极限平衡法仍是抗滑稳定的评价方法。在坝基加固处理的措施中,开挖置换、振冲碎石桩、压重、强夯、砂井等在各类工程中均已有成熟的应用。

### 2.6.8 洞室围岩稳定

水利水电工程中的各种地下洞室,主要有地下厂房和各种水工隧洞,影响地下洞室的主要工程地质问题,在水利水电工程地质勘察里所集中反映的是围岩稳定性问题。

地下洞室的开挖,使岩体的原来应力平衡状态发生改变,引起应力重新分布,除少数情况下工程地质条件特别优越,洞室周围岩体的强度能够适应变化了的应力状态外,围岩多会产生各种变形破坏,需及时采取合适的加固措施才能保证洞室的安全。而洞室加固措施的具体选择又与洞室围岩级别相联系。影响洞室围岩稳定性的因素是多方面的,其中最主要的有岩性、地质构造、岩体结构、地下水等。

平原缓丘区水库地下洞室具有浅埋、围岩强度低、地质情况复杂等特点。洞室岩体完整性和自稳能力通常较差,洞室开挖后自稳时间为几个小时,甚至没有自稳时间,易出现冒落破坏,形成安全事故。土石交界地层亦是此类工程的典型地质条件。由于地表风化程度不同,其表面往往为黄土,下面为破碎岩体,在这种软硬不均介质中施工,稍有不慎就会导致围岩坍塌支护破坏,造成工程灾害。

### 2.6.9 人工边坡稳定

作为平原缓丘区水库普遍采用的坝型,土石坝最大特点是需要修建溢洪道,因为土石坝一般不允许漫坝溢流,必须在坝体以外或利用天然垭口地形,或傍山开挖渠道,或开凿隧洞等做专门的溢洪建筑物。

溢洪道边坡稳定问题是从开挖角度来讲的,如土石坝所设溢洪道为开凿隧洞,其工程地质问题可归结于水工地下洞室工程。溢洪道明挖边坡的问题主要涉及坡角的确定以及相应支护的设计;从另一个思路来讲,坡角的大小和支护费用又是正相关的。溢洪道人工开挖边坡坡角的确定在实际工作中一般采用工程类比法确定。

# 第二篇　枢纽区工程地质问题及处理

## 第3章　坝基渗漏及渗透变形

渗透水流作用于岩土上的力,称为渗透压力或动水压力。库水通过坝体、坝基和岸坡向下游渗透,当渗透力达到一定值时,使得坝体、坝基内的岩土体颗粒发生移动而被渗流挟走,从而引起岩土体的结构变松、强度降低,甚至整体发生破坏,这种作用或现象称为渗透变形。由此产生的工程地质问题,就是渗透稳定性问题。

渗漏及渗透变形现象在土石坝及堤防工程的建设中,尤为引人关注。全国病险水库的分类结果表明,因渗流稳定产生问题的水库占50%。Foster等根据国际大坝委员会(ICOLD)提供的数据,对世界范围内建于1800~1986年超过11 000座大坝的失效及事故统计结果进行分析,结果显示渗透变形和边坡失稳是主要的失事原因,其中渗透破坏占已知失效事件总数的46.1%,可见渗透破坏对于土石坝的安全存在很大威胁。

平原缓丘区水库坝轴线和围堤距离较长,且多位于大江、大河下游冲积平原地区的天然河道或低洼易涝碱地上,这类地区地质的普遍特点是表层为黏土或亚黏土,下部为砂土。坝基比较典型的结构为二元结构和三元结构,三元结构以上的多元结构甚至更复杂的结构也常有出现。渗透变形可在松散的覆盖层中发生,也可在基岩的断裂破碎带、软弱夹层和风化壳中发生。以上因素都增加了堤坝建筑物及地基中渗漏及渗透变形发生的不确定性,因此堤坝渗漏及渗透稳定问题是平原缓丘区水库土石坝工程中一项极其重要的课题。

迄今为止,已有大量文献介绍了渗漏及渗透稳定评价的计算及分析方法。其中,粗粒土渗透变形破坏坡降的确定是渗透变形评价中的核心问题。目前,临界水力坡降的确定主要采用理论计算方法和室内试验方法。理论计算方法如太沙基模型公式、伊斯托明娜管涌型土的抗渗坡降公式、沙金煊公式、中国水利水电科学研究院公式等,这些公式都未考虑与级配特征有关的参数,且理论公式与实测值之间存在一些差距,在工程中未能得到较好的应用。因此,一些学者如郭爱国、朱崇辉、刘杰等将研究重心转向室内试验,通过大量的室内试验对土体渗透变形特征进行了探索。例如,朱崇辉通过试验发现:同类土体的渗透变形与土体的密度有关,密度越小土体越疏松,在渗透水流的作用下容易发生渗透破坏;渗透变形还与土体的黏聚力有关,黏聚力越大,土体间作用力越强,土体越稳定,越不容易发生渗透破坏。

除理论计算方法和室内试验方法,国内也有少量工程采用现场钻孔压水试验方法来研究破碎岩体的渗透变形问题。陕西省水利水电勘测设计研究院的赵四雄等是较早开展现场渗透试验研究临界水力坡降的团队之一。河南省水利勘测有限公司的赵健仓等通过现场双钻孔管涌试验得到了燕山水库坝基顺河向断层带的允许渗透比降,并采用有限元法进行了不同工况下的渗透稳定分析。中南勘测设计研究院有限公司的赵海斌等结合孔内水质取样分析和钻孔电视录像对比,采用原位渗透变形高压压水试验方法研究了向家坝水电站坝基挤压破碎带岩体的渗透变形特性。

本章结合燕山水库、鲇鱼山水库和出山店水库等项目介绍渗漏计算和渗透稳定性评价方法以及渗透变形防治措施,重点讨论土石坝坝基渗透稳定性的现场试验方法及经验。

## 3.1 渗透变形的类型和特点

引起渗透变形的驱动力是动水压力;动水压力的大小主要取决于地下水的水力梯度。土体抵抗渗透变形的能力叫抗渗强度,其大小取决于土的颗粒组成、排列方式、物理力学性质及地下水流向等。在渗流作用下,土体的渗透稳定性取决于动水压力与抗渗强度之间矛盾的发展演化过程。综上,渗透变形的形式及其发生发展过程与地质条件、土粒级配、水力条件、防排水措施等因素有关。

目前,国内外对渗透变形类型的划分和术语名称尚未统一,但国内学术界比较一致的观点认为:渗透变形的类型主要有管涌、流土、接触冲刷和接触流失四种类型。

### 3.1.1 管涌

在渗流作用下单个土颗粒发生独立移动的现象,称为管涌。管涌较普遍地发生在不均匀的砂层或砂卵(砾)石层中,细粒物质从粗粒骨架孔隙中被渗流挟走,使土层的孔隙和孔隙度增大,强度降低,发展下去会呈现“架空结构”,甚至造成地面塌陷(见图3-1)。

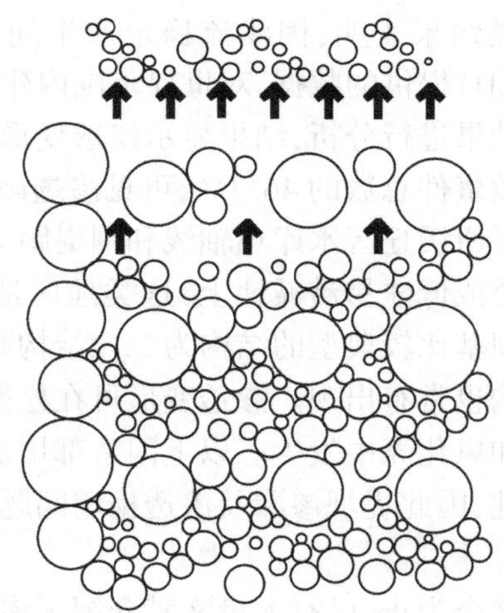

图3-1 管涌原理示意图

管涌一般称为潜蚀作用,可分为机械潜蚀和化学潜蚀。管涌可以发生在坝闸下游渗流溢出处,也可以发生在砂砾石地基中。此外,穴居动物(如各种田鼠、蚂蚁等)有时也会破坏土体结构,若在堤内外构成通道,亦可形成管涌,称为生物潜蚀。

### 3.1.2 流土

流土是指在上升的渗流作用下,局部黏性土和其他细粒土体表面隆起、顶穿或不均匀的砂土层中所有颗粒群同时浮动而流失的现象。一般发生于以黏性土为主的地带。坝基若为河流沉积的二元结构土层组成,特别是上层为黏性土,下层为砂性土地带,下层渗透水流的动水压力如超过上覆黏性土体的自重,就可能产生流土现象。这种渗透变形常会导致下游坝脚处渗透水流出逸地带出现成片的土体破坏、冒水或翻砂现象(见图3-2)。

流土的危害性较管涌大,它可以使土体完全丧失强度。管涌和流土是可以转化的,管涌的发展、演化,往往可以转化为流土。

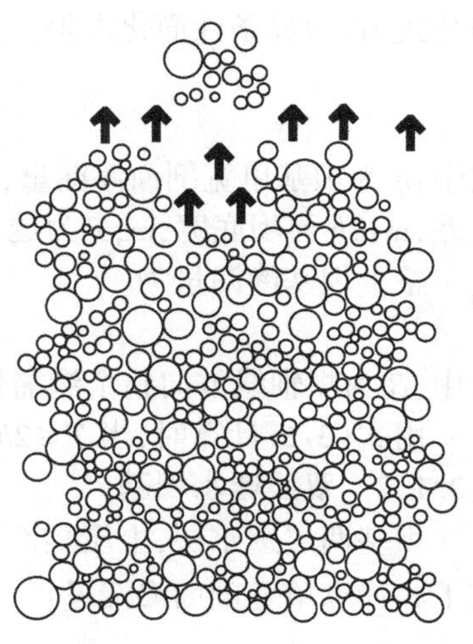

图3-2 流土原理示意图

### 3.1.3 接触冲刷

接触冲刷是指渗透水流沿着两种渗透系数不同的土层接触面或建筑物与地基的接触流动时,沿接触面带走细颗粒的现象(见图3-3)。

### 3.1.4 接触流失

接触流失是指渗透水流垂直于渗透系数悬殊的土层流动时,将渗透系数小的土层中细颗粒带进渗透系数大的粗颗粒土孔隙的现象(见图3-4)。

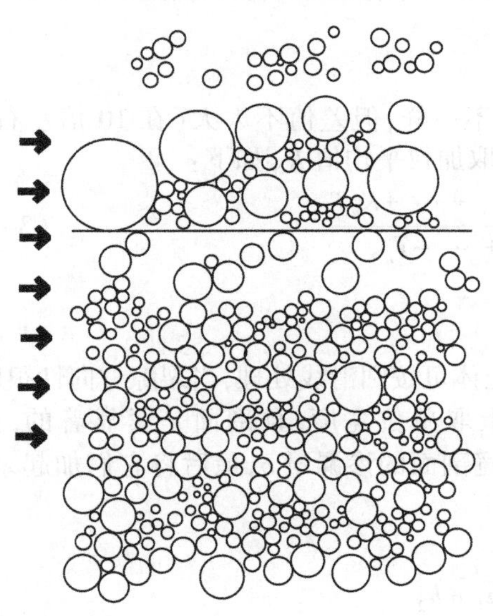

图3-3 接触冲刷示意图

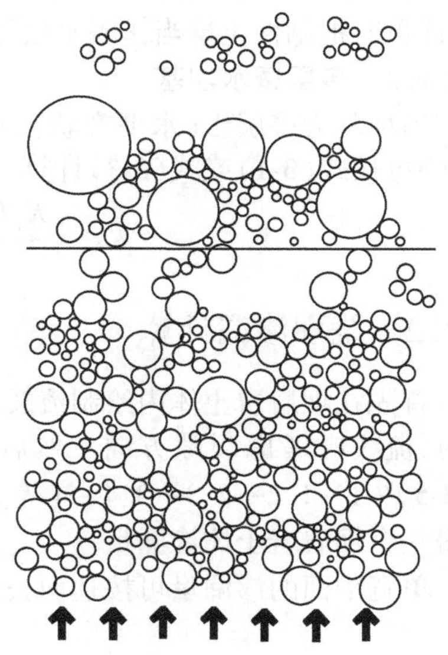

图3-4 接触流失示意图

## 3.2 渗漏计算

### 3.2.1 坝基渗漏计算

#### 3.2.1.1 单层透水坝基

坝基为单层透水层,其厚度小于或等于坝底宽度时,假定坝身是不漏水的,则可按达

西公式,将边界条件简化求得:

$$q = K\frac{H}{2b + T}T \tag{3-1}$$

式中:$q$ 为坝基单宽剖面渗漏量,$m^3/(d \cdot m)$;$K$ 为透水层渗透系数,m/d;$H$ 为坝上下游水位差,m;$2b$ 为坝底宽,m;$T$ 为透水层厚度,m。

整个坝基渗漏量为

$$Q = qB \tag{3-2}$$

式中:$B$ 为坝轴线方向整个渗漏带宽度,m。

用式(3-2)计算时,当 $T \leqslant 2b$ 时较准确,当 $T > 2b$ 时则稍偏小。

#### 3.2.1.2 双层透水坝基

坝基两层透水层,上层黏性土,下层砂砾石层,上层和下层的厚度分别为 $T_1$ 和 $T_2$,则按下式计算单宽剖面渗漏量:

$$q = \frac{H}{\frac{2b}{K_1 T_2} + 2\sqrt{\frac{T_1}{K_1 K_2 T_2}}} \tag{3-3}$$

若上层为砂砾石层、下层为黏性土层,因黏性土透水性较小,则可近似按式(3-1)计算,计算时把黏性土层当作隔水层处理。

#### 3.2.1.3 多层透水坝基

当坝基为多层土(水平产状),其渗透系数均不一样,但差值不太大(在 10 倍左右)时,仍可按式(3-1)或式(3-3)计算,其渗透系数可取加权平均值 $K_{平}$ 如下:

$$K_{平} = \frac{K_1 T_1 + K_2 T_2 + K_3 T_3 + \cdots + K_n T_n}{T_1 + T_2 + T_3 + \cdots + T_n} \tag{3-4}$$

### 3.2.2 绕坝渗漏计算

首先在坝肩岩土体内绘制流线,对于均质的土体可按圆滑线处理,当裂隙方向性很明显时,流线应考虑裂隙方向。然后在流线方向上取单位宽度,且剖面是紧靠着的,如图 3-5 取 1—1、2—2、3—3、4—4 等。计算每个单宽剖面的渗漏量 $q$,最后将它们加起来,即得整个坝肩岩土体渗漏量。

单宽剖面的渗漏量可按达西公式求得:

$$q = KIF = K\frac{H}{L}\frac{h_1 + h_2}{2} \tag{3-5}$$

式中:$H$ 为坝上、下游水位差,m;$L$ 为剖面长度,即渗径长度,m;$h_1$、$h_2$ 为剖面上、下游透水层厚度,m。

显然,每个剖面的渗漏量均有差别,离坝肩越远,剖面越长(渗径越长),则渗漏量会越小,到一定距离后的剖面渗漏量就可以忽略了,这就是坝肩岩土体的渗漏量范围。将此范围内所有剖面的渗漏量 $q$ 乘以各剖面宽度加起来,则为此坝的绕坝渗漏总量。

### 3.2.3 三维数值分析

有限单元法是求解数学物理问题的一种数值解法。它是用有限个单元的集合体代替

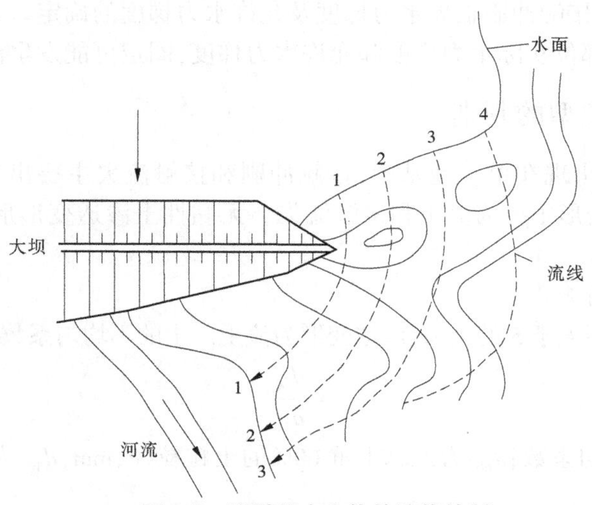


图 3-5　均质透水土体的流线绘制

连续的渗流场,通过选择简单的函数关系近似地表示单元上的水头分布,最后解得渗流场结点处满足一定精度的水头值,用中线法计算过流断面单宽渗量。

符合达西定律的非均质各向异性不可压缩土体的三维空间稳定渗流,其渗流域内任一点水头函数 $h$ 应满足下述基本方程式:

$$\frac{\partial\left(K_x \frac{\partial h}{\partial x}\right)}{\partial x} + \frac{\partial\left(K_y \frac{\partial h}{\partial y}\right)}{\partial y} + \frac{\partial\left(K_z \frac{\partial h}{\partial z}\right)}{\partial z} = 0 \tag{3-6}$$

式中:$h=h(x,y,z)$ 为待求水头函数;$K_x$、$K_y$、$K_z$ 分别为 $x$、$y$、$z$ 向渗透系数。

与式(3-6)相对应的定解条件为

水头边界:
$$h\Big|_{\Gamma_1} = h_1(x,y,z) \tag{3-7}$$

流量边界:
$$-k_n \frac{\partial h}{\partial n}\Big|_{\Gamma_2,\Gamma_3} = q \tag{3-8}$$

式中:边界面 $\Gamma=\Gamma_1+\Gamma_2+\Gamma_3$。

其中 $\Gamma_1$ 为第一类边界,如上、下游水位边界,自由渗出段边界等已知水头边界;$\Gamma_2$ 为不透水边界和潜流边界等第二类边界,即已知流量边界;$\Gamma_3$ 为自由面边界,在其上 $q=0$,自由面上任一点需满足 $h^* = z$。

## 3.3　渗透稳定性评价

渗透稳定性评价工作,对于水工建筑物来说尤为重要。在工程兴建以前,必须评价场地或地基的渗透稳定性,以便采取相应的防治措施,保障建筑物安全。土石坝松散土体坝基渗透稳定性评价主要包括以下四方面:

(1)根据土体的类型和性质,判别产生渗透变形的形式。

(2)确定坝基各部位的实际水力梯度。

(3)流土、管涌和接触冲刷临界水力梯度及允许水力梯度的确定。

(4)比较坝基各部位实际水力梯度和允许水力梯度,圈定可能发生渗透变形的区域。

### 3.3.1 渗透变形类型的判别

流土和管涌主要出现在单一地基中,接触冲刷和接触流失主要出现在双层地基中。对黏性土而言,渗透变形主要为流土和接触流失。无黏性土渗透变形形式的判别应符合下列要求。

#### 3.3.1.1 流土和管涌

(1)不均匀系数不大于5的土,其渗透变形为流土。土的不均匀系数可采用下式计算:

$$C_u = \frac{d_{60}}{d_{10}} \tag{3-9}$$

式中:$C_u$ 为土的不均匀系数;$d_{60}$ 为占总土重60%的土粒粒径,mm;$d_{10}$ 为占总土重10%的土粒粒径,mm。

(2)对于不均匀系数大于5的土,可根据土中的细粒颗粒含量进行判别。

流土:

$$P_r \geqslant 35\% \tag{3-10}$$

过渡型取决于土的密度、粒级、形状:

$$25\% \leqslant P_r < 35\% \tag{3-11}$$

管涌:

$$P_r < 25\% \tag{3-12}$$

式中:$P_r$ 为土的细粒颗粒含量,以质量百分率计(%)。

土的细粒含量可按下列方法确定:

级配不连续的土,级配曲线中至少有一个粒径级的颗粒含量小于或等于3%的平缓段,粗细粒的区分粒径 $d_f$ 的平缓段粒径级的最大粒径和最小粒径的平均粒径区分,或以最小粒径为区分粒径,相当于此粒径的含量为细颗粒含量。对于天然无黏性土,不连续部分的平均粒径多为2 mm。

级配连续的土,区分粗粒粒径和细粒粒径的界限粒径 $d_f$ 按下式计算:

$$d_f = \sqrt{d_{70}d_{10}} \tag{3-13}$$

式中:$d_f$ 为粗细粒的区分粒径,mm;$d_{70}$ 为小于该粒径的含量占总土重70%的颗粒粒径,mm;$d_{10}$ 为小于该粒径的含量占总土重10%的颗粒粒径,mm。

#### 3.3.1.2 接触冲刷判别

对于双层结构的地基,当两层土的不均匀系数小于或等于10,且符合下式规定的条件时,不会发生接触冲刷。

$$\frac{D_{10}}{d_{10}} \leqslant 10 \tag{3-14}$$

式中:$D_{10}$、$d_{10}$ 分别为较粗和较细的一层土的土粒粒径,且小于该粒径的土重占总土重的10%,mm。

#### 3.3.1.3 接触流失判别

对于渗流向上的情况,符合下列条件将不会发生接触流失。

不均匀系数小于5的土层:

$$\frac{D_{20}}{d_{70}} \leqslant 7 \tag{3-15}$$

式中：$D_{20}$ 为较粗一层土的土粒粒径，且小于该粒径的土重占总土重的20%，mm；$d_{70}$ 为较粗一层土的土粒粒径，且小于该粒径的土重占总土重的70%，mm。

### 3.3.2　确定坝基各点的实际水力梯度

由于坝基地层结构和各层渗透系数的变化，水库蓄水后大坝上下游水头差的不同，以及坝基轮廓的差异等因素制约，坝基下实际水力梯度的分布是比较复杂的。目前，确定坝基实际水力梯度的方法有理论计算法、绘制流网的图解法、水电比拟法及观测法等。这里介绍前两种方法。

理论计算法在初步判定渗透变形时采用。用此法确定坝基实际水力梯度，必须根据渗流类型、渗流方向和地质条件等选用合适的计算公式。如果坝基为双层结构，且地层厚度稳定、透水性均一(见图3-6)，则在平面流情况下坝后渗流溢出段的平均水力梯度(逸出梯度)可按下式计算：

$$I_{逸平} = \frac{H_1 - H_2}{2T_1 + 2b\sqrt{\dfrac{K_1 T_1}{K_2 T_2}}} \tag{3-16}$$

式中：$H_1$、$H_2$ 分别为坝上、下游水位，m；$T_1$、$T_2$ 分别为上、下土层厚度，m；$K_1$，$K_2$ 分别为上、下土层渗透系数，m/d；$2b$ 为坝基宽度，m。

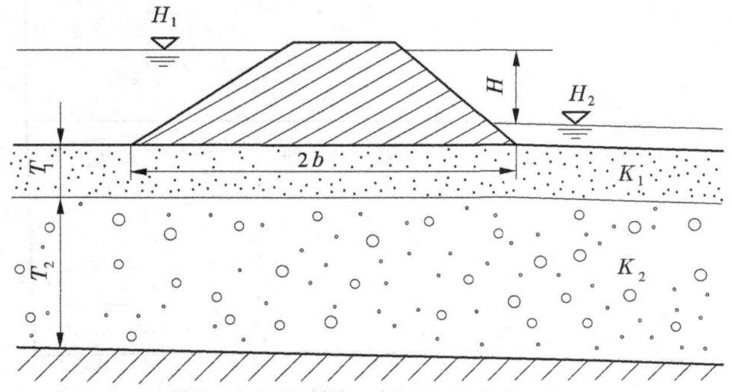


**图3-6　双层结构坝基示意图**

坝基下水平渗流段的平均水力梯度可按直线比例法确定，即

$$I_{水平} = \frac{H_3 - H_4}{2b} \tag{3-17}$$

式中：$H_3$、$H_4$ 分别为上、下游坝脚处下层土的测压水位。

由于坝后渗流溢出段位于下游坝脚附近，水流由下向上，地面临空，是最易发生渗透变形的地段，且变形由此处开始可能向坝基下发展，所以应重点确定该地段的实际水力梯度。

绘制流网法比较简便，且可靠性较高，所以是常用的方法。这种方法主要工作是绘制坝基流网图。流网图是由一系列流线和等水头线所组成的网格，在均质各向同性岩层中，流网最基本的特征是流线与等水头线正交。一般绘制流网的原则是:①使各相邻两等水头线间的水头损失 $\Delta H$ 彼此相等;②使各相邻两流线间的单宽流量 $\Delta q$ 彼此相等。于是在均质各向同性岩层中,每个网格的平均长度($\Delta s$)和高度($\Delta b$)的比值保持不变,即 $\Delta b/\Delta s=$定值。网格的平均长度和高度可以相等(正方形),也可以不相等(矩形)。但多数采用正方形,因此通常 $\Delta b/\Delta s=1$。图 3-7 所示即为单层均质各向同性透水层坝基渗透流网图。

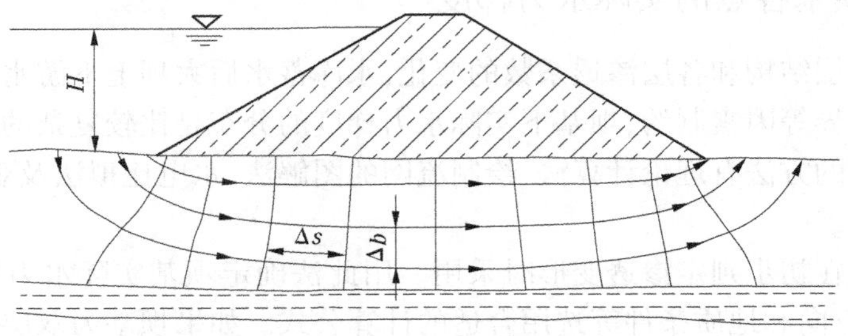


图 3-7　单层均质各向同性透水层坝基渗透流网图

如果坝基是非均质的双层结构土层,由于两层的渗透性不同,当流线通过两层分界面时发生折射,流网图也有所不同(见图 3-8)。

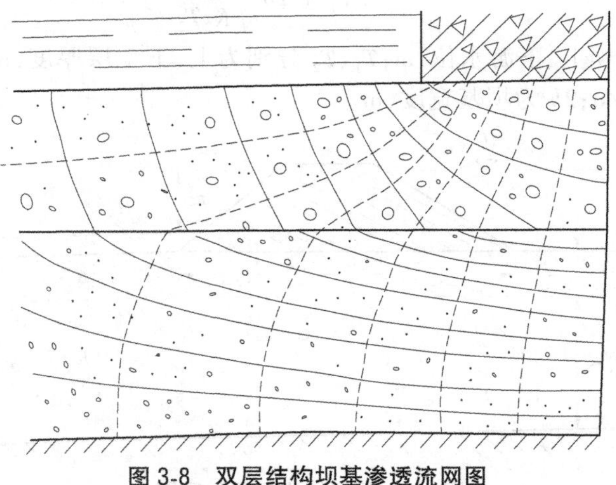

图 3-8　双层结构坝基渗透流网图

绘出流网图后,即可确定坝基任一点的水力梯度值,即

$$I=\frac{\Delta H}{\Delta s} \tag{3-18}$$

式中:$\Delta H$ 为点所在网格两条等水头线间的水头差;$\Delta s$ 为点所在网格流线长度。

### 3.3.3　渗透变形的临界水力比降确定方法

确定临界水力梯度的方法也较多,有理论计算法、室内外试验、反演分析、经验类比法和图表法等,可根据渗透变形的类型、工程重要性和不同勘察阶段等采用。工程等级较低或初期勘察阶段,可采用图表法估计临界水力梯度;而工程等级较高或后期勘察阶段,则应采用试验法直接确定临界水力梯度。理论计算法简单实用，但未考虑土体强度，试验法直接可靠。本章主要介绍理论计算法和试验法。

#### 3.3.3.1　理论计算法

1.流土型计算

$$J_{cr} = (G_s - 1)(1 - n) \tag{3-19}$$

式中：$J_{cr}$ 为土的临界水力比降；$G_s$ 为土粒密度与水的密度之比；$n$ 为土的孔隙率（以小数计）。

2.管涌型计算或过渡型计算

$$J_{cr} = 2.2(G_s - 1)(1 - n)^2 \frac{d_5}{d_{20}} \tag{3-20}$$

式中：$d_5$、$d_{20}$ 分别为占总土重的5%和20%的土粒粒径，mm。

3.管涌型计算

$$J_{cr} = \frac{42d_3}{\sqrt{\frac{K}{n^3}}} \tag{3-21}$$

式中：$d_3$ 为占总土重3%的土粒粒径，mm；$K$ 为土的渗透系数，cm/s。

土的渗透系数应通过渗透试验测定。若无渗透系数试验资料，《水力发电工程地质勘察规范》（GB 50287—2016）推荐根据下式计算近似值：

$$K = 2.34n^3 d_{20}^2 \tag{3-22}$$

式中：$d_{20}$ 为占总土重20%的土粒粒径，mm。

4.两层土之间的接触冲刷临界水力比降 $J_{k.H.r}$ 计算

如果两层土都是非管涌型土，则

$$J_{k.H.r} = \left(5.0 + 16.5\frac{d_{10}}{D_{20}}\right)\frac{d_{10}}{D_{20}} \tag{3-23}$$

式中：$d_{10}$ 为细层的粒径，mm，小于该粒径的土重占总土重的10%；$D_{20}$ 为粗层的粒径，mm，小于该粒径的土重占总土重的20%。

#### 3.3.3.2　试验法

试验法是测定临界水力比降最直接、可靠的方法，有室内试验和现场试验两种。对于大型工程且坝基工程地质条件比较复杂时，应进行现场试验。

目前，国内有少量工程，河南省只有陆浑水库、燕山水库和南湾水库采用过现场钻孔压水试验方法来研究破碎岩体的渗透变形问题。所谓现场钻孔渗透变形试验研究，是通过在现场主孔（压水孔）进行相对较长时间内分级施压，在试验过程中记录分析主压孔和观测孔内的压力、流量、水中挟带物等现象来判断试验段渗流及渗透变形特征，从而求得试验段地层的渗透破坏坡降等水文地质参数的方法。例如，赵四雄在黑河水库断层破碎带的渗透变形试验中采用在原位钻孔，然后对距离钻孔3 m处的岩体侧壁上渗水进行水质、渗水量以及带出颗粒等分析的方法研究了断层破碎带渗透变形的临界及破坏水力坡降。李宝全等也采用类似方法对糯扎渡水电站右岸构造软弱岩带渗透变形特性进行了研究。贺如平等通过现场取样制作渗透变形试件，并在现场进行渗透变形试验的方法研究了溪洛渡水电站坝基层内错动带渗透变形特性。邹志悝等在燕山水库开展了现场管涌试验,发现临界坡降的试验值远大于理论计算值,由此提出临界坡降的选取应综合考虑土体本身的结构强度。赵海滨采用对观测孔内的水质取样分析和钻孔电视录像进行对比研究了原位渗透变形特征并提出了确定临界水力坡降的基本判据。

本章结合燕山水库坝基顺河断层带渗透稳定性研究等项目实践经验,介绍开挖式管涌试验和钻孔管涌试验两种现场试验方法。

1. 开挖式管涌试验

开挖式管涌试验适用于坝基可能发生管涌的地层埋深较浅、地下水位刚好位于该地层中的地区。这种试验方法是以人工抬高水位来直接模拟大坝蓄水对坝基的渗透影响,原理明确,又有大量工程实践经验,近年来在工程中得到较广泛的应用。

1)试验方法

现场开挖式管涌试验就是选择有代表性的地段直接将试验地层开挖至地下水位位置,在其上人工砌置挡水构筑物,通过逐级蓄高水头来施加一定序列的水力坡降,直至地层出现管涌。较典型的是围堰式堤坝,如图3-9所示,开挖至地下水位后,砌置一底宽为$b$、半径为$r$的圆形注水井,在井中加入清水,逐级提高水头,观察试坑外地面渗水情况,每隔1~2 min测定一次流量,并现场绘制$H$(水头)-$Q$(流量)曲线。

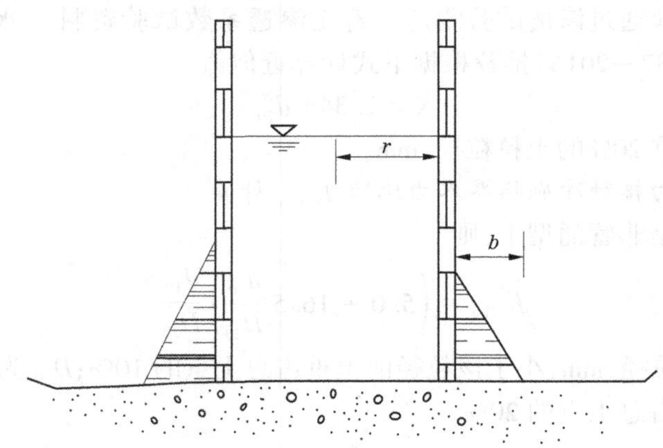


图3-9 开挖式管涌试验剖面示意图

2)试验设备

挖掘机、铲运机等大型开挖机械量测设备有量桶或流量表、加重布帘尺等。

3)试验水头与观测时间

试验最大水头由坝基各处根据各种方法计算的所承受的最大压力坡降确定,且宜以流网法为主。水头由小到大的增加幅度视工程情况而定,一般控制压力坡降的增加值在5 m/m以内,每级压力的观测时间不宜太短。

4)判断管涌发生和计算破坏比降

可通过两种方法判定管涌的发生:一是试验中以肉眼观测到渗透压力作用下,在渗流溢出处土中细粒被带出来或发生砂沸,砂粒具有水平位移,即可判定发生管涌。二是$H$(水头)-$Q$(流量)曲线上,流量有显著增加,而$H$不变或略有下降,曲线出现明显拐点,可认定发生管涌。破坏比降由下式确定：

$$J_{破坏} = H/b \tag{3-24}$$

式中：$H$ 为发生管涌时的水头差。

5）试验中需注意的问题

第一，试验成功的前提是保证地层的原状和围井底脚止水。同时为消除尺寸效应和边界效应，$b$ 值不宜太小，取 2 m 左右为宜，且注水井半径 $r$ 应大于或等于堤坝底宽 $b$。

第二，管涌发生的判定以肉眼观测方法为主，$H$（水头）-$Q$（流量）曲线为辅助判定条件。

开挖式管涌试验除采用围堰形式的堤坝外，还有封闭式、半封闭式堤坝等多种形式，其原理大致相同。这种试验方法特点是方法简洁直接、成果可靠，缺点是施工难度大、周期长。当试验地层埋藏较深、地下水位较浅时，就需要采用钻孔管涌试验的方法。

2. 钻孔管涌试验

钻孔管涌试验目前尚未积累成熟的经验，燕山水库在坝基断层中进行钻孔管涌试验，取得了具有参考价值的数据，为论证大坝坝基渗透稳定性及防渗设计提供了依据。

试验主要是在坝基具有代表性的地段施工钻孔，分主孔（压水孔）及观测孔，也有试验用开挖洞槽来代替观测孔的。主孔与观测孔相隔一定距离，通过在主孔试验段压入一定压力序列的高压水流，同时观测主孔及观测孔的压力（水头）流量来获得一组数据。理论上当地层发生渗透破坏时，细粒物质被水冲走，形成管涌，流量会突然增大，压力有所减小，从而在 $P$-$t$、$Q$-$t$、$P$-$Q$ 曲线上获得一组拐点，该点即为渗透破坏的临界点，以此来求得该地层发生渗透破坏比降。

1）施工流程

施工流程：钻孔—洗孔—观测孔下入花管—主孔试段隔离止塞试验数据观测。

当地层比较破碎时，可采用二次成孔混凝土护壁或套管止水来防止绕栓塞渗流。试段孔径一般为 110 mm。

试验开始后，主压水孔施加一定压力序列的压力水头，在主孔观测流量、压力，观测孔观测水位随时间的变化规律，同时现场绘制有关的试验曲线（见表 3-1），间隔时间一般为 1～2 min。试验压力（坡降）增加序列一般为：0.05～0.10～0.15～0.20～0.25……破坏，即每次增加 0.05 MPa，待压入流量稳定，且已稳定相当一段时间后，主孔、观测孔压力（水位）无明显变化，做下一级压力试验，直至地层破坏。

**表 3-1　现场试验绘制曲线类型**

| 曲线类型 | 函数关系 |
| --- | --- |
| 以 $P$ 为自变量 | $P$-$Q_{主}$ 和 $P$-$Q_{观}$ 或 $P$-$S$ |
| 同级压力下，$Q_{主}$、$Q_{观}$ 或 $S$ 与时间的关系 | $P$=定值<br>$Q_{主}$-$t$ 和 $Q_{观}$-$t$ 或 $S$-$t$ |

注：$P$ 为主压水孔压力，$Q_{主}$ 为主压水孔流量，$Q_{观}$ 为观测孔流量，$S$ 为观测孔水位。

2)施工设备

主要的机器设备有地质钻机、止水栓塞、供水设备、钻孔测斜仪等。试验用的水泵应压力稳定、出水均匀、工作可靠。往复式水泵出口应安装容积大于 5 L 的稳压空气室,有条件的地方可采用自流供水法进行试验,效果更好。

3)管涌发生判定及破坏比降的计算

发生标准为:①主孔压力突然减小,而流量不变或增大;②观测孔水位突然增高或随时间逐渐增大;③观测孔回水有明显的浑浊,地层中的细小颗粒有被带出的迹象。以上标准根据试验情况综合采用。破坏比降由下式确定:

$$J_{破坏} = H/d$$

式中:$H$ 为主孔与观测孔之间的水头差;$d$ 为钻孔间距。

4)试验每级压力延续时间

大型水利工程自建成之日起,其坝基长期经受高水位渗透压力的考验,而现场钻孔管涌试验不可能模拟如此长时间的水位压力,因此延续时间应保证在一定安全系数下结果准确可用,尽可能减少时间效应的影响。

3. 经验及建议

第一,由于当前现场管涌试验尚无规范可循,造成试验方法、数据观测、试验时间等都有较大的随意性,建议做专门性试验论证各个试验参数对试验结果的影响,并对试验数据的选取提出建议。

第二,大型水利工程自建成之日起,其坝基长期经受高水位渗透压力的考验,而现场试验不可能模拟如此长时间的水位压力,因此从这方面讲,试验结果可能较实际偏大。

第三,室内管涌试验判别管涌发生的标志一般是通过肉眼鉴别,当回水发浑就认为细粒物质被带走发生管涌。而钻孔管涌试验是通过一系列宏观数据所反映的曲线来判别的,主要有 $P$(压力)、$Q$(流量)、$H$(水位),事实上当管涌进行到一定程度时,这些宏观变量才会发生显著的变化。因此,钻孔管涌试验相对于室内试验存在滞后效应,选用其成果时应充分考虑合适的安全系数。

第四,在求解各个渗透比降时,参与运算的数据只有水头差和渗径 2 个参数,目前尚无资料量化其他参数(如钻孔管涌试验中的孔径、试段长度等)对试验成果的影响,有待进行专门性研究。

### 3.3.4　无黏性土的容许水力比降确定方法

(1)以土的临界水力比降除以 1.5~2.0 的安全系数;对水工建筑物的危害较大,取 2 的安全系数;对于特别重要的工程也可用 2.5 的安全系数。

通常流土破坏是土体整体破坏,对水工建筑物的危害较大,安全系数取 2,对于特别重要的工程也可用 2.5。管涌比降是土粒在孔隙中开始移动并被带走时的水力比降,一般情况下,土体在此水力比降下还有一定的承受水力比降的潜力,故取 1.5 的安全系数。

(2)无试验资料时,可根据表 3-2 选用经验值。

表 3-2　无黏性土容许水力比降经验值

| 容许水力比降 | 渗透变形形式 | | | | | |
|---|---|---|---|---|---|---|
| | 流土型 | | | 过渡性 | 管涌型 | |
| | $C_u \leqslant 3$ | $3 < C_u \leqslant 5$ | $C_u > 5$ | | 级配连续 | 级配不连续 |
| $J_{容许}$ | 0.25~0.35 | 0.35~0.50 | 0.50~0.80 | 0.25~0.40 | 0.15~0.25 | 0.10~0.20 |

注:本表不适用于渗流出口有反滤层情况。若有反滤层做保护,则可提高 2~3 倍。

## 3.4　渗透变形防治措施

水工建筑物的渗流控制主要是土石坝的渗流控制。土石坝因修筑于河床地段,河流相堆积物以无黏性土为主。由于建坝后库水位抬高,坝前、坝后附近水力梯度较大,所以防治渗透变形的意义重大。主要的防治措施有垂直截渗、水平铺盖、排水减压和反滤盖重等。

### 3.4.1　垂直截渗

垂直截渗常用的方法有黏土截水槽、灌浆帷幕和混凝土防渗墙等。

黏土截水槽(见图 3-10)常用于透水性很强、抗管涌能力差的砂卵石坝基。它必须与坝体的防渗结构搭接在一起,并做到下伏隔水层中,形成一个封闭系统。当隔水层埋深较浅、厚度较大,且完整性较好时,这种措施的效果较佳。

灌浆帷幕适用于大多数松散土体坝基。砂卵石坝基一般采用水泥和黏土的混合浆灌注,而中细砂层必须采用化学浆液(丙凝)灌注。由于灌浆压力较大,故这种方法最好在冲积层较厚的情况下使用。混凝土防渗墙适用于砂卵石坝基。

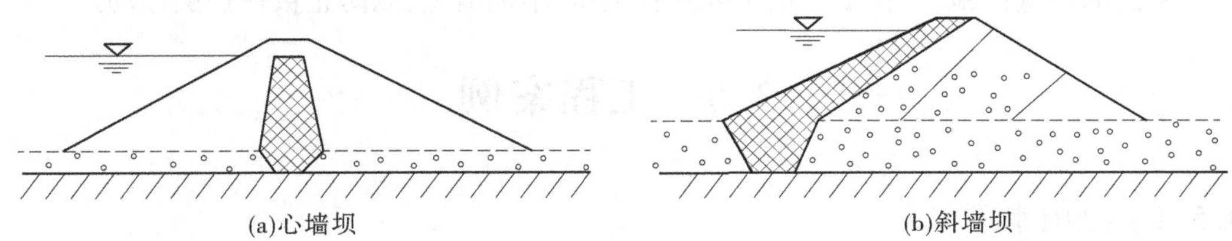


图 3-10　黏土截水槽示意图

### 3.4.2　水平铺盖

当透水层很厚,垂直截渗措施难以奏效时,常采用此法。其措施是在坝上游铺设黏性土铺盖,该黏性土的渗透系数应较下伏坝基小 2~3 个数量级,并与坝体的防渗斜墙搭接

(见图 3-11)。铺盖的长度($l$)和厚度($t$)可通过计算确定。水平铺盖措施只是加长渗径而减小水力梯度,它不能完全截断渗流。应注意铺盖被库水水头击穿而失效。

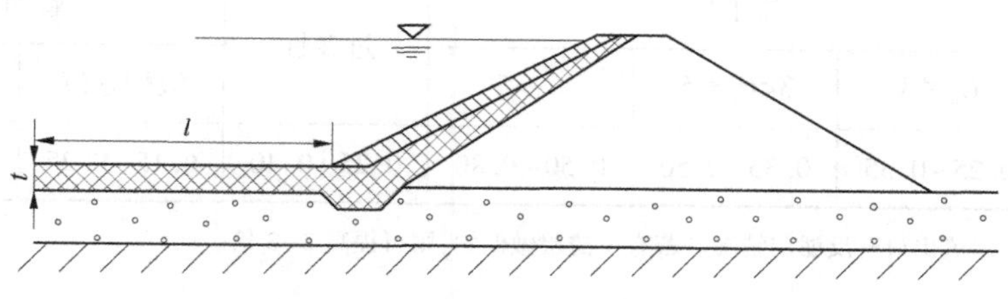


图 3-11 水平铺盖示意图

当坝前河谷中表层有分布稳定且厚度较大的黏性土覆盖时,可利用它做天然的防渗铺盖。施工时要严禁破坏该覆盖层。

### 3.4.3 排水减压

在坝后的坝脚附近设置排水沟和减压井,它们的作用是吸收渗流和减小溢出段的实际水力梯度。

排水减压措施应根据地层结构选择不同的形式。如果坝基为单透水结构或透水层上覆黏性土较薄的双层结构,则单独设置排水沟,使之与透水层连通,即可有效地减小实际水力梯度。如果双层结构的上层黏性土厚度较大,则应采取排水沟与减压井相结合的措施。在不影响坝坡稳定的条件下,减压井位置应尽量靠近坝脚,并且要平行坝轴线方向布置。

### 3.4.4 反滤盖重

反滤层是保护渗流出口的有效设施,它既可以保证排水通畅,减小溢出梯度,又能起到盖重的作用。典型的反滤层结构为分层铺设三层粒径不同的砂砾石层层界面与渗流方向正交,粒径由细到粗。

专门的盖重措施,是在坝后用土或碎石填压,增加荷重,以防止被保护层浮动。

## 3.5 工程案例

### 3.5.1 燕山水库

燕山水库大坝坝基置于顺河断层(F100)之上,该断层为一区域性隐伏断裂,长约 200 km。该断层在坝基下破碎带宽度达 150 m,推测垂直断距在千米以上。针对大坝直接置于复杂罕见的区域大断裂之上这一特征,勘察单位通过钻探、压(注)水试验、双孔管涌试验、室内大型岩土试验等手段,从而详细查明了研究区地质边界条件,取得准确可靠的研究计算参数。双孔管涌试验即在现场试验点布置一对主孔和观测孔,通过在主孔试段压入一定水头序列的高压水流,同时观测主孔和观测孔的流量、水位及水的浑浊程度变化等。当压力达到一定高的水头时,岩体中细粒物质被渗透水流带走,发生渗透变形直至岩体结构破坏,此时,主孔试段周围的压力将释放,其压入水流量将突然增大,相应地观测孔水位或流量明显增加、主孔压力突然降低。从而在相关压力与流量关系曲线上获得拐点,以此来求得该试段发生渗透破坏的破坏比降,具体分述如下。

#### 3.5.1.1　左岸台地段

桩号 0+500～3+740 段为Ⅱ级阶地,具土岩双层结构,上部为 $Q_2$ 地层,下部为第三系黏土岩、黏土质砂岩和黏土质砂砾岩。$Q_2$ 地层上部为低液限黏土,下部为卵石混合土。$Q_2$ 低液限黏土广布于坝基及坝前,根据本次坝前铺盖调查资料,桩号 2+150 以北低液限黏土一般厚 1～3 m,以南低液限黏土厚度变大,坝前一般大于 5 m,另据坝轴线钻探剖面,桩号 2+150 以南低液限黏土层厚 8～15 m;桩号 2+150 以北卵石混合土很少且不连续,大多为低液限黏土直接覆于第三系地层之上;以南卵石混合土厚多为 5～9 m,最厚达 16 余 m。据室内渗透试验,$Q_2$ 低液限黏土渗透系数为 $2.41\times10^{-7}$～$4.82\times10^{-6}$ cm/s,为极微-微透水性。本次调查期间,在 $Q_2$ 低液限黏土表层做了 31 组现场渗水及室内渗透试验,其渗透系数为 $5.42\times10^{-7}$～$6.65\times10^{-4}$ cm/s,平均 $2.18\times10^{-4}$ cm/s,多为中等透水性,分析原因主要是由 $Q_2$ 低液限黏土表层裂缝发育所致。$Q_2$ 卵石混合土层据 5 组现场注水试验,渗透系数为 $4.60\times10^{-5}$～$1.33\times10^{-3}$ cm/s,其中 3 组为弱透水、2 组为中等透水。第三系地层绝大部分属极微-微透水。可见,桩号 0+500～3+740 段坝基渗漏问题不大。$Q_2$ 低液限黏土是较好的坝前铺盖,施工时严禁在坝前一定范围内取土破坏其天然铺盖。

桩号 3+740～4+300 为左岸二级阶地前缘地段,坝基以 $Q_3$ 地层为主,$Q_3$ 地层具二元结构,上部为低液限黏土,下部为卵石混合土层,土层与卵石混合土层之间多有粉细砂及中粗砂等过渡带,可视为反滤层。卵石混合土层分布在 80～89 m 高程以下,厚 2.6～12 m,渗透系数为 $3.57\times10^{-4}$～$7.04\times10^{-2}$ cm/s,属中等-强透水层,与河槽卵石混合土层相连通,坝基下游部分直接出露,存在渗漏及渗透稳定问题。因此,必须对 $Q_3$ 卵石混合土层的渗漏及渗透变形问题进行工程处理。

#### 3.5.1.2　河槽段

桩号 4+300～4+660 段为现代河槽及右岸残留阶地,除阶地表部有薄层低液限粉土(一般厚 2～5 m)外,基岩以上为 $Q_4$、$Q_3$ 卵石混合土层,厚 8～13 m,渗透系数为 $5.2\times10^{-2}$～$2.11\times10^{-1}$ cm/s,属强透水层。河槽段仅对表层地下水位以上的卵石混合土层做了试验,据 5 组颗分资料,粒度成分中漂石、卵石含量占 28%～67%,其中细粒土(粒径小于 1 mm)的颗粒含量为 9%～22%,其不均匀系数为 48.4～189.2,属可管涌土类,根据渗透系数值及细粒含量判定,其管涌临界水力坡度值约为 0.15,作为坝基,本段须做好防渗处理,以防产生强烈渗漏及渗透破坏。

桩号 4+395～4+520 段,卵石混合土层之下为顺河向断层破碎带(F100),其构造岩岩性复杂,除灰岩角砾外一般胶结轻微,胶结物以岩粉、泥质为主;灰岩角砾岩中夹有松软壤土物质,上部构造岩成分有呈粉砂和白色粉土状物质。透水性大小在空间分布上没有明显的规律性,据二坝线区 140 段压(注)水试验资料,断层破碎带以弱透水、微-极微透水为主,即分别占 57.9%、14.3%;中等透水占 27.8%。桩号 4+520～4+660 段,卵石混合土层之下为顺河向断层影响带安山岩,在勘探深度内,上部为全风化带,厚度一般为 2～18

m，相应全风化带下限高程 56~75 m，且在近断层 13~25 m 范围内形成一深风化带；中部为强风化带，厚度一般为 15~22 m；下部为弱风化带、微风化带。全风化带中 15 段压水试验，其中 4 段中等透水、11 段弱透水；强风化带中 12 段压水试验，其中弱透水占 83.3%、中等透水占 16.7%；弱风化带中 8 段压水试验，其中微-弱透水 5 段占 62.5%、中等透水 3 段占 37.5%；微风化带中 6 段压水试验，其中 4 段弱透水、2 段中等透水。根据上述分析，水库蓄水后构造岩中等透水段、灰岩角砾岩中所夹泥层及全风化安山岩层则有可能产生渗透变形。

为进一步评价河槽坝基渗漏及渗透变形问题，尤其是顺河向断层破碎带及其影响带的渗透稳定性，可研阶段勘察中河南省水利勘测有限公司与中国地质大学（武汉）联合进行了燕山水库坝基顺河断层带渗透稳定性专题研究，进行了现场钻孔渗透变形试验和室内颗粒分析，以确定断层破碎带的破坏比降及物质颗粒组成，同时，在试验钻孔中进行了连续压水试验，渗透变形试验成果见表 3-3，颗粒分析成果见表 3-4，压水试验成果见表 3-5。

**表 3-3　渗透变形试验成果**

| 岩性类别 | 试验深度/m | 临界比降 $J_L$ | 破坏比降 $J_P$ | 允许比降 $J_Y$ |
| --- | --- | --- | --- | --- |
| 破碎带（泥岩、砂岩） | 20.5~26.0 | | >15.1 | >5.0 |
| | 26.7~32.0 | | >28.4 | >9.5 |
| | 18.0~23.0 | 27.57 | 32.32 | 10.8~13.8 |
| 破碎带（石英砂岩、紫红色页岩） | 29.5~35.7 | | >46.8 | >15.6 |
| | 32.4~38.5 | | >49.6 | >16.5 |
| | 42.0~50.0 | | >20.2 | >6.7 |
| | 11.7~19.0 | 30.92 | | 15.5 |
| | 18.7~26.2 | 23.5 | 35.89 | 11.8~11.9 |
| | 24.9~32.0 | 30.97 | 35.95 | 12.0~15.5 |
| | 32.9~40.0 | | >21.33 | >7.1 |
| | 40.5~50.0 | 31.16 | 36.12 | 10.6~12.1 |
| 全风化安山岩 | 12.3~18.0 | | >29.95 | >10.0 |
| | 20.3~26.0 | 24.95 | 29.65 | 9.9~12.5 |
| 强风化安山岩 | 29.3~34.0 | | >40.14 | >20.1 |

**表 3-4　颗粒分析成果**

| 岩性类别 | 颗粒组成(粒径/mm)/% | | | | | | | | 界限系数 | | 室内颗分定名 |
|---|---|---|---|---|---|---|---|---|---|---|---|
| | >20 | 20~5 | 5~2 | 2~0.5 | 0.5~0.25 | 0.25~0.075 | 0.075~0.005 | <0.005 | 不均匀系数 $C_u$ | 曲率系数 $C_c$ | |
| 破碎带(泥岩、砂岩) | | 0.4 | 2.9 | 4.0 | 2.3 | 15.9 | 52.9 | 21.7 | 30.0 | 0.833 | |
| | | 6.4 | 15.6 | 14.3 | 3.6 | 21.9 | 30.2 | 7.9 | 34.714 | 2.188 | 黏土质砂 |
| | | 9.0 | 12.0 | 17.4 | 7.5 | 15.9 | 17.3 | 20.9 | | | 黏土质砂 |
| 破碎带(石英砂岩、紫红色页岩) | 1.1 | 8.8 | 19.3 | 17.8 | 4.8 | 10.6 | 20.0 | 17.5 | 405.50 | 0.755 | 粉土质砂 |
| | 0.9 | 0.1 | 4.5 | 34.0 | 13.5 | 21.5 | 17.0 | 8.6 | 81.50 | 3.686 | 粉土质砂 |
| | 0.8 | 23.3 | 18.0 | 15.1 | 4.9 | 11.1 | 16.5 | 10.2 | 471.00 | 1.009 | 粉土质砂 |
| | 8.9 | 21.3 | 12.9 | 12.6 | 4.6 | 10.6 | 16.3 | 12.8 | 891.33 | 0.880 | 粉土质砂 |
| | 1.5 | 12.2 | 13.5 | 13.5 | 4.8 | 19.1 | 18.3 | 17.1 | 543.00 | 3.249 | 粉土质砂 |
| | 5.2 | 19.3 | 22.4 | 17.1 | 5.0 | 11.7 | 11.2 | 8.0 | 416.42 | 2.415 | 粉土质砂 |
| 断层影响带(全风化安山岩) | | 13.2 | 36.2 | 24.8 | 5.3 | 7.1 | 8.9 | 4.6 | 115.58 | 6.307 | 含细粒土砂 |
| | 24.0 | 35.4 | 26.7 | 10.9 | 0.7 | 0.8 | 1.4 | | 8.88 | 0.791 | 级配不良砾 |
| | 5.6 | 23.3 | 26.5 | 19.0 | 3.3 | 5.8 | 9.0 | 7.4 | 338.36 | 12.487 | 粉土质砾 |
| | | 5.8 | 11.2 | 19.0 | 6.5 | 15.6 | 28.7 | 13.1 | 86.50 | 0.650 | 粉土质砂 |

**表 3-5　压水试验成果**

| 岩性类别 | 试验深度/m | 单位透水率/Lu | 曲线类型 | 渗透系数/(cm/s) | 透水性分级 |
|---|---|---|---|---|---|
| 构造岩(泥岩、砂岩) | 18.4~26.7 | 12.0 | 冲蚀型 | $1.82\times10^{-4}$ | 中等透水 |
| | 18.0~23.0 | 2.77 | 层流型 | $3.31\times10^{-5}$ | 弱透水 |
| | 12.2~18.0 | 22.8 | 层流型 | $3.24\times10^{-4}$ | 中等透水 |
| | 29.5~35.7 | 6.98 | 层流型 | $8.74\times10^{-5}$ | 弱透水 |
| 构造岩(石英砂岩、紫红色页岩) | 32.4~38.5 | 0.81 | 充填型 | $1.01\times10^{-5}$ | 微透水 |
| | 42.0~50.0 | 2.53 | 冲蚀型 | $3.34\times10^{-5}$ | 弱透水 |
| | 11.7~19.0 | 8.84 | 层流型 | $1.15\times10^{-4}$ | 弱透水 |
| | 18.7~26.2 | 4.29 | 层流型 | $5.59\times10^{-5}$ | 弱透水 |
| | 24.9~32.0 | 6.81 | 层流型 | $8.77\times10^{-5}$ | 弱透水 |
| | 32.9~40.0 | 3.46 | 层流型 | $4.46\times10^{-5}$ | 弱透水 |
| | 40.5~50.0 | 1.76 | 层流型 | $2.40\times10^{-5}$ | 弱透水 |
| 构造岩(灰岩) | 31.7~38.44 | 0.69 | 冲蚀型 | $8.79\times10^{-6}$ | 微透水 |
| | 38.0~45.34 | 0.84 | 层流型 | $1.09\times10^{-5}$ | 微透水 |
| | 45.6~50.0 | 1.34 | 层流型 | $1.56\times10^{-5}$ | 弱透水 |

续表 3-5

| 岩性类别 | | 试验深度/m | 单位透水率/Lu | 曲线类型 | 渗透系数/(cm/s) | 透水性分级 |
|---|---|---|---|---|---|---|
| 断层影响带 | 全风化安山岩 | 12.3~18.0 | 13.75 | 层流型 | $1.69\times10^{-4}$ | 中等透水 |
| | | 20.3~26.0 | 35.32 | 层流型 | $4.99\times10^{-4}$ | 中等透水 |
| | 强风化安山岩 | 28.3~34.0 | 4.72 | 层流型 | $5.81\times10^{-5}$ | 弱透水 |
| | | 34.5~40.2 | 3.46 | 冲蚀型 | $4.25\times10^{-5}$ | 弱透水 |
| | | 39.3~45.0 | 5.50 | 充填型 | $6.77\times10^{-5}$ | 弱透水 |
| 灰岩,泥岩、砂岩接触带 | | 26.7~32.0 | 3.6 | 冲蚀型 | $4.36\times10^{-5}$ | 弱透水 |

坝基渗透稳定性专题研究主要结论如下:

(1)燕山水库坝基坝体由物理力学性质特别是透水性差异较大的各种岩土体组成。整个坝基可概化为不均匀性比较显著、结构比较复杂的多层结构的水文地质模型。根据现有勘探资料,以坝基结构和断层破碎带岩性为主,综合考虑坝址工程地质条件的差异,可将坝基分为六个工程地质段(见图 3-12);然后对Ⅰ、Ⅱ、Ⅲ、Ⅳ工程地质段分别选择代表性剖面进行评价,最后选择Ⅱ、Ⅳ段的代表性剖面(*B—B′*与 *D—D′*),分别对一期工程和二期工程坝基渗流场特征及垂直防渗工程的效果做了较深入的研究。

(2)通过钻孔对断层破碎带及影响带不同岩性进行现场渗透变形试验,获得了较可靠资料,并具有较好的代表性。据试验结果,其临界比降和破坏比降均较大,前者为 23.5~31.16,后者为 29.65~35.95,分别除以 2 或 3 的安全系数,则其允许比降为 9.9~15.5。在评价断层破碎带和风化安山岩的渗透稳定性时,因试验结果较少,且离散性大,其岩性与结构又较复杂,为安全计,其允许比降按 9.9 考虑。第四系松散土系仅据经验确定其允许比降,$Q_4$ 卵石混合土为 0.12,$Q_3$ 卵石混合土为 0.15,$Q_4^1$ 低液限粉土为 0.5。

(3)影响坝基渗流场的因素很多,其中坝体填料和坝基不同岩土体的透水性影响最大。由于透水性受岩石性质和结构影响较大,故渗透系数变化很大,因此进行了坝体和坝基岩土体的渗透系数对渗流场影响的敏感性分析(见表 3-6),以探讨当各岩土体渗透系数取何种组合时,断层破碎带中水力比降最大;最后采用这种最不利的参数组合进行各剖面的渗流场数值模拟。

(4)通过四个剖面的渗流场模拟计算,得到了不同工况下坝基各岩土层不同部位的水力比降(见表 3-7~表 3-10 及图 3-13~图 3-20)。由于坝基结构的不同,其渗流场中水力比降的空间分布亦各异。不同工况下坝基主要渗流量计算结果见表 3-11、表 3-12,代表一级阶地(Ⅳ段)的 *D—D′*剖面中,坝基上部和下部透水性小,中间透水性大;代表河床的三个剖面中,坝基上部透水性大,下部透水性小,整个渗流场中水力比降比较均匀;而前者在坝后排泄条件差,其水力比降比坝基水平渗流段大得多。因此,坝后一级阶地溢出部位比河床部位更易发生渗透变形。

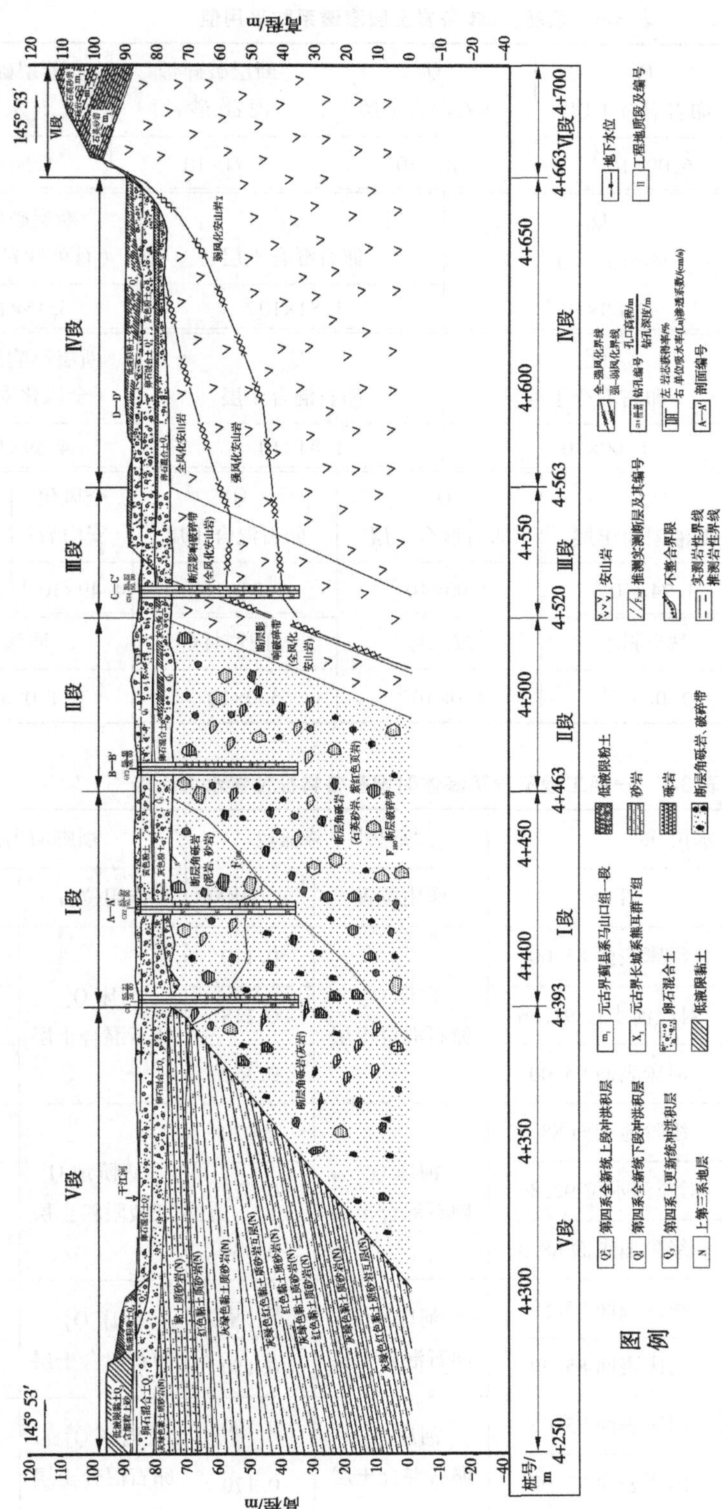


图 3-12 燕山水库坝基工程地质剖面图

**表 3-6　坝基、坝体各岩土层渗透系数采用值**

| 剖面 $A—A'$ | $Q_4^2$ 卵石混合土层 | $Q_3$ 卵石混合土层 | 断层破碎带（泥岩、砂岩） | 断层破碎带（灰岩） |
|---|---|---|---|---|
| 渗透系数/(cm/s) | $6.00\times10^{-1}$ | $1.84\times10^{-2}$ | $2.71\times10^{-4}$ | $1.56\times10^{-5}$ |

| 剖面 $B—B'$ | $Q_4^2$ 卵石混合土层 | $Q_3$ 卵石混合土层 | 断层破碎带（石英砂岩、页岩） |
|---|---|---|---|
| 渗透系数/(cm/s) | $6.00\times10^{-1}$ | $1.84\times10^{-2}$ | $3.15\times10^{-4}$ |

| 剖面 $C—C'$ | $Q_4^2$ 卵石混合土层 | $Q_3$ 卵石混合土层 | 断层影响破碎带（全风化安山岩） |
|---|---|---|---|
| 渗透系数/(cm/s) | $6.00\times10^{-1}$ | $1.84\times10^{-2}$ | $4.49\times10^{-4}$ |

| 剖面 $D—D'$ | $Q_4^1$ 低液限粉土层 | $Q_4^1$ 卵石混合土层 | $Q_3$ 卵石混合土层 | 全风化安山岩 | 强风化安山岩 |
|---|---|---|---|---|---|
| 渗透系数/(cm/s) | $1.74\times10^{-4}$ | $2.00\times10^{-1}$ | $1.84\times10^{-2}$ | $4.49\times10^{-4}$ | $6.1\times10^{-5}$ |

| 坝体部分 | 黏土斜墙 | 排水体 | 任意料区 | 防渗体 |
|---|---|---|---|---|
| 渗透系数/(cm/s) | $1.0\times10^{-6}$ | $1.0\times10^{-2}$ | $5.0\times10^{-3}$ | $1.0\times10^{-5}$ |

**表 3-7　一期工程不设防渗体时坝基各特征位置水力比降**

| 剖面编号 | 水位/m | | 坝基水平渗流段 | | 坝脚溢出点 | |
|---|---|---|---|---|---|---|
| | 上游 | 下游 | 作用位置 | 水力比降 | 作用位置 | 水力比降 |
| $B—B'$ | 108.14 | 河床表面 85.00 | 河床 $Q_4^2$ 卵石混合土层 | 0.110 | 河床 $Q_4^2$ 卵石混合土层 | 0.088 |
| | 116.78 | 对应河水位 92.86 | | 0.118 | | 0.077 |
| | 116.78 | 河床表面 85.00 | | 0.152 | | 0.121 |
| $D—D'$ | 108.14 | 一级阶地表面 88.32 | 河床 $Q_4^1$ 卵石混合土层 | 0.020 | 一级阶地 $Q_4^1$ 低液限粉土层 | 0.839 |
| | 116.78 | 对应河水位 92.86 | | 0.025 | | 0.914 |
| | 116.78 | 一级阶地表面 88.32 | | 0.034 | | 1.158 |
| $A—A'$ | 108.14 | 河床表面 85.59 | 河床 $Q_4^2$ 卵石混合土层 | 0.110 | 河床 $Q_4^2$ 卵石混合土层 | 0.120 |
| | 116.78 | 河床表面 85.59 | | 0.150 | | 0.150 |
| $C—C'$ | 108.14 | 河床表面 85.02 | 河床 $Q_4^2$ 卵石混合土层 | 0.100 | 河床 $Q_4^2$ 卵石混合土层 | 0.080 |
| | 116.78 | 河床表面 85.02 | | 0.170 | | 0.150 |

**表 3-8　一期工程设防渗体时坝基各特征位置水力比降**

| 剖面编号 | 水位/m | | 防渗体厚度/m | 防渗体深度/m | 防渗体底部 | | 坝脚溢出点 | |
|---|---|---|---|---|---|---|---|---|
| | 上游 | 下游 | | | 作用位置 | 水力比降 | 作用位置 | 水力比降 |
| B—B′ | 正常蓄水位108.14 | 河床表面85.00 | 4 | 入 $Q_4^2$ 底 | $Q_3$ | 2.472 | 河床 $Q_4^2$ 卵石混合土层 | 0.048 |
| | | | | 入 $Q_3$ 底 | 破碎带 | 4.688 | | 0.007 |
| | | | | 入破碎带 5 | 破碎带 | 1.831 | | 0.005 |
| | | | | 入破碎带 10 | 破碎带 | 1.370 | | 0.005 |
| | | | 0.8 | 入 $Q_4^2$ 底 | $Q_3$ | 5.125 | | 0.072 |
| | | | | 入 $Q_3$ 底 | 破碎带 | 21.547 | | 0.011 |
| | | | | 入破碎带 5 | 破碎带 | 3.667 | | 0.006 |
| | | | | 入破碎带 10 | 破碎带 | 2.380 | | 0.006 |
| | 校核洪水位（5 000 年一遇）116.78 | 对应河水位92.86 | 4 | 入 $Q_4^2$ 底 | $Q_3$ | 2.643 | | 0.042 |
| | | | | 入 $Q_3$ 底 | 破碎带 | 5.035 | | 0.003 |
| | | | | 入破碎带 5 | 破碎带 | 1.958 | | 0.003 |
| | | | | 入破碎带 10 | 破碎带 | 1.459 | | 0.003 |
| | | | 0.8 | 入 $Q_4^2$ 底 | $Q_3$ | 5.500 | | 0.063 |
| | | | | 入 $Q_3$ 底 | 破碎带 | 22.778 | | 0.011 |
| | | | | 入破碎带 5 | 破碎带 | 3.939 | | 0.006 |
| | | | | 入破碎带 10 | 破碎带 | 2.509 | | 0.005 |
| D—D′ | 正常蓄水位108.14 | 一级阶地表面88.32 | 4 | 入 $Q_4^1$ 底 | $Q_3$ | 0.835 | 一级阶地 $Q_4^1$ 低液限粉土层 | 0.696 |
| | | | | 入 $Q_3$ 底 | 全风化安山岩 | 3.644 | | 0.179 |
| | | | | 入风化岩 5 | 全风化安山岩 | 1.692 | | 0.129 |
| | | | | 入风化岩 10 | 强风化安山岩 | 2.856 | | 0.104 |
| | | | 0.8 | 入 $Q_4^1$ 底 | $Q_3$ | 1.296 | | 0.792 |
| | | | | 入 $Q_3$ 底 | 全风化安山岩 | 14.201 | | 0.314 |
| | | | | 入风化岩 5 | 全风化安山岩 | 3.120 | | 0.171 |
| | | | | 入风化岩 10 | 强风化安山岩 | 7.506 | | 0.148 |
| | 校核洪水位（5 000 年一遇）116.78 | 对应河水位92.86 | 4 | 入 $Q_4^1$ 底 | $Q_3$ | 1.052 | | 0.749 |
| | | | | 入 $Q_3$ 底 | 全风化安山岩 | 4.554 | | 0.136 |
| | | | | 入风化岩 5 | 全风化安山岩 | 2.071 | | 0.123 |
| | | | | 入风化岩 10 | 强风化安山岩 | 3.505 | | 0.088 |
| | | | 0.8 | 入 $Q_4^1$ 底 | $Q_3$ | 1.639 | | 0.859 |
| | | | | 入 $Q_3$ 底 | 全风化安山岩 | 17.558 | | 0.322 |
| | | | | 入风化岩 5 | 全风化安山岩 | 3.839 | | 0.162 |
| | | | | 入风化岩 10 | 强风化安山岩 | 9.188 | | 0.145 |

**表 3-9 二期工程不设防渗体时坝基各特征位置水力比降**

| 剖面编号 | 上游/m | 下游/m | 作用位置 | 水力比降 | 作用位置 | 水力比降 |
|---|---|---|---|---|---|---|
| *B*—*B*′ | 123.00 | 河床表面 85.00 | 河床 $Q_4^2$ 卵石混合土层 | 0.169 | 河床 $Q_4^2$ 卵石混合土层 | 0.138 |
| | 125.60 | 对应河水位 93.81 | | 0.145 | | 0.103 |
| | 125.60 | 河床表面 85.00 | | 0.184 | | 0.146 |
| *D*—*D*′ | 123.00 | 一级阶地表面 88.32 | 一级阶地 $Q_4^1$ 低液限粉土层 | 0.041 | 一级阶地 $Q_4^1$ 低液限粉土层 | 1.200 |
| | 125.60 | 对应河水位 93.81 | | 0.047 | | 0.977 |
| | 125.60 | 一级阶地表面 88.32 | | 0.044 | | 1.278 |

**表 3-10 二期工程设防渗体时坝基各特征位置水力比降**

| 剖面编号 | 水位/m | | 防渗体厚度/m | 防渗体深度/m | 防渗体底部 | | 坝脚溢出点 | |
|---|---|---|---|---|---|---|---|---|
| | 上游 | 下游 | | | 作用位置 | 水力比降 | 作用位置 | 水力比降 |
| *B*—*B*′ | 正常蓄水位 123.00 | 河床表面 85.00 | 4 | 入 $Q_4^2$ 底 | $Q_3$ | 4.515 6 | 河床 $Q_4^2$ 卵石混合土层 | 0.084 |
| | | | | 入 $Q_3$ 底 | 破碎带 | 10.243 2 | | 0.009 6 |
| | | | | 入破碎带 5 | 破碎带 | 3.624 | | 0.007 2 |
| | | | | 入破碎带 10 | 破碎带 | 2.671 2 | | 0.007 2 |
| | | | | 入破碎带 15 | 破碎带 | 1.744 8 | | 0.006 |
| | | | 0.8 | 入 $Q_4^2$ 底 | $Q_3$ | 8.336 4 | | 0.116 4 |
| | | | | 入 $Q_3$ 底 | 破碎带 | 44.410 8 | | 0.016 8 |
| | | | | 入破碎带 5 | 破碎带 | 6.609 6 | | 0.009 6 |
| | | | | 入破碎带 10 | 破碎带 | 4.258 8 | | 0.008 4 |
| | | | | 入破碎带 15 | 破碎带 | 1.971 6 | | 0.008 4 |
| | 校核洪水位（10 000 年一遇）125.60 | 对应河水位 93.81 | 4 | 入 $Q_4^2$ 底 | $Q_3$ | 3.838 8 | | 0.063 6 |
| | | | | 入 $Q_3$ 底 | 破碎带 | 8.755 2 | | 0.006 |
| | | | | 入破碎带 5 | 破碎带 | 3.112 8 | | 0.003 6 |
| | | | | 入破碎带 10 | 破碎带 | 2.290 8 | | 0.002 4 |
| | | | | 入破碎带 15 | 破碎带 | 1.498 8 | | 0.002 4 |
| | | | 0.8 | 入 $Q_4^2$ 底 | $Q_3$ | 7.100 4 | | 0.087 6 |
| | | | | 入 $Q_3$ 底 | 破碎带 | 37.704 | | 0.013 2 |
| | | | | 入破碎带 5 | 破碎带 | 5.653 2 | | 0.004 8 |
| | | | | 入破碎带 10 | 破碎带 | 3.646 8 | | 0.004 8 |
| | | | | 入破碎带 15 | 破碎带 | 1.688 4 | | 0.004 8 |

续表 3-10

| 剖面编号 | 水位/m 上游 | 水位/m 下游 | 防渗体厚度/m | 防渗体深度/m | 防渗体底部 作用位置 | 防渗体底部 水力比降 | 坝脚溢出点 作用位置 | 坝脚溢出点 水力比降 |
|---|---|---|---|---|---|---|---|---|
| D—D′ | 正常蓄水位 123.00 | 一级阶地表面 88.32 | 4 | 入 $Q_4^1$ 底 | $Q_3$ | 1.442 4 | 一级阶地 $Q_4^1$ 低液限粉土层 | 1.027 2 |
| | | | | 入 $Q_3$ 底 | 全风化安山岩 | 9.909 6 | | 0.054 |
| | | | | 入风化岩 5 | 全风化安山岩 | 3.909 6 | | 0.038 4 |
| | | | | 入风化岩 10 | 强风化安山岩 | 5.874 | | 0.032 4 |
| | | | | 入风化岩 15 | 强风化安山岩 | 1.540 8 | | 0.032 4 |
| | | | 0.8 | 入 $Q_4^1$ 底 | $Q_3$ | 2.102 4 | | 1.123 2 |
| | | | | 入 $Q_3$ 底 | 全风化安山岩 | 44.107 2 | | 0.160 8 |
| | | | | 入风化岩 5 | 全风化安山岩 | 6.208 8 | | 0.105 6 |
| | | | | 入风化岩 10 | 强风化安山岩 | 9.477 6 | | 0.103 2 |
| | | | | 入风化岩 15 | 强风化安山岩 | 0.794 4 | | 0.103 2 |
| | 校核洪水位（10 000 年一遇）125.60 | 对应河水位 93.81 | 4 | 入 $Q_4^1$ 底 | $Q_3$ | 1.370 4 | | 0.830 4 |
| | | | | 入 $Q_3$ 底 | 全风化安山岩 | 9.050 4 | | 0.049 2 |
| | | | | 入风化岩 5 | 全风化安山岩 | 3.656 4 | | 0.031 2 |
| | | | | 入风化岩 10 | 强风化安山岩 | 5.600 4 | | 0.025 |
| | | | | 入风化岩 15 | 强风化安山岩 | 1.393 2 | | 0.025 |
| | | | 0.8 | 入 $Q_4^1$ 底 | $Q_3$ | 1.987 2 | | 0.962 4 |
| | | | | 入 $Q_3$ 底 | 全风化安山岩 | 39.735 6 | | 0.174 |
| | | | | 入风化岩 5 | 全风化安山岩 | 5.58 | | 0.132 |
| | | | | 入风化岩 10 | 强风化安山岩 | 8.517 6 | | 0.129 6 |
| | | | | 入风化岩 15 | 强风化安山岩 | 0.714 | | 0.129 6 |

(5)通过一期工程和二期工程两个库水位的计算和分析评价(见表 3-13～表 3-16)，在各种工况和条件下坝基断层破碎带和风化安山岩中的水力比降均小于其允许比降，说明未做防渗工程时，断层破碎带和风化安山岩发生渗透变形可能性不大。

(6)在一期工程校核洪水位作用下，在坝后溢出处及坝基水平渗流段内部均可能发生渗透变形；在二期工程时，这些部位渗透变形将更严重。一级阶地部位在一期工程水位作用下仅于坝后溢出处发生渗透变形;在二期工程水位作用下渗透变形将更严重。

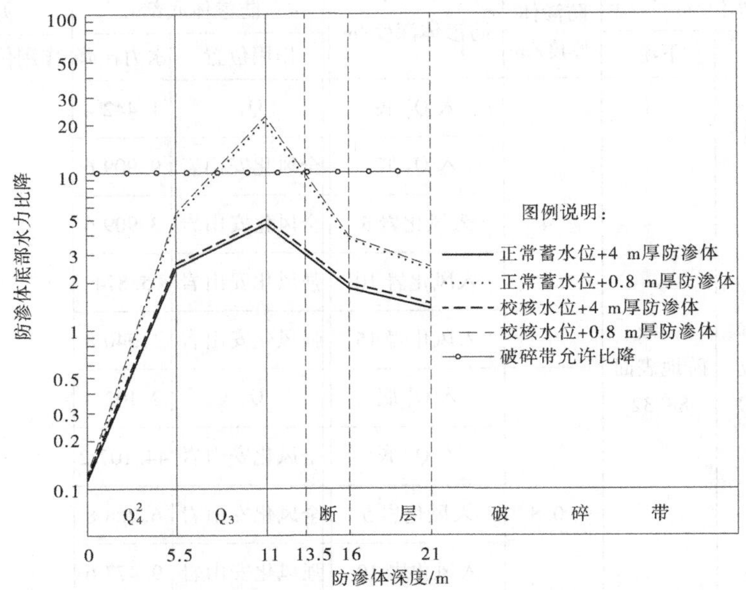


图 3-13　一期工程 *B—B′*剖面防渗体底部水力比降随防渗体深度变化曲线

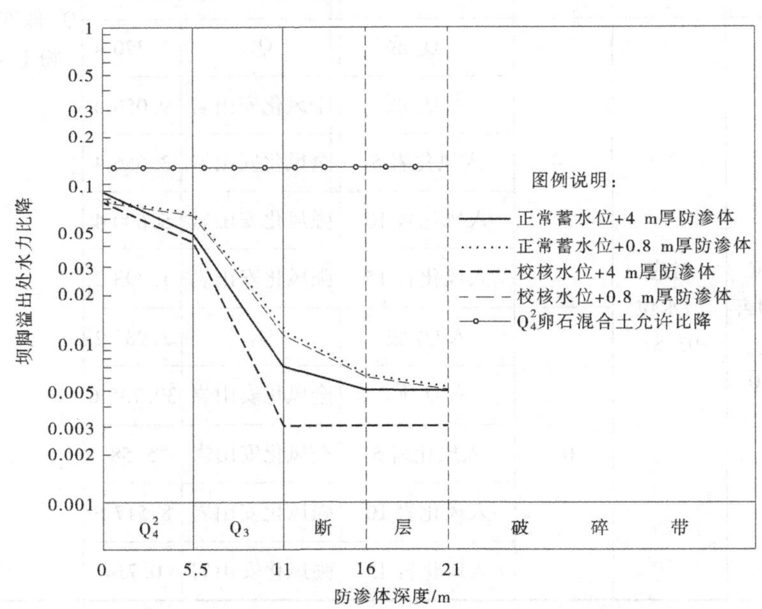


图 3-14　一期工程 *B—B′*剖面坝脚溢出点位置水力比降随防渗体深度变化曲线

(7)无防渗工程时,在一期工程正常蓄水位作用下,坝基渗流量为 0.979 $m^3/s$,占干江河多年平均径流量的 8.02%,校核洪水位时,坝基渗流量为 1.070 $m^3/s$,占多年平均径流量的 8.77%;二期工程时,坝基渗流量更大,两种库水位作用下,分别占多年平均径流量的 12.7%和 10.9%。

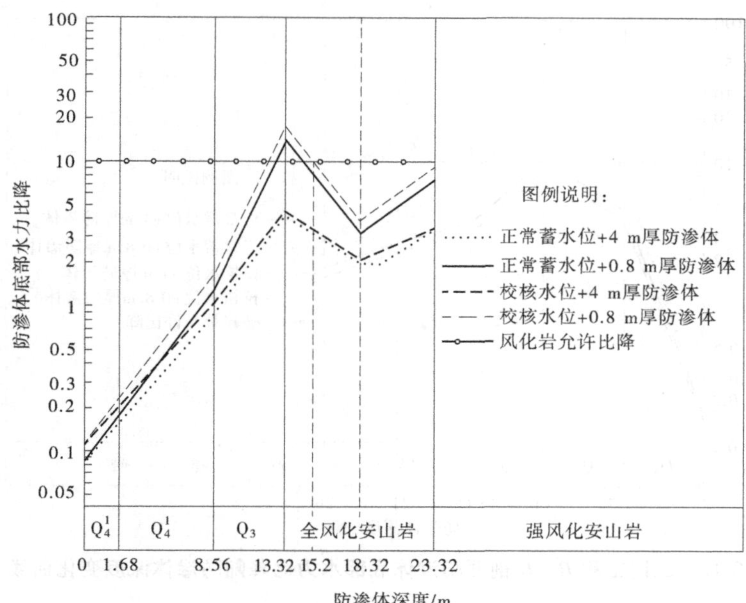


**图 3-15 一期工程 $D—D'$剖面防渗体底部水力比降随防渗体深度变化曲线**

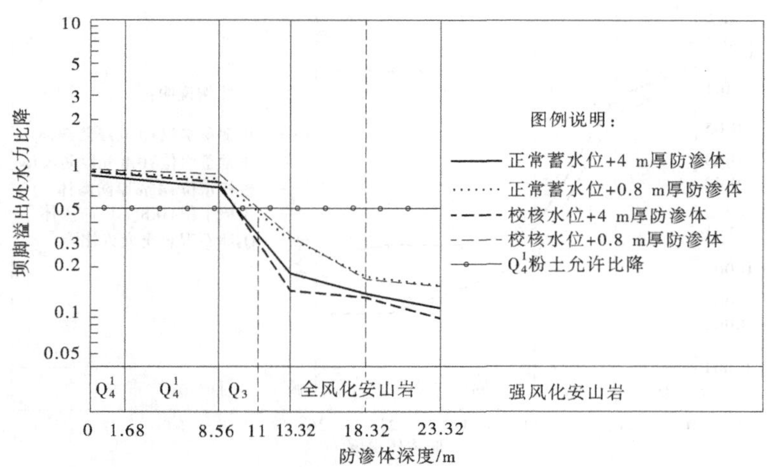


**图 3-16 一期工程 $D—D'$剖面坝脚溢出点位置水力比降随防渗体深度变化曲线**

(8)为了防止坝基第四系松散土的渗透变形，减少渗流量，必须进行防渗处理。

(9)设计部门初拟以垂直防渗工程进行处理，并提出防渗体厚 4 m(两道防渗墙)与 0.8 m 进行比较。经对坝基渗流场进行了数十种工况时的大量模拟计算，垂直防渗对防止整个坝基渗透变形和减少渗漏损失是可行的，尤其是防止坝后溢出处渗透变形的效果更为显著，其关键在于保证安全稳定和经济原则下，确定合理的防渗体深度。经初步研究，为了防止坝基各部位发生渗透变形，坝基渗流量减少到允许比降的程度，在一期工程时，防渗体深度应深入断层破碎带和风化安山岩 3 m 以下；在二期工程时，应在 5 m 以下。

(10)在保证设计和施工质量前提下，两种厚度的防渗体都能起到较好的防渗效果，

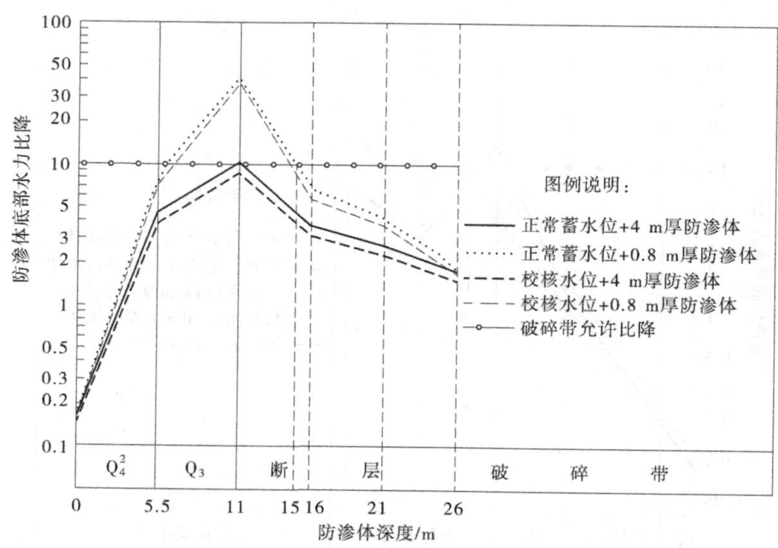


图 3-17 二期工程 *B—B′*剖面防渗体底部水力比降随防渗体深度变化曲线

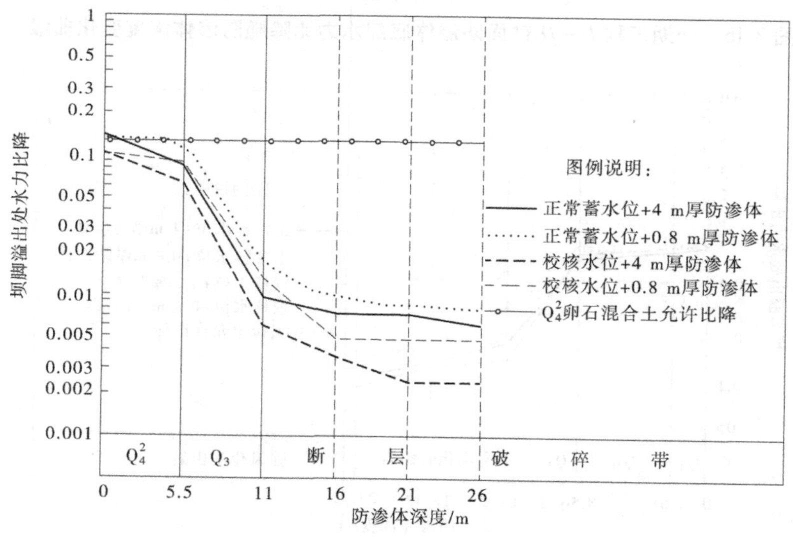


图 3-18 二期工程 *B—B′*剖面坝脚溢出点处水力比降随防渗体深度变化曲线

但两者各有利弊。厚 0.8 m 与厚 4 m 的防渗体相比较，其主要优点是工程量少，施工较简单。缺点是厚度较薄，需严格控制确保施工质量；所承受的水头压力较大，对设计和施工质量要求较高，否则可能导致本身破坏；在同样防渗效果前提下，防渗体深度较大；在防渗体深度相同条件下，其底板附近岩土体中的水力比降更大（常为厚 4 m 防渗体时的 4～5 倍），更易引起岩土体渗透变形。因此，在考虑两者取舍时，应在保证防渗体质量的基础上，从安全、经济和施工难易等综合考虑。

坝基防渗处理有水平防渗与垂直防渗两种：①水平防渗：设置坝前铺盖层，其长度根据设计计算确定，在相应长度内，河槽两侧阶地下出露的卵石混合土及支谷内与山坡接触

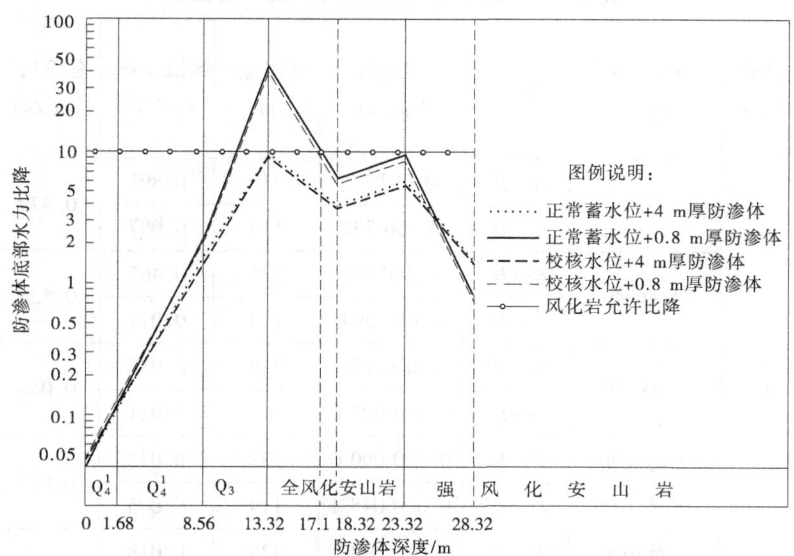


**图 3-19 二期工程 *D—D′*剖面防渗体底部水力比降随防渗体深度变化曲线**

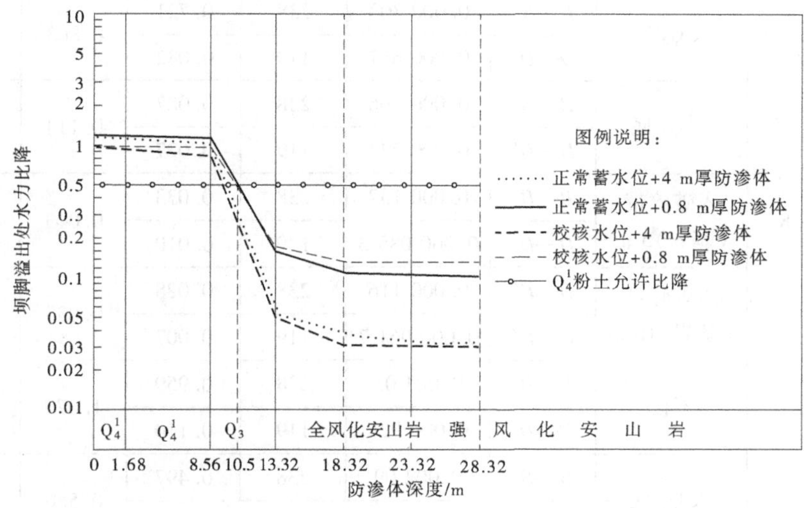


**图 3-20 二期工程 *D—D′*剖面坝脚溢出点处水力比降随防渗体深度变化曲线**

处的基岩裂缝与陡坎等凡能产生渗漏及能够影响到渗透稳定的地段均应妥善封闭,同时在黏土铺盖之下应采取设反滤层或其他相应措施以防止铺盖层与其之下卵石混合土层间接触管涌现象的发生。②垂直防渗:将 $Q_4$、$Q_3$ 卵石混合土层全部截断,并根据各地段具体情况需要对下部基岩进行相应的帷幕灌浆处理。垂直防渗与水平防渗相比较,垂直防渗具有质量可靠、防渗处理彻底的优点,可作为优选方案。现结合防渗线(防渗线位于坝轴线上游约 75 m)各地段工程地质条件(见防渗线工程地质剖面图),提出具体防渗处理意见如下:

表 3-11　一期工程坝基主要渗流量计算结果

| 上游水位/m | 防渗体厚度/m | 防渗体深度 | 剖面 | 单宽流量/($m^2$/s) | 区段宽/m | 区段流量/($m^3$/s) | 总流量/($m^3$/s) | 占多年平均径流量百分比/% |
|---|---|---|---|---|---|---|---|---|
| 正常蓄水位108.14 | 4 | 不设 | B—B′ | 0.003 75 | 238 | 0.892 | 0.979 | 8.02 |
| | | | D—D′ | 0.000 732 | 119 | 0.087 | | |
| | | 入 $Q_4$ 底 | B—B′ | 0.001 95 | 238 | 0.465 | 0.536 | 4.39 |
| | | | D—D′ | 0.000 594 | 119 | 0.071 | | |
| | | 入 $Q_3$ 底 | B—B′ | 0.000 154 | 238 | 0.037 | 0.048 | 0.39 |
| | | | D—D′ | 0.000 093 6 | 119 | 0.011 | | |
| | | 入破碎带(基岩)5 m | B—B′ | 0.000 090 6 | 238 | 0.022 | 0.027 | 0.22 |
| | | | D—D′ | 0.000 045 4 | 119 | 0.005 | | |
| | | 入破碎带(基岩)10 m | B—B′ | 0.000 073 4 | 238 | 0.018 | 0.020 | 0.16 |
| | | | D—D′ | 0.000 022 2 | 119 | 0.003 | | |
| | 0.8 | 入 $Q_4$ 底 | B—B′ | 0.000 303 | 238 | 0.721 | 0.803 | 6.58 |
| | | | D—D′ | 0.000 687 | 119 | 0.082 | | |
| | | 入 $Q_3$ 底 | B—B′ | 0.000 366 | 238 | 0.087 | 0.114 | 0.93 |
| | | | D—D′ | 0.000 224 | 119 | 0.027 | | |
| | | 入破碎带(基岩)5 m | B—B′ | 0.000 137 | 238 | 0.033 | 0.043 | 0.35 |
| | | | D—D′ | 0.000 085 3 | 119 | 0.010 | | |
| | | 入破碎带(基岩)10 m | B—B′ | 0.000 116 | 238 | 0.028 | 0.035 | 0.29 |
| | | | D—D′ | 0.000 061 7 | 119 | 0.007 | | |
| 校核水位116.78 | 4 | 不设 | B—B′ | 0.004 03 | 238 | 0.959 | 1.070 | 8.77 |
| | | | D—D′ | 0.000 928 | 119 | 0.110 | | |
| | | 入 $Q_4$ 底 | B—B′ | 0.002 09 | 238 | 0.497 | 0.586 | 4.80 |
| | | | D—D′ | 0.000 748 | 119 | 0.089 | | |
| | | 入 $Q_3$ 底 | B—B′ | 0.000 166 | 238 | 0.039 | 0.053 | 0.43 |
| | | | D—D′ | 0.000 117 | 119 | 0.014 | | |
| | | 入破碎带(基岩)5 m | B—B′ | 0.000 096 9 | 238 | 0.023 | 0.030 | 0.25 |
| | | | D—D′ | 0.000 055 6 | 119 | 0.007 | | |
| | | 入破碎带(基岩)10 m | B—B′ | 0.000 078 1 | 238 | 0.019 | 0.022 | 0.18 |
| | | | D—D′ | 0.000 027 2 | 119 | 0.003 | | |

**续表 3-11**

| 上游水位/m | 防渗体厚度/m | 防渗体深度 | 剖面 | 单宽流量/($m^2$/s) | 区段宽/m | 区段流量/($m^3$/s) | 总流量/($m^3$/s) | 占多年平均径流量百分比/% |
|---|---|---|---|---|---|---|---|---|
| 校核水位116.78 | 0.8 | 入 $Q_4$ 底 | B—B′ | 0.003 25 | 238 | 0.774 | 0.877 | 7.19 |
| | | | D—D′ | 0.000 869 | 119 | 0.103 | | |
| | | 入 $Q_3$ 底 | B—B′ | 0.000 387 | 238 | 0.092 | 0.125 | 1.02 |
| | | | D—D′ | 0.000 276 | 119 | 0.033 | | |
| | | 入破碎带(基岩)5 m | B—B′ | 0.000 147 | 238 | 0.035 | 0.048 | 0.39 |
| | | | D—D′ | 0.000 105 | 119 | 0.013 | | |
| | | 入破碎带(基岩)10 m | B—B′ | 0.000 122 | 238 | 0.029 | 0.038 | 0.31 |
| | | | D—D′ | 0.000 075 6 | 119 | 0.009 | | |

**注**:干江河多年平均径流量为 12.2 $m^3$/s。

**表 3-12 二期工程坝基主要渗流量计算结果**

| 上游水位/m | 防渗体厚度/m | 防渗体深度 | 剖面 | 单宽流量/($m^2$/s) | 区段宽/m | 区段流量/($m^3$/s) | 总流量($m^3$/s) | 占多年平均径流量百分比/% |
|---|---|---|---|---|---|---|---|---|
| 正常蓄水位123.00 | 4 | 不设 | B—B′ | 0.005 942 | 238 | 1.414 224 | 1.550 455 | 12.708 65 |
| | | | D—D′ | 0.001 144 8 | 119 | 0.136 231 | | |
| | | 入 $Q_4$ 底 | B—B′ | 0.003 543 | 238 | 0.843 264 | 0.963 359 | 7.896 384 |
| | | | D—D′ | 0.001 009 2 | 119 | 0.120 095 | | |
| | | 入 $Q_3$ 底 | B—B′ | 0.000 237 4 | 238 | 0.056 51 | 0.061 608 | 0.504 987 |
| | | | D—D′ | 0.000 042 84 | 119 | 0.005 098 | | |
| | | 入破碎带(基岩)5 m | B—B′ | 0.000 147 6 | 238 | 0.035 136 | 0.037 435 | 0.306 845 |
| | | | D—D′ | 0.000 019 32 | 119 | 0.002 299 | | |
| | | 入破碎带(基岩)10 m | B—B′ | 0.000 117 7 | 238 | 0.028 021 | 0.030 663 | 0.251 334 |
| | | | D—D′ | 0.000 022 2 | 119 | 0.002 642 | | |
| | | 入破碎带(基岩)15 m | B—B′ | 0.000 104 4 | 238 | 0.024 859 | 0.027 572 | 0.225 999 |
| | | | D—D′ | 0.000 022 8 | 119 | 0.002 713 | | |
| | 0.8 | 入 $Q_4$ 底 | B—B′ | 0.004 995 | 238 | 1.188 768 | 1.318 573 | 10.807 98 |
| | | | D—D′ | 0.001 090 8 | 119 | 0.129 805 | | |
| | | 入 $Q_3$ 底 | B—B′ | 0.000 556 1 | 238 | 0.132 346 | 0.149 196 | 1.222 918 |
| | | | D—D′ | 0.000 141 6 | 119 | 0.016 85 | | |
| | | 入破碎带(基岩)5 m | B—B′ | 0.000 220 2 | 238 | 0.052 411 | 0.063 007 | 0.516 45 |
| | | | D—D′ | 0.000 089 04 | 119 | 0.010 596 | | |
| | | 入破碎带(基岩)10 m | B—B′ | 0.000 193 1 | 238 | 0.045 97 | 0.056 237 | 0.460 958 |
| | | | D—D′ | 0.000 086 28 | 119 | 0.010 267 | | |
| | | 入破碎带(基岩)15 m | B—B′ | 0.000 182 1 | 238 | 0.043 334 | 0.053 63 | 0.439 592 |
| | | | D—D′ | 0.000 086 52 | 119 | 0.010 296 | | |

续表 3-12

| 上游水位/m | 防渗体厚度/m | 防渗体深度 | 剖面 | 单宽流量/($m^2/s$) | 区段宽/m | 区段流量/($m^3/s$) | 总流量/($m^3/s$) | 占多年平均径流量百分比/% |
|---|---|---|---|---|---|---|---|---|
| 校核水位125.60 | 4 | 不设 | B—B′ | 0.005 069 | 238 | 1.206 336 | 1.336 57 | 10.955 49 |
| | | | D—D′ | 0.001 094 4 | 119 | 0.130 234 | | |
| | | 入 $Q_4$ 底 | B—B′ | 0.003 01 | 238 | 0.717 36 | 0.828 316 | 6.789 472 |
| | | | D—D′ | 0.000 932 4 | 119 | 0.110 956 | | |
| | | 入 $Q_3$ 底 | B—B′ | 0.000 204 2 | 238 | 0.048 605 | 0.053 289 | 0.436 792 |
| | | | D—D′ | 0.000 039 36 | 119 | 0.004 684 | | |
| | | 入破碎带(基岩)5 m | B—B′ | 0.000 121 1 | 238 | 0.028 812 | 0.031 839 | 0.260 974 |
| | | | D—D′ | 0.000 025 44 | 119 | 0.003 027 | | |
| | | 入破碎带(基岩)10 m | B—B′ | 0.000 01 | 238 | 0.024 01 | 0.026 509 | 0.217 284 |
| | | | D—D′ | 0.000 021 | 119 | 0.002 499 | | |
| | | 入破碎带(基岩)15 m | B—B′ | 0.000 089 56 | 238 | 0.021 316 | 0.023 701 | 0.194 267 |
| | | | D—D′ | 0.000 020 04 | 119 | 0.002 385 | | |
| | 0.8 | 入 $Q_4$ 底 | B—B′ | 0.004 257 | 238 | 1.013 088 | 1.135 896 | 9.310 623 |
| | | | D—D′ | 0.001 032 | 119 | 0.122 808 | | |
| | | 入 $Q_3$ 底 | B—B′ | 0.000 471 2 | 238 | 0.112 142 | 0.127 279 | 1.043 272 |
| | | | D—D′ | 0.000 127 2 | 119 | 0.015 137 | | |
| | | 入破碎带(基岩)5 m | B—B′ | 0.000 189 4 | 238 | 0.045 091 | 0.054 616 | 0.447 672 |
| | | | D—D′ | 0.000 080 04 | 119 | 0.009 525 | | |
| | | 入破碎带(基岩)10 m | B—B′ | 0.000 166 | 238 | 0.039 528 | 0.048 753 | 0.399 614 |
| | | | D—D′ | 0.000 077 52 | 119 | 0.009 225 | | |
| | | 入破碎带(基岩)15 m | B-B′ | 0.000 156 2 | 238 | 0.037 186 | 0.046 439 | 0.380 648 |
| | | | D-D′ | 0.000 077 76 | 119 | 0.009 253 | | |

表 3-13 一期工程不设防渗体时坝基各特征位置渗透稳定性评价

| 剖面编号 | 水位/m | | 坝基水平渗漏段 | | | | 坝脚溢出点 | | | |
|---|---|---|---|---|---|---|---|---|---|---|
| | 上游 | 下游 | 作用位置 | 水力比降 | 允许比降 | 评价 | 作用位置 | 水力比降 | 允许比降 | 评价 |
| $B—B'$ | 108.14 | 85.00 | 河床 $Q_4^2$ 卵石混合土层 | 0.110 | 0.12 | 稳定 | 河床 $Q_4^2$ 卵石混合土层 | 0.088 | 0.12 | 稳定 |
| | 116.78 | 92.86 | | 0.118 | 0.12 | 稳定 | | 0.077 | 0.12 | 稳定 |
| | 116.78 | 85.00 | | 0.152 | 0.12 | 不稳定 | | 0.121 | 0.12 | 不稳定 |
| $D—D'$ | 108.14 | 88.32 | 河床 $Q_4^1$ 卵石混合土层 | 0.020 | 0.12 | 稳定 | 一级阶地 $Q_4^1$ 低液限粉土层 | 0.839 | 0.50 | 不稳定 |
| | 116.78 | 92.86 | | 0.025 | 0.12 | 稳定 | | 0.914 | 0.50 | 不稳定 |
| | 116.78 | 88.32 | | 0.034 | 0.12 | 稳定 | | 1.158 | 0.50 | 不稳定 |
| $A—A'$ | 108.14 | 85.59 | 河床 $Q_4^2$ 卵石混合土层 | 0.110 | 0.12 | 稳定 | 河床 $Q_4^2$ 卵石混合土层 | 0.120 | 0.12 | 不稳定 |
| | 116.78 | 85.59 | | 0.150 | 0.12 | 不稳定 | | 0.150 | 0.12 | 不稳定 |
| $C—C'$ | 108.14 | 85.02 | 河床 $Q_4^2$ 卵石混合土层 | 0.100 | 0.12 | 稳定 | 河床 $Q_4^2$ 卵石混合土层 | 0.080 | 0.12 | 稳定 |
| | 116.78 | 85.02 | | 0.170 | 0.12 | 不稳定 | | 0.150 | 0.12 | 不稳定 |

表 3-14 一期工程设防渗体时坝基各特征位置渗透稳定定性评价

| 剖面编号 | 水位/m | | 防渗体厚度/m | 防渗体深度 | 防渗体底部 | | | | 坝脚溢出点 | | | |
|---|---|---|---|---|---|---|---|---|---|---|---|---|
| | 上游 | 下游 | | | 作用位置 | 水力比降 | 允许比降 | 评价 | 作用位置 | 水力比降 | 允许比降 | 评价 |
| $B—B'$ | 108.14 | 85.00 | 4 | 入 $Q_4^2$ 底 | $Q_3$ | 2.472 | 0.15 | 不稳定 | 河床 $Q_4^2$ 卵石混合土层 | 0.048 | 0.12 | 稳定 |
| | | | | 入 $Q_3$ 底 | 破碎带 | 4.688 | 9.90 | 稳定 | | 0.007 | 0.12 | 稳定 |
| | | | | 入破碎带 5 m | 破碎带 | 1.831 | 9.90 | 稳定 | | 0.005 | 0.12 | 稳定 |
| | | | | 入破碎带 10 m | 破碎带 | 1.370 | 9.90 | 稳定 | | 0.005 | 0.12 | 稳定 |
| | | | 0.8 | 入 $Q_4^2$ 底 | $Q_3$ | 5.125 | 0.15 | 不稳定 | | 0.072 | 0.12 | 稳定 |
| | | | | 入 $Q_3$ 底 | 破碎带 | 21.547 | 9.90 | 不稳定 | | 0.011 | 0.12 | 稳定 |
| | | | | 入破碎带 5 m | 破碎带 | 3.667 | 9.90 | 稳定 | | 0.006 | 0.12 | 稳定 |
| | | | | 入破碎带 10 m | 破碎带 | 2.380 | 9.90 | 稳定 | | 0.006 | 0.12 | 稳定 |
| | 116.78 | 92.86 | 4 | 入 $Q_4^2$ 底 | $Q_3$ | 2.643 | 0.15 | 不稳定 | | 0.042 | 0.12 | 稳定 |
| | | | | 入 $Q_3$ 底 | 破碎带 | 5.035 | 9.90 | 稳定 | | 0.003 | 0.12 | 稳定 |
| | | | | 入破碎带 5 m | 破碎带 | 1.958 | 9.90 | 稳定 | | 0.003 | 0.12 | 稳定 |
| | | | | 入破碎带 10 m | 破碎带 | 1.459 | 9.90 | 稳定 | | 0.003 | 0.12 | 稳定 |
| | | | 0.8 | 入 $Q_4^2$ 底 | $Q_3$ | 5.500 | 0.15 | 不稳定 | | 0.063 | 0.12 | 稳定 |
| | | | | 入 $Q_3$ 底 | 破碎带 | 22.778 | 9.90 | 不稳定 | | 0.011 | 0.12 | 稳定 |
| | | | | 入破碎带 5 m | 破碎带 | 3.939 | 9.90 | 稳定 | | 0.006 | 0.12 | 稳定 |
| | | | | 入破碎带 10 m | 破碎带 | 2.509 | 9.90 | 稳定 | | 0.005 | 0.12 | 稳定 |

续表 3-14

| 剖面编号 | 水位/m | | 防渗体厚度/m | 防渗体深度 | 防渗体底部 | | | | 坝脚溢出点 | | | |
|---|---|---|---|---|---|---|---|---|---|---|---|---|
| | 上游 | 下游 | | | 作用位置 | 水力比降 | 允许比降 | 评价 | 作用位置 | 水力比降 | 允许比降 | 评价 |
| D—D′ | 108.14 | 88.32 | 4 | 入 $Q_4^1$ 底 | $Q_3$ | 0.835 | 0.15 | 不稳定 | 一级阶地 $Q_4^1$ 低液限粉土层 | 0.696 | 0.50 | 不稳定 |
| | | | | 入 $Q_3$ 底 | 全风化安山岩 | 3.644 | 9.90 | 稳定 | | 0.179 | 0.50 | 稳定 |
| | | | | 入风化岩 5 m | 全风化安山岩 | 1.692 | 9.90 | 稳定 | | 0.129 | 0.50 | 稳定 |
| | | | | 入风化岩 10 m | 强风化安山岩 | 2.856 | 9.90 | 稳定 | | 0.104 | 0.50 | 稳定 |
| | | | 0.8 | 入 $Q_4^1$ 底 | $Q_3$ | 1.296 | 0.15 | 不稳定 | | 0.792 | 0.50 | 不稳定 |
| | | | | 入 $Q_3$ 底 | 全风化安山岩 | 14.201 | 9.90 | 不稳定 | | 0.314 | 0.50 | 稳定 |
| | | | | 入风化岩 5 m | 全风化安山岩 | 3.120 | 9.90 | 稳定 | | 0.171 | 0.50 | 稳定 |
| | | | | 入风化岩 10 m | 强风化安山岩 | 7.506 | 9.90 | 稳定 | | 0.148 | 0.50 | 稳定 |
| | 116.78 | 92.86 | 4 | 入 $Q_4^1$ 底 | $Q_3$ | 1.052 | 0.15 | 不稳定 | | 0.749 | 0.50 | 不稳定 |
| | | | | 入 $Q_3$ 底 | 全风化安山岩 | 4.554 | 9.90 | 稳定 | | 0.136 | 0.50 | 稳定 |
| | | | | 入风化岩 5 m | 全风化安山岩 | 2.071 | 9.90 | 稳定 | | 0.123 | 0.50 | 稳定 |
| | | | | 入风化岩 10 m | 强风化安山岩 | 3.505 | 9.90 | 稳定 | | 0.088 | 0.50 | 稳定 |
| | | | 0.8 | 入 $Q_4^1$ 底 | $Q_3$ | 1.639 | 0.15 | 不稳定 | | 0.859 | 0.50 | 不稳定 |
| | | | | 入 $Q_3$ 底 | 全风化安山岩 | 17.558 | 9.90 | 不稳定 | | 0.322 | 0.50 | 稳定 |
| | | | | 入风化岩 5 m | 全风化安山岩 | 3.839 | 9.90 | 稳定 | | 0.162 | 0.50 | 稳定 |
| | | | | 入风化岩 10 m | 强风化安山岩 | 9.188 | 9.90 | 稳定 | | 0.145 | 0.50 | 稳定 |

表 3-15　二期工程不设防渗体时坝基各特征位置渗透稳定性评价

| 剖面编号 | 水位/m | | 坝基水平渗漏段 | | | |
|---|---|---|---|---|---|---|
| | 上游 | 下游 | 作用位置 | 水力比降 | 允许比降 | 评价 |
| B—B′ | 123.00 | 85.00 | 河床 $Q_4^2$ 卵石混合土层 | 0.169 | 0.12 | 不稳定 |
| | 125.60 | 93.81 | | 0.145 | 0.12 | 不稳定 |
| | 125.60 | 85.00 | | 0.184 | 0.12 | 不稳定 |
| D—D′ | 108.14 | 88.32 | 河床 $Q_4^1$ 卵石混合土层 | 0.041 | 0.12 | 稳定 |
| | 125.60 | 93.81 | | 0.047 | 0.12 | 稳定 |
| | 125.60 | 88.32 | | 0.044 | 0.12 | 稳定 |

续表 3-15

| 剖面编号 | 水位/m | | 坝脚溢出点 | | | |
|---|---|---|---|---|---|---|
| | 上游 | 下游 | 作用位置 | 水力比降 | 允许比降 | 评价 |
| B—B′ | 123.00 | 85.00 | 河床 $Q_4^2$ 卵石混合土层 | 0.138 | 0.12 | 不稳定 |
| | 125.60 | 93.81 | | 0.103 | 0.12 | 稳定 |
| | 125.60 | 85.00 | | 0.146 | 0.12 | 不稳定 |
| D—D′ | 108.14 | 88.32 | 一级阶地 $Q_4^1$ 低液限粉土层 | 1.200 | 0.50 | 不稳定 |
| | 125.60 | 93.81 | | 0.977 | 0.50 | 不稳定 |
| | 125.60 | 88.32 | | 1.278 | 0.50 | 不稳定 |

表 3-16　二期工程设防渗体时坝基各特征位置渗透稳定性评价

| 剖面编号 | 水位/m | | 防渗体厚度/m | 防渗体深度 | 防渗体底部 | | | | 坝脚溢出点 | | | |
|---|---|---|---|---|---|---|---|---|---|---|---|---|
| | 上游 | 下游 | | | 作用位置 | 水力比降 | 允许比降 | 评价 | 作用位置 | 水力比降 | 允许比降 | 评价 |
| B—B′ | 123.00 | 85.00 | 4 | 入 $Q_4^2$ 底 | $Q_3$ | 4.515 6 | 0.15 | 不稳定 | 河床 $Q_4^2$ 卵石混合土层 | 0.084 | 0.12 | 稳定 |
| | | | | 入 $Q_3$ 底 | 破碎带 | 10.243 2 | 9.90 | 不稳定 | | 0.009 6 | 0.12 | 稳定 |
| | | | | 入破碎带 5 m | 破碎带 | 3.624 | 9.90 | 稳定 | | 0.007 2 | 0.12 | 稳定 |
| | | | | 入破碎带 10 m | 破碎带 | 2.671 2 | 9.90 | 稳定 | | 0.007 2 | 0.12 | 稳定 |
| | | | | 入破碎带 15 m | 破碎带 | 1.744 8 | 9.90 | 稳定 | | 0.006 | 0.12 | 稳定 |
| | | | 0.8 | 入 $Q_4^2$ 底 | $Q_3$ | 8.336 4 | 0.15 | 不稳定 | | 0.116 4 | 0.12 | 稳定 |
| | | | | 入 $Q_3$ 底 | 破碎带 | 44.410 8 | 9.90 | 不稳定 | | 0.016 8 | 0.12 | 稳定 |
| | | | | 入破碎带 5 m | 破碎带 | 6.609 6 | 9.90 | 稳定 | | 0.009 6 | 0.12 | 稳定 |
| | | | | 入破碎带 10 m | 破碎带 | 4.258 8 | 9.90 | 稳定 | | 0.008 4 | 0.12 | 稳定 |
| | | | | 入破碎带 15 m | 破碎带 | 1.971 6 | 9.90 | 稳定 | | 0.008 4 | 0.12 | 稳定 |
| | 125.60 | 93.81 | 4 | 入 $Q_4^2$ 底 | $Q_3$ | 3.838 8 | 0.15 | 不稳定 | | 0.063 6 | 0.12 | 稳定 |
| | | | | 入 $Q_3$ 底 | 破碎带 | 8.755 2 | 9.90 | 稳定 | | 0.006 | 0.12 | 稳定 |
| | | | | 入破碎带 5 m | 破碎带 | 3.112 8 | 9.90 | 稳定 | | 0.003 6 | 0.12 | 稳定 |
| | | | | 入破碎带 10 m | 破碎带 | 2.290 8 | 9.90 | 稳定 | | 0.002 4 | 0.12 | 稳定 |
| | | | | 入破碎带 15 m | 破碎带 | 1.498 8 | 9.90 | 稳定 | | 0.002 4 | 0.12 | 稳定 |
| | | | 0.8 | 入 $Q_4^2$ 底 | $Q_3$ | 7.100 4 | 0.15 | 不稳定 | | 0.087 6 | 0.12 | 稳定 |
| | | | | 入 $Q_3$ 底 | 破碎带 | 37.704 | 9.90 | 不稳定 | | 0.013 2 | 0.12 | 稳定 |
| | | | | 入破碎带 5 m | 破碎带 | 5.653 2 | 9.90 | 稳定 | | 0.004 8 | 0.12 | 稳定 |
| | | | | 入破碎带 10 m | 破碎带 | 3.646 8 | 9.90 | 稳定 | | 0.004 8 | 0.12 | 稳定 |
| | | | | 入破碎带 15 m | 破碎带 | 1.688 4 | 9.90 | 稳定 | | 0.004 8 | 0.12 | 稳定 |

**续表 3-16**

| 剖面编号 | 水位/m | | 防渗体厚度/m | 防渗体深度 | 防渗体底部 | | | | 坝脚溢出点 | | | |
|---|---|---|---|---|---|---|---|---|---|---|---|---|
| | 上游 | 下游 | | | 作用位置 | 水力比降 | 允许比降 | 评价 | 作用位置 | 水力比降 | 允许比降 | 评价 |
| D—D′ | 123.00 | 88.32 | 4 | 入 $Q_4^1$ 底 | $Q_3$ | 1.442 4 | 0.15 | 不稳定 | 一级阶地 $Q_4^1$ 低液限粉土层 | 1.027 2 | 0.50 | 不稳定 |
| | | | | 入 $Q_3$ 底 | 全风化安山岩 | 9.909 6 | 9.90 | 不稳定 | | 0.054 | 0.50 | 稳定 |
| | | | | 入风化岩 5 m | 全风化安山岩 | 3.909 6 | 9.90 | 稳定 | | 0.038 4 | 0.50 | 稳定 |
| | | | | 入风化岩 10 m | 强风化安山岩 | 5.874 | 9.90 | 稳定 | | 0.032 4 | 0.50 | 稳定 |
| | | | | 入风化岩 15 m | 强风化安山岩 | 1.540 8 | 9.90 | 稳定 | | 0.032 4 | 0.50 | 稳定 |
| | | | 0.8 | 入 $Q_4^1$ 底 | $Q_3$ | 2.102 4 | 0.15 | 不稳定 | | 1.123 2 | 0.50 | 不稳定 |
| | | | | 入 $Q_3$ 底 | 全风化安山岩 | 44.107 2 | 9.90 | 不稳定 | | 0.160 8 | 0.50 | 稳定 |
| | | | | 入风化岩 5 m | 全风化安山岩 | 6.208 8 | 9.90 | 稳定 | | 0.105 6 | 0.50 | 稳定 |
| | | | | 入风化岩 10 m | 强风化安山岩 | 9.477 6 | 9.90 | 稳定 | | 0.103 2 | 0.50 | 稳定 |
| | | | | 入风化岩 15 m | 强风化安山岩 | 0.794 4 | 9.90 | 稳定 | | 0.103 2 | 0.50 | 稳定 |
| | 125.60 | 93.81 | 4 | 入 $Q_4^1$ 底 | $Q_3$ | 1.370 4 | 0.15 | 不稳定 | | 0.830 4 | 0.50 | 不稳定 |
| | | | | 入 $Q_3$ 底 | 全风化安山岩 | 9.050 4 | 9.90 | 稳定 | | 0.049 2 | 0.50 | 稳定 |
| | | | | 入风化岩 5 m | 全风化安山岩 | 3.656 4 | 9.90 | 稳定 | | 0.031 2 | 0.50 | 稳定 |
| | | | | 入风化岩 10 m | 强风化安山岩 | 5.600 4 | 9.90 | 稳定 | | 0.025 | 0.50 | 稳定 |
| | | | | 入风化岩 15 m | 强风化安山岩 | 1.393 2 | 9.90 | 稳定 | | 0.025 | 0.50 | 稳定 |
| | | | 0.8 | 入 $Q_4^1$ 底 | $Q_3$ | 1.987 2 | 0.15 | 不稳定 | | 0.962 4 | 0.50 | 不稳定 |
| | | | | 入 $Q_3$ 底 | 全风化安山岩 | 39.735 6 | 9.90 | 不稳定 | | 0.174 | 0.50 | 稳定 |
| | | | | 入风化岩 5 m | 全风化安山岩 | 5.58 | 9.90 | 稳定 | | 0.132 | 0.50 | 稳定 |
| | | | | 入风化岩 10 m | 强风化安山岩 | 8.517 6 | 9.90 | 稳定 | | 0.129 6 | 0.50 | 稳定 |
| | | | | 入风化岩 15 m | 强风化安山岩 | 0.714 | 9.90 | 稳定 | | 0.129 6 | 0.50 | 稳定 |

(1)左岸段:0+000~0+400(防渗线桩号,下同,该 0+000 桩号对应于坝轴线桩号 3+377)段,主要由 $Q_2$ 地层组成,具二元结构,上部为低液限黏土,下部为卵石混合土,$Q_2$ 低液限黏土厚 6~9 m,下部卵石混合土层厚 3.5~6 m。该上覆土层厚、范围广,可作为良好的天然铺盖,施工时严禁坝前取土。0+400~0+900 段,由 $Q_3$ 地层组成,上部为低液限黏土,厚 9~14 m;下部为卵石混合土,厚 5~15 m,层顶面高程 83~88 m,与河槽卵石混合土层相连,具中等-强透水,存在渗漏及渗透变形问题。因此,建议对该段 $Q_3$ 卵石混合土层进行截断,防渗体进入第三系地层中。

(2)河槽段:0+900~1+300 段为河槽,本段第四系地层主要由 $Q_3$、$Q_4$ 卵石混合土层组成,总厚度 7~13 m。第四系覆盖层以下岩性特征及构造情况如下:桩号 1+040 以左为上第三系黏土质砂岩、黏土质砂砾岩,性质同前。其中,0+900~1+040 段为黏土质砂砾岩,具中等透水性。1+040~1+125 段为断层(F100)破碎带,宽 85 m,构造岩原岩成分主要为石英砂岩、页岩、泥岩及灰岩等,桩号 1+100~1+125 段为断层影响破碎带全风化安山岩。卵石混合土层、构造岩、安山岩全风化带岩性特征及存在的工程地质问题同前所述。1+125~1+300 段为 F100 断层影响带,岩性为 x1 安山岩,上部属强风化,下部为弱-微风化。据 18 段压水试验,安山岩岩体中,弱透水占 72.2%,中等透水占 27.8%。

根据上述地质条件,建议 0+400~1+040 段防渗体应进入第三系地层相应深度,其中 0+900~1+040 段下伏黏土质砂砾岩透水性较大,防渗墙下应做帷幕灌浆处理,建议该段帷幕灌浆至高程 50 m 以下;1+040~1+125 段防渗体进入断层破碎带和全风化安山岩 5 m 以下,考虑到断层破碎带和全风化安山岩岩性及结构的复杂性、断层破碎带有少部分段为中等透水性、安山岩全风化层属弱-中等透水性,建议防渗体以下做一定深度的帷幕灌浆处理。1+125~1+300 段为断层影响带,部分岩体具中等透水性,亦需做一定深度的帷幕灌浆处理。由于断层破碎带和风化安山岩深风化带的岩性和结构复杂,当采用开挖施工时,建议结合基坑开挖进行相应试验工作,并做好现场地质编录,发现异常情况及时处理。

## 3.5.2　出山店水库

出山店水库主坝包括土坝段及混凝土坝段,土坝段坝基主要位于淮河Ⅱ级阶地、Ⅰ级阶地,混凝土坝段位于淮河河床且与右岸山体连接。

### 3.5.2.1　土坝段坝基渗漏及渗透变形防治措施

1. 土坝段坝基渗漏及渗透变形问题

Ⅰ、Ⅱ级阶地(0+190~3+262.15 段)整体属土、岩双层结构,上覆第四系地层,具黏、砂、砾(卵)多层结构;其中,上部第四系地层具河流相二元结构特征,砂层、砾石层具中、强透水性,下伏微-弱透水性古近系红色岩系(桩号 3+200 之后为早古生代加里东晚期侵入花岗岩)。蓄水后在水头差压力作用下,库水将通过坝基砂、砾(卵)多层向坝下游渗漏,超过允许比降则造成渗透变形破坏,危及坝基安全,坝基存在渗漏和渗透变形问题。依据《水利水电工程地质勘察规范(2022 年版)》(GB 50487—2008)附录 G,根据颗粒分析资料结合工程类比,判别砂、砾(卵)层渗透破坏类型为管涌,提出级配不良砂允许渗透比降 $J_{允许}=0.25$,提出级配良好砾允许渗透比降 $J_{允许}=0.20$。建议采用垂直防渗,以天然水平铺盖作为安全储备,防渗体深度应进入下部相对隔水层(基岩),处理范围为Ⅰ、Ⅱ级阶地段,以天然水平铺盖作为安全储备。

Ⅰ、Ⅱ级阶地上部第四系地层具河流相二元结构特征,砂、砾(卵)多层具中、强透水性,是典型的缓丘区河谷基本地质条件。

2. 土坝段坝基渗漏及渗透变形问题施工处理

针对土坝段坝基渗漏及渗透变形问题,主要采取了垂直防渗墙,并以天然水平铺盖增加地下水渗径作为防渗安全储备。

Ⅰ级阶地表层为2~4 m低液限黏土、Ⅱ级阶地表层为10 m低液限黏土,施工组织设计及施工时,坝前500 m宽范围内表层黏性土保留,作为坝前天然水平铺盖,增加地下水渗径。

在0+155~3+262.15段采取了沿坝轴线上游5 m做0.4 m厚的塑性混凝土防渗墙进行处理,防渗墙顶部与坝体黏土心墙相连,插入黏土心墙防渗体长度不小于2 m,防渗墙深度穿过砂砾石层深入至古近系基岩内不小于1 m、花岗岩段(3+200~3+262.15)入至强风化下限。其中,塑性混凝土防渗墙轴线在桩号3+208.6向下游转折,与帷幕灌浆轴线连接;为加强土坝段与混凝土坝段连接区域的防渗体系,在3+200~3+262.15段塑性混凝土防渗墙上下游平行于塑性混凝土防渗墙布设帷幕灌浆两排,其间距1 m(距塑性混凝土防渗墙各0.5 m),灌浆孔距2 m、孔底高程48 m。塑性混凝土防渗墙主要设计指标(28 d)为:抗压强度为1.5~5 MPa,弹性模量为500~2 000 MPa,渗透系数小于$1\times10^{-6}$ cm/s,允许渗透坡降不小于50,密度为2~2.3 $g/cm^3$;灌浆参数与连接坝段帷幕灌浆参数相同。对于坑塘、小胡沟、小泥河及导流明渠段,均采取先按设计要求回填至原建基面高程,其他主要工程问题处理后,再在坝体填筑3 m后进行塑性混凝土防渗墙施工。

#### 3.5.2.2 混凝土坝段坝基渗漏防治措施

1.混凝土坝段坝基渗漏问题

混凝土坝段坝基为弱-微风化花岗岩,局部断层及其影响带、节理密集带透水性相对较大,建议采取垂直防渗处理措施,可以考虑采取防渗帷幕等处理措施,建议防渗处理深度至5 Lu线下一定深度。鉴于右岸岩体风化带较厚,防渗帷幕范围应超过南坝头一定距离。

花岗岩是典型的岩浆岩代表,微风化花岗岩一般为微透水性,为库区非永久性渗漏良好基岩。

2.混凝土坝段坝基渗漏问题施工处理

针对混凝土坝段坝基渗漏问题,主要采取了帷幕灌浆处理。

帷幕灌浆采用单排布置(第1排)结合部分段增设一排(第2排)浅孔帷幕(位于14#~23#坝段)的布置方式;单排布置的灌浆帷幕中,左侧帷幕与土坝段坝基防渗墙相接,右坝肩帷幕向坝外延伸20 m;第1排帷幕中心线距上游坝踵6.25 m、增设的第2排帷幕中心线位于第1排帷幕中心线上游0.5 m,第1排帷幕灌浆孔进入岩石5 Lu线以下不小于4 m、孔距2 m,第2排帷幕灌浆孔深度为第1排帷幕灌浆孔深度的一半、孔距2 m;灌浆材料为P·O 42.5水泥;双排孔帷幕灌浆按先钻灌第1排、后灌第2排的顺序施工;帷幕钻孔遇坝段分缝位置应避开,且钻孔位置距离分缝位置应不小于500 mm;帷幕灌浆采用压水试验检查,检查合格标准为灌后基岩透水率$q\leqslant3$ Lu。帷幕下游设孔深8 m、孔距2 m的排水孔。为提高坝基整体性、减小沿坝基的渗漏量,对坝基整体进行固结灌浆处理,固结灌浆孔孔距3.5 m,深度5 m和8 m,地质缺陷部位根据现场实际情况加深或加密;固结灌浆均采用有盖重方式灌浆,混凝土盖重为3.0 m,且混凝土强度等级达到75%以上方可灌浆,混凝土段成孔可采用预埋管或钻混凝土方式,灌浆孔遇坝段分缝处,孔位置可做微调,孔中心距建筑物外轮廓线不小于0.5 m;基岩段长为8 m的分两段灌注,第1段3 m,栓塞阻塞在混凝土与基岩接触面处,第2段5 m,阻塞在受灌段以上0.5 m处,第1段灌后须待凝 24 h,方可钻灌第 2 段;布置有声波测试孔的部位,在固结灌浆前和灌浆后均应进行对比测试,其测试成果作为灌浆质量评定的依据,灌浆后声波测试孔平均波速不小于 3 450 m/s,灌浆前低波速(波速小于 3 000 m/s)区域在灌浆后应提高 15%以上;灌浆材料为 P·O 42.5 水泥。

### 3.5.3　五岳水库(除险加固)

#### 3.5.3.1　坝基渗漏问题

坝基基岩主要为弱-微风化斑状角闪片岩。弱风化斑状角闪片岩透水率 $q$ = 12.6~8.5 Lu,属中等-弱透水。微风化岩石透水率 $q$ = 3.49~10.2 Lu,属弱透水。从整体上看,坝基基岩局部存在中等透水性区段,坝基存在渗漏问题,建议进行防渗处理。

#### 3.5.3.2　两坝头渗漏问题

左坝肩坝坡偏陡,岸坡岩体已风化近于土状,岸坡与坝体结合部处理不符合规范要求,易于出现拉张性裂缝,现场勘察在左坝头背水坡二级平台与山体结合处,已出现集中渗水点,渗水清澈,长年不断,呈向上翻涌状,且推动小砂粒上下翻动,渗流汇集成明流排出,2007 年实测左坝头渗出流量为 0.73 $m^3/h$。坝下游左岸山坡浸润性出渗点高程高于 85 m,渗出点由上而下逐渐汇集,于 84.5 m 平台附近呈明流。根据左坝头桩号 0+019 竖井开挖展示图,心墙与坝基接触带 6~8 cm 厚度范围内,渗水现象明显,竖井开挖过程中心墙潮湿,但未见明显浸润水位,开挖至接触带即有明显渗水,静止 13 h 后水位 86.34 m;另根据附近 ZB16 钻孔 2007 年 9 月 1 日钻探记录及水位观测,心墙土体未见明显浸润水位,下套管止水至接触带以下,基岩水位在 10 min 内恢复 1.9 m,具承压性,根据钻孔注水试验左坝头强风化片岩属于弱-中等透水性,存在左坝肩基岩及接触带渗漏问题。

右坝肩岩石已全风化成土状,坝体实际是直接坐落于风化残积的砾质土上,其渗透系数可达 $2.69\times10^{-5}$ cm/s,结构较松散,加以结合带施工处理不彻底,存在右坝肩接触带渗漏问题。在主坝南台地段桩号 0+459.5~0+489.9 间渗水较为严重,渗水出逸高程为 78.25~82.92 m,草皮护坡后常年积水,坡脚处已形成沼泽化。2007 年 5 月勘察期间在右坝头渗出点进行流量实测,渗出流量为 0.14 $m^3/h$。

建议两坝肩进行灌浆处理。

#### 3.5.3.3　溢洪道泄洪闸地基渗漏及稳定性问题

溢洪道泄洪闸地基主要为云母石英片岩(强风化带),两岸岩体全风化厚度 6.8 m 左右,底面高程一般 87.7 m;强风化厚度 15.8~16.2 m,强风化带底面高程一般 71.4~71.8 m,向下游渐变低。断层主要为 NNE,高倾角,压扭性断裂,岩石破碎多呈碎屑小砾及碎块,且风化加剧。F2 延伸至闸门中墩,F3 通过 2#孔向一级鼻坎右齿墙方向延伸,F4 通过 11#孔可能向二级消能工冲刷坑以后方向延伸。在物理地质作用和断裂构造及地下水作用下,云母石英片岩风化剧烈,强度较低,根据工程类比多属较软岩,部分为软岩,岩体工程地质分类属Ⅳ类。泄洪闸底板强风化岩体透水率 $q$ = 11.4 Lu,属中等-弱透水,加以附近部位岩石破碎,风化强烈,抗冲刷能力差,作为地基应进行加固、防渗等处理。

挑流坎段冲坑现为混凝土覆盖,根据调查资料,1980 年溢洪道运用时泄量 210 $m^3/s$,在一级鼻坎冲刷坑右侧 23~30 m 地段,冲刷面积近 30 $m^2$、深 5 m 的坑,冲刷坑下游 100

余 m 地段普遍下切形成 1~1.6 m(现状),并造成左岸坍塌。挑流坎段云母石英片岩在物理地质作用和断裂构造及地下水作用下,岩石破碎,风化剧烈,强度较低,抗冲刷能力差,稳定性较差,作为地基应进行必要的加固。

尾水渠段(0+175.5 至主河道),表层为坡洪积粉质黏土和重粉质壤土,厚 3~5 m,下为云母石英片岩,高程 57~67 m 为强全风化带,顶部数米已呈土状,尾水渠底大部分可达强风化带底部。岩石片理走向与溢洪道流向近于平行,且以缓倾角倾向溢洪道,左岸局部边坡稳定性差。尾水渠长 650 m,现状底宽 20~40 m,原初设为冲排水,仅开挖小断面,拟引流冲刷,但经过多年运行,实际效果不明显,造成过水断面偏小,影响溢洪道正常行洪。建议对尾水渠进行开挖,并进行砌石护坡或混凝土护坡。

副溢洪道及堵坝坝基地层主要为强风化云母石英片岩,岩石破碎,风化剧烈,坝基岩体具中等透水性,存在坝基渗漏问题,下游坝坡及两岸岸坡受雨水冲刷,坡面坍塌,下游坡脚渗水,形成沼泽化。上游干砌石护坡受风浪冲刷、淘洗,造成块石松动、局部坍塌,且距离主溢洪道较近,如投入泄洪会影响主溢洪道工程安全。建议对坝基进行防渗处理,并对上下游护坡进行翻修,下游岸坡进行砌石护坡。

#### 3.5.3.4　副坝渗漏及稳定性问题

1#~5#副坝坝基一般为全强风化片岩,部分为第四系重粉质壤土、粉质黏土夹薄层灰色砂壤土,副坝坝体填筑质量不均匀,达不到设计要求,一般具弱-中等透水性,防渗性能较差。建议对没有达到防渗要求的副坝采取防渗、护砌措施;对地质条件较差的坝基和质量不满足要求的坝体进行加固处理。

4#副坝引水洞地基主要为全风化云母石英片岩,局部为第四系中更新统重粉质壤土($Q_2^{dlel}$)。全风化岩体具中等-弱透水性,存在坝基渗漏问题。建议结合坝基进行防渗处理,并对上下游岸坡进行砌石护坡。

### 3.5.4　石漫滩水库(除险加固)

#### 3.5.4.1　坝基与绕坝渗漏问题和断层带渗透变形问题

根据原初步设计阶段勘察及施工阶段灌浆孔压水试验成果,坝基、坝肩岩体透水性普遍偏大,多属强透水带。大体以基岩以下 60 m,即高程 15 m 为分界,上部的岩体透水率多数大于 10 Lu,最大值达 92.9 Lu,下部的岩体透水率多数大于 2 Lu。而在基岩面以下 130 m 深部,仍达不到本工程相对隔水层 3 Lu 的标准,存在坝基渗漏问题。坝址地段断层带(包括影响带)普遍为泥质充填,水库运行过程将存在渗透变形问题。为防止坝基断层带产生集中渗流和渗透压力增大,工程上加强处理措施,在坝基中做悬挂防渗帷幕。根据本次除险加固初设阶段勘察时 13 组压水试验成果可知,上部的岩体透水率为一般为 0.7~2.9 Lu,其中 2 组为 3.0 Lu、4.5 Lu,可知坝基中所做悬挂防渗帷幕大部分效果较好。

#### 3.5.4.2　坝基渗流控制

1. 防渗帷幕

由于坝基透水性大,相对隔水层埋藏深,渗流控制考虑到各种因素,施工中在坝基中做悬挂防渗帷幕。帷幕深度在岩面以下 20 m,即底部高程一般为 53 m。断层带处帷幕加深到 30 m,左岸坝高较低,帷幕深度减为 15 m。用单排钻孔、水泥灌浆,孔距计为 2 m。

为防止绕坝渗漏，帷幕向两岸直线延伸 30 m。孔距亦为 2 m，孔深高程与坝端处帷幕相同。因而左岸灌浆孔最深 27 m，右岸灌浆孔最深 40 m。帷幕灌浆质量检查标准为 3 Lu，根据原施工灌浆检查孔压水试验成果，符合设计要求。根据本次除险加固初设阶段勘察时 13 组压水试验成果可知，上部的岩体透水率为一般为 0.7~2.9 Lu，其中 2 组为 3.0 Lu、4.5 Lu，可知坝基中所做悬挂防渗帷幕大部分效果较好。

2. 坝基排水

坝基断裂结构面与层面普遍有夹泥分布，尤其断层带及其两侧部位，夹泥充填程度及其抗渗性更加复杂化。

据已建工程的经验，水库运行过程通过坝基排水工程，局部夹泥层可能产生渗透性破坏。原初步设计阶段建议对断层带及裂隙密集部位，除加强固结灌浆外，还可在坝基排水孔采取适当的措施。施工中在灌浆廊道下游侧设置一排排水孔，以降低坝基扬压力，排水孔间距 3 m，孔深在岩面以下 5 m，断层和裂隙密集带部位，孔内加设反滤层，以防止管涌破坏。

坝基扬压力观测资料分析表明，大坝坝基扬压力性态基本正常，扣去测值突变影响后，坝基扬压力测孔水位测值变化平稳，无明显趋势性变化，扬压力系数实测值未超过设计值，坝基帷幕灌浆和排水孔联合防渗效果较好；受下游水位较高影响，坝基扬压力值较大。根据坝基渗流观测资料分析可知，坝基渗漏量变化总体上较为平稳，坝基渗漏量 2002 年后有逐渐增加趋势。

3. 绕坝渗漏

水库运行期未曾发生过影响水库正常效益的绕坝渗漏问题。

坝基渗漏与渗透控制工程地质评价：根据本次勘察压水试验成果，结合坝基扬压力及渗漏量分析，整体上坝基防渗帷幕质量满足设计要求，坝基渗漏量不大。

### 3.5.4.3　上游围堰渗漏问题

前期施工时在原地形基础上设置导流明渠，上游围堰工程实际挡水水头较小，堰体采用原地层上部上游河道附近杂乱冲洪积物堆积而成，岩性较杂，受原导流明渠及扒口影响，围堰顶面不平，现堰顶高程一般 100.30~101.10 m，其中左岸附近原导流明渠处现开口宽约 25 m，底部高程约 92.80 m；右岸附近扒口处现开口宽约 26 m，底部高程约 93.70 m。

上游围堰堰基地质结构为黏砾双层结构，仅左右岸为土岩双层结构，上部为新近淤积黏性土，总厚度 4~6 m，靠近河床变薄为 1.5~2.0 m，局部缺失，土质疏松，具水平层理，为中等-高压缩性软土，强度低；施工时未对堰基库区淤积黏土等强度很低地层采取工程措施；下部为砂卵石，具强透水性，建议渗透系数 $K=5.50\times10^{-2}$ cm/s。堰基工程地质条件差。

堰体上部 2.5~3.7 m 多为砾质土，下部主要为卵砾石，泥砂质充填。经访问，原围堰上游填筑有黏土斜墙，厚度约 2 m。2016 年 10 月 27 日因连续降雨上游水位达到 100.10 m 左右，在堰体上部出现多处明流渗漏现象，由此可知，黏土斜墙未起到有效的防渗作用，在高水头作用下渗漏问题将会更加严重。勘察期间根据注水试验成果，其渗透系数 $K=1.20\times10^{-4}\sim3.70\times10^{-2}$ cm/s，堰体具中等-强透水性，建议渗透系数 $K=3.70\times10^{-2}$ cm/s，堰体防渗性能差。

施工时围堰上游水位高程约 99.0 m,坝前基坑开挖最低高程约 74.0 m,开挖过程中堰前后最大水头差可达 25 m。上部堰体(成分主要为卵砾石)、下部卵砾石层及下伏基岩具强透水性,存在较为突出的渗漏和渗透变形破坏、基坑涌水、降排水问题;基坑边坡主要由新近淤积土及卵砾石组成,在高水头作用下存在基坑边坡稳定问题,需采取有效的防渗、降排水及加固措施。降排水及施工期间应加强监测,发现险情应及时采取相应的处理措施,以确保施工安全。

#### 3.5.4.4　下游围堰渗漏问题

下游围堰地质结构为土岩双层结构,上部为人工堆积含泥卵石和冲积淤泥、淤泥质土,其中淤泥、淤泥质土厚度 3.2~19.6 m,靠近左岸变薄为 0.6~1.0 m,土质疏松,为高压缩性软土,强度低;卵石具强透水性,工程地质条件差。下部为卵石,勘察期间根据注水试验成果,其渗透系数 $K=7.14\times10^{-2}\sim2.53\times10^{-1}$ cm/s,具强透水性。

勘察期间水库下游水位为 85.41 m,坝后基坑开挖最低高程 74.0 m 左右,开挖过程中堰前后最大水头差可达 11.5 m。卵石层及下伏基岩具强透水性,存在渗漏和渗透稳定、基坑涌水、降排水问题,基坑边坡由新近淤积土及卵石组成,存在基坑边坡稳定问题,需采取有效的防渗、降排水措施,必要时采取支护措施。

施工时禁止在基坑周围施加堆载,降排水及施工期间应加强监测,发现险情及时采取相应的处理措施,以确保施工安全。

### 3.5.5　石山口水库(除险加固)

通过历次勘察分析,石山口水库主坝坝基存在渗流及承压水问题和坝肩绕渗问题,分别分析评价如下。

#### 3.5.5.1　主坝坝基渗流及承压水问题

主坝坝基第四系孔隙水分为潜水和承压水,潜水赋存在河槽表层黄色砾砂透水层中;承压水又分为上、下两层,上层承压水位于左岸阶地黄色壤土与灰色软土之间的黄色中砂、灰色砾砂层中,下层承压水位于灰色软土以下与基岩面之间灰色砂砾石层中,故坝基透水层可分为三层,现将各层的渗流稳定问题分述如下。

1. 河槽表层黄色砂砾石透水层的渗流稳定问题

该砂砾石层含少量泥质,具中等透水性,厚度 1.5~2.6 m,建库前该层中含有潜水。建库施工时采用黏土水平铺盖和截水齿墙防渗,铺盖末端齿墙穿过砂层坐落在灰色软土上,下游砂壳直接坐落在该层砂砾石上,故砂壳中的地下水位和该砂砾石层中的水位应该是一致的。据 1984 年观测资料,当库水位为 77.98 m 时,0+233 上 1.5 孔地下水位为 61.96 m;当库水位为 78.77 m 时,0+233 下 16.5 孔地下水位为 61.73 m。在 1979~1980 年,库水位为 70.0~78.6 m,原测压管 0+239 下 45.8 及 0+239 下 77.8 两孔,地下水位分别为 61.6~61.8 m 及 61.3~61.6 m,与下游尾水位 61.3~61.5 m 相近。2000 年库水位 72.08~79.44 m,0+235 下 32 孔、0+239 下 45.8 孔、0+239 下 77.8 孔水位分别为 61.338~62.18 m、61.48~62.31 m、61.35~62.35 m。水位线平缓,与下游尾水位接近,这些情况表明铺盖及截水齿墙具有较好的防渗效果。0+239 断面浸润线见图 3-21。

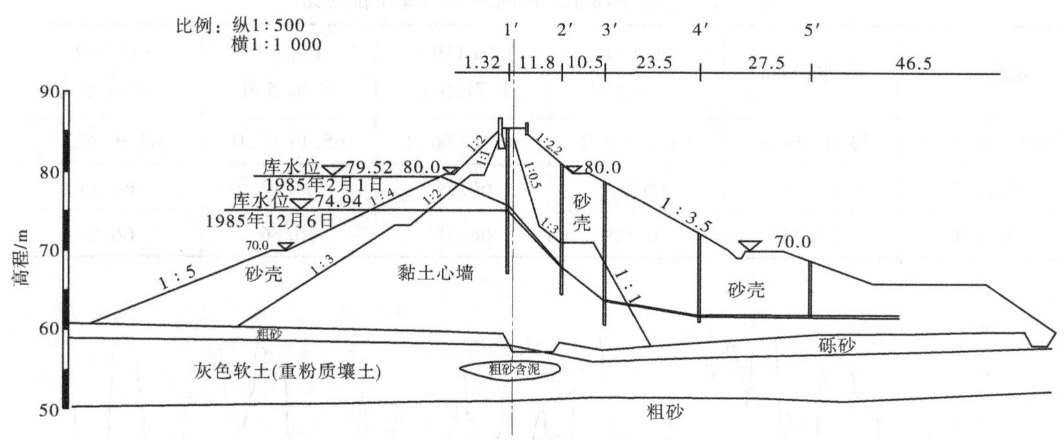


图 3-21　0+239 断面浸润线管和浸润线位置图　（单位:m）

2. 上层承压水含水层的渗流稳定问题

上层承压水位于黄色壤土与灰色软土之间,顶部高程为 61~65 m,底部高程为 58.5~62.0 m,厚 0.5~5.0 m,在河槽左侧岸坡附近变薄或尖灭。本层上部为黄色细砂,中粗砂及砾砂(含泥),下部为灰白色砾砂,含较多泥质。在桩号 0+127 以左,层间夹厚 0.3~0.5 m 软土薄层。注水试验求得其渗透系数为 $4.6\times10^{-4}\sim1.6\times10^{-3}$ cm/s,具中等透水性。

在主河槽左岸边缘 63~64 m 高程有一细砂层,施工时未加封闭,1960 年主坝合龙后,在下游坝脚即出现渗水现象,渗水点高程 64.03 m(当时库水位 67.66 m),分析原因是与上游未封闭有关。1976 年冬,在主坝下游左侧河谷斜坡上发生塌方,并伴有管涌现象;1977 年 4 月,库水位 70.7 m,坝脚下承压水位 66.14~67.14 m,沿左岸河谷 64 m 高程左右发生流土现象。1978 年,在坝下游河槽左岸 66 m 高程以下做了反滤层和堆石体,在高程 66~70 m 做了贴坡排水体,效果较好,未再发生异常。1978 年 8 月,又在坝后布设了导渗沟,为暗管集水,管中心高程在 0+000 处为 66.80 m,纵比降 1:500,目的是将该层承压水位控制在一定高程上,但导渗沟建成后无水,分析原因是暗管埋设偏高,未能收集到该层承压水,起不到导渗作用。1976 年,勘探时设两排测压管,测压管花管段位于该含水层中。

以桩号 0+119 下 71.5 孔为例:1977 年 4 月 8 日库水位为 70.70 m,管水位为 66.14 m;1984 年库水位 78.47 m,管水位 66.14 m;2002 年 4 月库水位 79.52 m,管水位 66.30 m;2004 年 4 月库水位 77.73 m,管水位 66.38 m,高于坝下游砂层顶面,但承压水头较低(2 m 左右),且低于坝下游地面高程(坝后处理后现高程 70 m),由于坝脚附近已做反滤层和堆石体,未再发生异常现象,说明在现状水位下渗流是稳定的。考虑将来高水位下,应加强堆石体下游未处理岸坡的观测,发现问题及时处理。

上层承压水部分观测资料见表 3-17,0+119 断面测压管水位与库水位历时曲线见图 3-22。

3. 下层承压水含水层的渗流稳定问题

下层承压水含水层位于灰色软土以下与基岩面之间,层顶高程为 52~54.4 m,层底高程 49~51 m。厚 2~5 m,为灰色砂砾(卵)石,局部含泥质及软土透镜体。渗透系数为 $9.2\times10^{-3}\sim2.8\times10^{-2}$ cm/s,属中等-较强透水层。

表 3-17　上层承压水观测管水位与库水位对比

| 观测时间 | 库水位/m | 0+119<br>下 46.5 孔 | 0+119<br>下 71.5 孔 | 0+159<br>下 46.5 孔 | 0+159<br>下 71.5 孔 |
|---|---|---|---|---|---|
| 1979~1980 年 | 70.0~78.47 | 65.1~66.2 | 65.1~66.2 | 65.1~67.0 | 64.9~66.2 |
| 1984 年 | 78.47 | 66.67 | 66.14 | 66.12 | 66.11 |
| 2004 年 | 77.73 | 67.05 | 66.38 | 66.86 | 66.59 |

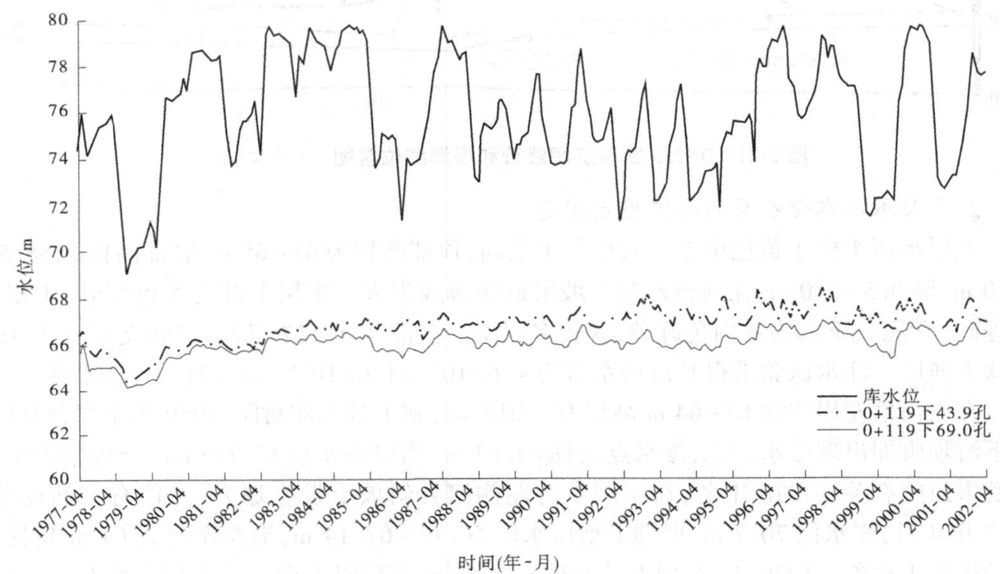


图 3-22　0+119 断面坝基上层承压含水层测压管水位与库水位历时曲线

该层承压水位较高,1958 年勘探时,河槽段 1 号孔,承压水位为 61.6 m,高出地表约 1.6 m,涌水量为 1.1 L/min,13 号孔涌水量为 1.8 L/min,台地段承压水位为 64.6 m(河水位约 60.3 m)。1960 年勘探时,库水位为 69.70 m,阶地段承压水位为 65.6 m。1984 年于河槽及阶地各设一观测剖面,1984 年 4 月 26 日,库水位为 78.47 m;2004 年 2 月 23 日,库水位为 77.73 m,各观测管水位见表 3-18。0+115 断面、0+233 断面下层承压水管水位与库水位历时曲线分别见图 3-23、图 3-24。

表 3-18　下层承压水观测管水位与库水位对比

| 观测时间 | 库水位/m | 0+233 断面(河槽段) | | | 0+115 断面(台地段) | | |
|---|---|---|---|---|---|---|---|
| | | 0+233<br>下 16.5 孔 | 0+233<br>下 32 孔 | 0+233<br>下 74 孔 | 0+115<br>下 1.5 孔 | 0+115<br>下 16.5 孔 | 0+115<br>下 32 孔 |
| 1984 年 | 78.47 | 71.11 | 69.40 | 68.81 | 72.78 | 72.72 | 72.72 |
| 2004 年 | 77.73 | 71.11 | 69.69 | 68.77 | | 72.941 | 72.940 |

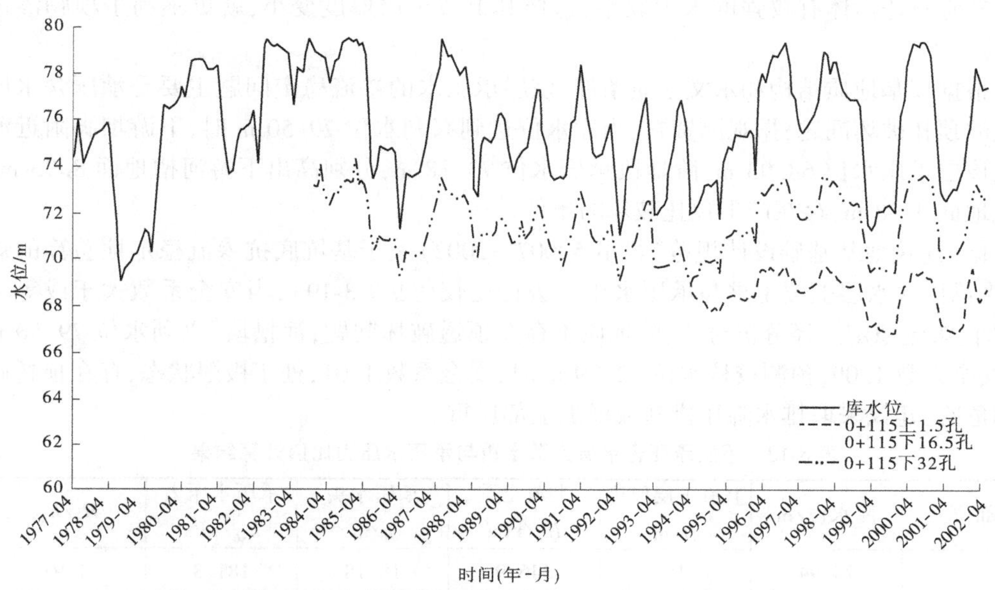


图 3-23　0+115 断面坝基上层承压含水层测压管水位与库水位历时曲线

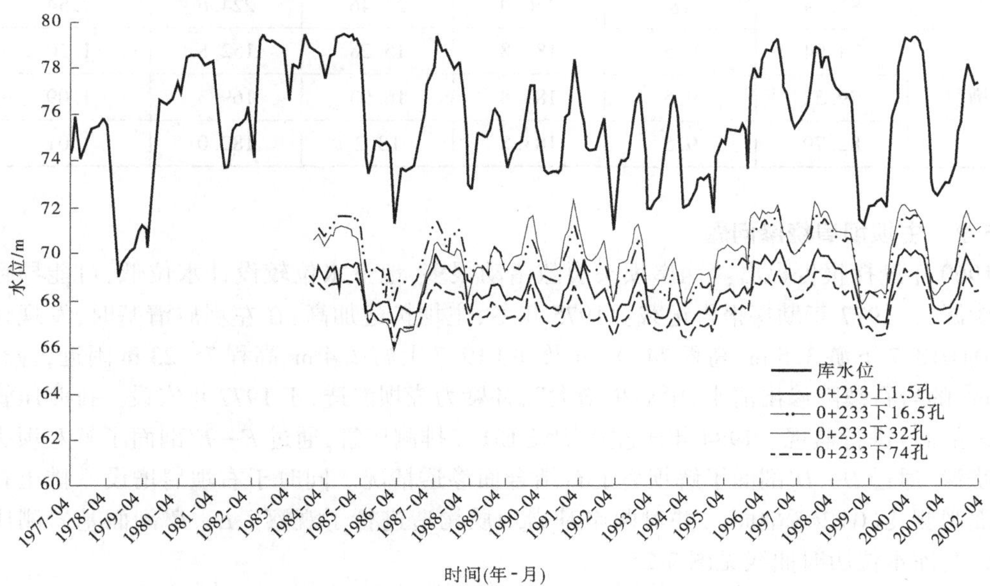


图 3-24　0+233 断面坝基上层承压含水层测压管水位与库水位历时曲线

从表 3-18 可以看出，地下水位线甚为平缓，在坝脚附近，其承压水位已高出台地约 2.7 m，高出河槽约 7.8 m。根据原 1958 年资料及现观测资料粗略地推测，设计水位及校核水位时的承压水位将高出台地 4.0~4.5 m，高出河槽 7.0~8.0 m，这时坝脚渗透稳定是不利的。另据钻孔注水连通试验，在 0+233 下 16.5 孔中注水 14 min，0+233 上 1.5 孔透镜体（高于该层承压含水层顶板约 4 m）水位即上涨 0.39 m，得知下层承压水与灰色软土中的砂砾石透镜体有较强的水力联系，这样其上覆土层厚度变小，就更不利于坝脚渗透稳定。

根据坝基地质结构和水文地质条件，该层承压水的渗流稳定问题主要是承压含水层顶板的顶托破坏问题，据观测资料，当库水位达到兴利水位 79.50 m 时，下游坝脚附近河槽段该层承压水位 68.93 m，阶地段承压水位 73.38 m，分别高出下游河槽地面 8.93 m、阶地地面 3.38 m，存在产生顶托破坏的条件。

据《建筑地基基础设计规范》(GB 50007—2002)关于基坑底抗渗流稳定性验算的规定，将承压含水层上覆土重与承压水压力进行比较(见表 3-19)，当安全系数大于或等于 1.1 时，渗流稳定。经分析对比，阶地段不存在顶透破坏问题；河槽段，兴利水位 79.50 m 时，安全系数 1.09，预测校核水位 82.79 m 时，安全系数 1.01，处于极限状态，存在顶托破坏的危险，建议采取排水降压措施或增加上部压重。

**表 3-19　下层承压含水层上覆土重与承压水压力比值计算结果**

| 部位 | 库水位/m | 上覆土层厚度 $H$/m | 上覆土重 $H_\gamma$/kPa | 承压水头 $h$/m | 承压水压力 $h_{\gamma0}$/kPa | $H_\gamma/h_{\gamma0}$ |
|---|---|---|---|---|---|---|
| 阶地段 | 74.94 | 18 | 346.9 | 18.18 | 181.8 | 1.91 |
| | 79.52 | 18 | 346.9 | 20.58 | 205.8 | 1.69 |
| | 82.79 | 18 | 346.9 | 22.46 | 224.6 | 1.54 |
| 河槽段 | 74.94 | 9.5 | 183.8 | 15.28 | 152.8 | 1.20 |
| | 79.52 | 9.5 | 183.8 | 16.93 | 169.3 | 1.09 |
| | 82.79 | 9.5 | 183.8 | 18.2 | 182.0 | 1.01 |

#### 3.5.5.2　主坝坝肩绕渗问题

1960 年勘探报告提出："两岸坝头裂隙错动很多，地下水位较设计水位低，可能导致绕坝渗漏"。1977 年勘探报告记载："1975 年冬，主坝扩建加高，在左坝肩清基时，发现在桩号 0+018.7 下游 3.5 m、高程 74.01 m 及 0+019.7 上游 2.4 m、高程 75.23 m 附近，各有 3~4 $m^2$ 的岩石裂隙渗出清水，雨后稍增大"，怀疑为绕坝渗透，于 1977 年安设一排测压管（*S—S'*剖面）进行监视。1984 年于左岸增设 ED 二排测压管，通过 *E—E'*剖面了解左坝头基岩绕渗，通过 *D—D'*剖面了解坝肩土石结合面渗透情况。同时于右坝肩增设一排土石结合面观测孔(0+265 剖面)，并对两岸基岩地质构造进行了观察。*E—E'*剖面基岩测压管水位与库水位历时曲线见图 3-25。

两岸坝头均为安山质凝灰岩，多属强风化到弱风化。经地表岩石及钻孔岩芯观察，裂隙较发育，一般呈闭合状，部分充填铁锰质，胶结较好，岩石也较完整。据 1960 年地质测绘资料，仅左坝肩有 F1-1 及 F2-2 两断层，以夹角 45°~60°从坝上游穿过坝肩通向库外，其断层规模及性质详见断层表。岩石总体透水性弱，右岸较左岸弱，仅断层影响带局部透水性较强。据 8 孔 22 次压注水试验成果统计，透水率小于 1 Lu 者 16 次，占 73%；透水率大于 5 Lu 者 2 次，占 9%；而且较大者均位于左岸，其中最大值为 16.3 Lu，位于 E3 孔 F2-2 断层下盘。

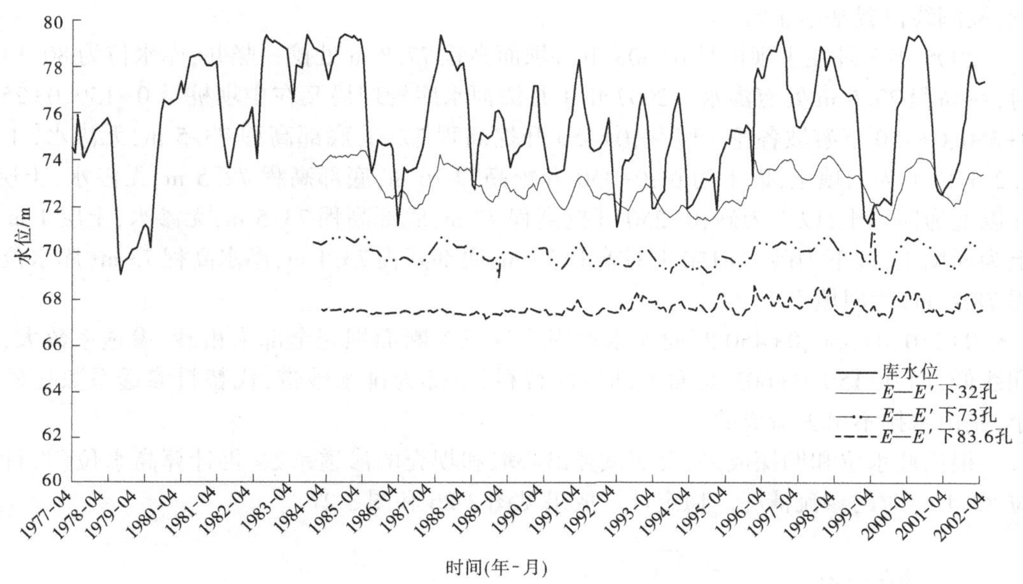


**图 3-25　*E—E′*剖面基岩测压管水位与库水位历时曲线**

左坝肩地下水位，据 S2 孔观测资料分析，库水位低于 74.0 m 时，测压管水位高于库水位；反之，测压管水位则低于库水位。左岸台地边缘基岩裂隙承压水，E4 孔位于 F6-6 断层下盘，承压水位为 70.52 m，高出地面约 0.1 m；E3 孔位于 F6-6 断层上盘，承压水位为 67.54 m，低于地面约 2.7 m。这种现象，可能与 F6-6 断层阻水有关。

两坝肩心墙与基岩结合情况经 D1、D2、0+265 上 1.5 孔及 0+270 下 16.5 孔四孔检查，即干钻至基岩观察孔内水位，观察结果表明：0+265 上 1.5 孔水位上升较快，提钻后水位上升约 4.5 m，D1 孔微显渗水，其余两孔渗水现象不明显。

据左岸各测压管水位与同期库水位的比较，测压管水位随库水位的变化而变化，在库水位 74 m 以上时，测压管水位均低于库水位，说明坝肩渗漏是存在的，坝基结合面和坝肩均存在渗漏问题，但渗漏量都不大，现状水位下不致对主坝造成危害。

## 3.5.6　泼河水库(除险加固)

### 3.5.6.1　坝体渗透安全及防治措施

浸润线观测是监视坝体渗透安全的主要方法之一。

主坝浸润线水位观测管安设有 8 排，从 1980～2002 年，除个别断面中间短时间断测外，较完整地观测了 23 年。为观测坝体渗流场变化情况，从 1971～1985 年共安设坝体浸润线观测管 33 孔，观测范围为 0+200～0+755.9，为通过对心墙浸润线实际状态的了解，以推测心墙的填筑质量及心墙内是否存在裂缝，选取水位稳定时间长的低、中、高三种库水位下的浸润线观测资料，按沿坝轴线方向和垂直坝轴线加以整理。整理结果表明：在相同库水位下，沿坝轴线方向各坝段浸润线相当平缓，无升高现象，相邻观测孔间水位相差不大；0+200、0+400、0+600、0+755.9 横断面方向，实测浸润线与理论计算浸润线形态接近，浸润线位置基本正常。

2006 年 3 月在主坝桩号 0+603 下游坝面高程 77.3 m 处挖一竖井，库水位为 80.13 m 时，在高程 73.5 m 处有渗水。2007 年 1 月泼河水库管理局又在主坝桩号 0+150、0+250、0+350、0+450 下游坡各挖一竖井，0+450 开挖高程 77 m，底部高程 73.5 m，无渗水，土层 1.2 m 以上为回填土，以下为砂；0+350 开挖高程 76 m，底部高程 72.5 m，无渗水，土层 1 m 以上为回填土，以下为砂；0+250 开挖高程 77 m，底部高程 73.5 m，无渗水，土层 1 m 以上为回填土，以下为砂；0+150 开挖高程 77 m，底部高程 73.1 m，渗水高程 73 m（库水位高程 78.6 m）为回填土。

0+250、0+350、0+450 断面无水是因为这三个断面坝壳全部为粗砂，渗透系数大，浸润线低，而 0+150、0+603 断面上部为代替料，下部为排水砂带，代替料渗透系数比砂壳小，是由水排不出去造成的。

根据此水位和勘探成果，反演试算出心墙和坝壳的渗透系数，再计算高水位（设计水位 83.1m）时的渗流情况。稳定计算成果见图 3-26 和图 3-27。

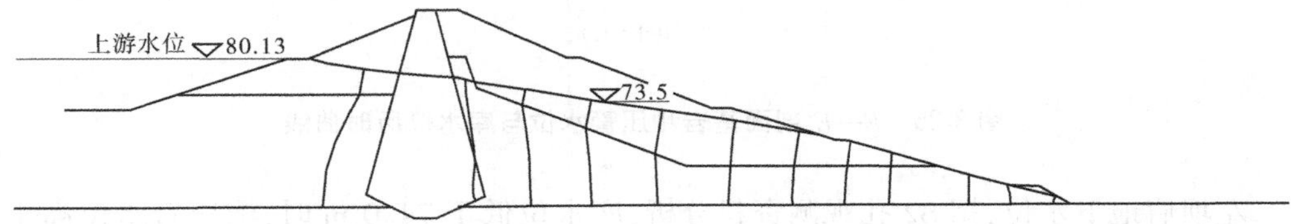


**图 3-26　推测高水位（设计水位 83.1 m）时渗流情况**

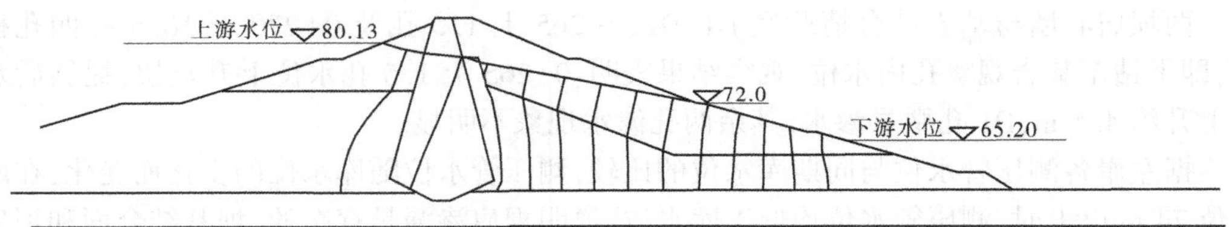


**图 3-27　主坝渗透稳定计算成果**

从图 3-27 中可以看出，主坝设计水位下游坝坡出渗点高程为 72.0 m，实际主坝下游坡排水体顶高程为 66.0 m，排水体高程不满足要求。

主坝下游坡的抗滑稳定安全系数不满足规范要求，下游坡是不稳定的。

主坝渗透坡降 $J_{主}=0.195$，此值小于允许渗透比降，故大坝渗透稳定是满足要求的。

2003 年 5 月 28 日，水库管理局发现主坝右坝头下游坡桩号 0+874 背水坡 80 m 高程平台有大量白蚁集结，开挖查找深 3.2 m 还未找到主巢，极可能处于黏土心墙部分，埋深约 5.5 m。从其建立的蚁穴看，可能早已存在，现在蚁穴已深入黏土心墙防渗体，黏土心墙又较薄，应警惕其为害酿祸。

#### 3.5.6.2　对右坝头渗水的勘探与分析

水库工程于 1970 年 1 月基本竣工，当年拦蓄洪水位至 77.64 m 高程，1971 年即发现下游坡渗水，渗水位置在大坝桩号0+700～0+850距岸坡15 m，高程在72 m以上至74～75 m以零星点、片状多处出露，顺坝呈条带状渗水。渗水处水草丛生、坡面稀软，大片处可见细水明流，无细颗粒被挟出，无论库水位高低（1974年9月至年底，库水位74.69～76.20 m）、干旱多久，均未停渗、断流。

对此，1976年专门进行了勘探、开挖，发现表层土多疏松不匀，中部有砂层，东段纯净含砾石，西段含泥多细砂，底部至72 m平台壤土夹碎石，较紧密。水从夹层砂中渗出，刚开挖时水量较大，随后减少，并多集中在0+720～0+790段及0+800～0+850段渗出。壤土夹碎石无渗压水渗出，也不饱和，稍硬。稀软者仅表层草植土（腐殖土）。

从竣工剖面图可以看出，心墙后及其下游坝基岸坡设有垂直砂带及水平砂带，后坡坝体为代替料，即壤土夹碎石类。代替料中，在高程74～77 m间夹一砂层，厚薄不等（2.0～2.5 m）、宽窄不匀，砂层宽度2～15 m。这正好与渗水带位置高程及开挖情况吻合，可以肯定，水是从砂带中渗出的。

经研究认为，由于黏土心墙下游设有完整的导渗排水系统，来自心墙和岸坡的水流将顺坡排走，不会沿水平方向流动再进入夹层砂中。另外，大坝浸润线观测剖面，一个正好位于此渗水带内，三个观测孔地下水位3年来均在70 m高程以下，低于渗水带高程，因此黏土心墙渗水从低处排走，不可能进入夹层砂中，在夹层砂与岸坡排水砂带交接处，雨后却有细水明流，且高于其交接处，但并不能在排水砂带形成水位或水流，更没有经排渗砂带进入夹砂层中。就渗水带开挖前后的渗水情况看，没有出现靠岸边的渗水点多、渗水量大、出渗点高的现象。

这个渗水量的大小与库水位升降无明显关系。分析渗水原因是夹砂层本身有较大的透水性及储水能力且直临坝坡，而表层土又多疏松且坡面坑洼不平更易于入渗。入渗时为垂直渗透，当遇到下部壤土夹碎石相对隔水层时，则变为水平渗透，暂时储存在夹砂层中，又由于此地雨量丰沛，不断补给，因此总是日夜长流，即使盛夏久旱，虽渗水点、面有所减少，但还没有断流情况。因此，认为这种渗水现象，主要是由于大气降水的影响，至今未有恶化的趋势。

副坝11座，由于泼河水库多年来运行库水位均不高，除3#、5#、9#副坝挡水，其余副坝挡水高度一般很低，没有承受较高水头的考验，其病害及隐患不容忽视。其中9#、3#、5#、8#副坝存在坝基渗漏及渗流稳定问题，其他副坝坝基未发现不良的工程地质问题；10#、11#副坝坝体发现蚁穴和较多蚁道，危害坝体的安全。副坝坝体填筑材料较杂，填筑质量不均匀，压实度低，干密度大部分达不到设计要求，坝体具弱－中等透水性，防渗性能较差；5#副坝心墙顶只有83.5 m，坝前水深也仅短时间挡水7 m，且心墙的渗透系数较大，具弱－中等透水性，起不到防渗作用，下游坝脚已出现形似管涌的渗水情况。

需要对大坝进行防渗处理，加强大坝坝基的渗压监测。10#、11#副坝坝体由于蚁穴和较多蚁道，危害坝体的安全，建议对白蚁进行治理，其他副坝也要进行观测和防治。建议全面清理完善大坝观测设施，加强高库水位的水文地质观测工作，定期观测，及时整理、分析观测资料；对没有达到防渗要求的副坝采取防渗措施；对地质条件较差的坝基和质量不满足要求的坝体进行加固处理。

# 第 4 章　地震液化

## 4.1　地震液化特性与影响因素

### 4.1.1　平原缓丘区水库地震液化特性

松散的砂土和粉土在饱和状态下，受地震力作用后，土体趋于密实、体积缩小、孔隙水压力骤然上升，相应地减小了土粒间的有效应力，从而降低了土体的抗剪强度，使土粒处于悬浮状态，致使地基失效的现象，称为砂土的地震液化。

处于流域中下游的平原缓丘区水库，大多数坐落于第四系冲洪积地层上，地基呈二元或多元地质结构，主要建筑物为坝和泄洪闸，主坝采用土石坝较多。

从土石坝的震害情况来看，遭受震害的坝主要是中、低高度以下的坝。坝基中少黏性土在地震作用下易液化的特性对坝体的安全稳定构成巨大威胁。根据震害分析，可以得到以下几点启示：

(1)处于饱和状态下的砂土坝壳的抗震稳定值得重视。斜墙坝的保护层和心墙坝的上游砂土坝壳，如果其级配不良或压实度差，地震时由于饱和砂土中孔隙水压力上升，有可能失稳而滑坡，应检验其抗液化的能力。

(2)地基的抗震稳定十分重要。地基不良可以使土石坝在地震时发生严重震害，包括地基液化，地基中软弱夹层的沉降和滑动，以及地基中渗水、管涌对坝所造成的危害。

(3)地震时坝体的裂缝和变形对坝的安全造成的威胁需要注意。裂缝削弱了坝的整体性，许多裂缝常成为滑坡的先兆，裂缝可成为渗水的通道，特别是对易于发生管涌、侵蚀的土体的危害更大。

### 4.1.2　地震液化的影响因素

土体的振动液化是一种相当复杂的现象，它的产生、发展和消散主要受土的物理性质、受力状态和边界条件所制约。从现有的试验结果看，液化的影响因素归纳起来主要有以下几方面。

#### 4.1.2.1　土性条件(粒度特征、密度特征、结构特征)

1. 粒度特征

粒度特征，即平均粒径 $d_{50}$、不均匀系数 $C_u$ 和黏粒含量。土的粒径越大、不均匀系数越大，土的动力稳定性越高，越不易发生液化。不均匀系数超过 10 的土一般较难发生液化。土的黏粒含量增加到一定程度，土的动力稳定性提高，很难发生液化。

2. 密度特征

密度特征，即相对密度 $D_r$、孔隙比 $e$ 及干重度。相对密度越大、孔隙比越小、干重度越大,土的抗液化强度越高。土的相对密度与现场测试SPT(标准贯入试验)击数有着直接的联系,可以通过SPT转化成相对密度,然后进行场地液化的判别。

3. 结构特征

结构特征,即土的排列和胶结状况。排列结构稳定性和胶结状况良好的土的抗液化能力较高,故原状土比重塑土难液化,古砂层比新砂层难液化,遭受过地震液化比未遭受过地震液化的土难液化。试验研究发现,均匀级配的砂比良好级配的砂的抗液化能力高,圆粒砂比角粒砂的抗液化能力高,粒状砂比片状砂的抗液化能力高。

#### 4.1.2.2　初始应力条件(初始有效覆盖压力、初始固结应力比、起始剪应力比)

(1)从初始覆盖应力状态看,有效覆盖压力越大,液化的可能性就越小。

(2)从初始剪应力状态看,实验室三轴剪切试验结果显示,初始固结应力比越大,土的抗液化能力也就越大。

#### 4.1.2.3　动荷载条件(区域地震荷载条件,幅值和循环振动次数、波形、频率及作用方向等)

(1)动荷载的作用时间对砂土液化的发展有很大的影响。如果动荷载持续时间很长,即使幅值很小的动荷载也会引起砂土的液化。

(2)动荷载振动方向的影响,国内外试验表明,垂直向和水平向的振动作用对同样的试验引起的反应大致相同,但是方向上的振动作用能够产生较大的试样变形,振动方向接近土的内摩擦角时,土的抗剪强度最低。

(3)加速度不变,低频高幅和高频低幅的不同组合对土的动力效应一般没有太大的差别。

#### 4.1.2.4　排水条件(土层的透水程度、排渗途径、排渗边界条件)

排水条件指的是土层的透水程度、排渗路径及排渗边界条件。采用渗透系数$K$和渗径$L$的比值$\alpha$来反映土层的排渗能力。当振动频率不变时,液化剪应力比随着$\alpha$的增大而增大;当$\alpha$不变时,液化剪应力比随着振动频率的增大而减小,且这种影响对密砂明显,对松砂不明显。

## 4.2　地震液化判别技术

### 4.2.1　地震液化判别方法介绍

对饱和砂土地震液化的判别分为初判和复判。初判主要是已有的勘察资料或较简单的测试手段对土层进行初步鉴别,以排除不会发生地震液化的土层。对于初判可能发生地震液化的土层,再进行复判。对于重要工程,则应做更深入的专门研究。对饱和砂土液化进行定性分析与评价的方法,杜修力将其分为以下三类。

#### 4.2.1.1　经验法或统计法

以地震现场的液化调查资料为基础,给出判别实际液化与不液化的条件与界限,并且还可以给出液化程度的判别。经验法在我国规范中的应用最为广泛,包括《建筑抗震设计规范(2016年版)》(GB 50011—2010)、《构筑物抗震设计规范》(GB 50191—2012)、《核电厂抗震设计标准》(GB 50267—2019)、《公路桥梁抗震设计规范》(JTG/T 2231-

01—2020)、《铁路工程抗震设计规范(2009 年版)》(GB 50111—2006)、《岩土工程勘察规范(2009 年版)》(GB 50021—2001)和《水利水电工程地质勘察规范(2022 年版)》(GB 50487—2008)等多部国家和行业标准。本书主要摘录 GB 50487—2008 中规定的液化判别方法,供读者参考。

#### 4.2.1.2 Seed 简化分析法

Seed 简化法由 20 世纪 70 年代提出,时至今日,是工程中被广泛接受的液化场地判别方法。这种方法以试验和土体反应分析作为基础来判别饱和砂土能否液化。有代表性的主要有标准贯入锤击数法、液化估计法、剪切波速法等。

#### 4.2.1.3 数值分析法

采用某种本构模型进行动力计算和液化判别。近年来,又出现可靠度、聚类分析和支持向量机等智能分析方法。

### 4.2.2 地震液化初步判别条件

我国有关规范所用的初判指标大致差不多,基本上采用黏粒含量百分率、地质年代、地下水位深度和上覆非液化土层厚度 4 个指标。GB 50487—2008 有关初判的表述在附录 P 第 P.0.3 款规定如下:

(1)地层年代为第四系晚更新世 $Q_3$ 或以前的土,一般判为不液化。

(2)土的粒径小于 5 mm 颗粒含量的质量百分率小于或等于 30%时,可判为不液化。

(3)对粒径小于 5 mm 颗粒含量质量百分率大于 30% 的土,其中粒径小于 0.005 mm 的颗粒含量质量百分率($\rho_c$)相应于地震动峰值加速度为 0.10$g$、0.15$g$、0.20$g$、0.30$g$ 和 0.40$g$ 分别不小于 16%、17%、18%、19%和 20%时,可判为不液化;当黏粒含量不满足上述规定时,可通过试验确定。

(4)工程正常运用后,地下水位以上的非饱和土,可判为不液化。

(5)当土层的剪切波速大于式(4-1)计算的上限剪切波速时,可判为不液化。

$$v_{st} = 291\sqrt{K_h \cdot Z \cdot r_d} \tag{4-1}$$

式中:$v_{st}$ 为上限剪切波速,m/s;$K_h$ 为地震动峰值加速度系数;$Z$ 为土层深度,m;$r_d$ 为深度折减系数。

(6)地震动峰值加速度可按《中国地震动参数区划图》(GB 18306)查取或采用场地地震安全性评价结果。

(7)深度折减系数可按下列公式计算:

当 $Z = 0 \sim 10$ m 时 $$r_d = 1.0 - 0.01Z \tag{4-2}$$

当 $Z = 10 \sim 20$ m 时 $$r_d = 1.1 - 0.02Z \tag{4-3}$$

当 $Z = 20 \sim 30$ m 时 $$r_d = 0.9 - 0.01Z \tag{4-4}$$

### 4.2.3 地震液化进一步判别条件

GB 50487—2008 有关复判的表述在附录 P 第 P.0.4 款,土的地震液化复判应符合下列规定。

4.2.3.1　**标准贯入锤击数法。**

(1)符合下式要求的土应判为液化土：

$$N < N_{cr} \tag{4-5}$$

式中：$N$ 为工程运用时，标准贯入点在当时地面以下 $d_s$(m)深度处的标准贯入锤击数；$N_{cr}$ 为液化判别标准贯入锤击数临界值。

(2)当标准贯入试验贯入点深度和地下水位在试验地面以下的深度，不同于工程正常运用时，实测标准贯入锤击数应按式(4-6)进行校正，并应以校正后的标准贯入锤击数 $N$ 作为复判依据。

$$N = N'\left(\frac{d_s + 0.9d_w + 0.7}{d'_s + 0.9d'_w + 0.7}\right) \tag{4-6}$$

式中：$N'$为实测标准贯入锤击数；$d_s$ 为工程正常运用时，标准贯入点在当时地面以下的深度，m；$d_w$ 为工程正常运用时，地下水位在当时地面以下的深度，m，当地面淹没于水面以下时，$d_w$ 取 0；$d'_s$为标准贯入试验时，标准贯入点在当时地面以下的深度，m；$d'_w$为标准贯入试验时，地下水位在当时地面以下的深度，m，当地面淹没于水面以下时，$d'_w$取 0。

校正后标准贯入锤击数和实测标准贯入锤击数均不进行钻杆长度校正。

(3)液化判别标准贯入锤击数临界值应根据下式计算：

$$N_{cr} = N_0[0.9 + 0.1 \times (d_s - d_w)]\sqrt{\frac{3\%}{\rho_c}} \tag{4-7}$$

式中：$\rho_c$ 为土的黏粒含量质量百分率(%)，当 $\rho_c$<3%时，$\rho_c$ 取 3%；$N_0$ 为液化判别标准贯入锤击数基准值；$d_s$ 为当标准贯入点在地面以下 5 m 以内的深度时，应采用 5 m 计算。

(4)液化判别标准贯入锤击数基准值 $N_0$ 按表 4-1 取值。

**表 4-1　液化判别标准贯入锤击数基准值**

| 地震动峰值加速度 | 0.10$g$ | 0.15$g$ | 0.20$g$ | 0.30$g$ | 0.40$g$ |
|---|---|---|---|---|---|
| 近震 | 6 | 8 | 10 | 13 | 16 |
| 远震 | 8 | 10 | 12 | 15 | 18 |

注：$d_s$ = 3 m、$d_w$ = 2 m、$\rho_c \leq 3\%$ 时的标准贯入锤击数称为液化标准贯入锤击数基准值。

(5)式(4-7)只适用于标准贯入点地面以下 15 m 以内的深度，大于 15 m 的深度内有饱和砂或饱和少黏性土，需要进行地震液化判别时，可采用其他方法判定。

(6)当建筑物所在地区的地震设防烈度比相应的震中烈度小 2 度或 2 度以上时定为远震，否则为近震。

(7)测定土的黏粒含量时应采用六偏磷酸钠做分散剂。

4.2.3.2　**相对密度复判法**

当饱和无黏性土(包括砂和粒径大于 2 mm 的砂砾)的相对密度不大于表 4-2 中的液化临界相对密度时，可判为可能液化土。

4.2.3.3　**相对含水率或液性指数复判法**

(1)当饱和少黏性土的相对含水率大于或等于 0.9 时，或液性指数大于或等于 0.75 时，可判为可能液化土。

表 4-2　饱和无黏性土的液化临界相对密度

| 地震动峰值加速度 | 0.05$g$ | 0.10$g$ | 0.20$g$ | 0.40$g$ |
|---|---|---|---|---|
| 液化临界相对密度 $(D_r)_{cr}$/% | 65 | 70 | 75 | 80 |

(2)相对含水率应按下式计算：

$$W_u = \frac{W_s}{W_L} \tag{4-8}$$

式中：$W_u$ 为相对含水率(%)；$W_s$ 为少黏性土的饱和含水率(%)；$W_L$ 为少黏性土的液限含水率(%)。

(3)液性指数应按下式计算：

$$I_L = \frac{W_s - W_P}{W_L - W_P} \tag{4-9}$$

式中：$I_L$ 为液性指数；$W_P$ 为少黏性土的塑限含水率(%)。

## 4.3　地震液化处理措施

对判定可能液化的土层，应尽可能采用挖除置换法。当挖除比较困难或很不经济时，可首先考虑采取人工加密措施，使之达到与设计地震烈度相适应的密实状态，然后采取加盖重、加强排水等附加防护设施。

在易液化土层的人工加密措施中，对浅层土可以进行表面振动加密，对深层土则用围封法、人工密实法(振动水冲法、振动沉管挤密法、强夯法、砂井排水法、深层爆炸法等)、灌浆胶结法等。

### 4.3.1　围封法

围封法的基本原理是防止地震时坝基土向上下游两侧挤出，对消除或减轻砂基液化破坏和防止软弱黏土坝基的塑性流动都较为有效，因而被常用于水工建筑物的软基处理。对土石坝和水闸而言，上游围封应结合防渗要求设置，如采用截水槽、混凝土防渗墙、高压喷射灌浆和深层搅拌桩截渗墙、防渗板桩等下游围封结合排水减压一般采用透水材料，如使用带有反滤层的堆石体等。

### 4.3.2　强夯法

强夯法通过重锤自由落下，在极短的时间内对土体施加一个巨大的冲击能量，这种冲击能又转化成各种波型(包括压缩波、剪切波和瑞利波)，使土体强制压缩、振密、排水固结和预压变形，从而使土颗粒趋于更加稳固的状态，以达到消除液化和地基加固的目的。同时，夯击还可提高砂土层的均匀程度，减少将来可能出现的差异沉降。

该法施工简便、适用范围广且效果好、速度快、费用低，是一种经济有效的坝基处理方法。对于河床覆盖层或液化土层深度较浅的土石坝，可以优先考虑该法，加固机制一般为动力密实和动力置换。但应用强夯技术加固坝基尚需注意以下问题:①当地下水位较高,夯坑底积水影响施工时,宜采用人工降低地下水位或铺填一定厚度的松散材料,夯坑内或场地积水应及时排除。②当被加固的坝基渗透性较小时,在施工的同时应特别注意孔隙水压力的观测,若孔隙水压力上升到接近土体自重,则应立即停止夯击,因为此时土层已经不可能更紧密了,相反还可能起破坏作用。

### 4.3.3　振动水冲法

振动水冲法处理坝基液化的机制,主要体现在以下几方面。

#### 4.3.3.1　振密和挤密作用

振动水冲法施工时,使饱和松散的砂土颗粒在强烈的高频强迫振动下重新排列致密,且在振冲孔内填入大量的砂石料后,被强大的水平振动力挤入周围土中,这种强制挤密使砂土的相对密度增大,孔隙率降低,抗液化能力得以提高。根据对我国地震区的广泛调查、统计分析和室内试验,在Ⅶ度、Ⅷ度、Ⅸ度的地震烈度下,砂土不致发生液化的相对密度的下限分别为55%、70%、80%。

#### 4.3.3.2　排水减压作用

振动水冲法加固砂基时向孔内填入碎石等反滤性能良好的粗粒料,可在砂基中形成渗透性能良好的人工竖向排水减压通道,从而有效地消散和防止超静孔隙水压力的积累,防止砂土液化。

#### 4.3.3.3　砂基预震效应

美国的Seed等经过试验得出,在一定的应力循环次数下,当两试样的相对密度相同时,经过预震的试样的抗液化剪应力要比未经过预震的试样大46%,即砂土的液化特性还与其振动应变史有关。在振冲法施工时,振冲器的高频振动使填入料和砂基在挤密的同时获得强烈的预震,这对增强砂土的抗液化能力是十分有利的。官厅水库对下游坝基表层深的中细砂层,采用碎石填料振冲法进行了加固处理,由于现场地下水位较高,砂层充分饱和,振冲加固的效果十分明显,经标准贯入试验等检测,用振冲法加固后相对密度可达到0.80以上。

#### 4.3.3.4　应力集中效应

由于碎石桩的刚度和强度均远大于桩间土,当其协调共同工作时,地震剪应力按刚度分配多集中于碎石桩上,桩间土上的地震剪应力随之大为减小,即减弱了作用于土体上使土振密的驱动力强度,也就减小了产生液化的超孔隙水压力。

虽然振动水冲法处理可液化坝基具有机制明确、设备简单、不用“三材”、造价低廉、技术效果好等优点,但其最适用的土层为疏松的接近中砂的细砂、中粗砂和粗砂,对可液化的粉细砂和粉土,由于施工中土粒流失较大、成桩困难,技术效果并不明显。

### 4.3.4　振动沉管挤密法

振动沉管挤密法的基本原理与振动水冲法大致相同,采用沉管成孔,振动或锤击密实填料成桩,完全靠机械的高频强迫振动将填料挤入土体,没有高压水冲这一环节干振,填料粒径局限性也较大取决于沉管直径。由于具有不稳定结构的粗粒土对振动极为敏感,当采用振动沉管挤密法施工时，在毫无水冲作用的情况下，土层受到强烈的竖向振实作用后，管端以下一定范围内（厚度约为桩径2倍）的土层很快被振密实而使桩管难以继续贯入。当土层中含有密实度较高的硬夹层时，造孔极为困难。但对粉细砂和粉土，使用振动沉管挤密法则可获得较一般振动水冲法更好的竖向振实效果和更强烈的预振动效应，且"细而密"的沉管碎石桩比振冲桩有更好的消散孔隙水压力、抑制液化产生的效能。

### 4.3.5　深层爆炸法

对坝基深层液化松砂，可采用深层爆炸法加密，它是利用爆炸时发生的冲击力使坝基土的原有结构破坏液化，产生很大的孔隙水压力，再使砂土重新沉积，从而获得新的较密实的结构。其炸药用量、孔深、孔距和爆炸次数一般通过试验确定，由于施工简单而迅速、费用也较少，因而较多地用于坝基处理。如安徽花凉亭水电站和横排头水库、河南鸭河口水库、内蒙古红山水库等土坝地基，都曾用此法进行过坝基处理。该法的缺点和局限性在于：①爆炸处理后的坝基可能不均匀；②对中粗砂的加固效果好，对细砂特别是粉细砂加固效果则差；③对于表层有黏土层、冻土层和排水不良层的，则不宜使用该法。

### 4.3.6　混凝土灌注桩法

对闸基础处理液化松砂，传统上多采用混凝土灌注桩加固。荷载通过桩传到基础下部的持力层，以保证结构的安全稳定。

按照技术规范要求，桩的根数与尺寸应按所承担基础液化土层以上的全部荷载确定，各个单桩所承担的实际荷载要小于其容许竖向承载力。

## 4.4　工程案例

### 4.4.1　濮阳市引黄灌溉调节水库

场区地震基本烈度为Ⅶ度，地震动峰值加速度为0.15$g$。场区地面下20 m以内土层为第四系全新统（$Q_4$）地层，分别为第①层砂壤土，第②层中粉质壤土，第③层粉砂、砂壤土，第④层粉质黏土和第⑤层粉细砂。除第④层粉质黏土黏粒含量大于17%外，其余各层黏粒含量均小于17%。经初步判别，第④层粉质黏土为非液化土，第①层砂壤土，第②层中粉质壤土，第③层粉砂、砂壤土和第⑤层粉细砂均为可能液化土。土的液化判别主要依据GB 50487—2008附录P进行。

土层的上限剪切波速按下式计算：

$$v_{st} = 291 \times (K_H \cdot Z \cdot r_d)^{1/2} \tag{4-10}$$

式中：$v_{st}$为上限剪切波速，m/s；$K_H$为地震动峰值加速度系数，取0.1；$Z$为土层深度，m，为地面至该层中点距离；$r_d$为深度折减系数，$Z=0\sim10$ m时，$r_d=1.0-0.01Z$，$Z=10\sim20$ m时，$r_d=1.1-0.02Z$。

主要土层的上限剪切波速计算结果见表4-3。

根据表4-3进行初判，库区第①层至第⑤层砂壤土，中粉质壤土，粉砂、砂壤土及粉细砂均为可能液化土层。

综上所述，场区第①层砂壤土，第②层中粉质壤土，第③层粉砂、砂壤土和第⑤层粉细砂初判后均为可能液化土，应进行复判。

**表 4-3　主要土层的上限剪切波速计算结果**

| 孔号 | 土体单元号 | 土名（成因、时代） | 实测平均剪切波速 $v_s$/(m/s) | 上限剪切波速 $v_{st}$/(m/s) | 比较结果 | 判别结果 |
|---|---|---|---|---|---|---|
| PYD07 | ① | 砂壤土（$Q_4^{al}$） | 161 | 146.4 | $v_{st}<v_s$ | 不液化 |
| | ② | 中粉质壤土（$Q_4^{al}$） | 182.5 | 223.6 | $v_{st}>v_s$ | 液化 |
| | ③ | 粉砂、砂壤土（$Q_4^{al}$） | 197 | 264.7 | $v_{st}>v_s$ | 液化 |
| | ⑤ | 粉细砂（$Q_4^{al}$） | 279.2 | 339.9 | $v_{st}>v_s$ | 液化 |
| PYD14 | ① | 砂壤土（$Q_4^{al}$） | 167.5 | 175.9 | $v_{st}>v_s$ | 液化 |
| | ② | 中粉质壤土（$Q_4^{al}$） | 199.3 | 256.6 | $v_{st}>v_s$ | 液化 |
| | ③ | 粉砂、砂壤土（$Q_4^{al}$） | 218.3 | 281.3 | $v_{st}>v_s$ | 液化 |
| | ④ | 粉细砂（$Q_4^{al}$） | 288 | 361.8 | $v_{st}>v_s$ | 液化 |

复判采用标准贯入锤击数法。地面下 15～20 m 的复判按《建筑抗震设计规范（2016 年版）》（GB 50011—2010）第 4.3.4 条进行。

工程正常运行时，库区及河道一般被挖深 6 m，水库蓄水面与原地面基本持平，与标准贯入时相比，工况发生了变化，应对实测标准贯入锤击数进行校正，并以校正后的标准贯入锤击数 $N$ 作为复判依据。

当校正后的标准贯入锤击数 $N$ 小于液化判别标准贯入锤击数临界值 $N_{cr}$，即 $N<N_{cr}$ 时，应判为液化土。

校正与判别过程中，地面下 6 m 深度范围内被挖除的土层不再考虑，仅对 6 m 以下的土层进行校正与判别。

实测标准贯入锤击数应按下式进行校正：

$$N_{63.5} = N'_{63.5}\left(\frac{d_s + 0.9d_w + 0.7}{d'_s + 0.9d'_w + 0.7}\right) \tag{4-11}$$

式中符号意义同前。

液化判别标准贯入锤击数临界值 $N_{cr}$ 应根据下列公式计算：

$$N_{cr} = N_0[0.9 + 0.1 \times (d_s - d_w)]\sqrt{\frac{3\%}{\rho_c}} \quad (d_s \leqslant 15\ \text{m}) \tag{4-12}$$

$$N_{cr} = N_0\beta[\ln(0.6d_s + 1.5) - 0.1d_w](3/\rho_c)^{1/2} \quad (15\ \text{m} < d_s \leqslant 20\ \text{m}) \tag{4-13}$$

式中：$\rho_c$ 为土的黏粒含量质量百分率，当 $\rho_c<3\%$ 时取 3%；$N_0$ 为液化判别标准贯入锤击数基准值，按远震考虑，地震动峰值加速度为 0.15$g$ 时取 10；$d_s$ 为当标准贯入点在地面以下 5 m 以内的深度时，应采用 5 m 计算；$\beta$ 为调整系数，场区设计地震为第二组，$\beta$ 取 0.95。

利用现有钻孔资料，对上述渠段进行了液化判别，判别结果见表 4-4。

表 4-4　饱和土液化判别(标准贯入锤击数法)

| 孔号 | 岩性名称 | 标准贯入试验时,标准贯入点在当时地面以下的深度 $d'_s$/m | 标准贯入试验时,地下水位在当时地面以下的深度 $d'_w$/m | 工程正常运行时,标准贯入点在当时地面以下的深度 $d_s$/m | 工程正常运行时,地下水位在当时地面以下的深度 $d_w$/m | 计算 $N_{cr}$ 时的 $d_s$/m | 黏粒含量 $\rho_c$/% | 标准贯入锤击数实测值 $N'$/击 | 校正后标准贯入锤击数 $N$/击 | 标准贯入锤击数临界值 $N_{cr}$/击 | 判别结果 |
|---|---|---|---|---|---|---|---|---|---|---|---|
| PYD20 | 粉质黏土 | 7 | 22.5 | 1 | 0 | 5 | 38.1 | 8 | | | 不液化 |
| | 重粉质砂壤土 | 8 | 22.5 | 2 | 0 | 5 | 9.5 | 18 | 1.7 | 7.9 | 液化 |
| | 轻粉质壤土 | 8.7 | 22.5 | 2.7 | 0 | 5 | 10.8 | 19 | 2.2 | 7.4 | 液化 |
| | 重粉质砂壤土 | 9.9 | 22.5 | 3.9 | 0 | 5 | 8.3 | 20 | 3.0 | 8.4 | 液化 |
| | 轻粉质壤土 | 11 | 22.5 | 5 | 0 | 5 | 10.4 | 21 | 3.8 | 7.5 | 液化 |
| | 轻砂壤土 | 12 | 22.5 | 6 | 0 | 6 | 5.0 | 50 | 10.2 | 11.6 | 液化 |
| | | 13 | 22.5 | 7 | 0 | 7 | 4.6 | 49 | 11.1 | 12.9 | 液化 |
| | | 14 | 22.5 | 8 | 0 | 8 | 4.8 | 51 | 12.7 | 13.4 | 液化 |
| | | 15 | 22.5 | 9 | 0 | 9 | 5.6 | 52 | 14.0 | 13.2 | 不液化 |

续表 4-4

| 孔号 | 岩性名称 | 标准贯入试验时，标准贯入点在当时地面以下的深度 $d'_s$/m | 标准贯入试验时，地下水位在当时地面以下的深度 $d'_w$/m | 工程正常运行时，标准贯入点在当时地面以下的深度 $d_s$/m | 工程正常运行时，地下水位在当时地面以下的深度 $d_w$/m | 计算 $N_{cr}$ 时的 $d_s$/m | 黏粒含量 $\rho_c$/% | 标准贯入锤击数实测值 $N'$/击 | 校正后标准贯入锤击数 $N$/击 | 标准贯入锤击数临界值 $N_{cr}$/击 | 判别结果 |
|---|---|---|---|---|---|---|---|---|---|---|---|
| PYD15 | 轻砂壤土 | 6.65 | 21.5 | 0.65 | 0 | 5 | 5.1 | 15 | 0.76 | 10.74 | 液化 |
| | 重粉质砂壤土 | 7.65 | 21.5 | 1.65 | 0 | 5 | 7.2 | 18 | 1.53 | 9.04 | 液化 |
| | | 8.75 | 21.5 | 2.75 | 0 | 5 | 6.0 | 19 | 2.28 | 9.9 | 液化 |
| | 轻砂壤土 | 9.75 | 21.5 | 3.75 | 0 | 5 | 5.4 | 33 | 4.93 | 10.43 | 液化 |
| | 轻壤土 | 10.75 | 21.5 | 4.75 | 0 | 5 | 10.2 | 46 | 8.14 | 7.59 | 不液化 |
| | 重砂壤土 | 11.85 | 21.5 | 5.85 | 0 | 5.85 | 7.9 | 47 | 9.65 | 9.15 | 不液化 |
| | 轻砂壤土 | 13 | 21.5 | 7 | 0 | 7 | 4.8 | 50 | 11.65 | 12.65 | 液化 |
| | 重砂壤土 | 14 | 21.5 | 8 | 0 | 8 | 6.4 | 52 | 13.29 | 11.64 | 不液化 |
| | | 15 | 21.5 | 9 | 0 | 9 | 8.3 | 49 | 13.56 | 10.82 | 不液化 |
| | | 16 | 21.5 | 10 | 0 | 10 | 9.1 | 47 | 13.95 | 10.99 | 不液化 |
| | 轻砂壤土 | 17 | 21.5 | 11 | 0 | 11 | 4.7 | 55 | 17.37 | 15.88 | 不液化 |
| | | 18 | 21.5 | 12 | 0 | 12 | 4.0 | 55 | 18.36 | 17.80 | 不液化 |
| | | 19 | 21.5 | 13 | 0 | 13 | 5.5 | 51 | 17.89 | 15.65 | 不液化 |
| | | 20 | 21.5 | 14 | 0 | 14 | 3.9 | 49 | 17.99 | 19.10 | 液化 |

续表 4-4

| 孔号 | 岩性名称 | 标准贯入试验时,标准贯入点在当时地面以下的深度 $d'_s$/m | 标准贯入试验时,地下水位在当时地面以下的深度 $d'_w$/m | 工程正常运行时,标准贯入点在当时地面以下的深度 $d_s$/m | 工程正常运行时,地下水位在当时地面以下的深度 $d_w$/m | 计算 $N_{cr}$ 时的 $d_s$/m | 黏粒含量 $\rho_c$/% | 标准贯入锤击数实测值 $N'$/击 | 校正后标准贯入锤击数 $N$/击 | 标准贯入锤击数临界值 $N_{cr}$/击 | 判别结果 |
|---|---|---|---|---|---|---|---|---|---|---|---|
| PYD19 | 重粉质砂壤土 | 7 | 21.5 | 1 | 0 | 5 | 6.6 | 10 | 0.63 | 9.44 | 液化 |
| | 轻砂壤土 | 8 | 21.5 | 2 | 0 | 5 | 3.9 | 10 | 0.96 | 12.28 | 液化 |
| | 重粉质砂壤土 | 9 | 21.5 | 3 | 0 | 5 | 7 | 11 | 1.40 | 9.17 | 液化 |
| | 粉土 | 10 | 21.5 | 4 | 0 | 5 | 3 | 15 | 2.35 | 14.00 | 液化 |
| | 粉砂 | 11 | 21.5 | 5 | 0 | 5 | 3 | 29 | 5.32 | 14.00 | 液化 |
| | 轻粉质砂壤土 | 16 | 21.5 | 10 | 0 | 10 | 3.6 | 23 | 6.83 | 14.47 | 液化 |
| | 粉土 | 17 | 21.5 | 11 | 0 | 11 | 3 | 25 | 7.89 | 19.87 | 液化 |
| | 粉砂 | 18 | 21.5 | 12 | 0 | 12 | 3 | 29 | 9.68 | 20.55 | 液化 |
| | | 19 | 21.5 | 13 | 0 | 13 | 3 | 55 | 19.30 | 21.19 | 液化 |
| | | 20 | 21.5 | 14 | 0 | 14 | 3 | 60 | 22.02 | 21.78 | 不液化 |
| PYD39 | 细砂 | 8 | 21.5 | 2 | 0 | 5 | 3 | 30 | 2.89 | 14.0 | 液化 |
| | 极细砂 | 10 | 21.5 | 4 | 0 | 5 | 3 | 38 | 5.94 | 14.0 | 液化 |
| | | 12 | 21.5 | 6 | 0 | 6 | 3 | 40 | 8.36 | 15.0 | 液化 |

续表 4-4

| 孔号 | 岩性名称 | 标准贯入试验时，标准贯入点在当时地面以下的深度 $d'_s$/m | 标准贯入试验时，地下水位在当时地面以下的深度 $d'_w$/m | 工程正常运行时，标准贯入点在当时地面以下的深度 $d_s$/m | 工程正常运行时，地下水位在当时地面以下的深度 $d_w$/m | 计算 $N_{cr}$ 时的 $d_s$/m | 黏粒含量 $\rho_c$/% | 标准贯入锤击数实测值 $N'$/击 | 校正后标准贯入锤击数 $N$/击 | 标准贯入锤击数临界值 $N_{cr}$/击 | 判别结果 |
|---|---|---|---|---|---|---|---|---|---|---|---|
| PYD39 | 轻砂壤土 | 14 | 21.5 | 8 | 0 | 8 | 4.5 | 39 | 9.96 | 13.88 | 液化 |
| | | 16 | 21.5 | 10 | 0 | 10 | 3.4 | 43 | 12.76 | 17.98 | 液化 |
| | 极细砂 | 18 | 21.5 | 12 | 0 | 12 | 3 | 45 | 15.02 | 20.55 | 液化 |
| | | 20 | 21.5 | 14 | 0 | 14 | 3 | 44 | 16.15 | 21.78 | 液化 |
| PYAF-06（西库区） | 重粉质壤土 | 7 | 21 | 1 | 0 | 5 | 24.7 | 8 | 0.51 | 4.88 | 不液化 |
| | 粉质黏土 | 8 | 21 | 2 | 0 | 5 | 34.6 | 9 | 0.88 | 4.12 | 不液化 |
| | 重粉质壤土 | 9 | 21 | 3 | 0 | 5 | 26.7 | 7 | 0.91 | 4.69 | 不液化 |
| | | 10 | 21 | 4 | 0 | 5 | 25.5 | 8 | 1.27 | 4.80 | 不液化 |
| | 粉质黏土 | 11 | 21 | 5 | 0 | 5 | 47.2 | 16 | 2.98 | 3.53 | 不液化 |
| | 重砂壤土 | 13 | 21 | 7 | 0 | 7 | 9.1 | 19 | 4.49 | 9.19 | 液化 |
| | | 14 | 21 | 8 | 0 | 8 | 9.5 | 23 | 5.96 | 9.55 | 液化 |
| | 中粉质壤土 | 15 | 21 | 9 | 0 | 9 | 15.9 | 25 | 7.01 | 7.82 | 液化 |
| | 轻壤土 | 16 | 21 | 10 | 0 | 10 | 6 | 26 | 7.81 | 13.54 | 液化 |
| | | 17 | 21 | 11 | 0 | 11 | 5 | 26 | 8.31 | 15.39 | 液化 |
| | | 18 | 21 | 12 | 0 | 12 | 4.6 | 28 | 9.46 | 16.60 | 液化 |
| | | 19 | 21 | 13 | 0 | 13 | 4.4 | 39 | 13.84 | 17.49 | 液化 |
| | | 20 | 21 | 14 | 0 | 14 | 5.3 | 44 | 16.33 | 16.39 | 液化 |

续表 4-4

| 孔号 | 岩性名称 | 标准贯入试验时，标准贯入点在当时地面以下的深度 $d'_s$/m | 标准贯入试验时，地下水位在当时地面以下的深度 $d'_w$/m | 工程正常运行时，标准贯入点在当时地面以下的深度 $d_s$/m | 工程正常运行时，地下水位在当时地面以下的深度 $d_w$/m | 计算 $N_{cr}$ 时的 $d_s$/m | 黏粒含量 $\rho_c$/% | 标准贯入锤击数实测值 $N'$/击 | 校正后标准贯入锤击数 $N$/击 | 标准贯入锤击数临界值 $N_{cr}$/击 | 判别结果 |
|---|---|---|---|---|---|---|---|---|---|---|---|
| PYL 06-1（西库区） | 粉质黏土 | 7.05 | 22.0 | 1.05 | 0 | 5 | 32.4 | 12 | 0.76 | 4.35 | 不液化 |
| | | 7.95 | 22.0 | 1.95 | 0 | 5 | 36.5 | 13 | 1.21 | 4.10 | 不液化 |
| | 中粉质壤土 | 8.85 | 22.0 | 2.85 | 0 | 5 | 17.9 | 9 | 1.09 | 5.85 | 不液化 |
| | 重粉质砂壤土 | 9.95 | 22.0 | 3.95 | 0 | 5 | 8.9 | 9 | 1.37 | 8.30 | 液化 |
| | 粉质黏土 | 11.05 | 22.0 | 5.05 | 0 | 5.05 | 8.8 | 10 | 1.82 | 8.38 | 液化 |
| | 重粉质壤土 | 11.95 | 22.0 | 5.95 | 0 | 5.95 | 33.5 | 10 | 2.05 | 4.61 | 不液化 |
| | | 13.05 | 22.0 | 7.05 | 0 | 7.05 | 20.4 | 11 | 2.54 | 6.36 | 不液化 |
| | 黏土 | 13.95 | 22.0 | 7.95 | 0 | 7.95 | 25.1 | 13 | 3.26 | 6.03 | 不液化 |
| | 重壤土 | 15.05 | 22.0 | 9.05 | 0 | 9.05 | 42.2 | 14 | 3.84 | 4.90 | 不液化 |
| | 中粉质壤土 | 15.85 | 22.0 | 9.85 | 0 | 9.85 | 20.8 | 16 | 4.64 | 7.23 | 不液化 |
| | 轻砂壤土 | 16.95 | 22.0 | 10.95 | 0 | 10.95 | 17.3 | 15 | 4.67 | 8.26 | 不液化 |
| | 重粉质壤土 | 18.05 | 22.0 | 12.05 | 0 | 12.05 | 3.9 | 20 | 6.61 | 18.05 | 液化 |
| | 重砂壤土 | 18.85 | 22.0 | 12.85 | 0 | 12.85 | 20.1 | 21 | 7.23 | 8.15 | 不液化 |
| | 轻砂壤土 | 20.05 | 22.0 | 14.05 | 0 | 14.05 | 8.4 | 23 | 8.37 | 13.03 | 液化 |
| | 极细砂 | 7.05 | 21.5 | 10 | 0 | 10 | 3.4 | 43 | 12.76 | 17.98 | 液化 |
| | | 18 | 21.5 | 12 | 0 | 12 | 3 | 45 | 15.02 | 20.55 | 液化 |
| | | 20 | 21.5 | 14 | 0 | 14 | 3 | 44 | 16.15 | 21.78 | 液化 |

续表 4-4

| 孔号 | 岩性名称 | 标准贯入试验时，标准贯入点在当时地面以下的深度 $d'_s$/m | 标准贯入试验时，地下水位在当时地面以下的深度 $d'_w$/m | 工程正常运行时，标准贯入点在当时地面以下的深度 $d_s$/m | 工程正常运行时，地下水位在当时地面以下的深度 $d_w$/m | 计算 $N_{cr}$ 时的 $d_s$/m | 黏粒含量 $\rho_c$/% | 标准贯入锤击数实测值 $N'$/击 | 校正后标准贯入锤击数 $N$/击 | 标准贯入锤击数临界值 $N_{cr}$/击 | 判别结果 |
|---|---|---|---|---|---|---|---|---|---|---|---|
| PYL 12-3（东库区） | 粉质黏土 | 7 | 23 | 1 | 0 | 5 | 40.5 | 11 | 0.66 | 3.89 | 不液化 |
| | 轻粉质壤土 | 8 | 23 | 2 | 0 | 5 | 10.2 | 13 | 1.19 | 7.75 | 液化 |
| | 重粉质砂壤土 | 9 | 23 | 3 | 0 | 5 | 7.5 | 18 | 2.19 | 9.04 | 液化 |
| | | 10 | 23 | 4 | 0 | 5 | 7.4 | 23 | 3.44 | 9.10 | 液化 |
| | 轻粉质砂壤土 | 11 | 23 | 5 | 0 | 5 | 5.4 | 24 | 4.22 | 10.65 | 液化 |
| | 重粉质砂壤土 | 12 | 23 | 6 | 0 | 6 | 6.2 | 25 | 5.01 | 10.77 | 液化 |
| | 重砂壤土 | 13 | 23 | 7 | 0 | 7 | 9.8 | 20 | 4.48 | 9.15 | 液化 |
| | 极细砂 | 14 | 23 | 8 | 0 | 8 | 1.3 | 19 | 4.67 | 26.56 | 液化 |
| | | 15 | 23 | 9 | 0 | 9 | 0.2 | 25 | 6.66 | 71.07 | 液化 |
| | 中壤土 | 16 | 23 | 10 | 0 | 10 | 16.8 | 27 | 7.72 | 8.09 | 液化 |
| | 轻砂壤土 | 17 | 23 | 11 | 0 | 11 | 3.7 | 36 | 10.97 | 17.89 | 液化 |
| | 粉砂 | 18 | 23 | 12 | 0 | 12 | 2.7 | 35 | 11.28 | 21.66 | 液化 |
| | | 19 | 23 | 13 | 0 | 13 | 2.4 | 40 | 13.56 | 23.69 | 液化 |
| | 极细砂 | 20 | 23 | 14 | 0 | 14 | 1.7 | 39 | 13.85 | 28.93 | 液化 |

续表 4-4

| 孔号 | 岩性名称 | 标准贯入试验时，标准贯入点在当时地面以下的深度 $d'_s$/m | 标准贯入试验时，地下水位在当时地面以下的深度 $d'_w$/m | 工程正常运行时，标准贯入点在当时地面以下的深度 $d_s$/m | 工程正常运行时，地下水位在当时地面以下的深度 $d_w$/m | 计算 $N_{cr}$ 时的 $d_s$/m | 黏粒含量 $\rho_c$/% | 标准贯入锤击数实测值 $N'$/击 | 校正后标准贯入锤击数 $N$/击 | 标准贯入锤击数临界值 $N_{cr}$/击 | 判别结果 |
|---|---|---|---|---|---|---|---|---|---|---|---|
| PYB-2（东库区） | 轻粉质壤土 | 8 | 23 | 2 | 0 | 5 | 14.7 | 1.47 | 6.45 | 1.47 | 液化 |
| | 重壤土 | 10 | 23 | 4 | 0 | 5 | 26.5 | 2.84 | 4.81 | 2.84 | 不液化 |
| | 轻壤土 | 12 | 23 | 6 | 0 | 6 | 14.7 | 4.01 | 6.99 | 4.01 | 液化 |
| | 粉质黏土 | 16 | 23 | 10 | 0 | 10 | 33.5 | 6.29 | 5.73 | 6.29 | 不液化 |
| | 中壤土 | 18 | 23 | 12 | 0 | 12 | 19.9 | 8.38 | 7.98 | 8.38 | 不液化 |
| | 重砂壤土 | 20 | 23 | 14 | 0 | 14 | 9.4 | 9.94 | 12.30 | 9.94 | 液化 |
| | | 22 | 23 | 16 | 0 | 16 | 9.5 | 13.47 | 12.85 | 13.47 | 不液化 |
| PYL 13-2（东库区） | 重粉质砂壤土 | 8 | 23 | 2 | 0 | 5 | 9.5 | 14 | 1.29 | 8.03 | 液化 |
| | 轻砂壤土 | 10 | 23 | 4 | 0 | 5 | 4.4 | 24 | 3.59 | 11.80 | 液化 |
| | | 12 | 23 | 6 | 0 | 6 | 3.9 | 33 | 6.62 | 13.57 | 液化 |
| | | 14 | 23 | 8 | 0 | 8 | 5.7 | 37 | 9.09 | 12.69 | 液化 |
| | | 16 | 23 | 10 | 0 | 10 | 5.2 | 34 | 9.73 | 14.54 | 液化 |
| | | 18 | 23 | 12 | 0 | 12 | 3.9 | 36 | 11.60 | 18.02 | 液化 |
| | 极细砂 | 20 | 23 | 14 | 0 | 14 | 0.9 | 37 | 13.14 | 39.76 | 液化 |

续表 4-4

| 孔号 | 岩性名称 | 标准贯入试验时，标准贯入点在当时地面以下的深度 $d'_s$/m | 标准贯入试验时，地下水位在当时地面以下的深度 $d'_w$/m | 工程正常运行时，标准贯入点在当时地面以下的深度 $d_s$/m | 工程正常运行时，地下水位在当时地面以下的深度 $d_w$/m | 计算 $N_{cr}$ 时的 $d_s$/m | 黏粒含量 $\rho_c$/% | 标准贯入锤击数实测值 $N'$/击 | 校正后标准贯入锤击数 $N$/击 | 标准贯入锤击数临界值 $N_{cr}$/击 | 判别结果 |
|---|---|---|---|---|---|---|---|---|---|---|---|
| PYC1-9（1#出水闸） | 重粉质砂壤土 | 7 | 23 | 1 | 0 | 5 | 8.5 | 11 | 0.66 | 8.49 | 液化 |
| | 极细砂 | 8 | 23 | 2 | 0 | 5 | 1.7 | 30 | 2.76 | 18.98 | 液化 |
| | | 9 | 23 | 3 | 0 | 5 | 2.0 | 17 | 2.07 | 17.50 | 液化 |
| | | 10 | 23 | 4 | 0 | 5 | 1.8 | 18 | 2.69 | 18.45 | 液化 |
| | 轻砂壤土 | 11 | 23 | 5 | 0 | 5 | 5.3 | 24 | 4.22 | 10.75 | 液化 |
| | 极细砂 | 12 | 23 | 6 | 0 | 6 | 2.7 | 24 | 4.81 | 16.32 | 液化 |
| | | 13 | 23 | 7 | 0 | 7 | 2.1 | 20 | 4.48 | 19.76 | 液化 |
| | | 14 | 23 | 8 | 0 | 8 | 2.1 | 16 | 3.93 | 20.90 | 液化 |
| | | 15 | 23 | 9 | 0 | 9 | 1.6 | 22 | 5.86 | 25.13 | 液化 |
| | | 16 | 23 | 10 | 0 | 10 | 2.2 | 31 | 8.87 | 22.35 | 液化 |
| | | 17 | 23 | 11 | 0 | 11 | 2.1 | 26 | 7.92 | 23.75 | 液化 |
| | | 18 | 23 | 12 | 0 | 12 | 2.0 | 24 | 7.74 | 25.17 | 液化 |
| | | 19 | 23 | 13 | 0 | 13 | 1.7 | 26 | 8.82 | 28.14 | 液化 |
| | | 20 | 23 | 14 | 0 | 14 | 1.7 | 27 | 9.59 | 28.93 | 液化 |

续表 4-4

| 孔号 | 岩性名称 | 标准贯入试验时，标准贯入点在当时地面以下的深度 $d'_s$/m | 标准贯入试验时，地下水位在当时地面以下的深度 $d'_w$/m | 工程正常运行时，标准贯入点在当时地面以下的深度 $d_s$/m | 工程正常运行时，地下水位在当时地面以下的深度 $d_w$/m | 计算 $N_{cr}$ 时的 $d_s$/m | 黏粒含量 $\rho_c$/% | 标准贯入锤击数实测值 $N'$/击 | 校正后标准贯入锤击数 $N$/击 | 标准贯入锤击数临界值 $N_{cr}$/击 | 判别结果 |
|---|---|---|---|---|---|---|---|---|---|---|---|
| PYSJ-6（顺城河节制闸） | 重砂壤土 | 8 | 23 | 2 | 0 | 5 | 7.3 | 30 | 2.76 | 9.16 | 液化 |
| | 轻砂壤土 | 10 | 23 | 4 | 0 | 5 | 5.6 | 28 | 4.19 | 10.46 | 不液化 |
| | | 12 | 23 | 6 | 0 | 6 | 4.9 | 20 | 4.01 | 12.11 | 液化 |
| | 粉质黏土 | 14 | 23 | 8 | 0 | 8 | 35.5 | 12 | 2.95 | 5.08 | 不液化 |
| | | 15 | 23 | 9 | 0 | 9 | 33.5 | 11 | 2.93 | 5.49 | 不液化 |
| | | 16 | 23 | 10 | 0 | 10 | 31.1 | 13 | 3.72 | 5.95 | 液化 |
| | 重粉质砂壤土 | 17 | 23 | 11 | 0 | 11 | 9.8 | 12 | 3.66 | 11.00 | 不液化 |
| | 重砂壤土 | 18 | 23 | 12 | 0 | 12 | 9.5 | 29 | 9.35 | 11.55 | 液化 |
| | 轻砂壤土 | 19 | 23 | 13 | 0 | 13 | 5.9 | 31 | 10.51 | 15.11 | 液化 |
| | | 20 | 23 | 14 | 0 | 14 | 5.4 | 30 | 10.65 | 16.23 | 液化 |
| PYSZ-4（濮清南闸） | 轻砂壤土 | 8 | 20 | 2 | 0 | 5 | 5.7 | 9 | 0.91 | 12.70 | 液化 |
| | | 10 | 20 | 4 | 0 | 5 | 5.2 | 10 | 1.64 | 10.75 | 液化 |
| | | 16 | 20 | 10 | 0 | 10 | 3.9 | 19 | 5.86 | 15.29 | 液化 |
| | 重粉质壤土 | 19 | 20 | 13 | 0 | 13 | 0.9 | 21 | 7.63 | 7.91 | 不液化 |

由表 4-4 知，地面下 20 m 深度范围内饱和砂性土地震时存在液化问题，液化等级为严重，应采取处理措施。

## 4.4.2　出山店水库

出山店水库主坝包括土坝段及混凝土坝段，土坝段坝基主要位于淮河Ⅱ级阶地、Ⅰ级阶地，混凝土坝段位于淮河河床且与右岸山体连接。

### 4.4.2.1　土坝段坝基Ⅰ级阶地地震振动液化稳定问题防治措施

1. 土坝段坝基Ⅰ级阶地地震振动液化稳定问题

根据《中国地震动参数区划图》(GB 18306—2015)，出山店水库区Ⅱ类场地地震动峰值加速度为 0.05$g$，相当于地震基本烈度Ⅵ度。根据《水工建筑物抗震设计标准》(GB 51247—2018)，出山店水库工程抗震设防类别为甲类，因此可将出山店水库工程主体建筑物的设计烈度在基本烈度的基础上提高 1 度，采用Ⅶ度。

根据野外物探测试结果，经过资料的整理分析、统计的各岩土层场地等效剪切波速、场地类别及土的类型划分见表 4-5，出山店水库场地类别为Ⅱ类场地。

表 4-5　场地等效剪切波速、场地类别及土的类型划分

| 建筑物名称 | 序号 | 钻孔孔号 | 覆盖层厚度/m | 等效剪切波速/(m/s) | 场地土类型 | 建筑场地类别 | 特征周期/s |
|---|---|---|---|---|---|---|---|
| 土坝段 | 1 | Ⅲ1-5 | 14.8 | 296 | 中硬土场地 | Ⅱ | 0.200 0 |
| | 2 | Ⅲ1-10 | 15.5 | 274 | 中硬土场地 | Ⅱ | 0.226 3 |
| | 3 | Ⅲ1-15 | 15.3 | 293 | 中硬土场地 | Ⅱ | 0.208 9 |
| | 4 | Ⅲ1-20 | 16.4 | 273 | 中硬土场地 | Ⅱ | 0.240 3 |
| | 5 | Ⅲ1-25 | 13.9 | 286 | 中硬土场地 | Ⅱ | 0.194 4 |
| 混凝土坝段 | 6 | ⅢYL1 | 6.1 | 179 | 中硬土场地 | Ⅱ | 0.136 3 |
| | 7 | ⅢYL2 | 6.5 | 194 | 中硬土场地 | Ⅱ | 0.134 0 |
| | 8 | ⅢYL3 | 6.6 | 190 | 中硬土场地 | Ⅱ | 0.138 9 |
| | 9 | ⅢYL4 | 7.9 | 192 | 中硬土场地 | Ⅱ | 0.164 6 |

Ⅰ级阶地下部砂层为第四系全新统饱和少黏性土，经初判可能产生地震液化问题，复判采用标准贯入锤击数法。

根据 GB 50487—2008 附录 P 规定。当标准贯入试验点深度和地下水位在试验地面以下的深度，不同于工程正常运用时，实测标准贯入锤击数应进行水位和埋深校正，并以校正后的锤击数作为复判依据。根据颗粒分析资料及校正标准贯入锤击数经复判后(见表 4-6)：工程运行后，对应坝体迎水面坝趾位置，Ⅰ级阶地场地液化等级为中等至严重，液化深度 7.0~10 m。

表 4-6 Ⅰ级阶地下部砂层地震液化判别(工况:工程运行后;位置:迎水面坝趾)

| 钻孔 | $d_s'$/m | $d_s$/m | $d_w'$/m | $d_w$/m | $\rho_c$/% | $N$/击 | $N'$/击 | $N_{cr}$/击 | 比较 | 液化判别 |
|---|---|---|---|---|---|---|---|---|---|---|
| Ⅲ1-26 | 5 | 5 | 7.9 | 0 | 3 | 11 | 4.9 | 8.0 | $N'<N_{cr}$ | 液化 |
| | 6 | 6 | 7.9 | 0 | 3 | 10 | 4.8 | 8.6 | $N'<N_{cr}$ | 液化 |
| | 7 | 7 | 7.9 | 0 | 3 | 16 | 8.3 | 9.2 | $N'<N_{cr}$ | 液化 |
| | 8 | 8 | 7.9 | 0 | 3 | 18 | 9.9 | 9.7 | $N'>N_{cr}$ | 不液化 |
| | 9 | 9 | 7.9 | 0 | 3 | 21 | 12.1 | 10.3 | $N'>N_{cr}$ | 不液化 |
| | 10 | 10 | 7.9 | 0 | 3 | 20 | 12.0 | 10.9 | $N'>N_{cr}$ | 不液化 |
| | 11 | 11 | 7.9 | 0 | 3 | 25 | 15.5 | 11.4 | $N'>N_{cr}$ | 不液化 |
| | 12 | 12 | 7.9 | 0 | 3 | 22 | 14.1 | 12.0 | $N'>N_{cr}$ | 不液化 |
| 液化指数 | 8.5 | | | | 液化等级 | 中等液化 | | | | |
| Ⅲ1-28 | 5 | 5 | 8.1 | 0 | 3 | 11 | 4.8 | 8.4 | $N'<N_{cr}$ | 液化 |
| | 6 | 6 | 8.1 | 0 | 3 | 10 | 4.8 | 9.0 | $N'<N_{cr}$ | 液化 |
| | 7 | 7 | 8.1 | 0 | 3 | 11 | 5.7 | 9.6 | $N'<N_{cr}$ | 液化 |
| | 8 | 8 | 8.1 | 0 | 3 | 14 | 7.6 | 10.2 | $N'<N_{cr}$ | 液化 |
| | 9 | 9 | 8.1 | 0 | 3 | 18 | 10.3 | 10.8 | $N'<N_{cr}$ | 液化 |
| | 10 | 10 | 8.1 | 0 | 3 | 16 | 9.5 | 11.4 | $N'<N_{cr}$ | 液化 |
| 液化指数 | 14.6 | | | | 液化等级 | 中等液化 | | | | |
| Ⅲ1-29 | 4 | 4 | 7.9 | 0 | 3 | 11 | 4.9 | 8.4 | $N'<N_{cr}$ | 液化 |
| | 5 | 5 | 7.9 | 0 | 3 | 10 | 4.4 | 8.4 | $N'<N_{cr}$ | 液化 |
| | 6 | 6 | 7.9 | 0 | 3 | 10 | 4.9 | 9.0 | $N'<N_{cr}$ | 液化 |
| | 7 | 7 | 7.9 | 0 | 3 | 11 | 5.7 | 9.6 | $N'<N_{cr}$ | 液化 |
| | 8 | 8 | 7.9 | 0 | 3 | 12 | 6.6 | 10.2 | $N'<N_{cr}$ | 液化 |
| | 9 | 9 | 7.9 | 0 | 3 | 25 | 14.4 | 10.8 | $N'>N_{cr}$ | 不液化 |
| | 10 | 10 | 7.9 | 0 | 3 | 18 | 10.8 | 11.4 | $N'<N_{cr}$ | 液化 |
| | 11 | 11 | 7.9 | 0 | 3 | 23 | 14.3 | 12.0 | $N'>N_{cr}$ | 不液化 |
| | 12 | 12 | 7.9 | 0 | 3 | 23 | 14.7 | 12.6 | $N'>N_{cr}$ | 不液化 |
| | 13 | 13 | 7.9 | 0 | 3 | 22 | 14.5 | 13.2 | $N'>N_{cr}$ | 不液化 |
| 液化指数 | 18.9 | | | | 液化等级 | 严重液化 | | | | |
| Ⅲ1-27 | 4 | 4 | 8.0 | 0 | 3 | 11 | 4.3 | 7.8 | $N'<N_{cr}$ | 液化 |
| | 5 | 5 | 8.0 | 0 | 3 | 9 | 4.0 | 8.4 | $N'<N_{cr}$ | 液化 |
| | 6 | 6 | 8.0 | 0 | 3 | 11 | 5.3 | 9.0 | $N'<N_{cr}$ | 液化 |
| | 7 | 7 | 8.0 | 0 | 3 | 10 | 5.2 | 9.6 | $N'<N_{cr}$ | 液化 |
| | 8 | 8 | 8.0 | 0 | 3 | 9 | 4.9 | 10.2 | $N'<N_{cr}$ | 液化 |
| | 9 | 9 | 8.0 | 0 | 3 | 25 | 14.3 | 10.8 | $N'>N_{cr}$ | 不液化 |
| 液化指数 | 21.2 | | | | 液化等级 | 严重液化 | | | | |

2. 土坝段坝基Ⅰ级阶地工程地质条件

下伏相对隔水层古近系红色岩系与侵入花岗岩基岩,上覆第四系具河流相二元结构特征地层。第四系上更新统和全新统地层总厚度11~16 m;下部透水层由第四系上更新统级配良好砾和级配不良砂、第四系全新统下段级配不良砂组成,厚度6~12 m,上部颗粒为中细砂,下部为粗砂、砾质粗砂;表层由低液限黏土组成,多呈黄色,厚2~4 m。其中,在黄色低液限黏土之下有厚1~2 m不等的灰色低液限黏土夹层,其呈软-可塑状;在级配不良砂中分布有透镜体状的灰色软土或灰色黏性土,其厚度大都1 m左右或数十厘米,很少超过2.0 m,以低液限黏土为主。

其主要工程地质问题包括坝基软土稳定问题、坝基地震振动液化稳定问题、地基不均匀沉陷问题。

3. 土坝段坝基Ⅰ级阶地地震振动液化稳定问题施工处理

针对土坝段坝基Ⅰ级阶地坝基软土稳定问题、坝基地震振动液化稳定问题、地基不均匀沉陷问题,工程中采用了沉管砂桩进行了联合处理,根据该工程处理,编写了《沉管砂桩在坝基处理中的应用》。

采用了振动沉管挤密砂桩(桩号1+210~3+257)进行了联合处理,挤密砂桩桩径为0.5 m,等边三角形布置,为协调防渗墙与砂桩布置,以防渗墙中心为准,分别向上下游布置,砂桩起始位置距防渗墙中心线1.5 m,向上下游延伸至坡脚外10 m;挤密砂桩桩体材料采用级配良好的粗砂、中砂。根据“土坝段挤密砂桩试验成果”,经设计综合分析为:Ⅱ级阶地段挤密砂桩范围为1+210~2+140.3,由3.5 m间距至桩号1+260过渡为2.0 m间距,桩号1+260~2+140.3段均为2.0 m间距挤密砂桩,主要作用为加速Ⅱ级阶地段含水率较高的低液限黏土的排水固结结合复合地基降低坝基沉降。Ⅰ级阶地段挤密砂桩范围为2+140.3~2+954、3+046.6~3+257,对应95 m高程的上下游戗台外侧边界之间采取2.5 m间距,该外侧边界各向上下游至坡脚外10 m之间采取间距2.0 m,均要求挤密砂桩长度不小于10 m。桩体密实度要求:现状地面以下2 m内重型动力触探击数不小于5击、现状地面2 m以下重型动力触探击数不小于7击;在上游坝趾外增设顶宽为15 m的压重平台,压重平台高程为85 m,上游边坡坡率为1:3。该段涉及导流明渠拆除回填部分,2+935~2+954、3+046.6~3+064.8段为原导流明渠斜坡段,该两段先进行挤密砂桩施工,再按1:3清坡;在2+954~3+046.6段(导流明渠渠底段)不布设挤密砂桩,清基至高程72.6 m,80 m高程以下按坝壳料填筑要求回填,其相对密度不小于0.75;80 m高程以上分为2部分,黏土心墙下游边界往上游方向采用土料回填至原始地面,按照黏土心墙指标回填,其压实系数不小于0.99,黏土心墙下游边界往下游方向采用砂砾料回填,按坝壳料填筑要求回填,其相对密度不小于0.75。导流明渠回填范围:上游至上游坝脚外50 m,下游至下游坝脚外251 m(淮河河边)。

4. 挤密砂桩检测

施工完成后,淮河流域水工程质量检测中心对沉管砂桩进行了处理效果检测:采用沿坝轴线方向每50 m左右划分为2个分块(防渗墙轴线上下游),试验孔大致布置在每个分块的对角线上。其中,重型动力触探试验孔(检测振动沉管挤密砂桩桩体)分布在1+210~3+257段(3+271为分部工程分段桩号),共划分为78个单元工程,每个单元工程抽检桩的数量、桩号及检测结果见表 4-7；标准贯入试验孔分布在 2+150～3+257 段(3+271 为分部工程分段桩号)，共划分为 40 个单元工程，每个单元工程桩间砂土标准贯入试验的抽检数量、位置及检测结果见表 4-8。经检测，采用振动沉管挤密法进行坝基处理后，其砂桩桩体质量满足设计要求，桩间砂层进行液化判别时为不液化地层，达到了防止坝基液化的目的。

**表 4-7 重型动力触探检测结果**

| 单元 | 位置 | 检测数量/根 | 每贯入 0.1 m 最小锤击数 | | 检测方法 | 检测结论 |
|---|---|---|---|---|---|---|
| | | | 0.4～2.0 m | 2.0 m 以下 | | |
| CSDSK1-2-15 | 1+210～1+260 上游 | 11 | 5 | 7 | 重探 | 满足设计要求 |
| CSDSK1-2-16 | 1+210～1+260 下游 | 11 | 5 | 7 | 重探 | 满足设计要求 |
| CSDSK1-2-17 | 1+260～1+300 上游 | 20 | 5 | 7 | 重探 | 满足设计要求 |
| CSDSK1-2-18 | 1+260～1+300 下游 | 21 | 5 | 7 | 重探 | 满足设计要求 |
| CSDSK1-2-19 | 1+300～1+350 上游 | 20 | 5 | 7 | 重探 | 满足设计要求 |
| CSDSK1-2-20 | 1+300～1+350 下游 | 21 | 5 | 7 | 重探 | 满足设计要求 |
| CSDSK1-2-21 | 1+350～1+400 上游 | 20 | 5 | 7 | 重探 | 满足设计要求 |
| CSDSK1-2-22 | 1+350～1+400 下游 | 21 | 5 | 7 | 重探 | 满足设计要求 |
| CSDSK1-2-23 | 1+400～1+450 上游 | 19 | 5 | 7 | 重探 | 满足设计要求 |
| CSDSK1-2-24 | 1+400～1+450 下游 | 21 | 5 | 7 | 重探 | 满足设计要求 |
| CSDSK1-2-25 | 1+450～1+500 上游 | 20 | 5 | 7 | 重探 | 满足设计要求 |
| CSDSK1-2-26 | 1+450～1+500 下游 | 21 | 5 | 7 | 重探 | 满足设计要求 |
| CSDSK1-2-27 | 1+500～1+550 上游 | 20 | 5 | 8 | 重探 | 满足设计要求 |
| CSDSK1-2-28 | 1+500～1+550 下游 | 21 | 5 | 7 | 重探 | 满足设计要求 |
| CSDSK1-2-29 | 1+550～1+600 上游 | 20 | 5 | 7 | 重探 | 满足设计要求 |
| CSDSK1-2-30 | 1+550～1+600 下游 | 22 | 5 | 7 | 重探 | 满足设计要求 |
| CSDSK1-2-31 | 1+600～1+650 上游 | 19 | 5 | 7 | 重探 | 满足设计要求 |
| CSDSK1-2-32 | 1+600～1+650 下游 | 19 | 5 | 7 | 重探 | 满足设计要求 |
| CSDSK1-2-33 | 1+650～1+700 上游 | 21 | 5 | 7 | 重探 | 满足设计要求 |
| CSDSK1-2-34 | 1+650～1+700 下游 | 22 | 5 | 7 | 重探 | 满足设计要求 |
| CSDSK1-2-35 | 1+700～1+750 上游 | 20 | 5 | 7 | 重探 | 满足设计要求 |
| CSDSK1-2-36 | 1+700～1+750 下游 | 22 | 5 | 7 | 重探 | 满足设计要求 |
| CSDSK1-2-37 | 1+750～1+800 上游 | 20 | 5 | 7 | 重探 | 满足设计要求 |
| CSDSK1-2-38 | 1+750～1+800 下游 | 21 | 5 | 7 | 重探 | 满足设计要求 |

续表 4-7

| 单元 | 位置 | 检测数量/根 | 每贯入 0.1 m 最小锤击数 | | 检测方法 | 检测结论 |
|---|---|---|---|---|---|---|
| | | | 0.4~2.0 m | 2.0 m 以下 | | |
| CSDSK1-2-39 | 1+800~1+850 上游 | 19 | 5 | 7 | 重探 | 满足设计要求 |
| CSDSK1-2-40 | 1+800~1+850 下游 | 21 | 5 | 7 | 重探 | 满足设计要求 |
| CSDSK1-2-41 | 1+850~1+900 上游 | 20 | 5 | 7 | 重探 | 满足设计要求 |
| CSDSK1-2-42 | 1+850~1+900 下游 | 21 | 5 | 7 | 重探 | 满足设计要求 |
| CSDSK1-2-43 | 1+900~1+950 上游 | 20 | 5 | 8 | 重探 | 满足设计要求 |
| CSDSK1-2-44 | 1+900~1+950 下游 | 21 | 5 | 7 | 重探 | 满足设计要求 |
| CSDSK1-2-45 | 1+950~2+000 上游 | 20 | 5 | 8 | 重探 | 满足设计要求 |
| CSDSK1-2-46 | 1+950~2+000 下游 | 21 | 5 | 7 | 重探 | 满足设计要求 |
| CSDSK1-2-47 | 2+000~2+050 上游 | 20 | 5 | 7 | 重探 | 满足设计要求 |
| CSDSK1-2-48 | 2+000~2+050 下游 | 21 | 5 | 7 | 重探 | 满足设计要求 |
| CSDSK1-2-49 | 2+050~2+100 上游 | 19 | 5 | 7 | 重探 | 满足设计要求 |
| CSDSK1-2-50 | 2+050~2+100 下游 | 21 | 5 | 8 | 重探 | 满足设计要求 |
| CSDSK1-2-51 | 2+100~2+150 上游 | 18 | 5 | 7 | 重探 | 满足设计要求 |
| CSDSK1-2-52 | 2+100~2+150 下游 | 20 | 5 | 7 | 重探 | 满足设计要求 |
| CSDSK1-2-53 | 2+150~2+200 上游 | 25 | 5 | 8 | 重探 | 满足设计要求 |
| CSDSK1-2-54 | 2+150~2+200 下游 | 27 | 5 | 8 | 重探 | 满足设计要求 |
| CSDSK1-2-55 | 2+200~2+250 上游 | 23 | 5 | 8 | 重探 | 满足设计要求 |
| CSDSK1-2-56 | 2+200~2+250 下游 | 30 | 5 | 7 | 重探 | 满足设计要求 |
| CSDSK1-2-57 | 2+250~2+300 上游 | 22 | 5 | 8 | 重探 | 满足设计要求 |
| CSDSK1-2-58 | 2+250~2+300 下游 | 24 | 5 | 7 | 重探 | 满足设计要求 |
| CSDSK1-2-59 | 2+300~2+350 上游 | 22 | 5 | 8 | 重探 | 满足设计要求 |
| CSDSK1-2-60 | 2+300~2+350 下游 | 24 | 5 | 7 | 重探 | 满足设计要求 |
| CSDSK1-2-61 | 2+350~2+400 上游 | 21 | 5 | 8 | 重探 | 满足设计要求 |
| CSDSK1-2-62 | 2+350~2+400 下游 | 27 | 5 | 8 | 重探 | 满足设计要求 |
| CSDSK1-2-63 | 2+400~2+450 上游 | 21 | 5 | 8 | 重探 | 满足设计要求 |
| CSDSK1-2-64 | 2+400~2+450 下游 | 27 | 5 | 7 | 重探 | 满足设计要求 |

续表 4-7

| 单元 | 位置 | 检测数量/根 | 每贯入 0.1 m 最小锤击数 | | 检测方法 | 检测结论 |
|---|---|---|---|---|---|---|
| | | | 0.4~2.0 m | 2.0 m 以下 | | |
| CSDSK1-2-65 | 2+450~2+500 上游 | 27 | 5 | 7 | 重探 | 满足设计要求 |
| CSDSK1-2-66 | 2+450~2+500 下游 | 22 | 5 | 7 | 重探 | 满足设计要求 |
| CSDSK1-2-67 | 2+500~2+550 上游 | 23 | 5 | 8 | 重探 | 满足设计要求 |
| CSDSK1-2-68 | 2+500~2+550 下游 | 26 | 5 | 7 | 重探 | 满足设计要求 |
| CSDSK1-2-69 | 2+550~2+600 上游 | 18 | 5 | 8 | 重探 | 满足设计要求 |
| CSDSK1-2-70 | 2+550~2+600 下游 | 20 | 5 | 7 | 重探 | 满足设计要求 |
| CSDSK1-2-71 | 2+600~2+650 上游 | 18 | 5 | 8 | 重探 | 满足设计要求 |
| CSDSK1-2-72 | 2+600~2+650 下游 | 20 | 5 | 8 | 重探 | 满足设计要求 |
| CSDSK1-2-73 | 2+650~2+700 上游 | 18 | 5 | 7 | 重探 | 满足设计要求 |
| CSDSK1-2-74 | 2+650~2+700 下游 | 26 | 5 | 7 | 重探 | 满足设计要求 |
| CSDSK4-2-1 | 2+700~2+750 上游 | 18 | 5 | 7 | 重探 | 满足设计要求 |
| CSDSK4-2-2 | 2+700~2+750 下游 | 21 | 5 | 7 | 重探 | 满足设计要求 |
| CSDSK4-2-3 | 2+750~2+800 上游 | 18 | 5 | 7 | 重探 | 满足设计要求 |
| CSDSK4-2-4 | 2+750~2+800 下游 | 21 | 5 | 8 | 重探 | 满足设计要求 |
| CSDSK4-2-5 | 2+800~2+860 上游 | 22 | 5 | 7 | 重探 | 满足设计要求 |
| CSDSK4-2-6 | 2+800~2+860 下游 | 25 | 5 | 7 | 重探 | 满足设计要求 |
| CSDSK4-2-7 | 2+860~2+936 上游 | 27 | 5 | 7 | 重探 | 满足设计要求 |
| CSDSK4-2-8 | 2+860~2+936 下游 | 32 | 5 | 7 | 重探 | 满足设计要求 |
| CSDSK4-2-9 | 2+936~3+079.4 上游 | 12 | 5 | 7 | 重探 | 满足设计要求 |
| CSDSK4-2-10 | 2+936~3+079.4 下游 | 11 | 5 | 7 | 重探 | 满足设计要求 |
| CSDSK4-2-11 | 3+079.4~3+129.4 上游 | 23 | 5 | 7 | 重探 | 满足设计要求 |
| CSDSK4-2-12 | 3+079.4~3+129.4 下游 | 23 | 5 | 7 | 重探 | 满足设计要求 |
| CSDSK4-2-13 | 3+129.4~3+179.4 上游 | 23 | 5 | 7 | 重探 | 满足设计要求 |
| CSDSK4-2-14 | 3+129.4~3+179.4 下游 | 23 | 5 | 7 | 重探 | 满足设计要求 |
| CSDSK4-2-15 | 3+179.4~3+229.4 上游 | 23 | 5 | 7 | 重探 | 满足设计要求 |
| CSDSK4-2-16 | 3+179.4~3+229.4 下游 | 24 | 5 | 7 | 重探 | 满足设计要求 |
| CSDSK4-2-17 | 3+229.4~3+271 上游 | 7 | 5 | 7 | 重探 | 满足设计要求 |
| CSDSK4-2-18 | 3+229.4~3+271 下游 | 8 | 5 | 7 | 重探 | 满足设计要求 |

表 4-8　标准贯入试验检测结果

| 单元 | 位置 | 检测数量/处 | 检测方法 | 判别结果 | 检测结论 |
|---|---|---|---|---|---|
| CSDSK1-2-53 | 2+150～2+200 上游 | 17 | 标准贯入试验 | $N<N_{cr}$ | 满足规范要求 |
| CSDSK1-2-54 | 2+150～2+200 下游 | 14 | 标准贯入试验 | $N<N_{cr}$ | 满足规范要求 |
| CSDSK1-2-55 | 2+200～2+250 上游 | 14 | 标准贯入试验 | $N<N_{cr}$ | 满足规范要求 |
| CSDSK1-2-56 | 2+200～2+250 下游 | 14 | 标准贯入试验 | $N<N_{cr}$ | 满足规范要求 |
| CSDSK1-2-57 | 2+250～2+300 上游 | 14 | 标准贯入试验 | $N<N_{cr}$ | 满足规范要求 |
| CSDSK1-2-58 | 2+250～2+300 下游 | 14 | 标准贯入试验 | $N<N_{cr}$ | 满足规范要求 |
| CSDSK1-2-59 | 2+300～2+350 上游 | 18 | 标准贯入试验 | $N<N_{cr}$ | 满足规范要求 |
| CSDSK1-2-60 | 2+300～2+350 下游 | 17 | 标准贯入试验 | $N<N_{cr}$ | 满足规范要求 |
| CSDSK1-2-61 | 2+350～2+400 上游 | 14 | 标准贯入试验 | $N<N_{cr}$ | 满足规范要求 |
| CSDSK1-2-62 | 2+350～2+400 下游 | 14 | 标准贯入试验 | $N<N_{cr}$ | 满足规范要求 |
| CSDSK1-2-63 | 2+400～2+450 上游 | 14 | 标准贯入试验 | $N<N_{cr}$ | 满足规范要求 |
| CSDSK1-2-64 | 2+400～2+450 下游 | 17 | 标准贯入试验 | $N<N_{cr}$ | 满足规范要求 |
| CSDSK1-2-65 | 2+450～2+500 上游 | 20 | 标准贯入试验 | $N<N_{cr}$ | 满足规范要求 |
| CSDSK1-2-66 | 2+450～2+500 下游 | 15 | 标准贯入试验 | $N<N_{cr}$ | 满足规范要求 |
| CSDSK1-2-67 | 2+500～2+550 上游 | 15 | 标准贯入试验 | $N<N_{cr}$ | 满足规范要求 |
| CSDSK1-2-68 | 2+500～2+550 下游 | 19 | 标准贯入试验 | $N<N_{cr}$ | 满足规范要求 |
| CSDSK1-2-69 | 2+550～2+600 上游 | 18 | 标准贯入试验 | $N<N_{cr}$ | 满足规范要求 |
| CSDSK1-2-70 | 2+550～2+600 下游 | 15 | 标准贯入试验 | $N<N_{cr}$ | 满足规范要求 |
| CSDSK1-2-71 | 2+600～2+650 上游 | 20 | 标准贯入试验 | $N<N_{cr}$ | 满足规范要求 |
| CSDSK1-2-72 | 2+600～2+650 下游 | 15 | 标准贯入试验 | $N<N_{cr}$ | 满足规范要求 |
| CSDSK1-2-73 | 2+650～2+700 上游 | 15 | 标准贯入试验 | $N<N_{cr}$ | 满足规范要求 |
| CSDSK1-2-74 | 2+650～2+700 下游 | 21 | 标准贯入试验 | $N<N_{cr}$ | 满足规范要求 |
| CSDSK4-2-1 | 2+700～2+750 上游 | 18 | 标准贯入试验 | $N<N_{cr}$ | 满足规范要求 |
| CSDSK4-2-2 | 2+700～2+750 下游 | 21 | 标准贯入试验 | $N<N_{cr}$ | 满足规范要求 |
| CSDSK4-2-3 | 2+750～2+800 上游 | 18 | 标准贯入试验 | $N<N_{cr}$ | 满足规范要求 |
| CSDSK4-2-4 | 2+750～2+800 下游 | 21 | 标准贯入试验 | $N<N_{cr}$ | 满足规范要求 |
| CSDSK4-2-5 | 2+800～2+860 上游 | 22 | 标准贯入试验 | $N<N_{cr}$ | 满足规范要求 |
| CSDSK4-2-6 | 2+800～2+860 下游 | 25 | 标准贯入试验 | $N<N_{cr}$ | 满足规范要求 |
| CSDSK4-2-7 | 2+860～2+936 上游 | 27 | 标准贯入试验 | $N<N_{cr}$ | 满足规范要求 |
| CSDSK4-2-8 | 2+860～2+936 下游 | 32 | 标准贯入试验 | $N<N_{cr}$ | 满足规范要求 |

续表 4-8

| 单元 | 位置 | 检测数量/处 | 检测方法 | 判别结果 | 检测结论 |
| --- | --- | --- | --- | --- | --- |
| CSDSK4-2-9 | 2+936~3+079.4 上游 | 12 | 标准贯入试验 | $N<N_{cr}$ | 满足规范要求 |
| CSDSK4-2-10 | 2+936~3+079.4 下游 | 11 | 标准贯入试验 | $N<N_{cr}$ | 满足规范要求 |
| CSDSK4-2-11 | 3+079.4~3+129.4 上游 | 24 | 标准贯入试验 | $N<N_{cr}$ | 满足规范要求 |
| CSDSK4-2-12 | 3+079.4~3+129.4 下游 | 24 | 标准贯入试验 | $N<N_{cr}$ | 满足规范要求 |
| CSDSK4-2-13 | 3+129.4~3+179.4 上游 | 24 | 标准贯入试验 | $N<N_{cr}$ | 满足规范要求 |
| CSDSK4-2-14 | 3+129.4~3+179.4 下游 | 24 | 标准贯入试验 | $N<N_{cr}$ | 满足规范要求 |
| CSDSK4-2-15 | 3+179.4~3+229.4 上游 | 23 | 标准贯入试验 | $N<N_{cr}$ | 满足规范要求 |
| CSDSK4-2-16 | 3+179.4~3+229.4 下游 | 19 | 标准贯入试验 | $N<N_{cr}$ | 满足规范要求 |
| CSDSK4-2-17 | 3+229.4~3+271 上游 | 7 | 标准贯入试验 | $N<N_{cr}$ | 满足规范要求 |
| CSDSK4-2-18 | 3+229.4~3+271 下游 | 8 | 标准贯入试验 | $N<N_{cr}$ | 满足规范要求 |

#### 4.4.2.2 沉管砂桩在坝基处理中的应用

1.挤密砂桩现场试验施工工艺选取

挤密砂桩是一种利用振动、冲击或水冲等成孔方式在软弱地基中进行造孔,之后将砂挤入软土孔中,形成直径大且密实的砂柱体,以此来进行加固软弱地基的方法。在工程坝基处理中的加固机制主要有:

(1)砂的挤密作用。由于其液化深度较深,挖除置换工程量较大,采用挤密砂桩进行加密、振密处理,使桩体本身强度增大,同时通过振动、挤压使桩周砂土孔隙比减小,结构强度提高、密实度增大,从而提高砂土本身的抗液化能力。

(2)软土的排水与置换作用。Ⅰ级阶地段土砂层之间或砂层中夹透镜体状的灰色软土或灰色黏性土,存在空间上的随机性,难以完全查明,在Ⅰ级阶地确定以紧密砂桩进行液化处理时,由于桩体透水性良好,加速了砂间黏弱性土的排水固结,改善了灰色软土和灰色黏性土的物理性质;同时,通过置换作用与高含水率软黏性土形成复合地基,提高了软弱黏性土坝基的稳定性。

目前,挤密砂桩在国际上常用的施工工艺包括:振动水冲法、螺旋钻成孔锤击法、静压法、振动沉管挤密法。由于工程场区表层岩性为黏性土,振动水冲法即振动水冲法施工,地表水导排较困难,在水冲作用下,易造成泥浆污染、场地不整洁、施工文明程度低,被排除于本工程;螺旋钻成孔锤击法中,螺旋钻成孔带出孔内砂土另需运输安置,且由于工程Ⅰ级阶地地下水埋藏较浅,Ⅱ级阶地承压水头一般 2~5 m,地下水以下,锤击法桩体质量难以保证,该工艺不适宜本工程坝基处理;静压法适于在软黏土、淤泥质土、填土层中应用,场区为砂层及较密实的黏性土,虽含水率较高,但场区的地耐力稍高,所需的压桩应力稍大,沉桩较慢,效率较低;振动沉管挤密法:因其挤密与振密作用,能使砂桩与桩间土相结合,形成较好的复合地基,能防止砂土液化和增大软弱地基土的整体稳定性,同时亦能有效地提高地基承载力。经比选：静压法和振动沉管挤密法均具有挤土效应，产生地面隆起高度均为0.445~0.530 m，但因静压法成桩速率较低、移动困难，本工程经比选后选择了振动沉管挤密法，且根据《建筑地基处理技术规范》(JGJ 79—2012)，宜采用振动沉管成桩法消除粉细砂液化。

2.沉管砂桩现场试验施工参数选取

沉管砂桩桩径500 mm，选择1.5 m、2.0 m、2.5 m共3种间距进行现场试验。其中Ⅱ级阶地段桩长要求沉管砂桩穿过上部高含水率黏性土，进入下部第四系上更新统级配不良砂、砾中不小于1.0 m，Ⅰ级阶地段桩长要求在清除表层稻田耕植土不少于50 cm后桩长10 m。桩体要求采用重型动力触探进行检测，其中2.0 m以上锤击数不小于5，2.0 m以下锤击数不小于7。

施工工序要求采用行内、行间跳打，从两侧向中间进行。

桩体填砂料要求采用中粗砂，含泥量不大于5%，不均匀系数小于5，曲率系数为1~3。坝址上游河槽内有丰富的中粗砂，可满足桩体填砂料的要求。

1)成桩机技术参数选择

现场试验和施工拟采用锤击振动沉管式砂桩机，型号为DZ-110KS/DZ-90KS，在沉管时端部钢制活瓣桩尖呈闭合状态振动、挤密，边振动边匀速提升钢管时活瓣张开下料，每提升1.0 m留振15 s，灌砂量充盈系数控制在1.2~1.4，如此反复直至桩管全部拔出。成桩后，淮河流域水工程质量检测中心对桩体质量进行了重型动力触探检测。检测成果表明，2.0 m以上重型动力触探锤击数均大于5，2.0 m以下重型动力触探修正锤击数均大于7。随着深度的增加，锤击数呈离散性增加，成桩机技术参数满足要求。

2)Ⅱ级阶地段砂桩桩间距选择

Ⅱ级阶地段厚层高含水率黏性土中，沉管砂桩主要起加速固结排水作用，结合部分置换，减少坝体填筑后坝基沉降。现场试验期间，对桩间土进行成桩前后静力触探试验，选择合适的桩间距后，进行模拟坝体填筑载荷试验，分析其沉降、固结度与时间的关系，为坝基处理提供依据。

3种不同桩间距情况下，4.3~5.0 m深度范围内沉管砂桩桩间土成桩前后静力触探试验结果对比分别见表4-9~表4-11。在沉管砂桩施工后，桩间土的锥尖阻力($q_c$)和侧壁摩阻力($f_s$)均有所减小，说明第四系上更新统高含水率黏性土在沉管砂桩成桩振动挤密过程中受到一定的扰动破坏。其中1.5 m间距的减少量最大，2.0 m间距及2.5 m间距减少量相对较小，且2.0 m间距和2.5 m间距减少量比较接近。由于沉管砂桩的主要目的是提高土体的固结排水作用，因此选取2.0 m作为Ⅱ级阶地段厚层高含水率黏性土沉管砂桩桩间距。

沉管砂桩桩间距选定后，经现场模拟坝体填筑载荷试验监测成果和计算反演分析，沉管砂桩以桩径0.5 m、桩间距2.0 m的施工工艺进行地基处理后，Ⅱ级阶地段厚层高含水率黏性地基土在完工1年后固结度可以达到80%以上，且固结度达到95%以上大约需要2年，有效地降低了高含水率黏性土的工后沉降，缩短了其固结时间。

表 4-9　成桩前后桩间土静力触探试验结果对比(1.5 m 桩间距)

| 深度/m | 成桩前 | | 成桩后 | | $q_c$ 差值/MPa | $f_s$ 差值/MPa |
|---|---|---|---|---|---|---|
| | $q_c$/MPa | $f_s$/MPa | $q_c$/MPa | $f_s$/MPa | | |
| 4.3 | 1.12 | 0.020 | 0.50 | 0.002 | 0.62 | 0.018 |
| 4.4 | 1.25 | 0.019 | 0.51 | 0.002 | 0.74 | 0.017 |
| 4.5 | 1.35 | 0.024 | 0.53 | 0.002 | 0.82 | 0.022 |
| 4.6 | 1.40 | 0.031 | 0.57 | 0.002 | 0.83 | 0.029 |
| 4.7 | 1.53 | 0.030 | 0.63 | 0.003 | 0.90 | 0.027 |
| 4.8 | 1.45 | 0.040 | 0.69 | 0.003 | 0.76 | 0.037 |
| 4.9 | 1.04 | 0.035 | 0.78 | 0.003 | 0.26 | 0.032 |
| 5.0 | 0.94 | 0.021 | 0.77 | 0.002 | 0.17 | 0.019 |

表 4-10　成桩前后桩间土静力触探试验结果对比(2.0 m 桩间距)

| 深度/m | 成桩前 | | 成桩后 | | $q_c$ 差值/MPa | $f_s$ 差值/MPa |
|---|---|---|---|---|---|---|
| | $q_c$/MPa | $f_s$/MPa | $q_c$/MPa | $f_s$/MPa | | |
| 4.3 | 0.82 | 0.005 | 0.69 | 0.002 | 0.13 | 0.003 |
| 4.4 | 0.88 | 0.007 | 0.69 | 0.002 | 0.19 | 0.005 |
| 4.5 | 0.88 | 0.011 | 0.70 | 0.002 | 0.18 | 0.009 |
| 4.6 | 0.94 | 0.012 | 0.69 | 0.001 | 0.25 | 0.011 |
| 4.7 | 0.90 | 0.012 | 0.67 | 0.002 | 0.23 | 0.010 |
| 4.8 | 0.90 | 0.012 | 0.68 | 0.001 | 0.22 | 0.011 |
| 4.9 | 1.01 | 0.012 | 0.79 | 0.001 | 0.22 | 0.011 |
| 5.0 | 1.10 | 0.012 | 0.82 | 0.002 | 0.28 | 0.010 |

表 4-11　成桩前后桩间土静力触探试验结果对比(2.5 m 桩间距)

| 深度/m | 成桩前 | | 成桩后 | | $q_c$ 差值/MPa | $f_s$ 差值/MPa |
|---|---|---|---|---|---|---|
| | $q_c$/MPa | $f_s$/MPa | $q_c$/MPa | $f_s$/MPa | | |
| 4.3 | 0.96 | 0.013 | 0.85 | 0.008 | 0.11 | 0.005 |
| 4.4 | 1.14 | 0.012 | 0.95 | 0.003 | 0.19 | 0.009 |
| 4.5 | 0.87 | 0.014 | 0.53 | 0.003 | 0.34 | 0.011 |
| 4.6 | 0.82 | 0.018 | 0.66 | 0.003 | 0.16 | 0.015 |
| 4.7 | 0.93 | 0.015 | 0.76 | 0.007 | 0.17 | 0.008 |
| 4.8 | 0.92 | 0.017 | 0.74 | 0.011 | 0.18 | 0.006 |
| 4.9 | 0.99 | 0.018 | 0.76 | 0.011 | 0.23 | 0.007 |
| 5.0 | 1.02 | 0.015 | 0.78 | 0.013 | 0.24 | 0.002 |

3)Ⅰ级阶地段砂桩桩间距选择

Ⅰ级阶地段第四系全新统下段级配不良砂中,沉管砂桩主要起振动、挤密及软土排水置换作用,解决砂土液化及软土排水固结问题。由于软土呈透镜体状,分布于砂层顶部和砂层中,排水固结条件较好,沉管砂桩增加了其排水通道,因此在Ⅰ级阶地段沉管砂桩处理地基问题时,以处理砂土液化为主要控制指标。现场试验期间,对桩间土进行成桩前后标准贯入试验,选择合适的桩间距,为坝基处理提供依据。

1.5 m和2.0 m桩间距情况下,成桩前后沉管砂桩桩间土标准贯入试验结果对比见表4-12。在沉管砂桩施工后,桩间砂土的标准贯入锤击数($N'$)均增加较大,说明沉管砂桩施工在该砂层中起到了挤密作用。桩间距1.5 m较2.0 m下的标准贯入锤击数增加量稍大,但两者数量上差别较小,说明在该砂层中,桩间距1.5 m和2.0 m的沉管砂桩所起的挤密作用基本相同。根据沉管砂桩桩间距1.5 m和2.0 m下桩间砂土液化判别,在沉管砂桩施工后,桩间距1.5 m和2.0 m下桩间砂土在深度3~4 m处仍存在液化问题。

**表4-12　1.5 m和2.0 m桩间距下成桩前后桩间土标准贯入试验结果对比**

| 深度/m | 成桩前 $N'$ | 成桩后 $N'$ | |
|---|---|---|---|
| | | 1.5 m桩间距 | 2.0 m桩间距 |
| 3.0 | 11 | 16 | 14 |
| 4.0 | 10 | 16 | 16 |
| 5.0 | 11 | 21 | 20 |
| 6.0 | 17 | 23 | 21 |
| 7.0 | 13 | 34 | 24 |
| 8.0 | 12 | 26 | 25 |
| 9.0 | 9 | 26 | 25 |
| 10.0 | 7 | 24 | 24 |

若调小间距,邻桩间的振动影响越大,施工难度增大,从而难以解决上部砂性土的液化问题。在上部再增设4.0 m压重平台时,砂土标准贯入位置($d_s$)深度由3.0~4.0 m增变为7.0~8.0 m,桩间距1.5 m及2.0 m下桩间砂土在深度3.0~4.0 m内运行时标准贯入锤击数($N$)大于液化判别标准贯入锤击数临界值($N_{cr}$),桩间距1.5 m及2.0 m下桩间砂土将均不存在液化问题,见表4-13。

**表4-13　增设4.0 m压重平台后桩间距1.5 m和2.0 m下桩间砂土液化判别**

| $d_s$/m | 无压重平台下 $N'$ | | 4.0 m压重平台下 $N$ | | $N_{cr}$ | 比较 | 液化判别 |
|---|---|---|---|---|---|---|---|
| | 1.5 m桩间距 | 2.0 m桩间距 | 1.5 m桩间距 | 2.0 m桩间距 | | | |
| 7.0 | 16 | 14 | 11.4 | 10.0 | 9.6 | $N>N_{cr}$ | 不液化 |
| 8.0 | 16 | 16 | 11.8 | 11.8 | 10.2 | $N>N_{cr}$ | 不液化 |
| 9.0 | 21 | 20 | 15.9 | 15.1 | 10.8 | $N>N_{cr}$ | 不液化 |

综上所述，Ⅰ级阶地段第四系全新统下段级配不良砂中，选取 2.0 m 作为第四系全新统下段级配不良砂中沉管砂桩桩间距，并在上游坝趾外增设顶宽为 15.0 m、高程为 85.0 m 的压重平台，以处理该段的地基液化问题。

3. 施工检测和监测情况

施工完成后，淮河流域水工程质量检测中心对沉管砂桩进行了处理效果检测，结论为：采用振动沉管挤密法进行坝基处理后，其砂桩桩体质量满足设计要求，桩间砂层进行液化判别时为不液化地层，达到了防止坝基液化的目的。

施工期间，南京水利科学研究院对土坝段的安全监测中包含了垂直位移沉降观测系统，2017 年 6 月开始对坝基及坝体进行监测，2017 年 12 月坝体封顶，根据 2017 年 6 月至 2018 年 10 月监测资料，Ⅱ级阶地段坝基总沉降量 10.11 cm，坝体总沉降量 11.22 cm（黏土心墙），坝体沉降目前已趋于稳定；Ⅰ级阶地段坝基总沉降量 11.60 cm，坝体总沉降量 11.34 cm（黏土心墙），坝体沉降目前已趋于稳定；测值在设计提出的预警值坝高 1%以内。根据南京水利科学研究院对坝基垂直位移沉降观测资料，在沉管砂桩处理后，Ⅰ、Ⅱ级阶地段坝基沉降仅差 1.50 cm 左右，坝基不均匀沉陷问题得到了良好的处理。

4. 结论与建议

（1）沉管砂桩在工程坝基处理中，通过排水固结辅以置换作用，加速了高含水率黏性土和砂层中软土的固结排水，减少了坝体填筑后的坝基沉降。

（2）沉管砂桩在工程坝基处理中，通过挤密、振密作用，提高了砂土本身的抗液化能力，消除了坝基液化问题。

（3）在上述工程地质问题处理的同时，坝基不均匀沉陷问题亦得到了良好的处理。

（4）沉管砂桩在工程坝基处理中一化多的处理方法，为今后的坝基处理提供了一种设计思路：在综合考虑多种工程地质问题的处理适用性后，选择同种处理方法，便于后期现场试验和现场施工与控制。

# 第5章　坝基软土沉降、变形

软土在我国沿海一带分布很广,如渤海湾及天津塘沽、长江三角洲、浙江三角洲、珠江三角洲,以及福建省的沿海地区都存在海相或湖相沉积的软土,是在盐水或淡水中沉积形成的,为有机质和矿物质的综合物。它具有松软、孔隙比大、压缩性高和强度低的特点,其厚度由数米至数十米不等,但在同一地区厚度变化不太大,土层呈带状分布。

贵州省、云南省的某些地区存在山地型的软土,呈泥灰岩、炭质页岩、泥砂质页岩等风化产物和地表的有机物质,经水流搬运,沉积于低洼处,长期饱水软化或间有微生物作用而形成。沉积的类型以坡洪积、湖沉积和冲积为主。其特点是分布面积不大,但厚度变化很大,如贵州省不少建设工地的软土面积在500 $m^2$ 以内,最大厚度不超过20 m,但相距只有2~3 m,厚度变化达7~8 m。湖沉积软土一般厚度较小,约为10 m,最深不超过25 m。

河南省地处平原地区,由于该地区地质情况较为复杂,水利工程大多建在淤泥地基之上,也就是所说的软土地基,即软基。在对地基研究过程中,软土地基处理技术就成为整个水利工程施工质量的关键,软土地基处理对于水利工程建设来说至关重要。

软土是一种简称,主要由细粒土组成,它表明就地基土的总体而言是软弱的,但实际上各土层的软弱程度有所不同,甚至个别或少数土层软密实。

软黏土:天然含水率大,呈软塑到流塑状态,具有抗剪强度低、压缩性大、透水性小、灵敏度高的特点。一般采用以下标准评定:液性指数 $I_L \geqslant 0.75$、无侧限抗压强度 $q_u \leqslant 50$ kPa、标准贯入锤击数 $N_{63.5} \leqslant 4$、灵敏度 $S_t \geqslant 4$。当液性指数 $I_L \geqslant 1.0$,孔隙比 $e_0 \geqslant 1.5$ 时为淤泥;当 $I_L \geqslant 1.0$,$1.0 \leqslant e_0 \leqslant 1.5$ 时为淤泥质土。

我国幅员辽阔,软土的差别也比较大,土的物理力学指标差别也比较大。滨海地区:软土土层为千层饼状,水平、垂直渗透系数差别很大,厚度不稳定,相差也比较大。浅层土为第四系沉积层,地层年代较近,固结度低,比较软弱,土层呈带状分布。地下水埋藏颇浅,离地表年平均50~70 cm。土层分布虽有一定的规律性,但土层的起伏和厚薄仍有较多的变化,有的土层在某些地段缺失。

目前,软土地基大坝稳定性研究理论都是在一定的假设条件下建立起来的,计算公式多为半经验半理论公式。不同地区软土的差别也比较大,不同地区不同的工程条件,亦有不同的计算方法和公式,工程设计人员必须把理论知识和工程实际经验结合起来,合理确定采用理论计算方法,准确确定软土物理力学指标。因此,软土地基大坝工程稳定性研究具有重要的实际意义。

## 5.1　坝基软土沉降的危害与特征

### 5.1.1　软土地基的工程特性

根据国内十几个主要地区的软土物理力学性质，凡属于内陆湖盆地、江河河滩及沿海地区，在沉积初期有微生物作用，并且多为具有结构性的黏性土，其天然含水率大于40%、孔隙比大于1.20、压缩系数（在荷重1~2 kg/cm$^2$下）大于0.05 cm$^2$/kg、饱和度大于95%、快剪的内摩擦角小于5°的黏土，以及天然含水率大于30%、孔隙比大于0.95、压缩系数大于0.03 MPa$^{-1}$、饱和度大于95%、快剪的内摩擦角小于16°的砂质黏土或壤土，均可称为软土。针对工程实用目的，凡是不经过加固或特殊处理就不能作为地区的土，都可以称为软土。

#### 5.1.1.1　软土的物理性质

由于软土中含有机质，故软土的土粒相对体积质量常比一般黏土略小些。软土的天然容重随含水率有较大变化，天然容重还与土的颗粒组成、矿物成分和有机质含量有关。软土的天然含水率一般很高，其原因除土的密实度小、孔隙比很大外，还有矿物的亲水性较强，特别是含有蒙脱土时。

影响软土塑性的因素很多，如矿物成分、粒度、颗粒形状、代换阳离子成分和孔隙溶液成分及其浓度等。高岭土的塑性指数较低，伊利土的塑性指数略高，钙蒙脱土及钠蒙脱土的液限甚至可达100~700，塑性指数达50~600。黏粒含量愈多的软土，液限愈高，塑性指数愈大，但塑性指数的变化却不如液限大。有机质含量愈大时，液限也愈大，这是由于有机质具有很大的持水性，增大了软土的吸水性和保持水分的能力。

软土的抗水性较弱，即易崩解、膨胀和收缩。影响抗水性的因素基本上与影响软土塑性的因素相同。软土的渗透系数较小，一般小于$1\times10^{-6}$ cm/s。水平方向的渗透系数一般略大于垂直方向的。渗透系数随含水率或液限的增大有减小的趋势。

#### 5.1.1.2　软土的力学性质

软土一般都具有高压缩性或中等压缩性。由于土壤存在天然结构的固化凝聚力（由某化学沉积物的胶结作用所形成的结构连接），故当荷重很小，还不足以破坏此固化凝聚力时，压缩系数较小，孔隙压力的存在也使得压缩系数偏小。

软土的压缩性随所在深度的增大而减小。饱和软土的固结过程较长，但如软土层较薄，也会在很短时间内固结，如大伙房土坝坝基厚3~4 m的淤泥，只3个月就固结完了。由于土的起始渗透坡降的存在，较厚的软土地基中的孔隙压力可能永远不会消失，因此沉陷量也较小。

软土的压缩系数，随土的含水率和液限的增大而增大；孔隙比愈大的土，其压缩系数也愈大。天然结构未被破坏的原状土，其压缩系数则较扰动土小。

软土的抗剪强度一般较普通黏性土低很多，有时甚至达到$\varphi=0°$（但还有凝聚力）。这是由于软土生成的地质年代较近，覆盖薄，还不能使自身压密，不能引起土粒发生再结晶和显著的脱水，土粒使抗剪强度大大降低。

黏粒含量愈大、土的含水率愈大,有机质含量愈大、土的易溶盐含量愈大、土的液限愈大,都会使土的抗剪强度减小。土的密度也是抗剪强度的极重要因素,天然干密度愈大时,抗剪强度也愈大。

### 5.1.2　坝基软土沉降的危害

一般而言,软土的定义和特点在各个行业中都有不同之处,软土地基对于水利行业来说,一直都是一个十分严峻的问题。水利工程功能的特殊性决定了其施工环境的复杂性,大多数水利项目建设于湿度较大的河流、沿海等区域。因此,水利施工的安全性和整体质量在很大程度上取决于软土地基的处理情况,实践工程中软基处理应引起技术部门的重点关注。水利施工过程中软基具有较大的不可预见性,若未能做好相应的处理很容易对构筑物产生破坏,因无法保证地基稳定性而出现沉降的现象十分常见。软土层受上部构筑物不均匀荷载作用,极易引起构筑物墙体开裂、基础沉降和倒塌等危害。

#### 5.1.2.1　水利工程建设施工难度增大

软基带给水利工程的最大问题就是工程处理难度较大。在普通的平地建设中,经常遇到软基的情况。这种软基主要是由碎石和高含水泥沙混合而成的土壤。这种土壤在隧道的挖掘甚至是地上公路、铁路的建设中都是很困难的。一方面,这样的软基因为不具备良好的支撑能力,容易在挖掘过程中出现坍塌的状况;另一方面,处理过程中很容易出现不确定的问题。因为这个问题,很容易使得工程费用倍增,因此很多的陆地工程也会选择远离软土地基区域。可是,水利工程施工中,总是遇到软基缺失的情况。在水利工程布局时,是需要考虑多方面因素的,许多的条件限制使得施工地质不易更换,所以在水利工程建设过程中,对于软基施工困难的问题一定要重视。但是解决软基问题依旧存在着很大的困难,软基给施工建设带来更多的不确定性。

#### 5.1.2.2　导致水利工程稳定性差

软基上修建水利工程容易损坏工程的稳定性。河流中的软基更加多。很多的大型河流经历了长久的泥沙堆积,使得软基数量比较多,这些地基中土壤的含水率很大。同时,这片区域很长时间都有水流流经,即使在施工过程中避开了软基区域,在一定程度上保证了安全和质量,但是,经过长时间的水蚀,还是很容易出现软基,对于完成的水利工程来说存在很大的隐患,给水利工程的稳定性带来很大的威胁,使得水利工程的质量受到影响。水利工程的建设对工程时间都是有一定的要求的,在保证施工期内能够完成施工工程的同时,也要保证施工质量,而且对于软基要进行合理的处理是很困难的。如果不正确处理中间环节,软基的硬化处理不够,就会使得施工中和使用中的质量问题无法得到保证。

#### 5.1.2.3　容易引发连锁性的地质问题

软地基含水率大,就造成了其稳定性差的问题,从而影响周围的地质条件。施工中,必须处理软基问题。处理过程中,因为软基的范围不能准确地确定,很可能会对周边地区产生影响,如整理了软基的工程现场后,其他地域的软基也有移动的可能性。在没有任何准备的情况下,是无法对地下地质运动进行确定的。若软土地基在其他地区减少,则由于地下土的流失,也有可能会造成地表塌陷。许多水利工程是根据地形进行建设的,多是在峡谷中建设,这些地区被山脉和森林包围着,如果周边地域出现坍塌,则对水利工程的影响将是无法预估的。如果将居民区建立在水利工程周边,则水利工程的连锁反应,对周围居民也可能产生影响,使得周围居民的日常生活受到影响。

## 5.2 坝基软土沉降的调查与监测

### 5.2.1 坝基软土沉降的调查

#### 5.2.1.1 调查内容

(1)场地的地貌和微地貌。

(2)第四系堆积物的年代、成因、厚度、埋藏条件和土性特征,硬土层和软弱压缩层的分布。

(3)地下水位以下可压缩层的固结状态和变形参数。

(4)含水层和隔水层的埋藏条件及承压性质,含水层的渗透系数、单位涌水量等水文地质参数。

(5)地下水的补给、径流、排泄条件,含水层间或地下水与地面水的水力联系。

(6)历年地下水位、水头的变化幅度和速率。

(7)历年地下水的开采量和回灌量,开采或回灌的层段。

(8)地下水位下降漏斗及回灌时地下水反漏斗的形成和发展过程。

(9)历年地面高程测量资料。

(10)地面沉降对水工建筑物和环境的影响程度等。

#### 5.2.1.2 调查方法及要求

(1)调查方法以资料收集、现场踏勘为主。

(2)对缺少资料的地区,为查明场地工程地质、水文地质条件,需布设少量勘探测试孔(包括工程地质孔、抽水试验孔和孔隙水压力观测孔等)。

#### 5.2.1.3 编制地面沉降调查报告

将各种调查成果资料进行整理、汇总、统计、分析,并绘制相关图表(如以地面沉降为特征的工程地质分区图等)。对调查区域的沉降原因和现状做出初步结论,对沉降危害程度和发展趋势做出评估,对沉降监测和治理方案提出建议。

### 5.2.2 坝基软土沉降的监测

大坝对防洪、发电、航运、灌溉都有重要的作用,而大坝的安全直接关系到上下游千百万人生命财产的安危,关系到社会稳定和国民经济的发展。保证大坝及水电站的安全就是为人类造福,所以大坝的监测监控工作就变得至关重要。大坝坝基是水电站的重要组成部分,对其进行精密系统的形变监测有助于评价水电工程的整体安全性能,是预防坝基形变严重而引起事故的重要手段。

#### 5.2.2.1 大坝监测

大坝变形监测是能直接和客观地反映大坝运行状态的一种检测方法,大坝的性态一旦出现异常状况,变形测值就会首先反映出来,因此大坝的变形监测非常重要。监测大坝变形的手段有很多,常见的水平位移监测方法有垂线监测、引张线监测及真空激光准直系统监测;常见的垂直位移监测方法有双金属管标监测、静力水准监测、水管式沉降仪监测、真空激光准直系统监测等。大坝变形是坝体状况的综合反映,也是衡量大坝运行时结构是否正常、可靠、安全的重要标志,可直观地反映出大坝的运行状态。因此,大坝变形监测是大坝重要的、必要的监测项目。通过及时有效的大坝变形监测,掌控大坝变形规律是十分必要的。

大坝位移监测项目主要有水平位移监测和垂直位移监测。监测方法可分为基准线法和参考点法两大类。真空激光准直系统属于基准线法,即设置一条基准线,采用光学、机械学或电子学等方法,量测出不同时间各测点相对于基准线的位置,从而换算获得各测点水平方向或垂直方向的位移。

#### 5.2.2.2　坝基监测

大坝坝基是水电站的重要组成部分,对其进行精密系统的形变监测有助于评价水电工程的整体安全性能,是预防坝基形变严重而引起事故的重要手段。对于坝基沉降较严重的地区,为防止或减少沉降对工程的危害,需在调查的基础上,对沉降实施监测,查明其原因和现状,并预测其发展趋势,提出控制和治理方案。基于坝基沉降监测的技术方法较多,包括 GPS(全球定位系统)测量、InSAR(合成孔径雷达干涉)测量、水准测量网、基岩标、分层标、地下水监测等综合监测手段。全站仪、加速度计测量等、水准仪测量等,传统的测量技术操作流程简单,投入相对较小,但获得精度较低,无法对监测目标进行实时动态监测。随着计算机技术及定位技术等的快速发展,GPS 技术、InSAR 技术等已逐渐应用于地表形变、道路形变、桥梁形变等监测领域,但是前者早期投入成本过高,其精度也相对较差;后者监测仪器布设较困难,容易受到外界监测环境的影响。精密水准测量具有实时动态监测、受外界监测环境影响小的优点,因此在大型桥梁、高铁、隧道以及大坝形变监测中应用较为广泛。

## 5.3　坝基差异性沉降控制技术

我国地基处理技术是在国外研究基础上引入和发展而来的。引入阶段:20 世纪 50 年代我国开始地从苏联学习并引进地基处理技术,其中应用最多的是浅层地基处理方法,主要包括砂石垫层、砂桩挤密和预浸水及井点降水等,应用于工业与民用建筑之中。发展阶段:从 70 年代至今,我国从国外引入了大量先进技术,在应用的同时,我国技术人员在外国先进技术的基础上结合我国的工程实际,构建了一套适合我国发展的地基处理技术,并且在很多方面达到国际先进水平。随着工程实践不断增加,软基处理的方法和理论也不断随之更新,尤其是复合地基的应用,使水工建筑物软基的理论设计更加可靠、施工质量更高。水工建筑物地基设计施工常根据建筑物级别、工程地质、工程投资等进行合理安排。常见的处理方法有换填法、排水固结法、加筋法、压重平台法、挤密砂桩法等。

### 5.3.1　换填法

换填法是将软土地基以下不能满足设计要求的软弱土层挖除,选用压密性较好的土料可以形成良好的持力层，使荷载充分满足设计要求，如砂、砾、卵石、素土、灰土、矿渣等其他高强度、无侵蚀性、性能较为稳定的材料，分层填筑并利用人工或者机械方法夯实，提高地基稳定性和抗变形能力从而增加地基承载力，使其达到设计要求所需密实度。

换填法适宜处理地基的深度一般控制在 3 m 以内，但不宜小于 0.5 m，若垫层较薄，其作用效果不大。这种方法也可用于处理膨胀土地基、湿陷性黄土地基、山区地基、季节性冻土地基等一些特殊土，所以在设计时考虑应该周全。此方法应用较广、效果显著、可就地取材、施工时间较短，不需要特殊的机械设备，所需费用较低。

### 5.3.2　排水固结法

排水固结法是在饱和软土地基中设置竖向排水体，通过增压排除饱和软土中的孔隙水，孔隙水压力转化为有效应力，增大地基固结速率，使土体密实度和强度增大，从而使地基承载力增大、沉降量减小。在水利工程中，常将大坝自身的重量作为预压荷载。在预压过程中常设置砂井、塑料排水板等竖向排水体，加速土中孔隙水的排出，加快地基的排水固结，增加地基承载力。排水固结法包括：

(1)堆载预压法：通过外荷载来增大土体内总应力，使土内产生附加应力。这种方法适宜淤泥质土、淤泥及冲填土等堆载料可就近取得的大面积软基处理。

(2)真空预压法：加固土体表面和周边的封膜，与大气隔绝抽成真空，通过作用在孔隙水上的流体来降低土内的孔隙水压力，在原有孔隙水压力与现有孔隙水压力形成的压差作用下产生渗流使土体排水固结，增大有效应力。这种方法适用于在加固区能形成稳定负压边界条件的软土地基，特别适用于超软地基及邻近危险边坡地带的软基处理。

(3)真空-堆载联合预压法：增大土体总应力，降低孔隙水压力，两者对有效应力的增加是叠加在一起的，这种方法适用于一般软黏土、超软土，对固结压力要求高、加固时间要求短的工程，两者必须同时作用，效果才能叠加。此种方法更为先进，该法更适合处理面积大、填土低、分布浅、固结系数大的软土地基。

排水固结法一般适用于软土厚度大于 5 m、灵敏度小于 5 的软土地基，预压时间应在半年以上。目前，这种方法因经济实用、施工方便等在公路软基处理中被当作首选。

### 5.3.3　加筋法

加筋法就是将抗拉能力很强的土工聚合物、钢片等加筋材料埋设于土层中，土体颗粒的位移与拉筋产生摩擦使其形成一个整体，增大地基承载力，提高土体抗剪强度，减小地基沉降，维持整体稳定。

加筋法具体可分为土工合成材料法、加筋土等。

(1)土工合成材料法：利用其强度、韧性等力学特性，使应力扩散从而增大土体抗拉强度，改善各种复合土工结构，还可起到排水、反滤、隔离和补强作用，适用于砂土、黏土等。

(2)加筋土：在土层中埋设抗拉能力较大的拉筋，通过土体与拉筋的摩擦形成整体从而提高稳定性，于人工填土的路堤、挡墙等应用较多。

### 5.3.4　压重平台法

压重平台法是在堤坝两侧用土、砂、砂砾石、石渣等重物堆放在软土地基上，形成压重平台。压重平台的作用是使软土地基固结，形成反压荷载，将地基软土压密后再将荷载移除，这样能增大软土地基的抗剪强度，防止软土地基发生侧向破坏，增大地基承载力，有效减少工程完工后出现的沉降量。这种方法操作较为便捷，效果良好，应用较为广泛。

### 5.3.5　挤密砂桩法

挤密砂桩法是通过振动汽管机、水冲等设备在软弱地基中钻孔后，将砂、石、土、灰等粗砂材料灌入其中，在地基中形成密实的桩体。按施工方法，可分为振冲挤密桩和振动挤密桩；按所填材料，可分为砂桩、碎石和灰土桩等，这些地基均属于砂石桩复合地基。

砂桩技术自 20 世纪 50 年代才在国内迅速发展，在工业、水利、房建等建设工程中均有应用。这种方法适用于挤密松散砂土、粉土、黏性土、杂填土等地基，随着该方法应用广泛，施工工艺也越来越成熟，这种既有挤密作用又有振密作用的方法效果很好，解决了很多工程的实际问题。砂桩对软土地基而言，主要有置换作用和排水作用。密实的砂桩在软土地基中取代同体积的软弱土层，提高土层的承载能力，还可以快速地将软土层因固结产生的水分排出，加速固结，分散竖向应力，从而可以减少坝基不均匀沉降。

综上所述，软土具有高压缩性、高灵敏度、高流变性和低强度、低渗透系数等工程特性，所以在软基上施工面临着孔压过高、变形过大、抗力过小的难题。

### 5.3.6　喷扩锥台压灌桩法

近年来，大量的工程实例已经累积了不少经验，随着对软土地基处理技术的不断完善，处理方法也开始各式各样，软基建坝成功案例也此起彼伏。采用作者团队研发的喷扩锥台压灌桩可有效发挥桩周土层的承载能力，显著降低土体的变形。与水泥搅拌桩法相比，桩身质量可靠，具有显著的经济效益与社会效益。

喷扩锥台压灌桩是作者团队研发的一种新桩型，利用自主研发的带有多层注浆喷头的多功能螺旋钻机旋喷水泥浆液形成桩体双锥台，定喷形成肋板，采用钻杆分段挤压桩孔内超流态混凝土，形成桩体双锥台、肋板和桩周挤密土体共同承担荷载的喷扩锥台压灌桩。喷扩锥台压灌桩成桩的主要施工设备为多功能螺旋钻机（见图 5-1），包括空心钻杆、动力头和多功能导流器，可实现钻孔、高压喷射水泥浆液、扩大桩径、挤振混凝土、压灌混凝土及吊放钢筋笼等多种功能。

钻杆下端安装有新型钻头［见图 5-1(c)］，钻头下端设有铰链式出料活门，一端设有挡板（活门打开限位小于 90°），另一端设有插销式锁定器。钻杆下压时桩孔内混凝土挤压活门，使其自动关闭［见图 5-1(c)中 B 指示示意图］；钻杆提升时活门在混凝土的重力作用下自动打开［见图 5-1(c)中 C 指示示意图］。

喷扩锥台压灌桩成桩过程中，超流态混凝土既是桩身材料，又是挤密桩周土层的施工“辅助工具”。超流态混凝土是在传统混凝土的基础上改良获得的，由水泥、粉煤灰、粗骨料（粒径 5~25 mm）、细骨料、UWB 型混凝土絮凝剂与水组成，坍落度为 230~250 mm，有

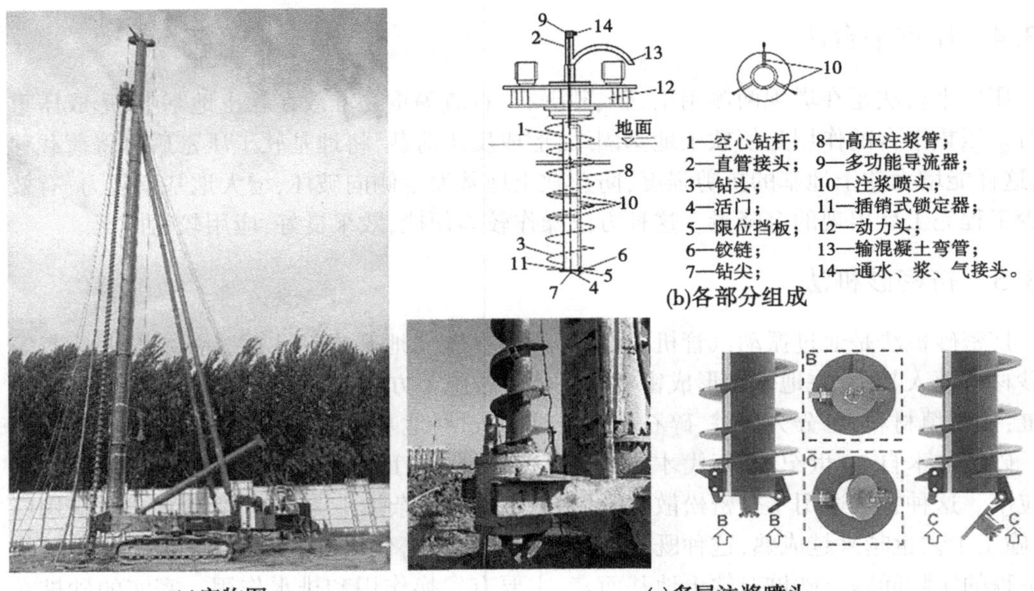


图 5-1　多功能螺旋钻机

一定黏度，流动性好，石子悬浮，经钻杆挤压不泌水，缓凝时间长达 8～18 h。改良后的超流态混凝土既保留原有混凝土性质，又具备挤压水分不散失、流动性不变的特性，钢筋笼可在超流态混凝土中轻松插入。在钻孔内超流态混凝土表面封闭加压，与混凝土接触的土层将受同等压力作用，从而达到挤压钻孔内超流态混凝土、挤密钻孔周围土层的目的，提升施工效率和成桩质量。

喷扩锥台压灌桩施工过程大致包括：多功能螺旋钻机成孔→高压喷射水泥浆→压灌、挤振超流态混凝土→形成混凝土与水泥土复合的扩径锥台体和桩身肋板→与混凝土桩身组合形成喷扩锥台压灌桩。喷扩锥台压灌桩施工过程中通过钻杆分段挤振超流态混凝土，挤密桩周土层的同时可有效减少对原有土层骨架的干扰，充分发挥桩身、水泥土及被挤密土层的承载能力，大幅提高桩的承载能力。喷扩锥台压灌桩具体施工流程（见图 5-2）如下：

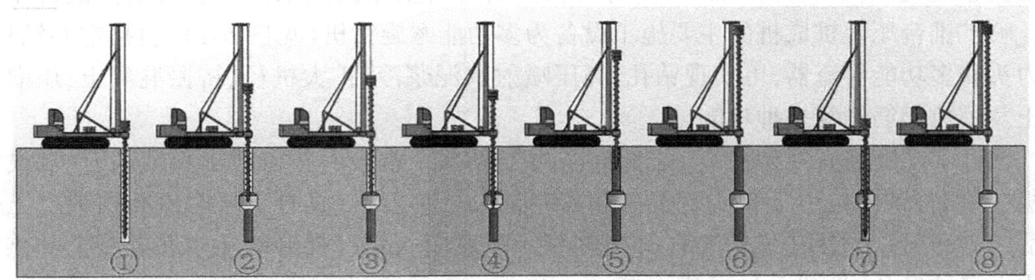


注：①钻进成孔；②高压旋喷水泥浆形成扩径体；③压灌混凝土扩径体；④挤振复压扩径体混凝土；⑤边高压喷射水泥浆边挤振压灌桩身和肋板混凝土；⑥混凝土压灌完成；⑦安放钢筋笼；⑧成桩。

图 5-2　喷扩锥台压灌桩具体施工流程

(1)平整场地、放线定位,施工机具就位、钻机调平。

(2)制备超流态混凝土、水泥浆。

(3)采用多功能螺旋钻机钻孔至设计孔深,在设定标高处提升或下放钻杆,同时采用钻具多层喷嘴旋喷水泥浆形成双锥台扩径腔体,浆液喷射压力不小于 12 MPa,钻机转速可取 10~25 r/min,钻杆及喷嘴钻进速度或提升速度可根据土层性质确定。

(4)下放钻杆至孔底,边提升钻杆边压灌混凝土并旋喷水泥浆至双锥台扩径腔体内,控制钻杆提升速度并压灌超流态混凝土,填充置换腔内水泥土,确保扩径体混凝土灌注量。当扩径体位于桩中部时,自桩底向上 1.5 m 内的超流态混凝土应复压二次灌注。

(5)下压钻杆,钻具出料口铰链式活门自动封闭,振动挤压腔内超流态混凝土到设定标高。

(6)调整钻杆提升速度和喷浆压力,提升钻杆二次压灌超流态混凝土至扩径体顶标高,形成扩径体。

(7)扩径体形成后,提升钻杆定喷肋板至设计标高,同时采用钻杆分段振动挤压混凝土至桩顶。

(8)混凝土压灌完成后,将钢筋笼插入钻孔内超流态混凝土中,振动下沉至设计标高,将振动杆分段振动拔出钻孔,完成单根喷扩锥台组合桩施工。

喷扩锥台压灌桩施工完成后进行了现场开挖(见图 5-3),现场开挖后的喷扩锥台压灌桩桩身质量可靠,扩大头尺寸明确,直径 500 mm 扩大后的最大直径为 1 200 mm,呈锥台状,高度为 3~5 m,扩径体与周围土体结合紧密等。

**图 5-3 喷扩锥台压灌桩现场开挖**

为验证喷扩锥台压灌桩的承载特性,作者团队进行了 3 根喷扩锥台压灌桩(编号分别为 PP-1、PP-2 和 PP-3)和 1 根普通钻孔灌注桩(编号为 TP-1)的竖向抗压单桩的静载试验。静载试验采用慢速维持荷载法,采用水泥块堆载-反力架加载装置(见图 5-4)。荷载加卸载方法依照《建筑基桩检测技术规范》(JGJ 106—2014)。喷扩锥台压灌桩的桩长为 19.5 m,桩径 $d$ 为 0.5 m,扩径体直径 $D$ 约为 1.1 m,扩径体设计高度约为 1.5 m,持力层为细砂;普通钻孔灌注桩的桩长为 19.5 m,桩径 $d$ 为 0.5 m,持力层为细砂。喷扩锥台压灌桩和普通钻孔灌注桩处的土层分布情况见图 5-5,3 根喷扩锥台压灌桩和 1 根普通钻孔灌注桩的桩顶荷载-沉降曲线见图5-6。

图5-4 水泥块堆载-反力架加载装置静载试验现场

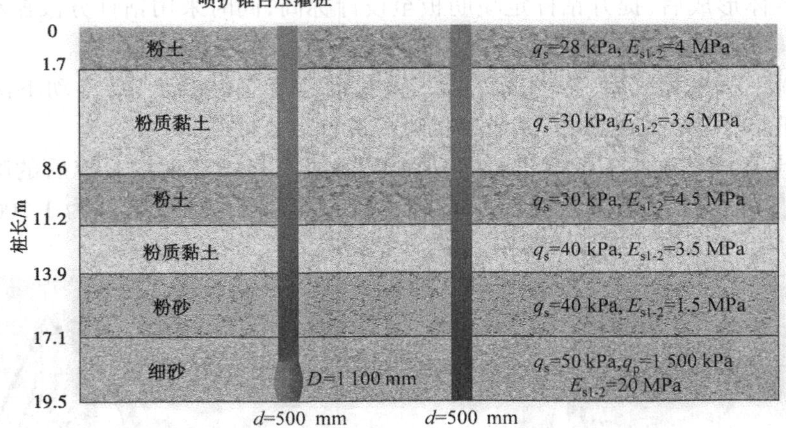


注：$q_s$—桩侧阻力；$E_{s1-2}$—压缩模量；$q_p$—桩端阻力。

图5-5 喷扩锥台压灌桩和普通钻孔灌注桩处的土层分布情况

由图5-6可知，喷扩锥台压灌桩和普通钻孔灌注桩的桩顶荷载-沉降曲线均为缓变型，根据《建筑基桩检测技术规范》(JGJ 106—2014)中相关规定可知，3根喷扩锥台压灌桩PP-1、PP-2和PP-3的极限承载力均不小于3 900 kN，最大加载条件下3根喷扩锥台压灌桩PP-1、PP-2和PP-3的桩顶沉降分别为14.88 mm、17.43 mm和19.89 mm，卸载后单桩的桩顶回弹量分别为10.20 mm、11.77 mm和11.97 mm，桩顶回弹率分别为68.55%、67.53%和60.18%；普通钻孔灌注桩TP-1的极限承载力约为2 100 kN，对应的桩顶沉降值为40 mm，卸载后单桩的桩顶回弹量为9.98 mm，桩顶回弹率为23.58%。喷扩锥台压灌桩卸载后桩顶沉降回弹率明显高于普通钻孔灌注桩的桩顶回弹率，说明喷扩锥台压灌桩的承载能力没有完全发挥。

喷扩锥台压灌桩和普通灌注桩极限承载力与混凝土消耗量对比分析见表5-1，表5-1中喷扩锥台压灌桩混凝土用量包括混凝土扩径体、肋板和桩身混凝土消耗量。

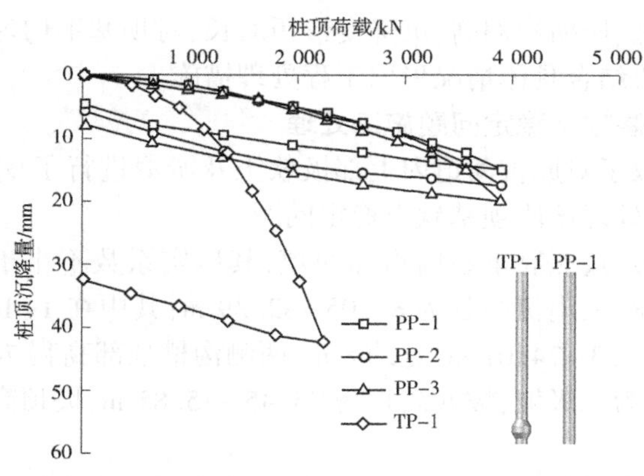


图 5-6　喷扩锥台压灌桩和普通钻孔灌注桩的桩顶荷载-沉降曲线

表 5-1　喷扩锥台压灌桩与普通灌注桩极限承载力与混凝土消耗量对比分析

| 桩型 | 桩径/mm | 桩长/m | 混凝土用量/$m^3$ | 混凝土用量比率 | 极限承载力/kN | 极限承载力比率 |
|---|---|---|---|---|---|---|
| 普通灌注桩 TP1 | 500 | 19.5 | 3.63 | — | 2 100 | — |
| 喷扩锥台压灌桩 PP-1 | 500 | 19.5 | 4.65 | 1.28 | >3 900 | >1.86 |
| 喷扩锥台压灌桩 PP-2 | 500 | 19.5 | 4.62 | 1.27 | >3 900 | >1.86 |
| 喷扩锥台压灌桩 PP-3 | 500 | 19.5 | 4.68 | 1.29 | >3 900 | >1.86 |

由表 5-1 可知,喷扩锥台压灌桩混凝土用量比普通钻孔灌注桩混凝土用量增加约 28%,极限承载力提高超过 86%。考虑单位体积内混凝土用量,喷扩锥台压灌桩极限承载力比普通钻孔灌注桩极限承载力提高超过 45%,由于喷扩锥台压灌桩成桩后桩身混凝土、水泥土和桩周挤密土层的承载能力会随着时间增长而不断提高,单位体积内混凝土用量内喷扩锥台压灌桩最终承载力是普通钻孔灌注桩极限承载力的 2 倍以上。因此,喷扩锥台压灌桩具有承载力高且经济性好的优势。

## 5.4　工程案例

### 5.4.1　出山店水库

#### 5.4.1.1　土坝段坝基软土稳定问题

出山店水库土坝段坝基Ⅱ级阶地中桩号 0+960~1+210 段 $Q_3$ 砂砾石层上部存在 $Q_4$ 灰色、黑色软土层,岩性为淤泥质低液限黏土,该淤泥质低液限黏土分上、下两层,下部排水固结条件较好或良好,强度低,其工程地质条件差;上部含有树叶、牛粪等腐殖质,标准贯入锤击数小于 2 击,属极软土层,其工程地质条件更差。勘测期间,针对该软土层范围进行了详细勘察,进行了标准贯入原位测试,并取样进行了室内试验分析,包括含水率、干密度、相对体积质量、孔隙比、颗分、液塑限、固结及固结曲线、抗剪强度等。

上述软土强度低、压缩性偏高、沉降变形历时长，对坝基不均匀沉陷和稳定均有影响，建议对软土分布地段结合具体情况采取工程处理措施。

#### 5.4.1.2 土坝段坝基软土稳定问题施工处理

施工时主要采取了对原古河道内上部极软土及淤泥进行了挖除，并采取土坝横断面上下游加平衡台，以处理该段坝基软土稳定问题。

挖除极软土部分，按照黏土心墙指标回填，其压实系数不小于 0.99。小泥河段北侧高程为 80.54~83.28 m，南侧高程为 82.05~82.39 m；其中在 1+115~1+140 段开挖成沟槽，沟槽底部高程 73.33~74.01 m、宽约 8 m，两侧沟槽顶部高程 74.66~75.62 m、宽约 25 m；1+000~1+100 段为二级坡，坡底高程为 75.45~75.85 m，坡顶高程为 75.9~76.98 m。

#### 5.4.1.3 监测情况

施工期间，南京水利科学研究院对土坝段的安全监测中包含了垂直位移沉降观测系统，2017 年 6 月开始对坝基及坝体进行监测，2017 年 12 月坝体封顶，根据 2017 年 6 月至 2018 年 10 月监测资料，Ⅱ级阶地坝基软土处理段黏土心墙区坝基总沉降量 10.06 cm、坝壳区坝基总沉降量 6.89~7.68 cm，坝体总沉降量 11.01 cm（黏土心墙），坝体沉降目前已趋于稳定，测值在设计提出的预警值坝高 1%以内；Ⅱ级阶地段坝基总沉降量 10.11 cm，坝体总沉降量 11.22 cm（黏土心墙），坝体沉降目前已趋于稳定，测值在设计提出的预警值坝高 1%以内。根据南京水利科学研究院对坝基垂直位移沉降观测资料，坝基软土处理段与两侧Ⅱ级阶地段坝基沉降仅差 0.05 cm 左右，坝基不均匀沉陷问题得到了良好的处理。

#### 5.4.1.4 关于坝基Ⅰ级阶地土砂层之间或砂层中夹透镜体状灰色软土施工处理问题

Ⅰ级阶地段土砂层之间或砂层中夹透镜体状的灰色软土或灰色黏性土，存在空间上的随机性，难以完全查明，在Ⅰ级阶地确定以紧密砂桩进行液化处理时，由于桩体透水性良好，加速了砂间黏性土的排水固结，改善灰色软土和灰色黏性土的物理性质；同时，通过置换作用与高含水率软弱黏性土形成复合地基，提高了软弱黏性土坝基的稳定性。该问题的处理，与坝基地震振动液化稳定问题、地基不均匀沉陷问题联合采用了沉管砂桩进行了处理，详见第 4 章地震液化章节。

### 5.4.2 五岳水库

#### 5.4.2.1 土坝段坝基软土稳定问题

据 1966 年勘探资料，右岸阶地上部为黏性土，中部为中细砂、砂壤土，下部为淤泥质土。上部黏性土层以中、重粉质壤土为主，厚度一般为 2.5~3 m，渗透系数为 $6.20\times10^{-8}$ ~ $9.20\times10^{-6}$ cm/s，具微透水性。中部为中细砂、砂壤土，松散，具弱-中等透水性；下部为淤泥质粉质黏土，厚度一般为 3~4 m，标准贯入锤击数一般为 4~6 击，个别小于 2 击，渗透系数为 $2.40\times10^{-8}$ ~ $5.70\times10^{-7}$ cm/s，具微-极微透水性。1977 年勘察资料显示，灰色粉质黏土、重粉质壤土天然干密度平均值为 1.50 g/cm³，原状饱和快剪平均值 $c$ 为 43 kPa，$\varphi$ 为 3.08°；小均值 $c$ 为 35 kPa，$\varphi$ 为 1.6°，压缩系数为 0.265 MPa$^{-1}$，渗透系数平均值为 $3.36\times10^{-5}$ cm/s。中粉质壤土天然干密度平均值为 1.42 g/cm³，原状饱和快剪平均值 $c$ 为 17 kPa，$\varphi$ 为 6.17°。轻粉质壤土、砂壤土原状饱和快剪平均值 $c$ 为 25 kPa，$\varphi$ 为 8.08°，渗透系数平均值为 $7.27\times10^{-5}$ cm/s。

本次勘探在主坝 0+366 处（右岸阶地上）布置一个横剖面，取坝基土样进行室内物理力学性质试验，以便对 1966 年、1977 年资料进行比较。2007 年勘察试验成果统计见表 5-2、表 5-3。坝基各土体历次勘察的物理力学性质参数对比见表 5-4，1966 年建议值见表 5-5，根据土工试验成果，综合标准贯入、现场观测提出坝基土体物理力学性质指标建议值见表 5-6。

**表 5-2　右岸台地坝基土（$Q_4^1$）物理性质指标统计（2007 年）**

| 名称 | 统计项目 | 含水率 $W$/% | 干密度 $\rho_d$/(g/cm³) | 孔隙比 $e$ | 相对体积质量/ $G_s$ | 颗粒组成/% | | | | 液限 $W_{L17}$/% | 塑限 $W_P$/% | 塑性指数 $I_P$ | 液性指数 $I_L$ |
|---|---|---|---|---|---|---|---|---|---|---|---|---|---|
| | | | | | | 砂砾 | | 粉粒 | 黏粒 | | | | |
| | | | | | | 0.25~0.10 mm | 0.10~0.05 mm | 0.05~0.005 mm | < 0.005 mm | | | | |
| 黄色中重粉质壤土 | 组数 | 9 | 9 | 4 | 4 | 4 | 4 | 4 | 4 | 4 | 4 | 4 | 4 |
| | 最小值 | 21.0 | 1.31 | 0.617 | 2.71 | 3.0 | 9.2 | 31.4 | 15.7 | 24.9 | 15 | 7.1 | 0.28 |
| | 最大值 | 37.0 | 1.68 | 0.770 | 2.72 | 24.5 | 28.4 | 52.5 | 35.3 | 37.3 | 19.1 | 18.2 | 0.73 |
| | 平均值 | 26.0 | 1.57 | 0.663 | 2.72 | 12.9 | 20.6 | 42.1 | 24.4 | 30.2 | 17.1 | 13.1 | 0.54 |
| 灰色淤泥质壤土 | 组数 | 12 | 12 | 6 | 7 | 9 | 9 | 9 | 9 | 8 | 8 | 8 | 7 |
| | 最小值 | 21.3 | 1.09 | 0.606 | 2.64 | 0 | 7.9 | 24.2 | 11.4 | 22.7 | 13.6 | 8.6 | 0.33 |
| | 最大值 | 57.3 | 1.67 | 1.313 | 2.71 | 45.7 | 23.7 | 66.8 | 25.3 | 46.2 | 29.5 | 21.7 | 1.08 |
| | 平均值 | 32.7 | 1.45 | 0.867 | 2.69 | 25.8 | 17.8 | 39.4 | 17.0 | 29.5 | 17.2 | 12.3 | 0.73 |
| 灰色粉质黏土 | 组数 | 17 | 17 | 8 | 8 | 8 | 8 | 8 | 8 | 8 | 8 | 8 | 8 |
| | 最小值 | 22.0 | 1.49 | 0.632 | 2.64 | 0 | 4.4 | 55.8 | 27.5 | 35.8 | 18.5 | 15.1 | 0.06 |
| | 最大值 | 29.4 | 1.67 | 0.781 | 2.71 | 6.6 | 9.4 | 65.3 | 38.4 | 43.3 | 25.8 | 21.0 | 0.62 |
| | 平均值 | 25.8 | 1.57 | 0.726 | 2.69 | 0.8 | 6.3 | 60.5 | 32.4 | 38.5 | 20.8 | 17.6 | 0.29 |

续表 5-2

| 名称 | 统计项目 | 颗粒组成/% | | | | | | | | | 有效粒径 $D_{10}$/mm | 限制粒径 $D_{60}$/mm | 平均粒径 $D_{50}$/mm | 不均匀系数 $C_u$ | 曲率系数 $C_c$ |
|---|---|---|---|---|---|---|---|---|---|---|---|---|---|---|---|
| | | 砾 | | | 砂粒 | | | | 粉粒 | 黏粒 | | | | | |
| | | 20~10 mm | 10~5 mm | 5~2 mm | 2~0.50 mm | 0.50~0.25 mm | 0.25~0.10 mm | 0.10~0.05 mm | 0.05~0.005 mm | <0.005 mm | | | | | |
| 中部灰色淤泥质中细砂 | 组数 | | | 9 | 9 | 9 | 9 | 9 | 9 | 7 | 9 | 9 | 9 | 9 | 9 |
| | 最小值 | | | 0.2 | 13.0 | 21.3 | 10.1 | 5.7 | 3.7 | 1.0 | 0.013 | 0.228 | 0.268 | 4.81 | 1.11 |
| | 最大值 | | | 22.1 | 40.0 | 36.8 | 32.3 | 11.7 | 18.4 | 5.5 | 0.107 | 0.719 | 0.509 | 24.23 | 1.88 |
| | 平均值 | | | 4.2 | 21.8 | 29.8 | 24.8 | 9.5 | 8.0 | 2.5 | 0.057 | 0.350 | 0.353 | 8.68 | 1.41 |
| 中部灰色淤泥质壤土 | 组数 | | | | 2 | 3 | 3 | 3 | 3 | 3 | | | | | |
| | 最小值 | | | | 0.9 | 8.3 | 13.5 | 12.8 | 19.2 | 13.7 | | | | | |
| | 最大值 | | | | 1.1 | 22.1 | 32.2 | 30.3 | 30.7 | 17.2 | | | | | |
| | 平均值 | | | | 1.0 | 17.2 | 24.2 | 19.1 | 23.8 | 15.0 | | | | | |
| 底部中砂 | 组数 | 1 | 1 | 1 | 1 | 1 | 1 | 1 | 1 | 0 | 1 | 1 | 1 | 1 | 1 |
| | 最小值 | | | | | | | | | | | | | | |
| | 最大值 | | | | | | | | | | | | | | |
| | 平均值 | 0.9 | 2.8 | 6.4 | 24.3 | 38.6 | 14.7 | 7.8 | 4.5 | | 0.084 | 0.461 | 0.394 | 5.51 | 1.87 |

表 5-3 右岸台地坝基土($Q_4^1$)力学性质指标统计(2007 年)

| 名称 | 统计方法 | 压缩系数 $a_{v1-2}$/ $MPa^{-1}$ | 压缩模量 $E_s$/ MPa | 直剪 | | | | 渗透系数 | |
|---|---|---|---|---|---|---|---|---|---|
| | | | | 饱和快剪 | | 饱和固结快剪 | | | |
| | | | | 凝聚力 c/kPa | 内摩擦角 φ/(°) | 凝聚力 c/kPa | 内摩擦角 φ/(°) | 室内试验 K/(cm/s) | 钻孔注水 K/(cm/s) |
| 黄色中重粉质壤土 | 组数 | 4 | 4 | 3 | 3 | 3 | 3 | 3 | |
| | 最小值 | 0.196 | 6.97 | 23 | 11.5 | 20 | 22.5 | $6.20\times10^{-8}$ | |
| | 最大值 | 0.254 | 8.3 | 34 | 22.8 | 53 | 29.5 | $1.10\times10^{-5}$ | |
| | 平均值 | 0.216 | 7.78 | 30.0 | 17.3 | 32.7 | 26.0 | $4.29\times10^{-6}$ | |
| | 小均值 | | | | | | | | |
| | 大均值 | | | | | | | | |
| 灰色淤泥质壤土 | 组数 | 7 | 7 | 6 | 6 | 4 | 4 | 6 | |
| | 最小值 | 0.176 | 3.77 | 6.0 | 9.4 | 3 | 25.9 | $1.00\times10^{-6}$ | |
| | 最大值 | 0.614 | 9.13 | 26.0 | 31.4 | 41 | 34.8 | $1.80\times10^{-4}$ | |
| | 平均值 | 0.337 | 6.29 | 18.8 | 18.4 | 19.3 | 29.4 | $3.51\times10^{-5}$ | |
| | 小均值 | | 4.26 | 12.0 | 12.7 | 7.5 | 27.5 | $6.10\times10^{-6}$ | |
| | 大均值 | 0.504 | | | | | | $1.80\times10^{-4}$ | |
| 灰色粉质黏土 | 组数 | 8 | 8 | 8 | 8 | 6 | 6 | 8 | |
| | 最小值 | 0.178 | 5.12 | 15 | 4.3 | 33 | 10.8 | $2.40\times10^{-8}$ | |
| | 最大值 | 0.347 | 9.47 | 59 | 14.8 | 67 | 18.5 | $1.60\times10^{-6}$ | |
| | 平均值 | 0.258 | 7.00 | 36.9 | 8.5 | 53.3 | 13.9 | $4.06\times10^{-7}$ | |
| | 小均值 | | 5.75 | 22.8 | 6.6 | 42.0 | 12.2 | $7.18\times10^{-8}$ | |
| | 大均值 | 0.309 | | | | | | $9.63\times10^{-7}$ | |

**表 5-4　右岸台地坝基土($Q_4^1$)物理力学性质参数对比表**

| 勘察时间 | 岩性名称 | 统计方法 | 含水率 $W$/% | 干密度 $\rho_d$/(g/cm³) | 相对体积质量 $G_s$ | 压缩系数 $a_{v1-2}$/MPa⁻¹ | 压缩模量 $E_s$/MPa | 直剪 饱和快剪 凝聚力 $c$/kPa | 直剪 饱和快剪 内摩擦角 $\varphi$/(°) | 直剪 饱和固结快剪 凝聚力 $c$/(kPa) | 直剪 饱和固结快剪 内摩擦角 $\varphi$/(°) | 三轴固结不排水剪 总应力 凝聚力 $c'$/kPa | 三轴固结不排水剪 总应力 内摩擦角 $\varphi'$/(°) | 渗透系数 $K$/(cm/s) |
|---|---|---|---|---|---|---|---|---|---|---|---|---|---|---|
| 1966年 | 粉质黏土 | 组数 | | 3 | 4 | 7 | | | | | | | | |
| | | 最小值 | | 1.42 | 2.70 | 0.180 | | 27 | 1.15 | | | | | |
| | | 最大值 | | 1.56 | 2.72 | 0.365 | | | | | | | | |
| | | 平均值 | | 1.50 | 2.71 | 0.265 | | 43 | 3.8 | | | | | $3.36\times10^{-8}$ |
| | | 小均值 | | | | | | 35 | 1.6 | | | | | |
| | 中粉质壤土 | 组数 | | 2 | | | | | | | | | | |
| | | 最小值 | | 1.35 | | | | | | | | | | |
| | | 最大值 | | 1.39 | | | | | | | | | | |
| | | 平均值 | | 1.42 | | | | 17 | 6.2 | | | | | $7.26\times10^{-6}$ |
| | 轻粉质壤土 | 组数 | | 5 | 1 | | | | | | | | | |
| | | 最小值 | | 1.50 | | | | 10 | 5.25 | | | | | |
| | | 最大值 | | 1.68 | | | | | | | | | | |
| | | 平均值 | | 1.60 | 2.71 | | | 25 | 8.08 | | | | | |
| | | 小均值 | | | | | | 14 | 6.5 | | | | | |
| 1977年 | 灰色重粉质壤土、粉质黏土 | 组数 | 5 | 8 | | | | | | | | | | |
| | | 最小值 | 28.2 | 1.36 | | 0.10 | | 40 | 3 | | | | | |
| | | 最大值 | 35.1 | 1.51 | | 0.31 | | | | | | | | |
| | | 平均值 | 29.8 | 1.47 | | 0.18 | | 45 | 5.5 | 45 | 17 | 38 | 17.5 | |
| | 轻砂壤土 | 平均值 | | | | | | 18~24 | 31 | | | | | |
| | 黏土 | 组数 | | | | | | 4 | 4 | | | | | |
| | | 平均值 | | | | | | 45 | 4.5 | | | | | |
| | 重粉质壤土 | 平均值 | | | | | | | | 39 | 21 | | | |

**续表 5-4**

| 勘察时间 | 岩性名称 | 统计方法 | 含水率 $W$/% | 干密度 $\rho_d$/(g/cm³) | 相对体积质量 $G_s$ | 压缩系数 $a_{v1-2}$/MPa⁻¹ | 压缩模量 $E_s$/MPa | 直剪 | | | | 三轴固结不排水剪 | | 渗透系数 $K$/(cm/s) |
|---|---|---|---|---|---|---|---|---|---|---|---|---|---|---|
| | | | | | | | | 饱和快剪 | | 饱和固结快剪 | | 总应力 | | |
| | | | | | | | | 凝聚力 $c$/kPa | 内摩擦角 $\varphi$/(°) | 凝聚力 $c$/(kPa) | 内摩擦角 $\varphi$/(°) | 凝聚力 $c'$/kPa | 内摩擦角 $\varphi'$/(°) | |
| 2007年 | 黄色中重粉质壤土 | 组数 | 9 | 9 | 4 | 4 | 4 | 3 | 3 | 3 | 3 | | | 3 |
| | | 最小值 | 21.0 | 1.31 | 2.71 | 0.196 | 6.97 | 23 | 11.5 | 20 | 22.5 | | | $6.20\times10^{-8}$ |
| | | 最大值 | 37.0 | 1.68 | 2.72 | 0.254 | 8.3 | 34 | 22.8 | 53 | 29.5 | | | $1.10\times10^{-5}$ |
| | | 平均值 | 26.0 | 1.57 | 2.72 | 0.216 | 7.78 | 30.0 | 17.3 | 32.7 | 26.0 | | | $4.29\times10^{-6}$ |
| | 灰色淤泥质壤土 | 组数 | 12 | 12 | 7 | 7 | 7 | 6 | 6 | 4 | 4 | | | 6 |
| | | 最小值 | 21.3 | 1.09 | 2.64 | 0.176 | 3.77 | 6.0 | 9.4 | 3 | 25.9 | | | $1.00\times10^{-6}$ |
| | | 最大值 | 57.3 | 1.67 | 2.71 | 0.614 | 9.13 | 26.0 | 31.4 | 41 | 34.8 | | | $1.80\times10^{-4}$ |
| | | 平均值 | 32.7 | 1.45 | 2.69 | 0.337 | 6.29 | 18.8 | 18.4 | 19.3 | 29.4 | | | $3.51\times10^{-5}$ |
| | 灰色粉质黏土 | 组数 | 17 | 17 | 8 | 8 | 8 | 8 | 8 | 6 | 6 | | | 8 |
| | | 最小值 | 22.0 | 1.49 | 2.64 | 0.178 | 5.12 | 15 | 4.3 | 33 | 10.8 | | | $2.40\times10^{-8}$ |
| | | 最大值 | 29.4 | 1.67 | 2.71 | 0.347 | 9.47 | 59 | 14.8 | 67 | 18.5 | | | $1.60\times10^{-6}$ |
| | | 平均值 | 25.8 | 1.57 | 2.69 | 0.258 | 7.00 | 36.9 | 8.5 | 53.3 | 13.9 | | | $4.06\times10^{-7}$ |

**表 5-5 土的物理力学性质指标建议值(1966 年)**

| 工程部位 | 土体单元 | | | | | 抗剪强度 | | | | 渗透系数 | | |
|---|---|---|---|---|---|---|---|---|---|---|---|---|
| | 地层 | 土类 | 试验方法 | 组数 | 干密度 $\rho_d$/(g/cm³) | 小值平均值 | | 最小值 | | 组数 | 干密度 $\rho_d$/(g/cm³) | 平均值 K/(cm/s) |
| | | | | | | 摩擦角 $\varphi$/(°) | 凝聚力 c/kPa | 摩擦角 $\varphi$/(°) | 凝聚力 c/kPa | | | |
| 坝基 | 土层 | 粉质黏土 | 饱快 | 17 | 1.53 | 7.4 | 34 | | | 2 | 1.56 | $9.00\times10^{-6}$ |
| | | 重粉质壤土 | | | | | | | | | | |
| | | 中轻粉质壤土 | 饱快 | 5 | 1.61 | | | 9.9 | 32 | | | |
| | | 重粉质壤土 | 饱固快 | | | 24.7 | 22 | | | | | |
| | | 中粉质壤土 | | | | | | | | | | |
| | 淤泥层 | 粉质黏土 | 饱快 | 7 | 1.50 | 1.6 | 35 | | | 1 | 1.54 | $3.36\times10^{-8}$ |
| | | 重粉质壤土 | | | | | | | | | | |
| | | 中粉质壤土 | 饱快 | 5 | 1.60 | | | 5.3 | | 1 | 1.6 | $7.27\times10^{-6}$ |
| | | 轻粉质壤土 | | | | | | | | | | |
| | | 粉质黏土 | 饱固快 | | | 14.0 | 32 | | | | | |
| | | 重粉质壤土 | 饱固快 | | | 17.2 | 15 | | | | | |

**表 5-6 右岸台地坝基土($Q_4^1$)物理力学性质指标建议值**

| 岩性名称 | 含水率 W/% | 干密度 $\rho_d$/(g/cm³) | 孔隙比 e | 相对体积质量 $G_s$ | 液限 $W_{L17}$/% | 塑限 $W_P$/% | 塑性指数 $I_P$ | 液性指数 $I_L$ | 压缩系数 $a_{v1-2}$/MPa⁻¹ | 压缩模量 $E_s$/MPa | 直剪 饱固快 | | 渗透系数 K/(cm/s) | 允许渗透比降 J |
|---|---|---|---|---|---|---|---|---|---|---|---|---|---|---|
| | | | | | | | | | | | 凝聚力 c/kPa | 内摩擦角 $\varphi$/(°) | | |
| 表层黄色中重粉质壤土 | 29 | 1.50 | 0.617 | 2.70 | 32.8 | 16.5 | 16.3 | 0.76 | 0.214 | 7.6 | 20 | 16 | $6.20\times10^{-8}$ | |
| 中部黄色中细砂、砂壤土(含灰色砂壤土) | 31.3 | 1.42 | | | | | | | | | 20 | 25 | | 0.20 |
| 下部灰色粉质黏土 | 24.8 | 1.59 | 0.704 | 2.70 | 39.3 | 20.1 | 19.3 | 0.25 | 0.293 | 6.12 | 37.0 | 12.6 | $5.70\times10^{-7}$ | |

右岸阶地坝段为天然铺盖,保留了黏性土、砂层,特别是3~6 m厚的淤泥质黏土埋藏于坝基之下。设计和施工中考虑了其强度降低带来的坝坡稳定问题及相应的沉降量。建坝以来,据23年的运行,未发现土坝明显的变形(坝体无裂缝,坝坡无塌坑或滑坡现象)。另据沉陷、位移观测资料:1992年12月最大沉陷量为45 mm,最大位移量为20.3 mm(1970年以来的总沉陷、总位移)。

坝基淤泥层灰色软土有机质含量一般为1.2%~1.3%,局部为0.35%~0.79%,部分孔隙比大于1,干密度和抗剪强度较前期资料均有所提高,而含水率和压缩系数则有所降低。本次勘察虽然大坝桩号0+366处Ⅲ—Ⅲ′剖面上游ZB09钻孔砂壤土与中细砂互层中,部分试验资料有低容重、高孔隙比现象,但整体上仅局部分布。

#### 5.4.2.2 右岸阶地淤泥层(软土)问题

右岸阶地坝段保留了黏性土天然铺盖,3~6 m厚的淤泥质黏土埋藏于坝基之下。设计和施工中考虑了其强度降低带来的坝坡稳定问题及相应的沉降量。建坝以来,经多年运行,据1992年12月沉陷、位移观测资料,最大沉陷量为45 mm,最大位移量为20.3 mm(1970年以来的总沉陷、总位移),未发现土坝明显的变形(坝体无裂缝,坝坡无塌坑或滑坡现象)。

1977年加固改善勘探、测试,坝基土的物理力学性质指标均较建坝前有所改变,抗剪强度:粉质黏土、重粉质壤土(淤泥质土)饱和快剪平均值$c$为45 kPa,$\varphi$为4.5°~5.5°,饱和固结快剪$c$为45 kPa、$\varphi$为17°,固结不排水三轴剪平均值$c$为38 kPa、$\varphi$为17°,与建坝前的饱和快剪平均值($c$为43 kPa、$\varphi$为3°)相比有明显的提高。压缩系数平均值$a_{v1-2}$为0.18 MPa$^{-1}$,与建坝前平均值$a_{v1-2}$为0.256 MPa$^{-1}$,相比较亦有显著的好转。

2007年勘察期间对灰色软土取样进行了室内物理力学性质试验,与上述试验数据对比,淤泥层的干密度、抗剪强度有所提高,含水率、压缩性有降低趋势,压缩性同前期均属中等压缩性。灰色软土有机质含量一般为1.2%~1.3%,局部为0.35%~0.79%,部分孔隙比大于1;本次勘察期间在Ⅲ—Ⅲ′下游坝坡补充两孔,该层干密度一般为1.52~1.67 g/cm$^3$,历次勘察物理力学性质指标对比参见表5-4。

从整体上看,大坝经过多年的运行,地基强度有所提高,力学性能得到了一定改善。经多年运行监测,软土变形已趋于稳定。本次勘察发现个别的重、中粉质壤土抗剪强度试验值仍然较低,属于局部现象。

#### 5.4.2.3 闸基稳定性

溢洪道区基岩为云母石英片岩(微-全风化均有分布),断层走向主要为NNE,高倾角,压扭性断裂,断层带附近岩石破碎多呈碎屑小砾及碎块,风化加剧,一般具中等-弱透水性。泄洪闸底板及挑流坎段岩体为强风化,加以附近部位岩石破碎,风化强烈,抗冲刷能力差,工程地质分类属Ⅳ类,闸基地质条件较差,建议验算闸基安全性,对地基进行相应加固、防渗处理。尾水渠段表层为坡洪积粉质黏土和重粉质壤土,厚3~5 m,下为强全风化云母石英片岩,尾水渠底大部分可达强风化底部,经过多年运行,引流冲刷实际效果不明显,造成过水断面偏小,影响溢洪道正常行洪,建议对尾水渠进行开挖,并进行砌石或混凝土护坡。

### 5.4.3　泼河水库

在建库前,左岸阶地淤泥层(软土)由于厚度较大,且含水率高、干密度低、抗剪强度小、压缩性大等特点,对大坝稳定影响很大。建库时软土处理采用堆载预压、排水固结处理方法。具体措施在上、下游设置排渗槽,排渗槽平行坝轴,要求挖穿淤泥层与底部砂层相接,槽内回填砾质粗砂至淤泥层顶板,以上填中砂与坝体砂壳相连。坝上、下游盖重宽21 m,边坡1:2.5,顶面高程71 m。以促进软土固结,从而提高地基抗滑的总体能力。

比较表5-7~表5-9可知,淤泥层的干密度、抗剪强度均有所提高,含水率、压缩性均大幅度降低。大坝经过40年的运行,淤泥层通过排水固结、堆载预压方法处理,处理效果明显,地基强度有所提高,力学性得到改善。值得注意的是,砂壤土抗剪强度增幅较大,而局部的重、中粉质壤土抗剪强度值仍然较低。这主要是因为黏性土透水性小,排水条件差所致。

**表5-7　左岸阶地土的主要物理性质**

| 项目 | 值别 | 土层 | | | | 淤泥层 | | | | |
|---|---|---|---|---|---|---|---|---|---|---|
| | | 重粉质壤土 | 中粉质壤土 | 轻粉质壤土 | 砂壤土 | 腐殖土 | 重粉质壤土 | 中粉质壤土 | 轻粉质壤土 | 砂壤土 |
| 含水率/% | 组数 | 44 | 35 | 15 | 26 | | 16 | 32 | 16 | 22 |
| | 范围值 | 23.0~35.2 | 20.6~32.6 | 19.7~30.8 | 17.0~30.4 | | 26.8~56.5 | 23.4~76.6 | 23.1~61.0 | 22.6~90.6 |
| | 平均值 | 29.8 | 26.4 | 25.7 | 23.1 | | 36.2 | 40.3 | 32.9 | 31.9 |
| 干密度/(g/cm$^3$) | 组数 | 44 | 35 | 15 | 26 | | 16 | 32 | 16 | 22 |
| | 范围值 | 1.35~1.59 | 1.42~1.66 | 1.44~1.72 | 1.43~1.7 | | 1.03~1.58 | 0.86~1.64 | 0.97~1.65 | 0.82~1.67 |
| | 平均值 | 1.46 | 1.55 | 1.57 | 1.59 | | 1.37 | 1.33 | 1.44 | 1.48 |
| 相对体积质量 | 组数 | 10 | 6 | 5 | 2 | 11 | 7 | 11 | 4 | 5 |
| | 范围值 | 2.71~2.75 | 2.72~2.74 | 2.71~2.74 | | 2.60~2.66 | 2.68~2.74 | 2.67~2.73 | 2.70~2.72 | 2.71~2.74 |
| | 平均值 | 2.73 | 2.73 | 2.73 | 2.73 | 2.62 | 2.71 | 2.71 | 2.71 | 2.72 |
| 液限/% | 组数 | 10 | 4 | 3 | 1 | 6 | 5 | 9 | 4 | 4 |
| | 范围值 | 28.3~38.6 | 28.1~34.0 | 25.6~27.6 | | 50.0~58.0 | 32.1~45.6 | 27.1~38.4 | 23.2~26.8 | 20.3~23.3 |
| | 平均值 | 34.3 | 31.4 | 26.9 | 22.9 | 54.1 | 37.0 | 32.5 | 25.7 | 22.3 |

续表 5-7

| 项目 | 值别 | 土层 | | | | 淤泥层 | | | | |
|---|---|---|---|---|---|---|---|---|---|---|
| | | 重粉质壤土 | 中粉质壤土 | 轻粉质壤土 | 砂壤土 | 腐殖土 | 重粉质壤土 | 中粉质壤土 | 轻粉质壤土 | 砂壤土 |
| 塑限/% | 组数 | 10 | 4 | 3 | 1 | 6 | 5 | 9 | 4 | |
| | 范围值 | 18.3~23.5 | 19.9~22.0 | 18.2~19.8 | | 29.2~38.8 | 18.9~31.4 | 18.0~24.0 | 18.0~19.8 | |
| | 平均值 | 21.7 | 21.1 | 19.2 | 15.8 | 34.2 | 23.1 | 21.3 | 18.6 | |
| 塑性指数 | 组数 | 10 | 4 | 3 | 1 | 6 | 5 | 9 | 4 | |
| | 范围值 | 10.0~15.1 | 8.2~12.5 | 7.4~8.0 | | 18.0~22.7 | 11.0~14.6 | 7.6~14.4 | 5.1~8.6 | |
| | 平均值 | 12.7 | 10.3 | 7.7 | 7.1 | 19.8 | 13.0 | 11.2 | 7.1 | |
| 砂粒含量/% | 组数 | 29 | 14 | 11 | 11 | | 9 | 18 | 9 | 11 |
| | 范围值 | 14~30 | 16~41 | 22~52 | 47~78 | | 10~23 | 16~40 | 24~73 | 16~73 |
| | 平均值 | 22 | 23 | 34 | 61 | | 18 | 26 | 41 | 54 |
| 粉粒含量/% | 范围值 | 46~63 | 44~68 | 37~64 | 19~43 | | 52~67 | 40~65 | 22~63 | 22~76 |
| | 平均值 | 54 | 58 | 53 | 32 | | 59 | 56 | 47 | 39 |
| 黏粒含量/% | 范围值 | 20~29 | 15~20 | 11~15 | 3~10 | | 21~27 | 15~20 | 5~14 | 4~10 |
| | 平均值 | 24 | 18 | 13 | 6 | | 23 | 18 | 12 | 8 |

注:此表为 1966 年勘探资料。

表 5-8 坝基各土体的物理力学性质成果统计

| 项目 | | 砂壤土 | | | 淤泥层 | | |
|---|---|---|---|---|---|---|---|
| | | 组数 | 范围值 | 平均值 | 组数 | 范围值 | 平均值 |
| 含水率/% | | 1 | | 27.0 | 9 | 23.7~34.5 | 28.2 |
| 干密度/($g/cm^3$) | | 1 | | 1.56 | 9 | 1.40~1.60 | 1.52 |
| 相对体积质量 | | 1 | | 2.72 | 9 | 2.68~2.75 | 2.70 |
| 液限/% | | 1 | | 22.8 | 9 | 23.8~33.7 | 29.3 |
| 塑限/% | | 1 | | 15.5 | 9 | 16.0~18.0 | 17.3 |
| 塑性指数 | | 1 | | 7.3 | 9 | 7.7~15.7 | 11.9 |
| 液性指数 | | 1 | | 1.58 | 9 | 0.68~1.28 | 0.93 |
| 饱和快剪 | $c$/kPa | 1 | | 16 | 5 | 11~26 | 18.4 |
| | $\varphi$/(°) | 1 | | 30.9 | 5 | 3.12~27.2 | 13.1 |

续表 5-8

| 项目 | | 砂壤土 | | | 淤泥层 | | |
|---|---|---|---|---|---|---|---|
| | | 组数 | 范围值 | 平均值 | 组数 | 范围值 | 平均值 |
| 饱和固结快剪 | $c$/kPa | | | | 5 | 13~17 | 15 |
| | $\varphi$/(°) | | | | 5 | 18.9~22.1 | 20.7 |
| 压缩系数 $a_{v1-2}$/$MPa^{-1}$ | | 1 | | 0.23 | 9 | 0.16~0.31 | 0.262 |
| 压缩模量 $E_s$/MPa | | 1 | | 7.8 | 9 | 5.71~10.3 | 6.88 |
| 渗透系数 $K$/(cm/s) | | 1 | | $9.0\times10^{-6}$ | 3 | $6.9\times10^{-8}$~$7.5\times10^{-5}$ | $2.79\times10^{-5}$ |

注:此表为 2005 年和 2006 年勘探资料综合。

表 5-9　坝基土体物理力学性质指标建议值

| 土体单元 | 物理性质 | | | 压缩性 | | 抗剪强度 | | | | 渗透系数 $K$/(cm/s) |
|---|---|---|---|---|---|---|---|---|---|---|
| | | | | | | 直剪 | | | | |
| | | | | | | 饱和快剪 | | 固结快剪 | | |
| | 含水率 $W$/% | 干密度 $\rho_d$/(g/cm³) | 天然孔隙比 $e_0$ | 压缩系数 $a_{v1-3}$/$MPa^{-1}$ | 压缩模量 $E_{s1-3}$/MPa | 凝聚力 $c$/kPa | 内摩擦角 $\varphi$/(°) | 凝聚力 $c$/kPa | 内摩擦角 $\varphi$/(°) | |
| 砂、砾层 | | | | | | | | | | $1.82\times10^{-3}$~$9.75\times10^{-2}$ |
| 上层黏性土 | 27.0 | 1.56 | 0.744 | 0.23 | 7.8 | 22 | 18 | | | $9.0\times10^{-6}$ |
| 下层淤泥层 | 28.2 | 1.52 | 0.776 | 0.29 | 6.0 | 16 | 10~13 | 13~15 | 18 | $2.7\times10^{-5}$ |

## 5.4.4　石山口水库

通过历次勘察分析,石山口水库主坝坝基存在灰色软土问题,分析评价如下:坝基灰色软土位于上下两层砂砾石之间，土质成分上部以灰色中粉质壤土为主，下部以灰黑色重粉质壤土为主，饱水，软塑-流塑状态，见有植物根系等腐殖质，略有腥臭味。土质不均，局部夹有薄层砾砂透镜体。该层在坝基部位广泛分布，厚度4.0~6.5 m。该层标准贯入锤击数：1960年94次，范围值为1~6击，最小不到1击，平均值3.4击，小均值2.4击；1984年45次，范围值为1~6击，平均值2.5击，小均值1.0击。其天然含水率接近液限，天然孔隙比接近1.0。

据1977年勘察资料，从0+159~3、0+239~1和0+239~3孔室内试验成果来看，灰色软土以灰黑色重、重粉质壤土为主，有的含有机质。其中0+078~1孔高程59~55.5 m为粉质黏土，0+159~3孔高程59.4~61.3 m为轻粉质壤土，0+239~1孔高程59.1 m以下全部为重粉质壤土(其间夹有1~2 m厚的粗砂)。

对比1960年、1977年、1984年、2004年四次勘察灰色软土试验指标，在主要物理性质指标中，天然干密度平均值：1960年为1.49 $g/cm^3$、1977年为1.50 $g/cm^3$、1984年为1.51 $g/cm^3$、2004年为1.53 $g/cm^3$。

在主要力学性质指标中，1960年饱和快剪32组，平均值$c$为10 kPa，$\varphi$为10.7°；小均值$c$为5.0 kPa，$\varphi$为8.6°。1977年饱和快剪10组，平均值$c$为24 kPa，$\varphi$为14.0°；小均值$c$为15 kPa，$\varphi$为11.0°；饱和固结快剪8组，平均值$c$为25 kPa，$\varphi$为23.0°；小均值$c$为20 kPa，$\varphi$为17.0°。1984年饱和快剪15组，平均值$c$为23 kPa，$\varphi$为14.6°；小均值$c$为20 kPa，$\varphi$为11.5°。2004年饱和快剪6组，平均值$c$为21.6 kPa，$\varphi$为15.3°，小均值$c$为15.5 kPa，$\varphi$为11.4°。

压缩系数($P$=100~300 kPa)1960年为0.12~0.465 $MPa^{-1}$，平均值0.31 $MPa^{-1}$；1977年为0.13~0.26 $MPa^{-1}$，平均值0.20 $MPa^{-1}$(16组)；1984年为0.133~0.205 $MPa^{-1}$，平均值0.19 $MPa^{-1}$(15组)；2004年为0.194~0.29 $MPa^{-1}$，平均值0.232 $MPa^{-1}$(6组)。各次试验成果均属中等压缩性。

从以上指标可以看出，灰色软土从天然干密度分析是很不均匀的，且抗剪强度小，具有中等压缩性。其底部为粗砂层，具平面排水条件，从历次勘察试验成果干密度、抗剪强度和压缩系数等指标的分析对比来看，总体强度有增加的趋势，但由于该层灰色软土上下都有承压水存在，且承压水头较高，致使该层虽有坝体荷载作用，但其固结将是缓慢的。

该层灰色软土天然干密度较小且很不均匀，抗剪强度小，固结缓慢，但水库建成运用30多年来没有因此而发生水文工程地质问题，整体趋于稳定，对主坝稳定性影响不大。

# 第 6 章 坝基抗滑稳定

重力坝是由混凝土或浆砌石修筑的大体积挡水建筑物,其基本剖面是直角三角形,整体由若干坝段组成。由于其结构明确、设计简单,容易解决泄洪和发电问题,施工技术简单,便于机械化施工并且补强、修复、维护或扩建也比较方便等优点,被水利界广泛采用,是我国乃至全世界水利枢纽工程常用的坝型之一。重力坝在水压力及其他荷载作用下,主要依靠坝体自重产生的抗滑力来满足稳定要求,同时依靠坝体自重产生的压力来抵消由于水压力所引起的拉应力以满足强度要求。但其在受力方面,除坝身自重,还承受着很大的水平作用力和扬压力等。当坝体承受的滑动力大于抗滑力时,便会发生坝体的剪切破坏,使坝体沿着坝基面的滑动导致溃坝事故的发生。目前,大多数事故表明,重力坝的失事往往是由于坝基地质条件导致坝体滑动,水工建筑物一旦失事或决口,将会带来非常严重的后果,因此大坝的安全问题不容小觑,尤其是重力坝的深层抗滑稳定问题,影响着下游人民的财产安全和经济生活,因此坝基的安全稳定性建设也受到了日益增长的重视,尤其是重力坝建设的过程中,受坝基地质条件限制,特别是坝基下卧软岩、破碎带和泥化夹层的影响,其坝基的深层抗滑稳定也一直是重力坝设计的关键性问题和建设中最受关注的问题。

## 6.1 坝基滑动失稳分类

坝基滑动失稳目前还没有统一的分类标准,按照现在各规范及学者的分类,基本都是按照坝基发生滑动失稳时滑动面的深度分类。重力坝沿着某一滑动面滑动变形破坏时,有以下四种基本类型。

### 6.1.1 表层滑动

表层滑动是沿混凝土基础与基岩接触面发生的剪切滑动,如图 6-1 所示。主要发生在坝基岩体的强度远大于坝体混凝土强度、无控制滑移的软弱结构面的条件下。此时,混凝土基础与基岩接触面的摩擦系数值,是控制重力坝设计的主要指标。坝体必须具有足够的重量,以便使接触面上的摩擦阻力大于作用在坝体上的总水平推力。

接触面的摩擦系数通常是根据现场剪切试验资料,考虑到坝区的工程地质、水文地质条件的特点,并参照国内外已建的类似工程的经验数据确定的。

### 6.1.2 浅层滑动

当坝基表层岩体的抗剪强度低于坝体混凝土强度时,剪切破坏往往发生在浅部岩体之内,造成其沿着坝基岩体浅部滑移破坏,如图 6-2 所示,主要是由于浅层岩体软弱、风化破碎、裂隙较多、呈碎裂结构、抗剪强度不足所致。

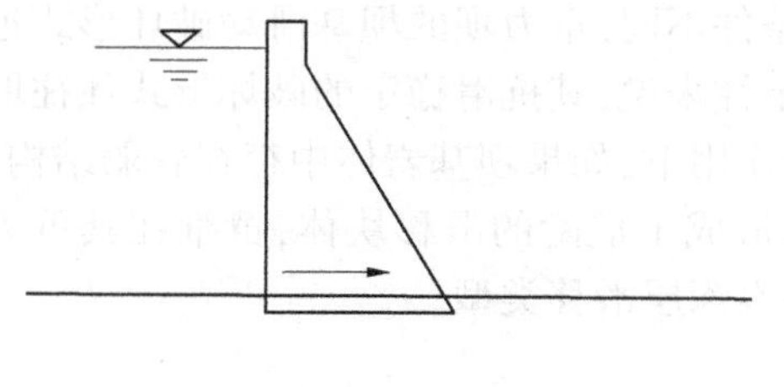

图 6-1　坝基的表层滑移破坏方式

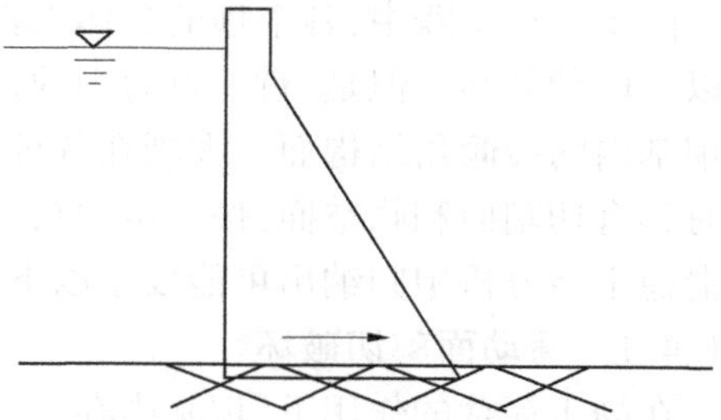

图 6-2　坝基的浅层滑移破坏方式

## 6.1.3　深层滑动

在工程应力条件下,岩体的深层滑动主要是沿已有的软弱结构面发生沿坝基岩体深部滑移破坏,如图 6-3 所示,出现深部滑移的基本条件是具备滑动面,且四周被结构面所切割,并有可供滑移的自由空间,即形成滑移体。

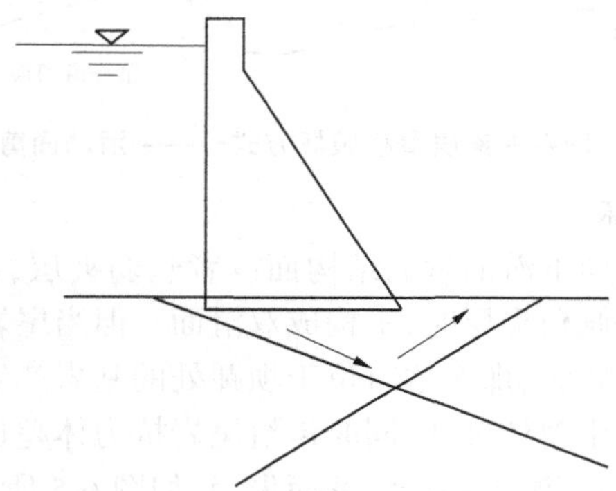

图 6-3　坝基的深层滑移破坏方式

## 6.1.4　混合类型

部分沿坝体与岩体接触面,部分在岩体内部滑移。

对于一个重力坝的滑动破坏模型,从材料及力学性质来讲,由于坝体与坝基岩体材料性质的差异,在自重及工程荷载作用下,一般不会在不同材料之间出现类似土体内沿着弧形(或者类弧形)滑动面滑动。但对于上面按滑动面的深度不同而进行的分类中,浅层滑动、深层滑动均为在坝基岩体中发生的破坏,即都在同一种材料中。在此种情况下,对于深层滑动,还可能出现两种情况:第一种情况是在均质坝基中,发生一种滑动面形状与弧形相近的剪切破坏;第二种情况是坝基岩体内,沿着软弱结构面或者缓倾角结构面的单滑面或多滑面滑动破坏。

坝基岩体表层滑动边界条件比较简单,主要取决于坝体混凝土与基岩接触面的抗剪强度;浅层滑动近似一平面,抗滑稳定性取决于浅部岩体的抗剪强度;坝基的深层滑动比较复杂,须有滑动面、切割面和临空面等组合形成滑移通道。我国修建的大中型重力坝,其中有 1/3 存在深层滑动问题。

由于工程实践中,各个坝的具体工程地质条件不同,重力坝的坝基滑动破坏形式远远比以上四种复杂。但是,对于重力坝的抗滑稳定性来说,其抗滑稳定的破坏形式往往取决于坝基内的缓倾角结构面。大坝在各种荷载的作用下,如果坝基岩体中存在软弱结构面,同时具有切割面和临空面,按一定的结合方式,形成了危险的滑移块体,黄维在其重力坝抗滑稳定性分析中归纳出可能发生以下三种基本深层滑移类型。

#### 6.1.4.1 滑动面剪切破坏

在静水荷载的作用下,坝基内存在导致单斜面滑动或双斜面滑动的软弱结构面,则沿结构面发生剪切破坏,如图 6-4 所示。

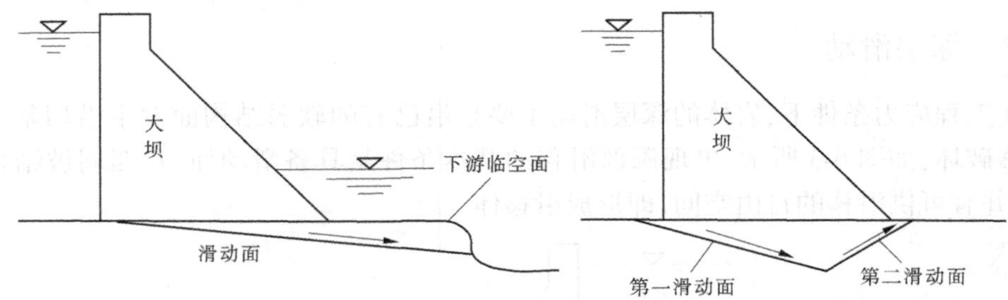


图 6-4 坝基的深层滑移破坏方式一——滑动面剪切破坏

#### 6.1.4.2 抗力体挤压破坏

当坝基岩体中存在倾向下游的软弱结构面或者软弱夹层,而下游的尾岩内没有倾向上游的软弱结构面或者缓倾角夹层时,不构成双滑面。但当尾岩的岩性较软弱,或者下游的横向断层破碎带的规模较大,那么这时位于坝踵处的基岩产生拉裂破坏,基岩在坝体连接部分会沿软弱结构面产生剪切破坏,同时传给尾岩抗力体超过其承载能力的剩余推力,这时挤压破坏产生,坝基向下游进一步滑移而失稳,如图 6-5 所示。

#### 6.1.4.3 抗力体隆起破坏

坝基内软弱结构面或者缓倾角夹层情况与第二种情况相近,但其尾岩是层状岩石,比较完整并且岩性坚硬。尾岩上部在水平荷载作用下产生拉伸区,并且有向上的位移产生,也就有隆起破坏产生,从而使坝体产生向下游进一步过大的滑移而再失稳,如图 6-6 所示。

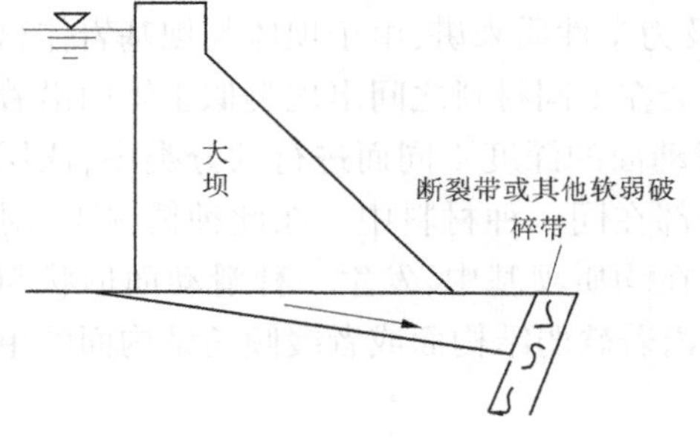


图 6-5 坝基的深层滑移破坏方式二——抗力体挤压破坏

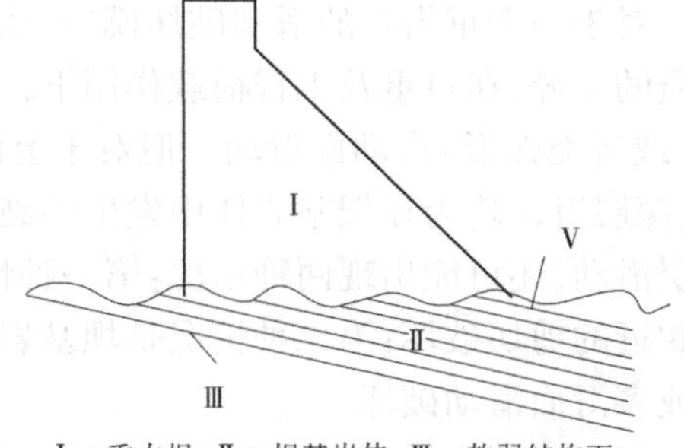


图 6-6 坝基的深层滑移破坏方式三——抗力体隆起破坏

实际工程中,坝基的滑动破坏一般表现为上述三种破坏形式的复合。

# 6.2　坝基抗滑稳定分析方法

关于抗滑稳定性的计算,至今还没有比较成熟的办法。目前,抗滑稳定计算方法主要有刚体极限平衡法、地质力学模型试验法、有限元法、分项系数法、可靠度分析法、块体单元法、不连续变形分析法、动力系数法等。在进行抗滑稳定性计算时,需要由设计人员根据具体情况,参考类似工程经验做出判断。一般来说,都是以刚体极限平衡法为主,辅以有限元分析或模型试验,同时进行安全系数的验证和对安全度的检查,采用安全度标准比照正常条件下的安全度要求予以提高。下面对几种应用较多的方法理论及其应用进行简要介绍。

## 6.2.1　刚体极限平衡法

刚体极限平衡法是目前比较常用的分析方法,积累了大量的工程经验,其原理是假设坝体、基岩等滑动体,不发生弹塑性形变的刚体,只考虑切应力和法向应力的作用,并结合相应的破坏准则,根据力的平衡条件,以抗滑力和滑动力的比值作为安全系数的取值,以此为根据来判断坝体是否满足平衡要求,从而确保坝体安全,不会发生滑动破坏。

刚体极限平衡法因其应用简单、易于掌握等优点被业内广泛采用,并且在计算方法、计算荷载及工程处理措施方面积累了大量的经验,可靠度较高。对于结构简单的坝体,安全系数的计算精度也比较高,通过一些假定也能将具有复杂边坡的稳定问题进行简化,而且对计算精度的偏差控制在合理的范围之内。刚体极限平衡法是从众多的工程实践中总结得出,因此具有较强的说服力和可信度,所得安全系数是目前施工中作为判断大坝安全度的主要依据。但是刚体极限平衡法也具有一定的局限性:

(1)刚体极限平衡法仅考虑了坝体和基岩的强度特性,对于复杂的夹层、边界条件,计算安全系数时需要采取部分假定,因此也就无法考虑实际的应力应变关系,即无法得到滑动面内应力的分布、位移的变化及滑动面的渐进破坏过程。

(2)刚体极限平衡法在满足力学分析和物理条件的基础上,做了较大的假设,因此假设的程度大小就决定了计算结果的精度,但是计算结果和实际安全系数偏差的多少,目前还无法考证,对安全系数的影响程度也需要进一步研究。

(3)利用刚体极限平衡法只能得到坝体的抗滑稳定安全系数,无法得到重力坝在失稳临界状态时的应力分布、滑动体的位移变化及基岩破坏规律,得到的计算结果,也只是假定之后滑动面上的平均安全系数。

## 6.2.2　有限元法

有限元法是根据相应规则将连续的求解域离散为单元的组合体,然后用在每个单元内假设的近似函数来分片地表示求解域上待求的未知场函数。近似函数通常由未知场函数及其导数在单元各节点的数值插值函数来表达,从而使一个连续的无限自由度问题变成离散的有限自由度问题。它可以根据材料物理、力学形态模拟重力坝失稳模式;通过有限单元法可以了解整个滑动体系的应力方向、大小及变位值;还可以直观地了解破坏区的分布范围,找出最严重的破碎带和最危险的滑移通道,根据破坏规律为结构设计和地基处理措施提供技术依据。

对于大中型的重要水利工程,尤其是深层地基中含有软弱夹层等复杂地质的工程,除用刚体极限平衡法计算抗滑稳定安全系数外,还要借助有限元软件进行验算,作为校核的手段,以提高抗滑稳定分析的安全度。有限元法的运用可以模拟各种工程复杂地质的边界条件,而且利用计算机技术可以更方便地改变运算参数进行荷载的施加,进行更快捷高效的运算,从而得到比刚体极限平衡法更为合理和精准的分析结果。

尽管借助有限元分析软件和计算机技术的应用可以得到更精确的分析效果,但由于用有限元法进行计算分析时,对于计算同一个问题,若采用不同的概化条件、本构关系,不同的计算程序、边界条件和参数,往往就会得出偏差比较大的结果,所以截至目前,业内就坝体坝基的位移应力值尚且没有统一的计算标准。这也就导致用有限元法对坝体的抗滑稳定分析仍处于辅助地位。另外,由于使用有限元法来计算获得的应力大小和变位值等结果会与网格的划分有关,对确定大坝的安全度指标比较困难,因为如果网格划分过于密集,应力的集中度会变高,这使得计算量就会增大,但是如果网格划分过于稀疏又会导致结果不能十分精确,这些都在无形中增加了大坝安全度指标确定的困难程度。至今为止,还没有对坝体及坝基的位移应力值的标准有一个统一的量化,对于有限元法计算深浅层抗滑稳定的标准也没有得到统一。

### 6.2.3　模型试验法

模型试验法是一种构建按比尺缩小的模型中复演与原型相似的水流、复杂的地质和边界条件的试验方法,是通过创造和实际工程近似环境的试验来找到满足相似关系的模型材料构建模型来研究坝体和坝基的失稳、应力及位移的一种常用手段,早在20世纪50年代就已经开展。在模型的加载过程中,它可以自动满足应力和变形协调,尤其是对深层抗滑稳定问题,它可以研究坝基变位和破坏机制。但是,由于坝体通常具有较复杂的地质条件,一般情况下,地质力学模型是很难精确将真实情况完全模拟出来的。这种方法也有自己本身的缺陷,试验条件一般要求较高,建造模型需要精确的数据、严格的比例关系,而且成本费用比较大,尽管如此,所得出的精度相对来说比较低。

从理论上讲,模型试验法和有限元法相对刚体极限平衡法更加完善,不但考虑了坝基应力的分布情况,还涉及了位移的变化,人为因素和随机因素相对较低,因此安全系数比刚体极限平衡法稍低,也相对精确一些。但是模型试验法也存在着很多不足,如构建模型需要投入较大的财力物力,观察测量数据也需要较长的时间投入,而且尽管我国学者已经做出了很多研究工作,但是模型试验一般只能给出超载安全度,即将水平荷载按比例逐步加大,直到模型因超出受力范围而破坏,对于抗滑稳定问题,自重和水压力同步超载不能说明$f$(摩擦系数)和$c'$(抗剪断凝聚力)值是否降低,所以通过模型试验所能得到的超载安全系数只是一种安全指标,仅供参考。

### 6.2.4　可靠度分析法

可靠度分析法的基本思想是:在各种数据的统计、处理、分析的基础上,求得需要的概率参数,然后用可靠度方法进一步求得可靠度指标,来代替稳定安全系数。

现行规范以可靠度法为基础给出了极限状态下的设计方法,比较充分地考虑到了参数的变异性,并且结构的安全度以作用函数小于抗力函数为标准来判断。这种方法使人们不得不放弃旧规范的方法,为推广极限状态设计及发展可靠度分析做准备。尽管如此,可靠度法仍然不能应用于重力坝深层抗滑问题的深入研究。由于目前还缺乏统一风险阈值,并且忽视极小概率的事件极有可能造成严重的后果。

## 6.3 坝基抗滑影响因素

影响坝基稳定性的主要因素有软弱夹层的影响、水位上升的影响、复杂地质条件的影响、地震活动的影响,在了解这些影响因素后,采取一定的工程措施来改善坝基的稳定性,可有效提高堤坝的综合抗剪强度、抗滑能力及稳定性。

### 6.3.1 软弱夹层的影响

坝基中存在的软弱夹层,其抗剪强度指标(黏聚力和内摩擦角)往往很小,当坝基所受到的剪应力大于软弱夹层的抗剪强度时会沿软弱结构面滑动破坏,危害坝基的稳定性,且软弱夹层就会顺着主应力方向出现裂隙,以致水体入渗墙内,降低坝基防渗性能。

### 6.3.2 水位上升的影响

随着水位的上升,静水压力和流水压力会增大,堤坝坝基的抗滑稳定性会随着水压力的增大而减小,坝基的滑动由浅层滑动逐渐转变为表层滑动,剪应力集中于坝基中部,使得墙体开裂,破坏防渗作用,以致坝基失稳。

### 6.3.3 复杂地质条件的影响

坝基所建地带周围岩层有许多软弱结构面发育时,岩层之间会出现错动带,随着时间的推移,层间错动现象会愈来愈严重,直至坝基表层出现裂缝,破坏坝基结构;坝踵处存在断层时,随着断层活动次数增多,岩土体与坝踵之间可能会出现滑移面,这会大大削弱坝基的抗滑能力。

### 6.3.4 地震活动的影响

为达到蓄水目的,水库所占区域面积一般较大,开挖深度也较大,水下岩土层很可能处于地震活动带,地震发生会导致岩土体发生上下前后左右振动,加上水库的水位通常会随季节的变化而发生巨大变化,水重力的不断变化会导致应力场不稳定,这会加剧地震活动性,使得振动愈发强烈,水下岩土层更加松动,削弱坝基下的地基承载力,从而影响坝基的稳定性。

## 6.4 坝基加固处理措施

关于坝基深层抗滑稳定问题的地基处理,在国内大中小型水利工程的兴建中积累了丰富的经验,并取得了良好的效果。水利工程建设中,很多水利工程建筑物需要穿越软弱夹层或断层破碎带等不良地质体,因地基处理不当或不到位产生不均匀沉陷问题屡见不鲜,目前常用的工程处理措施包括人工抗滑桩基础处理、水工预应力锚束基础处理、深齿槽基础处理、锚杆束处理及地基开挖回填等。下面对这几种方案进行简单论述。

### 6.4.1 人工抗滑桩基础处理措施

人工抗滑桩是通过人工开挖,使桩柱穿过滑坡体深入滑床,以支挡滑体的滑动力,达到稳定边坡的效果。人工抗滑桩一般适用于浅层和中厚层的滑坡,是地基基础抗滑处理的常见措施之一。据以往施工经验,抗滑桩的埋入深度,软质岩层中锚固深度一般为设计桩长的1/3;硬质岩中为设计桩长的1/4;土质滑床中为设计桩长的1/2。当土层沿基岩面滑动时,锚固深度也有采用桩径的2~5倍。抗滑桩的一般布置形式有相互连接的桩排,互相间隔的桩排,下部间隔、顶部连接的桩排,互相间隔的锚固桩等。

人工抗滑桩可以根据工程条件和施工功效(如滑坡体厚度、推力大小、防水要求和施工条件等),选用相适应的桩柱(如木桩、钢桩、混凝土桩或钢筋混凝土桩等)。由于采用抗滑桩进行进出处理时,土方量较小、工期短,因此也是工程中广泛采取的一种处理措施。

坝基处理中,受工程条件和施工功率等制约,多选用混凝土桩或钢筋混凝土桩为抗滑桩选取方案。

### 6.4.2 水工预应力锚索基础处理措施

预应力锚索是一种承受拉力的杆状构件,通过钻孔的方式,将钢筋、钢绞线或高强钢丝固定于深部稳定的地层中,并在被加固体表面通过张拉产生预应力,从而达到稳定被加固体和限制其变形的目的。在地基含有软弱夹层的水工工程中,预应力锚索加固也是目前提高岩土工程稳定性和解决复杂岩土工程问题的有效手段之一。

锚束结构一般由三部分组成,分别是幅度锚头、锚索体和外锚头。内锚头又称预应力锚固段或锚根,是锚索锚固在岩体内提供预应力的根基。外锚头又称外锚固段,是锚索借以提供张拉吨位和锁定的部位,其种类有锚塞式、螺纹式、钢筋混凝土圆柱体锚墩式、墩头锚式和钢构架式等;锚索体,是连接内外锚头的构件,也是张拉力的承受者,通过对锚索体的张拉来提供预应力,锚索体由高强度钢筋、钢绞线或螺纹钢筋构成。

总体来说,水工预应力锚索加固是一种较复杂的锚固工程,需要专门知识与经验,施工监理人员应具有更丰富的理论和经验。常用于较大类型的工程,而且必须要求专业施工队伍,且工程处理的费用较大。

### 6.4.3 大坝基础深齿槽处理措施

大坝基础深齿槽处理是在坝基中用深挖齿墙截断缓倾角软弱夹层,使齿墙嵌入软弱夹层下部的完整岩体一定深度,依靠嵌入部分混凝土齿墙的嵌固力、软弱夹层的摩擦力和下游抗力体三者联合作用,来满足坝基深层抗滑稳定要求。对于缓倾下游的软弱夹层,需要利用下游岩体作为抗力时,应详细查明下游抗力体的地质条件,必要时,可对下游抗力体采用固结灌浆,设置钢筋混凝土桩、压重等加固设施,以提高下游抗力体的岩体完整性和承载能力,减少坝基变形。

施工过程中,当坝基内存在不利的缓倾角夹层时,如果不做适当处理,在荷载作用下,坝体有可能连同部分坝基沿软弱结构面产生滑移,即所谓的深层滑动。国内外有些工程由于在勘探阶段对地质情况没有了解清楚或缺乏正确的判断,以致在出现问题后,不得不改变原设计或进行后期加固,增加了施工的成本和大量的人力物力。因此,在勘察、设计阶段,对深层稳定问题应给予足够的重视。

## 6.4.4　大坝基础锚杆束处理措施

锚杆是深入地层的受拉构件,它一端与工程构筑物连接,另一端深入地层中,整根锚杆分为自由段和锚固段。自由段是指将锚杆头处的拉力传至锚固体的区域,其功能是对锚杆施加预应力。锚固段是指水泥浆体将预应力筋与地层黏结的区域,其功能是将锚固体与地层的黏结摩擦作用增大,增加锚固体的承压作用,将自由段的拉力传至岩体深处。

锚杆通过锚杆杆体的纵向拉力作用,克服岩体抗拉能力远远低于抗压能力的缺点,表面上看是限制了岩土体脱离原体,宏观上看是增加了岩体的黏聚性。从力学观点上主要是提高了围岩体的黏聚力和内摩擦角。其实质上锚杆位于岩体内与岩体形成一个新的复合体。这个复合体中的锚杆是解决围岩体的抗拉能力低的关键,从而使得岩土体自身的承载能力大大加强。

目前,锚杆广泛运用于工程技术中,对边坡、隧道、坝体等进行主动加固,是软弱夹层坝基处理比较常用的处理措施之一。

## 6.4.5　其他常见工程处理措施

### 6.4.5.1　减小扬压力工程处理

扬压力包括上浮力及渗流压力,分别是由坝体下游水深和上游水头产生的。整体来看,扬压力可影响整个坝体及坝基内部的应力分布,也减小了重力坝作用在地基上的有效压力,从而降低了坝底的抗滑力。因此,减小扬压力是提高坝体稳定性的一个有效措施。目前,可通过增加坝基防渗帷幕以减少渗透途径,消耗坝底的渗透水头,在防渗帷幕后设排水孔幕,以释放剩余水头等措施,减小扬压力的产生。

### 6.4.5.2　坝基挖除回填基础处理

该方法是在坝基内存有软弱夹层等不满足设计强度的基岩时,采用人工挖除,清除不利的软弱夹层,再以混凝土回填,从而增大坝基的稳定性,提高坝体的抗滑稳定安全系数。对于浅层基岩一般采用明挖换基的方法;对于深埋的软弱夹层,则通常采用洞挖换基的方法。

### 6.4.5.3　设置倾向上游倾斜坝面处理

当坝底面与基岩抗剪强度较小时,可将坝体上游面设计成一个倾斜面倾向上游,以利用坝面上的水重来增大铅直方向的受力,从而提高坝的抗滑稳定性。但需要注意的是,上游面的坡度不宜过缓,应控制在1∶0.1~1∶0.2;否则,在上游坝面容易产生拉应力,对强度不利。

通常情况下,具有良好地基基础的水利工程较少,大多属于地质情况复杂,需要投入大量的人力物力进行一定的地基处理,才能保证大坝的正常施工和安全运行,一个工程究竟采取什么措施来提高坝基深层抗滑稳定性,既要考虑施工条件和施工成本,还要根据具体的地质、地形,所需材料等实际地质情况综合起来进行最终选定。

## 6.5 工程案例

### 6.5.1 出山店水库

出山店水库混凝土坝段坝基地层岩性为基岩,为加里东晚期中粗粒黑云母花岗岩,$F_{34}$及其次生断层、$F_{30}$断层倾角较缓,且$F_{34}$与$F_4$陡倾角断层、$F_{30}$断层与陡倾角裂隙L1412组合切割形成楔形块体,对坝基稳定不利,$F_{34}$及其次生断层位于混凝土7#~8#坝段、$F_{30}$断层涉及混凝土12#~14#坝段,存在坝基抗滑稳定问题。

#### 6.5.1.1 地层岩性

混凝土坝段基岩为加里东晚期中粗粒黑云母花岗岩,局部夹片岩捕虏体,并有细粒花岗岩脉、长英岩脉、石英岩脉及绿帘石脉穿插。

中粗粒似斑状黑云母花岗岩:中粗粒似斑结构,块状构造,主要矿物成分为斜长石、正长石、石英,暗色矿物为黑云母,有少量长石斑晶,在斑晶中包裹体较多。强风化岩体呈灰黄色,弱风化岩体呈灰白色,微风化岩体呈青灰色。中粗粒黑云母花岗岩岩体物理力学性指标建议值见表6-1。

**表6-1 坝址中粗粒黑云母花岗岩岩体物理力学性指标建议值**

<table>
<tr><th rowspan="2">岩性</th><th rowspan="2">风化程度</th><th colspan="2">块体密度/(g/cm³)</th><th rowspan="2">承载力标准值 $f_k$/kPa</th><th colspan="2">混凝土与岩体抗剪断强度</th><th rowspan="2">混凝土与岩体抗剪强度 $f$</th><th colspan="2">岩体抗剪断强度</th><th rowspan="2">岩体抗剪强度 $f$</th><th rowspan="2">岩体变形模量 $E$/$10^3$ MPa</th><th rowspan="2">泊松比 $\mu$</th></tr>
<tr><th>干</th><th>饱和</th><th>$f'$</th><th>$c'$/MPa</th><th>$f'$</th><th>$c'$/MPa</th></tr>
<tr><td rowspan="3">黑云母花岗岩</td><td>强风化</td><td>2.50</td><td>2.56</td><td>500</td><td></td><td></td><td></td><td>0.50</td><td>0.20~0.10</td><td>0.40</td><td>1</td><td>0.38</td></tr>
<tr><td>弱风化</td><td>2.61</td><td>2.64</td><td>1 500</td><td>0.85~0.80</td><td>0.65~0.55</td><td>0.53~0.48</td><td>0.75~0.70</td><td>0.65~0.50</td><td>0.58~0.52</td><td>4.5~3.5</td><td>0.32</td></tr>
<tr><td>微风化</td><td>2.65</td><td>2.65</td><td>3 500</td><td>1.0~0.95</td><td>0.90~0.80</td><td>0.60~0.57</td><td>1.0~0.90</td><td>1.1~0.9</td><td>0.65~0.62</td><td>8~6</td><td>0.28</td></tr>
</table>

#### 6.5.1.2　断层描述

1. $F_{34}$ 断层组合

$F_{34}$ 断层走向 85°~125°,倾向近南—南西,倾角 25°~29°,断层带宽 0.3~0.5 m,向下游齿槽部位逐渐收敛至约 0.1 m,构造岩为泥夹岩屑结构、岩屑夹泥结构,成分由灰绿色碎裂岩、暗紫红色角砾岩及岩屑组成,角砾多呈粒径 3 cm 的碎块,断层面局部附有 1~2 cm 的紫红色泥质。见有擦痕,断壁光滑,见蜡质光泽,影响带宽度 1.4~2.4 m。在建基面附近与高角度节理组合切割,沿断层带形成宽 6.0~8.0 m、深 2~3 m 的"V"形沟槽。

$F_{34-1}$、$F_{34-2}$ 断层为 $F_{34}$ 断层的次生断层,倾向南西,产状与 $F_{34}$ 断层相近,断层带宽 0.1~0.4 m,构造岩为角砾岩,结构紧密,局部附有 1~2 cm 的紫红色泥质。在建基面附近均形成有宽 3~6 m、深 1~2 m 的"V"形沟槽。

$F_4$ 断层倾向 357°~1°,近正北,倾角 64°~72°,断层带宽 0.2~1.2 m,构造岩为岩屑岩块结构,成分由灰绿色碎裂岩、角砾岩及岩屑组成。

2. $F_{30}$ 断层组合

$F_{30}$ 断层走向 104°~112°,倾向南—西南,倾角 25°~35°,层面舒缓波状,断壁光滑,具绿帘石薄膜。断层带宽 0.2~0.5 m,由紫红色角砾岩、碎块岩及泥质组成,构造岩为泥夹岩屑结构、岩屑夹泥结构,多夹厚 0.3~3.0 cm 的红色泥质。属压扭性断层。断层下盘面与编号为 L1302 的陡倾角长大节理组合切割,在 3+475.8~3+498.3 段形成楔形体,楔形体在 65.0 m 高程面上宽 16~25 m,岩体破碎,呈强风化状,深度可达建基面以下 5 m(高程约 60 m),已被施工方挖除,致坑底 $F_{30}$ 断层出露。其他部分多为弱-微风化。

$F_{30}$ 断层在高程 53.0 m 以下,$F_{30}$ 断层渐变为节理密集带,节理面较平滑,附有灰绿色绿帘石薄膜,见擦痕,局部含少量泥质,密集带宽 0.1~0.3 m,暴露后易风化。

$F_{30}$ 断层在高程 49.0~49.9 m 与长大陡倾角裂隙相交部位的断层破碎带及裂隙密集带描述为:层面舒缓波状,断壁光滑,局部具绿帘石薄膜,断层带宽 0.1~0.3 m,局部为 0.02 m,由紫红色角砾岩及碎块岩组成,局部夹厚 0.3~0.5 cm 的红色泥质。断层上部厚 1~2 m 内,岩石较破碎,裂隙发育,红色泥质断续充填,其厚 0.02~4 cm、长 0.5~1.5 m。该现象在 $F_{30}$ 断层与陡倾角裂隙 L1302 在 60.0 m 高程左右相交部位的情况基本一致,但夹泥与裂隙发育厚度上相较均大幅减小。分析认为,由于陡倾角裂隙延伸长且与缓倾角断层相交,多种构造力的影响下,在断层附近裂隙较发育,泥水渗流沿陡倾角裂隙下渗,泥质成分沉淀于缓倾角裂隙或断层带中,相对而言,其泥质和裂隙较正常断层部位高。

#### 6.5.1.3　断层破碎带物质组成

1. $F_{34}$ 断层破碎带物质组成

揭露断层破碎带物质成分经现场鉴定后,分析认为其结构类型为泥夹岩屑结构;对 $F_{34}$ 断层破碎带取了 10 组样品进行室内颗粒分析,其成果见表 6-2,根据 10 组颗分试验成果可知,$F_{34}$ 断层破碎带内黏粒含量多大于 10%,少数颗粒组成中黏粒含量小于 10%,由此确定了 $F_{34}$ 断层破碎带结构类型为泥夹岩屑结构。

结合岩石试验和查规范取值,参考类似工程实践,提出 $F_3$、$F_{34-1}$、$F_{34-2}$ 断层带的抗剪强度指标建议值见表 6-3。

表 6-2 $F_{34}$ 断层破碎带物质组成颗分统计成果

| 试样编号 | 颗粒组成/% | | | | | | | | |
|---|---|---|---|---|---|---|---|---|---|
| | 砂粒/mm | | | | | | 粉粒/mm | | 黏粒/mm |
| | >2.0 | 2.0~1.0 | 1.0~0.5 | 0.5~0.25 | 0.25~0.10 | 0.10~0.075 | 0.075~0.05 | 0.05~0.005 | <0.005 |
| $F_{34}$-1 | 0 | 0 | 11.8 | 8.8 | 18.7 | 9.2 | 14.8 | 27.8 | 8.9 |
| $F_{34}$-2 | 3.4 | 11.8 | 21.3 | 10.8 | 10.9 | 6.3 | 12.7 | 10.9 | 11.9 |
| $F_{34}$-3 | 0 | 14.7 | 20.4 | 11.0 | 13.4 | 7.9 | 8.9 | 14.0 | 9.7 |
| $F_{34}$-4 | 0 | 5.4 | 13.1 | 11.7 | 18.8 | 8.9 | 12.2 | 18.6 | 11.3 |
| $F_{34}$-5 | 0 | 0 | 11.8 | 7.3 | 13.0 | 6.6 | 24.6 | 27.1 | 9.6 |
| $F_{34}$-6 | 0 | 0 | 9.0 | 8.6 | 19.6 | 7.4 | 11.6 | 31.4 | 12.4 |
| $F_{34}$-7 | 0 | 0 | 10.7 | 9.3 | 17.8 | 7.6 | 16.7 | 27.0 | 10.9 |
| $F_{34}$-8 | 0 | 0 | 13.9 | 7.9 | 15.2 | 6.5 | 17.8 | 25.7 | 13.0 |
| $F_{34}$-9 | 0 | 7.8 | 19.8 | 9.9 | 13.5 | 7.0 | 16.3 | 14.6 | 11.1 |
| $F_{34}$-10 | 0 | 10.7 | 15.1 | 10.4 | 14.0 | 7.0 | 20.7 | 13.7 | 8.4 |
| 组数 | 10 | 10 | 10 | 10 | 10 | 10 | 10 | 10 | 10 |
| 最小值 | 0 | 0 | 9.0 | 7.3 | 10.9 | 6.3 | 8.9 | 10.9 | 8.4 |
| 最大值 | 3.4 | 14.7 | 21.3 | 11.7 | 19.6 | 9.2 | 24.6 | 31.4 | 13.0 |
| 平均值 | 0.3 | 5.0 | 14.7 | 9.6 | 15.5 | 7.4 | 15.6 | 21.1 | 10.7 |

表 6-3 $F_{34}$ 断层带抗剪强度指标参数建议值

| | $f'$ | $c'$/MPa | $f$ |
|---|---|---|---|
| $F_{34}$、$F_{34-1}$、$F_{34-2}$ 断层破碎带 | 0.30 | 0.03 | 0.25 |

*2. $F_{30}$ 断层破碎带物质组成*

根据揭露断层破碎带及裂隙密集带揭露情况，描述如下：在 58.4 m 高程附近，角砾岩充填，断层带宽 0.08~0.2 m，该高程以上断层带夹 1~2 cm 泥质，高程 58.4 m 处无泥质夹层，该高程以下断层带夹 0.4 cm 泥质。在 57.9 m 高程附近，碎块岩充填，断层带宽 0.08 m，局部夹 0.2 cm 泥质。在 57.1 m 高程附近，碎块岩充填，断层带宽 0.1 m，下盘断层面夹 0.08 cm 泥质。在 56.2 m 高程附近，角砾岩、碎块岩充填，断层带宽 0.08~0.15 m，未见泥质夹层。在 54.0 m 高程附近，角砾岩充填，断层带宽 0.06 m，局部夹 0.02 cm 泥质。在 52.8 m 高程附近，角砾岩充填，断层带宽 0.2~0.3 m，角砾较破碎，含少量泥质。在 51.8 m 高程附近，断层带闭合。在 50.2 m 高程附近，碎块岩充填，断层带宽 0.1 m，碎块岩风化、崩解，含很少泥质。在 49.6 m 高程附近，角砾岩充填，断层带宽 0.2 m，该高程以下断层带局部夹0.03 cm泥质。其中,根据$F_{30}$断层与长大陡倾角裂隙在49.0~49.9 m高程相交部位的断层破碎带及裂隙密集带揭露情况(描述如下:层面舒缓波状,断壁光滑,局部具绿帘石薄膜,断层带宽0.1~0.3 m,局部为0.02 m,由紫红色角砾岩及碎块岩组成,局部夹厚0.3~0.5 cm的红色泥质。断层上部厚1~2 m内,岩石较破碎,裂隙发育,红色泥质断续充填,其厚0.02~4 cm、长0.5~1.5 m),该现象在$F_{30}$断层与在60.0 m高程左右与长大陡倾角裂隙相交部位的情况基本一致,但夹泥与裂隙发育厚度上相较均大幅减小。分析认为,由于陡倾角裂隙延伸长且与缓倾角断层相交,多种构造力的影响下,在断层附近裂隙较发育,泥水渗流沿陡倾角裂隙下渗,泥质成分沉淀于缓倾角裂隙或断层带中,相对而言,其泥质和裂隙较正常断层部位较高。

对$F_{30}$断层破碎带高程60 m取了10组样品进行室内颗粒分析,其成果见表6-4;对$F_{30}$断层破碎带在高程53 m附近取了10组样品进行室内颗粒分析,其成果见表6-5。

**表6-4　$F_{30}$断层破碎带高程60 m物质组成颗分统计成果**

| 试样编号 | 颗粒组成/% | | | | | | | | | | | |
|---|---|---|---|---|---|---|---|---|---|---|---|---|
| | 砂粒粒径/mm | | | | | | | | | 粉粒粒径/mm | | 黏粒粒径/mm |
| | 40.0~20.0 | 20.0~10.0 | 10.0~5.0 | 5.0~2.0 | 2.0~1.0 | 1.0~0.5 | 0.5~0.25 | 0.25~0.10 | 0.10~0.075 | 0.075~0.05 | 0.05~0.005 | <0.005 |
| $F_{30}$-1-1 | 0 | 0 | 1.8 | 36.7 | 12.7 | 31.2 | 5.2 | 1.9 | 0.4 | 0.4 | 0.2 | 9.5 |
| $F_{30}$-1-2 | 7.0 | 7.9 | 31.9 | 11.9 | 15.3 | 7.0 | 3.9 | 2.7 | 0.5 | 0.5 | 0.1 | 11.3 |
| $F_{30}$-1-3 | 0 | 0 | 6.9 | 34.4 | 12.0 | 19.7 | 6.3 | 7.9 | 1.5 | 1.3 | 0 | 10.0 |
| $F_{30}$-1-4 | 0 | 1.5 | 3.2 | 38.4 | 12.8 | 16.1 | 6.5 | 8.5 | 1.5 | 1.0 | 0 | 10.5 |
| $F_{30}$-1-5 | 0 | 0 | 7.1 | 34.4 | 12.7 | 15.5 | 6.6 | 8.6 | 2.8 | 1.7 | 0.4 | 10.2 |
| $F_{30}$-1-6 | 0 | 0 | 7.2 | 39.5 | 8.4 | 16.7 | 5.4 | 5.9 | 1.4 | 3.0 | 4.7 | 7.8 |
| $F_{30}$-1-7 | 0 | 0 | 10.3 | 25.9 | 12.2 | 16.1 | 6.9 | 12.4 | 2.4 | 1.7 | 0.9 | 11.2 |
| $F_{30}$-1-8 | 9.6 | 17.3 | 21.0 | 25.8 | 5.3 | 5.6 | 1.6 | 1.9 | 0.4 | 0.5 | 0.4 | 10.6 |
| $F_{30}$-1-9 | 1.9 | 10.4 | 28.1 | 33.3 | 4.6 | 8.5 | 1.7 | 1.8 | 0.3 | 0.2 | 0 | 9.2 |
| $F_{30}$-1-10 | 0 | 0 | 0 | 20.9 | 15.7 | 4.5 | 31.0 | 11.9 | 1.8 | 2.3 | 1.3 | 10.6 |
| 组数 | 10 | 10 | 10 | 10 | 10 | 10 | 10 | 10 | 10 | 10 | 10 | 10 |
| 最小值 | 0 | 0 | 0 | 11.9 | 4.6 | 4.5 | 1.6 | 1.8 | 0.3 | 0.2 | 0 | 7.8 |
| 最大值 | 9.6 | 17.3 | 31.9 | 39.5 | 15.7 | 31.2 | 31.0 | 12.4 | 2.8 | 3.0 | 4.7 | 11.3 |
| 平均值 | 1.9 | 3.7 | 11.8 | 30.1 | 11.2 | 14.1 | 7.5 | 6.4 | 1.3 | 1.3 | 0.8 | 10.1 |

表 6-5　$F_{30}$ 断层破碎带高程 53 m 附近物质组成颗分统计成果

| 试样编号 | 颗粒组成/% | | | | | | | | | | | |
|---|---|---|---|---|---|---|---|---|---|---|---|---|
| | 砂粒粒径/mm | | | | | | | | | 粉粒粒径/mm | | 黏粒粒径/mm |
| | 40.0~20.0 | 20.0~10.0 | 10.0~5.0 | 5.0~2.0 | 2.0~1.0 | 1.0~0.5 | 0.5~0.25 | 0.25~0.10 | 0.10~0.075 | 0.075~0.05 | 0.05~0.005 | <0.005 |
| $F_{30}$-2-1 | 4.8 | 22.0 | 25.0 | 28.0 | 5.4 | 5.5 | 1.8 | 1.9 | 0.2 | 0.4 | 0 | 5.0 |
| $F_{30}$-2-2 | 6.7 | 30.0 | 24.6 | 16.3 | 8.2 | 2.9 | 2.0 | 4.1 | 0.7 | 0.1 | 0 | 4.4 |
| $F_{30}$-2-3 | 0 | 5.8 | 23.0 | 32.0 | 8.5 | 13.2 | 3.2 | 5.3 | 1.0 | 0.9 | 0.3 | 6.8 |
| $F_{30}$-2-4 | 0 | 12.6 | 35.5 | 23.7 | 7.0 | 7.1 | 2.4 | 2.6 | 0.6 | 0.7 | 0.6 | 7.2 |
| $F_{30}$-2-5 | 0 | 0 | 6.3 | 30.3 | 16.8 | 15.6 | 17.9 | 8.1 | 1.5 | 1.0 | 0 | 2.5 |
| $F_{30}$-2-6 | 11.1 | 29.9 | 25.2 | 19.1 | 3.8 | 3.3 | 0.9 | 0.8 | 0.2 | 0.3 | 0.2 | 5.2 |
| $F_{30}$-2-7 | 16.9 | 25.5 | 22.0 | 18.9 | 3.5 | 3.8 | 1.5 | 1.8 | 0.4 | 0.5 | 0.6 | 4.6 |
| $F_{30}$-2-8 | 15.4 | 26.6 | 25.0 | 17.9 | 3.6 | 3.3 | 1.3 | 1.3 | 0.3 | 0.2 | 0.2 | 4.9 |
| $F_{30}$-2-9 | 6.7 | 30.8 | 25.2 | 18.6 | 3.8 | 4.3 | 1.6 | 2.2 | 0.5 | 0.6 | 0.7 | 5.0 |
| $F_{30}$-2-10 | 18.5 | 27.9 | 21.7 | 16.8 | 3.3 | 3.1 | 1.0 | 1.2 | 0.5 | 0.8 | 1.3 | 3.9 |
| 组数 | 10 | 10 | 10 | 10 | 10 | 10 | 10 | 10 | 10 | 10 | 10 | 10 |
| 最小值 | 0 | 0 | 6.3 | 16.3 | 3.3 | 2.9 | 0.9 | 0.8 | 0.2 | 0.1 | 0 | 2.5 |
| 最大值 | 18.5 | 30.8 | 35.5 | 32.0 | 16.8 | 15.6 | 17.9 | 8.1 | 1.5 | 1.0 | 1.3 | 7.2 |
| 平均值 | 8.0 | 21.1 | 23.4 | 22.2 | 6.4 | 6.2 | 3.4 | 2.9 | 0.6 | 0.6 | 0.4 | 5.0 |

根据 10 组颗分试验成果可知，$F_{30}$ 断层破碎带内黏粒含量多大于 10%，少数颗粒组成中黏粒含量小于 10%，由此确定了 $F_{30}$ 断层破碎带高程 60 m 结构类型为泥夹岩屑结构。根据 10 组颗分试验成果可知，$F_{30}$ 断层破碎带内黏粒含量均小于 10%，由此确定了 $F_{30}$ 断层破碎带高程 53 m 结构类型为岩屑夹泥结构。

根据开挖揭露情况，结合岩石试验和查规范取值，参考类似工程实践，提出 $F_{30}$ 断层带抗剪强度指标建议值见表 6-6。

表 6-6　$F_{30}$ 断层带抗剪强度指标参数建议值

| $F_{30}$ 断层破碎带（泥夹岩屑型） | $f'$ | $c'$/MPa | $f$ |
|---|---|---|---|
| | 0.40 | 0.07 | 0.31 |

### 6.5.1.4　抗滑稳定复核计算

1. 计算模型确定

选择 7#~8# 坝段与被 $F_{34}$、$F_4$ 断层切割形成的坝基砌形体作为一个整体进行抗滑稳定复核计算，选择 12#~14# 坝段与被 $F_{30}$、L1412 裂隙切割形成的坝基砌形体作为一个整体进行抗滑稳定复核计算。

2. 抗滑稳定复核

根据《混凝土重力坝设计规范》(SL 319—2005)的规定,计算工况考虑正常蓄水位、百年一遇(控泄)工况、千年一遇设计工况(0.1%)作为基本组合,校核工况(0.01%)、地震工况(正常蓄水位组合地震)作为偶然组合进行计算。

作用在坝上的荷载分为基本荷载和特殊荷载,基本荷载包括坝体及其上永久设备自重,设计洪水位时大坝上下游的静水压力、扬压力、淤沙压力,正常蓄水位或设计洪水位时的浪压力、土压力,设计洪水位时的动水压力;特殊荷载包括校核洪水位时大坝上下游的静水压力、扬压力、浪压力、动水压力、地震荷载。

按《混凝土重力坝设计规范》(SL 319—2005)中抗剪强度与抗剪断强度公式对坝基抗滑稳定进行计算,抗滑稳定计算安全系数与规范规定值对比表见表 6-7。

**表 6-7 抗滑稳定计算安全系数与规范规定值对比**

| 项目 | | 正常蓄水位 | | 百年一遇(控泄)工况 | | 千年一遇设计工况(0.1%) | | 校核工况(0.01%) | | 地震工程(正常蓄水位组合地震) | |
|---|---|---|---|---|---|---|---|---|---|---|---|
| | | 计算值 | 容许值 | 计算值 | 容许值 | 计算值 | 容许值 | 计算值 | 容许值 | 计算值 | 容许值 |
| $F_{34}$断层脱离体 | 抗剪 | 0.94 | 1.1 | 0.67 | 1.1 | 0.74 | 1.1 | 0.68 | 1.05 | 0.81 | 1.05 |
| | 抗剪断 | 1.46 | 3.0 | 1.06 | 3.0 | 1.2 | 3.0 | 1.10 | 2.5 | 1.26 | 2.5 |
| $F_{30}$断层脱离体 | 抗剪 | 1.08 | 1.1 | 0.85 | 1.1 | 0.92 | 1.1 | 0.88 | 1.05 | 0.96 | 1.05 |
| | 抗剪断 | 2.05 | 3.0 | 1.62 | 3.0 | 1.8 | 3.0 | 1.72 | 2.5 | 1.74 | 2.5 |
| 溢流坝段 | 抗剪 | 1.54 | 1.1 | 1.12 | 1.1 | 1.34 | 1.1 | 1.07 | 1.05 | 1.37 | 1.05 |
| | 抗剪断 | 6.12 | 3.0 | 4.03 | 3.0 | 5.27 | 3.0 | 4.18 | 2.5 | 5.54 | 2.5 |

经抗滑稳定计算,两断层砌形体段坝基抗滑稳定计算安全系数均小于规范规定值,存在坝基抗滑稳定问题,需采取处理措施。

### 6.5.1.5 断层处理方案选择

根据坝基断层构造情况,拟选三个处理方案:全挖除方案、上游深齿槽方案、混凝土洞塞方案。

(1)全挖除方案:沿断层面将断层间楔形块体全部挖除,采用 C15 混凝土回填。

(2)上游深齿槽方案:在坝体上游侧设置深齿槽,C20 混凝土齿槽穿过楔形块体入断层下基岩 2 m。

(3)混凝土洞塞方案:沿断层倾向方向垂直于断层面开挖洞室至楔形块体深部边界,

采用 C20 混凝土洞塞处理，洞室高×宽为 3 m×2 m，洞室 5 条，同时对其次生断层进行局部开挖处理。

三个处理方案均具有不同的优缺点，其比较见表 6-8。

**表 6-8　断层处理方案优缺点比较**

| 方案名称 | 优点 | 缺点 | 可比投资/万元 |
|---|---|---|---|
| 全挖除 | 施工方便，处理方式简单，防渗效果好 | 工程量及投资大 | 764 |
| 上游深齿槽 | 投资相对较低，防渗效果好 | 局部开挖较深，施工面狭窄，开挖及出料困难，施工难度相对较大 | 533 |
| 混凝土洞塞 | 投资相对较低 | 洞挖区上部次生断层较多，岩体破碎，成洞困难，施工难度大，同时需对次生断层进行局部挖除处理 | 455 |

从工程安全可靠、坝体结构受力明确、施工方便等综合考虑，采用全开挖方案。

### 6.5.2　燕山水库

燕山水库坝址左岸阶地上部土层主要为 $Q_2$ 低液限黏土，具可塑－硬塑状态，凝聚力平均值为 49 kPa，内摩擦角为 13.0°，压缩系数为 0.19 $MPa^{-1}$，属中等压缩性，为弱或无膨胀性。本段设计坝高一般为 15～35 m，就土坝而言，此基础基本可以满足要求。

据 1957 年资料中记载，坝区河槽、一级阶地及二级阶地前缘地带 $Q_3$、$Q_4^1$ 地层中存在黑色软土，其中在一坝线轴线 5+367～5+497 段及其上游 100 m 剖面 5+147～5+497 段 350 m 范围内，黑色软土埋深 3～7 m，厚 1～5 m，分布范围及厚度从上游至下游有逐渐变薄趋势，对该层土曾取样做了试验，其液性指数平均值大于 1；标准贯入锤击数 3～8 击，平均 5 击；凝聚力（饱和快剪）平均值为 14 kPa，内摩擦角 26.2°。从上述情况分析，各指标间并不协调，强度值偏高可能是由岩性特征所致，就液性指数看应属软土。另外，1957 年资料还提及杨湾阶地土层中有"软的粉质壤土"存在，但未标明具体分布桩号位置，其液性指数为 0.4～0.89；标准贯入锤击数 2～8 击，平均 5 击；凝聚力（饱和快剪）为 14～49 kPa，内摩擦角 3°～19°（见表 6-9）。

从少部分钻孔及河边露头情况看，$Q_3$、$Q_4^1$ 地层中存在灰土夹层，该土类砂性较大，含有机质及腐殖质，有臭味，其状态各处不一，既有软塑状又有可塑状。2002 年可研阶段及本阶段对二坝线左岸 $Q_3$ 灰土进行了专门性勘察，$Q_3$ 地层分布于左岸二级阶地前缘地带（3+740～4+300 段），其灰土层分布于 $Q_3$ 卵石混合土层之上，埋深 7～12 m，层顶高程 84.7～90.3 m，厚 0.5～6 m，岩性以低液限黏土为主，空间分布不均匀，局部相变为含细粒土砂。其液性指数 0.3～0.73，平均值 0.50，属可塑状态；标准贯入锤击数 3～8 击，平均 5

**表 6-9 坝址区灰土土工试验成果汇总**

| 土类 | 统计方式 | 颗粒组成/% 粒径/mm >0.05 | 0.05~0.005 | <0.005 | 天然含水率 $W$/% | 天然干密度 $\rho$/(g/cm$^3$) | 土粒相对体积质量 $G_s$ | 孔隙比 $e$ | 液限 $W_L$/% | 塑限 $W_P$/% | 塑性指数 $I_P$ | 液性指数 $I_L$ | 贯入锤击数 $N$/击 | 饱和快剪 凝聚力 $c$/kPa | 饱和快剪 内摩擦角 $\varphi$/(°) | 三轴剪 凝聚力 $c$/kPa | 三轴剪 内摩擦角 $\varphi$/(°) | 压缩系数 $a_{v1-3}$/MPa$^{-1}$ | 压缩模量 $E_s$/MPa | 渗透系数 $K$/(cm/s) | 说明 |
|---|---|---|---|---|---|---|---|---|---|---|---|---|---|---|---|---|---|---|---|---|---|
| 小燕山左岸 $Q_3$ 灰土 | 组数 | 6 | 6 | 6 | 5 | 5 | 6 | 5 | 7 | 7 | 7 | 6 | 13 | 5 | 5 | 2 | 2 | 5 | 5 | 1 | 2003 年资料 |
| | 最小值 | 14.1 | 41.3 | 10.6 | 21.5 | 1.54 | 2.67 | 0.642 | 27.1 | 15.9 | 11.2 | 0.3 | 5 | 9.23 | 13.7 | 10 | 8.5 | 0.11 | 8.29 | | |
| | 最大值 | 44.7 | 65.5 | 20.6 | 27.1 | 1.64 | 2.72 | 0.738 | 40.1 | 19.9 | 20.2 | 0.73 | 10 | 27.6 | 30.5 | 19 | 11.4 | 0.21 | 14.28 | | |
| | 平均值 | 27.5 | 57.5 | 15.0 | 25.1 | 1.58 | 2.69 | 0.704 | 31.1 | 17.7 | 13.4 | 0.50 | 7 | 17.3 | 23.6 | 14.5 | 9.9 | 0.15 | 11.50 | $1.72\times10^{-6}$ | |
| | 小均值 | | | | | | | | | | | | | 12.0 | 17.8 | | | | | | |
| 黑色软土 | 组数 | | | | | | | | | | 5 | 4 | 3 | 9 | 9 | | | | | | 1957 年资料 |
| | 最小值 | | | | | | | | | | 5.6 | 0.68 | 3 | 3 | 13.4 | | | | | | |
| | 最大值 | | | | | | | | | | 9.3 | 1.3 | 8 | 29 | 34.0 | | | | | | |
| | 平均值 | | | | | | | | | | 7.4 | >1 | 5 | 14 | 26.2 | | | | | | |
| | 小均值 | | | | | | | | | | | | | 8 | 21.8 | | | | | | |
| 软的粉质壤土 | 组数 | | | | | | | | | | 24 | 13 | 32 | 23 | 23 | | | | | | |
| | 最小值 | | | | | | | | | | 4.3 | 0.4 | 2 | 14 | 3 | | | | | | |
| | 最大值 | | | | | | | | | | 12.3 | 0.89 | 8 | 49 | 19 | | | | | | |
| | 平均值 | | | | | | | | | | 8.9 | 0.68 | 5 | 28 | 10.0 | | | | | | |
| | 小均值 | | | | | | | | | | | | | 22 | 6.7 | | | | | | |

击;饱和快剪凝聚力平均值为 17.3 kPa,内摩擦角 23.6°;三轴剪凝聚力为 14.5 kPa,内摩擦角 9.9°;压缩系数为 0.11~0.21 $MPa^{-1}$,属中等压缩性土。从静力触探钻孔资料看,该层并未发现较软的部位,其锥头阻力 $q_c$ 平均值 1.36 MPa,侧壁摩擦力 $f_s$ 平均值 49.74 kPa,摩阻比 $n$ 平均值 3.73%(其上部褐黄色低液限黏土 $q_c$ 平均值 1.26 MPa,$f_s$ 平均值 52.63 kPa,摩阻比 $n$ 平均值 4.34%)。从上述试验指标看,二坝线左岸 $Q_3$ 灰色低液限黏土工程地质性质并非很差。

河槽及右岸残留一级阶地(4+490~4+650 段)$Q_4^1$、$Q_3$ 卵石混合土层之间也存在灰色土层,其顶面高程 79~80 m,厚度一般为 1~2 m,同时 $Q_4^1$、$Q_3$ 卵石混合土层之中局部(4+405~4+440 段、909 孔处)亦有薄层灰土透镜体,厚 0.3~0.5 m。在坝轴线上下游勘探剖面中,灰土亦呈透镜体状分布,厚度小于 0.5 m。该灰色土层厚度较小且分布多不连续,排水条件好,作为较低土石坝坝基尚能适应。

另外,右岸为小燕山基岩陡坎,与河槽段相对高差达 30~35 m,且河槽坝基分布有 1~2 m 厚的灰色粉土,建议对河槽右岸坡进行削坡处理,以防不均匀沉陷对坝头接触带产生剪切破坏。

坝基各土类物理力学性指标建议值见表 6-10。

2004 年对坝基各有关岩土 2 层取样委托中国水利水电科学研究院相应进行了室内大型渗透、渗透变形、三轴压缩等试验,并提出了邓肯-张模型参数,见表 6-11。

### 6.5.3 石漫滩水库

坝址断层带两侧常常有泥质充填的平缓裂隙面存在,岩体高角度裂隙和层面剪切裂隙发育,夹泥普遍,将存在表层与深层抗滑稳定问题。

#### 6.5.3.1 坝基表层抗滑稳定

坝基表层抗滑稳定,是指混凝土与岩体接触面的抗滑稳定。考虑坝基固结灌浆及断层带做混凝土塞的工程措施后,原初步设计阶段坝基表层抗剪强度计算值建议:混凝土/岩石:$f$=0.70,$c$=0;$f'$=1.0,$c'$=0.8 MPa。

为确保坝基混凝土与岩石面结合良好($c'$=0.8 MPa),坝基表面在浇筑混凝土前,先预浇筑一薄层高强度等级的水泥砂浆,并按规定浇好底层混凝土,局部规模较大断层带的抗剪强度可能稍低。坝基面抗剪断摩擦系数可取 $f'$=1.0,黏聚力可取 $c'$= 0.8 MPa,混凝土层面取 $f'$=1.0,$c'$=1.0 MPa。经计算安全系数满足规范要求。

#### 6.5.3.2 坝基深层抗滑稳定

石漫滩水库坝基石英砂岩岩层走向为北西 290°,倾向西南,倾角为 25°~30°。坝基深层抗滑稳定边界条件,主要由 NNE 组(20°)、NWW 组(290°)、NE 组(40°~50°)和 NW 组(330°)高角度裂隙及 NWW 组(290°)层面或平缓裂隙面等,相互切割组合成的不同形式的结构体(见图 6-7)。各组控制性结构面连通率、密度汇总见表 6-12。

从上述情况可知,缓倾角裂隙与各组陡倾角裂隙和层面相互切割组成的边界条件,对坝基抗滑稳定不利。根据坝基开挖地质资料,复核了河床坝基局部断层带两侧地段,缓倾角夹泥裂隙的具体分布、数量和性质等。

表 6-10 坝基各土类物理力学性指标建议值

| 地质时代 | 土类 | 天然含水率 $W$/% | 天然干密度 $\rho$/(g/cm³) | 土粒相对体积质量 $G_s$ | 天然孔隙比 $e$ | 液限 $W_L$/% | 塑限 $W_P$/% | 塑性指数 $I_P$ | 液性指数 $I_L$ | 饱和快剪 | | 三轴剪 | | | | 压缩系数 $a_{v1-3}$/MPa⁻¹ | 压缩模量 $E_s$/MPa | 渗透系数 $K$/(cm/s) |
|---|---|---|---|---|---|---|---|---|---|---|---|---|---|---|---|---|---|---|
| | | | | | | | | | | | | 固结不排水 | | 固结排水 | | | | |
| | | | | | | | | | | 凝聚力 $c$/kPa | 内摩擦角 $\varphi$/(°) | 凝聚力 $c_{CU}$/kPa | 内摩擦角 $\varphi_{CU}$/(°) | 凝聚力 $c_{CD}$/kPa | 内摩擦角 $\varphi_{CD}$/(°) | | | |
| $Q_2$ | 低液限黏土 | 24.2 | 1.61 | 2.72 | 0.720 | 49.1 | 20.1 | 29.0 | 0.25 | 35 | 10.2 | | | | | 0.22 | 7.9 | $4.82\times10^{-6}$ |
| $Q_3$ | 低液限黏土 | 23.6 | 1.62 | 2.72 | 0.688 | 38.2 | 17.3 | 20.8 | 0.31 | 24.5 | 10.2 | 18.9 | 24.7 | 49.6 | 25.8 | 0.20 | 9.9 | $3.6\times10^{-7}$ |
| | 低液限黏土(灰) | 26.6 | 1.54 | 2.69 | 0.714 | 31.8 | 18.4 | 13.4 | 0.51 | 12.0 | 17.8 | 16.0 | 23.8 | 42.3 | 22.6 | 0.23 | 8.1 | $1.72\times10^{-6}$ |
| $Q_4$ | 低液限黏土 | 22.6 | 1.58 | 2.72 | 0.770 | 33.8 | 19.5 | 14.3 | 0.41 | 24 | 9.9 | 6.8 | 27.3 | 3.6 | 33.3 | 0.31 | 6.2 | $8.38\times10^{-5}$ |
| | 低液限粉土 | 24.1 | 1.56 | 2.70 | 0.744 | 29.6 | 20.7 | 8.9 | 0.44 | 11.2 | 18.2 | | | | | 0.23 | 7.9 | $1.84\times10^{-4}$ |

表 6-11　坝基、坝体各岩土类计算参数(中国水利水电科学研究院 2004 年资料)

| 部位 | 岩土名称 | | $\rho_d$/(g/cm$^3$) | $\varphi_0$/(°) | $\Delta\varphi$/(°) | $k$ | $n$ | $k_b$ | $m$ | $R_f$ | $G$ | $F$ | $D$ | 说明 |
|---|---|---|---|---|---|---|---|---|---|---|---|---|---|---|
| 坝基 | 低液限黏土($Q_3$) | | | | | 125 | 0.62 | 32 | 0.55 | 0.90 | 0.29 | 0.14 | 2.3 | |
| 坝基 | 灰色低液限黏土($Q_3$) | | | | | 195 | 0.65 | 39 | 0.47 | 0.92 | 0.27 | 0.11 | 2.4 | |
| 坝基 | 卵石混合土($Q_3$) | | 1.97 | 45.4 | 6.5 | 380 | 0.453 | 120 | 0.344 | 0.83 | | | | |
| 坝基 | 低液限黏土($Q_4$) | | | | | 120 | 0.60 | 20 | 0.75 | 0.77 | 0.20 | 0.04 | 2.8 | |
| 坝基 | 卵石混合土($Q_4$) | | 1.94 | 45.2 | 6.5 | 320 | 0.536 | 120 | 0.251 | 0.84 | | | | |
| 坝基 | 黏土质砂岩(N) | | 1.87~2.00 | 24.6 | 3.3 | 84 | 0.48 | 67 | 0.03 | 0.89 | | | | |
| 坝基 | 断层带 | 泥页岩 | 1.88~2.03 | 29.5 | 1.4 | 98 | 0.854 | 80 | 0.227 | 0.72 | | | | |
| 坝基 | 断层带 | 石英砂岩、页岩* | 1.88~2.08 | 29.6 | 0.8 | 168 | 0.47 | 93 | 0 | 0.69 | | | | |
| 坝基 | 断层带 | 全风化安山岩* | 可使用与黏土质砂砾岩相近的参数 | | | | | | | | | | | |
| 坝体 | 全强风化砂页岩料 | | 2.09 | 42.1 | 11.1 | 250 | 0.31 | 55 | 0.34 | 0.83 | | | | 输水洞进出口开挖料 |
| 坝体 | 坝体防渗料 | | | | | 169 | 0.93 | 47 | 0.65 | 0.95 | 0.48 | 0.26 | 1.6 | 低液限黏土($Q_3$)料 |
| 坝体 | 坝体反滤粗砂 | | | | | 260 | 0.60 | 218 | 0.19 | 0.83 | 0.52 | 0.25 | 1.0 | 卵石混合土筛余粗砂 |
| 坝体 | 黏土质砂砾岩料* | | | 30.0 | 1.5 | 180 | 0.65 | 120 | 0.35 | 0.90 | | | | 溢洪道尾水开挖料 |

注：* 表示这些土样的计算参数是根据已完成的部分试验结果或经验确定的。

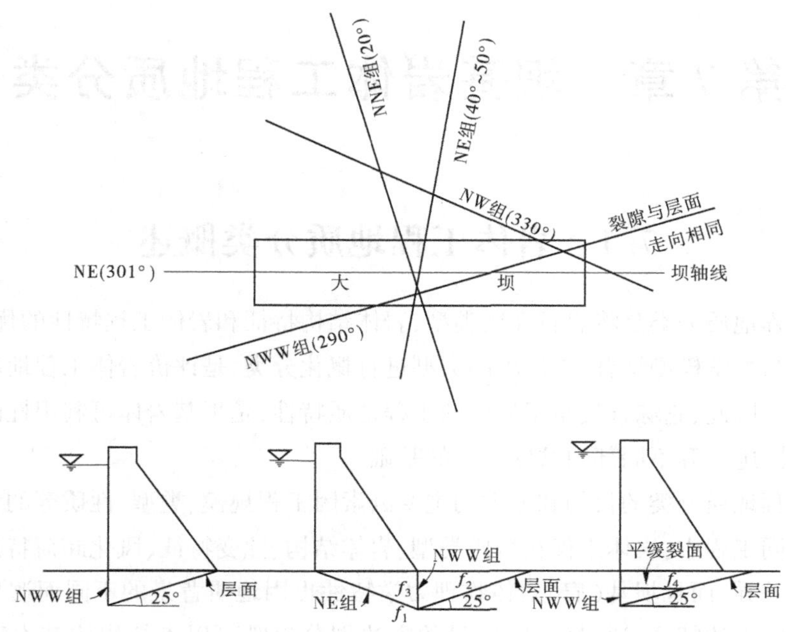


图 6-7　坝基深层滑动边界条件示意图

表 6-12　各组控制性结构面连通率、密度汇总

| 序号 | 结构面名称 | 产状 | | | 连通率/% | 密度/(条/m) | 说明 |
|---|---|---|---|---|---|---|---|
| | | 走向/(°) | 倾向 | 倾角/(°) | | | |
| 1 | NWW 组 | 290~330 | NE | 60~80 | 100 | 1.0 | 裂面充填泥质 |
| 2 | NW 组 | 320~330 | NE | 60~80 | 100 | 0.5 | 裂面充填泥质 |
| 3 | NNE 组 | 15~20 | NW | 60~70 | 80 | 0.33 | 裂面充填泥质 |
| 4 | NE 组 | 40~50 | NW | 60~70 | 80 | 0.10 | 裂面充填泥质 |
| 5 | 层面 | 290 | SW | 25 | 100 | 1.0 | 裂面充填泥质 |
| 6 | 平缓裂隙面 | — | — | <20 | — | — | 裂面充填泥质 |

坝基夹泥分布普遍，各种高角度裂隙面、层面及缓倾角裂隙面均有充填。从工程措施及工程经验等因素的整体效应提出各夹泥层抗剪强度建议值，见表 6-13。

表 6-13　各夹泥层抗剪强度建议值

| 序号 | 结构面 | 抗剪强度 | |
|---|---|---|---|
| | | 摩擦系数 $f$ | 凝聚力 $c$/MPa |
| 1 | 陡倾角裂隙面 | 0.45($f_1$) | 0 |
| 2 | 陡倾角裂隙面 | 0.45($f_3$) | 0 |
| 3 | 层面 | 0.35($f_2$) | 0 |
| 4 | 缓倾角裂隙面 | 0.25~0.35($f_4$) | 0 |

坝基深层抗滑稳定安全系数满足规范要求。

# 第 7 章 坝基岩体工程地质分类

## 7.1 岩体工程地质分类概述

岩体工程地质分类是将岩石介质类型、岩体结构特征和岩体工程特性的优劣程度，岩体地质模型与力学模型结合，以简单的类型进行概化分类，是评价岩体工程地质条件的一个重要途径。因此，它综合反映了岩体的工程地质特性，是坝基岩体可利用性的标准及工程勘察、设计、施工等不同部门共同交流的基础。

岩体工程地质分类的目的和考虑的主要因素因工程规模、类型、性质等的不同而有所差异。在不同工程中，岩体不仅在岩质类型、岩体结构、蚀变特征、风化卸荷特征等方面存在着较大的差异，而且坝基（肩）岩体物理力学特性也因地质背景的不同而迥异。如何将坝址区岩体的上述特征，通过定性、定量的方法划分出既可以表征岩体基本工程地质条件，又可以表征其物理力学特性及适宜高混凝土坝修建的类型或等级，是坝基岩体工程地质分类的核心或目的。因此，坝基岩体工程地质分类既需要概化地质环境的定性表述语言，又需要能够刻划岩体质量、岩体力学参数的定量指标。

岩体工程地质分类或岩体质量评价，最早起源于欧洲地下工程中岩体的定性或定量单指标评价方法，此后逐渐扩展至边坡、水电等工程领域，并发展为多指标综合评价的方法。目前，工程岩体分类（分级）的方法分为定性分析和定量分析。定量分析的方法包括统计分析法、非线性模型法、规程规范法和专家系统法等。

从 Ritter（1879）将经验方法公式化用于隧洞设计，尤其是决定支护形式开始，岩体分类系统的发展已有 100 多年历史。其间，国外许多学者做了大量的研究工作，如早期的太沙基（Terzaghi，1946）、劳弗尔（Lauffer，1958）和迪尔（Deere，1964）等。20 世纪 70 年代以后，随着岩体工程建设的不断发展，工程岩体分类方法的研究取得了显著的进展，如威克汉姆（Wikham，1972）等提出了 RSR 分类法，宾尼奥斯基（Bieniawski，1973）提出了 RMR 分类法，巴顿（Barton，1974）等提出了 Q 系统分类法等。随后，霍顿（1975）、宾尼奥斯基（1976）、巴顿（1976）和拉特利奇（1978）等分别对各种分类方法进行了一系列的比较研究。20 世纪 90 年代以来，霍克（Hoek，1995）及霍克、凯撒和宝登（Hoek，Kaiser 和 Baroden，1995）提出的 GSI（Geological Strength Index）法，挪威学者 Palmstrom（1996）在对 CSIR 分类法和 NGI 分类法评述的基础上提出的 RMI（Rock Mass Index）法。

20世纪70年代以来，非线性科学理论蓬勃发展，成为解决非线性复杂大系统问题的有力工具，也在岩体分级、岩体力学参数估算和岩体稳定分析等领域得到了广泛应用，比较有代表性的理论方法包括耗散结构理论、协同论、分叉、分形、混沌和神经网络、灰色系统理论等。

我国于20世纪70年代相继在一些行业或部门开展了工程岩体分类方法的研究，并自20世纪70年代起国家及水利水电、铁道和交通等部门，根据各自特点提出了一些围岩分类方法及其应用的工程实例。如国家为制定《锚杆喷射混凝土支护技术规范》(GBJ 86—85)，2015年修订为《岩土锚杆与喷射混凝土支护工程技术规范》(GB 50086—2015)而提出的工程岩体分类；铁道部门为制定《铁路隧道设计规范》(TB 10003—2001)，2016年修订为《铁路隧道设计规范》(TB 10003—2016)而提出的铁路隧道围岩分类、总参工程兵(坑道工程)围岩分类等。1994年颁布了我国国家标准《工程岩体分级标准》(GB 50218—94)，2014年进行了修订，即《工程岩体分级标准》(GB/T 50218—2014)，2015年5月1日实施，该标准提出了分两步进行的工程岩体分级方法：首先根据岩体坚硬程度和完整性这两个指标进行初步定级，然后针对各类工程特点，并考虑其他影响因素对岩体基本质量指标进行修正，再对工程岩体进行进一步分级。该标准为我国岩体工程建设中岩体分级提供了一个统一的尺度，为我国岩体工程的设计、施工提供了可靠的基础，已经被一些行业规范所采用。水利水电工程围岩分级，是根据《水力发电工程地质勘察规范》(GB 50287—2016)及《水利水电工程地质勘察规范(2022年版)》(GB 50487—2008)水电地下工程围岩分类标准(HC分类)，以控制围岩稳定的岩石强度、岩体完整度、结构面状态、地下水和主要结构面产状五项因素之和的总评分为基本依据，以围岩强度应力比作为限定判据的方法。随着工程建设的发展，工程岩体质量分级正在由单因素定性分级向多因素、多指标的定性和定量综合模式发展，三峡YZP法就是其中应用较多的一种考虑多因素来确定岩体质量的方法。

依据《水利水电工程地质勘察规范(2022年版)》(GB 50487—2008)6.4节，初步设计阶段的混凝土重力坝(砌石重力坝)坝址工程地质勘察，要在分析坝基岩石性质、地质构造、岩体结构、岩体应力、风化卸荷特征、岩体强度和变形性质的基础上进行坝基岩体工程地质分类，提出各类岩体的物理力学参数建议值，并对坝基工程地质条件做出评价。坝基岩体工程地质分类应符合《水利水电工程地质勘察规范(2022年版)》(GB 50487—2008)附录V的规定，见表7-1。

坝基岩体工程地质分类的研究重点是准确选择影响岩体地质条件的各个评价指标，这些指标必须能够全面地反映坝基岩体的特性，同时这些评价指标要能通过可行的试验获取其定量值。对坝基岩体进行工程地质分类研究的主要评价指标包括三个方面：岩石坚硬程度、岩体结构特征和岩体完整程度。

表 7-1 坝基岩体工程地质分类

| 类别 | A 坚硬岩($R_b$>60 MPa) | | | B 中硬岩($R_b$=30~60 MPa) | | | C 软质岩($R_b$<30 MPa) | | |
|---|---|---|---|---|---|---|---|---|---|
| | 岩体特征 | 岩体工程性质评价 | 岩体主要特征值 | 岩体特征 | 岩体工程性质评价 | 岩体主要特征值 | 岩体特征 | 岩体工程性质评价 | 岩体主要特征值 |
| Ⅰ | $A_Ⅰ$:岩体呈整体状或块状、巨厚层状、厚层状结构,结构面不发育-轻度发育,延展性差,多闭合,岩体力学特性各方向的差异性不显著 | 岩体完整,强度高,抗滑、抗变形性能强,不需做专门性地基处理。属优良高混凝土坝地基 | $R_b$>90 MPa,$v_P$>5 000 m/s,RQD>85%,$K_v$>0.85 | — | — | — | — | — | — |
| Ⅱ | $A_Ⅱ$:岩体呈块状或次块状、厚层结构,结构面中等发育,软弱结构面局部分布,不成为控制性结构面,不存在影响坝基或坝肩稳定的大型楔体或棱体 | 岩体较完整,强度高,软弱结构面不控制岩体稳定,抗滑、抗变形性能较高,专门性地基处理工程量不大,属良好高混凝土坝地基 | $R_b$>60 MPa,$v_P$>4 500 m/s,RQD>70%,$K_v$>0.75 | $B_Ⅱ$:岩体结构特征与$A_Ⅰ$相似 | 岩体完整,强度较高,抗滑、抗变形性能较强,专门性地基处理工程量不大,属良好高混凝土坝地基 | $R_b$=40~60 MPa,$v_P$=4 000~4 500 m/s,RQD>70%,$K_v$>0.75 | — | — | — |

续表 7-1

| 类别 | A 坚硬岩($R_b$>60 MPa) | | | B 中硬岩($R_b$=30~60 MPa) | | | C 软质岩($R_b$<30 MPa) | | |
|---|---|---|---|---|---|---|---|---|---|
| | 岩体特征 | 岩体工程性质评价 | 岩体主要特征值 | 岩体特征 | 岩体工程性质评价 | 岩体主要特征值 | 岩体特征 | 岩体工程性质评价 | 岩体主要特征值 |
| Ⅲ | $A_{Ⅲ1}$：岩体呈次块状、中厚层状结构或焊合牢固的薄层结构。结构面中等发育，岩体中分布有缓倾角或陡倾角(坝肩)的软弱结构面，存在影响局部坝基或坝基稳定的楔体或棱体 | 岩体较完整，局部完整性差，强度较高，抗滑、抗变形性能在一定程度上受结构面控制。对影响岩体变形和稳定的结构面应做局部专门处理 | $R_b$>60 MPa，$v_P$=4 000~4 500 m/s，RQD = 40% ~ 70%，$K_v$=0.55~0.75 | $B_{Ⅲ1}$：岩体结构特征与$A_Ⅱ$相似 | 岩体较完整，有一定强度，抗滑、抗变形性能一定程度受结构面和岩石强度控制，影响岩体变形和稳定的结构面应做局部专门处理 | $R_b$=40~60 MPa，$v_P$=3 500~4 000 m/s，RQD = 40% ~ 70%，$K_v$=0.55~0.75 | $C_Ⅲ$：岩石强度15~30 MPa，岩体呈整体状或巨厚层状结构，结构面不发育-中等发育，岩体力学特性各方向的差异性不显著 | 岩体完整，抗滑、抗变形性能受岩石强度控制 | $R_b$<30 MPa，$v_P$=2 500~3 500 m/s，RQD>50%，$K_v$>0.55 |
| | $A_{Ⅲ2}$：岩体呈互层状、镶嵌状结构，层面为硅质或钙质胶结薄层状结构。结构面发育，但延展差，多闭合，岩块间嵌合力较好 | 岩体强度较高，但完整性差，抗滑、抗变形性能受结构面发育程度、岩块间嵌合能力，以及岩体整体强度特性控制，基础处理以提高岩体的整体性为重点 | $R_b$>60 MPa，$v_P$=3 000~4 500 m/s，RQD = 20% ~ 40%，$K_v$=0.35~0.55 | $B_{Ⅲ2}$：岩体呈次块或中厚层状结构，或硅质、钙质胶结的薄层结构，结构面中等发育，多闭合，岩块间嵌合力较好，贯穿性结构面不多见 | 岩体较完整，局部完整性差，抗滑、抗变形性能受结构面和岩石强度控制 | $R_b$=40~60 MPa，$v_P$=3 000~3 500 m/s，RQD = 20% ~ 40%，$K_v$=0.35~0.55 | — | — | — |

续表 7-1

| 类别 | A 坚硬岩($R_b$>60 MPa) | | | B 中硬岩($R_b$=30~60 MPa) | | | C 软质岩($R_b$<30 MPa) | | |
|---|---|---|---|---|---|---|---|---|---|
| | 岩体特征 | 岩体工程性质评价 | 岩体主要特征值 | 岩体特征 | 岩体工程性质评价 | 岩体主要特征值 | 岩体特征 | 岩体工程性质评价 | 岩体主要特征值 |
| Ⅳ | $A_{Ⅳ1}$：岩体呈互层状或薄层状结构，层间结合较差。结构面较发育-发育，明显存在不利于坝基及坝肩稳定的软弱结构面、较大的楔体或棱体 | 岩体完整性差，抗滑、抗变形性能明显受结构面控制。能否作为高混凝土坝地基，视处理难度和效果而定 | $R_b$>60 MPa，$v_P$=2 500~3 500 m/s，RQD=20%~40%，$K_v$=0.35~0.55 | $B_{Ⅳ1}$：岩体呈互层状或薄层状，层间结合较差，存在不利于坝基(肩)稳定的软弱结构面、较大楔体或棱体 | 同$A_{Ⅳ1}$ | $R_b$=30~60 MPa，$v_P$=2 000~3 000 m/s，RQD=20%~40%，$K_v$<0.35 | $C_Ⅳ$：岩石强度大于15 MPa，但结构面较发育；或岩体强度小于15 MPa，结构面中等发育 | 岩体较完整，强度低，抗滑、抗变形性能差，不宜作为高混凝土坝地基，当坝基局部存在该类岩体时，需专门处理 | $R_b$<30 MPa，$v_P$≤2 500 m/s，RQD<50%，$K_v$<0.55 |
| Ⅳ | $A_{Ⅳ2}$：岩体呈镶嵌或碎裂结构，结构面很发育，且多张开或夹碎屑和泥，岩块间嵌合力弱 | 岩体较破碎，抗滑、抗变形性能差，一般不宜做高混凝土坝地基。当坝基局部存在该类岩体时，需做专门处理 | $R_b$>60 MPa，$v_P$<2 500 m/s，RQD≤20%，$K_v$≤0.35 | $B_{Ⅳ2}$：岩体呈薄层状或碎裂状，结构面发育-很发育，多张开，岩块间嵌合力差 | 同$A_{Ⅳ2}$ | $R_b$=30~60 MPa，$v_P$<2 000 m/s，RQD<20%，$K_v$<0.35 | — | — | — |
| Ⅴ | $A_Ⅴ$：岩体呈散体结构，由岩块夹泥或泥包岩块组成，具有散体连续介质特征 | 岩体破碎，不能作为高混凝土坝地基。当坝基局部地段分布该类岩体时，需做专门处理 | — | 同$A_Ⅴ$ | 同$A_Ⅴ$ | — | 同$A_Ⅴ$ | 同$A_Ⅴ$ | — |

注：本分类适用于高度大于 70 m 的混凝土坝。$R_b$ 为单轴饱和抗压强度，$v_P$ 为声波纵波速度，$K_v$ 为岩体完整性系数，RQD 为岩石质量指标。

# 7.2　参数的选取

## 7.2.1　岩石坚硬程度

岩石强度是指岩石坚硬性程度，它与原岩的矿物成分、结构、胶结程度、构造破坏及次生地质作用密切相关。岩体(石)强度表现为岩体(石)在外荷载作用下，抵抗变形直至破坏的能力。主要定量指标有岩石单轴饱和抗压强度 $R_b$、点荷载强度 $I_{s(50)}$、回弹指数 $N$、岩体抗剪强度参数($f'$、$c'$)。本书根据单轴饱和抗压强度 $R_b$ 确定岩石坚硬强度。

根据单轴饱和抗压强度，$R_b$ 分为 5 级，即坚硬岩(>60 MPa)，代表性岩石有花岗岩等岩浆石，硅岩、钙质胶结的朔岩及砂岩等沉积岩；中硬岩(30~60 MPa)，代表性岩石有片麻岩、石英岩、大理岩、板岩等变质岩；较软岩(15~30 MPa)，代表性岩石有凝灰岩等喷出岩；软岩(5~15 MPa)，代表性岩石有砂砾岩、泥质砂岩等沉积岩；极软岩(<5 MPa)，代表性岩石有云母片岩等变质岩。《水利水电工程地质勘察规范(2022 年版)》(GB 50487—2008)中的岩石强度评分如表 7-2 所示。

**表 7-2　岩石强度评分**

| 岩质类型 | 硬质岩 | | 软质岩 | |
|---|---|---|---|---|
| | 坚硬岩 | 中硬岩 | 较软岩 | 软岩 |
| 单轴饱和抗压强度 $R_b$/MPa | $R_b>60$ | $60\geqslant R_b>30$ | $30\geqslant R_b>15$ | $15\geqslant R_b>5$ |
| 岩石强度评分 $A$ | 30~20 | 20~10 | 10~5 | 5~0 |

注：1. 岩石单轴饱和抗压强度大于 100 MPa 时，岩石强度评分为 30；

2. 当岩体完整程度与结构面状态评分之和小于 5 时，岩石强度评分大于 20 的按 20 评分。

岩石坚硬程度的定性描述很容易受到外在因素影响，通过力学试验来获取岩石坚硬程度的定量值，再结合定性描述就可以更加客观地体现岩石坚硬程度，大大减少定性描述中主观因素的影响。通常岩石坚硬程度的定量指标是用岩石的单轴饱和抗压强度、电荷载度等试验指标来描述的。岩石单轴饱和抗压强度 $R_b$ 是工程应用中最常用的一项来检测岩石坚硬程度的指标，该指标通过单轴抗压强度试验来获取。

$R_b$ 的计算公式：

$$R_b = P/A \tag{7-1}$$

式中：$R_b$ 为岩石单轴饱和抗压强度，MPa；$P$ 为试件破坏荷载，N；$A$ 为试件截面面积，$mm^2$。

用点荷载强度指数来换算单轴饱和抗压强度：

$$R_b = 22.82I_{S(50)}^{0.75} \tag{7-2}$$

式中：$R_b$ 为岩石单轴饱和抗压强度，MPa；$I_{S(50)}^{0.75}$ 为修正后的点荷载强度指数，MPa。

## 7.2.2　岩体结构特征

岩体结构是岩体中结构面和结构体的组合方式，是我国工程地质界在研究岩体力学性质方面取得的重要成果。20 世纪 60 年代，中国科学院地质研究所孙玉科研究员提出了“岩体结构”的学术观点，为建立“岩体结构力学”的理论奠定了基础。1979 年谷德振教授在其专著《岩体工程地质力学基础》中指出“岩体受力后变形、破坏的可能性、方式和规模受岩体自身结构所制约”，从地质历史的发展过程——建造与改造，并运用地质力学的观点，研究了岩体的工程地质特性及力学成因问题，对解决大型岩体工程建设问题起到了很大的作用。孙广忠教授于 20 世纪 80 年代进一步提出“岩体结构控制论”是岩体力学的基础理论，提出岩体变形和破坏是由岩石材料和结构面共同控制的，岩体力学性质不仅取决于岩石材料的力学性质，而且受控于岩体结构力学效应及环境因素力学效应，提出了岩体可以划分为连续、破裂、块裂及板裂四种介质类型，从而建立了完善的岩体结构力学体系。成都理工大学张倬元、王士天、王兰生在岩体结构、岩体稳定性分析及工程运用方面，形成了有特色的理论体系和系统的研究方法，为国内工程界广泛应用，深得学术界的推崇，他们指出，岩体的结构特征是在漫长的地质历史发展过程中形成的，特定的建造确定了岩体的原生结构特征，是岩体结构的基础，而构造作用改造在岩体结构的形成中发挥了重要作用，浅、表生作用改造则在一定程度、一定范围内使岩体结构复杂化，劣化岩体工程性状；研究岩体结构应从建造和改造两方面综合考虑，将岩体结构分类方案概括为岩体结构类型分析图解。岩体结构包括四种基本类型：整体块状结构、层状结构、碎裂结构和散体结构。表 7-3 给出了坝基岩体结构的基本类型；表 7-4 为坝基岩体结构面的评分标准。

**表 7-3　坝基岩体结构的基本类型**

| 结构类型 | | 地质背景 | 结构面特征 | 结构体形态 |
|---|---|---|---|---|
| 类 | 亚类 | | | |
| 整体块状结构 Ⅰ | 整体结构（$Ⅰ_1$） | 岩性单一，构造变形轻微的巨厚沉积岩、变质岩和火成岩体 | 结构面少，一般不超过 3 组，延展性差，多闭合，无填充或夹少量碎屑 | 巨型块状 |
| | 块状结构（$Ⅰ_2$） | 岩性单一，构造变形轻-中等的厚层沉积岩、变质岩和火成岩体 | 结构面一般为 2～3，面多闭合，层间有一定的结合力 | 各种形状的块状 |
| 层状结构 Ⅱ | 层状结构（$Ⅱ_1$） | 构造变形轻-中等的中-厚层的层状岩体 | 以层理、片理、节理为主，延展性较好，一般有 2～3 组，层间结合力较差 | 厚板状、块状、柱状 |
| | 薄层状结构（$Ⅱ_2$） | 同 $Ⅱ_1$，但厚度小（<30 cm），在构造作用下表现为强烈褶曲和层间错动 | 层理、片理发育，原生软弱夹层层间错动和小断层不时出现，结构面多为泥膜、碎屑和泥质物充填，一般结合力差 | 板状或薄板状 |

**续表 7-3**

| 结构类型 | | 地质背景 | 结构面特征 | 结构体形态 |
|---|---|---|---|---|
| 类 | 亚类 | | | |
| 碎裂结构Ⅲ | 镶嵌结构（$Ⅲ_1$） | 一般发育于脆硬岩层，节理、劈理组数多，密度大 | 以节理、劈理等小结构面为主，组数多，密度大，但延展性差，闭合无填充或夹少量碎屑 | 形态、大小不一，棱角显著 |
| | 层状碎裂结构（$Ⅲ_2$） | 软硬相间的岩石组合，并常有近于平行的软弱破碎带存在 | 软弱夹层和各种成因类型的破碎带发育，大致平行分布，以构造节理等小型结构面为主 | 以碎块和板柱状为主 |
| | 碎裂结构（$Ⅲ_3$） | 岩性复杂，构造破碎强烈，弱风化带 | 各类结构面均发育，彼此交切多被填充，结构面光滑度不等，形态不一 | 碎屑和大小、形态不同的岩块 |
| 散体结构Ⅳ | | 构造破碎带及剧-强风化带 | 节理、劈理密集。破碎带呈块状夹泥或泥包块的松软状态 | 泥、岩粉、碎屑、碎块、碎片等 |

**表 7-4　坝基岩体结构面的评分标准**

| 结构面状态 | 宽度 $W$/mm | 闭合 $W<0.5$ | | 微张 $0.5 \leqslant W<5.0$ | | | | | | | | | 张开 $W \geqslant 5.0$ | |
|---|---|---|---|---|---|---|---|---|---|---|---|---|---|---|
| | 充填物 | — | | 无填充 | | | 岩屑 | | | 泥岩 | | | 岩屑 | 泥质 |
| | 起伏粗糙状况 | 起伏粗糙 | 平直光滑 | 起伏粗糙 | 起伏光滑或平直粗糙 | 平直光滑 | 起伏粗糙 | 起伏光滑或平直粗糙 | 平直光滑 | 起伏粗糙 | 起伏光滑或平直粗糙 | 平直光滑 | — | — |
| 结构面状态评分 | 硬质岩 | 7 | 1 | 4 | 21 | 5 | 1 | 17 | 2 | 5 | 12 | 9 | 2 | 6 |
| | 软质岩 | 7 | 1 | 4 | 21 | 5 | 1 | 17 | 2 | 5 | 12 | 9 | 2 | 6 |
| | 软岩 | 8 | 4 | 7 | 14 | 8 | 4 | 11 | 8 | 0 | 8 | 8 | 8 | 4 |

**注**：1. 结构面的延伸长度小于 3 m 时，硬质岩、较软岩的结构面状态评分另加 3 分，软岩加 2 分；结构面延伸长度大于 1 m 时，硬质岩、较软岩的结构面状态评分减 3 分，软岩减 2 分。

2. 当结构面张开度大于 10 mm 且无充填时，结构面状态评分为 0。

## 7.2.3　岩体完整程度

近年来，岩体完整性系数指标在水电、交通、矿业等工程勘察中发挥了重要的作用，岩体完整性系数是由波速来确定的。从应用单一的波速参数发展到现在的系列测试技术，尤以弹性波动力学参数的取得，加之弹性波测试具快速、简便、经济、便于大面积测试、受人为因素影响小等优点,受到愈来愈多工程技术人员的重视。岩体纵波速度与岩石类型有关,但在很大程度上反映的是岩体的完整程度,即岩体被裂隙切割的情况,从根本上说就是岩体结构类型。因此,许多方案中给出了各类结构岩体的波速或完整性系数范围值。《水利水电工程地质勘察规范(2022 年版)》(GB 50487—2008)提出的坝基岩体工程地质分类中,岩体完整性系数采用了国际上较通用的划分标准。

岩体的完整程度是决定岩体基本质量的又一重要因素。岩体的完整程度主要指岩体受结构面的切割程度、单元块体的大小及块体之间的结合状态。表征岩体完整程度的指标有多种,较普遍选用的有岩体完整性系数 $K_v$,岩体体积节理数 $J_v$,岩石质量指标 RQD、节理平均间距 $d$、岩体纵波波速 $v_P$ 等。这些指标从不同的侧面、不同程度反映了岩体的完整程度。

岩体完整性系数 $K_v$ 值由同一岩体的声波纵波速度与岩块纵波速度之比的平方确定,见表 7-5。

**表 7-5　岩体完整程度评分**

| 岩体完整程度 | | 完整 | 较完整 | 完整性差 | 较破碎 | 破碎 |
|---|---|---|---|---|---|---|
| 岩体完整性系数 | | $K_v>0.75$ | $0.55<K_v\leq0.75$ | $0.35<K_v\leq0.55$ | $0.15<K_v\leq0.35$ | $K_v\leq0.15$ |
| 岩体完整性评分 | 硬质岩 | 30~40 | 22~30 | 14~22 | 6~14 | <6 |
| | 软质岩 | 19~25 | 14~19 | 9~14 | 4~9 | <4 |

**注:**1. 当 $30<R_b\leq60$ MPa,岩体完整程度与结构面状态评分之和>65 时,按 65 评分。

2. 当 $15<R_b\leq30$ MPa,岩体完整程度与结构面状态评分之和>55 时,按 55 评分。

3. 当 $5<R_b\leq15$ MPa,岩体完整程度与结构面状态评分之和>40 时,按 40 评分。

4. 当 $R_b\leq5$ MPa,属特软岩,岩体完整程度与结构面状态不参加评分。

关于岩体纵波波速,与岩石质量指标 RQD 一样,反映了岩体的完整程度。其值高低主要取决于岩石性质、岩体结构、风化卸荷情况等赋存条件,它是一项表征岩体质量的综合指标。因此,国内外有不少采用岩体弹性波的分级实例。大量工程实际表明,岩体纵波波速 $v_P$ 在岩体质量分级中已成为一种相当有效且简便的方法。

## 7.3　各分类方法的适用性

### 7.3.1　定性分析法

定性分析法是根据岩体完整程度、结构面状态、地下水及结构面产状等特征直观评价岩体质量的方法,该方法应用于早期工程岩体分级,具有便捷、经济的优点,但受评判人经验及环境影响较大、精确度低,不适用于大型工程。

### 7.3.2　统计分析法

RMR 分类法以 RMR 值来代表岩体的质量或稳定性,主要考虑了岩石的单轴抗压强度、岩石质量指标 RQD、节理间距、节理状况、地下水情况、节理产状及组合关系等 6 个评估因素及指标。首先将前5个因素分成5级,分别给出各级的评分值,把各项因素的评分值累加起来就得到岩体的基本RMR值;然后根据节理产状及组合关系对工程稳定性的影响程度对基本RMR值进行修正,得出岩体的实际RMR值。RMR分类法是岩体质量分级方法中应用最广泛也是最基础的一种方法,但是其评分过程中存在着许多不确定性和主观性,在地质条件复杂的情况下岩体分级效果差。因此,基于RMR分类法的其他方法被广泛应用。

岩体质量系数Q系统分类法以地质调查为基础,考虑了多个参数,因此也被称为NGI分类法。该分类方法全面考虑了地下工程围岩稳定的影响因素:岩石质量指标(RQD)、节理组系数($J_n$)、节理粗糙度系数($J_r$)、节理强度折减系数($J_a$)、含水节理折减系数($J_w$)及地应力折减系数(SRF),对巷道围岩进行分级分类。该分类方法涉及的资料多数基于地质调查,不需专门的测量仪器,易为一般的施工单位所接受。该分类方法考虑了应力场的状况,因此其科学性迈出了一大步。Q系统也存在一些不足:①没有直接考虑岩石强度,而是通过应力折减系数间接考虑岩石强度;②考虑最不利结构面,没有考虑结构面的不利组合情况;③考虑了低外水压力(1 MPa左右)及小涌水对围岩分类的影响,不足之处是未考虑高外水压力(如10 MPa左右)及大涌水对围岩分类的影响;④还有许多问题需要探索,如岩爆烈度等级与围岩类别的关系等尚不清楚。格姆斯坦德(Grimstad)、巴顿于1993年、1994年对地应力影响系数SRF进行了修正,修正后的Q系统不但适用于浅埋隧洞,也适用于深埋隧洞及超深埋隧洞。2002年,巴顿又在此基础上对Q系统参数的取值进行了修改和补充说明,这一阶段Q系统得到了补充完善。近年来,人们正在探索Q值与开挖影响范围、岩体弹性模量、纵波速度之间的关系,无疑,这些问题的解决对Q系统的发展、完善将起到更大的推动作用。

GSI(Geological Strength Index)法提供了一种评价不同地质条件下岩体强度降低的方法。该方法从岩体结构条件和表面质量两方面通过曲线图表的方法确定其GSI值。另一种计算GSI值的方法是,对质量好的岩体(GSI>25),通过Bieniawski的RMR分类来评价岩体的GSI值。

### 7.3.3　非线性模型法

非线性模型法引入不确定性评价模型来解决岩体质量分级的问题,在一定程度上克服了单指标的评价方法(如普氏系数法)仅用少数参数的信息,遗漏了部分有用的信息,从而导致所得结论片面的问题,也解决了多指标分类方法(如RMR法、ISRM法和Q系统法等)对影响因素的权值确定存在较大的随机性的问题。然而,不同的非线性模型方法同样避免不了自身的缺陷。例如,人工神经网络分类法虽克服了人为确定权重的缺陷,但是实际的应用中受到训练知识样本的限制;灰色关联分析法能够比较全面地考虑各个因素,但计算关联度时常以区间中点为最优,这样会遗漏重要的约束条件,会导致结果与实际情况存在较大的差异;模糊综合评判法虽然可以避免以上缺陷,但在岩体稳定性分类过程中评价指标的权重侧重于专家的经验,导致较强的主观性。

### 7.3.4　规程规范法

规程规范法是为了规范行业标准形成的普适方法,对于大多数工程都可应用,但并不适用于所有工程,导致实际工程中的特殊问题难以得到解决。

### 7.3.5 专家系统法

专家系统是一个以大量专门知识与经验为基础的计算机程序系统。其特点在于把专家们个人在解决问题过程中使用的启发性知识、判断性知识分成事实与规则,以适当的形式储存在计算机中,建立知识库。基于知识库采用合适的产生式系统,通过显示器屏幕上的图形用户界面,在用户回答程序询问所提供的数据、信息或事实的同时,计算机程序系统选择合适的规则进行推理判断、演绎,模拟人类专家解决问题做决定的过程,最后得出结论,给出建议,供用户决策参考。

## 7.4 工程案例

### 7.4.1 出山店水库

根据 GB 50487—2008 附录 V,坝基岩体工程地质分类主要依据坝基岩体主要特征:单轴饱和抗压强度 $R_b$、钻孔岩体纵波波速 $v_P$、岩石质量指标 RQD 及岩体完整性系数 $K_v$,勘测期间在对坝基岩体进行勘探过程中,进行了现场物探纵波波速测试试验,对各风化岩体取样进行了单轴抗压强度试验及岩块纵波波速测试试验,结合钻探过程中岩体质量指标统计进行坝基岩体工程地质分类。

出山店坝基岩体主要为早古生代中粗粒黑云母花岗岩($\gamma_3$),按花岗岩的风化物特征划分为强、弱、微三类。

(1)强风化黑云母花岗岩:岩体呈碎块状结构,岩体单轴饱和抗压强度($R_b$)平均值为 8 MPa(<30 MPa),为软岩;纵波波速 $v_P$ = 1 902~2 299 m/s,平均值 2 101 m/s(<2 500 m/s);RQD 值一般为 0~54%,平均值 26%(位于 20%附近);$K_v$ = 0. 30~0. 37,平均值 0. 34(<0. 35),岩体破碎。根据 GB 50487—2008 附录 V 综合判别,强风化黑云母花岗岩坝基工程地质分类属 $C_V$ 类。

(2)弱风化黑云母花岗岩:岩体呈镶嵌结构,岩体单轴饱和抗压强度($R_b$)平均值为 37. 6 MPa(介于 30~60 MPa),为较坚硬岩;纵波波速 $v_P$ = 2 859~3 055 m/s,平均值 2 957 m/s(介于 2 000~3 000 m/s);RQD 值一般为 32%~90%,平均值 64%(介于 20%~40%、40%~70%);$K_v$ = 0. 46~0. 49,平均值 0. 48(介于 0. 35~0. 55),岩体较破碎。根据 GB 50487—2008 附录 V 综合判别,弱风化黑云母花岗岩坝基工程地质分类属 $B_{IV1}$ 类。

(3)微风化黑云母花岗岩:岩体呈镶嵌结构,岩体单轴饱和抗压强度($R_b$)平均值为 66. 1 MPa(>60 MPa),为坚硬岩;纵波波速 $v_P$ = 2 917~3 711 m/s,平均值 3 215 m/s(介于 3 000~4 500 m/s);RQD 值一般为 80%~100%,平均值 91%(>70%);$K_v$ = 0. 47~0. 60,平均 0. 52(介于 0. 35~0. 55),岩体较破碎。根据 GB 50487—2008 附录 V 综合判别,微风化黑云母花岗岩坝基工程地质分类属 $A_{III2}$ 类。

## 7.4.2 前坪水库

前坪水库坝址区岩体多为安山玢岩，局部穿插辉绿岩脉，岩体中各类结构面较发育，岩体呈碎裂结构状，由于经受过复杂的地质作用，岩体中分布着各种结构面，如断层、节理、裂隙等，这些结构面彼此组合将岩体切割成形态不一、大小不等和成分有一定差异的岩块(见图 7-1)。

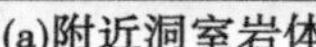
(a)附近洞室岩体

(b)主坝右岸原始边坡

图 7-1 碎裂结构岩体

根据现场调研和资料分析，坝址区岩体主要为微弱风化下带安山玢岩，岩体节理裂隙较为发育，具典型的“硬、脆、碎”特征，岩体呈块状构造、碎裂结构；同时存在主坝右坝肩高边坡和溢洪道左岸高边坡。其坝址两岸山体为侵蚀、剥蚀低山区与丘陵区过渡带。坝址区右岸岸坡为悬坡，基岩裸露，坝基开挖至建基面 330 m 时，右坝肩边坡最高达 90 m 以上。溢洪道进水渠左岸边坡高超过 80 m，局部可达 84 m。工程施工后会引起坝址区附近洞室围岩及边坡岩体应力状态重分布，坝址区洞室围岩及高边坡的安全与否直接制约大坝安全建设和健康运行，影响了施工人员和施工设备的安全。

### 7.4.2.1 人工神经网络法

将影响工程岩体分级的因素如单轴抗压强度、完整性系数、主要结构面倾角、地下水外水压力折减系数和地应力作为人工神经网络的输入样本集，将岩体质量级别值作为输出样本集，同时，把安徽省宁绩高速公路岩体质量分级数据库作为训练样本子集，将前坪水库坝址区六个岩组的岩体数据作为检验样本子集。

根据 Kolmogorov's 理论，按照下述参考公式进行最佳隐含层单元数目的选择。

$$m = 2n + 1 \tag{7-3}$$

式中：$m$ 为隐含层单元的数量；$n$ 为输入层单元的数量。

此处，$n=5$，所以 $m=11$。

由于隐含层单元数目设定较为复杂，因此本书选择 10、11、12 三组进行训练，从中挑取效果最好的一组。经检验，$m=11$ 时训练效果较好。

训练效果如图 7-2、图 7-3 所示。

由图 7-2 可以看出，实际输出与预期输出的相对误差控制在 0.001 以内，说明经过训练后的人工神经网络模型具有较高的预测精度。

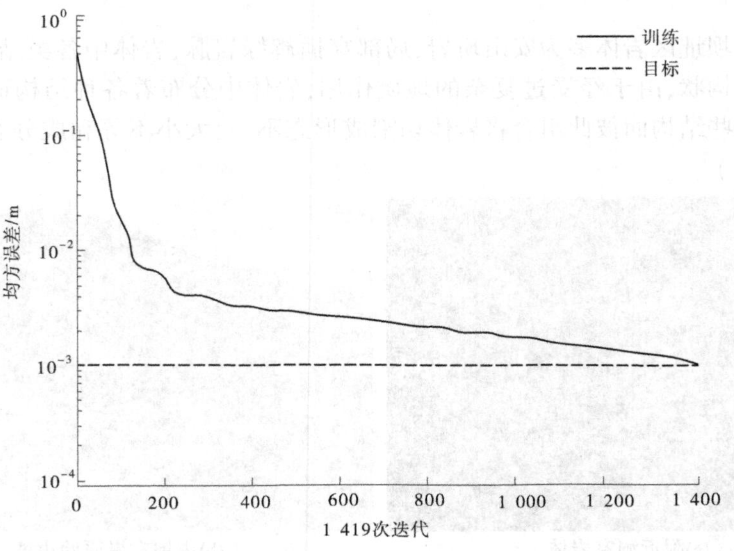


图 7-2 误差结果

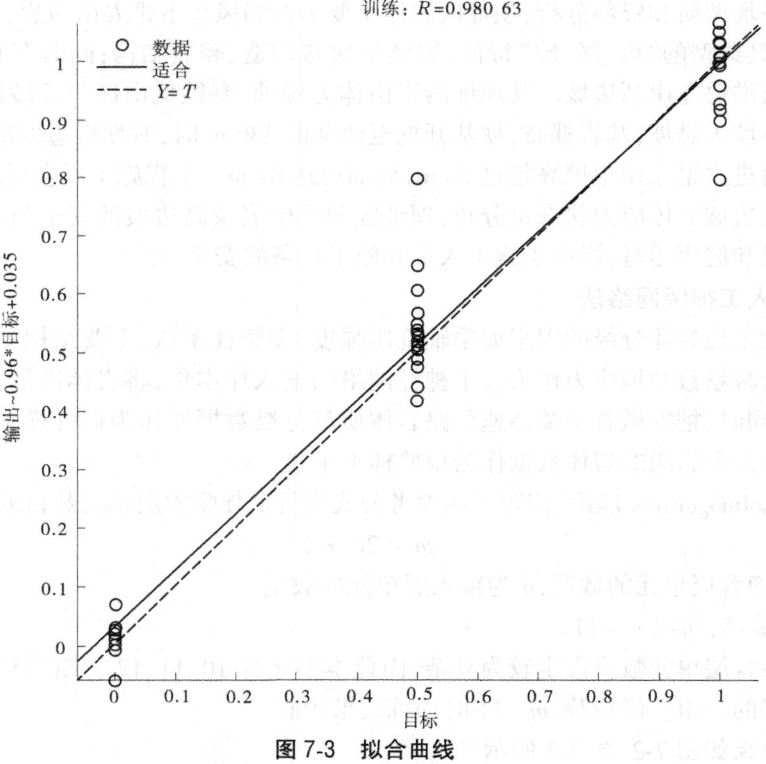


图 7-3 拟合曲线

由图 7-3 可知,拟合结果较好,训练后的人工神经网络模型具有较高的可靠性。

将归一化后的前坪水库岩性分组数据作为预测样本输入此网络模型,用此模型预测对应的岩体质量分级结果。由于神经网络预测结果为连续值,而岩体质量级别为离散值,因此预测结果不能用来直接表示岩体质量级别,在本书计算过程中,采用四舍五入的方式将连续数字转化为离散值来表示岩体质量的级别,如岩组①预测结果为 5.286 0,则其分级结果为Ⅴ类岩体。同理,将全部岩组输出结果汇总于表 7-6。

表 7-6 前坪坝址区岩体人工神经网络预测分级

| 岩组 | 单轴抗压强度/MPa | 完整性系数 | 主要结构面倾角/(°) | 地下水外水压力折减系数 | 地应力/MPa | 预测结果 | 分级结果 |
|---|---|---|---|---|---|---|---|
| ① | 37 | 0.35 | 75 | 0.2 | 1 | 5.286 0 | Ⅴ |
| ② | 63.7 | 0.6 | 83 | 0.1 | 1 | 3.325 3 | Ⅲ |
| ③ | 32.63 | 0.5 | 77 | 0.2 | 1 | 4.296 5 | Ⅳ |
| ④ | 21.1 | 0.98 | 79 | 0.1 | 1 | 3.201 2 | Ⅲ |
| ⑤ | 37.6 | 0.37 | 80 | 0.1 | 1 | 4.271 1 | Ⅳ |
| ⑥ | 16.8 | 0.22 | 75 | 0.2 | 1 | 5.368 9 | Ⅴ |

#### 7.4.2.2 模糊综合评判法

在坝址区采用岩体质量系数和岩体质量指标相结合的对比分析,对岩体质量进行评价,将坝址区岩体完整系数、岩石坚硬系数、岩石饱和轴向抗压强度、RQD 等数据输入模糊系统中,建立多因素隶属值的矩阵和各因素的权重系数矩阵,经过模糊变换运算得到相应的岩体质量级别的隶属度值矩阵,根据最大隶属度原则即可得到所对应的岩体级别,结果如表 7-7 所示:坝址区的岩组共分为①、②、③、④、⑤、⑥组,在参考国内相关规程规范基础上,结合室内试验确定的坝址区试验数据、岩体的物理力学性质参数取值应符合的规定,给出了各岩组的各项指标的具体数值,以岩组①为例,岩体完整性系数 $I$ 为 0.35,结构面摩擦系数 $f$ 为 0.8,岩体饱和轴向抗压强度 $R_c$ 为 37 MPa,岩石质量指标 RQD 为 11.89%,岩石坚硬系数 $s$ 为 0.37,岩体质量系数 $Z$ 为 0.104,岩体质量指标 $M$ 为 1.166,基于以上各参数确定岩组①岩体为Ⅳ级岩体,同理可得其他岩组的岩体级别,岩组②、③、④、⑤、⑥分别为Ⅲ级岩体、Ⅲ级岩体、Ⅲ级岩体、Ⅳ级岩体和Ⅳ级岩体。

表 7-7 坝址区分级结果

| 岩性分组 | ① | ② | ③ | ④ | ⑤ | ⑥ |
|---|---|---|---|---|---|---|
| $I$ | 0.35 | 0.6 | 0.5 | 0.98 | 0.37 | 0.22 |
| $f$ | 0.8 | 0.87 | 0.82 | 0.89 | 0.87 | 0.8 |
| $R_c$/MPa | 37 | 63.7 | 32.63 | 21.1 | 37.6 | 16.8 |
| RQD/% | 11.89 | 13.62 | 13.73 | 55.4 | 9.1 | 11 |

续表 7-7

| 岩性分组 | ① | ② | ③ | ④ | ⑤ | ⑥ |
|---|---|---|---|---|---|---|
| $s$ | 0.37 | 0.647 | 0.326 | 0.211 | 0.976 | 0.168 |
| $Z$ | 0.104 | 0.338 | 0.134 | 0.184 | 0.314 | 0.029 |
| $M$ | 1.166 | 3.153 | 1.493 | 3.896 | 1.14 | 0.616 |
| 岩体级别 | Ⅳ | Ⅲ | Ⅲ | Ⅲ | Ⅳ | Ⅳ |

#### 7.4.2.3　灰色聚类法

把坝址区六岩组作为灰色聚类的对象，用 $i$ 表示（$i=1,2,3,\cdots,6$）；把表征岩体稳定性的主要因素作为聚类指标，用 $j$ 表示（$j=1,2,3\cdots$），即 RQD、$R_C$、$K_v$、$K_f$、$W$；把岩体稳定性划分为 5 级，即稳定、基本稳定、稳定性差、不稳定及极不稳定作为灰类，用 $K$ 表示（$K=1,2,3,4,5$）。依据上述原理，结合坝址区试验数据，求出每一聚类对象在灰类中的最大值作为该聚类对象所对应的类别，结果如表 7-8 所示。

坝址区的岩层共有陈宅沟组（$E_2$）、马家河组（$Pt_{2m}$）、大营组（$N_d$）和断层带，其中陈宅沟组（$E_2$）包含岩组①，马家河组（$Pt_{2m}$）包含岩组②、③、④，大营组（$N_d$）包含岩组⑤，断层带包含岩组⑥，结合坝址区试验资料，得到岩石质量指标 RQD、湿抗压强度 $R_C$、完整性系数 $K_v$、结构面强度系数 $K_f$、地下水渗水量 $W$ 等评价指标的具体数值，按照灰色聚类法的岩体分级法对坝址区各岩组进行分类，具体分类结果为岩组①为Ⅴ级岩体，岩组②、③、④分别为Ⅲ级岩体、Ⅳ级岩体、Ⅲ级岩体，岩组⑤为Ⅵ级岩体，岩组⑥为Ⅴ级岩体，各岩组岩体分级结果如表 7-8 所示。

表 7-8　不同岩组岩体稳定性评价因素指标

| 岩组 | | 陈宅沟组（$E_2$） | 马家河组（$Pt_{2m}$） | | | 大营组（$N_d$） | 断层带 |
|---|---|---|---|---|---|---|---|
| | | ① | ② | ③ | ④ | ⑤ | ⑥ |
| 岩性 | | 紫红色巨厚层砾岩、砂砾岩，底部为黏土岩、黏土质砂岩 | 紫灰色英安岩和紫红色、灰紫色安山玢岩 | 灰色、浅红色或杂色凝灰岩 | 辉绿岩，矿物成分以辉石和斜长石为主 | 深灰色辉石橄榄玄武岩 | 浅紫红色角砾岩和碎块岩为主 |
| 评价因素 | RQD/% | 11.89 | 13.62 | 13.73 | 55.4 | 9.1 | 11 |
| | $R_c$/MPa | 37 | 63.7 | 32.63 | 21.1 | 37.6 | 16.8 |
| | $K_v$ | 0.35 | 0.6 | 0.5 | 0.98 | 0.37 | 0.22 |
| | $K_f$ | 0.35 | 0.5 | 0.4 | 0.6 | 0.8 | 0.2 |
| | $W$/（L · min/10 m） | 10 | 15 | 10 | 20 | 5 | 15 |
| 岩体分级及描述 | | Ⅴ | Ⅲ | Ⅳ | Ⅲ | Ⅳ | Ⅴ |

#### 7.4.2.4　规程规范法

1. 水利水电岩体分类

依据《水利水电工程地质勘察规范(2022年版)》(GB 50487—2008)地下工程岩体分类标准方法,结合坝址区试验数据,将坝址区六个岩组的岩石强度、岩体完整度、结构面状态、地下水和主要结构面产状数据对应评分,得到总评分,最终得出该岩组的岩体质量级别,分级结果如表7-9所示。以岩组Ⅰ为例,岩石单轴饱和抗压强度 $R_c$ 为37 MPa,评分为10;岩体完整性系数 $K_v$ 为0.35,评分为14;结构面状态评分11,地下水评分-10;主要结构面产状评分0;总评分为25,最终确定岩体为Ⅴ级岩体质量。同理,岩组Ⅱ、Ⅲ、Ⅳ、Ⅴ、Ⅵ分别为Ⅲ级岩体、Ⅳ级岩体、Ⅳ级岩体、Ⅳ级岩体和Ⅴ级岩体。

表7-9　坝址区分级结果

| 岩性分组 | Ⅰ | | Ⅱ | | Ⅲ | | Ⅳ | | Ⅴ | | Ⅵ | |
|---|---|---|---|---|---|---|---|---|---|---|---|---|
| $R_c$/MPa | 37 | 10 | 63.7 | 21 | 32.63 | 8 | 21.1 | 7 | 37.6 | 10 | 16.8 | 6 |
| $K_v$ | 0.35 | 14 | 0.6 | 27 | 0.5 | 19 | 0.98 | 0 | 0.37 | 14 | 0.22 | 1 |
| 结构面状态 | 11 | | 15 | | 15 | | 12 | | 15 | | 12 | |
| 地下水评分 | -10 | | -2 | | -10 | | -6 | | -2 | | -6 | |
| 主要结构面产状 | 0 | | 0 | | 0 | | 0 | | 0 | | 0 | |
| 总评分 | 25 | | 61 | | 32 | | 43 | | 37 | | 23 | |
| 岩体级别 | Ⅴ | | Ⅲ | | Ⅳ | | Ⅳ | | Ⅳ | | Ⅴ | |

2. 铁路隧道岩体质量分级

依据《铁路隧道设计规范》(TB 10003—2016)中关于隧道岩体的分类标准,结合坝址区岩石坚硬程度、岩体完整程度及岩体的风化程度等因素,采用定性划分和定量指标两种方法对照规范的规定,综合确定了坝址区岩组所对应的岩体质量级别,结果如表7-10所示。以岩组①为例,岩块单轴抗压强度 $R_c$ 为37 MPa,岩体完整性系数 $K_v$ 为0.35,风化分带为强-全风化,最终确定岩体为Ⅴ级岩体。同理,岩组②、③、④、⑤、⑥分别为Ⅲ级岩体、Ⅳ级岩体、Ⅳ级岩体、Ⅳ级岩体和Ⅳ级岩体。

表7-10　坝址区分级结果

| 岩性分组 | ① | ② | ③ | ④ | ⑤ | ⑥ |
|---|---|---|---|---|---|---|
| $R_c$/MPa | 37 | 63.7 | 32.63 | 21.1 | 37.6 | 16.8 |
| $K_v$ | 0.35 | 0.6 | 0.5 | 0.98 | 0.37 | 0.22 |
| 风化分带 | 强-全风化 | 弱风化 | 弱风化 | 弱风化 | 弱风化 | 强-全风化 |
| 岩体级别 | Ⅴ | Ⅲ | Ⅳ | Ⅳ | Ⅳ | Ⅳ |

3. 国标 BQ 分级

依据国标《工程岩体分级标准》(GB/T 50218—2014),其中,岩石坚硬程度和岩石完整程度采用定性和定量两种方法确定,岩石坚硬程度的定量指标采用岩块单轴抗压强度 $R_c$ 的实测值,将坝址区岩体的岩块单轴饱和抗压强度、完整性系数等按照规范要求进行评分,根据该岩体所处环境确定修正系数 $K_1$、$K_2$ 和 $K_3$,依据地下工程岩体质量 $BQ=100+3R_c+250K_v-100(K_1+K_2+K_3)$,得出 BQ 值,确定该岩体的级别,分级结果如表 7-11 所示。以岩组①为例,岩石饱和单轴抗压强度 $R_c$ 为 37 MPa,岩体完整性系数 $K_v$ 为 0.35,岩体所处环境确定修正系数 $K_1$、$K_2$ 和 $K_3$ 分别为 0.4、0、0,BQ 值为 248.5,最终确定岩体为Ⅴ级岩体。同理,岩组②、③、④、⑤、⑥分别为Ⅲ级岩体、Ⅳ级岩体、Ⅳ级岩体、Ⅳ级岩体和Ⅴ级岩体。

表 7-11 坝址区工程岩体分级

| 岩性分组 | ① | ② | ③ | ④ | ⑤ | ⑥ |
|---|---|---|---|---|---|---|
| $R_c$/MPa | 37 | 63.7 | 32.63 | 21.1 | 37.6 | 16.8 |
| $K_v$ | 0.35 | 0.6 | 0.5 | 0.98 | 0.37 | 0.22 |
| $K_1$ | 0.4 | 0.1 | 0.2 | 0.1 | 0.1 | 0.2 |
| $K_2$ | 0 | 0 | 0 | 0 | 0 | 0 |
| $K_3$ | 0 | 0 | 0 | 0 | 0 | 0 |
| BQ 值 | 248.5 | 423.1 | 292.89 | 268.3 | 285.3 | 175.4 |
| 岩体级别 | Ⅴ | Ⅲ | Ⅳ | Ⅳ | Ⅳ | Ⅴ |

### 7.4.2.5 统计分类法

1. 岩体 RMR 分级

依据 RMR 工程岩体分级法,基于 5 个分类因素:岩石饱和单轴抗压强度、岩石质量指标 RQD、裂面间距、裂面性状及地下水状态,将前坪水库坝址区岩体的分类指标量化,给出各因素评分,并将评分结果相加得到 RMR 值,查看 RMR 值所在范围,确定坝址区岩组所对应的岩体质量级别,结果如表 7-12 所示。坝址区的岩组共分为①、②、③、④、⑤、⑥组,在参考国内相关规程规范的基础上,结合室内试验确定的坝址区试验数据、岩体的物理力学性质参数取值应符合的规定,给出了各岩组、各项指标的具体数值,以岩组①为例,岩石饱和单轴抗压强度为 37 MPa,得分为 4;岩石质量指标 RQD 为 11.89%,得分为 3;结构面间距为 0.06 m,得分为 5;结构面性状为强风化,泥质胶结为主,分离度<1 mm,得分 6,地下水条件得分 2,RMR 评分 20,基于各指标得分,最终确定岩组①的岩体分级为Ⅴ级,同理,岩组②、③、④、⑤、⑥对应的岩体级别分别为Ⅲ级岩体、Ⅳ级岩体、Ⅲ级岩体、Ⅳ级岩体和Ⅴ级岩体。

表 7-12　坝址区工程岩体分组

| 岩组 | | 陈宅沟组($E_2$) | | 马家河组($Pt_{2m}$) | | | | | | 大营组($N_d$) | | 断层带 | |
|---|---|---|---|---|---|---|---|---|---|---|---|---|---|
| | | ① | | ② | | ③ | | ④ | | ⑤ | | ⑥ | |
| | | 紫红色巨厚层砾岩、砂砾岩，底部为黏土岩、黏土质砂岩 | | 紫灰色英安岩和紫红色、灰紫色安山玢岩 | | 灰色、浅红色或杂色凝灰岩 | | 辉绿岩，矿物成分以辉石和斜长石为主 | | 深灰色辉石橄榄玄武岩 | | 浅紫红色角砾岩和碎块岩为主 | |
| | | 特征 | 得分 | 特征 | 得分 | 特征 | 得分 | 特征 | 得分 | 特征 | 得分 | 特征 | 得分 |
| 岩块强度 | 点荷载强度 | | 4 | | 7 | | 4 | | 2 | | 4 | | 2 |
| | 饱和单轴抗压强度/MPa | 37 | | 63.7 | | 32.63 | | 21.1 | | 37.6 | | 16.8 | |
| RQD/% | | 11.89 | 3 | 13.62 | 3 | 13.73 | 3 | 55.4 | 9 | 9.1 | 3 | 11 | 3 |
| 结构面间距/m | | 0.06 | 5 | 1.4 | 15 | 0.2 | 8 | 0.32 | 10 | 0.2 | 8 | 0.05 | 5 |
| 结构面性状 | | 强风化，泥质胶结为主，分离度<1 mm | 6 | 岩体呈弱风化，节理裂隙较发育，连通性差，裂隙宽度 0.5~1.5 mm，多为半充填、充填，裂隙延伸长度一般为 1~3 m，局部达 5 m 以上，弱透水性，泥质弱胶结为主，次为钙质胶结，软化系数 0.78 | 12 | 较光滑，有泥质充填 | 15 | 弱风化，裂隙发育，多呈碎裂结构，完整性较差，充填物为泥质和铁锰质薄膜 | 15 | 隐晶质结构，块状构造，具气孔和杏仁构造，完整性一般 | 15 | 见糜棱岩、断层泥，角砾岩多泥质胶结，部分为铁硅质胶结，呈全风化-强风化，其余部分为泥、砂充填 | 6 |
| 地下水条件 | | 渗水 | 2 | 潮湿 | 7 | 很湿 | 6 | 潮湿 | 7 | 潮湿 | 7 | 渗水-滴水 | 4 |
| RMR 评分 | | 20 | | 44 | | 36 | | 43 | | 37 | | 20 | |
| 岩体分级及描述 | | Ⅴ很差 | | Ⅲ一般 | | Ⅳ差 | | Ⅲ一般 | | Ⅳ差 | | Ⅴ很差 | |

2. 岩体质量指标 Q 系统分类

采用 Barton 的 Q 系统分类，将坝址区岩体的 RQD 值、$J_n$(节理组数系数)、$J_r$(节理粗糙度系数)、$J_a$[节理蚀变度(变异)系数]、$J_w$(节理水折减系数)和 SRF(应力折减系数)数据进行收集和整理，采用乘积法的计算得分，即 Q 值，由 Q 值确定其对应的岩体级别。依据上述原理，结合坝址区试验数据，坝址区六个岩组分级如表 7-13 所示。坝址区的岩组共分为①、②、③、④、⑤、⑥组，在参考国内相关规程规范的基础上，结合室内试验确定的坝址区试验数据、岩体的物理力学性质参数取值应符合的规定，给出了各岩组、各项指标的具体数值，以岩组①为例，岩石质量指标 RQD 为 11.89%，$J_n$(节理组数系数)为 8、$J_r$(节理粗糙度系数)为 2、$J_a$[节理蚀变度(变异)系数]为 1.0、$J_w$(节理水折减系数)为 1 和 SRF(应力折减系数)为 2.5，基于各指标数值得到 Q 值为 0.09，最终确定岩组①的岩体为Ⅴ级岩体，同理，岩组②、③、④、⑤、⑥分别为Ⅲ级岩体、Ⅳ级岩体、Ⅳ级岩体、Ⅳ级岩体和Ⅴ级岩体。

表 7-13　坝址区工程岩体分级

| 岩性分组 | ① | ② | ③ | ④ | ⑤ | ⑥ |
|---|---|---|---|---|---|---|
| RQD/% | 11.89 | 13.62 | 13.73 | 55.4 | 9.1 | 11 |
| $J_n$ | 8 | 2 | 3.7 | 5 | 2 | 12 |
| $J_r$ | 2 | 2.7 | 2.1 | 1.1 | 1 | 0.5 |
| $J_a$ | 1.0 | 2 | 3.3 | 5 | 5 | 2 |
| $J_w$ | 1 | 1 | 1 | 1 | 1 | 1 |
| SRF | 2.5 | 2.5 | 2.5 | 2.5 | 2.5 | 2.5 |
| Q 值 | 0.09 | 3.95 | 0.94 | 0.98 | 0.36 | 0.09 |
| 岩体级别 | Ⅴ | Ⅲ | Ⅳ | Ⅳ | Ⅳ | Ⅴ |

#### 7.4.2.6　坝址区岩体工程综合分级

坝址区砾岩夹黏土岩($E_2$)，泥质弱胶结为主，成岩程度较差；马家河组($Pt_{2m}$)安山玢岩，岩块强度较大，岩体呈弱风化，岩体裂隙发育，岩体裂隙频率为 8~9 条/$m^2$，裂隙以微张为主，延伸不远，为半-全充填，充填物为钙质、泥质及铁锰质薄膜，完整性一般；凝灰岩裂隙微张，内侧较光滑，有泥质充填；弱风化辉绿岩，受构造影响，岩体多呈碎裂结构，完整性较差，抗冲刷能力差，存在抗冲刷稳定问题；新近系大营组($N_d$)辉石橄榄玄武岩，深灰色，隐晶质结构，块状构造，具气孔和杏仁构造，底部有厚 1.0~2.0 m 的棕红色黏土岩或泥灰岩，地表呈弱-强风化状，岩块强度大，岩体完整性一般；断层带内物质组成以角砾岩和碎块岩为主，浅紫红色，见糜棱岩、断层泥，角砾岩多泥质胶结，部分为铁硅质胶结，呈全风化-强风化，角砾岩含量在 50%左右，其余部分为泥、砂充填。擦痕面上有黑色 Fe、Mn 质薄膜，透水率差异较大。

综合以上各种方法，坝址区各岩组分级结果汇总如表 7-14 所示。需要说明的是：①采用不同方法对同一岩组进行分级时，取其质量较低的为最后岩体分级；②不同方法对于同一岩体分区结果不一致的原因主要是所考虑的因素不同；③以上岩体分级为弱风化工程岩体分级，若岩体风化程度较强，则相应的岩体级别应下降一个等级。

表 7-14　各方法岩体分级结果汇总

| 分级方法 | 岩性分组 | | | | | |
|---|---|---|---|---|---|---|
| | ① | ② | ③ | ④ | ⑤ | ⑥ |
| 水利水电 | Ⅴ | Ⅲ | Ⅳ | Ⅳ | Ⅳ | Ⅴ |
| 隧道围岩 | Ⅴ | Ⅲ | Ⅳ | Ⅳ | Ⅳ | Ⅳ |
| BQ | Ⅴ | Ⅲ | Ⅳ | Ⅳ | Ⅳ | Ⅳ |
| RMR | Ⅴ | Ⅲ | Ⅳ | Ⅲ | Ⅳ | Ⅳ |
| Q 系统 | Ⅴ | Ⅲ | Ⅳ | Ⅳ | Ⅳ | Ⅴ |
| 神经网络 | Ⅴ | Ⅲ | Ⅳ | Ⅲ | Ⅳ | Ⅴ |
| 模糊评判 | Ⅳ | Ⅲ | Ⅲ | Ⅲ | Ⅳ | Ⅳ |
| 灰色聚类 | Ⅴ | Ⅲ | Ⅳ | Ⅲ | Ⅳ | Ⅴ |
| 最终判定 | Ⅴ | Ⅲ | Ⅳ | Ⅳ | Ⅳ | Ⅴ |

由表 7-14 可知，模糊评判法对于第①岩组和第②岩组的岩体级别判定较其他方法偏高，是因为模糊评判法考虑了岩块的性质和结构面特征，未考虑地下水对于岩体分级的影响，导致分级结果有误差；规程规范法中对于结构面产状和完整性的确定一般采用定性分析，经验判断和描述的不准确性导致结果有一定误差；断层破碎带的各区域性质差异较大，而各岩体分级方法的级别判定标准不一致，为安全起见，将其级别判定为各方法判定结果中较低的级别。通过对比分析可得，非线性分析的分级结果基本准确。

综上所述，岩体质量最好的为在坝址区广泛分布的马家河组（$Pt_{2m}$）安山玢岩，虽裂隙发育，但多为碎裂结构，岩体质量一般，可达到Ⅲ级；最差的为砾岩和断层破碎带，为Ⅴ级岩体；其余岩体质量较差，为Ⅳ类岩体。

# 第三篇 水库区工程地质问题及处理

## 第 8 章 水库浸没

### 8.1 平原缓丘区水库浸没成因与影响

水库蓄水后，水库周边地带地下水位壅高，加上毛管水抬升，当其上升高度达到建筑物地基或农作物和树木的根系，且持续时间较长时，将产生浸没影响。当降雨量大于蒸发量时，水库浸没一般表现为沼泽化；当多年蒸发量大于降雨量时，水库浸没一般表现为盐渍化。

浸没对滨库地区的工农业生产和居民危害甚大。可使农田沼泽化或盐渍化，农田作物减产；使建筑物地基条件恶化，影响其强度、稳定和正常使用；可造成附近矿坑充水，采矿条件恶化；浸没问题较严重时，可能影响水库正常蓄水位的选择，甚至影响坝址的选择。

水库蓄水后，水位抬高，使水库周围地区的地下水位上升至地表或接近地表，引起水库周围地区的土壤盐渍化和沼泽化，以及使建筑物地基软化，矿坑充水等现象，称为水库浸没。

水库浸没问题是水库工程勘察与评价的重要内容，也是水库区五大工程地质问题之一，对于指导水库移民和确定动迁方案起着决定性作用。

在丘陵地区、山前洪积冲积扇及平原水库，由于周围地势低缓，最易产生浸没，且其影响范围往往很大。山区水库可能产生矿山和宽阶地浸没及库水向低邻谷洼地渗漏的浸没，严重的水库浸没问题影响水库正常蓄水位的选择，甚至影响坝址选择。在发生浸没情况下，不仅水状况发生变化，而且土壤水状况、土壤形成过程和土壤性质发生变化，植物界和动物界、小气候都发生了变化。

水库浸没的可能性取决于水库岸边正常水位的变化范围内的地貌、岩性及水文地质条件。对于山区的水库，水库边岸地势陡峭，或由不透水岩石组成，一般不存在浸没问题。但对山间谷地和山前平原中的水库，周围地势平坦，易发生浸没，而且影响范围较大。

水库浸没的影响主要是对建筑、农田、居住环境和生态、地质等构成影响。

#### 8.1.1 浸没对建筑物的影响

浸没将使库岸边缘建筑物地基受浸润、强度降低，加上地下水位上升，毛细水也相应升高,致使建筑物墙壁潮湿,造成墙皮剥落引起墙倒屋塌。在北方基础埋深一般为1 m左右,即如果平均潜水位低于1 m就可能对基础造成长期浸泡,引起地基失稳。例如,三门峡水库华县王家村地处黄土地带,黄土遇水后水溶盐被溶解,结合水膜增厚,土粒联结明显减弱,结构被破坏,表现出明显的湿陷性,降低房屋基础的承载力,导致房屋倒塌。大荔洛河一级阶地上,1960年后就有10个村庄变得全年潮湿,房屋倒塌,仅吴王村1962年内就塌房200余间,在山西省唐河水库,淹没范围数百亩,在库尾蔡家峪,按照《水利水电工程地质勘察规范》(GB 50287—2008)提供的公式计算得到地下水临界埋深为1.2 m,之后与地形图匹配得到浸没范围。蔡家峪村口有1处果园和3处房屋在浸没区范围内,全村大部分房屋基础可能受到浸渍危害。

### 8.1.2　浸没对农田的影响

浸没对农田的影响主要有两方面:一是地下水位上升引起土地沼泽化、盐碱化;二是对稻田冷浸引起作物减产。据统计,三门峡水库蓄水后,陕西华县毕家公社五宿大队总耕地180 $hm^2$,盐碱地逐年增加,1958年为15 $hm^2$、1961年为57 $hm^2$、1962年为133 $hm^2$、1963年为167 $hm^2$,达到总耕地的92.5%,较1958年,该大队小麦减产78%左右。

### 8.1.3　浸没对居住环境的影响

浸没对居住环境的影响主要体现在空气常年潮湿,低洼处甚至冒水,降雨时排水不畅等,长时间生活在潮湿的环境中可能会使人感到不舒服甚至引发与潮湿环境相关的疾病。

### 8.1.4　浸没对生态的影响

浸没对生态环境的影响主要是形成盐碱地和沼泽地,有时对当地环境有一定好处,如三门峡水库蓄水后在河南省形成多处湿地,如果停止水库蓄水功能,这些湿地就会萎缩消失。但是对于居住区或者农田等区域带来的将是不利影响。

### 8.1.5　浸没对地质条件的影响

浸没对地质条件的影响主要是土质,浸没引起土质(尤其是黄土)软化、承载力下降,在土质边坡上水位上下变动引起土坡失稳,对于居民区会导致水井坍塌。在北方黄土区多滑坡和崩岸,浸没会增加其发生的频率。

三门峡水库蓄水后,受水库水位的影响,两岸地下水位普遍上升,造成库周塌井,地下水质恶化,出现变咸变苦的现象;地面湿软,房屋塌毁,道路泥泞,交通困难;库区黄土层产生湿陷现象;大面积土地盐碱化、沼泽化,农作物减产、果树萎死;地面潮湿,当地群众患风湿病,腰腿痛症者增多。后来修建了大量的排水站和排水沟才使情况有所改善。

## 8.2　浸没的分析与评价

水库浸没分析与评价主要包括以下内容:

(1)根据试验和观测资料,或通过计算,确定产生浸没的临界地下水位埋深。

(2)根据水文地质条件,预测潜水回水埋深值。

(3)根据土层的性质和水库运用水位情况,预测浸没区的范围。

(4)根据气候和水文地质条件,预测浸设的类型。

### 8.2.1 浸没的初判与复判

水库浸没分析与评价可分为初判和复判两个阶段。

#### 8.2.1.1 浸没初判

浸没初判是在调查水库区的地质与水文地质条件的基础上,排除不会发生浸没的地区,对可能浸没的地区,可进行稳定态潜水回水预测计算,初步圈定浸没范围。本阶段可只进行设计正常蓄水位条件下的最终浸没范围的初步预测。

1. 浸没地区的判定

具有下列情况之一的地区,可判定为不易浸没地区:

(1)库岸是由不透水或相对不透水的岩土体组成的地段。

(2)调查地区与库水之间有隔水层或相对隔水层分布,且其空间状态能阻隔库水入渗的地段。

(3)调查地区与库岸间有常年流水的溪沟或泉水,且其水位高于或等于水库设计正常蓄水位。

(4)水库蓄水前,调查地区地下水位高于水库设计正常蓄水位,且地下水排泄通畅。

具有下列情况之一的地区,可判定为易浸没地区:

(1)库岸周边由透水的松散土体组成的河谷阶地或平原。

(2)地形平缓、地表水和地下水排泄不畅、地面高程低于或等于水库回水位的封闭洼地或盆地。

(3)库岸周边原有的常年或季节性水池、涝池、沼泽地和盐渍化地带等的边缘地带。

(4)地下水补给量大于排泄量的库岸地区。

(5)土层毛细管水上升作用强,地下水含盐量较高、蒸发量较大的地区。

(6)与水库渗漏通道相连的邻谷或下游地区。

(7)与库岸相连的山前洪积扇、洪积群或超河漫滩阶地。

(8)水库蓄水后,库尾淤积使库水位翘高引起地下水壅高的地带。

2. 潜水回水预测

初判的潜水回水预测可用稳定态潜水回水计算方法,根据可能浸没区的地形、地貌、地质和水文地质条件,选定若干个垂直于水库库岸或垂直于渠道或平行地下水流向的计算剖面进行;在河湾地段,地下水流向呈辐射状时,需考虑水流单宽流量变化所带来的影响。

3. 浸没范围初步预测

浸没范围可在各剖面潜水稳定态回水计算的基础上,绘制水库蓄水后或渠道过水后可能浸没区潜水等水位线预测图或埋深分区预测图,结合实际调查确定的各类地区的地下水临界深度,初步圈出涝渍、沼泽化、次生盐渍化和城镇浸没区等的范围。

#### 8.2.1.2　浸没复判

浸没复判是对初判圈定的浸没范围进行复判,并对其危害性做出评价。

(1)核实和查明初判圈定的浸没地区的水文地质条件,获得比较详细的水文地质参数及潜水动态观测资料。

(2)宜建立潜水渗流数学模型,进行非稳定态潜水回水预测计算,绘制设计正常蓄水位情况下库区周边的潜水等水位线预测图或潜水埋深分区预测图,结合当地气候条件和临界地下水埋深,对水库设计正常蓄水位条件下次生盐渍化、沼泽化和危害建筑物基础等不同类型浸没区范围进行复判,并根据需要计算预测水库运行规划中其他代表性运用水位下的浸没情况。

(3)对浸没做出危害性评价,并提出防护措施建议。

### 8.2.2　浸没指标及其确定

#### 8.2.2.1　浸没临界地下水埋深

浸没临界地下水埋深($H_{cr}$)是指地下水对工业与民用建筑、古迹、道路和各种农作物、林木等的安全埋藏深度。该浸没指标与当地土的类型、水文地质结构、地下水的矿化度、气候条件、农作物的种类与生长期、耕作方法、地区的排灌条件,以及建筑物特性、基础类型和砌置深度等因素有关,应根据调查区具体水文地质条件、农业科研单位的田间试验观测资料和当地生产实践经验因地制宜地确定,也可按下式计算:

$$H_{cr} = H_k + \Delta H \tag{8-1}$$

式中:$H_{cr}$ 为浸没临界地下水埋深,m;$H_k$ 为地下水位以上土壤毛细管水上升带的高度,m;$\Delta H$ 为安全超高值,m。

我国幅员辽阔,各地区自然条件差异较大,影响浸没临界地下水埋深的因素很多,因此浸没临界地下水埋深的确定应视具体地区、具体对象而异。

#### 8.2.2.2　土壤毛细管水上升带高度

地下水位以上,土壤毛细管水上升带高度是指野外条件下的毛细管水上升高度,与实验室测定的毛细管水上升高度有较大差别。土壤毛细管水上升带高度可根据作物在不同生长期土壤适宜含水率和野外实测的土壤含水率随深度变化的曲线选取:

(1)在非盐渍化地区,可取毛细管水饱和带,即土的饱和度($S_r$)大于或等于80%的土层的顶部距地下水位的高度,因为饱和度大于或等于80%的土壤层已不利于作物根系呼吸和生长;也可根据适宜于作物生长的土壤水分确定。

(2)在盐渍化地区,应根据地下水位以上土壤含水率随深度变化曲线上毛细管水断裂点的位置和土壤含盐量分布及其动态变化,以及调查区的排水条件等情况确定。

(3)居民区可通过对地下水位以上土的含水率随深度变化曲线与水库蓄水前持力层土的天然含水率的对比确定。重要大型建筑物的浸没问题应进行专题研究。

#### 8.2.2.3　安全超高值

对于农业区,安全超高值即作物根系层的厚度;对于城镇和居民区,安全超高值取决于建筑物荷载、基础形式和砌置深度。

### 8.2.3　库岸潜水回水的计算

#### 8.2.3.1　计算原则与要求

(1)潜水回水计算剖面应垂直于库岸或平行地下水流向。

(2)选取潜水回水计算的库水位,应取水库回水位或运行时段的代表性库水位。

(3)选取潜水回水计算的地下水位,应取浸没预测时段库水位同期的平均地下水位。

(4)根据浸没区含水层的性质、厚度、渗透系数、下伏相对隔水层的分布情况、地下水与库水的补排特征等确定计算参数,并需注意地下水的扩散型辐射流或收敛型辐射流对壅高水位的影响。

(5)重点地段土层的渗透系数($K$)、饱和差或给水度($\mu$)、渗入补给量($W$)等水文地质参数,宜布置地下水动态长期观测网,并按地下水均衡理论公式求得,或直接采用土层的水位传导系数($K/\mu$)、含水层水位传导系统($K_h/\mu$)等复合水文地质系数。

(6)初判的潜水回水预测可用稳定流潜水回水计算方法;复判时宜建立潜水渗流模型,进行非稳定流潜水回水计算。

#### 8.2.3.2　计算公式

(1)当含水层均一,隔水层水平时,壅高计算公式为

$$y_n = \sqrt{h_n^2 + y_1^2 - h_1^2} \tag{8-2}$$

或

$$y_{n+1} = \sqrt{h_{n+1}^2 + y_n^2 - h_n^2} \tag{8-3}$$

式中:$y_1$ 为水库正常蓄水位,m;$h_1$、$h_n$、$h_{n+1}$ 为水库蓄水前在断面 1、$n$、$n$+1 处的地下水层的厚度,m;$y_n$、$y_{n+1}$ 为地下水壅高后在各断面处的含水层厚度,m。

(2)当含水层均一,隔水层水平时,有邻谷的固定壅高计算公式为

$$y_n = \sqrt{h_n^2 + (y_1^2 - h_1^2)\frac{L - x_n}{L}} \tag{8-4}$$

或

$$y_{n+1} = \sqrt{h_{n+1}^2 + (y_n^2 - h_n^2)\frac{L - x_{n+1}}{L - x_n}} \tag{8-5}$$

式中:$L$ 为水库水边缘至邻谷水边线的距离,m;其余符号意义同前。

(3)当含水层均一,隔水层倾斜时,壅高计算公式为

①隔水层向河床倾斜时:

$$y = \sqrt{\frac{d^2}{4} + y_1^2 + h^2 - h_1^2 + d(h + h_1 - y_1)} - \frac{d}{2} \tag{8-6}$$

②隔水层向岸内倾斜时:

$$y = \sqrt{\frac{d^2}{4} + y_1^2 + h^2 - h_1^2 - d(h + h_1 - y_1)} + \frac{d}{2} \tag{8-7}$$

式中:$d$ 为开始断面与设计断面隔水层高差,m;其余符号意义同前。

(4)含水层由两层渗透性不同的岩层组成,当隔水层水平时,壅高计算公式为

$$K_1 m(h - h_1) + \frac{1}{2}K_2(h^2 - h_1^2) = K_1 m(y - y_1) + \frac{1}{2}K_2(y^2 - y_1^2) \tag{8-8}$$

式中:$m$ 为下部不含水层厚度,m;$K_1$ 为下部含水层的渗透系数,cm/s;$K_2$ 为上部含水层的渗透系数,cm/s;其余符号意义同前。

(5)当含水层均一,隔水层向河床双向倾斜时,壅高可按下列公式计算:

①计算断面位于临库侧时:

$$(h_1 + y)\frac{h_1 - y - i_1 x}{x} = (y + h_2)\frac{y - h_2 - i_1(L_1 - x) + i_2 L_2}{L - x} \tag{8-9}$$

②计算断面位于背库侧时:

$$(h_1 + y)\frac{h_1 - y - i_1 L_1 + i_2(x - L_1)}{x} = (y + h_2)\frac{y - h_2 - i_2(L - x)}{L - x} \tag{8-10}$$

式中:$h_1$ 为水库正常蓄水位,m;$h_2$ 为临谷河水位,m;$x$ 为计算断面与起始断面的距离,m;$y$ 为计算断面处壅高后的含水层厚度,m;$i_1$ 为临库侧隔水层顶板坡降;$i_2$ 为背库侧隔水层顶板坡降。

## 8.3　水库浸没的防治

### 8.3.1　防治原则

(1)因害设防,因势利导,尽量恢复原有耕地条件或改变土地耕种条件,控制区域临界地下水位不影响农作物生长、库周建筑物安全和群众生活。

(2)浸没防治应与防洪安全、工程建筑物安全(如渗透稳定)相结合考虑。

(3)应结合浸没区的工程地质特点选取和布设浸没防治措施。

### 8.3.2　防治措施

(1)降低地下水位。结合地区水文地质条件和地下水壅水预测结果,对浸没区布设排渗、减压或疏干工程。对于潜水型浸没,一般采用排渗或疏干工程,对于承压水型浸没一般布设减压与排渗相结合的防治措施。如河北官厅水库,主要在浸没区内布设排水沟和渠系,形成浸没区排渗网络;山东聊城发电厂新厂引黄调蓄水库,在出现浸没坝段的坝址下游设置减压井,导出承压水,解决已出现的库外浸没现象,防止库外农田出现沼泽化和盐碱化。

(2)采取工程措施与浸没区可持续开发式移民安置工程、农业措施相结合的综合防治方法,包括降低正常蓄水位、改变作物种类和耕作方法、垫高复垦和建筑物基础加固处理措施等方法。

## 8.4 工程案例

### 8.4.1 出山店水库

出山店水库库区主要位于平昌关中、新生代凹陷内，新生代以来形成了巨厚的新生界沉积地层，库区周边为一套古元古界老变质岩系地层，间或有加里东期岩浆侵入岩分布其中。库区地貌属桐柏山东麓的低山、丘陵与山前冲积平原的过渡地带，淮河自西北向南东流经库区，至坝区转向东，库区地貌形态主要为低山、丘陵和河谷地貌两个地貌单元。其中，库区西部和西南部，由岩浆岩、变质岩、古近系红色岩系组成的低山、丘陵，地形坡降大，基底岩性透水性弱，不易出现严重浸没问题；而淮河左岸平缓的阶地和游河、白沙河两岸断续分布的山前倾斜地块是容易产生浸没的地段，阶地一般坡度较缓，地形坡降 1/700~1/110，地层具二元结构，即上部黏性土和下部砂、砾层，岩性和水文地质条件较为复杂，透水性差异也较大，浸没问题较为突出，是直接影响水库移民、环境、征地、投资等宏观决策的重要工程地质问题。因此，对水库库区浸没进行专题研究具有十分重要的意义。

#### 8.4.1.1 出山店水库浸没研究思路

出山店水库浸没面积较广，浸没问题影响较大，由于浸没地块蓄水后多数 1 面临水及 3 面临水，地质情况及边界条件复杂，浸没区地层分布的模拟则采用大范围整体三维地下水渗流模型来求解。鉴于出山店水库浸没问题的重要性和复杂性，河南省水利勘测有限公司与中国地质大学(武汉)联合通过水文地质调查、钻探、水文地质试验、室内试验、数值模拟计算、类比分析等手段评价预测水库正常蓄水位 88.0 m 高程下产生浸没的地下水临界深度及浸没范围。首先收集工作区地表地形资料，以便建立表面数字化模型，其中选择了“平昌关-灌塘”地块(淮河 4)和“龙井-下土城”地块(游河 3)两个典型河间地块进行了比例尺 1/10 000 水文地质测绘、水文地质剖面钻孔勘探及抽、注水试验、地下水埋深调查、土壤毛管水上升带高度测定和土工试验及评价，在此基础上中国地质大学(武汉)利用三维数值模拟计算手段，选择库区的这两个典型河间地块，建立库区浸没的水文地质模型和三维浸没数学模型，利用现场勘探资料、地下水资料等验证率定数学模型，进行正常蓄水位 88.0 m 高程时的地下水渗流场模拟计算，根据预报的库区地下水位和浸没标准预测水库浸没范围和浸没程度，再以此两个典型河间地块的浸没范围分析结果进一步类比预测整个水库库周河间地块及库岸的浸没范围。

#### 8.4.1.2 库区地形地貌

出山店水库位于桐柏山东麓低山丘陵区与山前冲积平原过渡地带。桐柏山脉呈北西-东南走向，其东麓地势渐趋平缓，成为低山、丘陵，高程多在 150~400 m。区域内较大的河流有淮河、游河、浉河等，河谷地貌发育。淮河自西北向南东流经库区，至坝区转向东。淮河自发源地固庙至出山店，河长 124 km 左右，库区内淮河的主要支流有游河和白沙河。平昌关以上淮河行于山谷之中，水库下游出山店以下进入平原区，库区地貌形态主要为低山丘陵和河谷地貌两个地貌单元。分述如下。

1. 低山、丘陵

库区西部和南部为低山、丘陵地形，北部、东部为丘陵和岗地。

(1)低山、丘陵：分布在库区西部和南部，由岩浆岩、变质岩、古近系红色岩系组成，一般高程在 150 m 以上，山顶多呈浑圆馒头状。大致做近东西向展布。大部分基岩裸露，仅缓坡及沟谷中有第四系覆盖。在个别岩石坚硬的地形，也形成陡峭的山峰，河谷深切，相对高差达 50 m 以上。

(2)丘陵和岗地：分布在库区北部、东部，由古近系红色岩系及第四系中更新统组成。大部分被第四系覆盖，古近系红色岩系仅在沟谷及陡坎处有零星出露。高程一般为 94~110 m。

2. 河谷地貌

在库区上游山间河谷狭窄，多呈"U"字形，平昌关以下，河谷较平坦、宽阔，阶地发育，高程在 100 m 以下河谷地貌特征明显。

Ⅱ级阶地：在库区主要分布淮河左岸及右岸的部分地段，在游河、白沙河两岸沿河呈条带状断续分布，淮河左岸Ⅱ级阶地宽 2~5 km，高程一般为 82~110 m，为上更新统冲洪积堆积。与Ⅰ级阶地后缘相接，地貌上不很明显，地面高差仅 1 m 左右。

Ⅰ级阶地：在库区断续分布。淮河右岸主要分布在游河下游、马腾湾、苏家河一带。淮河左岸主要分布在湾店-袁庄-大孔庄一带，以及河流凹曲之处，由第四系全新统下段($Q_4^{1al}$)冲积物组成，阶面高程 80~92 m。

阶地面较平整，微向河流倾斜，坡降 1/700~1/110。

河漫滩及河床：淮河发育到现阶段下切逐渐减弱，河床宽 400~1 500 m。在蛇曲状河道弯曲的内侧多形成漫滩，在水流两侧均有漫滩发育，漫滩与河床没有明显的界线，呈渐变关系，在坝址区漫滩高程为 76~79 m。

综上所述，库区西部和南部低山丘陵区地形坡度大、岩层透水性弱，基本不存在浸没问题。水库蓄水后，淮河左岸Ⅰ级阶地几乎全部淹没，水边线位于Ⅱ级阶地上，Ⅱ级阶地地形舒缓，存在浸没问题。此外游河、白沙河两岸断续分布的山前倾斜地块也易发生浸没危害。

#### 8.4.1.3 地质结构

西部、南部库岸为由古元古界和新元古界各种片岩、片麻岩组成的低山，有少量岩浆岩穿插，东部库岸及部分西部库岸为由古近系红色岩系组成的丘陵，第四系地层广布在库盆中部。

其中，第四系(Q)地层为本工程地质研究的主要对象。

中更新统($Q_2$)：以冲洪积为主，具二元结构，下部 0.6~3.0 m 含泥砂砾石层或含砾低液限黏土，上部为棕红、褐红色低液限黏土，厚 5~20 m，广布于库区东部分水岭及淮河、游河之间的地带，为丘陵和岗地主体。

上更新统($Q_3$)：以冲洪积为主，具二元结构，下部为 4~8 m 的砂层及砾石层，上部为黄色低液限黏土及棕褐色低液限黏土，厚 5~12 m，广布于淮河两岸Ⅱ级阶地。

全新统($Q_4$)：以冲积为主，$Q_4^{1al}$ 为黄色低液限黏土，下部为砂层，分布于Ⅰ级阶地；$Q_4^{2al}$ 为级配不良砂、砾石，分布于现代河床及漫滩。

#### 8.4.1.4　第四系地层岩性

1. 中更新统($Q_2^{alp}$)

下部 0.6~3.0 m 含泥砂卵石层或含砾低液限黏土,上部为棕红、褐红色低液限黏土,厚 5~20 m,广布于库区东部分水岭(长里岗、万家山一带)及淮河、游河之间的丘、岗之上。

2. 上更新统($Q_3^{alp}$)

下部为 2~11 m 的砂层及砾石层,上部为黄色低液限黏土及棕褐色低液限黏土,厚 5~15 m,构成淮河两岸Ⅱ级阶地。

3. 全新统($Q_4^{1al}$ 和 $Q_4^{2al}$)

$Q_4^{1al}$ 上部为黄色低液限黏土,下部有厚度 1.5~6 m 砂层,土、砂层之间局部夹有灰色、含有机质的低液限黏土层,较软,上叠于上更新统之上,构成Ⅰ级阶地;$Q_4^{2al}$ 为级配不良砂、级配不良砾等,分布于现代河床及漫滩。

#### 8.4.1.5　水文地质条件

1. 地下水类型

根据库区地下水赋存情况,在库周基岩区分布有基岩裂隙水,古近系砂砾岩、砂岩中裂隙、孔隙水,在第四系松散层中为孔隙水。

1) 基岩裂隙水

基岩裂隙水主要分布于库周边基岩地区,其岩性为片岩、片麻岩及花岗岩等。基岩透水性一般很小:片岩透水率 $q<2$ Lu,少数达 20 Lu,透水性多为微-弱透水。

2) 古近系红色岩系孔隙水

古近系红色岩系呈半成岩状,裂隙很少,孔隙水主要存在于砂砾岩、砂岩的孔隙中,砂岩、砂砾岩多含泥质,其透水性也很小,在坝区 $q$ 一般为 0.1~0.2 Lu,属微透水。

3) 第四系松散岩类孔隙水

第四系地层广布于库区低山丘陵及河谷平原、河流阶地中,由低液限黏土、砂和砾石层组成。地下水属孔隙潜水,部分地段具承压性。含水层的富水性及渗透性受地形地貌、地层条件限制差异较大。

中更新统冲积、洪积物分布于丘陵、岗地之上,上部由低液限黏土组成相对隔水层,下部为含泥砂砾石层。地下水主要接受大气降水补给,表层的低液限黏土起隔水作用,入渗条件很差,含泥砂砾石透水性也很差,很少有泉水溢出,含泥砂砾石层钻孔水文试验的成果中渗透系数 $K=3.66\times10^{-5}$ cm/s,属弱透水层。

在Ⅰ、Ⅱ级阶地,含水层主要为上更新统砂、砾石层,以及河床、河漫滩的全新统的冲积砂及砾石层,透水层厚度 5~10 m,富水性及透水性能均好,其渗透系数据抽水试验结果分别为 $3.13\times10^{-1}$ cm/s 和 $7.80\times10^{-2}$ cm/s,属强透水层。

2. 地下水补排特点

本区地下水主要是由大气降水入渗补给。在库区西南和上游山区,基岩裸露,裂隙发育,有利于降水的入渗。库区东部丘陵和淮河Ⅱ级阶地,地表岩性以黏性土为主,渗透性差,不利于降水的入渗。

地下水总的流向是由水库周围的低山、丘陵,向淮河及其支流方向流动补给河水,阶地第四系潜水埋深一般为 1~10 m,除降水入渗补给外,洪水期受河水补给及上游地下水的侧向补给,枯水期地下水补给河水。

3. 地下水化学特征

根据水质分析成果(见表 8-1、表 8-2)可知:

(1)地表水:地表水化学类型为 $HCO_3$—Cl—Na—Ca 型;其矿化度为 0.287~0.310 g/L,为淡水;pH 值 6.93~7.46,呈中性;总硬度 6.11~6.62 德国度(H°),属软水;侵蚀性 $CO_2$ 为 0;据《水利水电工程地质勘察规范》(GB 50287—2008)附录 G 判别,地表水不具腐蚀性。

(2)地下水:①“平昌关-灌塘”地下水化学类型为 $HCO_3$—Ca 型;其矿化度为 0.260~0.261 g/L,为淡水;pH 值 7.06~7.09,呈中性;总硬度 10.87 德国度,属微硬水;侵蚀性 $CO_2$ 为 29.68~30.42 mg/L;据《水利水电工程地质勘察规范》(GB 50287—2008)附录 G 判别,“平昌关-灌塘”地块地下水具碳酸型弱-中等腐蚀性。②“龙井-下土城”地下水水化学类型为 $HCO_3$—Cl—Na—Ca 与 $HCO_3$—Cl—Ca—Mg 型;其矿化度为 0.283~0.298 g/L,为淡水;pH 值 6.20~6.37,呈中性;总硬度 11.31~11.44 德国度(H°),属微硬水;侵蚀性 $CO_2$ 为 31.12~34.55 mg/L;据《水利水电工程地质勘察规范》(GB 50287—2008)附录 G 判别,“龙井-下土城”地块地下水具一般酸性型弱腐蚀性、碳酸型中等腐蚀性。

表 8-1 库区地表水水质分析成果

| 取样编号 | | SY3 | | | SY4 | | |
|---|---|---|---|---|---|---|---|
| 取样位置 | | 淮河水 | | | 淮河水 | | |
| 项目 | | mg/L | me/L | % | mg/L | me/L | % |
| 阳离子 | $K^++Na^+$ | 78.23 | 3.129 | 57.0 | 73.23 | 2.929 | 57.4 |
| | $Ca^{2+}$ | 27.88 | 1.391 | 25.3 | 27.96 | 1.395 | 27.3 |
| | $Mg^{2+}$ | 11.80 | 0.971 | 17.7 | 9.53 | 0.784 | 15.3 |
| | 小计 | 117.91 | 5.491 | 100 | 110.72 | 5.108 | 100 |
| 阴离子 | $Cl^-$ | 70.55 | 1.990 | 36.2 | 71.93 | 2.029 | 39.7 |
| | $SO_4^{2-}$ | 41.55 | 0.865 | 15.8 | 28.00 | 0.583 | 11.4 |
| | $HCO_3^-$ | 160.87 | 2.636 | 48.0 | 152.31 | 2.496 | 48.9 |
| | $CO_3^{2-}$ | 0 | 0 | 0 | 0 | 0 | 0 |
| | 小计 | 272.97 | 5.491 | 100 | 252.24 | 5.108 | 100 |
| 总硬度/德国度(H°) | | 6.62 | | | 6.11 | | |
| 暂时硬度/德国度(H°) | | 6.62 | | | 6.11 | | |
| 永久硬度/德国度(H°) | | 0 | | | 0 | | |
| 负硬度/德国度(H°) | | 0.77 | | | 0.89 | | |
| 总碱度/(me/L) | | 7.39 | | | 7.00 | | |
| 矿化度/(g/L) | | 0.310 | | | 0.287 | | |

续表 8-1

| 取样编号 | SY3 | | | SY4 | | |
|---|---|---|---|---|---|---|
| 取样位置 | 淮河水 | | | 淮河水 | | |
| 项目 | mg/L | me/L | % | mg/L | me/L | % |
| 游离 $CO_2$/(mg/L) | 13.01 | | | 18.18 | | |
| 侵蚀性 $CO_2$/(mg/L) | 0 | | | 0 | | |
| pH 值 | 7.46 | | | 6.93 | | |
| 库尔洛夫式 | $M0.310\frac{HCO_3 48.0Cl36.2}{Na57.0Ca25.3}$ | | | $M0.287\frac{HCO_3 48.9Cl39.7}{Na57.4Ca27.3}$ | | |
| 水化学类型 | $HCO_3$—Cl—Na—Ca | | | $HCO_3$—Cl—Na—Ca | | |

表 8-2 库区地下水水质分析成果

| 取样编号 | | SY5 | | | SY6 | | |
|---|---|---|---|---|---|---|---|
| 取样位置 | | 平昌关东 | | | 王寨 | | |
| 项目 | | mg/L | me/L | % | mg/L | me/L | % |
| 阳离子 | $K^++Na^+$ | 31.20 | 1.248 | 24.4 | 31.05 | 1.242 | 24.2 |
| | $Ca^{2+}$ | 58.96 | 2.942 | 57.4 | 59.04 | 2.946 | 57.6 |
| | $Mg^{2+}$ | 11.35 | 0.934 | 18.2 | 11.30 | 0.930 | 18.2 |
| | 小计 | 101.51 | 5.124 | 100 | 101.39 | 5.118 | 100 |
| 阴离子 | $Cl^-$ | 17.41 | 0.491 | 9.6 | 17.73 | 0.500 | 9.8 |
| | $SO_4^{2-}$ | 2.74 | 0.057 | 1.1 | 0.77 | 0.016 | 0.3 |
| | $HCO_3^-$ | 279.23 | 4.576 | 89.3 | 280.81 | 4.602 | 89.9 |
| | $CO_3^{2-}$ | 0 | 0 | 0 | 0 | 0 | 0 |
| | 小计 | 299.38 | 5.124 | 100 | 299.31 | 5.118 | 100 |
| 总硬度/德国度(H°) | | 10.87 | | | 10.87 | | |
| 暂时硬度/德国度(H°) | | 10.87 | | | 10.87 | | |
| 永久硬度/德国度(H°) | | 0 | | | 0 | | |
| 负硬度/德国度(H°) | | 1.96 | | | 2.03 | | |
| 总碱度/(me/L) | | 12.83 | | | 12.90 | | |
| 矿化度/(g/L) | | 0.261 | | | 0.260 | | |
| 游离 $CO_2$/(mg/L) | | 29.68 | | | 30.42 | | |
| 侵蚀性 $CO_2$/(mg/L) | | 20.02 | | | 18.76 | | |
| pH 值 | | 7.09 | | | 7.06 | | |

续表 8-2

| 取样编号 | | SY5 | | | SY6 | | |
|---|---|---|---|---|---|---|---|
| 取样位置 | | 平昌关东 | | | 王寨 | | |
| 项目 | | mg/L | me/L | % | mg/L | me/L | % |
| 库尔洛夫式 | | $M0.261\frac{HCO_3 89.3}{Ca57.4Na24.4Mg18.2}$ | | | $M0.260\frac{HCO_3 89.9}{Ca57.6Na24.2Mg18.2}$ | | |
| 水化学类型 | | $HCO_3$—Ca | | | $HCO_3$—Ca | | |
| 取样编号 | | SY7 | | | SY8 | | |
| 取样位置 | | 红湾 | | | 土城 | | |
| 项目 | | mg/L | me/L | % | mg/L | me/L | % |
| 阳离子 | $K^+ + Na^+$ | 36.88 | 1.475 | 26.6 | 32.48 | 1.299 | 24.3 |
| | $Ca^{2+}$ | 47.01 | 2.346 | 42.2 | 44.97 | 2.244 | 42.1 |
| | $Mg^{2+}$ | 21.07 | 1.734 | 31.2 | 21.76 | 1.791 | 33.6 |
| | 小计 | 104.96 | 5.555 | 100 | 99.21 | 5.334 | 100 |
| 阴离子 | $Cl^-$ | 54.98 | 1.551 | 27.9 | 54.31 | 1.532 | 28.8 |
| | $SO_4^{2-}$ | 42.94 | 0.894 | 16.1 | 38.23 | 0.796 | 14.9 |
| | $HCO_3^-$ | 189.75 | 3.110 | 56.0 | 183.40 | 3.006 | 56.3 |
| | $CO_3^{2-}$ | 0 | 0 | 0 | 0 | 0 | 0 |
| | 小计 | 287.67 | 5.555 | 100 | 275.94 | 5.334 | 100 |
| 总硬度/德国度(H°) | | 11.44 | | | 11.31 | | |
| 暂时硬度/德国度(H°) | | 8.72 | | | 8.43 | | |
| 永久硬度/德国度(H°) | | 2.72 | | | 2.88 | | |
| 负硬度/德国度(H°) | | 0 | | | 0 | | |
| 总碱度/(me/L) | | 8.72 | | | 8.43 | | |
| 矿化度/(g/L) | | 0.298 | | | 0.283 | | |
| 游离 $CO_2$(mg/L) | | 55.11 | | | 47.86 | | |
| 侵蚀性 $CO_2$/(mg/L) | | 34.55 | | | 31.12 | | |
| pH 值 | | 6.20 | | | 6.37 | | |
| 库尔洛夫式 | | $M0.298\frac{HCO_3 56.0Cl27.9}{Ca42.2Mg31.2}$ | | | $M0.283\frac{HCO_3 56.3Cl28.8}{Ca42.1Mg33.6}$ | | |
| 水化学类型 | | $HCO_3$—Cl—Na—Ca | | | $HCO_3$—Cl—Ca—Mg | | |

#### 8.4.1.6　典型地块选取的可行性

根据地形地貌、水文地质条件等因素分析，水库蓄水后面积较大，涉及村庄较多的浸没地块主要有18处(见表8-3及图8-1)。其中,1面临水情况主要微地貌单元为Ⅰ级阶地后缘及Ⅱ级阶地,3面临水情况主要微地貌单元为Ⅰ级阶地,孤岛高程较低为全浸没状态,从地形地貌、工程地质条件、水文地质条件等进行可比性分析,认为选择典型地块进行类比浸没研究是可行的。

表8-3　出山店水库浸没地块统计结果

| 序号 | 地块编号 | 地块名 | 位置 | 88 m水位临水情况 | 微地貌 | 村庄数量 |
|---|---|---|---|---|---|---|
| 1 | 白沙1 | 三里店 | 白沙河上游右岸 | 孤岛 | Ⅰ级阶地 | 1 |
| 2 | 白沙2 | 李湾—金家湾 | 白沙河上游右岸(李湾、李家湾、金家湾) | 1面临水 | Ⅰ、Ⅱ级阶地 | 7 |
| 3 | 白沙3 | 王家湾—杨家湾 | 白沙河右岸(王家湾、彭家湾、杨家湾) | 1面临水 | Ⅰ、Ⅱ级阶地 | 3 |
| 4 | 游河1 | 姜堰—刘家湾 | 游河与白沙河之间(姜堰、刘家湾、金家稻场) | 1面临水 | Ⅰ、Ⅱ级阶地 | 3 |
| 5 | 游河2 | 塘湾—姜湾 | 游河右岸312国道北侧(塘湾、西湾、冷湾、沈湾、冷家湾、丘湾、姜湾) | 3面临水 | Ⅰ、Ⅱ级阶地 | 7 |
| 6 | 游河3 | 吉湾—唐家湾 | 游河右岸312国道附近(吉湾、新集、唐家湾) | 3面临水 | Ⅰ、Ⅱ级阶地 | 7 |
| 7 | 游河4 | 昌湾—吉湾 | 游河右岸312国道附近(昌湾、莱家湾、塘行湾、吉湾) | 1面临水 | Ⅰ、Ⅱ级阶地 | 4 |
| 8 | 游河5 | 龙井—下土城 | 游河左岸(龙井、上土城、周湾、下土城) | 3面临水 | Ⅰ级阶地 | 8 |
| 9 | 游河6 | 于寨—朱湾 | 游河左岸(于寨、陈楼、吴湾、朱湾) | 1面临水 | Ⅰ、Ⅱ级阶地 | 4 |
| 10 | 游河7 | 于湾 | 游河左岸 | 孤岛 | Ⅰ级阶地 | 1 |
| 11 | 游河8 | 高峰—喻湾 | 游河左岸(喻湾、高峰) | 3面临水 | Ⅰ、Ⅱ级阶地 | 2 |
| 12 | 淮河1 | 江桥—小东王庙 | 淮河右岸(江桥、李家山头、小东王庙) | 3面临水 | Ⅰ级阶地 | 3 |
| 13 | 淮河2 | 张营—北河南 | 淮河右岸(张营、严庄、王营、北河北、南河北) | 1面临水 | Ⅰ级阶地 | 5 |
| 14 | 淮河3 | 胡庄—平昌关 | 淮河左岸(胡庄、西园、平昌关)沿河狭长地带 | 3面临水 | Ⅰ级阶地 | 4 |
| 15 | 淮河4 | 平昌关—灌塘 | 淮河左岸(平昌关、白中) | 1面临水 | Ⅰ、Ⅱ级阶地 | 7 |
| 16 | 淮河5 | 董庄—刘庄 | 淮河左岸(平昌关、白东、宣场、赵家场、西河湾、赵庄、杜楼、朱庄、刘集、双楼、刘庄) | 3面临水 | Ⅰ、Ⅱ级阶地 | 16 |

续表 8-3

| 序号 | 地块编号 | 地块名 | 位置 | 88 m 水位临水情况 | 微地貌 | 村庄数量 |
|---|---|---|---|---|---|---|
| 17 | 淮河 6 | 潘庄—朱庄 | 淮河左岸(潘庄、西王寨、西陈庄、灌塘、邓庄、杜庄、南陈庄、袁庄、王寨、杜寨、孙寨、中心、朱庄) | 1 面临水 | Ⅱ级阶地 | 13 |
| 18 | 淮河 7 | 杨湾—上李庙 | 北接淮河 4,南至北坝头(杨湾、石桥、张庄、大孙店、李庄、小刘湾、大刘湾、上李庙) | 1 面临水 | 舒缓岗地及宽浅冲沟 | 10 |

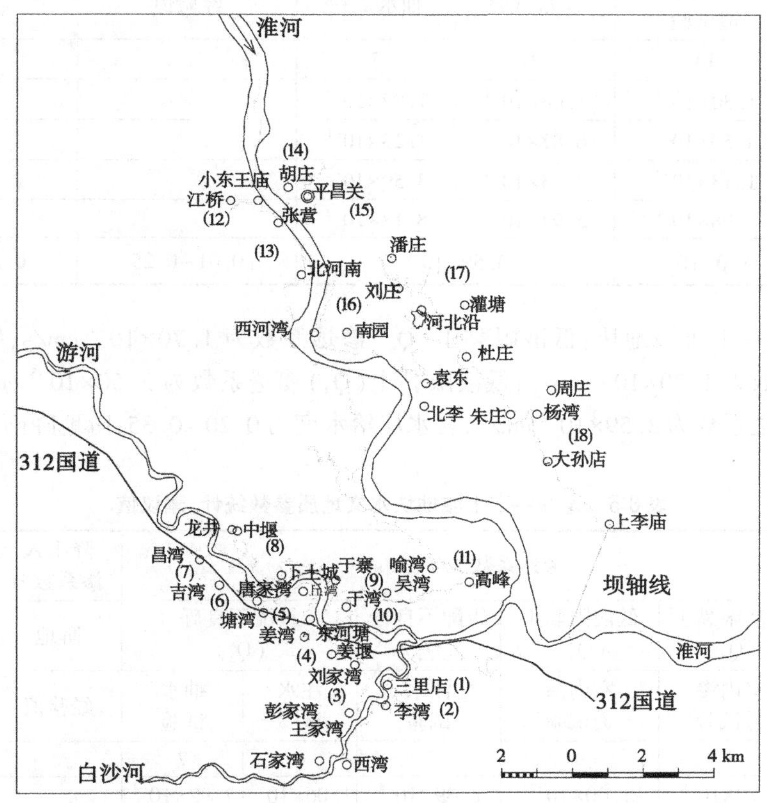


(1)三里店;(2)李湾—金家湾;(3)王家湾—杨家湾;(4)姜堰—刘家湾;(5)塘湾—姜湾;(6)吉湾—唐家湾;(7)昌湾—吉湾;(8)龙井—下土城;(9)于寨—朱湾;(10)于湾;(11)高峰—喻湾;(12)江桥—小东王庙;(13)张营—北河南;(14)胡庄—平昌关;(15)平昌关—灌塘;(16)董庄—刘庄;(17)潘庄—朱庄;(18)杨湾—上李庙。

图 8-1 出山店水库浸没地块位置示意图

本次勘察选择“平昌关—灌塘地块”(淮河 4)作为 1 面临水情况典型地块进行专题研究,选择“龙井—下土城地块”(游河 5)作为 3 面临水情况典型地块进行专题研究,将取得的成果类比应用于整个库区,从而查清水库运行后产生浸没的面积及范围。

#### 8.4.1.7 典型地块水文地质参数

根据现场原位测试和室内试验成果,结合工程实践,经综合统计分析整理,两典型地块的水文地质参数见表 8-4、表 8-5。

(1)平昌关—灌塘地块:低液限黏土($Q_3$)渗透系数为 $8.0\times10^{-5}$ cm/s;级配不良砂+含细粒土砾($Q_3$)渗透系数为 $3.59\times10^{-2}$ cm/s,含水层给水度为 0.20~0.35;阶地降雨入渗系数为 0.01~0.25。

**表 8-4 平昌关—灌塘地块水文地质参数统计、建议值**

| 项目 | 渗透系数 $K$/(cm/s) | | | 降雨入渗系数 $\alpha$ | 含水层给水度 $\mu$ |
|---|---|---|---|---|---|
| | 低液限黏土($Q_3$) | 级配不良砂+含细粒土砾($Q_3$) | | 阶地 | 级配不良砂+含细粒土砾($Q_3$) |
| 试验方法 | 室内渗透试验 | 注水试验 | 抽水试验 | 经验值 | 经验值 |
| 组数 | 14 | 10 | 7 | | |
| 最小值 | $1.30\times10^{-8}$ | $1.08\times10^{-3}$ | $7.92\times10^{-3}$ | | |
| 最大值 | $4.50\times10^{-4}$ | $6.82\times10^{-3}$ | $1.23\times10^{-1}$ | | |
| 平均值 | $1.13\times10^{-4}$ | $2.93\times10^{-3}$ | $3.59\times10^{-2}$ | | |
| 大均值 | $2.98\times10^{-4}$ | $5.94\times10^{-3}$ | $8.18\times10^{-2}$ | | |
| 建议值 | $8.0\times10^{-5}$ | $3.59\times10^{-2}$ | | 0.01~0.25 | 0.20~0.35 |

(2)龙井—下土城地块:低液限黏土($Q_4$)渗透系数为 $1.70\times10^{-4}$ cm/s,级配不良砂($Q_4$)渗透系数为 $1.70\times10^{-3}$ cm/s;低液限黏土($Q_3$)渗透系数为 $3.50\times10^{-5}$ cm/s,级配不良砾($Q_3$)渗透系数为 $3.59\times10^{-2}$ cm/s,含水层给水度为 0.20~0.35;阶地降雨入渗系数为 0.05~0.23。

**表 8-5 龙井—下土城地块水文地质参数统计、建议值**

| 项目 | 渗透系数 $K$/(cm/s) | | | | | 降雨入渗系数 $\alpha$ | 含水层给水度 $\mu$ |
|---|---|---|---|---|---|---|---|
| | 低液限黏土($Q_4$) | 低液限黏土($Q_3$) | 级配不良砂($Q_4$) | 级配不良砾($Q_3$) | | 阶地 | 级配不良砾($Q_3$) |
| 试验方法 | 室内渗透试验 | 室内渗透试验 | 注水试验 | 注水试验 | 抽水试验 | 经验值 | 经验值 |
| 组数 | 3 | 9 | 2 | 6 | 7 | | |
| 最小值 | $3.70\times10^{-8}$ | $1.00\times10^{-8}$ | $8.39\times10^{-4}$ | $1.06\times10^{-3}$ | $7.92\times10^{-3}$ | | |
| 最大值 | $1.70\times10^{-4}$ | $6.80\times10^{-5}$ | $1.70\times10^{-3}$ | $1.15\times10^{-2}$ | $1.23\times10^{-1}$ | | |
| 平均值 | $5.80\times10^{-5}$ | $7.90\times10^{-6}$ | $1.27\times10^{-3}$ | $4.16\times10^{-3}$ | $3.59\times10^{-2}$ | | |
| 大均值 | $1.70\times10^{-4}$ | $3.50\times10^{-5}$ | | $1.15\times10^{-2}$ | $8.18\times10^{-2}$ | | |
| 建议值 | $1.70\times10^{-4}$ | $3.50\times10^{-5}$ | $1.70\times10^{-3}$ | $3.59\times10^{-2}$ | | 0.05~0.23 | 0.20~0.35 |

### 8.4.1.8 典型地块蓄水后降雨入渗量

降雨入渗作为模拟区上边界条件,在模拟初始水位时,由于测水位的时间为 3 月,无降雨影响,所以在模型识别与校验时未考虑降雨影响。在预测水库蓄水后,典型地块地下水位变化时,应当考虑降雨入渗的影响。

根据长台关以上观测站实测降雨资料统计,多年平均降雨量为1 059 mm,其特点是年际变化大,年内分布很不均匀,一半左右集中在6~8月,其中大多集中在数次暴雨。本区多年平均气温15 ℃,多年平均相对湿度70%~80%。全年多北风及东北风,汛期多南风及西南风。多年平均水面蒸发量790 mm,陆面蒸发量650 mm。模型计算时,偏安全考虑取6~8月降雨集中时间,平均日降雨量为2.5 mm/d,两典型地块地表都以低液限黏土为主,其入渗系数取经验值0.01,得到降雨入渗量为$2.5×10^{-5}$ m/d。

#### 8.4.1.9　典型地块土壤毛管水上升带高度

土壤毛管水上升带高度主要通过野外直接观测法和试验法取得。

(1)野外直接观测法主要利用水位长期稳定的天然坑塘的朝阴面剥离表层,直接观测。

(2)试验法是开挖试坑并灌水,保持水位稳定一段时间,自水面以上每10 cm取1组样,现场做含水率试验,利用含水率变化曲线求得。

1. 平昌关—灌塘地块

(1)Ⅰ级阶地为$Q_4$地层,没有天然坑塘可以利用。试验通过天然含水率变化曲线取得土壤毛管水上升带高度共计2组,范围值为51.19~58.16 cm,平均值为54.68 cm。本次土壤毛管水上升带高度取54.68 cm(见图8-2、图8-3)。

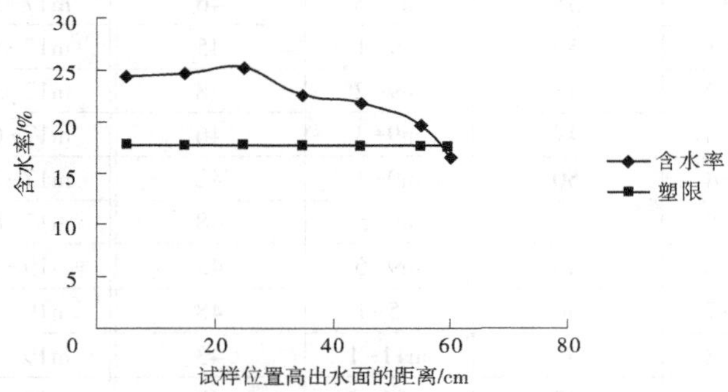


图8-2　平昌关—灌塘地块Ⅰ级阶地$Q_4$地层
室内试验调查土壤毛管水上升带高度曲线(试验组1)

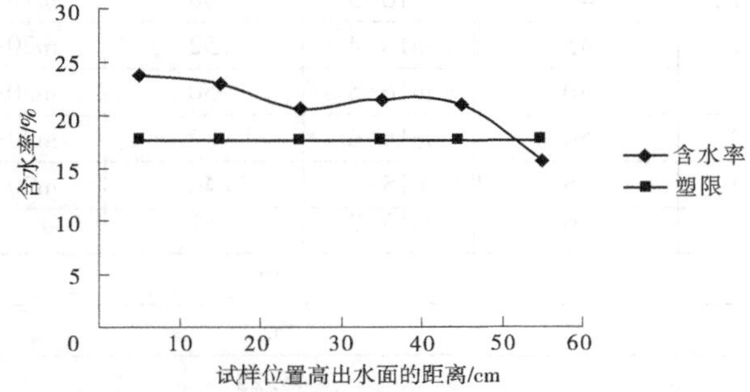


图8-3　平昌关—灌塘地块Ⅰ级阶地$Q_4$地层
室内试验调查土壤毛管水上升带高度曲线(试验组2)

(2)Ⅱ级阶地为$Q_3$地层,其中:①野外调查共计86组(见表8-6),范围值为32~55 cm,平均值为45.28 cm,大值平均值为49.22 cm;②室内试验通过天然含水率变化曲线取得土壤毛管水上升带高度共计3组,范围值为44.88~63.18 cm,平均值为51.87 cm。

本次土壤毛管水上升带高度取51.87 cm。

表 8-6 平昌关—灌塘地块Ⅱ级阶地($Q_3$)土壤毛管水上升带高度野外调查统计 单位:cm

| 地层 | 编号 | 土壤毛管水上升带高度 | 编号 | 土壤毛管水上升带高度 | 编号 | 土壤毛管水上升带高度 |
|---|---|---|---|---|---|---|
| $Q_3$ 地层 | m1 | 40 | m4-5 | 42 | m15-3 | 52 |
| | m2 | 50 | m4-6 | 45 | m15-4 | 42 |
| | m3 | 35 | m4-7 | 42 | m15-5 | 48 |
| | m4 | 50 | m4-8 | 40 | m15-6 | 51 |
| | m6 | 45 | m4-9 | 37 | m15-7 | 43 |
| | m7 | 42 | m4-10 | 42 | m15-8 | 46 |
| | m8 | 40 | m3-1 | 45 | m15-9 | 38 |
| | m9 | 35 | m3-2 | 45 | m15-10 | 47 |
| | m10 | 45 | m3-3 | 50 | m15-11 | 45 |
| | m11 | 48 | m3-4 | 40 | m17-1 | 53 |
| | m12 | 52 | m3-5 | 46 | m17-2 | 43 |
| | m13 | 35 | m3-6 | 46 | m17-3 | 44 |
| | m10-1 | 50 | m9-1 | 45 | m17-4 | 47 |
| | m10-2 | 45 | m9-2 | 48 | m17-5 | 41 |
| | m10-3 | 47 | m9-3 | 46 | m17-6 | 43 |
| | m10-4 | 50 | m9-4 | 42 | m17-7 | 43 |
| | m10-5 | 51 | m9-5 | 48 | m17-8 | 41 |
| | m10-6 | 45 | m9-6 | 45 | m19-1 | 49 |
| | m10-7 | 50 | m5-1 | 48 | m19-2 | 44 |
| | m10-8 | 55 | m11-1 | 43 | m19-3 | 40 |
| | m10-9 | 47 | m11-2 | 48 | m19-4 | 43 |
| | m10-10 | 48 | m16-1 | 48 | m19-5 | 44 |
| | m10-11 | 50 | m16-2 | 50 | m19-6 | 43 |
| | m10-12 | 49 | m16-3 | 48 | m19-7 | 42 |
| | m10-13 | 45 | m16-4 | 52 | m20-1 | 41 |
| | m4-1 | 40 | m16-5 | 50 | m20-2 | 40 |
| | m4-2 | 50 | m16-6 | 32 | m20-3 | 48 |
| | m4-3 | 55 | m15-1 | 46 | m20-4 | 39 |
| | m4-4 | 50 | m15-2 | 51 | | |
| 最小值 | 32 | | | | | |
| 最大值 | 55 | | | | | |
| 平均值 | 45.28 | | | | | |
| 大值平均值 | 49.22 | | | | | |

2. 龙井—下土城地块

龙井—下土城地块主要为Ⅰ级阶地 $Q_4$ 地层,其中:①野外调查5处天然坑塘(见

表 8-7),范围值为 37~55 cm,平均值为 44.4 cm,大值平均值为 52.5 cm;②通过天然含水率变化曲线取得土壤毛管水上升带高度试验法调查共计 3 组,范围值为 56.07~67.07 cm,平均值为 62.49 cm(见图 8-4~图 8-6)。

本次土壤毛管水上升带高度取 62.49 cm。

**表 8-7 龙井—下土城地块土壤毛管水上升带高度野外调查统计** 单位:cm

| 地层 | 编号 | 土壤毛管水上升带高度 | 编号 | 土壤毛管水上升带高度 |
|---|---|---|---|---|
| $Q_4$ 地层 | m1-1 | 37 | m1-4 | 55 |
| | m1-2 | 37 | m2-1 | 43 |
| | m1-3 | 50 | | |
| 最小值 | 37 | | | |
| 最大值 | 55 | | | |
| 平均值 | 44.4 | | | |
| 大值平均值 | 52.5 | | | |

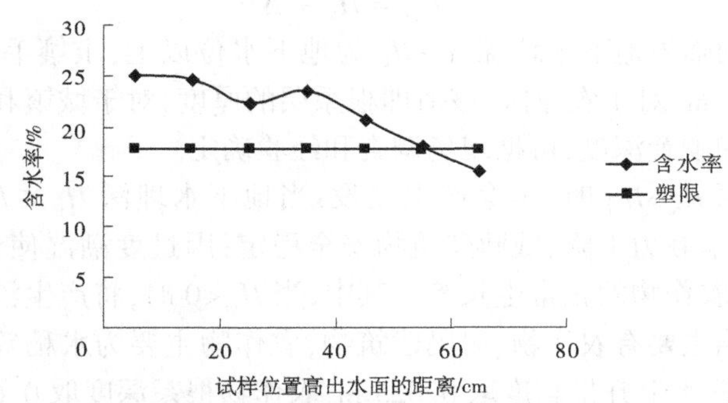


**图 8-4 龙井—下土城地块Ⅰ级阶地 $Q_4$ 地层**

**室内试验调查土壤毛管水上升带高度曲线(试验组 1)**

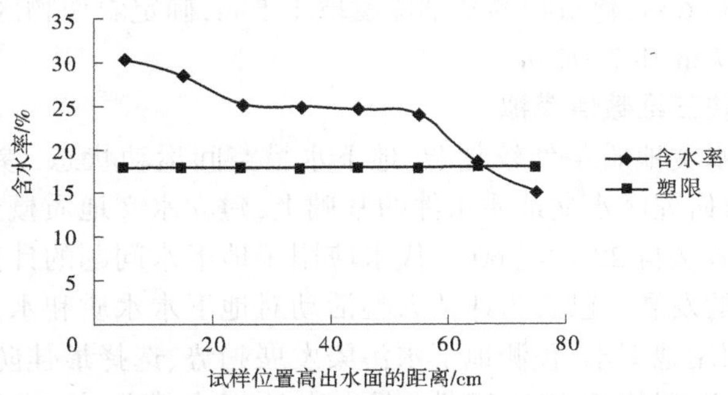


**图 8-5 龙井—下土城地块Ⅰ级阶地 $Q_4$ 地层**

**室内试验调查土壤毛管水上升带高度曲线(试验组 2)**

### 8.4.1.10 典型地块浸没的临界地下水埋深

地下水临界埋深是预测和评价库周浸没范围重要的定量指标,影响地下水临界埋深

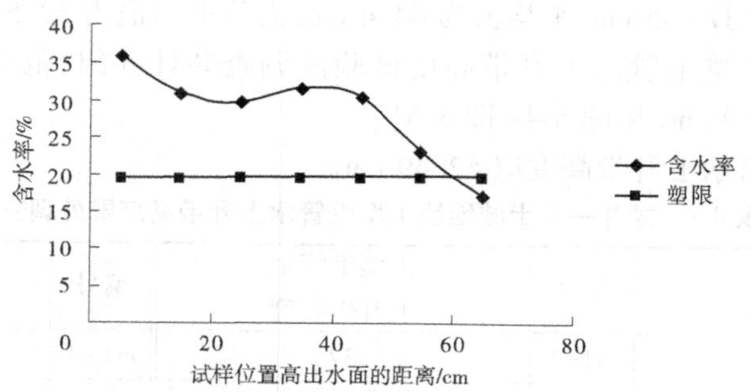


**图 8-6 龙井—下土城地块Ⅰ级阶地 $Q_4$ 地层室内试验调查土壤毛管水上升带高度曲线(试验组 3)**

的因素较多,诸如农作物种类型、工业民用建筑物的荷载及基础砌置深度、土的毛管水上升高度和含盐量等。这些因素可采用试验、现场调研的经验等综合方法确定。

依据《水利水电工程地质勘察规范》(GB 50287—2008)附录 C,评价浸没的临界地下水埋深按下式求得:

$$H_{cr} = H_k + \Delta H \tag{8-11}$$

式中:$H_{cr}$ 为浸没的临界地下水埋深,m;$H_k$ 为地下水位以上,土壤毛管水上升带高度,m;$\Delta H$ 为安全超高值,m,对于农业区,该值即根系层的厚度,对于城镇和居民区,该值取决于建筑物基础形式和砌置深度,可据现场调查和经验确定。

当地下水埋深 $H_m > H_{cr}$ 时,不会产生浸没;当地下水埋深 $H_m \leqslant H_{cr}$ 时,将产生浸没危害,即建筑物地基承载力下降,威胁建筑物安全稳定;因过度潮湿使当地群众生活环境恶化;因盐渍化危及农作物的正常生长等。其中,当 $H_m < 0$ 时,将产生沼泽化,危害更大。

库区浸没影响主要有农作物、居民建筑物,农作物主要为水稻等,龙井—下土城地块 $Q_4$ 低液限黏土毛管水上升带高度取 0. 625 m,农作物根系深度取 0. 6 m,建筑物的基础深度取 0. 8 m,确定农作物区和房屋建筑区的临界埋深分别为 1. 225 m 和 1. 4 m;平昌关—灌塘地块 $Q_4$ 地层毛管水上升带高度取 0. 547 m,$Q_3$ 地层毛管水上升带高度取 0. 518 7 m,农作物根系深度取 0. 6 m,建筑物的基础深度取 1. 5 m,确定农作物区和房屋建筑区的临界埋深分别为 1. 147 m 和 2. 04 m。

#### 8. 4. 1. 11 典型地块三维数值模拟

研究区地下水水文地质条件较复杂,地下水呈空间运动状态,渗流场用解析方法计算,因此需要在分析研究区水文地质条件的基础上,建立水文地质概念模型,采用数值方法求解。数值模拟方法自 20 世纪 60 年代末应用于地下水问题的计算以来,已取得了长足的进步和突破性的发展。已成为评估人类活动对地下水水质和水量的影响、评价地下水资源、合理开发利用地下水、预测地下水污染发展趋势、选择最佳防治措施等的主要方法和手段。考虑到计算模型的适用性,在本次地下水模拟中,采用地下水模拟系统(Groundwater Modeling Systems),简称 GMS 中的 MODFLOW 计算模块。

1. 计算软件简介

GMS 是美国 Brigham Young University 环境模型研究实验室和美国陆军排水工程实验工作站在 MODFLOW、FFMWATER、MT3DMS、RT3D、SEAM3D、MODPATH、SFFP2D 等已有

地下水模型的基础上,综合了许多实用的前后处理工具并提供图形界面方式表现。由于GMS软件具有良好的使用界面,强大的前处理、后处理功能及优良的三维可视效果,目前已成为国际上最受欢迎的地下水模拟处理系统。与其他地下水模拟软件相比,GMS具有以下一些优点:①概念化方式建立水文地质概念模型十分简便、快捷;②前、后处理功能强大,实现了可视化输入及计算结果的可视化;③自检查功能会列出模型设置不合理或可能存在问题的信息,为调试模型提供了极大的方便。

MODFLOW是由美国地质调查局在20世纪80年代开发出来的专门用于孔隙介质中三维有限差分地下水流数值模拟的软件,问世以来,已经在全世界范围内科研、生产、环境保护和水资源利用等领域得到了广泛应用,成为最为普及的地下水运动数值模拟的计算软件。

MODFLOW是应用向后有限差分法对地下水流场进行离散求解。有限差分法的基本思想是:用渗流区内有限个离散点的集合代替连续的渗流区,在这些离散点上用差商近似地代替微商,将微分方程及其定解条件化为以未知函数在离散点上的近似值为未知量的代数方程,称为差分方程,然后求解差分方程,得到微分方程的解在离散点上的近似值。

应用MODFLOW进行地下水流模拟的步骤如下。

1)渗流区的离散化

如图8-7所示,将三维的含水层系统划分为三维网格系统,整个含水层被剖分为若干层,每层又分为若干行和若干列。这样,含水层就可以由许多剖分好的小长方体计算单元表示。

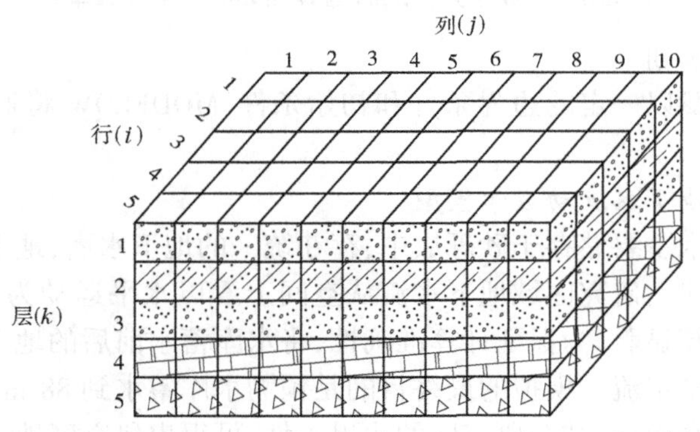


**图8-7　含水层空间离散图**

2)建立地下水流动问题的差分方程组

地下水流动的有限差分公式实际上是根据地下水流动的连续性方程推导出来的。对于稳定流的连续性方程,流入和流出某个计算单元的水流之差为零,即地下水流动不引起单元贮水量的增减。用微分方程表示为

$$\frac{\partial}{\partial x}\left(K_{xx}\frac{\partial h}{\partial x}\right)+\frac{\partial}{\partial y}\left(K_{yy}\frac{\partial h}{\partial y}\right)+\frac{\partial}{\partial z}\left(K_{zz}\frac{\partial h}{\partial z}\right)-W=0 \tag{8-12}$$

式中:$K_{xx}$、$K_{yy}$、$K_{zz}$分别为$x$、$y$和$z$方向的渗透系数;$h$为水头;$W$为源汇水量,流入(源)、流出(汇)计算单元的流量分别用正、负号表示。

MODFLOW用差分方程代替上述微分方程。如图8-8中表示的计算单元$(i,j,k)$及其相邻的六个计算单元[下标分别用$(i-1,j,k)$,$(i+1,j,k)$,$(i,j-1,k)$,$(i,j+1,k)$,$(i,j,k-$

1),$(i,j,k+1)$表示]。差分法的基本原理是将计算单元处水头函数的导数用该单元以及几个相邻单元的水头值及其间距近似表示。对于计算单元$(i,j,k)$,上述微分方程用差分方程表示为

$$K_{xx}\left[\frac{h_{j-1}-2h_j+h_{j+1}}{(\Delta x)^2}\right]+K_{yy}\left[\frac{h_{i-1}-2h_i+h_{i+1}}{(\Delta y)^2}\right]+K_{zz}\left[\frac{h_{k-1}-2h_k+h_{k+1}}{(\Delta z)^2}\right]-W=0 \tag{8-13}$$

对计算区域内每一个计算单元都有上述的差分方程,联立即为地下水流动问题的差分方程组。

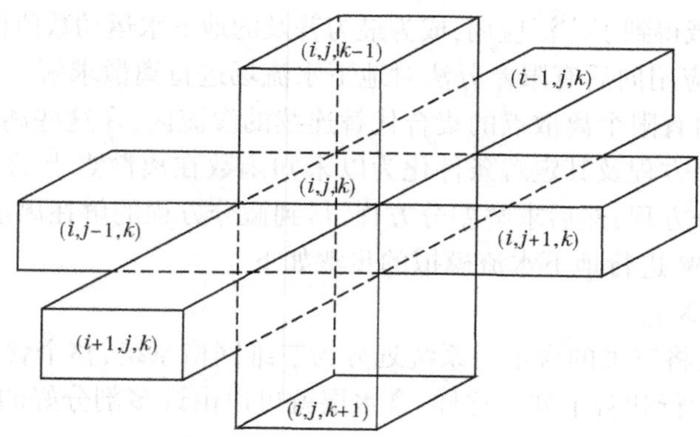


图 8-8 计算单元$(i,j,k)$与其相邻的六个计算单元

3)求解差分方程组

为差分方程组赋以一定的边界条件和初始条件,MODFLOW 将通过迭代的方法对方程组进行求解。

2. 典型地块的地下水流动数学模型

研究区的地下水主要储存于砂砾层中,存在统一的地下水面,地下水流动系统遵从水均衡原理和达西定律。研究区域地下水流从空间上看以水平运动为主,含水介质的岩性特征在垂向上变化较显著,为保证计算准确性,将水库蓄水前后的地下水运动均概化为非均质各向同性三维稳定流。模拟的最终目的是预测水库蓄水到 88 m 时的浸没范围。

根据上述的概念模型,结合研究区的边界条件,可得出研究区地下水流动的数学模型如下:

$$\begin{cases}\dfrac{\partial}{\partial x}(K_{xx}\dfrac{\partial h}{\partial x})+\dfrac{\partial}{\partial y}(K_{yy}\dfrac{\partial h}{\partial y})+\dfrac{\partial}{\partial z}(K_{zz}\dfrac{\partial h}{\partial z})-W=0 \\ h\big|_{t=0}=h_0(x,y) \qquad (x,y\in\Omega) \\ KH(\dfrac{\partial h}{\partial n})\Big|_{B_1}=q(x,y) \qquad (x,y\in B_1) \\ KH(\dfrac{\partial h}{\partial n})\Big|_{B_2}=0 \qquad (x,y\in B_2)\end{cases} \tag{8-14}$$

式中:$h_0$ 为初始水头;$H$ 为含水层厚度;$n$ 为含水层边界上内法向单位矢量;$\Omega$ 为模拟区范

围；$B_1$ 为模拟区上下游定流量边界；$B_2$ 为模拟区两侧零流量边界；$q$ 为含水层边界单宽流量，流入为正、流出为负。

3. 典型地块的地下水流动的数值模型

1) 龙井—下土城地块的空间离散化与边界条件的确定

龙井—下土城地块水文地质结构较复杂，除底部分布于全区的第三系砂岩、黏土岩外，第四系土层大致可分为三种结构：前缘为漫滩中粗砂组成的单层结构；后缘为中更新统低液限黏土为主组成的单层结构；中部为全新统下端和上更新统组成的多层(4 层)结构。沿水流方向看，本区主要为非均质多层水文地质结构。

模拟区域取在游河左岸长 1 980 m、宽 1 200 m 的地块，模拟区面积为 1. 566 $km^2$。模型两侧取零流量边界；下游边界取河水位定水头边界，其值为河水位；上游边界取在 90 m 等水位线附近，为定流量边界，其值可根据达西定律确定：

$$Q = \frac{KA(H_1 - H_2)}{L} \tag{8-15}$$

式中：$Q$ 为渗透流量；$K$ 为含水层渗透系数；$A$ 为渗流断面面积；$L$ 为 1 断面和 2 断面间的距离；$H_1$、$H_2$ 为 1 断面和 2 断面上的水头值。

依据 2009 年 3 月实测的地下水等水位线，1 断面和 2 断面取 89 m 和 90 m 等水位线所在断面，分别计算出弱透水层流量和强透水层流量，最后叠加得到模拟区上游边界流量约 2 400 $m^3/d$。模拟区地下水由上游边界以外的岗地中更新统冲洪积物地下水补给，在下游边界排泄，模拟区上下游边界的流量相等。

利用 GMS 中 MODFLOW 模块建立栅格模型。按模拟区地层岩性将模拟区分成 4 层，每层 50×60 个单元格(见图 8-9)。分别给出 4 层的顶底板高程，然后赋给各单元格水文地质参数，并进行地下水流动模拟。实测水位时间为 2009 年 3 月，因降雨较少，所以模型识别时降雨不考虑。

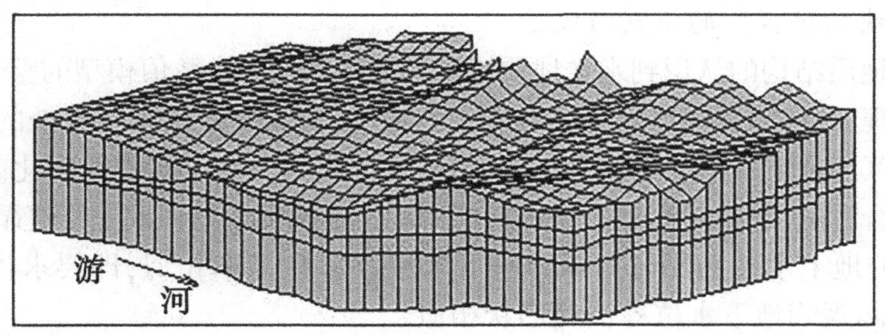


图 8-9　龙井—下土城地块模拟区空间离散图(地层厚度放大 20 倍)

2) 平昌关—灌塘地块的空间离散化与边界条件的确定

平昌关—灌塘地块位于库区北面，淮河干流左岸平昌关—刘集路两侧，南界至大灌塘。水库蓄水以后，地块一面临水。研究区域取在淮河左岸漫滩至Ⅱ级阶地，地表高程为 85~105 m，延伸宽度在 3 000~5 000 m，坡度较缓，为 1/800~1/200。蓄水以后，将有较大面积地块受到浸没灾害的影响。地下水主要接受上游边界Ⅱ级阶地地下潜流和大气降水补给。漫滩主要岩性为 $Q_4$ 细砂；Ⅰ级阶地上部为低液限黏土，下部为砂层，上覆在 $Q_3$ 砂砾石层之上；Ⅱ级阶地地层为二元结构，上部是弱透水层，主要是低液限黏土（$Q_3$），下部为强透水层，主要为中粗砂+砂砾石（$Q_3$），是本区分布最广的底层；底部为第三系砂砾岩和黏土岩构成的相对隔水层。

据以上地质特征，本区水文地质结构除底部的相对隔水层外，概化为上部为弱微透水层，下部为强透水层的双层结构模型。模拟区域取河左岸长 4 000 m、宽 4 200 m 的地块，模拟区面积为 10.24 $km^2$。模型两侧取零流量边界；下游边界取明水定水头边界，其值为河水水位；上游边界取定流量边界。

据 2009 年 3 月实测的地下水等水位线，1 断面和 2 断面取 92 m 和 91 m 等水位线所在断面，分别计算出弱透水层和强透水层流量，最后叠加得到模拟区上游边界流量约 1 700 $m^3/d$。模拟区地下水由上游边界补给，在下游边界排泄，并假设模拟区上下游边界的流量相等。

利用 GMS 中 MODFLOW 模块建立栅格模型。按模拟区地层岩性将模拟区分成两层，每层 84×80 个单元格（见图 8-10）。分别给出两层的顶底板高程，然后赋给各单元格水文参数，即可进行地下水流动模拟。实测水位时间为 2009 年 3 月，降雨较少，所以模型识别时降雨不考虑。

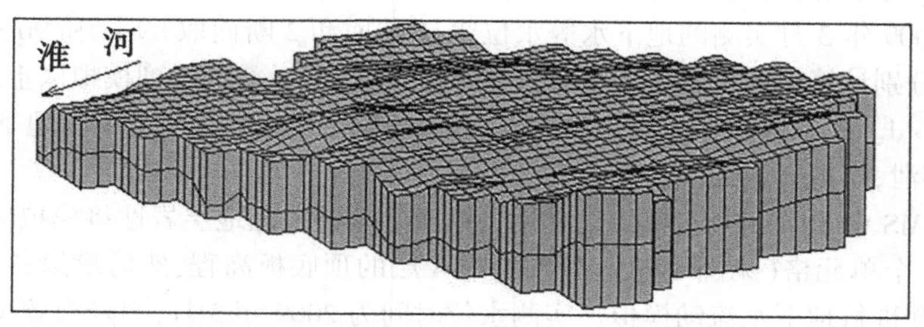


图 8-10　平昌关—灌塘地块模拟区空间离散图（地层厚度放大 20 倍）

4. 典型地块数值模型的识别与校验

由对水文地质结构的认识到水文地质概念模型再到地下水数值模型的整个过程经历了一系列概化处理，这些因素导致模型不可能细致地、完全真实地刻画出各处的地下水运动，而只能对研究区内地下水运动进行宏观的、趋势性的拟合。为了判别所概化的模型与实际地质原型的符合程度，必须对模型进行识别与检验。本次模型的识别主要遵循以下原则：

（1）模拟的地下水流场要与实际的地下水流场形状基本相似，即要求模拟的地下水位等值线与实际观测地下水位等值线形状相似。

（2）识别的水文地质参数要符合实际含水层的特征。

按照以上两个原则，采用试算法，不断调整含水层参数，使模拟得到的水位与实测水位吻合。拟合结果如图 8-11、图 8-12 所示。

从图 8-11、图 8-12 可以看出模拟的水位与实测水位有一定的差别，这是因为：

（1）概化的水文地质概念模型是理想化的表述，如岩层中存在的透镜体难以一一刻画。

（2）边界条件都是人为边界，与实际的边界条件也有一些差别；实测的等水位线是根据离散的水位值人为绘制的，与软件插值方法有所不同。

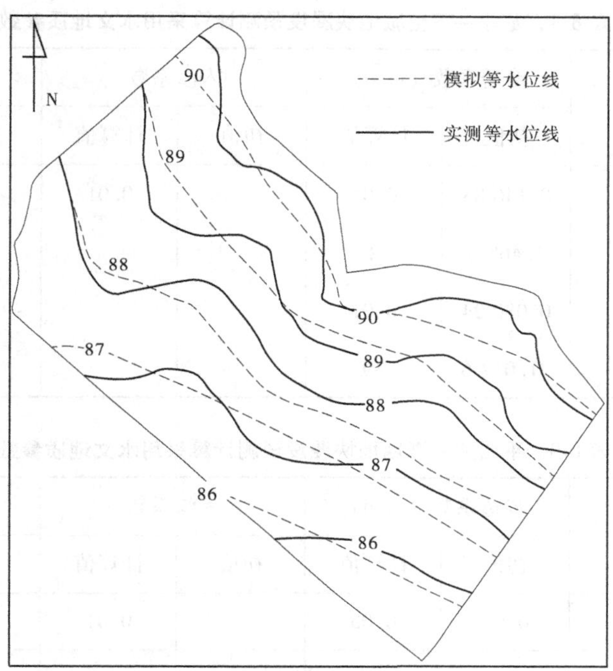


图 8-11　龙井—下土城地块模拟等水位线与实测等水位线对比

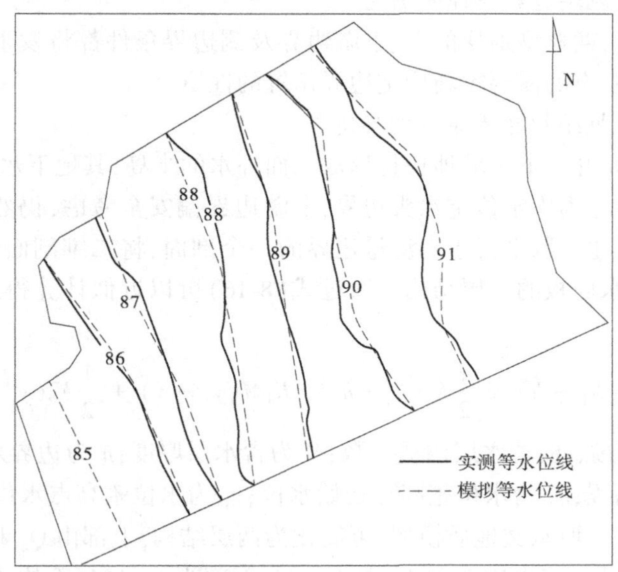


图 8-12　平昌关—灌塘地块模拟等水位线与实测等水位线对比

尽管如此，模拟所得的水位和观测水位形状相似，趋势相近，两者误差最大不超过 0.5 m，地下水流动方向和观测的流动方向基本一致。模型可以用于预测典型地块水库蓄水至 88 m 时地块的等水位线变化情况。计算参数采用经模型识别调整后的计算值如表 8-8、表 8-9 所示。

表 8-8 龙井—下土城地块浸没预测计算采用水文地质参数

| 含水层项目 | 渗透系数/(m/d) | | 入渗系数 | | 给水度 | |
|---|---|---|---|---|---|---|
| | 初值 | 计算值 | 初值 | 计算值 | 初值 | 计算值 |
| 低液限黏土($Q_4$) | 0.146 88 | 0.05 | | 0.01 | | 0.05 |
| 细砂($Q_4$) | 1.468 8 | 2 | | | | 0.1 |
| 低液限黏土($Q_3$) | 0.030 24 | 0.01 | | | | 0.05 |
| 砂+砂砾石($Q_3$) | 31.017 6 | 30 | | | | 0.2 |

表 8-9 平昌关—灌塘地块浸没预测计算采用水文地质参数

| 含水层项目 | 渗透系数/(m/d) | | 入渗系数 | | 给水度 | |
|---|---|---|---|---|---|---|
| | 初值 | 计算值 | 初值 | 计算值 | 初值 | 计算值 |
| 黏土 | 0.07 | 0.05 | | 0.01 | | 0.05 |
| 砂+砂砾石($Q_3$) | 32 | 35 | | | | 0.2 |

5. 蓄水后典型地块边界条件的确定

水库蓄水以后,两典型地块的上、下游边界及侧边界条件都将发生不同程度的变化,均需酌情进行调整,有的需要重新确定边界位置的性质。

1)龙井—下土城地块边界条件的确定

水库蓄水后,龙井—下土城地块将形成三面环水的半岛,其地下水流动方向将发生变化。模拟区下游边界为库水位定水头边界,上游边界偏安全考虑,仍然为定流量边界,但其水位应该发生变化。取平行于零流量边界的一个剖面,将二维剖面模型概划为弱透水层、强透水层和隔水底板的三层结构。通过式(8-16)可以近似计算得到库水位上升后上游边界的水位。

$$K_1M(h_1-h)+\frac{1}{2}K_2(h_1^2-h^2)=K_1M(y_1-y)+\frac{1}{2}K_2(y_1^2-y^2) \tag{8-16}$$

式中:$K_1$、$K_2$ 分别为强、弱透水层渗透系数;$M$ 为含水层厚度;$h$ 为边界水位初始高程;$y$ 为边界水位上升后高程;$h_1$ 为水位壅高点初始水位;$y_1$ 为水位壅高点水位上升后水位。

根据龙井—下土城水文地质模型,可简化为两层结构,上部由 $Q_4$ 和 $Q_3$ 低液限黏土及细砂构成弱微透水层,其渗透系数 $K_2$ 取 1 m/d;下部为 $Q_3$ 砂砾石构成的强透水层,其渗透系数 $K_1$ 为 30 m/d,含水层厚度 $M$ 取 5 m。下游边界初始水位 $h$ 为 85 m,蓄水后至 88 m;上游边界初始水位 $h_1$ 为 90.5 m,距离库水边界约 900 m,当库水位上升至 88 m 时,上游边界水位上升至 90.62 m,偏安全考虑取 91 m。

因此,对于龙井—下土城地块,当库水位上升至 88 m 时,模型上游边界水位将由 90.5 m 上升至 90.8 m;下游边界取 88 m 库水位定水头边界;西北边界取零流量边界,东南边界取已知水头边界。龙井—下土城地块蓄水后模型如图 8-13 所示。

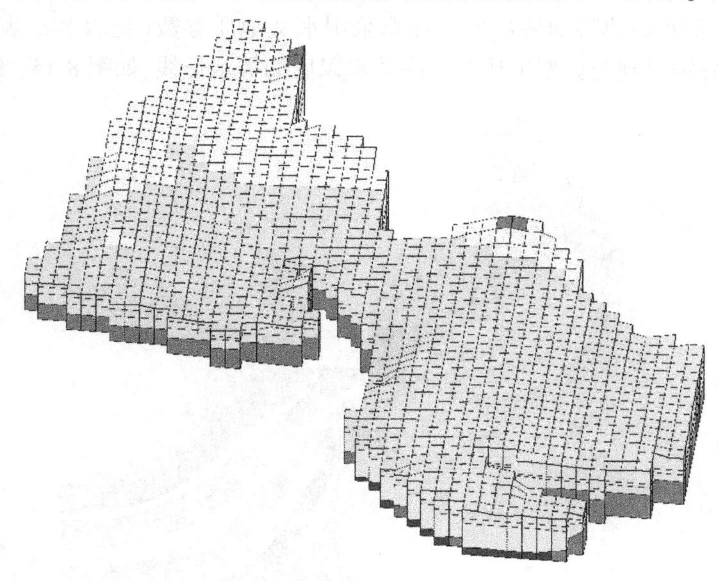

图 8-13　龙井—下土城地块蓄水后模型

2）平昌关—灌塘地块边界条件的确定

蓄水后平昌关—灌塘地块模拟区的轮廓变化不大，近下游边界的位置发生较明显变化。下游边界取库水位上移至 88 m 库水边线的位置为定水头边界；上游边界不变，但其水位必然相应上升，其值可以采用式(8-16)计算。经计算后，上游边界地下水位上升不明显（仅上升 9 mm）。因此，上游边界仍取 92 m 等水位线为定流量边界；两侧仍取零流量边界。平昌关—灌塘地块蓄水后模型如图 8-14 所示。

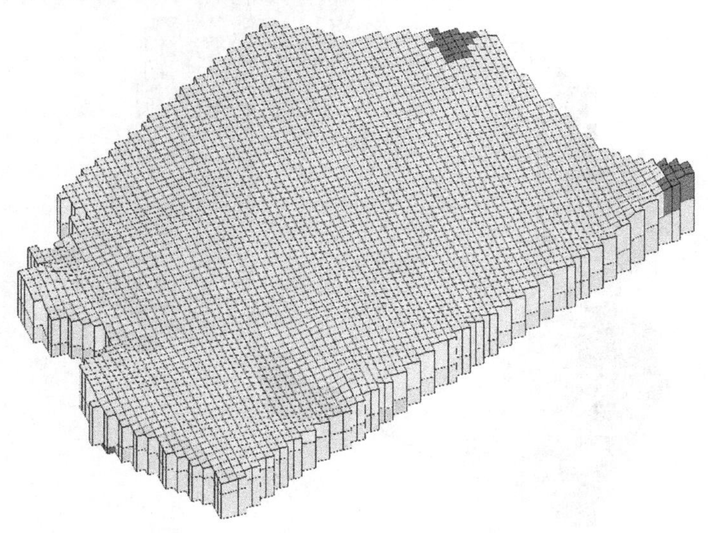

图 8-14　平昌关—灌塘地块蓄水后模型

6. 蓄水后典型地块地下水位变化

将确定后的蓄水后典型地块边界及计算采用水文地质参数(见表 8-8、表 8-9),代入模型中计算,可以分别得到两典型地块在水库蓄水以后的等水位线,如图 8-15、图 8-16 所示。

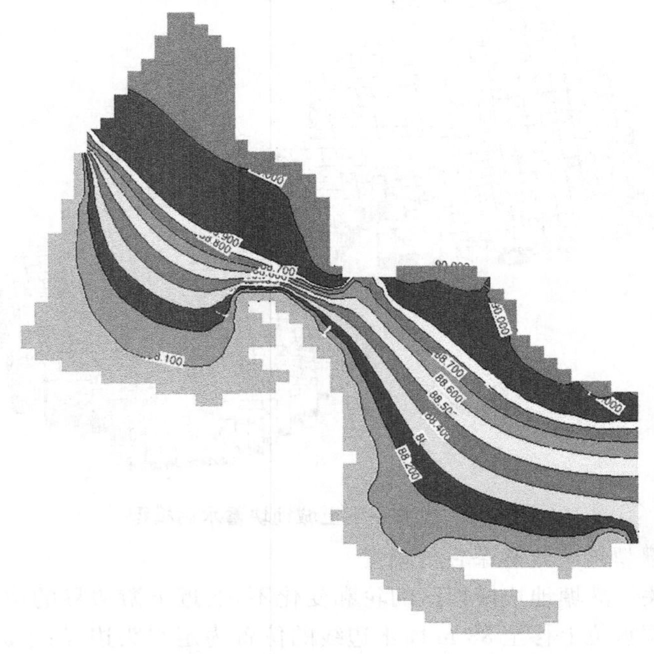


图 8-15　龙井—下土城地块水库蓄水后等水位线

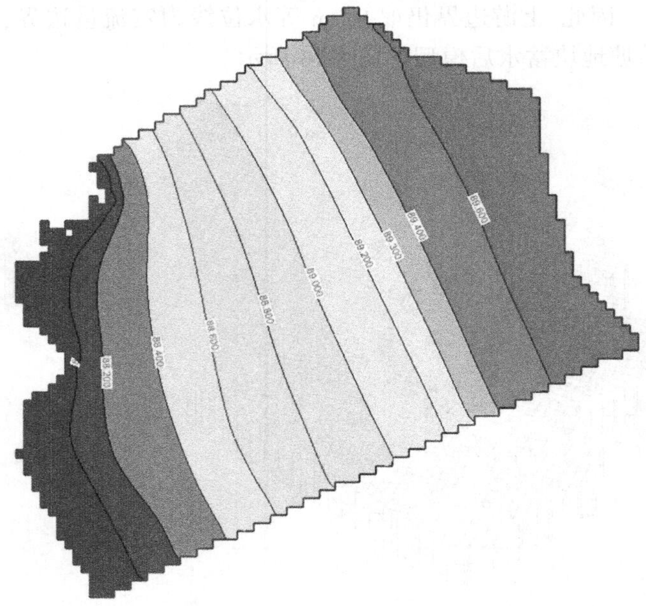


图 8-16　平昌关—灌塘地块水库蓄水后等水位线

8.4.1.12　**典型地块的浸没预测**

龙井—下土城地块蓄水后模拟区地下水埋深在0~5 m,农田区地下水临界埋深 $H_{cr}$ 为1.225 m,以此可以得到该地块的浸没范围。当库水位达到88 m时,该地块模拟区浸没长度为84~240 m,浸没宽度达到3 300 m,浸没面积约0.34 $km^2$。房屋建筑区地下水临界埋深 $H_{cr}$ 为1.4 m,以此可以得到该地块的浸没范围。当库水位达到88 m时,该地块模拟区浸没长度为80~590 m,浸没宽度达到3 300 m,浸没面积约0.63 $km^2$。受灾对象以农田为主,其中模拟区东南部范围最大;其次沿库岸边线的居民区也受到一定程度的危害。

平昌关—灌塘地块蓄水后地下水埋深0~9 m,农田区临界埋深 $H_c$ 取1.147 m。当库水位达到88 m时,该地块模拟区浸没长度为84~600 m,浸没面积约0.814 $km^2$。农房建筑区地下水临界埋深 $H_{cr}$ 为2.04 m,以此可以得到该地块的浸没范围。当库水位达到88 m时,该地块模拟区浸没长度为90~1 000 m,浸没面积约1.13 $km^2$。

8.4.1.13　**库区浸没类比的关联因素**

影响库区浸没的因素很多,如第四系地层的岩性、透水性、厚度及空间分布,第四系潜水埋藏及补给、径流和排泄条件,第四系含水层与其下含水层(第三系)的相互关系,库区岩性(基岩或松散土)、气候特征、库区地形(地表陡缓、沟谷发育及切割深度)等。库区浸没范围大小是上述诸因素综合作用的结果。利用典型区域的浸没范围类比其他地区时只能抓住主要因素。

根据本次分析,库区地形特征是影响浸没范围的主要因素,从两典型地块的浸没范围计算结果中分析地表坡降 $J$ 与地段浸没长度 $l$ 的关系,用此关系来预测其他地块的浸没带宽度,即先求出预测地块的地表平均坡降 $J_i$,由坡降与浸没长度关系求出相应的浸没带宽度 $l_i$,则该地段浸没范围面积 $S_i=l_i \times L_i$(为所求预测地块的库边长度),以此可求出整个库周浸没面积。

8.4.1.14　**类比因素浸没长度与库岸坡度关系拟合公式**

1.龙井—下土城地块

1)龙井—下土城地块农田区

图8-17表明,龙井—下土城地块农田区浸没长度与地表坡降拟合公式为

$$L = 1.769\ 232J^{-0.833\ 56} \tag{8-17}$$

龙井—下土城地块农田区浸没长度与地表坡降关系拟合公式较吻合,相关性系数 $R^2$ 为0.831。

2)龙井—下土城地块农房建筑区

图8-18表明,龙井—下土城地块农田区浸没长度与地表坡降拟合公式为

$$L = 31.988J^{-0.413} \tag{8-18}$$

龙井—下土城地块农田区浸没长度与地表坡降关系拟合公式较吻合,相关性系数 $R^2$ 为0.845 3。

2.平昌关—灌塘地块

平昌关—灌塘地块农作物根系深度取0.6 m,但是由于平昌关—灌塘地块城镇比较密集,农房建筑较多,按安全考虑,建筑物的基础深度取1.5 m来确定本地块的浸没范围。另外,平昌关—灌塘地块作为一面临水的典型地块,需要用所拟合公式去估算其他地块的

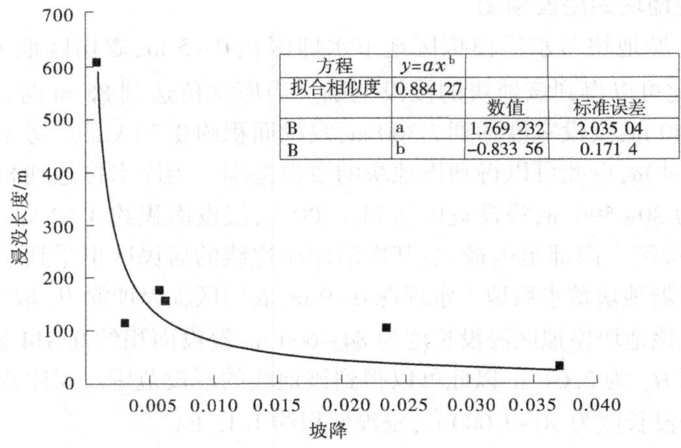


图 8-17　龙井—下土城地块农田区浸没长度与地表坡降关系

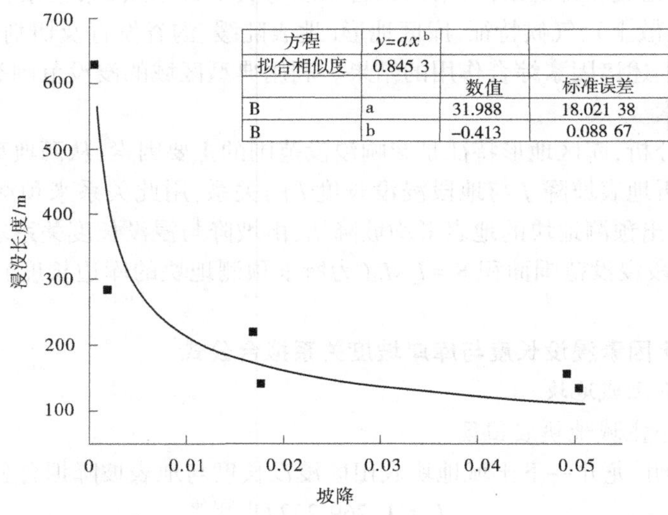


图 8-18　龙井—下土城地块农房建筑区浸没长度与地表坡降关系

浸没面积,因此另取农房建筑基础深度 0.8 m 进行模拟分析得到拟合公式,作为分析其他地块浸没面积的依据。

1)平昌关—灌塘地块农田区

图 8-19 表明,平昌关—灌塘地块农田区浸没长度与地表坡降拟合公式为

$$L = 10.999\,5J^{-0.461\,6} \tag{8-19}$$

平昌关—灌塘地块浸没长度与坡降关系拟合公式较吻合,相关性系数 $R^2$ 为 0.932 2。

2)平昌关—灌塘地块农房建筑区

图 8-20 表明,平昌关—灌塘地块房屋建筑区浸没长度与地表坡降拟合公式为

$$L = 23.981\,0J^{-0.378\,9} \tag{8-20}$$

平昌关—灌塘地块浸没长度与坡降关系拟合公式较吻合,相关性系数 $R^2$ 为

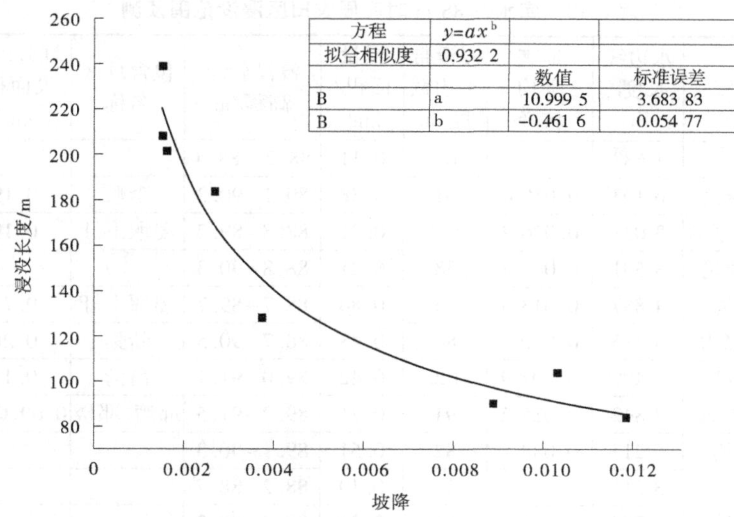


**图 8-19　平昌关—灌塘地块农田区浸没长度与地表坡降关系**

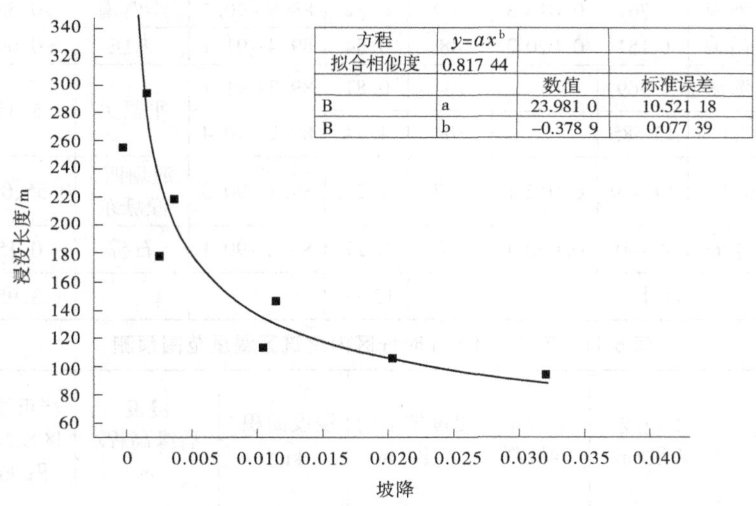


**图 8-20　平昌关—灌塘地块房屋建筑区(0.8 m)浸没长度与地表坡降关系**

0.817 44。

另外，对于平昌关—灌塘地块临界埋深取 2.04 m 时，浸没面积约 1.13 km$^2$。

#### 8.4.1.15　库周浸没范围预测

通过水文地质计算、类比分析等手段对库周其他浸没地块进行预测，经计算统计(见表 8-10、表 8-11、图 8-21)，库水位 88 m 在蓄水位稳定时库周农田区浸没总面积为 12.66 km$^2$(其中，圩区内农田区浸没总面积为 8.95 km$^2$)、圩区内建筑区浸没总面积为 12.55 km$^2$。农田区浸没带平均宽度 38~304 m、建筑区浸没带平均宽度 81~352 m。

**表 8-10 库水位 88 m 时库周农田区浸没范围预测**

| 序号 | 地段名 | 水边线长度/m | 地表平均坡降 | 浸没带平均宽度/m | 浸没面积/km² | 浸没后缘高程/m | 包含圩区名称 | 圩区内浸没面积/km² | 说明 |
|---|---|---|---|---|---|---|---|---|---|
| 1 | 三里店 | 1 683 | | 65 | 0.11 | 88.2—88.4 | | | 全部浸没 |
| 2 | 李湾—金家湾 | 6 193 | 0.019 4 | 61 | 0.38 | 89.1~90.2 | 李畈 | 0.19 | |
| 3 | 王家湾—杨家湾 | 3 031 | 0.026 2 | 102 | 0.31 | 88.8~89.2 | 姜堰下圩 | 0.19 | |
| 4 | 姜堰—刘家湾 | 3 591 | 0.044 4 | 58 | 0.21 | 88.8~90.3 | | | |
| 5 | 塘湾—姜湾 | 4 887 | 0.013 5 | 176 | 0.86 | 88.7~89.7 | 姜堰上圩 | 0.72 | |
| 6 | 吉湾—唐家湾 | 5 485 | 0.010 3 | 88 | 0.48 | 88.7~90.5 | 新集 | 0.28 | |
| 7 | 昌湾—吉湾 | 3 499 | 0.007 9 | 120 | 0.42 | 89.0~91.1 | 昌湾 | 0.15 | |
| 8 | 龙井—下土城 | 7 842 | 0.025 2 | 91 | 0.71 | 89.2~91.5 | 邱湾、邓楼 | 0.09、0.29 | |
| 9 | 于寨—吴湾 | 6 215 | 0.033 5 | 82 | 0.51 | 89.1~90.3 | | | |
| 10 | 于湾 | 3 214 | | 59 | 0.19 | 88.2~88.7 | | | 全部浸没 |
| 11 | 高峰—喻湾 | 3 704 | 0.021 5 | 86 | 0.32 | 88.5~90.2 | | | |
| 12 | 江桥—小东王庙 | 1 852 | 0.020 6 | 38 | 0.07 | 89.0~90.8 | 李营北 | 0.01 | |
| 13 | 张营—北河南 | 4 761 | 0.013 3 | 109 | 0.52 | 88.8~90.7 | 李营南 | 0.58 | |
| 14 | 胡庄—平昌关 | 6 151 | 0.020 2 | 88 | 0.54 | 89.4~91.1 | 朱庄 | 0.09 | |
| 15 | 平昌关—灌塘 | 4 969 | | 164 | 0.81 | 89.3~91.1 | 平昌关 | 5.35 | |
| 16 | 董庄—刘庄 | 15 585 | | 304 | 4.74 | 89.2~90.4 | | | |
| 17 | 潘庄—朱庄 | 14 009 | 0.012 1 | 187 | 1.21 | 89.1~90.3 | 灌塘西、灌塘东 | 0.55、0.31 | |
| 18 | 杨湾—上李庙 | 4 760 | 0.030 4 | 57 | 0.27 | 89.2~90.1 | 石桥 | 0.15 | |
| 合计 | | | | | 12.66 | | | 8.95 | |

**表 8-11 库水位 88 m 时圩区内建筑区浸没范围预测**

| 序号 | 圩区名 | 水边线长度/m | 地表平均坡降 | 浸没带平均宽度/m | 浸没面积/km² | 浸没后缘高程/m | 严重浸没区浸没面积/km² | 说明 |
|---|---|---|---|---|---|---|---|---|
| 1 | 李畈圩区 | 6 193 | 0.019 4 | 81 | 0.25 | 89.4~90.6 | 0.18 | |
| 2 | 姜堰下圩 | 3 031 | 0.026 2 | 135 | 0.27 | 89.3~90.8 | 0.13 | |
| 3 | 姜堰上圩 | 4 887 | 0.013 5 | 198 | 0.81 | 89.4~90.3 | 0.47 | |
| 4 | 新集圩区 | 5 485 | 0.010 3 | 117 | 0.39 | 89.6~90.7 | 0.14 | |
| 5 | 昌湾圩区 | 3 499 | 0.007 9 | 166 | 0.27 | 89.3~91.5 | 0.02 | |
| 6 | 邱湾圩区 | 7 842 | 0.025 2 | 138 | 0.18 | 89.5~91.8 | 0.05 | |
| 7 | 邓楼圩区 | | | | 0.48 | | 0.17 | |
| 8 | 李营北圩区 | 1 852 | 0.020 6 | 108 | 0.10 | 90.3~91.6 | 0.01 | |
| 9 | 李营南圩区 | 4 761 | 0.013 3 | 187 | 0.85 | 89.6~91.5 | 0.68 | |
| 10 | 朱庄圩区 | 6 151 | 0.020 2 | 143 | 0.28 | 90.1~91.7 | 0.13 | |

续表 8-11

| 序号 | 圩区名 | 水边线长度/m | 地表平均坡降 | 浸没带平均宽度/m | 浸没面积/km² | 浸没后缘高程/m | 严重浸没区浸没面积/km² | 说明 |
|---|---|---|---|---|---|---|---|---|
| 11 | 平昌关圩区 | 4 969 | | 227 | 1.13 | 89.9~91.5 | 2.64 | 1 面临水 |
| | | 15 585 | | 352 | 5.87 | 89.8~90.8 | | 3 面临水 |
| 12 | 灌塘西圩区 | 6 214 | 0.012 1 | 162 | 0.97 | 89.5~91.0 | | |
| 13 | 灌塘东圩区 | 4 215 | 0.012 1 | 162 | 0.50 | 89.5~91.0 | | |
| 14 | 石桥 | 3 210 | 0.030 4 | 86 | 0.20 | 89.5~90.3 | | |
| 合计 | | | | | 12.55 | | 4.62 | |

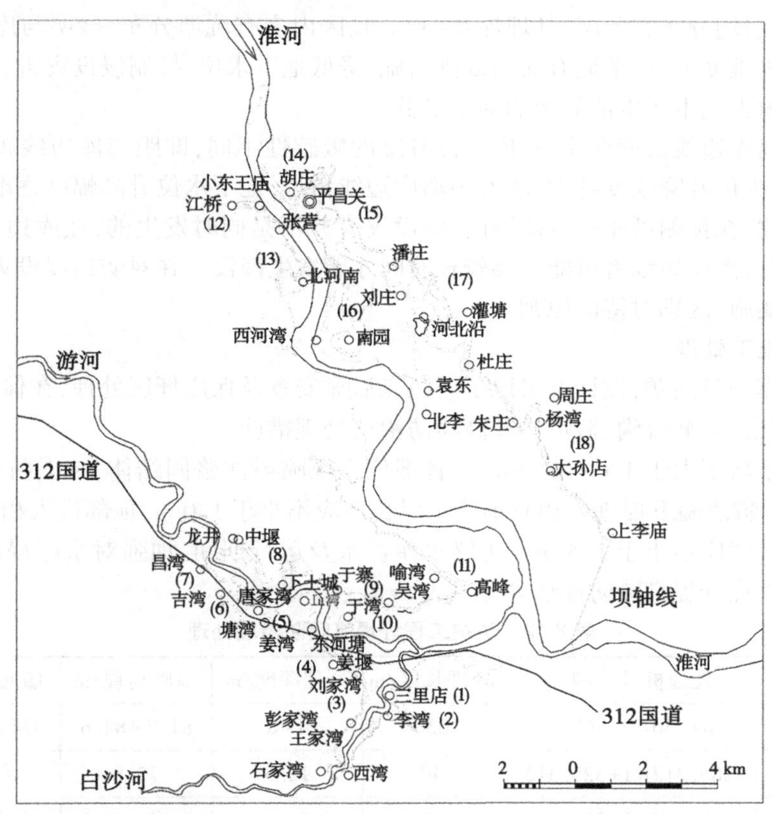


(1)三里店地块;(2)李湾—金家湾地块;(3)王家湾—杨家湾地块;(4)姜堰—刘家湾地块;(5)塘湾—姜湾地块;(6)吉湾—唐家湾地块;(7)昌湾—吉湾地块;(8)龙井—下土城地块;(9)于寨—吴湾地块;(10)于湾地块;(11)高峰—喻湾地块;(12)江桥—小东王庙地块;(13)张营—北河南地块;(14)胡庄—平昌关地块;(15)平昌关—灌塘地块;(16)董庄—刘庄地块;(17)潘庄—朱庄地块;(18)杨湾—上李庙地块。

**图 8-21　出山店水库浸没地块位置及预测结果示意图**

据浸没地块的研究成果分析，库周各地块距库边线数十米范围内，高程小于 89 m(正常蓄水位以上 1 m)范围内均将首先遭受浸没灾害，因此以高程 89 m 为界，将低于 89 m 以下范围浸没影响程度划分为严重，89 m 以上至浸没后缘线区域浸没程度划分为一般。按此标准计算圩区内建筑区严重浸没分区总面积为 4.62 $km^2$，一般浸没分区总面积为 7.93 $km^2$。

浸没问题是较严重的水库次生灾害，浸没对库周临水地区的工农业生产和居民生活危害较大，它可能使农田沼泽化或盐渍化，建筑物地基强度降低，影响其稳定和正常使用。出山店水库各浸没地块农作物区现状绝大部分为稻田，信阳地处湿润性气候区，降雨丰富，地下水矿化度低，一般不会产生次生盐渍化问题，因此库区浸没问题对库周农业生产影响较小；由于一部分居民点采取了后靠安置措施，浸没问题对保庄圩区影响大，13 处圩区中有朱庄、平昌关等 10 处圩区前端位于Ⅰ级阶地上，其上部地层一般具黏砂(砾)多层结构，尤其浅层均分布有砂层，其埋深 0~3 m，且区内多有坑塘分布，砂层与库水相连通，浸没区降排水难度大，应采取有效的截排措施，降低地下水位，控制浸没灾害，将地下水位上升对圩区内人民生产生活的影响降至最低。

随着距离库边线长度变化，对库水位升降的敏感性不同，即距离库边线越近，随库水位升降，地下水位升降幅度越大；随着距离库边线越远，地下水位升降幅度逐渐减小，乃至趋于零。因此，在预测可能浸没范围内，浸没灾害并不是同时发生的，在库边线附近最先发生浸没，而远离库边线者可能需要较长时间才能发生浸没。在对防治浸没灾害时，可考虑采取分步实施、区别对待的原则。

#### 8.4.1.16　施工处理

关于水库浸没问题，设计上采取了居民点后靠安置及保庄圩区处理，在保庄圩区设计中，采取了排涝沟、截流沟、截渗沟及高喷防渗墙处理措施。

其渗透系数不大于 $1.0\times10^{-5}$ cm/s，各部位高压喷射注浆固结体 28 d，抗压强度不小于 1.0 MPa。防渗墙下部进入相对不透水层长度应不小于 1.0 m，顶部进入相对不透水覆盖层或堤身长度应不小于 1.5 m。建议水库蓄水及运行期间，加强对水库浸没的巡视与监测。防护工程圩堤高喷防渗墙处理见表 8-12。

**表 8-12　防护工程圩堤高喷防渗墙处理**

| 圩区名称 | 处理桩号范围 | 处理长度/m | 处理深度/m | 墙底高程/m | 墙底相对隔水层 |
|---|---|---|---|---|---|
| 李畈 | 0+530~0+760 | 230 | 4~8 | 81.7~84.6 | 灰色粉质黏土 |
| | 1+285.312~1+325.312 | 40 | 10.5 | 75.8 | 砖红色软岩 |
| 姜堰上圩 | 1+890~2+219 | 329 | 5.1~6.1 | 81.2~82.2 | 灰色粉质黏土 |
| 姜堰下圩 | 1+470~1+520 | 50 | 3.7 | 85.0 | 灰色粉质黏土 |
| | 1+730~2+590 | 860 | 4.2~8.2 | 80.8~83.3 | 灰色粉质黏土及砖红色软岩(2+120~2+320) |
| | 2+720~2+780 | 60 | 5.8 | 84.0 | 灰色粉质黏土 |

续表 8-12

| 圩区名称 | 处理桩号范围 | 处理长度/m | 处理深度/m | 墙底高程/m | 墙底相对隔水层 |
|---|---|---|---|---|---|
| 新集 | 1+973.822～2+013.822 | 40 | 12.2 | 75.0 | 砖红色软岩 |
| 昌湾 | 0+852～0+924 | 72 | 13.3 | 78.3 | 砖红色软岩 |
| | 1+360～1+780 | 420 | 11～13.6 | 75.4～76.8 | 砖红色软岩 |
| | 2+862.464～2+902.464 | 40 | 12 | 77.0 | 砖红色软岩 |
| 邱湾 | 0+450～1+450 | 1 000 | 10.4～14.2 | 76.6～78.6 | 砖红色软岩 |
| 邓楼 | 0+875.69～0+915.69 | 40 | 4.4 | 83 | 灰色粉质黏土 |
| | 1+340～1+440 | 100 | 10.2 | 76.1 | 砖红色软岩 |
| | 1+810～2+182 | 372 | 4.6～13.4 | 76.6～85.4 | 灰色粉质黏土及砖红色软岩（1+810～2+030） |
| | 2+520～2+920 | 400 | 6.2～8.2 | 83.2～84.0 | 灰色粉质黏土 |
| 李营南 | 1+605～1+662 | 57 | 12.7 | 75.5 | 砖红色软岩 |
| | 2+002～2+040 | 38 | 13.9 | 74.4 | 砖红色软岩 |
| | 2+177～4+150 | 1 973 | 13.6～17.2 | 72.8～76.6 | 砖红色软岩 |
| 李营北 | 0+663～0+840 | 177 | 13～15 | 76.8～78 | 砖红色软岩 |
| 朱庄 | 0+910～1+003 | 93 | 14～15 | 75.3～76.1 | 砖红色软岩 |
| | 2+114～2+357 | 243 | 13～13.5 | 75.5 | 砖红色软岩 |
| | 2+643～3+323 | 680 | 13 | 75.2～76.0 | 砖红色软岩 |
| 平昌关 | 4+296～4+500 | 254 | 15.8～16.2 | 69.8～70.2 | 砖红色软岩 |
| | 5+000～5+150 | 150 | 13.6～14.7 | 72.7～73.3 | 砖红色软岩 |
| | 6+150～6+450 | 300 | 11.0～11.6 | 75.43 | 砖红色软岩 |
| | 6+950～6+994.635 | 44.635 | 15 | 71.5 | 砖红色软岩 |
| | 7+134～7+306 | 172 | 13.5 | 74.0 | 砖红色软岩 |
| | 7+950～8+000 | 50 | 13.3 | 73.3 | 砖红色软岩 |
| | 9+950～10+150 | 200 | 14～14.5 | 70.2～72.4 | 砖红色软岩 |
| | 10+275～10+700 | 425 | 12 | 74.6～75.75 | 砖红色软岩 |
| | 11+260～11+415 | 155 | 12～12.5 | 75.2～75.45 | 砖红色软岩 |

## 8.4.2　燕山水库

水库周边大部分地段属微倾的山前倾斜平原，由中、上更新统地层构成，岩性具双层结构。上部多为黏性土，下部为卵石混合土层。中、上更新统之下为新近系半成岩的黏土岩土、砂砾岩等。

山前倾斜平原被河流及沟谷所切割，如文井河、古城河、砚河、贾河、脱脚河、黄金河等将其切割成许多河间地块。蓄水后这些地块将三面临水，呈半岛状。例如，杨寺庄—路庄地块、冯楼—宋庄地块、独树镇—古庄店地块、冶平—王店地块、小史店地块等。

库周边地下水位均高于库水位，第四系潜水埋深2~8 m。水库蓄水后势必造成地下水位的壅高。根据库周边的地形、地貌、地层结构、岩性及水文地质条件，在水库蓄水后，库周农田、村镇有产生浸没的可能性。

为解决库周浸没问题，1989年选取了文井河与古城河之间(魏岗铺—保安镇)的河间地块，作为典型地段，委托中国地质大学(武汉)水工系师生做了专门性研究。中国地质大学(武汉)采用当时自主研制的新一代GW-Ⅱ型混合模拟计算机系统，应用离散化的方法进行了库水位115 m和128 m魏岗铺—保安镇地段浸没计算，并对库区进行了浸没预测，其成果列于表8-13、表8-14。可行性研究阶段勘察为进一步预测核实库水位在108.14 m产生浸没的库周范围，再次选取了文井河与古城河之间的魏岗铺(杨寺庄—路庄)河间地块和贾河与干江河之间的高庄(冯楼—宋庄)河间地块作为典型地段，委托南京水利科学研究院做了专门性研究。南京水利科学研究院利用三维地下水渗流模型分析计算库水位在108.14 m时典型地段的浸没范围，对库区浸没范围进行类比，成果列于表8-15~表8-17。

**表8-13 库水位115 m时库周各段浸没范围估算值(1989年)**

| 库岸地段 | 水边线长度/m | 地表平均坡降 | 浸没带宽度/m | | 浸没面积/km² | |
|---|---|---|---|---|---|---|
| | | | 大值 | 中值 | 大值 | 中值 |
| 北坝头—柳河庄 | 5 000 | 0.027 | 180 | 100 | 0.90 | 0.50 |
| 魏岗铺 | | | | | 3.57 | 3.57 |
| 保安—砚河 | 17 000 | 0.017 4 | 290 | 200 | 4.93 | 3.40 |
| 砚河—贾河 | 6 000 | 0.005 8 | 670 | 600 | 4.02 | 3.60 |
| 贾河—黄金河 | 25 000 | 0.019 9 | 250 | 160 | 6.25 | 4.00 |
| 二郎庙—王楼 | 10 000 | 0.018 9 | 240 | 150 | 2.40 | 1.50 |
| 王楼—后王岗 | 16 500 | 0.048 | 40 | 10 | 0.66 | 0.17 |
| 走马岭—杨湾 | 4 000 | 0.019 9 | 260 | 160 | 1.04 | 0.64 |
| 老庄—各口 | 10 500 | 0.024 1 | 210 | 120 | 2.20 | 1.26 |
| 合计 | | | | | 25.97 | 18.64 |

**表8-14 库水位128 m时库周浸没范围估算值(1989年)**

| 库岸地段 | 水边线长度/m | 地表平均坡降 | 浸没带宽度/m | | 浸没面积/km² | |
|---|---|---|---|---|---|---|
| | | | 大值 | 中值 | 大值 | 中值 |
| 北坝头—柳河庄 | 3 500 | 0.006 6 | 640 | 600 | 2.24 | 2.10 |
| 魏岗铺 | | | | | 1.90 | 1.90 |

续表 8-14

| 库岸地段 | 水边线长度/m | 地表平均坡降 | 浸没带宽度/m | | 浸没面积/km² | |
|---|---|---|---|---|---|---|
| | | | 大值 | 中值 | 大值 | 中值 |
| 保安—砚河 | 12 500 | 0.008 7 | 530 | 450 | 6.63 | 5.63 |
| 砚河—贾河 | 5 500 | 0.005 0 | 750 | 720 | 4.13 | 3.96 |
| 贾河—黄金河 | 28 000 | 0.006 6 | 640 | 610 | 17.92 | 17.00 |
| 刘店—草店 | 5 500 | 0.025 0 | 200 | 110 | 1.10 | 0.60 |
| 孟庄—桂河村 | 8 000 | 0.020 | 250 | 150 | 2.00 | 1.20 |
| 桂河村—王店 | 11 000 | 0.011 | 440 | 350 | 4.84 | 3.85 |
| 王店—后王店 | 20 000 | 0.022 | 230 | 130 | 4.60 | 2.60 |
| 王庄—各口 | 4 000 | 0.020 | 250 | 150 | 1.00 | 0.60 |
| 合计 | | | | | 46.36 | 39.44 |

表 8-15　库水位 108.14 m 时库周浸没范围类比预测(蓄水 6 个月)(2003 年)

| 地段名 | 水边线长度/m | 地表平均坡降 | 浸没带宽度/m | | 浸没面积/km² | |
|---|---|---|---|---|---|---|
| | | | 大值 | 中值 | 大值 | 中值 |
| 北坝头—柳庄河 | 4 500 | 0.015 | 205.47 | 164.75 | 0.93 | 0.74 |
| 魏岗铺(柳庄河—冯庵) | 8 000 | | | | 2.44 | 2.44 |
| 保安(冯庵)—砚河 | 6 700 | 0.017 | 174.29 | 137.41 | 1.17 | 0.92 |
| 砚河—贾河 | 6 000 | 0.048 | 44.51 | 30.51 | 0.27 | 0.18 |
| 贾河—牛庄 | 9 400 | | | | 6.31 | 6.31 |
| 牛庄—楚庄 | 3 800 | 0.025 | 104.95 | 78.56 | 0.40 | 0.30 |
| 贾河—彼狐窝 | 11 000 | 0.017 | 174.29 | 137.41 | 1.92 | 1.51 |
| 杨楼—西任湾 | 8 100 | 0.007 | 559.81 | 497.39 | 4.53 | 4.03 |
| 西任湾—温老庄 | 6 400 | 0.047 | 45.76 | 31.46 | 0.29 | 0.20 |
| 温老庄—李庄 | 3 200 | 0.019 | 150.57 | 116.95 | 0.48 | 0.37 |
| 李庄—二郎庙 | 4 600 | 0.056 | 36.34 | 24.40 | 0.17 | 0.11 |
| 二郎庙—岗庄 | 12 600 | 0.019 | 150.57 | 116.95 | 1.90 | 1.47 |
| 岗庄—百户庄 | 12 200 | 0.019 | 150.57 | 116.95 | 1.84 | 1.43 |
| 百户庄—后王岗 | 4 300 | 0.046 | 47.07 | 32.45 | 0.20 | 0.14 |
| 老庄—各口 | 8 200 | 0.032 | 75.86 | 54.92 | 0.62 | 0.45 |
| 大辛庄—杨湾 | 5 600 | 0.029 | 86.34 | 63.35 | 0.48 | 0.36 |
| 合计 | | | | | 23.95 | 20.96 |

表 8-16　库水位 108.14 m 时库周浸没范围类比预测(蓄水 3 个月)(2003 年)

| 地段名 | 水边线长度/m | 地表平均坡降 | 浸没带宽度/m | | 浸没面积/km² | |
|---|---|---|---|---|---|---|
| | | | 大值 | 中值 | 大值 | 中值 |
| 北坝头—柳庄河 | 4 500 | 0.015 | 197.37 | 157.30 | 0.888 | 0.708 |
| 魏岗铺(柳庄河—冯庵) | 8 000 | | | | 2.33 | 2.33 |
| 保安(冯庵)—砚河 | 6 700 | 0.017 | 167.96 | 131.67 | 1.125 | 0.882 |
| 砚河—贾河 | 6 000 | 0.048 | 44.06 | 30.12 | 0.264 | 0.181 |
| 贾河—牛庄 | 9 400 | | | | 5.92 | 5.92 |
| 牛庄—楚庄 | 3 800 | 0.025 | 102.16 | 76.11 | 0.388 | 0.289 |
| 贾河—彼狐窝 | 11 000 | 0.017 | 167.96 | 131.67 | 1.848 | 1.448 |
| 杨楼—西任湾 | 8 100 | 0.007 | 527.22 | 464.62 | 4.27 | 3.763 |
| 西任湾—温老庄 | 6 400 | 0.047 | 45.27 | 31.03 | 0.29 | 0.199 |
| 温老庄—李庄 | 3 200 | 0.019 | 145.52 | 112.42 | 0.466 | 0.36 |
| 李庄—二郎庙 | 4 600 | 0.056 | 36.12 | 24.19 | 0.166 | 0.111 |
| 二郎庙—岗庄 | 12 600 | 0.019 | 145.52 | 112.42 | 1.834 | 1.416 |
| 岗庄—百户庄 | 12 200 | 0.019 | 145.52 | 112.42 | 1.775 | 1.371 |
| 百户庄—后王岗 | 4 300 | 0.046 | 46.54 | 32.00 | 0.2 | 0.138 |
| 老庄—各口 | 8 200 | 0.032 | 74.31 | 53.59 | 0.609 | 0.439 |
| 大辛庄—杨湾 | 5 600 | 0.029 | 84.37 | 61.64 | 0.472 | 0.345 |
| 合计 | | | | | 22.85 | 19.90 |

表 8-17　库水位 108.14 m 时库周浸没范围类比预测(稳定)(2003 年)

| 地段名 | 水边线长度/m | 地表平均坡降 | 浸没带宽度/m | | 浸没面积/km² | |
|---|---|---|---|---|---|---|
| | | | 大值 | 中值 | 大值 | 中值 |
| 北坝头—柳庄河 | 4 500 | 0.015 | 222.31 | 177.619 2 | 1.000 | 0.799 |
| 魏岗铺(柳庄河—冯庵) | 8 000 | | | | 2.602 | 2.602 |
| 保安(冯庵)—砚河 | 6 700 | 0.017 | 189.79 | 147.761 9 | 1.272 | 0.990 |
| 砚河—贾河 | 6 000 | 0.048 | 491.94 | 447.621 5 | 0.307 | 0.193 |
| 贾河—牛庄 | 9 400 | | | | 6.514 | 6.514 |
| 牛庄—楚庄 | 3 800 | 0.025 | 116.58 | 83.807 61 | 0.443 | 0.318 |
| 贾河—彼狐窝 | 11 000 | 0.017 | 189.79 | 147.761 9 | 2.088 | 1.625 |
| 杨楼—西任湾 | 8 100 | 0.007 | 722.79 | 700.412 1 | 4.717 | 4.412 |
| 西任湾—温老庄 | 6 400 | 0.047 | 52.50 | 33.125 45 | 0.336 | 0.212 |
| 温老庄—李庄 | 3 200 | 0.019 | 164.90 | 125.468 6 | 0.528 | 0.401 |
| 李庄—二郎庙 | 4 600 | 0.056 | 42.08 | 25.602 29 | 0.194 | 0.118 |
| 二郎庙—岗庄 | 12 600 | 0.019 | 164.90 | 125.468 6 | 2.078 | 1.581 |
| 岗庄—百户庄 | 12 200 | 0.019 | 172.91 | 132.588 7 | 2.012 | 1.531 |

续表 8-17

| 地段名 | 水边线长度/m | 地表平均坡降 | 浸没带宽度/m | | 浸没面积/$km^2$ | |
|---|---|---|---|---|---|---|
| | | | 大值 | 中值 | 大值 | 中值 |
| 百户庄—后王岗 | 4 300 | 0.046 | 53.95 | 34.189 7 | 0.232 | 0.147 |
| 老庄—各口 | 8 200 | 0.032 | 96.64 | 67.375 88 | 0.700 | 0.478 |
| 大辛庄—杨湾 | 5 600 | 0.029 | 110.94 | 79.111 14 | 0.541 | 0.377 |
| 合计 | | | | | 25.564 | 22.298 |

本阶段南京水利科学研究院再次利用三维地下水渗流模型分析评价预测库区在正常蓄水位 106.0 m 下产生浸没的范围。选择魏岗铺、高庄和杨楼(杨楼—裴河)三个典型河间地块,可研阶段河南省水利勘测有限公司曾对魏岗铺和高庄两个典型地块进行了详细勘察,初设阶段又对杨楼典型地块进行了详细勘察,对 $Q_2$、$Q_3$ 上层黏土进行了室内土工试验、现场毛细试验,对卵石混合土层及第三系砂砾岩进行了现场注水试验,对民井进行了简易抽水试验,并进行了现场地下水观测。在此基础上利用三维数值模拟计算手段,建立三个河间地块的水文地质模型和三维浸没数学模型。由此针对三个河间地块分别进行数值模拟。选用各自钻孔试验资料和民井资料,采用统一测值水位,依次作为模型验证资料。但由于缺乏长期地下水动态监测资料,因而反演的主要对象是渗透系数。降雨入渗系数取经验值 0.04。通过建立三维地下水渗流模型,调整地层参数和边界条件,得到了与现场勘察资料及实测结果较为一致的地下水分布,识别结果较好,可作为地下水预测的模型。在验证结果较为一致的情况下,三典型地块各分区计算采用的渗透系数值见表 8-18。

表 8-18 三典型地块各分区计算采用的渗透系数值

| 地层 | 岩性 | 魏岗铺区段渗透系数/(cm/s) | 高庄区段渗透系数/(cm/s) | 杨楼区段渗透系数/(cm/s) |
|---|---|---|---|---|
| | | 反演值 | 反演值 | 反演值 |
| N | 黏土岩 | $2\times10^{-5}$ | $2\times10^{-5}$ | $2\times10^{-5}$ |
| | 砂砾岩 | $2.55\times10^{-4}$ | $2.55\times10^{-4}$ | $2.55\times10^{-4}$ |
| $Q_1$ | 黏性土 | $1.71\times10^{-5}$ | $1.71\times10^{-5}$ | $1.71\times10^{-5}$ |
| | 含泥卵石层 | — | — | — |
| $Q_2$ | 低液限黏土 | $5\times10^{-5}$ | $2.16\times10^{-5}$ | $7\times10^{-5}$ |
| | 卵石混合土 | $1.94\times10^{-4}$ | $4.11\times10^{-4}$ | $8\times10^{-4}$ |
| $Q_3$ | 低液限黏土 | $9\times10^{-5}$ | $9\times10^{-5}$ | $9\times10^{-5}$ |
| | 卵石混合土 | $5\times10^{-3}$ | $5\times10^{-3}$ | $5.7\times10^{-3}$ |
| $Q_4$ | 全新统下段 | $1\times10^{-4}$ | $1.24\times10^{-4}$ | $1.24\times10^{-4}$ |
| | 全新统上段 | $1\times10^{-2}$ | $1.82\times10^{-2}$ | $1.82\times10^{-2}$ |

通过进行正常蓄水位 106.0 m 和多年连续 2 个月平均水位 104.59 m 下的典型河间地块地下水渗流场模拟计算,以此典型河间地块的浸没范围分析结果进一步类比预测整

个库周河间地块的浸没范围。

#### 8.4.2.1　典型地段浸没预测计算

1. 蓄水位 106.0 m 下三维渗流计算结果

水库蓄水后典型地段渗流场由于地段的渗流模型发生变化而发生较大的变化。渗流场变化在蓄水后时间上有一定的滞后性，最终趋于稳定。正常蓄水位 106.0 m 和连续 2 个月平均水位 104.59 m 的水面线在干江河段小宋庄以下到坝前区段均在 $Q_2$ 地层（大多在 $Q_2$ 地层和 $Q_3$ 地层交界处），在小宋庄以上河段两侧水面线则基本在 $Q_3$ 地层内，而小宋庄以上库区范围较大，因此在考虑的库水位下，$Q_3$ 地层是其主要浸没地层。

库区以农业为主，农作物主要有小麦、玉米、棉花和烟草等，经过对叶县、方城两县农业部门调查，当地农作物根系深度一般为 0.3~0.4 m，最大 0.5 m，故将浸没的临界地下水位埋深 0.5 m 作为浸没判别标准。预测地下水埋深小于 0 为重浸没区，0~0.5 m 为一般浸没区，大于 0.5 m 为非浸没区。

三典型地块在 106.0 m 水位稳定时期的浸没面积分别为：魏岗铺总面积 2.02 $km^2$，重浸没区面积 1.1 $km^2$，一般浸没区面积 0.92 $km^2$；高庄总面积 5.62 $km^2$，重浸没区面积 2.92 $km^2$，一般浸没区面积 2.7 $km^2$（见图 8-22、图 8-23）；杨楼总面积 3.52 $m^2$，重浸没区面积 1.8 $km^2$，一般浸没区面积 1.7 $km^2$。

从三个典型地块的浸没范围可以看出，蓄水位 106.0 m 以上垂直高度 2.3~3.6 m 范围内为浸没区，蓄水位 106.0 m 蓄水 2 个月时在水位以上垂直高度 1.9~3.0 m 范围内为浸没区，蓄水位 106.0 m 蓄水 6 个月时在水位以上垂直高度 2.1~3.2 m 范围内为浸没区，蓄水位为多年连续 2 个月平均水位 104.59 m 时在水位以上垂直高度 2.0~3.0 m 范围为浸没区。在 106.0 m 水位下，最大浸没高程为 109.6 m，一般在 108.0 m 左右。

2. 蓄水位 106.0 m 下三维非稳定渗流计算结果

上文预测浸没影响是在库水位作用下地下水位相对稳定以后的地下水分布下得出的。实际上正常蓄水位 106.0 m 下水位稳定时间受水库运行方式的影响不可能很长，一般在半年。因此，预测正常蓄水位下浸没影响应考虑此种情况。对库区三个典型地块进行三维地下水非稳定渗流数值计算。共计算比较了在库水位升到正常蓄水位后保持 2 个月和 6 个月的情况。

由计算结果知，在非稳定渗流作用下不同时间下各点的地下水位是不同的，同时地块各点位置不同，地下水位随时间变化也不一致，主要有：①距离库水位线边界越近，受影响越大，地下水位的变化越快，越接近稳定的地下水位值；反之距离越远，相对稳定时间就长。②地层透水性越大，稳定时间就越短。③三典型地块随时间的渗流场计算结果表明，近库水位线区域一般 1 个月接近稳定时刻的地下水位，一般区域在 8~16 月基本接近稳定时的地下水位，较远区域则达到蓄水后的 3~5 年才最终稳定，但较远地区的地下水位变幅很小。

三典型地块在库水位 106.0 m 稳定在 6 个月时的浸没面积分别为：魏岗铺总面积 1.93 $km^2$，重浸没区面积 1.01 $km^2$，一般浸没区面积 0.92 $km^2$；高庄总面积 5.28 $km^2$，重浸没区面积 2.73 $km^2$，一般浸没区面积 2.55 $km^2$；杨楼总面积 3.29 $m^2$，重浸没区面积 1.7 $km^2$，一般浸没区面积 1.59 $km^2$。

三典型地块在库水位 106.0 m 稳定在 2 个月时的浸没面积分别为：魏岗铺总面积

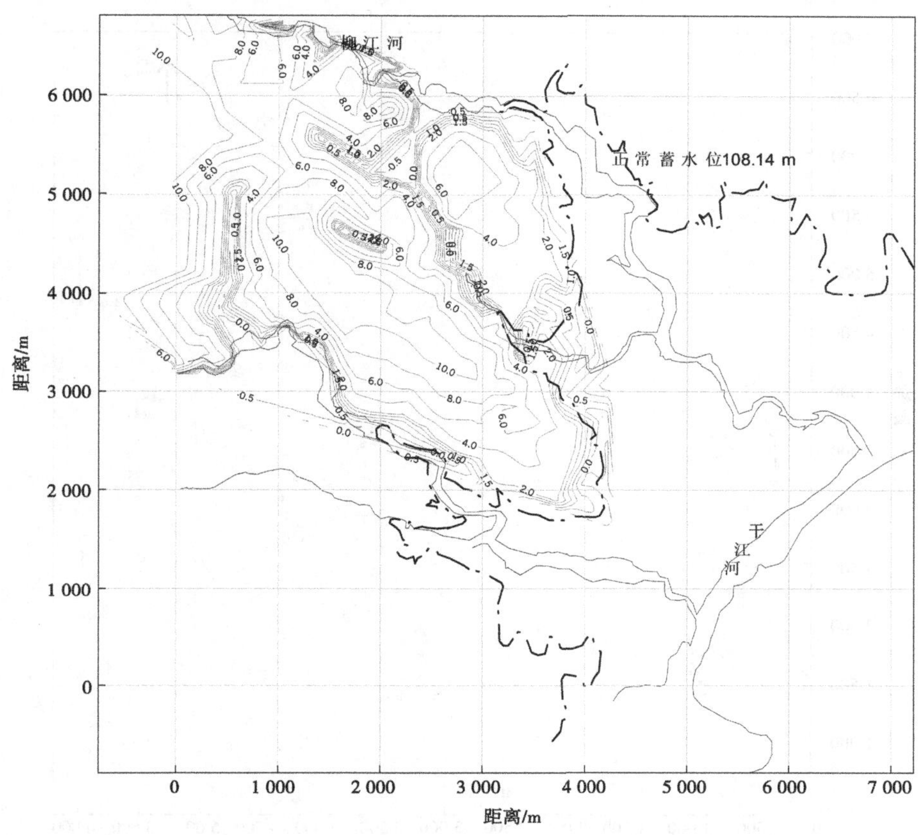


**图 8-22　魏岗铺地段库水位 106.0 m 下浸没范围预测**

1.81 km²,重浸没区面积 0.95 km²,一般浸没区面积 0.86 km²;高庄总面积 4.85 km²,重浸没区面积 2.6 km²,一般浸没区面积 2.35 km²;杨楼总面积 3.05 m²,重浸没区面积 1.6 km²,一般浸没区面积 1.45 km²。

考虑多年连续 2 个月平均水位 104.59 m 下的浸没,则有:魏岗铺总面积 2.02 km²,重浸没区面积 1.10 km²,一般浸没区面积 0.92 km²;高庄总面积 5.45 km²,重浸没区面积 2.80 km²,一般浸没区面积 2.65 km²;杨楼总面积 3.43 m²,重浸没区面积 1.81 km²,一般浸没区面积 1.62 km²。

#### 8.4.2.2　库区浸没范围类比分析

水库库周很长、支流众多,蓄水后,形成许多三面临水式的半岛状河间地块。通过对魏岗铺、高庄、杨楼三个典型河间地块进行重点勘测试验研究,应用三维地下水渗流数值模型计算,预测相应正常库水位下的浸没范围;再分析这三段浸没范围与地段影响因素之间的相关关系,以此关系来类比库周其他各河间地块,继而确定各地块及整个库周的浸没影响范围。

从整个库区的工程地质和水文地质条件看,大部分河间地块与魏岗铺、高庄及杨楼地段的基本一致,各河间地块从地块表面往下基本都由低液限黏土、卵石混合土和基岩组成,说明利用已知的三个地块的三维数值计算结果来类比整个库区的浸没范围具有一定

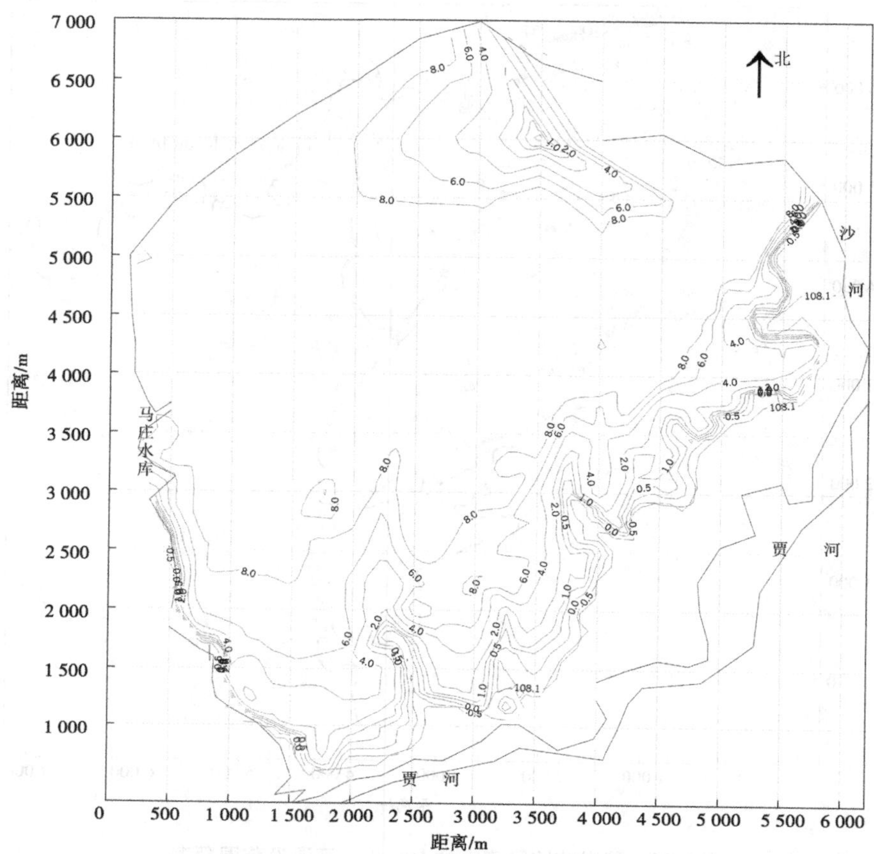


图 8-23　高庄地段库水位 106.0 m 下浸没范围预测

的可能性。同时选取的三个典型地块也能分别代表库区各地块浸没影响的总趋势：魏岗铺地段地形坡度较缓，浸没大多发生在 $Q_2$ 地层，其下卵石混合土层相对厚些（5~8 m），可代表发生在 $Q_2$ 地层的较缓地形的浸没问题；高庄地段位于干江河支流，浸没发生在 $Q_3$ 地层，$Q_3$ 地层表面地形相对 $Q_2$ 地层较陡些，地块相对分水岭较远，岗地地形较缓，可代表支流和岗地地形缓但水面附近坡度稍陡的地段；而杨楼地块地势高些，位于库区上游，浸没则属于 $Q_3$ 地层，$Q_3$ 地层范围相对较大，其下卵石混合土层较薄，岗地地形较陡，有明显分水岭，可代表上游区浸没地段。

影响库区浸没的因素较多，如第四系地层的岩性、透水性、厚度及空间分布，第四系潜水埋深及补给、径流和排泄条件，第四系含水层与其下含水层（新近系）的相互联系，库区岩性（基岩或松散土）、气候特征、库区地形（地表陡缓、沟谷发育程度及切割深度）等，库区浸没范围大小是上述诸因素综合作用的结果，而库区地块地形特征是影响浸没范围的主要因素。从三典型地块的浸没范围计算结果中统计分析水面附近各处地表坡降与相应垂直于水面线的地段浸没长度的关系，拟合出相应的关系曲线，用此关系曲线来预测其他河间地块的浸没长度，进而确定整个库周的浸没范围。据此预测库周的浸没面积：库水位在正常蓄水位 106.0 m 蓄水稳定时浸没面积为 15.603~17.285 km$^2$，当蓄水位 106.0 m

恒定在 6 个月时间内浸没面积为 13.372~16.077 km$^2$，当蓄水位 106.0 m 恒定在 2 个月时间内浸没面积为 12.402~15.018 km$^2$；多年 2 个月平均水位 104.59 m 下浸没面积为 14.1~16.70 km$^2$。库周浸没范围类比预测结果见表 8-19~表 8-22。

**表 8-19　库水位 106.0 m 时库周浸没范围类比预测(稳定)**

| 地段名 | 水边线长度/m | 地表平均坡降 | 浸没带宽度/m | | | 浸没面积/km$^2$ | | |
|---|---|---|---|---|---|---|---|---|
| | | | 大值 | 中值 | 小值 | 大值 | 中值 | 小值 |
| 北坝头—柳庄河 | 4 200 | 0.025 | 116.52 | 87.91 | 66.63 | 0.489 | 0.369 | 0.280 |
| 魏岗铺(柳庄河—冯庵) | 7 500 | | | | | 2.084 | 2.084 | 2.084 |
| 保安(冯庵)—砚河 | 5 500 | 0.017 | 194.55 | 153.10 | 121.74 | 1.070 | 0.842 | 0.670 |
| 砚河—贾河 | 5 000 | 0.048 | 48.95 | 34.40 | 24.04 | 0.245 | 0.172 | 0.120 |
| 贾河—冯楼 | 7 400 | | | | | 5.623 | 5.623 | 6.623 |
| 牛庄—楚庄 | 0 | 0.025 | 116.52 | 87.91 | 66.63 | 0 | 0 | 0 |
| 贾河—老阁庄 | 5 000 | 0.017 | 194.55 | 153.10 | 121.74 | 0.973 | 0.766 | 0.609 |
| 杨楼—裴河 | 7 200 | | | | | 3.520 | 3.520 | 3.520 |
| 裴河—温老庄 | 6 400 | 0.05 | 46.37 | 32.44 | 22.56 | 0.297 | 0.208 | 0.144 |
| 温老庄—李庄 | 2 200 | 0.049 | 47.63 | 33.39 | 23.28 | 0.105 | 0.073 | 0.051 |
| 李庄—二郎庙 | 4 000 | 0.056 | 39.88 | 27.56 | 18.90 | 0.160 | 0.110 | 0.076 |
| 二郎庙—岗庄 | 11 600 | 0.039 | 64.52 | 46.37 | 33.26 | 0.748 | 0.538 | 0.386 |
| 岗庄—百户庄 | 10 000 | 0.03 | 91.44 | 67.63 | 50.11 | 0.914 | 0.676 | 0.501 |
| 百户庄—后王岗 | 4 300 | 0.049 | 47.63 | 33.39 | 23.28 | 0.205 | 0.144 | 0.100 |
| 老庄—各口 | 8 200 | 0.039 | 64.52 | 46.37 | 33.26 | 0.529 | 0.380 | 0.273 |
| 大辛庄—杨湾 | 5 000 | 0.039 | 64.52 | 46.37 | 33.26 | 0.323 | 0.232 | 0.166 |
| 合计 | | | | | | 17.285 | 15.737 | 15.603 |

**表 8-20　库水位 106.0 m 时库周浸没范围类比预测(恒定 6 个月)**

| 地段名 | 水边线长度/m | 地表平均坡降 | 浸没带宽度/m | | | 浸没面积/km$^2$ | | |
|---|---|---|---|---|---|---|---|---|
| | | | 大值 | 中值 | 小值 | 大值 | 中值 | 小值 |
| 北坝头—柳庄河 | 4 200 | 0.025 | 107.19 | 75.42 | 56.79 | 0.450 | 0.317 | 0.239 |
| 魏岗铺(柳庄河—冯庵) | 7 500 | | | | | 1.937 | 1.937 | 1.937 |
| 保安(冯庵)—砚河 | 5 500 | 0.017 | 180.05 | 134.97 | 107.66 | 0.990 | 0.742 | 0.592 |
| 砚河—贾河 | 5 000 | 0.048 | 44.58 | 28.18 | 19.25 | 0.223 | 0.141 | 0.096 |
| 贾河—冯楼 | 7 400 | | | | | 5.287 | 5.287 | 5.287 |

续表 8-20

| 地段名 | 水边线长度/m | 地表平均坡降 | 浸没带宽度/m | | | 浸没面积/km² | | |
|---|---|---|---|---|---|---|---|---|
| | | | 大值 | 中值 | 小值 | 大值 | 中值 | 小值 |
| 牛庄—楚庄 | 0 | 0.025 | 107.19 | 75.42 | 56.79 | 0 | 0 | 0 |
| 贾河—老阎庄 | 5 000 | 0.017 | 180.05 | 134.97 | 107.66 | 0.900 | 0.675 | 0.538 |
| 杨楼—裴河 | 7 200 | | | | | 3.293 | 3.293 | 3.293 |
| 裴河—温老庄 | 6 400 | 0.05 | 42.20 | 26.50 | 17.99 | 0.270 | 0.170 | 0.115 |
| 温老庄—李庄 | 2 200 | 0.049 | 43.36 | 27.32 | 18.60 | 0.095 | 0.060 | 0.041 |
| 李庄—二郎庙 | 4 000 | 0.056 | 36.24 | 22.33 | 14.90 | 0.145 | 0.089 | 0.060 |
| 二郎庙—岗庄 | 11 600 | 0.039 | 58.94 | 38.55 | 27.16 | 0.684 | 0.447 | 0.315 |
| 岗庄—百户庄 | 10 000 | 0.03 | 83.88 | 57.28 | 41.97 | 0.839 | 0.573 | 0.420 |
| 百户庄—后王岗 | 4 300 | 0.049 | 43.36 | 27.32 | 18.60 | 0.186 | 0.117 | 0.080 |
| 老庄—各口 | 8 200 | 0.039 | 58.94 | 38.55 | 27.16 | 0.483 | 0.316 | 0.223 |
| 大辛庄—杨湾 | 5 000 | 0.039 | 58.94 | 38.55 | 27.16 | 0.295 | 0.193 | 0.136 |
| 合计 | | | | | | 16.077 | 14.357 | 13.372 |

表 8-21　库水位 106.0 m 时库周浸没范围类比预测(恒定 2 个月)

| 地段名 | 水边线长度/m | 地表平均坡降 | 浸没带宽度/m | | | 浸没面积/km² | | |
|---|---|---|---|---|---|---|---|---|
| | | | 大值 | 中值 | 小值 | 大值 | 中值 | 小值 |
| 北坝头—柳庄河 | 4 200 | 0.025 | 102.03 | 70.52 | 53.45 | 0.429 | 0.296 | 0.224 |
| 魏岗铺(柳庄河—冯庵) | 7 500 | | | | | 1.812 | 1.812 | 1.812 |
| 保安(冯庵)—砚河 | 5 500 | 0.017 | 169.65 | 125.40 | 100.22 | 0.933 | 0.690 | 0.551 |
| 砚河—贾河 | 5 000 | 0.048 | 43.18 | 26.64 | 18.46 | 0.216 | 0.133 | 0.092 |
| 贾河—冯楼 | 7 400 | | | | | 4.848 | 4.848 | 4.848 |
| 牛庄—楚庄 | 0 | 0.025 | 102.03 | 70.52 | 53.45 | 0 | 0 | 0 |
| 贾河—老阎庄 | 5 000 | 0.017 | 169.65 | 125.40 | 100.22 | 0.848 | 0.627 | 0.501 |
| 杨楼—裴河 | 7 200 | | | | | 3.046 | 3.046 | 3.046 |
| 裴河—温老庄 | 6 400 | 0.05 | 40.92 | 25.07 | 17.27 | 0.262 | 0.160 | 0.111 |
| 温老庄—李庄 | 2 200 | 0.049 | 42.02 | 25.83 | 17.85 | 0.092 | 0.057 | 0.039 |
| 李庄—二郎庙 | 4 000 | 0.056 | 35.24 | 21.17 | 14.36 | 0.141 | 0.085 | 0.057 |
| 二郎庙—岗庄 | 11 600 | 0.039 | 56.77 | 36.32 | 25.89 | 0.659 | 0.421 | 0.300 |

续表 8-21

| 地段名 | 水边线长度/m | 地表平均坡降 | 浸没带宽度/m | | | 浸没面积/km² | | |
|---|---|---|---|---|---|---|---|---|
| | | | 大值 | 中值 | 小值 | 大值 | 中值 | 小值 |
| 岗庄—百户庄 | 10 000 | 0.03 | 80.23 | 53.72 | 39.71 | 0.802 | 0.537 | 0.397 |
| 百户庄—后王岗 | 4 300 | 0.049 | 42.02 | 25.83 | 17.85 | 0.181 | 0.111 | 0.077 |
| 老庄—各口 | 8 200 | 0.039 | 56.77 | 36.32 | 25.89 | 0.466 | 0.298 | 0.212 |
| 大辛庄—杨湾 | 5 000 | 0.039 | 56.77 | 36.32 | 25.89 | 0.284 | 0.182 | 0.129 |
| 合计 | | | | | | 15.019 | 13.303 | 12.396 |

表 8-22 库水位 104.59 m 时库周浸没范围类比预测

| 地段名 | 水边线长度/m | 地表平均坡降 | 浸没带宽度/m | | | 浸没面积/km² | | |
|---|---|---|---|---|---|---|---|---|
| | | | 大值 | 中值 | 小值 | 大值 | 中值 | 小值 |
| 北坝头—柳庄河 | 4 100 | 0.025 | 115.26 | 85.82 | 66.01 | 0.484 | 0.360 | 0.277 |
| 魏岗铺(柳庄河—冯庵) | 7 500 | | | | | 2.042 | 2.042 | 2.042 |
| 保安(冯庵)—砚河 | 5 300 | 0.017 | 191.35 | 148.69 | 119.93 | 1.052 | 0.818 | 0.660 |
| 砚河—贾河 | 4 800 | 0.048 | 48.90 | 33.87 | 24.05 | 0.244 | 0.169 | 0.120 |
| 贾河—冯楼 | 7 400 | | | | | 5.447 | 5.447 | 5.447 |
| 牛庄—楚庄 | 0 | 0.025 | 115.26 | 85.82 | 66.01 | 0 | 0 | 0 |
| 贾河—老阁庄 | 4 800 | 0.017 | 191.35 | 148.69 | 119.93 | 0.957 | 0.743 | 0.600 |
| 杨楼—裴河 | 7 200 | | | | | 3.426 | 3.426 | 3.426 |
| 裴河—温老庄 | 6 300 | 0.05 | 46.34 | 31.95 | 22.58 | 0.297 | 0.205 | 0.144 |
| 温老庄—李庄 | 2 200 | 0.049 | 47.59 | 32.89 | 23.29 | 0.105 | 0.072 | 0.051 |
| 李庄—二郎庙 | 4 000 | 0.056 | 39.93 | 27.19 | 18.94 | 0.160 | 0.109 | 0.076 |
| 二郎庙—岗庄 | 10 000 | 0.039 | 64.24 | 45.53 | 33.17 | 0.745 | 0.528 | 0.385 |
| 岗庄—百户庄 | 10 000 | 0.03 | 90.70 | 66.18 | 49.78 | 0.907 | 0.662 | 0.498 |
| 百户庄—后王岗 | 4 300 | 0.049 | 47.59 | 32.89 | 23.29 | 0.205 | 0.141 | 0.100 |
| 老庄—各口 | 8 000 | 0.039 | 64.24 | 45.53 | 33.17 | 0.527 | 0.373 | 0.272 |
| 大辛庄—杨湾 | 5 000 | 0.039 | 64.24 | 45.53 | 33.17 | 0.321 | 0.228 | 0.166 |
| 合计 | | | | | | 16.919 | 15.323 | 14.264 |

现将可能受浸没影响的村庄列出，从坝址向上游开始依次有干江河左岸：暴沟、路庄、菜屯、康庄、文井、余庄、张杰庄、张庵、小杨庄、马庄、杨恃庄、观沟、宋庄、曹庄、岳庄、高庄、

贾河店、蔡李张、西任湾、高庄、小阎庄、吴庄、杨楼、曲湾、张庄；干江河右岸：回龙庙、马庄、小侯庄、大辛庄、寨王、构树王、司沟、杨湾。其中，有些村庄本身已经受到正常蓄水位淹没影响。

### 8.4.3 濮阳市引黄灌溉调节水库

水库拟挖深度多为6～7 m，西库区库底板多位于第②层中粉质壤土中，部分地段位于第③层砂壤土和第④层粉质黏土中，局部地段位于第③层粉砂和第①层砂壤土中。东库区水库底板多位于第③层粉砂中，部分地段位于第③层砂壤土和第②层中粉质壤土中，局部地段位于第①层砂壤土下部。两库岸坡地质结构属黏砂多层结构，由第①层砂壤土、第②层中粉质壤土和第③层粉砂、砂壤土构成：第①层砂壤土厚3.7～7.5 m，一般厚5～7 m，松散—中密状，中等透水性，夹薄层中粉质壤土；第②层中粉质壤土厚0.3～4.2 m，一般厚0.5～3.5 m，结构疏松，以弱透水为主；第③层粉砂厚度多为7～13 m、砂壤土厚度多为1～5 m，具中等透水性。水库正常蓄水位为51.0 m，工程场区地面高程一般为51～52 m，西高东低。场区地下水位一般为28.0～31.6 m，水化学类型为$HCO_3$—Ca—Mg—Na型和$HCO_3$—$SO_4$—Na—Ca型，矿化度为1.019～1.132 g/L，属低矿化水。

勘探期间场区地下水位一般为28.0～31.6 m，水库库岸和库底主要由中等透水的第①层砂壤土和第③层粉砂、砂壤土构成，水库若无防渗处理措施，在正常蓄水运行状况下，会产生垂向渗漏及水平向渗漏。水库周边地面高程一般为50～53 m，水库正常蓄水位为51.50 m。根据南京水利科学院三维渗流计算分析研究，在不设防渗措施的情况下，水库渗漏量为1 071万$m^3$/年，库周100 m范围内地下水位50～51 m，地下水埋深0.3～1.5 m；砂基水平坡降为0.07～0.12，局部低洼处出现浸没影响，砂基垂直坡降为0.05～0.12，两湖之间区域，蓄水后地下水位一般在50.5～51.50 m。

根据《水利水电工程地质勘察规范(2022年版)》(GB 50487—2008)附录D浸没地下水埋深临界值计算公式为

$$H_{cr} = H_k + \Delta H$$

式中：$H_{cr}$为浸没地下水埋深临界值，m；$H_k$为土的毛细管水上升高度，m；$\Delta H$为安全超高值，m，对于农业区，该值即根系层的厚度，对于城镇和居民区，该值取决于载荷、基础形式、砌置深度。

工程场区主要为砂壤土，$H_k$取1.2～1.5 m，农业区$\Delta H$取0.7 m，城镇和居民区$\Delta H$取1.0 m，则农业区$H_{cr}$为1.9～2.2 m、城镇和居民区$H_{cr}$为2.2～2.5 m。三维渗流计算分析表明，在不设防渗措施的情况下，库周100 m范围内地下水位50～51 m，地下水埋深0.3～1.5 m，小于浸没地下水埋深临界值，存在浸没和盐渍化问题，从而导致附近村庄(如许村、许家、张仪、娄店、貌庄、疙瘩庙、北里商等村庄)及变电站、新建小区地基条件恶化，故应采取相应的防渗处理措施。

# 第9章　水库渗漏

平原缓丘区水库是在低山丘陵与倾斜平原过渡带区天然湖泊、洼地、河道等地形的基础上通过下挖或圈筑围堤坝而建成的水库，具有结构简单、运行管理方便的优点，是我国北方干旱半干旱地区调配水资源、解决区域性供需水矛盾的重要手段。平原缓丘区水库的运行对区域经济社会发展有着重要的意义，但也伴随着一些问题。其中，渗漏作为一种常见现象，给平原缓丘区水库的运行效率及城市供水安全带来了严重的隐患，造成了水资源浪费、地下水环境恶化等一系列问题，尤其是在半干旱地区，由于蒸发量较高，渗漏引起区域地下水位抬升，埋深变浅，从而导致诸如土壤盐渍化、沼泽化等问题更为突出。因此，针对平原缓丘区水库渗漏问题展开研究，分析水库渗漏的时空间分布特征及其影响因子，研究水库渗漏对区域地下水的影响，已成为水利工程建设、水景工程建设、城市规划中亟待解决的关键技术问题。

平原缓丘区水库特点是水面面积大，水深小，坝轴线长。水库大坝坝型多为使用当地材料筑建的土石坝，多坐落于粉砂土、砂壤土、壤土或黏土地基上，渗透系数在 $10^{-5} \sim 10^{-3}$ cm/s，覆盖层深厚，地基透水性较强，再加上坝轴线长，致使渗漏量很大。库区沉积了较厚的第四系松散沉积层，由于沉积物成岩时间短、结构松散、承载能力差、抗剪强度低，具有高压缩性和较强透水性等特点，对平原缓丘区水库的渗漏安全性评价提出了更高要求，渗漏成因及其控制机制研究迫在眉睫。本章选取水库渗漏问题进行深入研究，为探求合理的防渗措施，提高水库的效益、效率和安全性，以及水库渗漏控制方法推广应用提供技术支撑和实际指导。因此，全面系统地研究平原水库渗漏问题，具有十分重要的理论意义和实用价值。

目前，平原缓丘区水库渗漏的研究内容主要包括渗漏量及渗漏强度的计算、水库渗漏检测与防渗分析、渗漏对区域土壤盐分动态变化的影响、渗漏对区域生态环境的影响等多个方面。国内平原水库数量众多，在水库的建设、运行、管理等多个阶段都存在着不同程度的渗漏隐患，这也使得国内对平原水库渗漏的研究取得了长足的进展和丰硕的成果。束龙仓等通过地表水位及地下水位的监测数据，采用蒙特卡罗法建立了库底渗透系数的动态分区，并与常规计算方法进行了对比，评估计算了北塘水库的渗漏量及渗漏风险。程康等以某平原水库为例，采用监测、勘探和探测等手段，对比了水库蓄水前后地下水渗流场差异，结果表明相对隔水层的及农用机井的封堵不完全是造成水库渗漏损失的主要原因。河南省水利勘测有限公司罗保才等采用勘察、试验、理论分析及实践结合的方法，查明了盘石头水库的地质条件和渗漏原因，对山体渗透程度进行了分级，推导了防渗帷幕的渗漏底界边线，合理地设置了防渗幕体位置，并采用综合压力法及复合浓浆法进行灌浆，解决了水库在高水头压力作用下流速大、漏水、漏浆严重段的灌浆问题，使得设计封闭式帷幕能够成功地闭合，有效地解决了盘石头水库的渗漏问题。李朝刚揭示了景泰川高扬程灌区盐碱地形成的原因及相关的影响因素，提出建立调控浅层地下水为中心的“上控”、“中提”与“下排”相结合的治理盐碱地的方法。

近年来,随着计算机、遥感、物探等技术的飞速发展,数值模拟、高密度电法、同位素示踪等越来越多的新技术运用到水库渗漏的分析中。河南省水利勘测有限公司杨继东采用有限元法建立濮阳市引黄灌溉调节水库三维地下水渗流数值模型,模拟预测不同防渗措施下水库的渗漏量,并提出优化防渗设计方案。长江勘测规划设计研究有限责任公司徐磊运用磁电阻率法,快速、无损、有效地探测山东某平原水库的渗漏通道,并将探测成果三维可视化,形象直观地了解渗漏通道的分布情况。陈俊梅通过对研究区降水及库水的连续采样,并分析其水体氢氧稳定同位素的变化特征,探讨了松华坝水库水体同位素的时空变化特征。结合库区水情、气象等数据,利用水量平衡与稳定同位素物质平衡模型,估算了昆明城市水源地松华坝水库渗漏量。

## 9.1 水库渗漏类型与特点

世界大坝破坏事故统计结果显示,因渗漏破坏而导致事故者占30%以上,可见渗漏问题是大坝安全最主要的影响因素之一。工程实践表明,渗漏也是平原缓丘区水库主要的致命问题。

水库渗漏是指库水沿透水岩、土带向库外低地渗漏的现象,可分为坝区渗漏和库区渗漏两部分。

(1)坝区渗漏是指大坝建成后,库水在坝上、下游水位差作用下,经坝基和坝肩岩、土体中的裂隙、孔隙、破碎带或喀斯特通道向坝下游渗漏的现象。经坝基的渗漏称坝基渗漏,经坝肩的渗漏称绕坝渗漏。对于已出现病险大坝(尤其是土石坝),经常还存在库水由坝体向外渗漏的现象,这种渗漏称为坝体渗漏。此部分内容已在第二篇第1章讲述。

(2)库区渗漏包括库水的渗透损失和渗漏损失。库岸和库底岩、土体因吸水饱和而使库水产生的损失,称渗透损失,这种渗漏现象称暂时性渗漏。库水沿透水层、溶洞、断裂破碎带、裂隙节理带等连贯性通道外渗而引起的损失,称渗漏损失,这种渗漏现象称经常性渗漏,或永久性渗漏。通常,库区渗漏是指永久性渗漏。

当坝体产生裂缝或土石坝坝体材料的渗透性较高时,库水可从坝体中渗出,发生坝体渗漏,严重时会产生溃坝,发生巨大灾难。库水沿坝基和坝肩岩体中的裂隙或破碎带渗漏时,会产生渗透压力,坝基可能的滑动面上的法向渗透压力(浮托力)将使可能滑动面上的法向荷载减小,从而也减小了由法向荷载所产生的抗滑力。坝肩岩体中的侧向渗透压力和可能滑动面上的法向渗透压力,将会使坝肩岩体的侧向推力增大,这对坝基、坝肩及下游的边坡稳定都不利。此外,坝区渗漏还可软化坝区岩体中的软弱夹层、断层破碎带,或产生潜蚀(管涌)等现象,降低坝基或坝肩岩体的承载力和抗滑力。坝区渗漏还可能浸没坝下游宽广的耕地或居民点。库区渗漏可在邻谷区引起新的滑坡,或使古滑坡复活,造成农田浸没、盐渍化、沼泽化,危及农业生产及村舍安全。

平原缓丘区水库库区大多地质条件复杂。库区沉积了较厚的第四系松散沉积层,由于沉积物成岩时间短、结构松散、承载能力差、抗剪强度低,具有高皮缩性和较强透水性等特点对平原缓丘区水库的渗漏安全性评价提出了更高要求。

水库渗漏特征因地形地貌、构造条件、岩性分布不同而有差异,产生渗漏条件包括:

(1)地形条件。如存在地形上垭口,库盆封闭条件不够。

(2)构造条件。由于断层等构造发育,使本来透水性弱的完整岩体受到破坏,形成了构造型渗漏通道。

(3)岩体条件。库周与库底为松散的地层时,由于透水性强,可能产生大面积或带状渗漏,存在可溶岩地层时,可能产生岩溶渗漏。

(4)水文地质条件。库盆无隔水层或相对隔水层封闭,且地下水位低于正常蓄水位时,可能存在水库渗漏。

从渗漏途径分析,水库渗漏主要有以下几种类型:

(1)沿松散层产生的孔隙型渗漏:如砂卵砾石等产生的孔隙型渗漏。

(2)沿基岩裂隙或构造破碎带等产生的裂隙型渗漏。

(3)沿岩溶溶蚀裂隙产生的溶隙管道型渗漏。

渗漏方向可能是沿坝基(肩)渗漏或河湾绕坝渗漏;也可通过地形垭口(低凹处、河间地块)或单薄分水岭、构造带、岩溶通道等向低邻谷产生河间渗漏。

## 9.2　水库渗漏分析与评价

### 9.2.1　水库渗漏条件分析

水库渗漏分析与评价,应在综合分析地形、地貌、岩层层组、地质构造、地质结构、岩溶发育特征、相对隔水层的分布、水动力条件等的基础上进行。根据渗漏条件对水库进行分区、分段,分别评价水库是否渗漏、渗漏途径,渗漏形式(裂隙性或管道型)、渗漏量及渗漏影响等。

#### 9.2.1.1　地形地貌条件

水库附近河谷切割的深度和密度,对水库的渗漏至关重要。当相邻河谷被切割很深,低于库水位,且与水库间的分水岭比较单薄时,由于渗透途径短、水力梯度大,有利于库水渗漏。

在库周围水文网切割深度较大的山区,也容易发生水库渗漏。有时虽分水岭较宽,但由于水库回水范围内河流的支流发育,将某段的分水岭切割得比较单薄,也可能形成渗漏地段。山区河谷急剧拐弯处(坝址常选在此位置附近),河湾间山脊有时很薄,库水就有可能通过山脊产生渗漏。比较顺直的河谷段,应注意分水岭上的垭口,当垭口的两侧或一侧山坡发育有冲沟,使山体变薄,库水也可能通过垭口渗漏。

平原地区的河流有时形成急剧转弯的河曲,若在河湾地段筑坝建造水库,就会在库区与坝下游河流之间形成单薄的河间地块。此时,若上下游之间的水力梯度大,就有可能使库水向下游的河道发生渗漏。

#### 9.2.1.2　地层结构及岩性

渗透性强烈的岩土体(碳酸盐岩、未胶结的砂卵砾石层)可构成水库的渗漏通道,漏失量与其结构、渗透性有关。

1. 平原松散岩类坝基水库

(1)当坝基地层从上到下的组成物质由粗变细时,上部为较强透水层,下部为弱透水层或隔水层,此时,库水位多沿坝基上部强透水层渗漏。

(2)当坝基地层从上到下的组成物质由细到粗,而上部弱透水层在坝前遭水冲蚀或人工取土破坏时,其下伏强透水层——古河道堆积物就成为严重的渗漏通道。

(3)当坝基的地层粗细粒相间且以粗粒为主时,一般在表层无厚度大、分布完整的黏性土层作为相对隔水层,表层下又多以厚层强透水层为主,夹黏性土薄层或透镜体,此类坝基渗漏及渗透变形一般较为严重。

2. 山区水库

(1)山区河谷狭窄,谷坡高陡,当砂卵石层分布于谷底且厚度小于 15 m 时,这种坝基的砂卵石层不厚,而且多由粗碎屑物质组成,其中或有呈透镜体状的砂层分布,但表部没有黏性土覆盖,岩层透水性甚强,渗漏主要发生于坝基。

(2)当山区河谷谷底的砂卵石厚度大于 15 m 时,砂卵石层多由卵砾石和砂组成,其中间或有透镜状的砂层分布,但透水性都很强,而且往往有集中渗流通道存在,渗透变形破坏类型主要是管涌。

(3)当河谷较宽,谷坡上分布有多级基座阶地时,坝基除河谷覆盖层情况与上述基本相仿外,还可能沿阶地基座面上的砂卵石层渗漏。

3. 岩溶地区水库

碳酸盐岩中的岩溶洞穴或暗河若与库外相通,可形成严重的径流带或管道流,这是最严重的渗漏通道。当库区强岩溶化的碳酸盐底部无隔水层分布,或虽有隔水层存在,但其埋藏很深或封闭条件很差时,也有可能通过分水岭向邻谷、河谷下游或远处低洼排泄区发生渗漏。

#### 9.2.1.3 地质构造

一般而言,地层变形越大、褶皱比较发育的地段,其地层所受的地应力也越强,各类断层和裂隙也都比较发育。断层破碎带,尤其是横切河谷与邻谷相通的宽大而未胶结的断层破碎带,是形成大水量渗透的通道;具有宽大密集裂隙的岩层也易于造成渗漏。在岩溶地区,断层带上往往发育着岩溶管道。

在地层中夹有透水岩层时,向斜构造要比背斜构造更利于抗渗漏,这是因为在向斜构造中,隔水层在库区周围封闭得较好;而背斜构造的河谷,库水很容易沿着透水岩层向邻近河谷渗漏。

当有纵向断层将透水层切断,使渗漏通道与邻谷的连通性失掉时,对防止水库渗漏是有利的。但也有相反的情况,隔水层被切断,反而使不同的透水层连通起来,成为渗漏通道。此外,在勘察时还应注意断层的透水性,它与断层的性质、时代及其胶结程度有关。

#### 9.2.1.4 水文地质条件

地形地貌、岩性及地质结构是决定水库渗漏的必要条件,但不是充分条件,还必须研究水文地质条件,即要进行水文地质分区,确定含水层及隔水层,查明含水构造,地下水补给、径流、排泄条件,地下水的类型、水位、流向、流速、水力坡度、化学特征等,其中特别要查清库周围是否有地下水分水岭及分水岭的高程与库水位的关系,来大致判断库水向邻谷渗漏的可能性：

(1)当地下水分水岭高于水库正常高水位时,不会发生渗漏。

(2)当地下水分水岭低于水库正常高水位时,如有漏水通道存在,库水就会发生渗漏。

(3)在蓄水前已出现库区河谷的水流向邻谷,无地下分水岭,则蓄水后水库将渗漏更严重。

(4)在蓄水前若出现邻谷水流向库区河流流去,无地下水分水岭,但建库后邻谷水位低于水库正常高水位,蓄水后水库仍有可能发生渗漏;若邻谷水位高于水库正常高水位,则蓄水后水库就不会发生渗漏。

### 9.2.2 水库渗漏的判别

具备下列条件之一的水库,可判别为不存在渗漏问题：

(1)水库外围一定范围内不存在低邻谷,且水库蓄水后仍然是区域地下水的排泄基准面。

(2)水库周边分布有连续的隔水岩土层,构造封闭条件良好。

(3)水库周边地下水位高于水库正常蓄水位,水文地质封闭条件良好。

具备以下条件之一的水库,可初步判别为可能存在渗漏问题,需进行专门性工程地质勘察：

(1)水库与低邻谷之间没有隔水层,不存在地下水分水岭或地下水分水岭低于水库蓄水位。

(2)水库与邻谷之间虽有隔水层,但隔水岩层被断层破坏,且地下水位低于水库蓄水位的单薄分水岭或河湾地段。

(3)具有通向库外的断层破碎带、裂隙密集带等,形成低于水库蓄水位的地下水低槽。库水补给地下水,并向邻谷或下游河道排泄。

(4)具有贯通库内外的渗漏通道,如古河道砂卵砾石层、古风化壳或古侵蚀面、矿洞,并低于水库正常蓄水位。

水库渗漏途径一般可从以下几个方面进行分析：

(1)渗漏水沿含水层运动时,含水层在低邻谷或坝下游出露地段为漏水的排泄区。

(2)当断层破碎带、褶皱核部及地下水低槽等发育方向与渗漏水排泄方向一致时,将形成主要的渗漏途径。

(3)当水库与低邻谷或坝下游河段之间的岩溶管道系统沟通时,则该岩溶管道系统是主要的渗漏通道。

(4)当水库至低邻谷或坝下游河段之间,有大流量的泉或泉群出露时,应分析该地段地质条件和地下水出露情况,采用水文网分析法、水均衡法及地下水连通试验等,确定泉水是否由水库所在河段地表水、地下水补给,判断是否为主要渗漏方向。

## 9.2.3　水库渗漏量的计算

### 9.2.3.1　解析法

水库渗漏量大小因渗漏方式、渗漏介质与水动力特征不同差异很大，渗漏量的计算精度取决于合理选取边界条件、计算参数与计算方法。对于松散地层或裂隙岩体渗流，可采用以达西定律为基础的计算公式，如巴甫洛夫斯基公式、卡明斯基公式等；管道渗漏渗透系数难以确定，用达西定律公式进行计算偏差较大，应按管道流进行估算，有时可用水均衡法、汇流理论法等。依据渗漏地段的水文地质结构、渗流特性，分析渗漏边界条件，确定渗漏地层（带）位置、厚度与宽度，并根据压水试验或抽水试验等水文地质试验获得渗透参数进行渗漏（流）量估算。多个透水层或具有明显渗透分带的透水层，可取各透水层（带）渗透系数加权平均值估算渗漏量。

不同边界条件渗漏量的计算公式都有一定局限性与偏差，下列为常用的基本公式。

（1）均质岩（土）体介质向邻谷渗漏量的计算：

$$Q = BK\frac{h_1 + h_2}{2}\frac{H_1 - H_2}{L} \tag{9-1}$$

式中：$Q$ 为渗漏量，$m^3/d$；$K$ 为岩（土）体的渗透系数，m/d；$h_1$ 为水库岸边（入渗点）含水层厚度，m；$h_2$ 为邻谷岸边（排泄点）含水层厚度，m；$H_1$ 为水库水位，m；$H_2$ 为邻谷水位，m；$L$ 为平均渗径，m；$B$ 为漏水段总长度，m。

（2）非单一透水介质岩层渗漏量的计算：

$$Q = B\frac{H_1 - H_2}{L}\left(K_1\frac{M_1 + M_2}{2} + K_2\frac{h_1 + h_2}{2}\right) \tag{9-2}$$

式中：$M_1$ 为左河下层透水层的厚度，m；$M_2$ 为右河下层透水部分的厚度，m；其他符号意义同前。

（3）倾斜的承压含水层渗漏量的计算：

$$Q = BK\frac{m_1 + m_2}{2}\frac{H_1 - H_2}{L} \tag{9-3}$$

式中：$m_1$ 为库岸含水层厚度，m；$m_2$ 为邻谷（排泄处）含水层厚度，m；其他符号意义同前。

（4）透水性在水平方向上急剧变化的非均质岩（土）体渗漏量的计算，单宽剖面渗漏量计算公式：

$$q = \frac{H_1^2 - H_2^2}{2\left(\frac{L_1}{K_1} + \frac{L_2}{K_2} + \frac{L_3}{K_3}\right)} \tag{9-4}$$

式中：$H_1$ 为上游透水层厚度，m；$H_2$ 为下游透水层厚度，m；$L_1$、$K_1$ 为坝肩上游坡积层渗流长度，m，渗透系数，m/d；$L_2$、$K_2$ 为坝肩主体岩层渗流长度，m，渗透系数，m/d；$L_3$、$K_3$ 为坝肩下游坡积层渗流长度，m，渗透系数，m/d。

（5）承压含水层——无压含水层渗漏量的计算：

$$Q = BK\frac{M(2H_1 + M) - H_2^2}{2L} \tag{9-5}$$

式中：$Q$ 为渗漏量，$m^3/d$；$K$ 为岩（土）体的渗透系数，m/d；$H_1$ 为水库水位，m；$H_2$ 为邻谷水位，m；$M$ 为含水层平均厚度，m；$L$ 为平均渗径，m；$B$ 为漏水段总长度，m。

（6）集中管道渗漏公式：

$$Q = Av \tag{9-6}$$

式中：$A$ 为过流断面面积，$m^2$；$v$ 为流速，m/s。

#### 9.2.3.2　数值法

地下水数值模拟是利用数值模拟软件对数值模型进行求解，模拟地下水流场的动态变化等问题。地下水数值模拟的灵活性、有效性、可视化、相对廉价性等优点使其成为研究分析地下水各种问题的重要手段。目前，常用的地下水数值模拟方法有有限差分法、有限元法，两种方法的解题过程基本一致。首先要明确研究目的，结合研究区水文地质条件、地层岩性、地下水动态监测资料等确定研究区范围，构建水文地质概念模型和地下水数学模型，然后对模型进行时空离散，确定水文地质参数、源汇项初值等，并赋值到模型中；运行模型，率定参数，识别与验证模型，直到模拟值与实测值的相对误差在允许范围内为止。利用识别与验证好的模型进行下一步预测分析地下水的动态变化。

随着信息技术的飞速发展，诸多地下水数值模拟软件如：Visual MODFLOW、GMS、FEFLOW、Visual Groundwater 等软件被开发出来，并广泛应用于地下水数值模拟研究中。三维有限差分地下水水流模型 Visual MODFLOW 是在 MODFLOW 基础上由加拿大 Waterlon 水文地质公司开发的，它由溶质运移评价 MT3D、流线示踪分析 MODPATH、水流评价 MODFLOW 等模块构成，能够模拟稳定流和非稳定流、三维饱和流状态下的水流和污染物运移，并以其简单的解方法、广泛的应用范围、强大的可视化功能成为最具影响的数值模拟软件。

根据地下水动力学理论，当渗透系数主方向与坐标轴一致时，对于非均质各向异性介质，其地下水三维渗流模型采用下述数学模型进行描述：

$$\left.\begin{aligned}
&\frac{\partial}{\partial x}\left(K_{xx}\frac{\partial H}{\partial x}\right) + \frac{\partial}{\partial y}\left(K_{yy}\frac{\partial H}{\partial y}\right) + \frac{\partial}{\partial z}\left(K_{zz}\frac{\partial H}{\partial z}\right) + w = S_s\frac{\partial H}{\partial t}\\
&H(x,y,z,t)\big|_{t=0} = H_0(x,y,z)\\
&H(x,y,z,t)\big|_{B_1} = H_1(x,y,z,t)\\
&K\frac{\partial H}{\partial n}\bigg|_{B_2} = -q(x,y,z,t)
\end{aligned}\right\} \tag{9-7}$$

式中：$K_{xx}$、$K_{yy}$、$K_{zz}$ 分别为 $x$、$y$、$z$ 方向的渗透系数；$H$ 为位置为 $(x,y,z)$ 在 $t$ 时刻的水头值；$S_s$ 为储水系数；$t$ 为时间；$w$ 为源汇项，包括降雨入渗量、蒸发量、地表水补给量或排泄量、地下水开采量等；$H_0$ 为初始水头；$H_1$ 为第一类边界水头值；$q$ 为第二类边界上单位面积的侧向补给量；$B_1$、$B_2$ 为第一类边界、第二类边界。

# 9.3　水库渗漏探测与评价

## 9.3.1　水上高密度电法探测水库渗漏的原理

通过水上高密度电法对其渗透性分析能有效检测出该水利工程的安全性，并根据探测结果判断该区域是否存在渗漏等情况。

水上高密度电法原理与常规面向陆地测量的电阻率层析成像的原理相同，应用场景不同。水上高密度电法是通过 $C_1$、$C_2$ 电极向探测体注入电流 $I$，并在 $P_1$、$P_2$ 极间测量其电位差 $\Delta U$，根据测得的电流 $I$ 和电位差 $\Delta U$ 可以求得 $P_1$、$P_2$ 之间某点的视电阻率（见图 9-1）。根据测得的视电阻率分布判断探测范围内地层分布和地下是否存在异常。

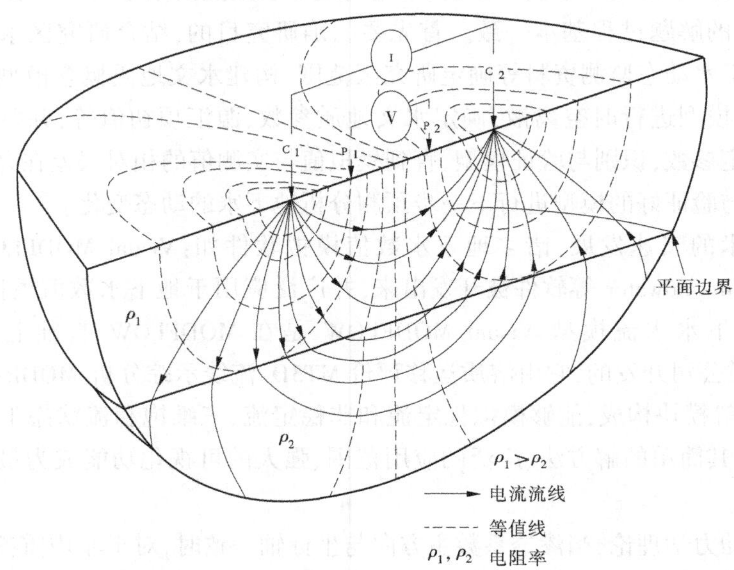


图 9-1　探测体电流原理图

供电电极 $C_1$、$C_2$ 在 $P_1$、$P_2$ 电极产生的电位分别为

$$\left.\begin{aligned} U_{P_1} &= \frac{I\rho}{2\pi}\left(\frac{1}{C_1P_1} - \frac{1}{C_2P_1}\right) \\ U_{P_2} &= \frac{I\rho}{2\pi}\left(\frac{1}{C_1P_2} - \frac{1}{C_2P_2}\right) \end{aligned}\right\} \tag{9-8}$$

根据式(9-8)可得 $P_1$、$P_2$ 电极间的电位差为

$$\Delta U_{P_1P_2} = U_{P_1} - U_{P_2} = \frac{I\rho}{2\pi}\left(\frac{1}{C_1P_1} - \frac{1}{C_1P_2} - \frac{1}{C_2P_1} + \frac{1}{C_2P_2}\right) \tag{9-9}$$

则可得探测体电阻率为

$$\rho = K\frac{\Delta U_{P_1P_2}}{I} \tag{9-10}$$

式中，$K = \dfrac{2\pi}{\dfrac{1}{C_1P_1} - \dfrac{1}{C_1P_2} - \dfrac{1}{C_2P_1} + \dfrac{1}{C_2P_2}}$为装置系数，仅与各电极间的距离有关。

对于半无限体非均匀的地质体电阻率，所测得电阻率不是某一地层的电阻率，而是探测范围内所有地质体的电阻率的综合反应值，这种电阻率称为视电阻率 $\rho_s$ 。视电阻率 $\rho_s$ 是电流、电压和几何系数的函数，是这四个电极距离的函数。

为了更好地显示地下材料的组成，需要对视电阻率进行反演处理，数学上将求解这类问题的方法称为最优化方法，其中最小二乘法在电法资料解释中应用效果最好。

光滑约束最小二乘法的基础是：

$$(J^{T}J + \lambda \boldsymbol{F})\Delta_{q_k} = J^{T}g - \lambda \boldsymbol{F} q_{k-1} \tag{9-11}$$

式中，$\boldsymbol{F} = \alpha_x \boldsymbol{C}_x{}^{T}\boldsymbol{C}_x + \alpha_z \boldsymbol{C}_z{}^{T}\boldsymbol{C}_z$。

如果数据集包含“离群值”数据点，这种数据点会对反演模型产生很大影响。使用 $L_1$ 范数（Robust 数据约束）反演方法，将尽量减小电阻率值的绝对变化。这种约束会产生不同电阻区之间的清晰界面，更适合于存在水-土界面、土-土工膜界面的反演中。

### 9.3.2　水上连续高密度电法探测水库渗漏的测量方法

水上高密度电法与传统地面高密度电法的原理相同，但实施方式却有很多的不同之处，主要包括三种类型的电极安装：

（1）电极放置在水底，此时会提供高分辨率的地下图像，但安装电极耗时耗力。

（2）电极固定漂浮在水面上，不需要费时费力的电极安装，在大型水域上难以保持电缆成直线。

（3）高密度电法水上拖曳式连续测量，该方法能够在宽阔水域内以快速便捷的方式连续进行电阻率剖面测量，电极漂浮在水面上，通过船只拖曳，无须安装电极。

综上所述，考虑到水库测区范围较大，故采用高密度电法水上拖曳式连续测量系统进行探测（见图 9-2）。电缆悬浮于水面，电极与水体接触良好，通过作业船拖动电缆进行连续测量。

采用 IRIS syscal pro（法国）电阻率仪实现连续的拖曳测量，水上拖曳式漂浮电缆包括 13 个石墨电极和浮漂，11 个测量电极间距为 5 m，一对供电电极间距为 20 m。系统包括 GPS 定位和声呐测深系统（见图 9-3），在连续测量电阻率数据的同时，同步测量 GPS 坐标、水深、温度及电导率。测量期间，船只保持 4 km/h 左右的速度。差分 GPS 单元和声呐测深系统记录数据点对应的位置和水深，数据与采集软件 SYSMAR 同步。

为了能更好地理解库底渗漏的判别及验证本次测量方法的可行性，模拟上述电极阵列在不断移动条件下的连续测量情况。

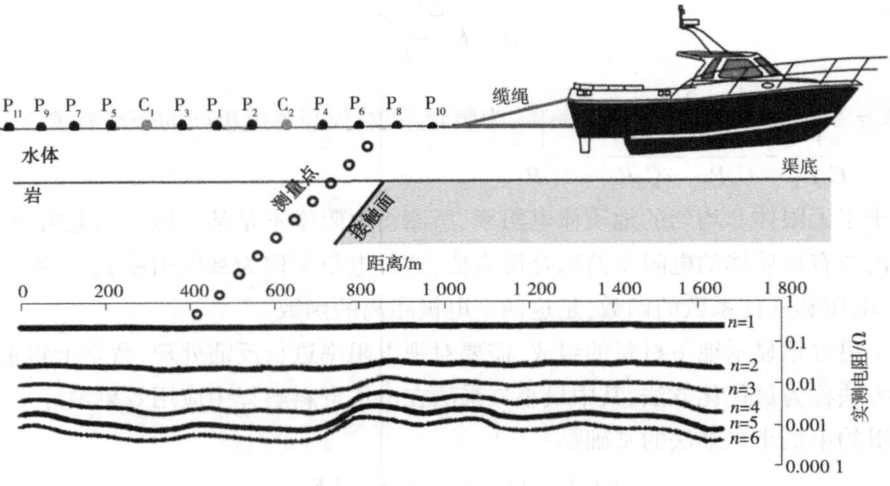


图 9-2 高密度电法水上测量方式及电极阵列

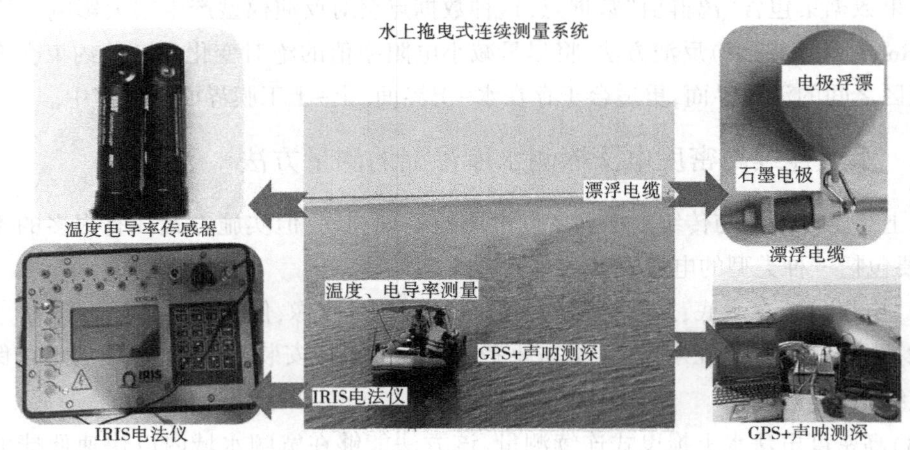


图 9-3 水上拖曳式连续测量系统

模型尺寸设置为 1 000 m×30 m，渗漏区域位于区域中心，宽度为 120 m，根据现场情况，覆土层厚度为 1 m，模拟土工膜层厚度为 0.5 m，远大于其真实值 2 mm，水深为 8 m，其余设为背景土。

水、渗漏区域、背景土、土工膜的电阻率分别设为 7.5 Ω · m、15 Ω · m、40 Ω · m、5 000 Ω · m。设计四种水库渗漏的各阶段情况：①土工膜完整；②土工膜损坏；③膜上覆土消失；④形成优先渗漏区。模拟结果如图 9-4 所示。

可以看出，随着渗漏的加剧，膜上覆土逐渐流失，土工膜破损产生的渗漏区域呈现较为明显的低阻，明显区别于土工膜覆盖仍然完整的区域。因此，水上电阻率测量方法可有效探测水库渗漏。

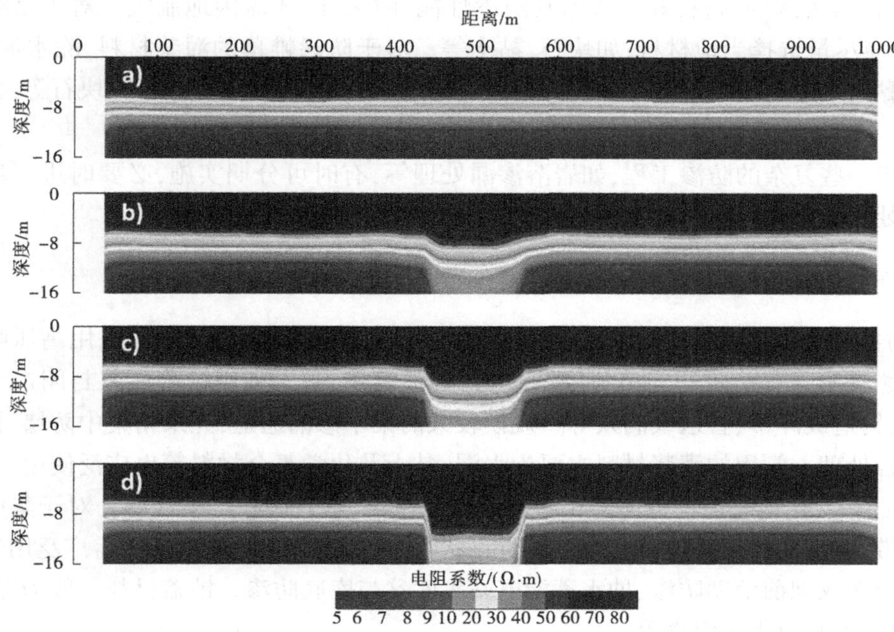


图 9-4　高密度电法水上连续探测数值模拟结果

# 9.4　水库防渗处理

防渗指的是通过相关技术手段，预防液体渗入固体或流失的一种工艺。针对坝体、坝基防渗，防止因大坝裂痕、坝基岩层裂隙等问题出现渗漏的工程技术措施，平原缓丘区水库防渗的目的是防止渗漏，提高水库效益，减小剩余水头，减小渗透坡降，避免坝体和坝基发生渗透破坏，保证水库安全；控制库周地下水位，以防库外出现浸没，引起土壤盐渍化、沼泽化，危害农作物生长。

## 9.4.1　防渗处理原则

(1)查明水库水文地质条件，明确水库存在的渗漏条件与渗漏途径，并进行渗漏量估(计)算，确定是否需要进行防渗处理。

(2)防渗处理应通过方案比较论证，选择合适的防渗处理方案和处理方法。对不同的渗漏区、不同的渗漏形式，采用不同的方法来处理，力求技术上可行、经济上合理，具可实施性。

(3)防渗工程应尽可能利用库区的隔水层、相对隔水层或相对弱透水层，使处理工程在河床及两岸能形成封闭状态，保证水库的安全、正常运行。

(4)防渗处理设计应由总体到具体，由面到点。例如，防渗帷幕，先进行防渗轮廓设计，再进行防渗结构设计，防渗帷幕线的方向、长度和帷幕深度力求合理，将水库渗漏量控制在合理程度。

(5)防渗处理的材料,既要考虑其防渗性能、耐久性,还需因地制宜。对于堵洞体或铺盖体,应尽量选择当地材料,如块石、黏土等。对于防渗帷幕的灌浆材料,除水泥外,尽量掺加黏土或膨润土的混合浆液。在处理大型溶洞时,可先回填当地的碎块石等,再进行灌浆。

对于一些复杂的防渗工程,如岩溶渗漏处理等,有时可分期实施,必要时进行后期专门补强处理。

### 9.4.2　防渗处理措施与方法

(1)灌浆,水电水利工程中最常用的防渗处理方式。松散地层一般采用高压喷射注浆(旋喷、摆喷、定喷)进行充填与胶结,达到防渗效果;基岩则用帷幕灌浆封闭产生渗漏的裂隙、构造破碎带、管道或洞穴等。规模较大的集中渗漏通道,先采用集中防堵,再进行灌浆综合处理。常用的灌浆材料主要为水泥,黏土及化学复合材料等也广泛使用。

(2)铺盖,在地表用铺盖体防止库水沿松散地层、基岩裂隙产生渗漏。对于集中渗漏的构造带、管道、洞穴等漏水点,应先进行点状防堵,后进行面状铺盖。铺盖广泛用于低水头水库防渗或坝前辅助防渗、抽水蓄能电站水库盆与库底防渗。铺盖材料一般为黏土、混凝土、塑料薄膜或土工织物等。

(3)防渗墙或截水墙,混凝土防渗墙多用于松散的砂砾石或堆积体防渗;截水墙也常用于截断引起集中渗漏的暗河、管道。截水墙材料一般为混凝土或沥青混凝土。

(4)封堵与围护,封堵主要堵塞引起集中渗漏的管道、洞穴、构造带,封堵材料一般为混凝土。围护是用围坝或围井将水库中的集中渗水点、漏水洞穴包围起来,也有建坝将水库渗漏部位隔断的。

(5)堵塞与喷护,对于库边分散渗漏的溶蚀裂隙,可用水泥砂浆进行喷护阻水,渗漏的较宽大的裂隙,先用混凝土塞填实,再辅以喷浆处理,使用材料一般为黏土或混凝土。

## 9.5　工程案例

### 9.5.1　濮阳引黄灌溉调节水库

水库挖深5.0~7.5 m,平均挖深6.0 m左右,四周库岸高出水库底板5.0~7.5 m。如前所述,库区地层结构为黏砂多层结构类型,岩性以砂性土为主,夹中、重粉质壤土、粉质黏土层。两库岸岩性由第①层砂壤土,第②层中粉质壤土,第③层粉砂、砂壤土和第④层粉质黏土构成,为黏砂多层结构,以砂壤土为主。砂壤土具中等透水性,中粉质壤土一般具弱透水性,局部为中等透水,粉砂以中等透水为主,粉质黏土具微-弱透水性,水库蓄水后存在库岸水平向渗漏问题。

由两库区45 m高程平切剖面图9-5和图9-6可知:西库区库底板多位于第②层中粉质壤土中,部分地段位于第③层砂壤土和第④层粉质黏土中,局部地段位于第①层砂壤土和第③层粉砂中;西库区底板岩性主要为中粉质壤土,多具弱透水性。东库区水库底板绝大部分位于第③层粉砂和砂壤土中,少部分位于第②层中粉质壤土中,局部地段位于第①层砂壤土下部;东库区底板岩性主要为粉砂和砂壤土,该层具中等透水性。比较两库区底板岩性分布及渗透性特点,东库区底板渗透性大于西库区的。两库区底板岩性分布情况及渗透性见表 9-1。

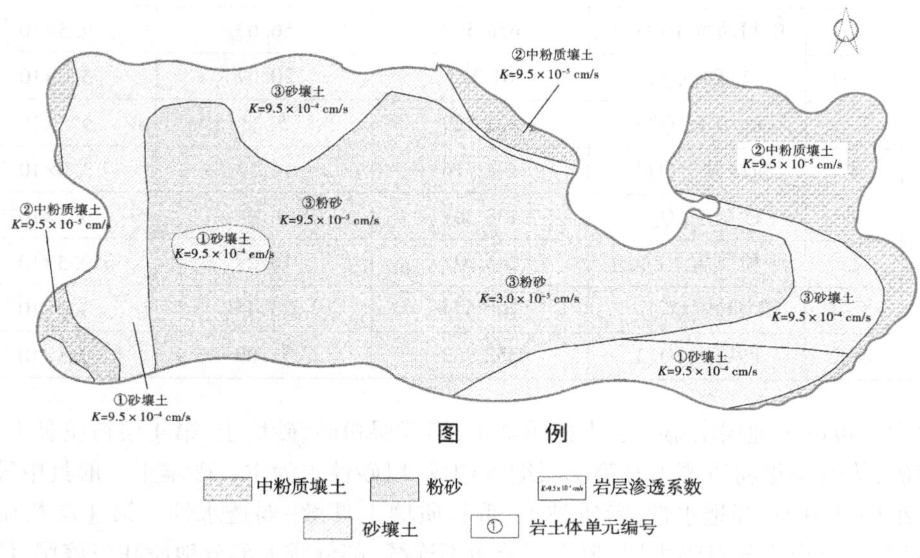


图 9-5　东库库底 45 m 高程工程地质平切剖面图

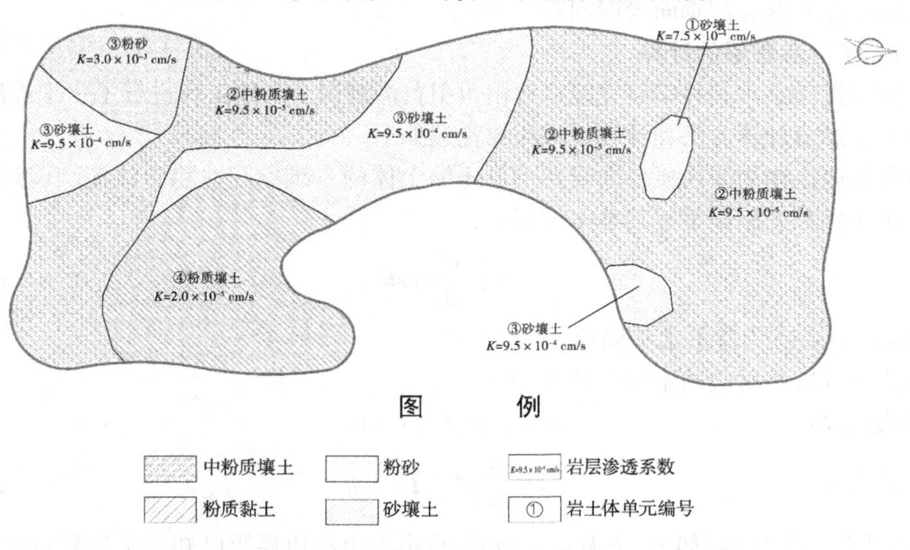


图 9-6　西库库底 45 m 高程工程地质平切剖面图

表 9-1 两库区底板岩性分布情况及渗透性

| 位置 | 层号 | 岩性、时代 | 分布面积/$m^2$ | 占库区面积的百分比/% | 渗透系数建议值 $K$/(cm/s) |
|---|---|---|---|---|---|
| 西库 | ① | 砂壤土($Q_4^{al}$) | 17 270 | 1.49 | $9.5\times10^{-4}$ |
| | ② | 中粉质壤土($Q_4^{al}$) | 656 590 | 56.63 | $9.5\times10^{-5}$ |
| | ③-1 | 粉砂($Q_4^{al}$) | 61 222 | 20.07 | $3.0\times10^{-3}$ |
| | ③-2 | 砂壤土($Q_4^{al}$) | 232 729 | 5.28 | $9.5\times10^{-4}$ |
| | ④ | 粉质黏土($Q_4^{al}$) | 191 716 | 16.53 | $3.0\times10^{-5}$ |
| 东库 | ① | 砂壤土($Q_4^{al}$) | 138 301 | 9.19 | $9.5\times10^{-4}$ |
| | ② | 中粉质壤土($Q_4^{al}$) | 245 027 | 16.28 | $9.5\times10^{-5}$ |
| | ③-1 | 粉砂($Q_4^{al}$) | 768 574 | 23.44 | $3.0\times10^{-3}$ |
| | ③-2 | 砂壤土($Q_4^{al}$) | 352 762 | 51.09 | $9.5\times10^{-4}$ |

水库底板以下地层由第②层中粉质壤土,第③层粉砂、砂壤土,第④层粉质黏土,第⑤层粉细砂,第⑥层重粉质壤土及第⑦层细砂构成,以砂性土为主。砂壤土一般具中等透水性,粉、细砂具中等-强透水性,粉质黏土、重粉质壤土具微-弱透水性。第④层粉质黏土渗透性较小,可作为相对隔水层,但空间分布不连续,部分或大部分地段缺失该层,使上部第③层粉砂、砂壤土和下部第⑤层粉细砂均由中等透水地层直接相连,形成渗漏通道,水库蓄水后存在库盆底部垂向渗漏问题。

#### 9.5.1.1 库区渗漏量的计算

本次委托南京水利科学研究院对濮阳市引黄灌溉调节水库工程进行了三维渗流计算分析研究。渗流计算方法和计算成果简要论述如下。

符合达西定律的非均质各向异性不可压缩土体的三维空间非稳定渗流,其渗流域内任一点水头函数 $h$ 应满足下述基本方程式:

$$q = \mu \frac{\partial h}{\partial t}\cos\theta \tag{9-12}$$

式中:$h=h(x,y,z)$ 为待求水头函数。

与式(9-12)相对应的定解条件为

水头边界: $$h|\Gamma_1 = h_1(x,y,z) \tag{9-13}$$

流量边界: $$-kn\frac{\partial h}{\partial n}\bigg|\Gamma_2,\Gamma_3 = q \tag{9-14}$$

式中:$\Gamma_1$ 为第一类边界,如上、下游水位边界,自由渗出段边界等已知水头边界;$\Gamma_2$ 为不透水边界和潜流边界等第二类边界即已知流量边界;$\Gamma_3$ 为自由面边界,在其上 $q=0$,自由面上任一点需满足 $h^*=z$。

自由面边界,需迭代求解,作为流量补给边界 $\Gamma_2$ 时除满足 $h^*=z$ 外,从自由面边界流入(出)渗流场的单宽渗量:

$$q = \mu \frac{\partial h}{\partial t}\cos\theta \tag{9-15}$$

式中:$\mu$ 为土体的给水度;$\theta$ 为自由面外法向与铅垂线的夹角。

给水度可根据下式计算:

$$\mu = 1.137n(0.000\ 117\ 5)^{0.607^{(6+\lg K)}} \tag{9-16}$$

式中:$n$ 为孔隙率;$K$ 为渗透系数,cm/s。

式(9-12)加上相应的初始条件和边界条件式(9-13)、式(9-14)就是描述地下水渗流的数学模型。除一些简单情况,其解析解一般很困难。因此,本次渗流计算采用南京水利科学研究院于1974年开发并不断完善的三维渗流计算程序UNSS3。

#### 9.5.1.2　模型布置

为了尽量减少工程运行后地下水流场的改变对计算区的计算结果的影响,本次建模考虑较大的模拟范围。按岸边范围来推算地下水影响半径大约为1 500 m,建模中考虑5倍长度来模拟库周地下水渗流场。总体模拟面积为320 km$^2$。

计算模型边界:根据工程分布情况,按防渗墙等倍墙高来考虑,设定计算模型底部高程为15 m,上部为自然地面高程51.5~54.00 m。南北向长16 km,东西向长20 km,计算范围达320 km$^2$(20 km×16 km),各边界均采用自然地下水位定水头边界,其中周边边界水头值取长期水文地质观测资料(2010年12月实测资料)。边界条件:东西部暂取为隔水边界。

#### 9.5.1.3　计算内容

建立三维渗流有限元法数值模型来研究水库工程渗流控制技术,包括塑性混凝土防渗墙、墙后降压井等。通过计算,了解水库不同运行工况下库周渗漏量、塑性混凝土防渗墙不同厚度、不同渗透系数对渗漏的影响等,根据渗流量控制标准和各处渗流稳定性控制值进行比较,分析水库工程浸没、绕渗和渗漏的影响,提出工程防渗技术措施。具体内容主要有:

(1)三维数值模型(水库库基)建立和模型参数率定。

(2)运行期坝基不防渗的总渗流场计算分析。

(3)运行期坝基防渗方案渗流场计算分析。

(4)不同防渗墙深度防渗方案效果模拟计算(主要比较截断第④层和第⑥层)。

(5)不同防渗方案(铺盖、防渗墙)防渗效果模拟比较。

(6)防渗墙不同渗透性和不同厚度等防渗方案敏感性计算。

(7)运行期地下水环境影响模拟计算及控制措施方案比较。

(8)推荐的优化防渗设计方案计算。

(9)防渗墙应力应变计算研究。

模型计算水位组合为设计运行水位51.50 m,10 000 m外地下水位为天然地下水位。

#### 9.5.1.4　计算成果及分析

库岸不防渗时渗流场模拟计算分析:由于沉积环境的差异,总体上,水库库底随着高程的降低,细砂层分布面积逐渐增大,砂壤土的分布面积逐渐减小。

库岸不防渗时考虑天然地下水位。根据水库库区地下水等水位线水库主库区地下水基本在 29.12~30.30 m,呈北高南低,计算中在边界采用天然地下水位,主库区周边平均地下水位 29.4 m。土层初拟和反演各岩层渗透系数见表 9-2。

表 9-2　土层初拟和反演各岩层渗透系数

| 编号 | 土层 | 初拟渗透系数 K/(cm/s) | 渗透系数变化范围/(cm/s) | 拟合渗透系数 K/(cm/s) |
|---|---|---|---|---|
| 1 | 砂壤土 | $6\times10^{-4}$ | $1\times10^{-4}\sim10\times10^{-4}$ | $6\times10^{-4}$ |
| 2 | 中粉质壤土 | $8\times10^{-5}$ | $1\times10^{-5}\sim10\times10^{-5}$ | $8\times10^{-5}$ |
| 3 | 砂壤土 | $3\times10^{-3}$ | $5\times10^{-4}\sim1\times10^{-3}$ | $3\times10^{-3}$ |
| 4 | 粉质黏土 | $8\times10^{-5}$ | $1\times10^{-5}\sim10\times10^{-5}$ | $8\times10^{-5}$ |
| 5 | 粉细砂 | $6\times10^{-3}$ | $1\times10^{-5}\sim10\times10^{-6}$ | $5.3\times10^{-3}$ |
| 6 | 重粉质壤土 | $5\times10^{-5}$ | $1\times10^{-6}\sim1\times10^{-5}$ | $4.6\times10^{-6}$ |

在天然渗流场下,考虑最终挖深 6 m(45.00 m),模拟运行期蓄水工况计算,分析渗流场变化。在天然地下水位情形下,如果不采用任何防渗措施,考虑水库蓄水湖面为 51.50 m,水库渗漏量为 1 071 万 $m^3$/年,约占总库容的 1/2。大大超过所控制水库年渗漏损失量 260 万 $m^3$。因此,必须进行防渗处理,否则难以成库。

如图 9-7 所示,无防渗方案下,由于库底砂层透水性中等,地下水渗流场影响区域约 93.2 $km^2$,影响半径达到 5 603 m。

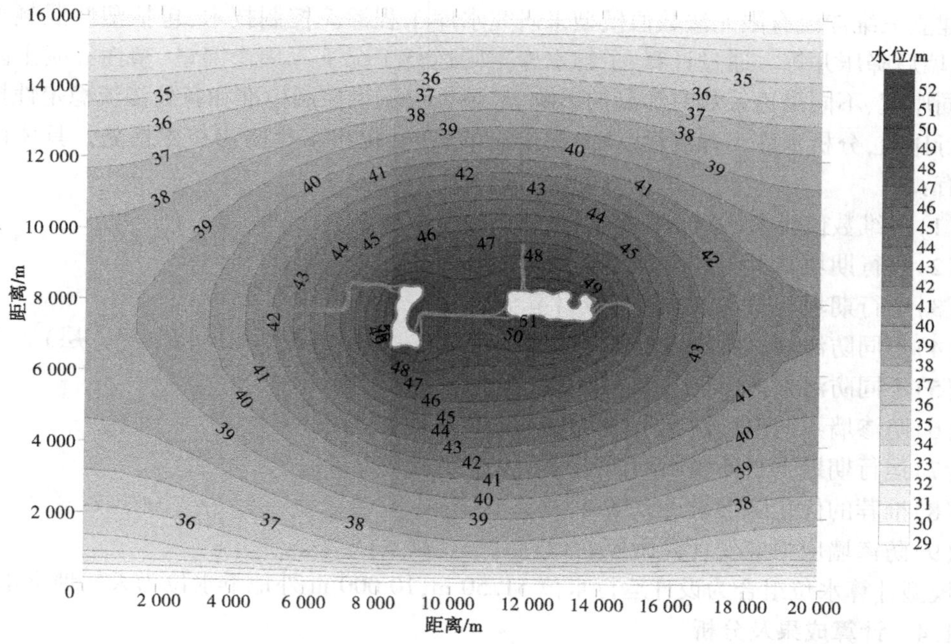


图 9-7　运行期平面等水位线分布(无防渗措施)

由于库底土层基本为中细砂,渗透性强,漏水量大。同时渗漏还造成库周的地下水位抬高。该工况下库周地下水位升高 2~20 m。地下水影响范围达 5 780 m,库周线外 100 m 范围内局部浸没,尤其在水库两湖之间影响范围较大,将给库周的生态环境带来一定负面影响。根据规划,水库每年从黄河引水,水库无防渗措施下如此大的渗漏量使得黄河引水不能成库,因此必须进行工程防渗处理,如铺盖防渗方案、库周防渗墙方案等。

该工况下库周不进行防渗处理。水库库周地基透水层主要为粉砂和粉细砂,具中等透水,局部缺失,下部为砂壤土,属弱-中等透水,库水渗透主要通过砂基进行。根据地质勘测试验和临界公式计算,砂基允许水平坡降约为 0.1,垂直坡降为 0.2~0.3。计算结果表明,由于蓄水运行工况下库水向周边地下水补给,库周 100 m 范围内地下水位 50~51 m,地下水埋深 0.3~1.5 m;砂基水平坡降为 0.07~0.12,局部低洼处出现浸没影响,砂基垂直坡降为 0.05~0.12,两湖之间区域,蓄水后地下水位一般在 50.5~51.50 m。

蓄水运行期无防渗措施下的主要问题是渗漏大,难以保证水库蓄水运行,同时库周局部范围和两湖之间出现浸没影响。因此,无防渗措施时,必须进行周边降水措施或库周地面以下一定范围内渗流保护措施。

第⑥层重粉质壤土分布稳定为相对下限隔水层,因此结合水库实际蓄水需要,建议采用库周垂直防渗措施较为适宜。

#### 9.5.1.5　库区防渗处理措施

在库区地层结构属黏砂多层结构,岩性以砂性土为主,夹中、重粉质壤土、粉质黏土层。水库挖深一般在 6 m 左右,岸坡岩性主要为砂壤土,多具中等透水性。西库区底板岩性以第②层中粉质壤土为主,具弱透水性,东库区底板岩性主要为第③层粉砂、砂壤土,一般具中等透水性。两库区底板以下地层多为第③层粉砂、砂壤土和第⑤层粉细砂,具中等透水性。第④层粉质黏土具微-弱透水性,可视为相对隔水层,但该层沉积厚度较薄且分布不连续,部分地段或大部分地段缺失。特定的地层岩性结构组合及其水理性质,水库施工开挖蓄水运行,必然产生水平渗漏及垂直渗漏问题。特定的地层岩性结构组合及其水理性质,水库施工开挖蓄水,必然产生水平渗漏及垂直渗漏问题,渗漏量的大小与透水性好的砂性土分布厚度密切相关,加之场区地下水埋深较大,库区存在严重渗漏问题。

如上所述,在不设防渗措施的情况下,水库渗漏量为 1 071 万 $m^3$/年,约占总库容的 1/2,大大超过所控制水库年渗漏损失量 260 万 $m^3$,且库周 100 m 范围内地下水位 50~51 m,地下水埋深 0.3~1.5 m,存在水库渗漏和库周浸没问题,必须采取防渗措施。

根据场区的地层结构和水文地质特点,采取相应的防渗处理措施是兴建水库工程的关键。

水库蓄水运行后库岸和库盆分别存在水平渗漏与垂直渗漏问题,应采取防渗措施。垂直防渗可采用黏性土铺盖或土工膜覆盖等防渗方法处理。水平防渗可采用高压旋喷防渗帷幕或截渗墙等防渗方法处理。不同库区、不同地段防渗帷幕或截渗墙的上、下限深度因地层结构和水文地质特征的差异而不同。

工程场区第④层粉质黏土属微-弱透水性,为相对隔水层,其在西库区分布较连续,部分地段缺失,在东库区该层分布不连续,沉积厚度变化较大,不能作为防渗帷幕的相对下限隔水层。第⑥层重粉质壤土沉积厚度较大,分布稳定连续。重粉质壤土具微-弱透水性,可作为防渗帷幕的相对隔水层。建议库区防渗帷幕或截渗墙上限至地表,下限深入到第⑥层重粉质壤土中 0.5~1.0 m。

### 9.5.2 五岳水库

坝体浸润线水位观测是监视坝体渗流安全的主要方法之一，五岳水库 1978~2002 年长达 24 年的浸润线水位观测资料表明，浸润线水位始终处于高水位状态，特别是坝顶 1# 观测管在 1996~2000 年的水位多在 85~91 m 高程，管水位变化较为平缓；有随库水位升降的趋势，且有明显的滞后现象。

目前，水库正常蓄水时，大坝背水坡 84.5 m 平台以上至 89.0 m 高程的草皮护坡上，出现大面积散浸，且在下游坝坡上出现一条干湿分明的分界线，渗漏严重处，有明水出逸，在 84.5 m 高程平台的横向排水沟里，长年有渗水流出。2007 年 5 月，在主坝桩号 0+077 下游坡 86.0 m 高程处挖一探坑，一天后，探坑内集满渗水，水面高程约 83.1 m，说明坝体浸润线较高。

从历年运行情况看，大坝自 1996 年便出现渗流异常现象，后虽进行过应急度汛处理，对该段原草皮护坡进行护砌，并在下游新建导渗沟，但其处理只是局部的、暂时的，并没有从根本上解决坝体渗漏问题，目前坝体浸润线较高，多处出现集中渗漏现象。

大坝防渗体浸润线形态基本正常，但下游代替料渗透系数偏小，坝壳代替料浸润线较高。坝后坝面出现大面积散浸，渗漏严重段有明水出逸，勘探位置的探坑集聚渗水，存在渗流异常问题。

### 9.5.3 出山店水库

水库处于平昌关—罗山凹陷的低洼处，周边低山丘陵环绕，无深切邻谷，无大的断裂切割库岸，周边的低山丘陵与岗地形成了一个完整的库盆，无形成库水外渗的地形条件。南部、西部及北部库岸由花岗岩、变质岩或红色岩系组成，透水性均很差，库边山坡中更新统低液限黏土广布，无强透水层与库外相通。库周地下水位分布较高，山区下降泉出露高程西部及南部在 100 m 以上，总之，库区地形地貌、地层岩性、水文地质条件的有利组合，大大降低了水库出现较大渗漏的可能性。通过调查，库区内切穿库岸可能引发渗漏的断层主要有 3 条，即李楼断层、陈家寨断层和洣河寺断层。

(1)李楼断层：见于游河上游的洋山，断层发育于片岩与花岗岩接触带附近片岩之中，可见石英片岩断崖及角砾岩，断层破碎带可见宽度 30~40 m，产状为 N80°E~S80°E. S∠90°。该断层出露高程大于 100 m，其东西两侧为厚层第四系黏性土层所覆盖，断层带透水性微弱，不会造成库水通过断层渗漏。

(2)陈家寨断层：见于淮河右岸陈家寨附近古近系红色岩系中，在长约 400 m 的岸坡上见 10 余条断层，产状为 N70°E~S75°E. S∠60°~80°，断层带宽 1~3 cm，垂直断距 4~15 m。该断层可以视为一组受构造应力引起的节理裂隙密集带，发育于古近系一套偏柔性的红色黏土岩中，断带充填物为红色泥质，断层带及其影响带透水性均很微弱，不致引起水库渗漏。

淮河地质队于 1959 年夏秋进行调查后，对李楼断层与陈家寨断层做进一步研究，认为上述断层向库外渗漏基本上是不存在的。与本阶段勘察成果互相印证。

(3)沫河寺断层:位于坝址区西南部的祝佛寺至窑冲一带,为压性断层,以岩石的剧烈挤压破碎为特征,产状为 N60°W~N50°W. SW∠85°,该断层切过分水岭伸向坝址下游邻谷,该断层破碎带宽 20 余 m,充填物为大小不等的角砾,无胶结,红色黏土充填角砾之间,挤压紧密,断带两侧影响带为古元古界片岩,风化强烈,地表呈土状或块状,该断层沿东南方向隐伏于地下不可见,断带上方有坑塘养鱼,未见明显渗漏迹象;沫河寺断层在该处地下水位 92.07~96.29 m,高于正常蓄水位(88.0 m),即使在高水位下估算其渗漏量也很小,可忽略不计。由此可知,在正常蓄水位情况下沫河寺断层不会发生渗漏。

综上所述:水库区西、南岸为低山丘陵,北为丘陵岗地,库周无高陡岸坡,不存在深切邻谷,库盆完整,库周地下水位一般高于水库蓄水位,基本无库岸渗漏问题。

### 9.5.4　燕山水库

库区地貌上东、西、南三面低山丘陵环绕,基岩出露较高,溢出泉水高程均在 150.0 m 以上。在新生界地层中的潜水位,据库区地下水等水位线图,干江河左岸 130.0 m 地下水等水位线由庙岗经保安到独树等地东侧再延伸到古庄店西南的高庄与基岩相接,该沿线以西随地势变高,水位都在 130.0 m 以上。在右岸东南区地下水位均超过 140.0 m 高程。在张庄至刘文祥一线,据 1957 年实测资料地下水位均高于 130.0 m 高程。在大辛庄茶场有泉水出露,高程 142.0 m。据以上资料证明库区东、西、南三方地下水位均高于将来的库水位(106.0 m),且地下水排向库内,故无漏水可能。

在坝区左右岸地形较低,左岸为阶地、岗地,地面高程 130.0~150.0 m。在 130.0 m 高程处,分水岭厚度在北坝头处为 200 m,在北坝头以东,厚 1 000~1 500 m。据庙岗—北坝头的分水岭地质剖面,长 5.3 km,地表为第四系中更新统($Q_2$)黏土,厚度 2~15 m。中部为下更新统($Q_1$)卵石混合土,厚 1~2 m。下部为新第三系(N)灰绿色、红色黏土岩及灰绿色含黏土砂砾岩。不透水的黏土岩顶板高程在 125.0 m 以上。地表 $Q_2$ 黏土层亦为相对不透水层。

据钻孔注水试验资料,灰绿色含黏土砂砾岩渗透系数 $K=7.50\times10^{-4}\sim8.54\times10^{-5}$ cm/s,表层卵石混合土的透水系数 $K=1.82\times10^{-4}\sim3.85\times10^{-4}$ cm/s,属弱-中等透水性地层。实测地下水位高程除 571 孔外,其余均在 132.8 m 以上,高于将来的库水位。因此,左坝头分水岭不存在渗漏问题。

二、三坝线右坝头至小燕山建筑物区段,地表高程为 122 m,该段岩性以石英砂岩和安山岩为主,次为页岩及黏性土。据 175 组钻孔压水试验,石英砂岩以弱-极微透水($q<10$ Lu)为主,占 78.5%,中等透水($q=10\sim100$ Lu)仅占 20.3%;安山岩弱-极微透水($q<10$ Lu)占 81.3%,中等透水($q=10\sim100$ Lu)占 18.7%。另据 26 次灌水试验,透水性分别为页岩 $K=8.53\times10^{-6}$ cm/s,安山岩 $K=3.05\times10^{-5}$cm/s,黏性土 $K=2.55\times10^{-6}$ cm/s。在黏土裂缝中灌水试验,渗透系数 $K=4.33\times10^{-4}\sim1.05\times10^{-5}$ cm/s,平均 $K=1.7\times10^{-4}$ cm/s。可见,右坝头至小燕山建筑物区段岩土的透水性据现有资料分析都不很大,以弱-极微透水为主。总体上看,无明显渗漏库岸,但由于分水岭较单薄,且横向小断层较多,还有安山岩和砾岩接触面,故采取帷幕灌浆进行了补强。

## 9.5.5　大屯水库

南水北调是我国的战略性工程，对我国经济社会生态发展具有重大意义。其中，大屯水库是南水北调工程的重要组成部分，同时是水资源调度运行的重要枢纽环节之一。大屯水库是我国最大的库底全铺膜防渗的平原水库，渗漏检测在评价工程安全和经济效益中起着至关重要的作用。大屯水库位于山东省德州市武城县，水域面积约 5 $km^2$，南北方向轴线长约 3 km，东西方向轴线长约 1.8 km，水库调节库容为 4 499 万 $m^3$。向德州市德城区年供水 10 919 万 $m^3$，武城县城区年供水 1 583 万 $m^3$，库水深常年保持在 7~9 m。

库区内第四系全新世地层广泛分布，冲积层平均厚度为 17~23 m。坝基和库区地层具有中等渗透性，水库防渗采用坝体上游铺设复合土工膜和库底水平铺膜相结合的防渗方案，并利用一层 1~2 m 的现场砂质壤土覆盖土工膜表面对其进行保护，土工膜绝缘。

对大屯水库库区进行水上高密度电法测量，共设计 33 条水上测量线，覆盖水库 80% 的水域，其中包括 26 条东西向测线，测线间隔 100 m，7 条沿南北向的测线，测线间隔 200 m(见图 9-8)。水上测线总长度约 53 cm，为保护测量电缆，使船只转弯平顺避免搁浅，岸边 200 m 范围内无测线，船只在水库内部呈“之”字形曲折航行。

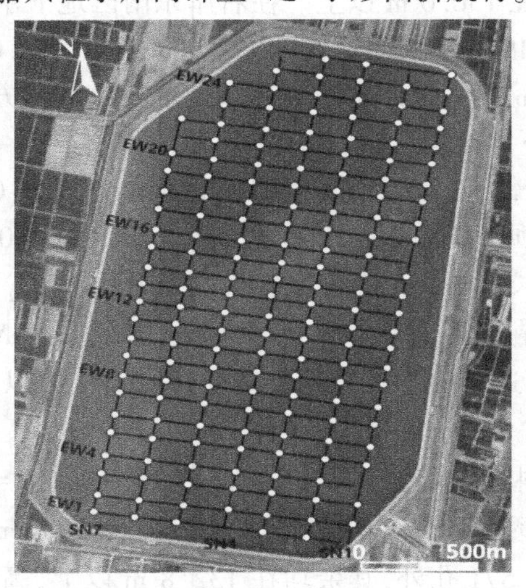


**图 9-8　大屯水库水上测线分布**

将所有 26 条东西向的电阻率剖面以栅栏形式显示(见图 9-9)，对土工膜破损的潜在渗漏区域进行总体评估。

结果显示，只有少数剖面具有明显不均匀的土壤表面，如 EW20 所示。表明在水库运行期间，铺设的膜上覆土得到了很好的保存。对于土工膜以下异常低电阻率区域，EW11 东段周围有一个团簇，EW11 西缘周围有一个小的集中区域。

虽然本次调查显示有局部区域的潜在土工膜损坏，但目前没有明显的迹象显示大屯水库渗漏。这是由于原始黏土和粉土的渗透性相对较低，导致库水只在土工膜的潜在破坏区缓慢渗流。复杂的库底地层构成也可能会导致出现低电阻率异常，因此需要根据现场条件进行进一步的调查。此外，水上电阻率测量提供了水库底部渗流条件的初步评估，

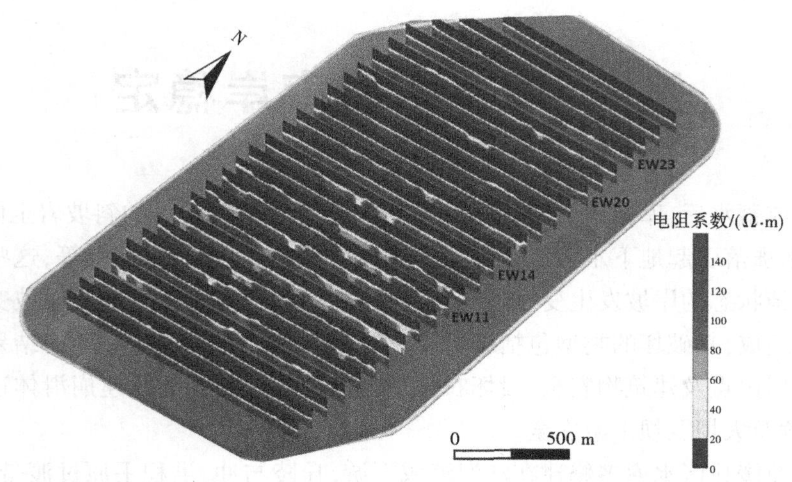


图 9-9 上连续高密度电法检测结果栅栏(26 条东西向剖面)

可用于指导下一步调查工作,为准确定位渗漏提供了重要依据。

同时,通过实际测量对比,水上连续测量高密度电法在大面积水域检测水库渗漏时优势明显、检测精度高、检测速度快,适用于平原水库渗漏快速检测。

# 第 10 章 水库库岸稳定

水库建成蓄水后，库岸自然地质环境发生急剧变化，如被淹没的斜坡岩土体饱水及强度降低，库水涨落引起地下水位波动变化，波浪对岸坡的冲刷作用加剧等，这些因素使得原来处在平衡状态的岸坡发生变形破坏，直至达到新的平衡。根据水库岸坡变形的破坏形式与物质组成，其破坏的类型包括塌岸、滑坡、崩塌等。库岸失稳破坏的结果将直接危及滨岸地带居民点及建筑物安全、毁坏农田、淤塞库区，高位能的快速崩滑体还可以造成巨大涌浪，危及大坝及坝下游安全。

由于平原缓丘区水库多修建在江河流域下游，丘陵与冲、洪积平原过渡带地区，水库库岸相对平缓，极少涉及复杂的崩塌和高边坡稳定问题，故水库塌岸是平原缓丘区水库岸坡变形破坏的主要形式。水库塌岸是指水库周边岸坡土体在水位升降、洪水冲刷及风浪冲蚀下不断发生塌落的现象。塌岸一般发生在地形坡度较陡的土质岸坡及软岩岸坡的残积层和强风化带，具有渐进发展的特点。

水库塌岸是水库蓄水运行期间在所难免的问题，特别是山区河流水库，其库岸往往跨越不同地貌、地质单元，甚至大地构造单元，岸坡地质结构类型复杂，库水动力作用强烈，塌岸模式多种多样，塌岸点多面广，危害严重。塌岸会引起下列问题：①近坝库区的大规模坍塌和滑坡，将产生冲击大坝的波浪，直接影响坝体安全。②危及河岸主要城镇及工矿企业等建筑物的安全。③坍塌物质造成大量固体径流，使水库迅速淤积，失去效益。目前，我国现正在大兴水利水电工程，其建设速度之快、规模之大，可谓前所未有。因此，水库塌岸问题是水利水电工程中必须考虑的重要环境地质问题。

在我国已建的正式蓄水运行的水库大多数都存在着塌岸和库岸再造现象。其中，山区河流水库塌岸现象尤为突出，如建设于 20 世纪 90 年代以前且在运行的代表性水库有湖南柘溪水库、新安江水库、龚嘴水库、黄龙滩水库、龙羊峡水库、福建水口水库、三门峡水库等；从 20 世纪初期至今在运行的代表性水库有三峡水库、二滩水库、天生桥一级水库、宝珠寺水库、紫坪铺水库、大朝山水库、漫湾水库、小湾水库、硗碛水库、狮子坪水库及水牛家水库等。位于岷江流域杂谷脑河狮子坪水库自 2009 年年底运行以来，库区出现各种规模的塌岸达到 10 余处，直接导致改线后的 317 国道局部中断，其中又以小丘地松散堆积体部位最为突出。

水库塌岸是一个十分复杂的地质动态演化过程，受诸多因素的影响和控制，如区域构造稳定，库岸岸坡的地形地貌、岩土体结构和性质、库水动力条件、植被和人类工程活动等，至今有以下几个方面的研究成果：

(1)结构研究。水库岸坡结构研究是水库塌岸预测的基础，塌岸的机制、模式、规模等取决于岸坡的地形地貌形态、岩土体成因、组成、结构层次等条件。实践中常由于库岸范围大、交通条件差、研究手段的局限难以满足塌岸预测的深度需要。

(2)机制研究。塌岸机制研究主要是通过现场调查塌岸地质条件和塌岸影响因素,如岸坡组成和结构、岸坡形态、库水位升降、波浪、水的浸泡、冻融等。程昌华、邓伯强(1996)曾开展了影响库岸坍塌的水动力特性研究;卢桂兰(2002)、李永乐(2003)对三门峡库区塌岸的成因分析;宋岳(2004)开展了官厅水库塌岸影响因素分析;高超(2005)开展过湖塌岸成因初步研究;许强、黄润秋等结合对三峡库区塌岸的深入研究,对山区河流水库塌岸模式、塌岸机制进行了较深入系统的研究(2007~2009年)。

水库塌岸与海岸、湖岸、江河岸的演化基本相似,但其库水位的变化幅度、变化频率较大,受诸多因素的控制与影响,至今还无法用较准确的数学物理方程来描述,现今的塌岸预测方法很多都是针对平原区水库均质、类均质土质岸坡研究较多,而对西南高山峡谷地区水库地质条件和岸坡结构都较复杂的库岸塌岸预测方法的研究较少。在当前的工程实践中,大多采用图解法、工程地质类比法、计算法等进行评价预测,大多塌岸实例表明,与预测结果存在较大差异。

总体而言,目前国内外对山区河流水库岸坡岩土体地质结构、塌岸机制、塌岸模式、塌岸参数等的研究还不够系统、不够深入,以至于塌岸预测缺乏基础理论的指导。现阶段在山区河流水库塌岸预测与防治工程中,也还没有形成用于指导生产实践的、有效的方法和技术标准。这些问题致使水库塌岸的勘察评价和预测不尽科学合理,与蓄水后实际发生的情况存在较大差异,导致工程安全隐患和工程投资浪费。

本章结合鲇鱼山水库、燕山水库和石漫滩水库等项目介绍水库塌岸的机制、预测结果及工程处理措施,重点讨论塌岸预测计算方法及塌岸防护的工程经验。

## 10.1　水库塌岸过程

水库蓄水最初几年内塌岸表现最为强烈,随后渐渐减弱,可以延续几年甚至十几年以上,因此塌岸是一个长期缓慢演变的过程。最终塌岸破坏带的宽度可达几百米,如我国黄河三门峡水库最大塌岸带宽284 m,最大单宽塌方量达7 000 $m^3$。某一水动力条件和地质条件下,最终塌岸完成时间及塌岸带宽度总是一定的。塌岸的过程十分复杂,大致如图10-1所示。水位上升,抬高了岸边地下水位,浸润原先处于干燥状态的岩土,减小土体或软弱夹层的抗剪强度,使库岸岩土体的物理力学性质发生改变。由风力引起的水面波浪是改变库岸形态的动力因素之一,库岸岩土遭受浸湿和波浪的冲蚀,逐渐形成岸壁初期塌落破坏的快慢取决于岩土的强度及波浪的能量大小。如果原岸坡较高,则岸壁上形成与库水位在同一高度的浪蚀龛,波浪不断对被湿化的库岸冲击、磨蚀,自然崩落和冲击下来的岩土碎屑成为悬移质和推移质被波浪回流带离坡脚淤积在岸边,于是库岸边线后移,水下浅滩开始生成,波浪重复的作用,库岸不断塌落、后退,浅滩逐渐加宽,直至宽到足以消耗全部波能,库岸后退与浅滩的发展渐趋稳定,形成最终的平衡剖面。

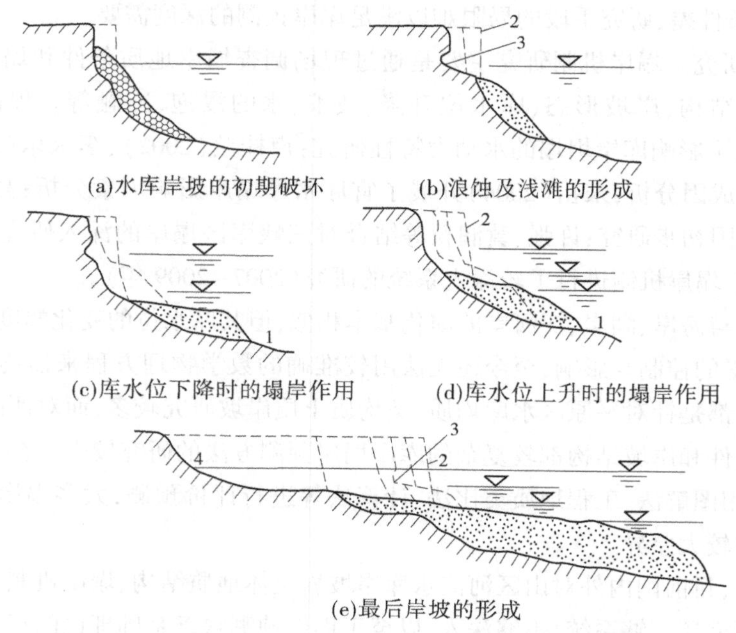


1—水下浅滩；2—原库岸；3—浪蚀龛；4—塌岸稳定库岸。

**图 10-1　水库塌岸过程示意图**

## 10.2　平原缓丘区水库塌岸主要模式

成都理工大学汤明高、许强等(2006)通过对三峡库区实际塌岸情况的大量现场调查、室内分析研究，归纳总结出水库塌岸的 5 种典型塌岸模式及其演化过程，即冲蚀磨蚀型、坍塌型、崩塌(落)型、滑移型和流土型(见表 10-1)。

**表 10-1　典型塌岸模式**

| 塌岸类型 | 地形条件 | 地质条件 |
|---|---|---|
| 冲蚀磨蚀型 | 15°~28° | 土质(冲洪积层、残坡积层、滑坡堆积层和人工填土层)、红层岸坡的全风化带和花岗岩岸坡的全风化带，岩土体结构松散-稍密 |
| 坍塌型 | >30° | 厚层土质岸坡或红层岸坡的全强风化带，松散堆积物的平均厚度大于 5 m，岩土体结构松散-较松散 |
| 崩塌(落)型 | >45° | 岩质或红层岸坡的强风化带或强卸荷带，外倾节理裂隙发育，呈楔形体或块裂状 |
| 滑移型 | >30° | 土质浅层滑坡主要发育于冲洪积层或土岩复合岸坡中；深层堆积体滑坡主要发育于厚层坡残积或滑坡堆积岸坡中；基岩顺层滑移型塌岸主要发育于缓倾坡外的薄层砂、泥岩互层岸坡中 |
| 流土型 | | 第四系松散堆积层细粒土岸坡中 |

### 10.2.1 冲蚀磨蚀型

冲蚀磨蚀型塌岸是在库水、风浪冲刷、地表水及其他外部营力的作用下，岸坡物质逐渐被冲刷、磨蚀，然后被搬运带走，从而使岸坡坡面缓慢后退的一种库岸再造形式。它是近似河岸再造、非淤积且稳定性较好的岸坡中存在的一种较普遍的岸坡变形改造方式。这种类型的塌岸模式一般发生在地形坡度较缓的土质岸坡及软岩岩质岸坡的残坡积层和强风化带。再造具有缓慢性及持久性，再造规模一般较小。

### 10.2.2 坍塌型

坍塌型塌岸土质岸坡坡脚在库水长期作用下，基座被软化或淘蚀，岸坡上部物质失去平衡，从而造成局部下错或坍塌，之后被江水逐渐搬运带走的一种岸坡变形破坏模式。它的显著特点是垂直位移大于水平位移，与土体自重直接相关，这种类型的库岸再造在三峡库区分布范围大、涉及岸线长。一般发生在地形坡度较陡的土质岸坡内。该库岸再造模式具有突发性，特别容易发生在暴雨期和库水位急剧变化期。

#### 10.2.2.1 冲刷浪坎型

在水流冲刷、浪蚀等作用下，水边线附近小范围的岸坡土体发生破坏，随着水位及波浪的下移，下级水边线附近土体又会发生类似的破坏，最终表现为阶梯斜坡状。破坏高度与风浪爬高间有明显的对应关系。

#### 10.2.2.2 坍塌后退型

在水流冲刷、侧蚀作用下，岸坡坡脚被淘蚀成凹槽状，随后在岸坡重力、地下水外渗等作用下发生条带状或窝状的坐落、倾倒型运动。形成这种塌岸模式的基本条件有：①岸坡的土体抗冲刷能力差；②水流直接作用于岸坡，且水流的冲刷强度高于岸坡土体的抗冲能力。坍塌后退型一般表现为坐落、倾倒两种方式，坍塌后的土体脱离了原坡体，坍塌体的垂直运动位移大于水平运动位移。这种塌岸具有坍塌后退速度快、后退幅度大、分布岸线长、持续时间长的特点。多呈条带状，少数为窝状，具有突发性。在三峡库区是一种最主要、最常见的坍塌型塌岸再造方式。

#### 10.2.2.3 塌陷型

塌陷型塌岸是由于岸坡中下伏空洞或局部发生凹陷，土体在自重、地下水静水压力和动水压力作用下，周围土体由四周向中心发生变形破坏的一种库岸岸坡再造形式。

### 10.2.3 崩塌(落)型

崩塌(落)型塌岸是在陡坡型岩质岸坡中，岸坡岩体发育有不利于岩体稳定的节理裂隙时，坡体在库水、风浪冲刷、地表水和其他外部营力的作用下，发生的崩塌或崩落现象。崩塌(落)型破坏一般发生在岩质岸坡的强风化或强卸荷裂隙带内。该库岸再造模式具有突发性。

#### 10.2.3.1 块状崩塌(落)型

块状崩塌(落)型塌岸是当岩质岸坡中发育有不利于岩体稳定的节理裂隙时，在库水、风浪冲刷、地表水和其他外部营力的作用下，裂面被软化后，岩体沿着节理裂隙面发生的崩塌或崩落现象。

#### 10.2.3.2　软弱基座型

岩层倾向坡内的上硬下软结构型岸坡,在库水长期作用下,由于下部软岩(基座)被软化,在自重作用下,岸坡产生压缩或压致拉裂变形,导致上部岩体失稳而产生塌岸。这些岸坡产生变形破坏岩层产状的走向与岸坡走向之间的夹角大小不等,有的岸坡走向与岩层走向之间的夹角呈大角度相交,但总体上岩层是倾向坡内的,岩层的倾角一般小于15°。产生此种类型塌岸的坡体结构为上硬下软,上部为较坚硬的砂岩,其单层厚度较大,下部为较软的紫红色泥岩,多出现在岸边附近。紫红色泥岩遇水极易崩解或软化,在上覆厚层砂岩重力场的长期作用下,可能产生压缩变形,而在厚层的砂岩层中又往往发育有多组陡倾角的结构面,因此容易沿着陡倾角的结构面产生局部崩塌现象,即小规模的塌岸。

#### 10.2.3.3　凹岩腔型

在近水平的砂、泥岩互层的结构岸坡中,由于易风化和遇水易崩解的紫红色泥岩,受库水位的浪蚀和岩体本身容易风化,在泥岩层中容易产生深度可达1~2 m凹岩腔,致使上部砂岩相对外凸,成为悬壁梁结构,而坚硬的砂岩体中通常发育有近直立的裂隙。上部砂岩受重力作用沿着近直立的裂隙产生拉裂破坏,从而导致局部塌岸的现象。这种现象在红层发育的长江岸段十分常见,容易出现渐退式的塌岸破坏现象。

### 10.2.4　滑移型

滑移型塌岸是指水库蓄水后,在库水作用、降雨及其他因素的影响下,岸坡岩土体向临空方向发生整体滑移的库岸再造形式。

#### 10.2.4.1　古滑坡复活型

古滑坡复活型塌岸是蓄水前,处于稳定或者基本稳定的古滑坡体,受水库蓄水的影响,发生整体或局部复活而产生滑移变形现象。

#### 10.2.4.2　深厚松散堆积层浅表部滑移型

深厚松散堆积层浅表部滑移型塌岸是原处于稳定或基本稳定的各种成因的深厚层堆积体(如崩滑堆积体、残坡积物、冲洪积物、人工堆积物等),受水库蓄水的影响,出现浅表部蠕滑变形或前缘局部滑移变形现象。

#### 10.2.4.3　沿基-覆界面滑移型

沿基-覆界面滑移型塌岸是在堆积体厚度较薄、基-覆界面埋深较浅的堆积体岸坡,受水库蓄水的影响,堆积体沿着基-覆界面发生整体性滑移的岸坡破坏形式。

#### 10.2.4.4　基岩顺层滑移型

在中等或中缓倾角的顺层基岩岸坡中,如果基岩中存在软弱夹层,水库蓄水后,软弱层在水流的浸泡下发生软化,其抗剪强度大大降低,从而出现沿软弱层的整体滑动。尤其值得重视的是,在上陡下滑的顺层斜坡中,根据有效应力原理,水库蓄水后坡脚部位平缓的抗滑段受水体的浸泡,其抗剪强度降低、抗滑能力减小,从而导致坡体的整体滑移。发生于2003年7月的千将坪滑坡及世界著名的意大利瓦依昂滑坡,就是其典型实例。

### 10.2.5　流土型

流土型塌岸是在库水涨落的情况下,岸坡土体吸水饱和后,由于土体的微膨胀性,岸坡土体在重力作用下沿坡向下发生塑性流动的变形现象。这种库岸再造类型的塌岸规模一般较小，仅在第四系松散堆积层岸坡中可见。

## 10.3　塌岸主要影响因素及预测方法

### 10.3.1　水库塌岸影响因素

影响水库塌岸的因素可归纳为地质因素和诱发因素两大类：

(1)地质因素主要包括岸坡地质结构、地下水作用、地质灾害作用等。

(2)诱发因素主要包括库水的机械作用(浸泡、冲蚀等)、库水的升降及升降的速率、地震、降水、冻融、人类工程活动等。

#### 10.3.1.1　影响水库塌岸的地质因素

影响水库塌岸的地质因素有库岸地形地貌特征、岸坡岩土体性质、岸坡结构、地下水作用、地质灾害作用、地震等，岸坡坡型完整性差、库岸高陡、水敏性结构土体、地震活动强等，易产生库岸的坍塌。

1. 地形地貌

地形地貌对水库塌岸具有重要的影响。与其有关的岸坡特征主要包括坡度、坡高、坡的平面和剖面形态、坡面完整程度等方面的因素。一般岸高坡陡、冲沟切割成的凸岸、蓄水后水下段陡直、剖面形态为弧线凸型岸坡库岸坍塌较为严重。

2. 岩土体性质和岸坡结构

岸坡地层岩性和岸坡结构是控制塌岸的地质因素。不同地层岩性特征和岸坡结构，其塌岸的发生存在很大差异。

对于土质岸坡，土体类型、成因类型、固结和密实程度等是影响塌岸的主要因素，塌岸一般多发生在坡积、残积、风积、冰缘冻融和地滑堆积体中。

对于岩质岸坡，岩性岩组、岩体结构和河谷地质结构等是影响塌岸的主要因素，塌岸一般发生在强度低、遇水较易崩解、抗风化能力较弱的软岩岸坡中。

3. 地下水作用

当水库蓄水后在死水位至正常蓄水位之间，库水位上升时，库水补给地下水，岸坡地下水位抬高，使原地下水位以上的岸坡岩土体饱和；当库水下降时，地下水补给库水，岸坡地下水位降低，使原地下水位以下的岸坡岩土体排水。地下水位升降改变了土体的物理、水理、力学性质和岸坡原来的自然平衡状态，地下水通过与岩土体之间的离子交换、溶解作用、水化作用等改变岩体的物理力学性质，使岩土体性状弱化，并产生渗透压力，导致水库塌岸。

4. 地质灾害作用

岸坡发育的滑坡、崩塌、采空塌陷等地质灾害，影响水库塌岸。

#### 10.3.1.2　影响水库塌岸的诱发因素

1. 库水的作用

由于库水在风或其他外力作用下生产波浪，波浪的波高、波速和波向不同，对岸坡冲蚀与淘刷作用也存在差异。山区河流水库的波浪冲蚀作用一般不突出。

库水升降表现为岸坡岩土体饱和、排水变化过程,或岸坡岩土体的浮托力、渗透压力变化过程。库水升降速率表现为这个过程变化的剧烈程度。

2. 地震作用

由于地震作用对岸坡岩土体结构弱化,甚至形成新的滑坡、崩塌等,影响水库塌岸。

3. 人类工程活动

人类在库周的工程活动如爆破、开挖、弃渣、弃水等,可能影响岸坡的地质环境条件,从而发生水库塌岸。

4. 其他作用

大气降水一般在水库蓄水前后不会发生较大变化,影响不大;库岸结冰的冻胀、浮冰撞击岸坡,对岸坡浅表部岩土体有一定影响。

## 10.3.2 水库塌岸预测方法

水库塌岸预测是岸坡治理的重要依据。由于岸坡物质组成、结构特征、地下水位等的复杂性,难以精确地定量分析。目前,国内外大多数研究都是基于已建成的水库,通过对塌岸的监测和分析,进行塌岸预测。

预测方法根据预测时间的长短可分为短期预测和长期预测。长期预测中,又包括类比法、动力法、统计法和模拟试验法等。

### 10.3.2.1 短期预测

短期预测以水库初次蓄水后的2~3年内为限。

1. 均质黄土塌岸

起点可从原河道最高洪水位起算。取蓄水初期的最高水位,依下式计算蓄水初期塌岸宽度(见图10-2):

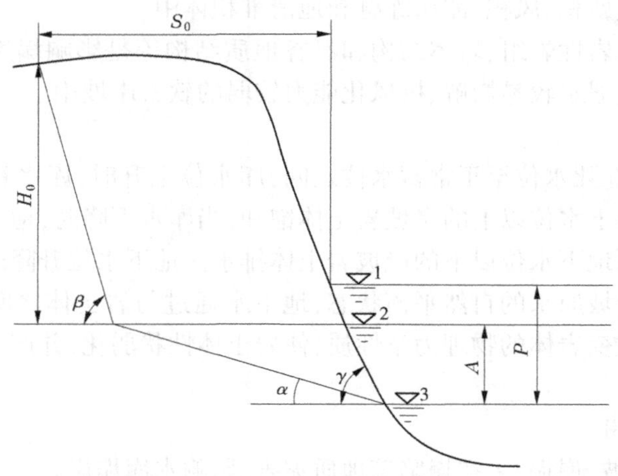


1—正常高水位;2—蓄水初期高水位;3—原河道最高洪水位。

图10-2 前坡较陡岸坡塌岸短期预测

$$S_0 = A\cot\alpha + H_0\cot\beta - P\cot\gamma \tag{10-1}$$

式中：$S_0$ 为蓄水初期塌岸宽度；$A$ 为蓄水初期最高水位与原河道最高洪水位的差值；$P$ 为正常高水位与原河道最高洪水位的差值；$H_0$ 为蓄水初期最高水位以上的岸高；$\alpha$ 为动水位作用下的水下岸坡角（可查表 10-2）；$\beta$ 为预测岸坡水上部分的稳定坡角（可查表 10-2）；$\gamma$ 为原始岸坡坡角。

**表 10-2　不同岩性坡角参考值**

| 岩性 | $\alpha$/(°) | $\beta$/(°) |
|---|---|---|
| 坚硬黏土、壤土 | 60~80 | |
| 黄土状壤土 | 8~22 | 50~70 |
| 黄土状砂壤土 | 8~22 | 45~50 |
| 砂土 | 6~20 | 38~45 |
| 砂砾土 | 14~26 | 45~60 |
| 胶结的砂、砂砾 | 60~80 | 60~80 |

如果岸前有一级阶地或河漫滩，且阶地或河漫滩高于原河道最高洪水位与水库蓄水初期最高洪水位，则以阶地或河漫滩的后缘高程代替原河道最高洪水位值，作为塌岸起算点。塌岸宽度可依下式计算（见图 10-3）：

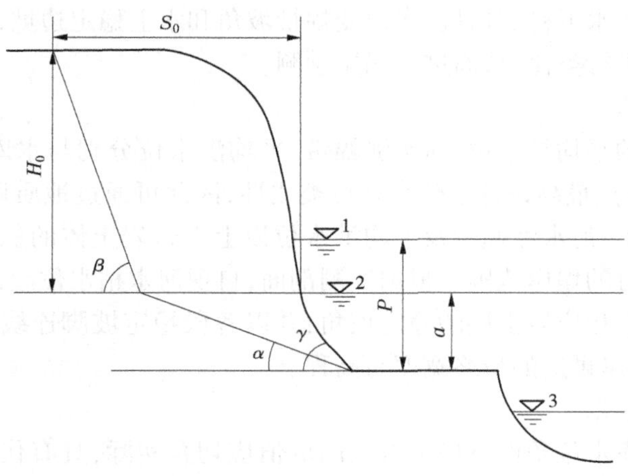


1—正常高水位；2—蓄水初期高水位；3—原河道最高洪水位。

**图 10-3　一级阶地或河漫滩岸坡塌岸短期预测**

2. 非均质松散层塌岸

岩性为非均质，河谷阶地前缘较陡，塌岸起点在原河边最高洪水位变化幅度内的松软岩层上，塌岸预测见图 10-4。

首先绘出塌岸预测的地质剖面，并注明其原河道最高洪水位、蓄水初期最高水位及正常高水位；其次在原河道最高洪水位及蓄水初期最高水位变化幅度内，根据岩层的物理力学指标及水理性质，找出可能产生塌岸的岩层作为塌岸起点 $e$，由 $e$ 点绘出各层在动水作

用下的水下坡角 $\rho_1$、$\rho_2$、…、$\rho_n$；再次交于 $f$ 点，由 $f$ 点按不同岩性绘出水上坡角 $\beta_1$、$\beta_2$、$\beta_3$…、$\beta_n$；最后交地面于 $g$ 点，则蓄水初期塌岸宽度 $S_0$ 即可求得。

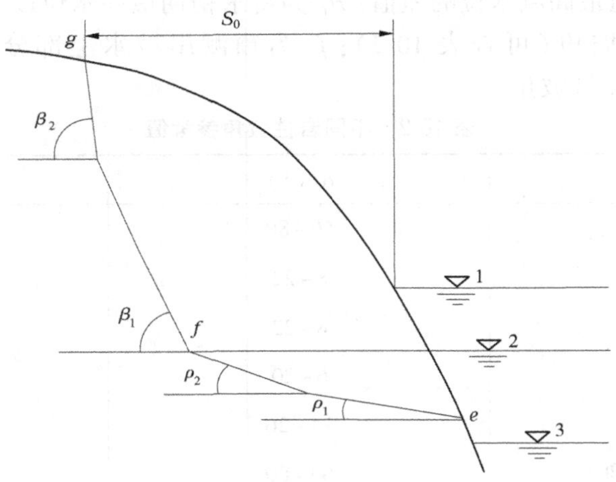


1—正常高水位；2—蓄水初期高水位；3—原河道最高洪水位。

**图 10-4 非均质松散层塌岸短期预测**

### 10.3.2.2 长期预测

1. 类比图解法

调查不同岩土体水下稳定边坡、水位变幅带坡角和水上稳定边坡，与水库蓄水后不同库水条件下的岸坡进行类比，从而进行塌岸预测。

1）类比图解法原理

由于天然河道的平均枯水位、河水涨幅带、平均洪水位分别与水库运行期低水位、调节水位（水位变动带）、最高设计水位存在可类比性，因此可通过地质调查，并统计天然河道的平均枯水位以下、河水涨幅带及平均洪水位以上三带岩土体的稳态坡脚。以此类比图解水库蓄水运行时的塌岸范围。根据实测剖面，自现河水枯水位起，首尾相连依次绘出在不同库水位条件下相应岩土层的稳定坡角，并以各段稳定坡脚连线代表最终库岸再造边界线，进而量取库岸再造的最终宽度与高程。

2）图解参数的获取

岩土体在不同库水位条件下稳定坡角的取值应切合实际，具有代表性。应结合地质测绘与勘探，现场调查统计不同岩土体在天然河道的平均枯水位以下、河水涨幅带及平均洪水位以上三带内岩土体的稳定坡角。

采用调查统计的数据，按下式计算各类岩土层在不同库水条件下的平均稳定坡角：

$$\alpha = \frac{\sum \alpha_i L_i}{\sum L_i} \tag{10-2}$$

式中：$\alpha$ 为一个统计范围内岩土层的平均稳定坡角；$\alpha_i$ 为统计点岩土层的坡角；$L_i$ 为统计点之间的水平距离。

由于枯水位以下岩土层稳态坡角难以取得，可将河水涨幅带稳态坡角按 0.8 的系数折减而得。

2. 计算图解法

1) 卡丘金预测法

卡丘金预测法(见图 10-5)适用于松散沉积层,如黄土、砂土、砂壤土、黏性土岸坡,并且波浪较小的水库。其计算公式为

$$S_t = N[(A+h_p+h_B)\csc\alpha + (H-h_B)\csc\beta - (A+h_p)\csc\gamma] \tag{10-3}$$

式中:$S_t$ 为塌岸带最终宽度,m;$N$ 为与土颗粒大小有关的系数,黏土取 1.0,壤土取 0.8,黄土取 0.6,砂土取 0.5,砂卵石取 0.4,多种土质岸坡应取加权平均;$A$ 为库水位变化幅度,m;$h_p$ 为波浪冲刷深度,m,一般情况 $h_p=(1.5\sim2)h$(波高);$h_B$ 为波击高度或浪爬高,m;$H$ 为正常蓄水位以上岸坡高度,m;$\alpha$ 为水下浅滩冲刷后稳定坡角,(°),可从图 10-6 查得;$\beta$ 为岸坡水上稳定坡角,(°),可查表 10-3;$\gamma$ 为原始岸坡坡角,(°)。

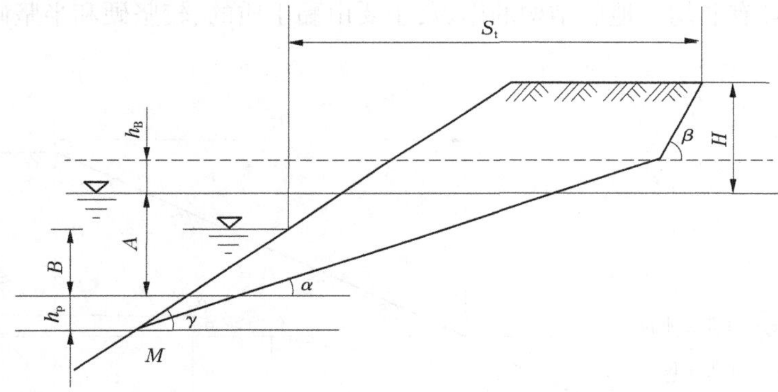


图 10-5　卡丘金预测法示意图

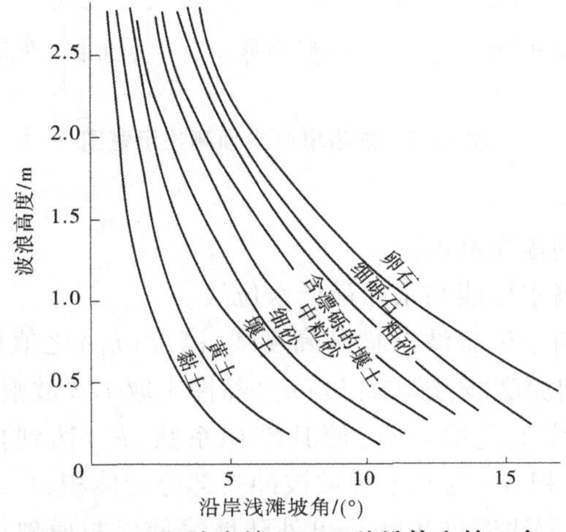


图 10-6　不同波高情况下几种松软土的 $\alpha$ 角

**表 10-3　经验 $\beta$ 值**

| 岸坡岩层 | $\beta$/(°) | 岸坡岩层 | $\beta$/(°) |
|---|---|---|---|
| 黏土 | 5~30 | 含漂砾的壤土 | 35~45 |
| 黄土 | 20~38 | 粗砂 | 38~45 |
| 壤土 | 25~48 | 细砾石 | >45 |
| 细砂 | 30~35 | 卵石 | >45 |
| 中粒砂 | 30~45 | | |

2)佐洛塔廖夫预测法

该方法为苏联学者于 1955 年提出的,认为波浪对塌岸起主要作用,塌岸后的岸坡可分为浅滩外台阶、堆积浅滩、浅滩冲蚀坡、浪击带和水上稳定岸坡 5 部分(见图 10-7)。该方法较适用于具有非均一地层结构的岸坡,主要由黏土质的、较坚硬和半坚硬岩土组成的高岸水库边坡。

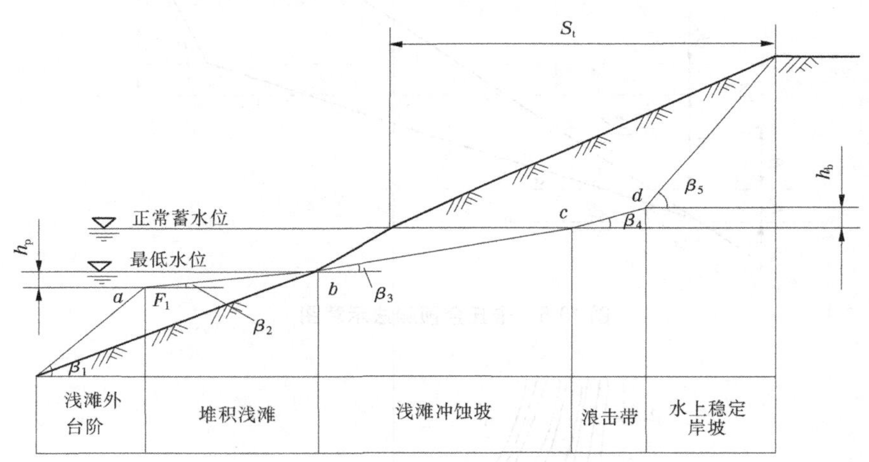


**图 10-7　佐洛塔廖夫预测法示意图**

具体预测步骤如下:

(1)绘制预测岸坡的地质剖面。

(2)标出水库正常高水位线与水库最低水位线。

(3)从正常蓄水位向上标出波浪爬升高度线,高度($h_b$)之值取为一个波高。由最低水位向下,标出波浪影响深度线,影响深度($h_p$)黏性土取 1/3 波浪长,砂土取 1/4 波浪长。

(4)波浪影响深度线上选取 $a$ 点,使其堆积系数($k_a$)达到预定值。堆积系数 $k_a = F_1/F_2$($F_1$ 为堆积浅滩体积,$F_2$ 为水上边坡被冲去部分的体积)。

(5)由 $a$ 点向下,根据浅滩堆积物绘出外陡坡线使之与原斜坡相交,其稳定坡度 $\beta_1$:粉细砂土和黏土采用 10°~20°,卵石层和粗砂采用 18°~20°;由 $a$ 点向上绘出堆积浅滩坡的坡面线,与原斜坡线相交于 $b$ 点;其稳定坡度 $\beta_2$:细粒砂土为 1°~ 1.5°,粗砂小砾石为 3°~5°。

(6)以 $b$ 点做冲蚀浅滩的坡面线,与正常高水位线相交于 $c$ 点,坡角为 $\beta_3$。

(7)由 $c$ 点做冲蚀爬升带的坡面线,与波浪爬升高度水位线相交于 $d$ 点。其稳定坡脚 $\beta_4$。$\beta_3$、$\beta_4$ 及 $k_a$ 可按表 10-4 确定。

表 10-4 $\beta_3$、$\beta_4$ 及 $k_a$ 值

| 项目 | $\beta_3$ | $\beta_4$ | $k_a$ | 说明 |
| --- | --- | --- | --- | --- |
| 黄土质壤土 | 1°~1°30′ | 4° | 冲蚀的 | 相当快,10~30 min 内 |
| 松散的壤土 | 1°~2° | 4° | 冲蚀的 | 1~2 h 内,水中分解 |
| 下白垩纪黏土 | 2°~3° | 6° | 1%~20% | 不能泡软,在土样棱角上膨胀破坏 |
| 上白垩纪泥灰岩,蛋白岩(极软岩),有裂缝 | 3°~5° | 10° | 10%~30% | 不能泡软 |
| 黏土,质极密,含钙质 | 2°~3° | 5° | 冲蚀的 | 一个月内不能泡软,部分分化淋蚀 |
| 黏土,黑色,深灰色,质密成层 | 2° | 6° | 冲蚀的 | 一个月内不能泡软,部分分化淋蚀 |
| 有节理的泥灰岩,石灰质黏土,密实的砂,松散砂岩 | 2°~4° | 10° | 10%~15% | 一个月内不能泡软,部分分化淋蚀 |
| 黄土和黄土质土 | 1°~1°30′ | — | — | 很快,全部分解 |

注:表列 $\beta_3$、$\beta_4$ 值符合于波浪高为 2 m 的情况,在库尾区因波浪高较小,可按表列数值增加 1.5 倍。

(8)绘制水上稳定坡,依自然坡角确定。

(9)检验堆积系数与预定值是否相符,如不相符,则向左或右移动 $a$ 点并按上述步骤重新作图,直至合适。

3)两段法

经过 10 年数十处水库塌岸的调查、研究,王跃敏等(2000)提出了适用于我国南方山区峡谷型水库塌岸的预测法——“两段法”。具体原理为:预测塌岸线由水下稳定岸坡线和水上稳定岸坡线的连线组成时,水下稳定岸坡线由原河道多年最高洪水位 $h$ 及水下稳定坡脚 $\alpha$ 确定;水上稳定岸坡线由设计洪水位和毛细管水上升高度 $H'$ 及水上稳定坡脚 $\beta$ 确定(见图 10-8)。

“两段法”的具体图解为:以原河道多年最高洪水位与岸坡交点 $A$ 为起点,以 $\alpha$ 为倾角绘出水下稳定岸坡线,该线延伸至设计洪水位加毛细管水上升高度的高程点 $B$,再过 $B$ 点以 $\beta$ 为倾角绘出水上稳定岸坡线,与原岸坡的交于 $C$ 点,即为水上稳定岸坡的终点。水上稳定岸坡线的起点 $B$ 的高程所对应的原岸坡的 $D$,与该线终点 $C$ 之间的水平距离,即为预测的塌岸宽度 $S_k$(见图 10-8)。

采用“两段法”进行塌岸预测,水下稳定岸坡的起点高程相当于原河道的历史最高洪水位,或蓄水后第一年的淤积高程,采用两者较高值,其数据可从当地水文部门或实地调查获得。

水下稳定岸坡角 $\alpha$ 的确定方法有两种。一种是工程地质调查法,该方法的作者通过

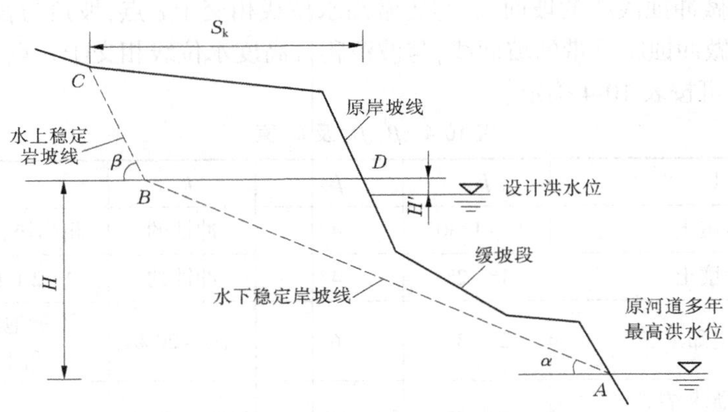


图 10-8 “两段法”塌岸预测示意图

数十处水库的调查,给出了不同岩土层组成的水下稳定岸坡角(见表 10-5)。

表 10-5 水下稳定岸坡角 α(地质调查法)

| 岩土体名称 | 颗粒组成及性质 | α/(°) |
|---|---|---|
| 粉细砂($Q_4^{al}$) | 密实 $e<0.6$($e$ 为孔隙比) | 18~21 |
| | 中密 $e=0.6\sim0.75$ | 15~18 |
| | 稍松 $e>0.76$ | 12~15 |
| 中粗砂夹角砾($Q_4^{al}$) | 密实 $e<0.6$ | 24~27 |
| | 中密 $e=0.6\sim0.9$ | 21~24 |
| | 稍松 $e>0.9$ | 18~21 |
| 黏土、砂黏土、夹碎(卵)石、角(圆)砾($Q_4^{pld}$) | 密实石质含量>35% | 27~30 |
| | 中密石质含量 20%~35% | 24~27 |
| | 稍松石质含量<20% | 21~24 |
| 碎(卵)石土($Q_4^{pld+col}$) | 密实石质含量>70% | 33~36 |
| | 中密石质含量 60%~70% | 30~33 |
| | 稍松石质含量<60% | 27~30 |
| 漂(块)石、卵(碎)石土($Q_4^{al+col}$) | 全胶结 | 45~50 |
| | 半胶结 | 40~45 |
| 石渣 | 粒径 3~30 cm,含量>90% | 34~36 |

另一种为综合计算法,是在工程地质调查法的基础上总结出来的,对于砂性土及碎石类土,取 $\alpha=\varphi$(内摩擦角);对于黏性土,则用增大内摩擦角的方法来考虑黏聚力 $c$ 的影响,使 $\alpha=\varphi_0$(综合内摩擦角),用剪切力公式计算 $\varphi_0$,即

$$\varphi_0=\arctan\left(\tan\varphi+\frac{c}{\gamma_s H}\right) \tag{10-4}$$

式中：$\gamma_s$ 为水下岩土体的饱和容重；$H$ 为水下岸坡起点至岸坡终点的高度。

$\varphi$、$c$、$\gamma_s$ 由试验获得。综合计算法与工程地质调查法所得结果基本吻合。

作者对水上稳定岸坡角的调查结果见表 10-6。

表 10-6　水上稳定岸坡角 $\beta$

| 岩土体名称 | 颗粒组成 | $\beta$ 实测值/(°) | $\beta$ 终止值(天然)/(°) |
|---|---|---|---|
| 黏土 | 粒径≤0.002 mm 占 8%以上 | 58~80 | 60 |
| 砂黏土 | 粒径≥0.002 mm 占 60%以上 | 55~70 | 55 |
| 砂夹卵石 | 含砂量≥70%，卵石含量≤30% | 40~62 | 40 |
| 石渣 | 粒径 3~30 cm 占 90%以上 | 45 | 42~45 |

毛细管水上升高度 $H'$ 一般通过试验与现场调查相结合来确定，其值与岸坡岩(土)体的颗粒组成有关，粗颗粒毛细管水上升高度小，细颗粒毛细管水上升高度相对较高。

"两段法"适用于我国南方山区的峡谷型水库，库面较窄，风浪作用较小，岸坡地层为黏性土、砂性土、碎石类土、弃渣及岩石的全风化地层可用"两段法"与卡丘金法同时进行塌岸预测，以提高预测的可靠性。

4) 库岸结构法

针对三峡库区冲(磨)蚀型库岸和坍塌型库岸，提出适合三峡库区山区型水库塌岸预测的岸坡结构法。其主要原理是根据岸坡上各种不同物质的水下堆积坡角、冲磨蚀角、水上稳定坡角和水库的设计低水位、设计高水位来进行预测，也是一种图解法和类比法。

图 10-9 中 $\theta_1$ 与 $\theta_n$ 代表不同物质水下堆积坡角；$\alpha_1$ 与 $\alpha_n$ 代表不同物质的冲磨蚀坡角；$\beta_1$ 与 $\beta_n$ 代表不同物质的水上稳定坡角；$A$、$B$、$C$ 为水位线与塌岸线的交点；$D$ 为塌岸再造线与地形线之间的交点；$E$ 为设计高水位与地形线之间的交点；$L$、$M$、$N$ 为物质分界线与塌岸线的交点；$b$ 即为塌岸宽度。

特征角的确定：针对待预测库岸段各种不同物质的水下堆积坡角、冲磨蚀角和水上稳定坡角进行统计，求其加权平均值。

具体图解法：以死水位与岸坡交点 $A$ 为起点，以不同物质的水下堆积坡角 $\theta_1$、$\theta_2$、…、$\theta_n$ 为倾角依次作线，该线延伸至与设计低水位相交于 $B$ 点；再以 $B$ 点为起点以不同物质的冲磨蚀角 $\alpha_1$、$\alpha_2$、…、$\alpha_n$ 为倾角依次作线，该线延伸至与设计高水位线相交于点 $C$；又以 $C$ 点为起点以不同物质的水上稳定坡角 $\beta_1$、$\beta_2$、…、$\beta_n$ 为倾角依次作线，该线延伸至与岸坡地形线相交于点 $D$，则 $D$ 与 $E$ 两点之间的水平距离即为预测塌岸宽度 $b$。

#### 10.3.2.3　动力法

依据塌岸量与波能和岩石抗冲刷强度之间的关系方程：

$$Q = Ek_p t^b \tag{10-5}$$

式中：$Q$ 为库岸单位宽度内被冲刷的岩土体体积，$m^3/m$；$E$ 为波浪作用于单位库宽的动能，$t \cdot m$；$k_p$ 为岩土体的抗冲刷系数，$m^3/t$；$t$ 为水库运营年限；$b$ 为经验常数，取决于滨岸浅滩中堆积部分宽度，变幅为 0.45~0.95。

该方法有一定的依据，但需要一定量的观测样本。

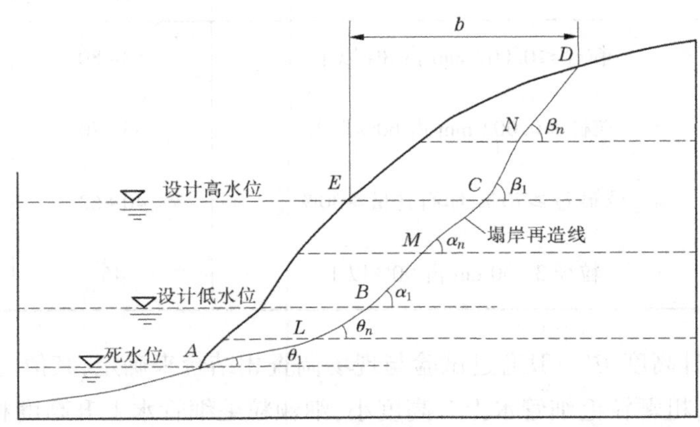


图 10-9　“库岸结构法”预测塌岸图解

## 10.4　塌岸防护措施

水库塌岸防治或护岸是一项技术较复杂、施工相对困难的涉水工程。近期，由于水利水电工程建设事业的迅猛发展，特别是暴雨洪灾的频繁发生，塌岸治理及防护工程日渐突出。为适应这种需求，经过多年的发展，已形成了多种类型的护岸方式，并使用天然材料及现代化的材料和防护工程系统。

常用的塌岸防治方法可分为如下几类：

(1)按照技术措施分类：工程措施、生物措施和化学措施。

(2)按照工程形式分类：坡式护岸(平顺护岸)、坝式护岸(修建丁坝、顺坝)、墙式护岸(顺岸坡修筑竖直陡坡式挡土墙)和复合形式护岸(护岸与丁坝、墙式与坡式、桩与墙等相结合的方式)。

(3)按照作用方式分类：主动防护和被动防护。

(4)按照使用材料分类：天然材料和人工合成材料。

### 10.4.1　坡式护岸(平顺护岸)

坡式护岸就是将防冲刷材料按照一定的施工工艺铺设于岸坡表面，用以抵制波(风)浪的冲刷，防止塌岸。坡式护岸中使用的材料有：①石头；②混凝土；③土工织物和土工膜;④天然材料,如木材、芦苇等;⑤沥青等。

常用坡式护岸工程分为水下抛石(包括抛枕)和水上护坡(砌坦)两部分:

(1)水下抛石:①制定抛石工间表;②施工准备;③抛石定位;④确定抛石顺序;⑤位移控制;⑥施工测量反馈信息。

(2)水上护坡(砌坦)工程。可采用干砌石(混凝土模块)、浆砌石(混凝土模块)、格构锚固+干砌石。

### 10.4.2　垂直护岸

坡度较陡的水库岸坡在天然状况下往往是稳定的,但水库蓄水后,由于库水的长期作用容易发生大体积塌岸。如果岸坡是由高抗冲刷性的岩石组成的,如厚层完整砂岩,即使不护岸也是能保持稳定的。但凡是陡的易产生塌岸的岸坡在需要进行长期保护时,即使护岸工程在其表面进行,也要给予实在的支撑。这样,所有各种岸坡的垂直护岸形式的设计不仅要能够抵抗河道水流的冲刷,而且要抵抗来自岸坡的土压力和地下水压力。土压力常常比由于波浪和水流作用而产生的水力荷载大得多。因此,考虑到垂直护岸设计类似于标准的非浸水挡土墙设计时,还要预先考虑到与地下水位和水库水位有关的极端条件。

垂直护岸可分为以下几种:①石笼结构;②混凝土、砖和污工重力式挡土墙;③加筋土结构;④钢板桩;⑤桩板墙;⑥锚固等。

### 10.4.3　坝式护岸

坝式护岸分为丁坝、顺坝、丁坝与顺坡相结合的"T"字形坝。丁坝是从河道岸边伸出,在平面上与岸线构成丁字形的河道整治建筑物。其作用是束窄河床、导水归槽、调整流向、改变流速、冲刷浅滩和导引泥沙。其依托岸坡、滩岸修建丁坝和顺坝导引水流离岸,防止水流、风浪直接侵袭、冲刷岸坡造成塌岸。坝式护岸是一种间断性的有重点的护岸形式,有调整水流的作用。

### 10.4.4　其他措施

#### 10.4.4.1　排水工程

水是影响水库岸坡稳定的主要因素之一,因此有效疏导水库岸坡地表水和地下水对于塌岸治理具有非常重要的作用。

1.地表排水

地表排水工程可分为截水沟和排水沟两种。截水的主要目的是防止岸坡后缘地表水汇入岸坡前缘,形成地表迁流冲刷岸坡岩土体,造成塌岸。排水的主要目的是疏导岸坡地表水顺利汇入江河,减少地面冲刷,防止地表水渗入岸坡体内部而影响岸坡稳定性。

2. 地下排水

当库水位上升时，地下水位将随之抬高，土体物理力学性能降低，导致岸坡或滑坡体的稳定性下降；当库水位骤降时，岸坡内的地下水降落滞后于坡外库水位的降落形成内外水头差，产生渗流，导致岸坡稳定性急剧下降。如果采用地下排水，可降低岸坡或滑坡体内的地下水位，减少地下水的动水压力，不失为增大岸坡及滑坡体稳定性的有效措施之一。地下排水工程应根据库岸岩土体含水层与隔水层的水文地质结构及地下水动态特征，选用隧洞排水、钻孔排水、渗沟排水、盲沟排水、排水层排水等排水措施。当采用自排时，其排水出口应高出水库水位或防止库水倒灌。

#### 10.4.4.2　削方减载

对水库岸坡变形体后缘下滑段进行削坡或清除，可以减小下滑力，提高岸坡的稳定性；对岸坡局部陡坡凸坎进行削坡可以放缓边坡，从而提高岸坡的稳定性。土质边坡放坡高度超过 10 m 或岩质边坡放坡高度超过 20 m 时，须设置马道，马道一般宽 2~5 m，沿马道设置横向排水沟，通过纵向排水沟与坡面排水系统或公路排水系统衔接。削方减载应尽可能减少对库岸地质环境和人居环境的影响，并应避免出现新的地质灾害。

#### 10.4.4.3　回填压脚

对于水库蓄水后可能引发滑坡的地段，根据地形条件，在有条件的库段可通过在岸坡的阻滑段进行回填压脚增加竖向荷载，以提高岸坡的稳定性，也是一种较为经济的治理措施。库岸回填压脚必须对回填体进行地下水渗流和库岸防冲刷处理，可设置反滤层并采取一定的防冲措施。采用的填料宜就地取材，回填时应分层碾压。填料一般采用碎块石或碎石土填筑，控制压实度不小于 95%。

## 10.5　工程案例

### 10.5.1　出山店水库

工程建成蓄水后，由于周期性的水位抬升、消落及波浪作用，破坏原有平衡状态，存在岸坡再造的可能性。水库西部、南部均为低山、丘陵，其余为地形舒缓的阶地，水库蓄水后，库岸无高、陡岸坡，一般无大型的崩塌、滑坡等问题，库岸总体是稳定的。陈家寨、平昌关一带淮河右岸的红色岩系，多为泥钙质或泥质胶结，密实坚硬呈半成岩状态，岸坡高 10~15 m，水库正常蓄水位位于坡脚或离坡脚一定距离，在库水浸泡、风浪冲刷淘蚀影响下会形成局部坍塌，建议加强运行期监测工作。

在水库尾部淮河或其主要支流两岸分布有阶地，临河地段一般有 3~5 m 高的陡坎，岸坡岩性以粉质壤土、级配不良砂为主，水库建成前仅在汛期短暂过水，局部造成小型塌岸；水库蓄水后，库水淹没或半淹没上述岸坡，在动水位及风浪淘蚀作用下，岸坡坍塌现象加剧，库岸后退。根据库岸调查分析，预测塌岸问题较显著的地段有淮河左岸桐树庄—平昌关—赵庄一线、淮河右岸楼房湾—李营—王营—北河南一线、游河戴家湾—姜堰两岸及白沙河局部沿河地区。根据工程地质类比,结合《水利水电工程地质手册》库岸最终塌岸宽度计算公式(卡丘金公式)估算最终塌岸成果统计见表10-7。由表10-7可以看出,上述地段预测最终塌岸宽度为正常蓄水位高程88.0 m之后12.24~62.96 m。

$$S = N[(A + h_p + h_B)\cot\alpha + h_2\cot\beta - (A + h_p)\cot\gamma] \tag{10-6}$$

$$h_2 = h_s - h_B - h_1 \tag{10-7}$$

式中:$S$为最终塌岸宽度,m;$N$为与土石颗粒成分有关的系数,土石颗粒愈粗,就愈加易于形成水下堆积岸坡,所以按卡丘金提供的经验数据,当原始岸坡较陡,库水水深较大时,难以形成水下堆积阶地,此时$N$实际应等于1;$A$为水位变化幅度,设计高水位与设计低水位差值;$h_p$为波浪影响深度,设计低水位以下波浪影响深度一般取1~2倍浪高,如果浪取0.5 m,则浪高影响深度取1 m;$h_B$为浪爬高度,设计高水位以上浪爬高度$h_b = 3.2kh\tan\alpha$,$k$为被冲蚀的岸坡表面糙度系数,一般砂质岸坡$k = 0.55 \sim 0.75$,砾石质岸坡$k = 0.85 \sim 0.9$,混凝土$k = 1$,抛石$k = 0.775$,坡度$\alpha$可参照河谷边岸平水位处河滨浅滩坡角值,当已知作用于该岸坡地带波浪波高和组成岸坡土石颗粒成分时,也可根据各种颗粒成分沉积物的水下岸坡坡度与浪高的关系图解确定,$h$为波浪波高,根据三峡库区实际情况,建议取0.5 m;$h_s$为设计高水位以上岸坡的高度;$h_2$为浪爬高度以上斜坡高度;$h_1$为黏性土斜坡上部的垂直陡坎坎高,根据土力学计算确定,实际工作中可采用被调查岸坡浪爬高度以上至岸坡陡缓交界点之间的高差值;$\alpha$为水库水位变动带和波浪影响范围内,形成均一的浅滩磨蚀坡角;$\beta$为水上岸坡的稳定坡角;$\gamma$为原始岸坡坡角。

库岸坍塌对圩堤防护工程的安全影响很大,预测塌岸后缘多位于设计圩堤堤内(背水侧)。圩堤防护工程地势较低,低于设计水位,临水面岸坡岩性为黏性土抗冲刷侧蚀能力较差、砂性土抗冲刷侧蚀能力极差,水库蓄水后,回水淹没岸坡,在动水位及风浪淘蚀作用下,岸坡坍塌现象加剧,危及堤防安全,须采取护岸措施。在非圩区地段,塌岸主要侵蚀征地线以上土地,造成损失。

宁西铁路穿越白沙河段采用高架桥式通过,墩台间距约30 m。白沙河在铁路附近河道形态为弯道,与铁路交叉后转弯平行于铁路,相距11~230 m,河道岸坡高3~4 m,两岸地面高程88~89 m,水库蓄水后,白沙河左右岸存在塌岸问题,该处预测塌岸宽度30~60 m,影响铁路基础安全,建议采取护岸措施,处理范围应包括主河道铁路交叉上下游、东侧支流铁路交叉处和铁路北侧临河较近部位。

关于水库塌岸问题,设计上主要采取了塌岸护砌处理,采用M7.5浆砌石贴坡式挡墙进行护砌,坡顶与地面齐平,同时将岸坡放缓至1:0.75。建议水库蓄水及运行期间,加强对水库临河阶地及库区右岸红色岩系等塌岸问题的巡视与监测工作,结合观测资料进行预测修正,根据需要决定是否再进行处理措施。防护工程塌岸护砌处理见表10-8。

表 10-7 塌岸预测成果统计

| 所在河流 | 剖面编号 | 与土的颗粒大小有关的系数 $N$ | 库水位变化幅度 $A$/m | 波浪影响深度 $h_p$/m | 浪爬高度 $h_B$/m | 正常蓄水位以上岸坡高度 $H$/m | 浅滩冲刷后水下稳定坡角 $\alpha$/(°) | 水上岸坡的稳定坡角 $\beta$/(°) | 原始岸坡坡角 $\gamma$/(°) | 最终塌岸宽度 $S$/m | 塌岸后缘线距离圩堤外坡脚距离/m |
|---|---|---|---|---|---|---|---|---|---|---|---|
| 淮河 | TAZZ1—TAZZ1′ | 0.50 | 4.00 | 1.20 | 0.42 | 0.50 | 9 | 30 | 25 | 12.24 | 53.76 |
| | TAPC1—TAPC1′ | 1.00 | 4.00 | 1.20 | 0.18 | 0.30 | 5 | 20 | 48 | 57.14 | -155.96 |
| | TAPC2—TAPC2′ | 0.80 | 4.00 | 1.20 | 0.24 | 0.50 | 6 | 27 | 49 | 38.20 | -9.35 |
| | TAPC3—TAPC3′ | 1.00 | 4.00 | 1.20 | 0.18 | 0.60 | 5 | 20 | 14 | 41.79 | -80.43 |
| | TAPC4—TAPC4′ | 0.80 | 4.00 | 1.20 | 0.24 | 0.80 | 6 | 27 | 28 | 34.46 | -31.26 |
| | TAPC5—TAPC5′ | 0.60 | 4.00 | 1.20 | 0.42 | 1.20 | 9 | 30 | 61 | 20.37 | -14.34 |
| | TAPC6—TAPC6′ | 1.00 | 4.00 | 1.20 | 0.18 | 2.30 | 5 | 20 | 50 | 62.96 | -48.75 |
| | TALYB1—TALYB1′ | 0.60 | 4.00 | 1.20 | 0.24 | 4.60 | 9 | 30 | 72 | 24.13 | 12.97 |
| | TALYB2—TALYB2′ | 0.67 | 4.00 | 1.20 | 0.24 | 3.30 | 9 | 27 | 39 | 22.73 | 4.61 |
| | TALYN1—TALYN1 | 0.65 | 4.00 | 1.20 | 0.42 | 4.30 | 6 | 30 | 63 | 37.40 | -18.90 |
| | TALYN2—TALYN2 | 0.65 | 4.00 | 1.20 | 0.24 | 1.50 | 6 | 27 | 38 | 30.92 | -17.38 |
| | TALYN3—TALYN3 | 0.55 | 4.00 | 1.20 | 0.42 | 0.50 | 6 | 27 | 62 | 27.97 | -27.32 |

续表 10-7

| 所在河流 | 剖面编号 | 与土的颗粒大小有关的系数 $N$ | 库水位变化幅度 $A$/m | 波浪影响深度 $h_p$/m | 浪爬高度 $h_B$/m | 正常蓄水位以上岸坡高度 $H$/m | 浅滩冲刷后水下稳定坡角 $\alpha$/(°) | 水上岸坡的稳定坡角 $\beta$/(°) | 原始岸坡坡角 $\gamma$/(°) | 最终塌岸宽度 $S$/m | 塌岸后缘线距离圩堤外坡脚距离/m |
|---|---|---|---|---|---|---|---|---|---|---|---|
| 游河及白沙河 | TAQW1—TAQW1′ | 0.65 | 4.00 | 1.20 | 0.42 | 2.10 | 9 | 30 | 56 | 22.68 | -8.91 |
| | TADL1—TADL1′ | 0.75 | 4.00 | 1.20 | 0.24 | 1.00 | 9 | 27 | 76 | 25.91 | -29.36 |
| | TADL2—TADL2′ | 0.50 | 4.00 | 1.20 | 0.42 | 1.60 | 9 | 30 | 72 | 17.92 | 155.00 |
| | TACW1—TACW1′ | 0.70 | 4.00 | 1.20 | 0.24 | 3.10 | 9 | 30 | 38 | 22.85 | 157.21 |
| | TACW2—TACW2′ | 0.70 | 4.00 | 1.20 | 0.24 | 2.10 | 9 | 30 | 83 | 25.85 | 171.18 |
| | TACW3—TACW3′ | 0.90 | 4.00 | 1.20 | 0.24 | 2.70 | 6 | 27 | 45 | 46.25 | -3.10 |
| | TAXJ1—TAXJ1′ | 0.80 | 4.00 | 1.20 | 0.24 | 0.70 | 6 | 27 | 28 | 34.30 | -62.26 |
| | TAJY1—TAJY1′ | 0.80 | 4.00 | 1.20 | 0.24 | 0.60 | 6 | 27 | 38 | 36.65 | -189.00 |
| | TAJY2—TAJY2′ | 1.00 | 4.00 | 1.20 | 0.18 | 0.50 | 5 | 20 | 27 | 52.17 | -89.67 |
| | TAJY3—TAJY3′ | 0.90 | 4.00 | 1.20 | 0.18 | 0.50 | 5 | 20 | 44 | 51.29 | -120.86 |
| | TALF1—TALF1′ | 0.90 | 4.00 | 1.20 | 0.18 | 0.50 | 5 | 20 | 44 | 51.29 | -193.58 |

注：1. 塌岸带最终宽度为正常蓄水位（高程 88.0 m）至塌岸后缘线之间距离；

2. 表中塌岸后缘线距离圩堤外坡脚距离正值表示预测塌岸后缘位于堤外（临水侧）、负值表示预测塌岸后缘位于堤内（背水侧）。

表 10-8　防护工程塌岸护砌处理

| 圩区名称 | 对应圩堤桩号 | 塌岸护砌长度/m |
|---|---|---|
| 李畈 | 0+784. 313～0+963. 803 | 190. 715 |
| | 1+431. 844～1+652. 492 | 233. 893 |
| 姜堰上圩 | 0+140. 522～0+173. 512 | 67. 933 |
| | 0+235. 875～0+614. 938 | 395. 05 |
| | 1+587. 648～1+796. 384 | 297. 564 |
| 姜堰下圩 | 0+972. 575～1+150. 919 | 239. 488 |
| | 1+650. 440～1+953. 054 | 331. 375 |
| | 2+319. 312～2+521. 145 | 234. 744 |
| 新集 | 0+587. 246～0+706. 361 | 159. 454 |
| | 0+729. 56～0+929. 38 | 232. 656 |
| 邱湾 | 0+925. 742～0+971. 756 | 94. 714 |
| | 1+075. 209～1+238. 210 | 208. 57 |
| | 1+258. 025～1+565. 688 | 360. 186 |
| 李营南 | 1+011. 687～1+027. 975 | 36. 866 |
| | 1+120. 09～1+426. 931 | 312. 615 |
| | 1+526. 237～2+338. 798 | 840. 747 |
| 李营北 | 0+676. 994～0+879. 283 | 222. 909 |
| 朱庄 | 0+941. 884～1+121. 378 | 155. 882 |
| | 1+287. 127～1+415. 571 | 135. 632 |
| 平昌关 | 6+169. 110～6+913. 627 | 819. 397 |
| | 8+177. 742～10+480. 321 | 2 297. 371 |

### 10. 5. 2　燕山水库

目前,干江河及其支流的岸坡,除洪水季节局部凹岸受冲刷而有少量的崩塌外,不论基岩还是松散的第四系地层所组成的岸坡,都是稳定的。

水库蓄水后所形成的库岸,绝大部分将在山前倾斜平原之上,其坡度在 1/100～3/1 000,所形成的库盆、库岸开阔平缓,浅水区很宽,小于 1. 0 m 水深的宽度可达数百米。所以,岸边的风浪造成库岸变形和破坏问题不大。

在库尾处的干江河及其主要支流两岸分布有一、二级阶地,局部地段有数米高的陡坎,在正常蓄水位附近,在风浪的冲蚀下,有可能形成局部的塌岸。据调查,有可能形成塌岸的地段主要分布于库尾治平—詹庄干江河两岸。另外,贾河吴庄、冯楼和沙河田庄、韩河等附近局部也有可能形成塌岸。塌岸段自然岸高一般 9～12 m,水库蓄水初期,预测塌岸宽度多小于 10 m。鉴于影响塌岸的因素很多,如组成岸坡的岩性、库水位的运用变化、水下淘空冲刷及波浪淘刷等因素的综合作用影响相当复杂,因而塌岸预测准确性有相当的局限性,据此短期塌岸宽度可按 15~20 m 考虑。初步设计阶段建议对于预测塌岸段塌岸以外一定范围内的村庄、厂矿等在建库蓄水时限制其使用。待水库蓄水取得一定的观测资料后,再做长期预测。其他少部分的库岸,其坡度也多小于 1/2.5,且坡高不大,也不会产生很大的变形或破坏。总之,蓄水后,除局部库岸产生小规模的变形破坏外,总体上库岸是稳定的。

燕山水库于 2008 年 4 月通过蓄水安全鉴定后开始下闸蓄水,至 2009 年 12 月 21 日,坝前水位已达到 105.40 m 左右。2009 年 12 月 21 日至 2010 年 1 月 20 日,对库区库岸稳定性进行了复核性调查。调查结果显示,有可能形成塌岸的地段主要分布于库尾治平—詹庄干江河两岸、贾河吴庄、冯楼和沙河田庄、韩河等附近,其中,干江河左岸的在地张南、暴沟西南等段已发生一定范围的塌岸,见表 10-9。潜在塌岸段自然岸高一般 9~12 m,据本次调查资料,中长期预测塌岸宽度可按 15~25 m。待水库蓄水达到正常蓄水位并取得一定的观测资料后,再做长期预测。另外,坝址区上游暴沟西北约 600 m 处柳庄河左岸分布一处高出水面 10 余 m 的陡坎,水库蓄水后,在 2008~2009 年期间数次发生小规模塌岸。诱发塌岸的主要因素为当地居民无序开采砂砾料及柳庄河洪水冲刷,致使陡坎局部自然坡脚遭到破坏,水库蓄水后,库岸受水下淘空冲刷及波浪淘刷等。在调查期间,该段岸坡累计塌岸长度约 300 m,已崩塌宽度 5~10 m,主要分布在"凹"形两翼,多呈直立状陡坎,局部呈倒坡形态。在水面附近多处存在波浪淘蚀现象,岸坡存在进一步崩塌的危险。建议对该段岸坡及时进行治理,正常蓄水位以下部分固基、正常蓄水位以上边坡高度大于 8 m 的按 1:1.5~1:2.0 削坡、护砌并设置马道;小于 8 m 的按 1:1.0~1:1.5 削坡并护砌。

库尾治平—詹庄干江河两岸、贾河吴庄、冯楼和沙河田庄、韩河在地张等地段的塌岸及潜在塌岸,规模一般不大。受当地无序采砂影响,塌岸发展变化形势恶化,中长期预测塌岸方量为 183.5 万 $m^3$。建议对预测塌岸段加强监测,视发展情况再做处理。

综上所述,初步设计阶段的结论是符合实际情况的。

**表 10-9　燕山水库塌岸与中长期预测塌岸分布及方量计算结果(2009 年)**

| 分区岸别 | 塌岸位置 | 岸边形态 | 库岸岩性结构 | 自然岸高/m | 水深/m | 塌岸宽度/m | 塌岸长度/m | 塌岸方量/$m^3$ |
|---|---|---|---|---|---|---|---|---|
| 干江河右岸 | 陈楼南 | 凹岸 | 土岩双层结构,上部为黏性土,下部为黏土质砂岩 | 8 | 1.5 | 22.3 | 400 | 71 508 |
| 干江河右岸 | 陈楼西 | 凹岸 | 黏性土均一结构 | 10 | 2 | 24.4 | 300 | 73 274 |

续表 10-9

| 分区岸别 | 塌岸位置 | 岸边形态 | 库岸岩性结构 | 自然岸高/m | 水深/m | 塌岸宽度/m | 塌岸长度/m | 塌岸方量/$m^3$ |
|---|---|---|---|---|---|---|---|---|
| 干江河左岸 | 詹庄北 | 凹岸 | 黏性土均一结构 | 7 | 1.5 | 21.0 | 300 | 44 017 |
| 干江河左岸 | 毛庄东北 | 直岸 | 黏性土均一结构 | 11 | 3 | 24.4 | 300 | 80 601 |
| 干江河右岸 | 小毛庄南 | 凹岸 | 黏砂双层结构，上部为黏性土，下部为级配不良砂 | 10~11 | 4.5 | 21.7 | 450 | 102 312 |
| 干江河左岸 | 范庄东 | 凹岸 | 黏性土均一结构 | 10 | 5 | 20.3 | 800 | 162 142 |
| 干江河右岸 | 治平南 | 凹岸 | 黏性土均一结构 | 12 | 6 | 21.7 | 800 | 207 873 |
| 干江河右岸 | 治平西 | 直岸 | 黏性土均一结构 | 5.5 | 2 | 18.2 | 1 000 | 100 041 |
| 沙河支流左岸 | 田庄东 | 直岸 | 黏性土均一结构 | 10 | 5 | 20.3 | 1 000 | 202 678 |
| 干江河右岸 | 薄店北 | 凹岸 | 黏性土均一结构 | 11 | 5 | 21.7 | 300 | 71 456 |
| 沙河左岸 | 二郎庙东 | 凹岸 | 黏性土均一结构 | 8~11 | 5 | 19.6 | 400 | 74 385 |
| 沙河支流左岸 | 韩河东 | 直岸 | 黏性土均一结构 | 11 | 8 | 17.5 | 300 | 57 738 |
| 贾河右岸 | 吴庄北 | 凹岸 | 黏性土均一结构 | 7 | 4.5 | 16.8 | 800 | 94 101 |
| 贾河左岸 | 冯楼南 | 凹岸 | 黏性土均一结构 | 7 | 4 | 17.5 | 900 | 110 228 |
| 贾河左岸 | 在地张南 | 直岸 | 黏性土均一结构 | 8 | 5 | 17.5 | 1 000 | 139 972 |

续表 10-9

| 分区岸别 | 塌岸位置 | 岸边形态 | 库岸岩性结构 | 自然岸高/m | 水深/m | 塌岸宽度/m | 塌岸长度/m | 塌岸方量/$m^3$ |
|---|---|---|---|---|---|---|---|---|
| 支流柳庄河左岸 | 暴沟西南 | 凹岸 | 土岩双层结构，上部为黏性土，下部为砂岩 | 15~20 | 9 | 38.0 | 350 | 232 750 |
| 柳庄河支流 | 方庄南 | 直岸 | 土岩双层结构，上部为黏性土，下部为砂岩、砾岩 | 9 | 2 | 23.0 | 30 | 10 260 |
| 合计 | | | | | | | | 1 835 336 |

注：表内长期预测塌岸宽度采用《水利水电工程地质手册》(1985)第四章相关库岸宽度预测公式进行计算。

### 10.5.3　石漫滩水库

水库库区右岸岸坡地层岩性主要为重粉质壤土，局部为粉质黏土，黏粒含量较高，失水易干裂。由于库区右岸岸坡较陡，在库区右岸下部库水冲刷及上部土层失水干裂等因素作用下，库区右岸易产生塌岸，且在库水的长期作用下，逐渐向库外延伸，危害库区右岸的土地、公路及房屋建筑。目前，库区右岸有小范围的护砌措施处理，但其规模小、护砌高度低，仍有较大范围的库区塌岸问题没有进行处理。

根据统计，现状库岸存在的严重坍塌需要处理的长度约有 2.5 km，主要位于山岗村、黄庄及白岗附近，塌岸范围内岸坡坡顶高程在 108~116 m。

根据库岸最终塌岸预测宽度计算公式(卡丘金法)[见式(10-3)]进行塌岸范围预测。经计算，右岸山岗村段塌岸库周长度约 0.5 km，最终塌岸预测宽度为 34.8~81.1 m；右岸黄庄 2 段塌岸库周长度约 0.28 km，最终塌岸预测宽度为 25.6~95.2 m；右岸黄庄 1 段塌岸库周长度约 1.05 km，最终塌岸预测宽度为 22.4~122.3 m；右岸中白岗段塌岸库周长度约 0.6 km，最终塌岸预测宽度为 16.9~73.2 m。

# 第四篇 引、泄水建筑物工程地质问题及处理

## 第 11 章 人工边坡稳定

边坡失稳是一种严重的地质灾害，给人类的生命财产带来重大威胁。边坡的变形与破坏有各种不同的形式。各工程部门在实践中划分出来的类型不尽相同。水利水电工程中常将边坡的变形与破坏划分为松弛张裂、崩塌、滑坡、蠕动、倾倒、流动等基本类型。在外荷载作用、边坡角变化、地下水、地震力、水位变化等外因作用下，当边坡土体内部某一面上的滑动力超过土体抵抗滑动的能力，边坡将发生失稳破坏，严重的边坡失稳会酿成巨大的地质灾害。

边坡的失稳破坏常给工程建设带来巨大的危害，有时形成严重的自然灾害。这方面国内外的实例屡见不鲜。1963 年 10 月 9 日发生的意大利瓦依昂大滑坡，是一次震惊世界的大坝失事事故。由于暴雨补充的地下水渗入不断降低了岩体的强度，水库蓄水的影响引起边坡岩体蠕滑，最后破坏了边坡勉强维持的自然平衡状态，导致了大滑坡，造成近 3 000 人死亡。1961 年 3 月湖南资江拓溪水库塘岩光滑坡，165 万 $m^3$ 的滑体以高达 20~25 m/s 的速度滑入 50~70 m 的深水库中，引起高达 21 m 的涌浪，威胁到大坝的安全。

从上述实例可以看出，边坡稳定性的工程地质分析具有重要意义。一方面通过边坡的勘察要对边坡的稳定性做出评价和预测，另一方面要为设计合理的工程边坡和制定有效的防治措施提供地质依据。因此，要研究边坡变形和破坏的规律、演变过程和影响因素，进行边坡稳定的定性和定量评价与计算。

多数平原缓丘区水库需要修建溢洪道，因为土石坝一般不允许漫坝溢流，必须在坝体以外或利用天然垭口地形，或傍山开挖渠道，或开凿隧洞等做专门的溢洪建筑物。

溢洪道边坡稳定问题是从开挖角度来讲的，如土石坝所设溢洪道为开凿隧洞，其工程地质问题可归结于水工地下洞室工程。溢洪道明挖边坡的问题，主要涉及坡角的确定和相应护坡及支护的设计，而从另一个思路来讲，坡角的大小和护坡及支护费用又是正相关的。在坝址比选工程地质决策中，为使决策因素尽量简化，溢洪道所涉及的边坡问题可归纳为开挖过程中放坡坡角和防护的决策。

本章主要针对平原缓丘区水库建设过程中产生的临时边坡问题进行总结。

## 11.1　边坡分类及特征

边坡(斜坡)是人类工程和经济活动中最普遍的地质地貌环境。它是岩石圈的天然地质和工程地质的作用范围内具有露天侧向临空面的地质体,是广泛分布于地表的一种地貌形态。

边坡分类需考虑众多因素,分类的方法也较为复杂,常见的边坡分类见表 11-1。

**表 11-1　常见的边坡分类**

| 分类依据 | 分类名称 | 分类特征说明 |
| --- | --- | --- |
| 成因类型 | 自然边坡 | 天然存在由自然营力形成的边坡 |
| | 工程边坡 | 经人工改造形成的或受工程影响的边坡 |
| 组成物质 | 岩质边坡 | 由岩体组成的边坡 |
| | 土质边坡 | 由土体或松散堆积物组成的边坡 |
| | 岩土混合边坡 | 由岩体和土体组成的边坡 |
| 坡体结构 | 顺向坡 | 层状结构面平行河谷倾向岸外 |
| | 反向坡 | 层状结构面平行河谷倾向岸里 |
| | 横向坡 | 层状结构面与河谷正交倾向上游或下游 |
| | 斜向坡 | 层状结构面与河谷斜交倾向上游或下游 |
| | 水平层状坡 | 层状结构面为水平产状 |
| 与建筑物的关系 | 建筑物地基边坡 | 必须满足稳定和有限变形要求 |
| | 建筑物周边边坡 | 必须满足稳定要求的边坡 |
| | 水库或河道边坡 | 要求稳定或允许有一定限度破坏的边坡 |
| 存在时间 | 永久边坡 | 工程寿命期内需保持稳定的边坡 |
| | 临时边坡 | 施工期需保持稳定的边坡 |
| 边坡坡高 | 特高边坡 | 坡高大于 300 m |
| | 超高边坡 | 坡高 100~300 m |
| | 高边坡 | 坡高 30~100 m |
| | 中边坡 | 坡高 10~30 m |
| | 低边坡 | 坡高小于 10 m |

平原缓丘区水库基本均为土质边坡,因此根据组成物质对土质边坡进行进一步分类,见表 11-2。

表 11-2　土质边坡分类

| 序号 | 边坡类型 | 基本特征 | 边坡稳定特征 |
|---|---|---|---|
| 1 | 黏性土边坡 | 以黏土颗粒为主,一般干时坚硬开裂遇水膨胀崩解,干湿效应明显。某些黏土呈半成岩状,但含可溶盐量高(黄河上游);某些黏土具有水平层理(淮河下游) | 影响边坡稳定的主要因素有:矿物成分,特别是亲水、膨胀、容滤性矿物含量;节理裂隙的发育状况;水的作用;冻融作用。主要变形破坏形式有滑动、因冻融产生剥落、坍塌 |
| 2 | 砂性土边坡 | 以砂性土为主,结构较疏松,凝聚力低为其特点,透水性较大,包括厚层全风化花岗岩残积层 | 影响边坡稳定的主要因素有:颗粒成分及均匀程度、含水情况、振动、外水及地下水作用、密实程度。饱和含水的均质砂性土边坡,在振动力作用下易产生液化滑动;其他变形破坏形式主要有管涌、流土、坍塌、剥落 |
| 3 | 黄土边坡 | 以粉粒为主,质地均一。一般含钙量高,无层理,但柱状节理发育,天然含水量低,干时坚硬,部分黄土遇水湿陷;有些呈固结状,有时呈多元结构 | 边坡稳定主要受水的作用,因遇水湿陷,或水对边坡浸泡,水下渗使下垫隔水黏土层液化等。主要变形破坏形式有崩塌、张裂、湿陷和滑坡等 |
| 4 | 软土边坡 | 以淤泥、泥炭、淤泥质土等抗剪强度极低的土为主,塑流变形严重 | 易产生滑坡、塑流变形、坍塌,边坡难以成形 |
| 5 | 膨胀土边坡 | 具有特殊物理力学特性,因富含蒙脱石等易膨胀矿物,内摩擦角很小,干湿效应明显 | 干湿变化和水的作用对此类边坡稳定影响较大。易产生浅层滑坡和浅层崩解 |
| 6 | 碎石土边坡 | 由坚硬岩石碎块和砂土颗粒或砾质土组成的边坡,可分为堆积、残坡积混合结构、多元结构 | 边坡稳定受黏土颗粒的含量及分布特征、坡体含水情况及下伏基岩面产状影响较大。易产生滑坡或坍塌 |
| 7 | 岩土混合边坡 | 边坡上部为土、下部为岩层,或上部为岩、下部为土层(全风化岩石),多层叠置 | 下伏基岩面产状、水对土层浸泡及水渗入土体对此类边坡稳定影响较大。易产生沿下伏基岩面的土层滑动、土层局部坍塌及上部岩体沿土层蠕动或错落 |

边坡的坡体表面是倾斜的,在坡体本身的重力和各种外力的作用下,边坡的整个坡体有从高处向低处滑动的趋势。与此同时,坡体自身具有一定的强度及一些人为的工程措施,会阻止坡体下滑,产生抵抗力。通常来讲,如果坡体内部某一个面上的滑动力超过坡体的抵抗力,那么边坡会发生滑动,即失去原有稳定性;反之如果抵抗力大于滑动力,则认

为边坡的坡体稳定。

在工程设计中，通常采用边坡稳定安全系数来判断边坡稳定性的大小。毕肖普在1955年就已经给出了边坡稳定安全系数的定义：

$$F_s = \tau_f/\tau \qquad (11\text{-}1)$$

式中：$\tau_f$ 为沿整个滑裂面上的平均抗剪强度；$\tau$ 为沿整个滑裂面上的平均剪应力；$F_s$ 为边坡稳定安全系数。

根据毕肖普给出的边坡稳定性概念，若 $F_s>1$，则土坡处于稳定状态；若 $F_s<1$，则土坡失稳；若 $F_s=1$，则土坡是处于临界状态。

根据边坡的稳定状态，分为稳定边坡、潜在不稳定边坡、变形边坡、不稳定边坡、失稳后边坡(见表11-3)。

**表11-3　边坡的稳定状态分类**

| 分类依据 | 分类名称 | 分类特征说明 |
|---|---|---|
| 稳定状态 | 稳定边坡 | 已经或未经处理能保持稳定和有限变形的边坡 |
| | 潜在不稳定边坡 | 有明确不稳定因素存在但暂时稳定的边坡 |
| | 变形边坡 | 有变形或蠕变迹象的边坡 |
| | 不稳定边坡 | 处于整体滑动状态或时有崩塌的边坡 |
| | 失稳后边坡 | 已经发生过滑动或大位移的边坡 |
| 发展阶段 | 初始稳定边坡 | 边坡形成后处于稳定状态的边坡 |
| | 初始变形边坡 | 初次进入变形状态或渐进破坏的边坡 |
| | 二次变形边坡 | 失稳后再次或多次进入变形状态的边坡 |

## 11.2　边坡稳定性分析

边坡稳定性分析的方法种类繁多，各种分析方法都有各自的特点和适用范围。目前，适用较多的研究手段大体上可分为定性分析方法、定量分析方法和非确定性分析方法三大类。

### 11.2.1　定性分析方法

定性分析方法主要是通过工程地质勘察，对影响边坡稳定性的主要因素、可能的变形破坏方式及失稳的力学机制等的分析，对已变形地质体的成因及其演化史进行分析，从而给出被评价边坡一个稳定性状况及其可能发展趋势的定性的说明和解释。其优点是能综合考虑影响边坡稳定性的多种因素，快速地对边坡的稳定状况及其发展趋势做出评价。常用的方法主要有自然(成因)历史分析法、工程类比法和图解法。图解法又可分为诸模图法和投影图法，诸模图法实际上是数理分析方法的一种简化方法，如Taylor图解等，目前主要用于土质或全强风化的具弧形破坏面的边坡稳定性分析；投影图法包括赤平极射投影图法、实体比例投影图法、J. J. Markland投影图法等，目前主要用于岩质边坡岩体的稳定性分析。

### 11.2.2 定量分析方法

定量分析方法是通过力学原理对边坡进行稳定性分析，是目前用于设计计算的主要方法。严格地讲，边坡稳定性分析还远没有达到完全的定量这一步，目前它只能算是一种半定量的分析方法。定量分析法可分为三类，即传统的极限平衡分析法、塑性极限分析法和数值分析法。

#### 11.2.2.1 极限平衡分析法

极限平衡分析法是一种传统且较为成熟的边坡稳定性分析方法，该方法最早由瑞典学者 Petterssson 与 Hultin（1916）提出，后经 Fellenius（1926）、Bishop（1955），Janbu 和 Sarma 等进行一系列的改进，已经发展成为一套具有广泛适用性的边坡稳定性分析计算理论。

极限平衡分析法假定岩土体破坏是由于滑体沿滑动面发生滑动而造成的，把滑体作为刚体。假设滑动面已知，其形状可以是平面、圆弧面、对数螺旋面或其他不规则面，将有滑动趋势范围内的边坡岩体按某种规则划分为一个个小块体，通过考虑斜坡上的由滑动面形成的隔离体或其分块的力学平衡原理（静力平衡原理）分析斜坡在各种破坏模式下的受力状态，以及斜坡体上的抗滑力和下滑力之间的定量关系稳定性系数来评价斜坡的稳定性。该法的主要优点是模型简单、计算公式简捷、可以解决各种复杂滑面形状、能考虑各种加载形式等，因此在许多边坡工程稳定性分析中得到广泛的应用。但极限平衡分析法存在着一定的局限性：其一，需要事先假设边坡中存在的滑动面圆弧法或折线法；其二，无法考虑岩土体与支护结构之间的作用及其变形协调关系；其三，不能计算边坡及支护结构的位移情况。

目前，工程中常用的极限平衡稳定性分析方法有：Sarma 法、Bishop 法、Janbu 法、平面直线法、楔形体法、传递系数法、Fellenius 法、Morgenstern-Price 法、Spencer 法及临界滑面法等。对于岩体则认为其破坏多是由不连续结构面控制的，其极限平衡分析法仍然采用经典力学模型进行计算，近年来很多学者所提出的强度折减法已得到工程界的认可，并被广泛应用。

#### 11.2.2.2 塑性极限分析法

一般地，结构极限承载能力或稳定分析的方法通常有两种：一种是弹塑性分析法，即根据应力应变关系、具体问题的初始条件与边界条件、荷载历时逐步求解承载力问题；另一种是塑性极限分析法，忽略了中间的弹塑性过程，直接研究极限状态。

该法应用塑性力学上、下限定理求解地基承载力、土压力、边坡稳定、隧道围岩压力和掌子面稳定问题。国内关于塑性极限分析法的研究取得了一定的成就，其中以潘家静（1980）提出的极大极小值原理最具有影响。他认为在不同的滑面中，具有最小安全系数的滑动面是真实的滑动面：对于某一给定的滑动面，滑动面可以自行调整静力容许应力场，发挥最大的抗滑能力。在岩石边坡稳定方面，Donald、陈祖煌等进行了卓有成效的研究。陈庆中结合有限元法、极限平衡理论和常微分方程的数值解法等，提出用于直接寻找滑动面的滑移线数值分析方法。门玉明据极限分析法，分析了具有折线形式滑动面的坡体稳定问题。

#### 11.2.2.3 数值分析法

自从美国的 Clough 和 Woodward 应用有限元法分析土坡稳定性问题以来,数值计算方法在岩土工程中的应用发展迅速,并取得了巨大进展。主要有如下方法:有限单元法(Finite Element Method,FEM)、离散单元法(Distinct Element Method,DEM)、界面元法(Interface Stress Element Analysis,ISEA)、数值流形方法(Numerical Manifold Method,NMM),块体系统连续变形分析方法(Discontinuous Deformation Analysis,DDA)、边界单元法(Boundary Element Method,BEM)以及近年提出的基于余推力法的临界滑动场法(CSF)、连续介质快速拉格朗日分析方法(Fast Lagrangion Analysis of continue,FLAC)和运动单元法(Kinematic Element Method,KEM)等新兴发展起来的分析方法。上述岩体介质数值分析方法主要分为两类:第一类是连续介质力学的数值分析方法,如有限差分法、有限单元法和边界单元法;第二类为非连续介质力学的数值分析方法,如离散单元法、块体理论法、不连续变形分析法、数值流形元法等。

边坡稳定性研究的数值分析法是以一定的几何模型和本构模型为基础,考虑岩土体的变形和位移特征,以有限元、边界元为代表的数值方法。该方法常应用于连续性岩土体介质,而以离散元等为代表的一些数值方法则常常用于非连续性岩土体介质。

### 11.2.3 非确定性分析方法

#### 11.2.3.1 边坡稳定可靠性分析方法

20 世纪 70 年代中后期,加拿大能源与矿业中心和美国亚利桑那大学等开始把概率统计理论引用到边坡岩体的稳定性分析中来。用可靠度比用安全系数在一定程度上更能客观、定量地反映边坡的安全性。我国的《岩土工程勘察规范》曾在 94 版第 3.6.11 条中明确指出,大型边坡设计除按 3.6.10 条边坡稳定系数值计算边坡的稳定性外,尚宜进行边坡稳定的可靠性分析,并对影响边坡稳定性的因素进行敏感性分析。只要求出的可靠度足够大,即破坏概率足够小,小到人们可以接受的程度,就认为边坡工程的设计是可靠的。近年来,该方法在岩土工程中的研究与应用发展很快,为边坡稳定性评价指明了一个新的方向。但该方法的缺点是:计算前所需的大量统计资料难以获取,各因素的概率模型及其数字特征等的合理选取问题还没有得到很好的解决。另外,其计算通常也较一般的极限平衡方法显得困难和复杂。

#### 11.2.3.2 随机过程方法

随机过程方法包含时间序列分析法,它是一种纯数学的理论模型与方法。例如,对边坡的力学行为及其变形位移进行随机预报,通常都要求建立其概率随时空域变化的方程,并对其求解。

#### 11.2.3.3 模糊数学法

从国内外报道文献看,模糊数学法用于边坡稳定分析主要体现在两个方面:其一,采用模糊极值理论进行边坡稳定分析;其二,用隶属度概念对边坡岩体稳定质量进行分级评判。近年来,模糊数学在工程中的应用取得了较丰富的成果,研究方法日趋成熟。

#### 11.2.3.4 灰色系统预测滑坡失稳分析方法

采用灰色预测和灰色类聚分析方法,对边坡稳定进行合理的评价。

## 11.3 边坡加固措施

当边坡经稳定性评价计算后,确定为不稳定或稳定性系数不能满足安全性要求时,必须对这部分边坡采取一定的支护措施对其进行支护或加固处理,以保证工程安全。

一般边坡的支护设计均遵循以下三个步骤:

(1)场地岩土工程勘察及调查。包括场地工程地质及水文地质勘察、周围环境的调查。

(2)边坡稳定性分析。分析边坡在各个工况下的稳定性及其可能出现的破坏模式。

(3)确定边坡支护形式。根据边坡可能出现的破坏模式,初步拟定可选取的支护结构形式。

最后,通过技术可行性、经济合理性及工期等方面的对比综合确定边坡的最终支护形式。

边坡加固方法很多,目前比较常见的边坡加固方法主要包括支护方法和防护方法两大类,支护方法包括锚固技术、抗滑桩支护、抗滑挡土墙、灌浆加固、削方减载、锚杆(锚索)框架地梁等,防护方法包括绿色生态防护、工程防护、综合防护、排水措施等。主要应用的方法分类介绍如下。

### 11.3.1 挂喷锚网技术

喷锚网支护是靠锚杆、钢筋网和混凝土层共同工作来提高边坡岩土的结构强度和抗变形刚度,减小岩(土)体侧向变形,增强边坡的整体稳定性。挂喷锚网技术主要适用于岩性较差、强度较低、易于风化的岩石边坡;或虽为坚硬岩层,但风化严重、节理发育、易受自然力影响、导致大面积碎落,以及局部小型崩塌、落石的岩质边坡;边坡因爆破施工,造成大量超爆、破坏范围深入边坡内部,路堑边坡岩石破碎松散,极易发生落石、崩塌的边坡防护。

### 11.3.2 预应力锚索

随着我国岩土工程的飞速发展,预应力锚固技术得到越来越广泛的应用,预应力锚索加固岩体边坡的优越性在于能为节理岩体边坡、断层、软弱带等提供一种强有力的“主动”支护手段,是所有传统非预应力的“被动”支护所无法达到的。由于其预应力吨位大(30~1 500 t),长度大(5~80 m),具有其他锚固手段不可能具备的优点。尽管预应力锚固经验日益成熟,但对预应力锚索的作用机制的研究却仍处于探索阶段。由于预应力锚索的施工工艺复杂,张拉力吨位、几何尺度、材料类型的性质均变化很大,使得室内模型试验的各种应力比尺、几何比尺、荷载比尺、材料力学性质比尺等难以统一、相容,且成本昂贵而工况极少;室内拉拔试验受边界条件、张拉力强度等限制,也只能给出一些粗略的、定性的结论。现场试验耗费巨资且受地形、地质、施工条件限制,分析、试验结果不具代表性,很难推广到其他工程。

### 11.3.3　抗滑桩

在边坡稳定性条件较差的情况下,当土坡失衡、滑坡问题较为严重,采取排水、削坡等措施不能完全治理,且相关条件合适时,采用抗滑桩治理边坡往往具有施工简单、速度快、工程量小、投资省等优点,同时抗滑桩可以和其他边坡治理措施灵活地配合作用,在工程实际中已经得到了广泛应用。

### 11.3.4　土钉支护

土钉支护是将较密排列的插筋锚体置于原位土体中,通过插筋锚体与土体和喷射混凝土面层共同作用,形成一个原位复合的重力式结构的加强复合体,以达到稳定。常用的沟槽边坡支挡结构是靠支挡结构自身的强度和刚度,承受其后的侧向土压力,防止土体整体稳定性破坏,属于常规被动制约机制,而土钉则是在土体内增设一定长度与密度的锚固体,与土体牢固结合形成一个比原状土的强度和刚度大幅度增长的复合体,以达到稳定,属于主动制约机制的支挡体系。土钉锚杆在复合体中的作用包括:约束作用、分担作用、应力传递和扩展作用、坡面变形的约束作用。

### 11.3.5　SNS柔性防护施工技术

SNS(Safety Netting System)主动防护系统1955年由瑞士引入我国,目前已成功应用于水电、铁路、矿山等领域的边坡安全防护中。SNS主动防护系统主要由锚杆、支撑绳、钢绳网、格栅网组成,通过固定在锚杆或支撑绳上施以一定预紧力的钢丝绳网和格栅网对整个边坡形成连续支撑,其预紧力作用使系统紧贴坡面并形成阻止局部岩土体移动或在发生较小移动后,将其裹缚于原位附近,从而实现其主动防护功能。该系统的显著特点是对坡面形态无特殊要求,不破坏或改变原来的地貌形态和植被生长条件,广泛用于非开挖自然边坡,对破碎坡体浅表层防护效果良好。

### 11.3.6　注浆法

注浆法是利用钻机将带有喷嘴的注浆管钻进滑体内预定位置后,以高压将浆液压入滑体内或从喷嘴喷射出来,冲击破坏土体。浆液凝固后,便在土中或破碎带中形成固结体。它不仅具有加固质量好、可靠性高、止水防渗、防止砂土液化、降低土的含水率和减小支挡结构上的滑体压力的特点,而且具有不影响邻近建筑物、不对周围环境产生危害、不影响滑体上的建筑物和道路交通等特点。

### 11.3.7　挡土墙

挡土墙适用于滑体松散的浅层滑坡,要求有足够的施工场地和材料供应,坡顶无重要建(构)筑物,其优点是可以就地取材,施工方便,有一定的抗滑力;缺点是本身重量大,对下部边坡的稳定不利,施工工作量较大。在滑体的下部修建挡墙,以增大滑体的抗滑力。

### 11.3.8　喷射混凝土

喷射混凝土对软弱岩体或高度破碎的裂隙岩体进行表面支护,可单独使用,也可与锚杆(索)配合使用。缺点是喷层外表不佳。及时封闭边坡表层的岩石,免受风化、潮解和剥落,并可加固岩石,提高强度。

### 11.3.9　排水固结

排水固结主要用于表层及地下水较多处的边坡加固,有截水沟、地下水管等方式。工艺简单,耗用材料少,但遇到有滑层的地方,需配设支挡构造物才能达到满意的效果。

### 11.3.10　生态防护技术

利用植被稳定边坡、改善生态环境称为边坡生态防护。随着边坡项目在设计中不断探索、不断改进,已经开发了多种既能起到良好的边坡防护作用,又能改善工程环境、体现自然环境美的边坡植物防护新技术。这些技术能与传统的坡面工程防护措施共同形成边坡工程植物防护体系,以坡面长期稳定为目的,尽量避免自然生态破坏,消减环境污染,补偿自然资源损失。在涵养水源、减少水土流失的同时,还可以有效地净化空气、保护生态、美化环境,使工程施工给环境造成的影响达到环境损失最小、费用最少、生态功能最佳的效果。

## 11.4　工程案例

出山店水库北灌溉洞洞脸及边坡岩性为第四系中更新统低液限黏土(粉质黏土),具弱膨胀潜势,属膨胀土边坡,在干湿变化和水的作用下,易产生浅层滑动及崩解。北灌溉洞进、出口洞顶高程分别为86.3 m、85.6 m,进出口洞脸高程91.1 m、90.6 m以上采取削坡减载和导排水处理,高程91.1 m、90.6 m以下部分采取了挂喷锚网处理措施,进出口洞脸土钉钢筋直径25 mm、长9 m、间距1.5 m,呈梅花形展布,进出口洞脸土钉钢筋直径25 mm、长7 m、间距3.0 m,呈梅花形展布,采用钻孔上倾1.5°成孔,先插后注、由底向外匀速外拔式注浆;ф 6@200 mm钢筋网与锚杆或架立筋焊接,与受喷面间隙64 mm,喷射混凝土采用C25混凝土(水胶比0.43、砂率55%),喷射厚度12 cm,喷射钢筋网保护层厚度50 mm;锁口方式采用超前锚杆钻孔支护,支护锚杆与钢筋网片、锚杆连成整体。洞口处设置钢拱架支撑并浇筑C25混凝土锁口梁。为降低降水入渗及滞水影响,采用钻孔排水,排水孔深入土2 m、间距3.0 m,距锚杆大于30 cm。

# 第12章　洞室围岩稳定问题

地下洞室是指人工开挖或天然存在于岩土体中作为各种用途的构筑物。地下岩体在没有进行开挖之前,在自重应力和构造应力作用下,应力状态基本处于平衡。洞室开挖后,随着初始应力平衡状态的打破,应力产生重新分布,岩石向洞室空间变形,直到达到新的平衡,这种变形若超过了围岩本身所能承受的能力,便产生破坏,从而形成掉块、塌落、滑移、冒顶、底鼓等。围岩稳定问题是地下洞室最主要的工程地质问题。

近20年来,我国水电地下工程的建设迅猛发展。据不完全统计,我国已建、在建的水工隧洞已长达400多km,已建和在建的大、中型地下水电站共100多座,其中常规水电站地下厂房80余座,大型抽水蓄能电站地下厂房超过25座。地下水电站装机规模已远超世界上地下电站数量最多的挪威,位列世界第一。已建和在建装机容量超过1 000 MW的大型地下水电站超过30座。当今世界最大的地下厂房水电站是我国的溪洛渡水电站,在金沙江两岸各有一座地下厂房,每座地下厂房的装机容量均为9×770 MW。总装机容量达13 860 MW。而围岩稳定性作为地下建筑物安全运行的重要前提条件,在分析研究地下洞室围岩的稳定性过程中显得尤为重要。

从19世纪初以来,围岩压力理论主要经历了古典压力理论、散体压力理论、弹性力学理论、塑性力学理论、弹塑性损伤理论、弹塑性流变理论等。在实际引水隧洞开挖卸荷后,围岩应力进行重分布,有的区域处于弹性状态,有的区域则出现应力集中,出现明显塑性变形。于学馥等较早在国内系统介绍了地下洞室围压稳定性分析的理论和方法,其中引入了芬纳和卡斯特奈等的弹塑性应力图方法,之后朱维申等和郑颖人等也相继总结了近年来围岩稳定性分析的最新研究成果。

目前,围岩稳定性分析主要有如下三类主要研究思路:一是围岩分类法,这是传统方法,在工程中被广泛使用,主要有RMR法、Q法和RMI法等。这种方法概念简单,便于工程人员理解,但是分类参数较多,参数不确定因素较多,难以准确获取参数值,多参数之间的关系及多因素综合分析也难以把握。二是数值分析方法,主要有有限元法、边界元法、离散元法、有限差分法等。随着对岩石/岩体力学特性了解的深入,各类本构关系也相继提出并得到实践检验,应用上述本构和模型参数开发的多种围岩稳定性数值分析方法,可以较好地预测围岩应力应变及其稳定性。三是反分析法,主要有奥地利地质学家缪勒提出新奥法和印度Singh等提出的强度参数及变形模量反分析法。通过对围岩力学特性试验和动态监测围岩变形,开发反分析程序进行模型参数优化与动态变形预测。该方法将理论模型与实际监测数据分析相结合,优势互补,围岩稳定性分析及预测结果良好。国内研究者在水利工程、矿业工程、交通工程等领域也开展了广泛的隧洞围岩稳定性分析研究。何满潮等开展了煤矿深部软岩巷道、大断面软岩硐室开挖非线性变形数值模拟研究。于洋等研究了软岩巷道非对称变形破坏特征及稳定性控制。李廷春等研究了泥化弱胶结软岩地层中矩形巷道的变形破坏过程。马莎等基于突变理论和监测位移,提出了地下洞室稳定评判方法。张玉军等开发了正交各向异性岩体中地下洞室稳定的黏弹-黏塑性三维有限元分析程序。钮新强等研究了地下洞室围岩顶拱承载力学机制及稳定拱设计方法。部分学者通过动态监测隧洞变形,研究了动态力学特征。在单隧洞围岩稳定性分析研究基础上,部分研究者探索了地下洞室群围岩稳定性。为了解决工程中围岩支护问题,在围岩稳定机制及变形研究基础上,部分研究者提出了支护理论和方法。综上所述,虽然国内外研究者对各种不同类型、不同应力条件下的岩石/岩体进行了比较深入的物理力学试验,建立了适应不同条件的岩石本构模型,并在工程中进行了检验,但是因岩体/岩石本身差异很大,具有明显不均匀性、各向异性、时变特性等,所经历的应力历史状态不同、应力边界条件不同都会引起岩体/岩石力学特性有显著的差别。

本章结合出山店水库、燕山水库等项目介绍水利工程中洞室围岩稳定性评价方法,重点讨论平原缓丘区水利工程中洞室稳定问题,并对其相应工程措施进行总结。

## 12.1　洞室围岩分类及特点

围岩分类是对地下工程岩体工程地质特性进行综合分析、概括和评价的方法,是许多地下工程设计、施工和运行经验的总结,故分类的实质是广义的工程地质类比,其目的就是对围岩的整体稳定程度进行判断,并指导系统支护设计和施工开挖。

### 12.1.1　围岩分类影响因素

水利水电工程地下洞室围岩岩体往往由多种岩石组成,其中也包括许多不同类型,不同大小、性质、产状、密度的结构面,如岩层面、断层面、裂隙面、各种接触面等,将完整岩体切割成各种形态,而且遭到不同程度的次生变化(主要是风化)及区域构造运动的次数和强弱也遗留下各种构造形迹。因此,围岩结构是十分复杂的,主要表现在它的不连续性和不均一性上,在划分围岩结构类型时,必须从岩体结构面和结构体的情况出发,根据其不连续性和不均一性划分围岩结构类型,通常考虑三方面的地质因素:①围岩的完整性和结构特征;②围岩的物理力学指标,主要取决于围岩岩体中存在的各种软弱岩层及软弱面的指标;③地下水的分布与作用。对水电地下建筑还应考虑过水条件,以及施工方法、断面大小、间隔距离等。

### 12.1.2　国内外围岩分类概况

截至目前国内外提出的洞室围岩分类方法达百余种,比较有代表性的分类方法按所选取的分类指标多少及各指标间的相互关系,大致可归纳为5类,见表12-1。

表 12-1　洞室围岩分类

| | |
|---|---|
| 单一指标 | 普氏系数分类(俄国"沙皇"时代,1907 年)<br>岩石准抗拉强度 $S_t$ 分类(捷克斯洛伐克)<br>岩石抗压强度 $R_c$ 分类(法国) |
| 一个综合指标 | 太沙基的荷载分类(美国, 1946 年)<br>迪尔的 RQD 分类(美国, 1964 年)<br>弹性波速 $v_p$ 分类(日本,1983 年)<br>Rabcewiez 自稳时间 $T$ (奥地利,1957 年) |
| 少数指标列 | Rabcewiez 新奥法围岩分类(奥地利, 1964 年)<br>公路隧道围岩分类《公路工程地质勘察规范》(JTJ 064—98)(中国,1998 年)<br>铁路隧道围岩分级《铁路工程地质勘察规范》(TB 10012—2001)(中国,2001 年) |
| 多个指标并列 | 水工隧洞围岩分类《水工隧洞设计规范》(SD 134—84)(中国, 1985 年)<br>固岩分级《锚杆喷射混凝土支护技术规范》(GB 50086—2001)(中国,2001 年)<br>《军用物资洞室锚喷支护》中的围岩分类(中国)<br>总参工程兵围岩分类(中国,邢念信等)<br>巴顿(N. Barlon)岩体质量 Q 系统(挪威, 1974 年) |
| 多个指标复合 | Bynmyeb 稳定性指标 S 法(苏联,1977 年)<br>Palmstrom 的 RMl 系统分类(挪威,1995 年)<br>原水电部成都院的岩体质量指标 M 法(中国,1978 年)<br>谷德振的岩体质量系数 Z 法(中国,1979 年)<br>杨子文的岩石质量指数 RMQ (中国,1978 年)<br>关宝树的围岩质量指标 Q 和稳定性分级 W (中国,1980 年)<br>总参工程兵第四设计研究所的坑道工程围岩分类(中国,1985 年)<br>Wickharnet 的岩石构造评价法 RSR (美国, 1972 年)<br>比尼奥斯基(Bieniawsk) RMR 分类(南非,1973 年)<br>科学研究所(Tesaro) QTS 岩石分类法(捷克斯洛伐克,1979 年)<br>陈德基等的块度模数 MK 法(中国,1978 年)<br>王世春的 RMQ 法(中国,1981 年)<br>铁道部科学研究院西南分院的铁路隧道工程围岩分级方法(中国,1986 年)<br>原水电部昆明院的大型水电站地下洞室围岩分类(中国,1988 年)<br>三峡 YZP 法(中国,1988 年)<br>中国水电顾问集团华东勘测设计研究院的高地应力、高外水压力条件下地下洞室的 JPF 分类体系(中国,2006 年)<br>《工程岩体分级标准》(GB 50218—94)(中国, 1994 年)<br>国家基本建设委员会的人工洞室围岩分类(中国, 1975 年)<br>原水电部东北勘测设计院的地下洞室围岩分类(中国,1981 年)<br>《水力发电工程地质勘察规范》(GB 50287—2006)围岩工程地质分类(中国,2006 年) |

## 12.2 围岩稳定性分析与评价

影响围岩稳定性的主要因素主要包括五个方面:①岩体的完整性。岩体中各种节理、片理、断层等结构面的发育程度,对洞室围岩稳定性影响极大。②岩石(体)强度。岩石(体)强度主要取决于岩石的物质成分、组织结构、胶结程度和风化、卸荷程度等,这些因素直接影响着围岩的强度。③地下水。地下水的长期作用将降低岩石的强度、软弱夹层强度,加速岩石风化,对软弱结构面起软化润滑作用,促使岩块坍塌(增加膨胀性软岩的围岩压力)等,地下水位很高时,还有静水压力作用、渗流压力,对洞室稳定不利。④地应力。洞室开挖前,岩体一般处于天然应力平衡状态,称为原岩应力场或初始应力场。当洞室开挖之后,便破坏了这种天然应力的平衡状态,使岩体内能量得到释放,从而在围岩的一定范围内引起地应力的重新分布,形成新的应力状态,称为二次应力或围岩应力。地下洞室应考虑地应力的影响。⑤工程因素。洞室的埋深、几何形状、跨度、高度,洞室立体组合关系及间距,开挖爆破方法,固岩暴露时间及衬砌类型等也会对围岩的稳定性造成一定的影响。

### 12.2.1 工程地质分析法

工程地质分析法主要是通过工程地质勘察,在大量实际资料的基础上,与工程地质条件、工程特点、施工方法类似的已建工程进行相比,对其稳定性进行评价,亦称工程地质类比法。主要方法有:围岩分类法、块体分析法、塌方分析法、工程经验判别法。

#### 12.2.1.1 围岩分类法

围岩工程地质分类应以控制围岩稳定的岩石强度、岩体完整程度、结构面状态、地下水和主要结构面产状五项因素之和的总评分为基本依据,围岩强度应力比为限定依据,并应符合表 12-2 的规定。

**表 12-2 围岩工程地质分类**

| 围岩类别 | 围岩稳定性 | 围岩总评分 $T$ | 围岩强度应力比 $S$ | 支护类型 |
|---|---|---|---|---|
| Ⅰ | 稳定<br>围岩可长期稳定,一般无不稳定块体 | >85 | >4 | 不支护或局部锚杆或喷薄层混凝土,大跨度时,喷混凝土,系统锚杆加钢筋网 |
| Ⅱ | 基本稳定<br>围岩整体稳定,不会产生塑性变形,局部可能产生组合块体失稳 | 65~85 | >4 | |
| Ⅲ | 局部稳定性差<br>围岩强度不足,局部会产生塑性变形,不支护可能产生塌方或变形破坏。完整的较软岩,可能短时稳定 | 45~65 | >2 | 喷混凝土,系统锚杆加钢筋网。大跨度时,加强柔性或刚性支护 |

续表 12-2

| 围岩类别 | 围岩稳定性 | 围岩总评分 $T$ | 围岩强度应力比 $S$ | 支护类型 |
|---|---|---|---|---|
| Ⅳ | 不稳定<br>围岩自稳时间很短，规模较大的各种变形和破坏都可能发生 | 25～45 | >2 | 喷混凝土，系统锚杆加钢筋网，并加强柔性或刚性支护，或浇筑混凝土衬砌 |
| Ⅴ | 极不稳定<br>围岩不能自稳，变形破坏严重 | ≤25 | | |

注：Ⅱ、Ⅲ、Ⅳ类围岩，当其强度应力比小于本表规定时，围岩类别宜相应降一级。

（1）围岩强度应力比 $S$ 可根据下式求得：

$$S = \frac{R_b K_v}{\delta_m} \tag{12-1}$$

式中：$R_b$ 为岩石单轴饱和抗压强度，MPa；$K_v$ 为岩体完整性系数；$\delta_m$ 为围岩的最大主应力，MPa。

（2）围岩工程地质分类中五项因素的评分应符合下列标准：

①岩石强度评分应符合表 12-3 的规定。

表 12-3　岩石强度评分

| 岩质类型 | 硬质岩 | | 软质岩 | |
|---|---|---|---|---|
| | 坚硬岩 | 中硬岩 | 较软岩 | 软岩 |
| 单轴饱和抗压强度 $R_b$/MPa | $R_b>60$ | $30<R_b\leqslant 60$ | $15<R_b\leqslant 30$ | $5<R_b\leqslant 15$ |
| 岩石强度评分 A | 20～30 | 20～30 | 20～30 | 20～30 |

注：1. 岩石单轴饱和抗压强度大于 100 MPa 时，岩石强度评分为 30。
2. 当岩体完整程度与结构面状态评分之和小于 5 时，岩石强度评分大于 20 的，按 20 评分。

②岩体完整程度评分应符合表 12-4 的规定。

表 12-4　岩体完整程度评分

| 岩体完整程度 | | 完整 | 较完整 | 完整性差 | 较破碎 | 破碎 |
|---|---|---|---|---|---|---|
| 岩体完整性系数 $K_v$ | | $K_v>0.75$ | $0.55<K_v\leqslant 0.75$ | $0.35<K_v\leqslant 0.55$ | $0.15<K_v\leqslant 0.35$ | $K_v\leqslant 0.15$ |
| 岩体完整性评分 B | 硬质岩 | 30～40 | 22～30 | 14～22 | 6～14 | <6 |
| | 软质岩 | 19～25 | 14～19 | 9～14 | 4～9 | <4 |

注：1. 当 30 MPa$<R_b\leqslant$60 MPa，岩体完整程度与结构面状态评分之和大于 65 时，按 65 评分。
2. 当 15 MPa$<R_b\leqslant$30 MPa，岩体完整程度与结构面状态评分之和大于 55 时，按 55 评分。
3. 当 5 MPa$<R_b\leqslant$15 MPa，岩体完整程度与结构面状态评分之和大于 40 时，按 40 评分。
4. 当 $R_b\leqslant$5 MPa，属极软岩。岩体完整程度与结构面状态不参加评分。

③结构面状态评分应符合表 12-5 的规定。

**表 12-5　结构面状态评分**

| | | | | | | | | | | | | | | |
|---|---|---|---|---|---|---|---|---|---|---|---|---|---|---|
| 结构面状态 | 张开度 W/mm | 闭合 W<0.5 | | 微张 0.5≤W<5.0 | | | | | | | | | 张开 W≥5.0 | |
| | 充填物 | — | | 无充填 | | | 岩屑 | | | 泥质 | | | 岩屑 | 泥质 |
| | 起伏粗糙状况 | 起伏粗糙 | 平直光滑 | 起伏粗糙 | 起伏光滑或平直粗糙 | 平直光滑 | 起伏粗糙 | 起伏光滑或平直粗糙 | 平直光滑 | 起伏粗糙 | 起伏光滑或平直粗糙 | 平直光滑 | — | — |
| 结构面状态评分C | 硬质岩 | 27 | 21 | 24 | 21 | 15 | 21 | 17 | 12 | 15 | 12 | 9 | 12 | 6 |
| | 较软岩 | 27 | 21 | 24 | 21 | 15 | 21 | 17 | 12 | 15 | 12 | 9 | 12 | 6 |
| | 软岩 | 18 | 14 | 17 | 14 | 8 | 14 | 11 | 8 | 10 | 8 | 6 | 8 | 4 |

注：1. 结构面延伸长度小于 3 m 时，硬质岩、较软岩的结构面状态评分另加 3 分，软岩另加 2 分；结构面延伸长度大于 10 mm 时，硬质岩、较软岩的结构面状态评分减 3 分，软岩减 2 分。

2. 当结构面张开度大于 10 mm，无充填时，结构面状态评分为 0。

④地下水状态评分应符合表 12-6 的规定。

**表 12-6　地下水状态评分**

| 活动状态 | | | 渗水滴水 | 线状流水 | 涌水 |
|---|---|---|---|---|---|
| 水量 q/[L/(min · 10 m 洞长)]或压力水头 H/m | | | $q \le 25$ 或 $H \le 10$ | $25<q \le 125$ 或 $10<H \le 100$ | $q>125$ 或 $H>100$ |
| 基本因素评分 T′ | $T'>85$ | 地下水评分 D | 0 | −2～0 | −6～−2 |
| | $65<T' \le 85$ | | −2～0 | −6～−2 | −10～−6 |
| | $45<T' \le 65$ | | −6～−2 | −10～−6 | −14～−10 |
| | $25<T' \le 45$ | | −10～−6 | −14～−10 | −18～−14 |
| | $T' \le 25$ | | −14～−10 | −18～−14 | −20～−18 |

注：基本因素评分 T′是前述岩石强度评分 A、岩体完整性评分 B 和结构面状态评分 C 的和。

⑤主要结构面产状评分应符合表 12-7 的规定。

⑥该围岩工程地质分类不适用于埋深小于 2 倍洞径或跨度的地下洞室和特殊土、喀斯特洞穴发育地段的地下洞室。

⑦大跨度地下洞室围岩的分类除采用该分类外，尚应采用其他有关国家标准综合评定，对国际合作的工程还可采用国际通用的围岩分类对比使用。

表 12-7　主要结构面产状评分

| 结构面走向与洞轴线夹角 | | 60°~90° | | | | 30°~60° | | | | <30° | | | |
|---|---|---|---|---|---|---|---|---|---|---|---|---|---|
| 结构面倾角 | | >70° | 45°~70° | 20°~45° | <20° | >70° | 45°~70° | 20°~45° | <20° | >70° | 45°~70° | 20°~45° | <20° |
| 结构面产状评分 E | 洞顶 | 0 | −2 | −5 | −10 | −2 | −5 | −10 | −12 | −5 | −10 | −12 | −12 |
| | 边墙 | −2 | −5 | −2 | 0 | −5 | −10 | −2 | 0 | −10 | −12 | −5 | 0 |

#### 12.2.1.2　块体分析法

1.块体极限平衡分析

当围岩应力小，固岩中存在软弱结构面不利块体组合时，只考虑重力作用，进行块体极限平衡分析和关键块体稳定估算：通过对岩体结构分析来判别不稳定体边界及其平衡条件，然后按块体平衡理论进行计算，求得围岩压力值。假定洞室顶拱上的围岩压力为塌落在顶拱上的全部岩体重量，即

$$P = 2\eta\alpha h\gamma \tag{12-2}$$

式中：$\eta$ 为结构体形状因数（塌落体呈三角形取 0.5，呈矩形、方块形取 1）；$\alpha$ 为洞室宽度的一半；$h$ 为块体高度；$\gamma$ 为岩体容重。

根据塌落体的产状、重量（$P$）、滑动面的面积（$\Delta A$）及滑动界面上的 $c$、$\varphi$ 值，可计算洞室边墙的稳定因数。

（1）塌落体沿单滑面滑动：

$$K_c = \frac{P\cos\alpha\tan\varphi + \Delta Ac}{P\sin\alpha} \tag{12-3}$$

（2）塌落体沿两个滑面的交线滑动：

$$K_c = \frac{P\cos\alpha(\sin\alpha_2\tan\varphi_1 + \sin\alpha_1\tan\varphi_2) + (\Delta A_1c_1 + \Delta A_1c_2)\sin(180° - \alpha_1 - \alpha_2)}{P\sin\alpha\sin(180° - \alpha_1 - \alpha_2)} \tag{12-4}$$

式中：$\alpha$ 为单滑面倾角或双滑面组合交线的倾角；其余符号意义同前。

应用块体极限平衡理论进行计算时，必须注意：当结构面具有足够的抗滑能力时，衬砌所承受的山压并非塌落体的全部重量；如果地应力与地下水的作用比较明显，则还需要考虑这些因素的影响。

确定地下洞室衬砌承受的围岩压力，除采用理论计算的方法外，目前在一些大型的和重要的水利工程建设中，往往通过埋设压力盒、锚检测力计、支撑电阻片等方法直接测量围岩的变形，然后换算圈岩压力，根据围压的大小与方向圈出应力重分布范围。此外，可以用声波仪测量松动圈的范围。如果按散粒体理论计算，允许将松动圈的厚度当作塌落拱高度；如果按弹塑性理论计算，则可当作塑性圈的宽度。

2. 赤平投影法

在洞室围岩稳定性分析中常用各种图解法,赤平投影是最常用的分析方法之一。主要用来表示线、面的方位,以及其相互之间的角距关系和运动轨迹,把物体三维空间的几何要素(面、线)投影到平面上进行研究。它属于定性分析法,其优点是简单、直观、快速;缺点是带有一定的经验性和概念性。

#### 12.2.1.3 塌方分析法

塌方是围岩应力不平衡的一种表现,受结构面组合不利等条件影响,隧洞开挖后岩体又不能形成自然平衡。塌方的规模实际上反映围岩压力的大小,它反过来又可以佐证所给的围岩压力是否合理。

塌方产生的原因如下:

(1)岩体类型。塌方大多发生在强烈风化带、断层交会带、极软弱的岩层等碎裂岩体和松散体,围岩强度较低、塌方规模较大,洞室埋深不大时,有的甚至冒顶。

(2)结构面产状及其与洞室组合关系。结构面走向与隧洞轴线近于垂直,倾角小于30°时,顶拱下沉,边墙变形大;有软弱夹层存在,又有其他方面的结构面组合,结构面无胶结,容易造成顶拱塌方。

结构面走向与隧洞轴向近于平行,则不稳定范围将增长很多。多组结构面的产状组合,处于不利于洞室轴线及规模时,是造成塌方的主要原因。特别是存在另一组走向一致,倾向相反的结构面组合时,易产生较长范围的"倒扇"形塌落。塌方量的大小由结构面组合体的规模决定。不同结构面的稳定性见表12-8。

表12-8 不同结构面的稳定性

| 分类 | 结构面类型 | 形式 | 倾角 | 稳定程度 |
|---|---|---|---|---|
| Ⅰ | 直立结构面 | 直立型 | ≥80° | 边墙稳定性视走向线交角而定 |
| | | 倒扇型 | ≥80° | 顶拱不利 |
| | | 正扇型 | ≥80° | 顶拱稳定 |
| Ⅱ | 水平结构面 | 薄层型 | <15° | 顶拱易下坠,拱座受压易变形 |
| | | 厚层型 | <15° | 较好 |
| Ⅲ | 单斜结构面 | 缓倾型 | 15°~45° | 好 |
| | | 陡倾型 | 45°~75° | 较差 |
| Ⅳ | 混合结构面 | 对称型 | 二组倾角相等 | 最差 |
| | | 不对称型 | 二组倾角不等 | 中 |
| | | 正交型 | 水平与垂直正交 | 好 |

(3)地下水活动。在断层裂隙发育或岩体软弱、风化破碎严重的情况下,如果地下水活动,则塌方发生较快;因为洞室开挖后形成通道,增加地下水活动水力梯度,产生向洞内的动水压力,并把细颗粒带走;当地下水位高于洞室顶拱时,对洞室围岩会产生外压;同时,地下水的活动,对岩体结构面起了软化、泥化作用,降低结构面抗滑能力,所以在地下

水活动的地段,容易产生塌方。

(4)岩体风化。强烈风化的岩体,一般已成为松散体,颗粒间无黏聚力。因此,当隧洞通过时,易于塌落,开始范围较小,以后逐渐扩大。

(5)施工方法。对洞室围岩不稳定洞段施工时,由于施工方法不当,如爆破控制不好、支撑不及时、开挖跨度过大等,都可以促使塌方形成。综合上述地质因素,各类岩体塌方情况见表12-9。

**表12-9　各类岩体塌方情况**

| 类别 | 岩体类型 | 岩体强度 | 断裂切割 | 地下水 | 塌方情况 |
|---|---|---|---|---|---|
| Ⅰ | 完整 | 强度大 | 断裂少,且不连续 | 干燥 | 不易发生 |
| Ⅱ | 较完整 | 强度大 | 少量裂隙切割 | 无或少量 | 很少发生 |
| Ⅲ | 中等 | 不坚硬 | 有几组切割面 | 少量 | 局部少量掉块,塌后即可稳定 |
| Ⅳ | 破碎 | 块状、层状 | 裂隙切割较多 | 较强烈 | 较多塌顶 |
| Ⅴ | 松散 | 软弱、松散 | 大断层或全强风化 | 活动强烈 | 常见、延时长、易冒顶 |

按塌方的部位分类有顶拱塌方、边顶拱塌方、局部掉块三种。

#### 12.2.1.4　工程经验判别法

工程经验判别法是评价围岩稳定性的一个十分重要的方法,首先是在地下洞室初步选址阶段,通过对工程区地形、岩性、断裂构造、岩体风化等情况的调查,可以初步确定地下洞室围岩的成洞条件;其次是当建筑物布置区地应力值较小、工程规模不大、开展岩体物理力学测试难度大时,采用工程经验判别法仍是比较现实和可接受的。工程经验判别法主要从以下三个方面予以分析和判断:

(1)围岩岩性与强度。当围岩具有一定的强度(中硬岩),呈块状或中厚层状,软弱夹层不发育时,可认为围岩稳定性满足成洞要求;否则,围岩的稳定性不可靠。

(2)岩体结构。围岩中结构面形式、产状与物理、力学性质是控制其稳定性的主要因素。当围岩虽有结构面分布,但无不稳定结构面组合体,或虽具有不稳定组合体,但可以通过工程措施加固处理时,可认为围岩稳定性满足成洞要求;否则,围岩的稳定性不可靠。

(3)地下水。地下水对围岩稳定性的影响很大,尤其是对抗水性很低的岩体。当无地下水,或虽有地下水活动,但岩体抗水性强,或渗水量不大,不影响施工开挖者,可认为围岩稳定性满足成洞要求;否则,围岩的稳定性不可靠。

### 12.2.2　数值计算分析法

#### 12.2.2.1　散粒体理论

由于岩体中存在很多节理裂隙及软弱夹层,破坏了岩体的整体性。由裂隙切割形成的岩块相对很小,可看作散粒体。但岩块间还存在黏聚力,所以岩体可作为具有黏聚力的散粒体。散粒体理论有两种观点:一种是把支护结构上承受的压力,看成是松散地层中应力的传递;另一种是不承认散体中存在应力,而且假定洞顶上有一个有界的破裂区,破裂区全部散体的重量即构成作用于支护结构上的山压。下面是几种应用散粒体理论确定围岩压力的方法。

1. 普氏压力拱理论

普氏压力拱理论又称自然平衡拱理论，是由俄国学者普罗托吉亚科诺夫提出的。普氏认为由于应力重分布，洞顶破碎岩体随时间增长而逐步坍塌，直至形成一个自然拱后围岩才稳定下来。这种自然平衡拱承受了洞顶的山岩压力，才使坍塌不再发展，所以把这个自然平衡拱称为压力拱或卸载拱。围岩压力就等于压力拱与衬砌之间松动岩体的重量。普氏认为，平衡拱呈抛物线形，因此洞顶围岩压力可按下式计算：

$$P = \frac{4\gamma a_1^2}{3f_k} \tag{12-5}$$

$$a_1 = a + h\tan\left(45° - \frac{\varphi}{2}\right) \tag{12-6}$$

式中：$a$ 为洞室宽度的一半；$h$ 为洞室的高；$\gamma$ 为散粒体的重度；$f_k$ 为坚固因数，$f_k$ 在数值上定义为 $\tan\varphi_k$，$\varphi_k$ 为松散岩体的折算内摩擦角，其值大于岩石的内摩擦角 $\varphi$。

$f_k$ 实际上是一个随应力变化而变化的函数，并不一定是介质本身的特性参数，应看作综合性的围岩压力系数，即普氏定义的 $f_k$ 值乘以一修正系数。在实际工作中，也有用百分之一单轴抗压强度来表示 $f_k$ 值的，并乘以一定的修正系数。

计算洞室侧向围岩压力时，可以认为在洞室与压力拱的整个高度[$h+h_1$(压力拱高度)]范围内，侧向围岩压力是按朗肯主动土压力的三角形规律分布的。因此，洞室两侧的围岩压力按梯形分布，洞顶与洞底处的压力 $P_1$ 与 $P_2$ 分别为

$$P_1 = \gamma h_1 \tan^2\left(45° - \frac{\varphi}{2}\right) \tag{12-7}$$

$$P_2 = \gamma(h + h_1)\tan^2\left(45° - \frac{\varphi}{2}\right) \tag{12-8}$$

洞室一侧的总围岩压力为

$$P_c = \frac{1}{2}(P_1 + P_2)h = \frac{\gamma h}{2}(2h_1 + h)\tan^2\left(45° - \frac{\varphi}{2}\right) \tag{12-9}$$

2. 太沙基理论

太沙基基于散体中亦能产生应力传递的概念，推导出作用于衬砌上的垂直压力。地下洞室开挖后，岩体将沿图 12-1 所示的 *OAB* 曲面滑动。作用在洞顶上的压力等于滑动岩体的重量减去滑移面上摩擦力的垂直分量。为简化起见，太沙基进一步假定岩体沿垂直面滑动，而且滑体中任意水平面上的垂直应力 $\sigma_v$ 都是均匀分布的。在地面以下深度处取一宽度为 $2a_1$、厚度为 $d_z$ 的单元体，分析微分单元体的平衡条件，便可推导出围岩压力 $P$ 的计算式：

$$P = \frac{\gamma a_1 - c}{r\tan\varphi}\left(1 - e^{\frac{\gamma H\tan\varphi}{a_1}} + qe^{\frac{\gamma H\tan\varphi}{a_1}}\right) \tag{12-10}$$

当洞室埋置深度较大时，设 $H$ 为$\infty$，$c$ 为 0 时：

$$P = \frac{\gamma a_1}{\tan\varphi} \tag{12-11}$$

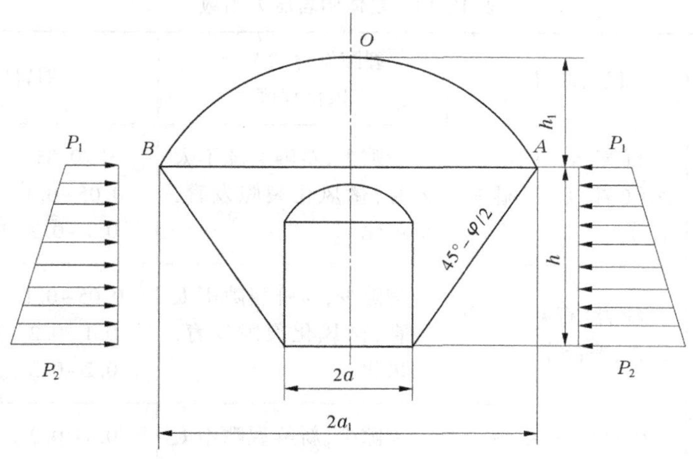


图 12-1　散粒体中应力传递示意图

由此可见，在深埋情况下太沙基理论与普氏压力拱理论的计算结果实质上是一致的。不过前者考虑了洞室尺寸、埋深及岩石的黏聚力和内摩擦角对岩体稳定性的影响，一般适用于洞室埋深较浅的情况。

3. 围岩压力因数的方法

我国水利水电部门在大量的工程实践基础上，对普氏压力拱理论做了修改与补充，按照岩石的性质、断裂发育程度及地下水活动情况，总结出一套反映实际经验的确定围岩压力的方法。

围岩压力因数有垂直方向的压力因数 $S_z$ 与水平方向的压力因数 $S_x$ 两种，其取值的依据按岩体中裂隙发育情况和风化程度而定（见表 12-10）。根据表中查取的 $S_z$ 或 $S_x$ 值，再按下列公式分别算出围岩压力值。

铅直围岩压力：

$$P_v = S_z \gamma 2a \tag{12-12}$$

水平围岩压力：

$$P_H = S_x \gamma h \tag{12-13}$$

#### 12.2.2.2　弹塑性平衡理论

1. 芬涅尔公式法

实践证明，只有断层破碎带和强烈风化岩体才接近于散粒体，而绝大部分岩体是具有多种结构的弹塑性体。20 世纪 30 年代末，芬涅尔首先运用弹塑性理论建立了著名的芬涅尔公式，后来又有卡柯、凯利赛尔等相继做了改进，现在已成为拉勃采维奇总结的新奥隧洞施工方法的理论基础。这种理论的要点是设想在洞室周围由于应力超过岩石的强度而形成塑性区，塑性区岩体的稳定是由外围弹性区中岩体的应力和洞室内衬砌的阻力共同维持的。衬砌承受的塑性山压就是围岩压力。目前，国外广泛应用的芬涅尔公式就是根据衬砌与围岩发生共同变形的假定，通过计算塑性圈内的径向应力或径向位移量来确定围岩压力。假如在 $\lambda=1$ 的岩体中，圆形断面隧洞半径为 $r_0$，塑性圈半径为 $r_1$，如果洞壁受衬砌阻力 $P_i$ 的作用，则塑性圈的厚度（$r_1-r_0$）可按芬涅尔公式计算：

**表 12-10 岩体围岩压力因数**

| 岩石坚硬程度 | 代表性岩石 | 裂隙发育情况及风化程度 | 围岩压力因数 | |
|---|---|---|---|---|
| 坚硬岩石 | 石英岩、花岗岩、流纹岩、厚层硅质岩等 | 裂隙少,新鲜裂隙不太发育,微风化裂隙发育,弱风化 | 0~0.05<br>0.05~0.1<br>0.1~0.2 | —<br>—<br>— |
| 较坚硬岩石 | 砂岩、石灰岩、白云岩、砾岩等 | 裂隙少,新鲜裂隙不太发育,微风化裂隙发育,弱风化 | 0.05~0.1<br>0.1~0.2<br>0.2~0.3 | —<br>—<br>0~0.05 |
| 较软弱岩石 | 砂页岩互层、黏土质岩石、致密泥灰岩等 | 裂隙少,新鲜裂隙不太发育,微风化裂隙发育,弱风化 | 0.1~0.2<br>0.2~0.3<br>0.3~0.5 | —<br>0~0.05<br>0.05~0.1 |
| 软弱岩石 | 严重风化及十分破碎岩石、断层破碎带 | | 0.3~0.5<br>或更大 | 0.05~0.5<br>或更大 |

注:表列数据适用于 $H \leqslant 3a$ 的隧洞断面。

$$r_1 = r_0 \left[ \frac{(\sigma_0 + c\cot\varphi)(1 - \sin\varphi)}{P_i + c\cot\varphi} \right]^{1-\sin\varphi/2\sin\varphi} \tag{12-14}$$

衬砌阻力 $P_i$ 在数值上应等于围岩对衬砌的压力。因此,围岩压力可写成:

$$P_i = [(\sigma_0 + c\cot\varphi)(1 - \sin\varphi)] \left( \frac{r_0}{r_1} \right)^{2\sin\varphi/(1-\sin\varphi)} - c\cot\varphi \tag{12-15}$$

在使用这一公式时,困难在于塑性圈的半径 $r_i$ 不易确定,因为塑性圈的扩展范围是随着时间而变化的,而且塑性圈的形状并不总是规则的圆环。此外,在公式的推导过程中,把围岩一概看作弹塑性体,并且把侧压力因数 $\lambda$ 假定为 1,这与实际情况有很大出入。如果用它计算具有镶嵌结构和碎裂结构岩体的围岩压力,能够获取比较接近实际的结果。

2. 数值分析法

数值分析法也是评价围岩稳定的方法之一,研究方法主要有平面弹塑性有限元分析、三维黏弹性有限元分析、单洞与洞群弹塑性稳定分析等,对研究围岩应力、变形和破坏的发展具有一定的优势。平面弹塑性有限元的主要问题在于根据有关的地质资料,将地质模型转化为力学模型,确定模型的边界条件和受力情况,采用线弹性、弹塑性、黏弹性有限元程序研究围岩的稳定性。边界元数值分析方法比有限元分析方法使用晚,但由于其方法简单、输入参数少、计算速度快等特点,得到普遍的运用。E. Hoek 和 E. T. Brown 在《Underground Excavation in Rock》和李世辉在《围岩稳定性分析》中给出了二维有限元程序,采用该程序在确定力学模型后输入有关的参数,可以评价围岩的稳定性。

### 12.2.3　监测数据分析法

地下洞室开挖过程中，各种因素交互作用，洞室间相互影响，围岩稳定性是安全生产的关键技术问题。对复杂变化地质环境下的地下洞室围岩，依据多种测试手段，对开挖后围岩的稳定性和变形进行实时监测，掌握了洞室围岩变形破坏特征，进行各种因素作用下的综合稳定分析，为隧洞的结构设计、施工开挖、支护等提供科学依据。

地下洞室围岩安全监测项目主要有变形监测、应力监测、渗流监测等。利用有关软件进行施工期重要监测数据整体变化规律、态势及趋势分析，进行洞室动态的地质结构、施工数据与典型监视数据的整体相关分析，同时，根据监测仪器的原理、实际安装方法，以及安装位置的地质情况与可能的岩体变形破坏模式，对监测数据的可靠性和真实性进行分析判断，对有效反映洞室整体稳定状态与关键控制部位的变形状况进行分析评价，并对洞室围岩变形、稳定状态或加固效果进行评价。

地下洞室围岩稳定监测数据分析要做好如下工作：

(1)对施工期取得的监测资料应进行快速整理、分析，并及时反馈。

(2)监测数据综合时空分析。

(3)位移影响因素分析。

(4)建立施工监测数据库并生成监测数据资料的月报和年报、施工进度表和降雨等资料。

(5)建立重点监测断面的主要工程地质信息、工程加固处理和监测、环境信息数据库。

### 12.2.4　模型试验分析法

围岩稳定分析模型试验方法主要有地质力学模型、光测模型等。目前，我国水电地下洞室模型试验已由定性分析进入定量分析，模型试验不仅能模拟地下洞室的几何形态、边界条件、作用荷载等，还可以模拟洞室区的断层、软弱夹层、主要优势节理组等地质结构面，在一定程度上反映了岩体非均质、非弹性、非连续的力学介质特征。模型试验方法已成为围岩稳定性分析评价的重要方法之一。但由于模型试验的花费比较大，往往又难以完全模拟到实际地质条件和岩体赋存的环境因素，一般工程中已很少使用。鲁布革、白山、二滩、龙滩、溪洛渡等工程曾开展过模型试验工作。

地质力学模型试验的特点：其一要收集现场地质资料及岩石(体)物理力学试验资料，并对地质条件进行简化，使模型基本上与现场地质条件相似；其二是选择相似材料，模拟岩体、结构面等。例如，鲁布革水电站地下洞室群分布在150 m×150 m×80 m范围内，存在$F_{203}$、$F_{313}$断层，其延伸至底板以下40~50 m深度，故模拟范围定为300 m×300 m×300 m，模型尺寸定为1.3 m×1.3 m×1.25 m。按照初始三维地应力场向模型施加三向荷载，并用内部埋点和洞壁贴片方式共布置29个空间测点和52个表面测点，以观测围岩的应力应变状况。该模型为我国第一个整体地质力学模型。

光测模型试验的特点，是借助光测技术，对洞室围岩的应力及变形状态进行分析研究，其关键技术在于光测手段的准确可靠和光弹性材料的合理选用。光测方法是一种精确的、无接触的、全场的测试技术,可考虑地应力场及地质构造对洞室开挖后围岩的应力分布的影响。

## 12.3 洞室稳定性评价方法

由于地下洞室处于范围较大的岩体内,而岩体稳定问题却仅存在于开挖洞室周围较小的范围内,岩体的失稳特征并不像边坡那样具有明显的滑动面,基于刚体极限平衡法的安全系数法很难应用。因此,地下洞室围岩稳定分析方法主要以变形体分析法为主。变形体分析方法克服了刚体极限平衡法的不足,借助现代数值计算工具,在分析应力场和位移场基础上评判稳定性。这类方法虽在计算方法方面得到改善,但是在评判方法方面又出现困难。目前,工程中基于变形体分析的岩体稳定分析方法有直接法和间接法两类。

### 12.3.1 直接法

直接法就是采用变形体分析方法得到的位移场和应力场等结果直接判断岩体的稳定性。该方法虽不能得到整体安全系数,但可以定性地反映岩体的真实变形过程,其判断结果仍具有较高的可信度。目前,主要从以下几个方面判断:

(1)位移或位移速率是否超过容许值。岩体开挖后,引起地应力重新调整,相应产生二次变形。当某些关键点的位移超过某个容许值,则认为围岩不稳定。从岩石流变角度出发,岩体的位移是随着时间变化的,位移或位移速率的变化规律可以反映岩体的状态发展趋势。位移速率法具体有两种方法:一种是直接采用最大速率是否超过容许值判断;另一种是根据位移-时间变化曲线判断。当变形速率不断减小时,认为岩体变形逐渐趋于稳定;当变形速率长时间保持不变时,岩体进入“二次蠕变”状态;当变形速率逐渐增大时,岩体趋于失稳。若能够得到岩体真实的位移与时间序列,采用位移速率法不失为一种可靠的评判方法,但采用变形体分析法一般很难得到这个真实的时间序列。

(2)开裂和塑性区大小。当开裂范围和塑性区扩展到一定程度时,认为岩体失稳。对于地下洞室来说,究竟发生多大塑性区就算失稳,这个标准很难掌握。

(3)点安全系数等值线。借鉴刚体平衡法中安全系数思想,依据变形体分析得到的滑动面上每一点的法向正应力和剪应力,求出点安全系数,由它的大小和分布判断其失稳的可能性。但是由于各点的滑移方向一般不同,无法由点安全系数定量地确定其整体稳定性。

### 12.3.2 间接法

间接法中所考虑的岩体的稳定问题属于平衡稳定问题,岩体的失稳过程就是从一种平衡状态向另一种平衡状态转变的非线性破坏过程。在此转变过程中,描述岩体运动状态的参量也表现出非线性特点,存在极值点或突变点。描述岩体运动状态的参量主要有位移、位移速率、塑性区大小、开裂范围、应变能,以及其他能够反映稳定性的参量。既然岩体失稳是一个非线性过程,那么采用间接法评判岩体稳定性就要解决两个问题:第一个问题是如何通过数值分析模拟这个渐变过程;第二个问题是如何由这个渐变过程中反映出信息来评判稳定性。

#### 12.3.2.1　岩体失稳破坏渐进过程模拟

在变形体分析方法中,模拟岩体渐进破坏过程的具体方法有超载法和强度储备法。超载法就是通过在所分析结构上施加不同倍数的荷载,使结构达到极限平衡状态。达到极限平衡状态时超载倍数即为稳定安全度。强度储备法则是通过降低材料的强度,使结构达到极限平衡状态。超载法又可分为超水重度三角形超载和超水位矩形超载两种。地下洞室的岩体失稳主要是由开挖卸载引起的,一般采用强度储备法较合适。强度储备法考虑到岩体材料的强度指标受多种因素影响,随机性较大,往往缺乏足够的试验资料和经验数据,致使材料的实际强度有可能低于设计要求的标准强度,因而可以采用改变强度参数的方法研究失稳的渐进破坏过程。改变方法又有等比例和不等比例两种。反映岩土强度的参数多取摩擦系数和凝聚力,这两个参数中摩擦系数相对较为稳定,而凝聚力则受外界因素影响波动较大。因此,采用等比例降低强度显然不够合理,而采用不等比例降低比较合理,但不等比例如何选用又是一个值得研究解决的课题。较为合理的方法是借鉴各类结构规范设计强度参数确定中使用的保证率的思想,按保证率的原则改变。这样对于不同强度参数很容易取不同保证率,而且与荷载的概率分布组合,确定建筑物在最不利组合下的稳定强度储备系数或可靠度指标。

#### 12.3.2.2　失稳判据

失稳判据主要有两种类型:一种是收敛性判据,另一种是突变性判据。收敛性判据是基于结构弹塑性分析的迭代收敛提出的,而突变性判据是依据失稳过程中运动状态参量的变化特征提出的。由于岩体是一种弹塑性材料,在失稳时岩体的部分或全部已处于塑性状态,变形迅速增加,而承载力下降或保持不变。因此,荷载变形曲线在极值点处具有平行于变形坐标轴线的切线,反映在计算过程中就是结构达到该点变形处出现迭代过程不收敛。所以,在进行弹塑性分析的过程中,在排除其他原因之后,确实是由于塑性区发展太大引起的迭代不收敛,就可以作为失稳的判据。岩体失稳属于极值失稳,反映失稳过程的运动状态参量存在极值点或突变点,因此突变性判据认为任何能够反映岩体状态突变的参量或现象均可以作为失稳判据。目前,比较常用的有关键部位的相对位移应变或位移突然变大关键部位的位移速率不能趋于零或突然变大结构的塑性屈服区太大,形成滑移通道外力所做的功与系统变形能不能平衡等。具体判断方法可以通过渐进破坏过程中反映出的超载系数或强度储备系数与运动状态参量间关系曲线变化规律来主观判断。更为科学的工具是应用非线性动力学系统中的突变理论来判断。近年来,有关非线性理论应用于岩土工程稳定分析研究已广泛开展,为地下结构围岩失稳分析提供了全新的理论与方法。然而,由于非线性理论的抽象性、复杂性,实用的分析方法还值得进一步研究。

## 12.4　洞室围岩变形机制及防控措施

### 12.4.1　洞室围岩变形机制

在长期的工程实践和理论研究中,尤其是近代岩土力学、工程地质力学的发展,使我们对坑道开挖后在围岩中产生的物理力学现象有了一个较为明确的认识。坑道开挖后将引起围岩一定范围内的应力重新分布和局部地壳残余应力的释放;在重新分布的应力作用下,一定范围内的围岩产生变形,发生松弛,与此同时也会使围岩的物理力学性质发生变化(恶化)。在这种条件下,坑道围岩将在薄弱处产生局部破坏,在局部破坏的基础上造成整个坑道的崩塌。从力学角度看,坑道开挖前的围岩处于初始应力状态,即初始地应力场,称为一次应力状态。坑道开挖后由于应力重新分布,坑道周边围岩处于由开挖引起的应力场中,这种应力状态称为二次应力状态,又称为毛洞的应力状态。如果二次应力状态满足坑道稳定的要求,则可不加任何支护,坑道即可自稳。如果坑道不能自稳就须施加支护措施加以控制,促使其稳定。因此,采取支护措施后的应力场称为三次应力场或支护后的应力场。显然这种状态与支护结构的类型、方法、施设时间及与围岩的相互作用等有关。三次应力状态满足稳定要求后就会形成一个稳定的洞室结构,这样,这个力学过程才告结束。通过以上分析,可以看出,开挖实质上是应力释放、围岩变形的过程,而人工支护则是控制变形的过程。隧道工程,归根结底,就是一个应力释放和应力控制的问题。应力释放的直接后果,就是引起周边围岩的变形和松弛。因此,应力控制实质上就是控制围岩的变形和松弛。也就是说,如何在开挖和支护过程中,使围岩不松弛或少松弛。这是软弱围岩隧道设计施工的主要原则。围岩松弛与围岩变形直接相关,想要控制住围岩的松弛,就要控制住围岩的变形。

### 12.4.2 国内外洞室围岩变形防控措施

早在20世纪初,形成了隧道围岩与支护结构相互作用的古典压力理论——塌落拱理论,该理论认为塌落拱的高度与地下工程跨度和围岩性质有关,塌落拱理论的最大贡献是提出隧道围岩具有自承能力。20世纪50年代以来,人们开始用弹塑性力学来解决隧道支护问题。20世纪60年代提出了一种新的隧道设计施工方法,即新奥法,新奥法的核心是利用隧道围岩的自承作用来支撑隧道,促使围岩本身变为支护结构的重要组成部分,使围岩与构筑的支护结构共同形成坚固的支承环。目前,新奥法已成为隧道工程设计施工的主要方法之一,也是软弱围岩支护主要的理论之一。新奥法实质是利用围岩自承能力,使围岩本身形成支承环。采用新奥法设计施工的基本原则是:在考虑岩体物理力学特性的前提下,利用现场监控信息,在适宜的时机构筑适宜的支护结构,避免围岩及支护结构中出现不利的应力应变状态,使隧道形成力学上十分稳定的结构。在此期间,日本山地宏和樱井春辅等提出了围岩支护的应变控制理论,该理论认为隧道的应变随支护结构的增强而减小,而容许应变则随支护结构的增强而增大,因此通过增强支护结构能较容易地将围岩应变控制在容许应变范围之内。20世纪70年代提出了能量支护理论,该理论认为支护结构与围岩相互作用、共同变形,在变形过程中,围岩释放一部分能量,支护结构吸收一部分能量,但总的能量没有变化,主张利用支护结构的特点,自动调整吸收和释放多余的能量。起源于苏联的应力控制理论,其基本原理是通过一定的技术手段改变某些部分围岩的物理力学性质,改善围岩内的应力及能量分布,使支承压力向围岩深部转移,以此来提高围岩自稳能力。20世纪80年代初,意大利PietroLunardi首次将隧道开挖过程中的变形效应通过三维空间进行分析,打破了过去只考虑与隧道掘进方向正交平面变形分析的陈规,并辅之以大量的理论和试验研究,最终提出了岩土控制变形分析施工(ADECO-RS)工法,并且将其运用于隧道设计与施工中。该工法把主要的注意力放在掌子面超前核心土的稳定上,并以此为基础对施工方法进行选择。PietroLunardi 等认为,隧道结构承受最大应力的阶段并不是隧道施工完成后,而是在隧道开挖阶段,通过对 1 000 多例隧道的研究,形成了 ADECO-RS 工法的核心观点,即掌子面超前核心岩土的滑动与隧道塌方之间存在着紧密联系,隧道塌方总是发生在核心土体滑动之后。掌子面超前核心岩土的强度、稳定性,以及对变形的敏感性在隧道施工中起到决定性作用。

在国内,针对隧道支护进行了大量相关研究,形成了一些有影响的理论:“轴变论”理论是于学馥(1981)等提出来的,该理论认为隧道塌落可以自行稳定。隧道塌落破坏是由于围岩应力超过岩体强度极限引起的,塌落改变了隧道轴比,导致围岩进行应力重分布。应力重分布的特点是高应力下降、低应力上升,并逐渐向无拉力和均匀分布发展,直到稳定而停止。应力均匀分布的轴比是隧道最稳定的轴比,此时隧道形状为椭圆形。联合支护理论主要由陆家梁、冯豫、郑雨天、朱效嘉等结合软弱围岩实际,灵活运用新奥法理论提出来的,是在新奥法的基础上对软弱围岩支护技术的发展。其观点可以概括为:对于软弱围岩支护,一味地追求加强刚度是难以奏效的,要先柔后刚,先让后抗,柔让适度,稳定支护。由此发展起来的支护形式有锚喷网技术、锚喷网架技术、锚带喷架等联合支护技术等。锚喷弧板支护理论是由孙钧、郑雨天和朱效嘉等提出的,实际是联合支护理论的新进展。该理论的要点是:对软弱围岩总是强调放压是不行的,放压到一定程度,要坚决顶住,坚决限制和顶住围岩向临空方向变形。其实施的难点主要是成本较高,弧板后充填技术要求严格,允许围岩变形有限,需要很高的阻抗力。松动圈理论是由中国矿业大学董方庭提出的,其主要内容是:凡是坚硬围岩的裸体隧道,其围岩松动圈都接近于零,此时隧道围岩的弹塑性变形虽然存在,但并不需要支护。松动圈越大,收敛变形越大,支护难度就越大。因此,支护的目的在于防止围岩松动圈发展过程中的有害变形。主次承载区支护理论是由方祖烈提出的,认为隧道开挖后,在围岩中形成拉压域。压缩域在围岩深部,体现了围岩的自稳能力,是维护隧道稳定的主承载区;张拉域形成于隧道周围,通过支护加固,也形成一定的承载力,但其与主承载区相比,只起辅助作用,故称为次承载区。主、次承载区的协调作用决定隧道的最终稳定。支护对象为张拉域,支护结构与支护参数要根据主、次承载区相互作用过程中呈现的动态特征来确定。支护强度原则上要求一次到位。软弱围岩工程力学支护理论是由何满潮运用工程地质软弱围岩支护荷载的确定和软弱围岩非线性大变形力学设计方法等内容。

对于软弱围岩隧道的变形控制,国内外都有不同形式的做法。我国《公路隧道设计规范 第一册 土建工程》(JTG 3370. 1—2018),针对膨胀性压力引起大变形情况,规定可采用双层初期支护,也可在初期支护内采用可缩式钢架,锚杆宜加长、加密,长短结合。同时提出,早支护、柔支护,及时成环,先柔后刚、先让后顶,分层支护。《铁路隧道设计规范》(TB 10003—2016)规定,初期支护应及时封闭成环,可采用可缩式钢架、长锚杆、预应力锚杆、钢纤维喷射混凝土等,以适应围岩的变形,变形基本稳定后及时施作二次衬砌。在早期阶段,对于软弱围岩隧道大变形问题的处理,采用的普遍方法是反复扩挖、反复支护直至成型。但这种方法的最大问题是,需要拆除顶替已经承载的支护构件和对围岩的多次扰动。这是隧道施工中的“大忌”。为了解决这个问题,人们采用了许多方法,如在喷射混凝土中设置伸缩缝来吸收一部分变形;采用长锚杆(8~15 m)来控制围岩的后期变形;采用掌子面锚杆控制围岩的超前变形等。这些方法对解决大变形问题起到一定的作用,特别是长锚杆和掌子面锚杆。日本在东海道新干线的饭山隧道(长 22.2 km)的大变形地段试验采用多重支护方法也取得了成功。这种方法的特点是,留出充分的变形富裕值,先释放一部分变形,进行第一次支护,继续释放变形,一次支护达到极限状态后,再继续第二次支护,必要时,可继续第三次支护,将变形控制在容许范围之内。另外,在一些隧道修建水平较高的国家,如瑞士等,广泛采用 U 型钢可缩性支架进行隧道开挖初期支护。

# 12.5　工程案例

## 12.5.1　出山店水库

出山店水库布置隧洞 1 条,为北灌溉洞。

### 12.5.1.1　工程特性参数

北灌溉洞设计流量 13.87 $m^3/s$,加大流量 16.38 $m^3/s$,北灌溉洞出口水位不低于 83.5 m,灌溉洞采用无压城门洞形,3.8 m×3 m(高×宽),进口底板高程 81.5 m,塔后消能段底板高程 80.0 m,洞身段底板高程由 81.3 m 渐变为 81.0 m,洞身比降 1/1 144。北灌溉洞的工程布置包括引渠段、闸室控制段、洞身段(包含闸后消能段)、扩散段和出口扭曲面段五个部分。北灌 0-004 以上为引渠段,渠道底板高程为 81.5 m,底宽 5 m(北灌 0-015~北灌 0+000 为收缩段,渠底宽度由 5 m 渐变为 3 m),两侧边坡坡比 1:2.5,在 86.5 m 高程设置 2 m 宽马道,马道以上边坡坡比为 1:3;北灌 0-120.98~北灌 0-045 段设置平面弯道,弯道半径 60 m,圆心角为 72.55°;北灌 0-045~北灌 0-015 为扭曲面,北灌 0-015~北灌 0+000 为收缩段。北灌 0+000~北灌 0+014 为闸室段,采用岸塔式进口,后接无压洞,底板宽 9 m,北灌 0+000~北灌 0+012.4 底板高程 81.5 m,北灌 0+012.4~北灌 0+014 底板高程由 81.5 m 渐变至 81 m,纵坡 1:3.2。北灌 0+014~北灌 0+377 为洞身段,其中,北灌 0+014~北灌 0+033.7 为塔后消能段,北灌 0+033.7~北灌 0+377 为洞身段,北灌 0+014~北灌 0+017.2 m 底板高程由 81.0 m 渐变为 80.0 m,北灌 0+017.2~北灌 0+033.7 底板高程为 80 m,北灌 0+033.7~北灌 0+377 段高程由 81.3 m 渐变为 81.0 m,洞身比降 1/1 144,洞宽 3 m,洞高 3.8 m,其中直墙高 2.9 m,拱矢高 0.9 m、顶拱半径 1.7 m、顶拱中心角 124°,洞身衬砌 0.6 m 厚 C30 钢筋混凝土。北灌 0+377~北灌 0+399.7 为扩散段,断面底宽由 3 m 扩散为 8 m,底板高程为 81.0 m。北灌 0+399.7~北灌 0+429.7 为出口扭曲面段,断面底宽由 8 m 渐变为 4 m。

### 12.5.1.2　基本地质条件

场区属低山丘陵地貌,属土、岩双层结构,地层起伏较大,沿线涉及多种时代成因地层,上覆第四系黏性土层,下伏新近系($N_y$)砂砾岩和古近系($E_m$)砂质黏土岩、黏土质砂岩等。岗丘南北两侧上部为低液限黏土($Q_4^{pld}$),褐黄色,土质不均一,局部黏粒含量较高,团粒结构,结构较松散,可见绣黄斑点及白色条纹,层厚 2.3~3 m。岗丘南北两侧下部为低液限黏土($Q_3^{alp}$),褐黄色-褐灰色、浅褐黄色,可塑状,上部具针状孔隙,土质不均一,局部黏粒含量较高,上部可见较多的铁质斑点,下部可见铁锰质斑点及条纹。岗丘中上部为低液限黏土($Q_2^{alp}$),棕黄色杂灰绿色,硬塑状,可见竖向节理,裂面附黑色铁质薄膜,土质不均一。团粒结构,可见铁锰质斑点及浅灰绿色条纹,偶见小砾石,局部含较多中粗砂及砂砾石,砾石多为灰白色石英岩,粒径一般为 2~3 cm,土质杂。岗丘西侧下部揭露砂砾岩($N_y$),黄色,湿,砾石成分以灰白色石英岩为主,次圆状及次棱角状,粒径一般为 2~3 cm,大者为 4~5 cm,含量为 45%~50%,泥砂质充填,以中粗砂充填为主,未胶结,岩性呈散粒状,揭露厚度为 0.2~7.5 m。下部为砖红色岩系($E_m$),北灌溉洞主要揭露了砂质黏土岩、黏土质砂岩:砂质黏土岩($E_m$)为紫红色、砖红色,含钙质结核较多,密实,可见云母碎片,具灰绿色泥质条斑,成岩差,岩芯呈部分坚硬土状,局部呈可塑黏土状,揭露厚度为 3.2 m,揭露于黏土质砂岩之上;黏土质砂岩($E_m$)为棕红色杂少量灰绿色,泥质结构,泥质含量较高,岩芯多呈长柱状,成岩差,岩芯呈坚硬土状,局部呈可塑黏土状,裂隙较发育,见有灰黑色铁锰质的浸染及灰绿色的泥质条带,局部可见胶结现象,多为钙泥质胶结,最大揭露厚度为 21.0 m。

场区地下水赋存于壤土层孔隙、裂隙中和软岩类裂隙、孔隙中,下部新近系砂砾岩地下水具承压性;地表水补给地下水,地下水位与地表水有联系,由于场区缺乏好的含水层,地下水径流不畅,水量小,水位变幅大。揭露水位高程为 76.70~76.9 m。第四系上更新统($Q_3^{alp}$)低液限黏土属微透水层,第四系中更新统($Q_2^{alp}$)低液限黏土属极微透水层,新近系尹庄组($N_y$)属中等透水层,古近系毛家坡组砂质黏土岩、黏土质砂岩($E_m$)属弱透水层。

#### 12.5.1.3 洞室围岩稳定问题

北灌溉洞洞室段涉及地层岩性为第四系中更新统($Q_2^{alp}$)低液限黏土及古近系毛家坡组砂质黏土岩、黏土质砂岩($E_m$)。

低液限黏土层密实、属硬塑状态、属坚硬土、属中等压缩性、多属极微透水、具弱膨胀性,属散体结构;古近系毛家坡组砂质黏土岩、黏土质砂岩属极软质岩,按《水利水电工程地质勘察规程(2022 年版)》(GB 50487—2008)附录 N 定性判别洞室围岩属Ⅴ类散体结构或极软岩,成洞条件差,边坡自稳能力较差。

#### 12.5.1.4 洞室围岩稳定问题施工处理

对于低液限黏土膨胀性问题施工,主要采用了台阶法——三台阶法进行施工,减少断面闭合时间的方式进行处理。

洞室围岩自稳能力及边坡稳定性问题,主要采取了超前支护和初期支护措施。超前支护中,土洞段顶部采用 Dg42@ 300 管棚超前支护、岩洞段顶部采用 Dg42@ 400 管棚超前支护,边墙采用 Dg42@ 500 管棚超前支护,管棚超前支护管长 3 m,每 2 m 一环。初期支护中,采用 5 m 间距钢拱架(18#工字钢)内插 1 m 间距钢格栅(挂Φ 6@ 150 钢筋网),岩洞段钢格栅增设Φ 22 长 3.5 m 砂浆锚杆、孔距 0.75 m、排距 0.75 m(主要位于洞顶及侧墙上部),侧墙布设 4 根Φ 22 长 2 m 锁脚锚杆,喷射 200 mm 厚 C25 混凝土进行支护。顶拱设置排水孔(入土岩 2 m)及回填灌浆(入土岩 10 cm,灌浆压力 0.1~0.15 MPa),岩洞段增设固结灌浆(入岩 2 m,灌浆压力 0.2~0.25 MPa),先回填灌浆,后固结灌浆,再造排水孔。

北灌溉洞变形段加固处理支护方案：洞身0+100~0+129段进行加固，采用Q235B18#工字钢拱架，间距1 m，相邻两榀钢拱架之间采用直径25的钢筋焊接相连(间距0.5 m)。

施工经验：对于洞室岩性可变性的土质或极软岩隧洞，建议采用刚性初期支护，即选择工字钢拱架比钢格栅效果要好。

### 12.5.2 燕山水库

#### 12.5.2.1 泄洪洞基本地质条件

泄洪洞布置于右坝头小燕山下，为无压城门洞形隧洞，闸室段采用岸塔有压短管式进口，包括引渠段、闸室段、洞身段、出口扩散消能段和尾水段五部分，洞身段(泄洪洞桩号0+025~0+225)长度200 m，洞进口底高程89 m，出口底高程87.00 m，洞身比降1/100，内径洞宽6 m，洞高7.8 m。

泄洪洞洞线主要涉及$m^1$石英砂岩、$x_1$安山岩，岩层产状为67°SE∠10°~15°。石英砂岩岩石质量指标RQD值为75%~87%，据3段压水试验资料，2段微透水、1段为中等透水；安山岩RQD值一般达93%~100%，据9段压水试验资料，极微透水占33.3%、微透水占11.1%、弱透水占55.6%。洞身处于弱-微风化石英砂岩和安山岩岩体中，岩体一般较完整，，洞身围岩属Ⅱ~Ⅲ类。但靠近断层带岩体较破碎，沿洞身有$F_{57}$、$F_{58}$、$F_{59}$三条断层发育，破碎带内物质多为碎块岩，胶结差，对洞室的稳定性有所影响。

#### 12.5.2.2 施工处理

泄洪洞进口0+025~0+027段，受$f_{x-4}$和$f_{x-5}$断层的切割，石英砂岩岩体沿其层面裂开，出现塌顶现象，坍塌厚度约2 m，塌方体积约25 $m^3$，采取加长、加密锚杆结合拱架支护。

沿洞身有$F_{57}$、$F_{58}$、$F_{59}$三条断层发育，破碎带内物质多为碎块岩，胶结差；受断层的影响，段内顺洞向节理发育，多组节理切割组合，岩体较破碎，对洞室的稳定有一定影响，在开挖施工过程中形成小规模塌方。施工中清除松动岩块后采用喷锚支护处理。洞身出口部位有多组节理密集带发育，洞顶岩体较破碎，采用了拱架结合喷锚支护处理。

# 第五篇　天然建筑材料

修建各种类型的工程建筑物都离不开天然建筑材料,尤其是水电工程,如混凝土坝需大量骨料,土石坝需大量防渗土料和填筑料,工程规模越大需要量越多,这些材料的来源称为料源,包括天然砂砾料场、土料场、石料场和建筑物的有用开挖渣料。

对料场必须进行调查和勘探,目的是在工程场地附近找到储量充足,质量合格,开采、加工和运输条件较为适宜,对环境及自然景观影响较小的天然建筑材料产地,为工程建设提供料源。

天然建筑材料勘察是水电工程建设的重要基础工作之一。它关系到坝址、坝型的选择、施工布置和施工方案确定等。

在不影响工程安全,并考虑施工开采方便的情况下,缩短天然建筑材料运距,可大幅度降低水电工程造价,合理选择天然建筑材料料源,可给水电工程建设带来巨大的社会效益和经济效益。

## 第 13 章　天然建筑材料的分类和用途

### 13.1　天然建筑材料的类型、特性和成因

#### 13.1.1　天然砂砾料

天然砂砾料成因多为冲积,一般呈层状分布于河床堆积阶地、河漫滩、心滩和河道部位。一般由卵砾石、砂组成,粒径大于 5 mm 的粗颗粒多表现为复成分,岩质坚硬,强度高;粒径不大于 5 mm 的细颗粒多为较坚硬的单矿物及硬岩岩屑。若作为填筑料经碾压后,一般具有较低的压缩性、较高的抗剪强度和良好的排水性。

#### 13.1.2　石料

石料可为石料场开采的石料或工程建筑物(如溢洪道、隧洞、厂房等)在基岩中开挖的可用渣料。

### 13.1.3　土料

#### 13.1.3.1　一般土料

一般土料指常规细粒土料，主要成因有坡积、残积、冲积等，主要特点是颗粒细、抗渗性好、抗剪强度一般至偏低，中–高压缩性。

#### 13.1.3.2　碎砾石土料

碎砾石土料指粒径大于 5 mm 颗粒的质量小于总质量 50%的土料。天然的砾类土成因多为冰碛、冲洪积、部分坡积等。一般特征为碾压后具有良好的抗剪强度和不透水性、较低的压缩性，具有较好的压实性，方便施工。

#### 13.1.3.3　风化土料

风化土料可用作防渗体的土状和碎块状全风化、部分强风化岩体，主要特征是外貌上仍保留有母岩的结构构造（包括产状、节理、裂隙等）特征和存在部分较坚硬的母岩碎块。开挖料多为砾质黏土和砾质粉土，具有碎（砾）石类土的一般特征，在合适的条件下，岩浆岩、沉积岩和变质岩均可形成风化土料。

#### 13.1.3.4　特殊土料

（1）红黏土：碳酸盐类岩石或基性喷出的玄武岩及沉积成因的砂泥岩等岩石，在亚热带气候条件下，经风化作用形成富含铁铝氧化物，呈红色、褐红色或褐色的黏土。我国南方地区广泛分布的红黏土，化学成分中 $SiO_2+Al_2O_3+Fe_2O_3$ 含量大于 80%，矿物成分以高岭石和伊利石为主，具黏粒含量和天然含水率高、天然干密度低、压实性差等特征。

（2）黄土：主要由粉粒（0.005~0.05 mm 颗粒含量一般占 50%~70%）组成，呈棕黄或黄褐色，具有大孔隙和垂直节理特征，遇水产生自重湿陷性的土称自重湿陷性黄土；不产生自重湿陷性的黄土称非自重湿陷性黄土，经过搬运的黄土称黄土状土。黄土主要分布在我国西北和华北地区。

（3）膨胀土：富含亲水性矿物并具明显吸水膨胀、失水收缩特性的高塑性黏土，工程性质较差。

（4）分散性土：黏土矿物中可交换钠离子含量较高，遇纯水后土粒周围水膜增厚，导致土体散失团粒结构，黏粒呈分散状态并可随渗透水流失，分散性土大都为中、低塑性的黏土，工程性质差。分散性土改性一般采用掺入 1%~4%的消石灰 $Ca(OH)_2$ 或生石灰 $CaO$。

## 13.2　天然建筑材料的用途和主要作用、料源选择及基本要求

### 13.2.1　混凝土骨料

混凝土骨料在混凝土中起骨架支撑作用，按粒径分为粗骨料和细骨料，细骨料尚有充填作用。

混凝土骨料粒组划分见表 13-1。混凝土骨料分类见表 13-2。

表 13-1 混凝土骨料粒组划分

<table>
<tr><th colspan="5">粒组名称</th><th>粒径/mm</th></tr>
<tr><td colspan="5">蛮石(圆状、次圆状)、块石(棱角状)</td><td>>150</td></tr>
<tr><td rowspan="13">混凝土骨料</td><td rowspan="4">粗骨料</td><td rowspan="4">天然砾石、人工碎石</td><td colspan="2">极粗</td><td>80~150</td></tr>
<tr><td colspan="2">粗</td><td>40~80</td></tr>
<tr><td colspan="2">中</td><td>20~40</td></tr>
<tr><td colspan="2">细</td><td>5~20</td></tr>
<tr><td rowspan="9">细骨料</td><td rowspan="9">天然砂(≤0.075 mm 的颗粒称泥)、人工砂(≤0.158 mm 的颗粒称石粉)</td><td colspan="2">极粗</td><td>2.50~5.00</td></tr>
<tr><td colspan="2">粗</td><td>1.25~2.50</td></tr>
<tr><td colspan="2">中</td><td>0.63~1.25</td></tr>
<tr><td colspan="2">细</td><td>0.315~0.63</td></tr>
<tr><td colspan="2">微细</td><td>0.158~0.315</td></tr>
<tr><td colspan="2">极细</td><td>0.075~0.158</td></tr>
<tr><td rowspan="2">粉粒</td><td>粗</td><td>0.010~0.075</td></tr>
<tr><td>细</td><td>0.005~0.010</td></tr>
<tr><td colspan="2">黏粒</td><td><0.005</td></tr>
</table>

表 13-2 混凝土骨料分类

| 名称 | | 粒径/mm | 含量/% |
|---|---|---|---|
| 粗骨料 | 极大石 | >80 | >50 |
| | 大石 | >40 | >50 |
| | 中石 | >20 | >50 |
| | 细石 | >5 | >50 |
| 细骨料 | 极粗砂 | >2.5 | >50 |
| | 粗砂 | >1.25 | >50 |
| | 中砂 | >0.63 | >50 |
| | 细砂 | >0.315 | >50 |
| | 微细砂 | >0.158 | >50 |
| | 极细砂 | >0.075 | >50 |

注:极粗砂中大于 5 mm 颗粒应小于 5%;粗砂中大于 5 mm 颗粒应小于 3%;中砂–极细砂中不应有大于 5 mm 颗粒。

混凝土骨料可采用天然砂砾料或人工骨料,或两者的结合。在选择人工骨料料源时,应优先考虑工程建筑物开挖料,特别是地下工程建筑物开挖料。在工程建筑物开挖料质量不符合要求或储量不足时,宜就近选择料场开采天然砂砾料或人工骨料。在有条件的地方,宜优先选用灰岩石料。

人工骨料应采用饱和抗压强度大于 40 MPa,但从加工难度出发宜小于 120 MPa,抗风化能力强的岩石加工。高强度混凝土的人工骨料,应采用单轴饱和抗压强度大于混凝土强度 1.5~2 倍的耐风化岩石轧制。

一般认为,耐风化岩石的弱风化岩体可作为人工骨料料源,而强风化岩体则不能作为人工骨料料源。

临水工程中混凝土骨料一般应进行碱活性鉴定,避免使用有碱活性的骨料。

轧制混凝土人工骨料的岩石,一般不宜作为混凝土活性天然掺和料。

### 13.2.2　坝体填筑料

一般天然可用的散粒体筑坝材料的特性见表 13-3。

**表 13-3　坝体填筑料筑坝特性**

| 典型的土类名称 | 分类符号 | 土料的基本筑坝特性 | | | | |
|---|---|---|---|---|---|---|
| | | 压实后的透水性 | 压实并经饱和后的抗剪强度 | 压实并经饱和后的压缩性 | 压实并经饱和后的抗管涌性 | 易施工性 |
| 良好级配砾、砾砂混合料 | GW | 透水 | 极高 | 几乎不压缩 | 极好 | 极好 |
| 不良级配砾、砾砂混合料 | GP | 很透水 | 很高 | 几乎不压缩 | 中等 | 很好 |
| 不良级配砾、砂、粉土混合料 | GM | 半透水到不透水 | 很高 | 几乎不压缩 | 中等 | 很好 |
| 不良级配砾、砂、黏土混合料 | GC | 不透水 | 很高到高 | 很低 | 好 | 很好 |
| 良好级配砂、砾质砂 | SW | 透水 | 极高 | 几乎不压缩 | 好 | 极好 |
| 不良级配砂、砾质砂 | SP | 透水 | 很高 | 很低 | 中等 | 好 |
| 不良级配砂、粉土混合料 | SM | 半透水到不透水 | 很高 | 低 | 差 | 好 |
| 不良级配砂、黏土混合料 | SC | 不透水 | 很高到高 | 低 | 中等 | 很好 |
| 砂质粉土、粉土、粉土质细砂、黏土质细砂、黄土(微有或无塑性)、极细砂 | ML | 半透水到不透水 | 高 | 中等 | 差 | 好 |

续表 13-3

| 典型的土类名称 | 分类符号 | 土料的基本筑坝特性 | | | | |
|---|---|---|---|---|---|---|
| | | 压实后的透水性 | 压实并经饱和后的抗剪强度 | 压实并经饱和后的压缩性 | 压实并经饱和后的抗管涌性 | 易施工性 |
| 砂质黏土、低塑性黏土、砾质黏土、黄土 | CL | 不透水 | 高 | 中等 | 中等 | 很好到好 |
| 低和中塑性有机粉土、有机粉质黏土 | OL | 半透水到不透水 | 低 | 中等 | 中等 | 好 |
| 粉土、云母细砂质土、粉质土、红黏土 | MH | 半透水到不透水 | 高到低 | 高 | 中等 | 差 |
| 高塑性黏土、肥黏土、膨胀黏土 | CH | 不透水 | 低 | 高 | 极好 | 差 |

坝体填筑料按填筑部位分为坝壳堆石料、反滤料、过渡料、垫层料、砌石料、护坡料、防渗土料、接触黏土料等。

13.2.2.1　**坝壳堆石料**

坝壳堆石料是有强度和级配要求的透水料，主要作用是支撑防渗体、维持坝体稳定并排水。土石坝坝体及围堰填筑堆石料料源应优先利用建筑物开挖料，在工程建筑物开挖料质量不符合要求或储量不足时，宜就近选择料场开采石料或天然砂砾料。当地材料不受限制时，上、下游坝壳可用相同的材料，如卵石、漂石、开采的抗水性和抗风化能力强的碎石、岩块填筑。当地材料受限制时，下游坝壳的水下部分和上游坝壳的水位变动区，宜采用抗风化能力强的岩石填筑。软化系数低、不能压碎成砾石土的风化岩石和软岩，宜填筑在浸润线以上的干燥区。

坝壳堆石料的基本要求是：坝高不小于 70 m 时，岩石的饱和抗压强度应大于 40 MPa；坝高小于 70 m 时，岩石强度应大于 30 MPa。堆石经碾压后具有较低的压缩性、较高的抗剪强度和良好的排水性。

13.2.2.2　**土石坝反滤料和过渡料**

土石坝的反滤料层和过渡料层是保护坝体安全运行的重要工程措施，作用是保护心墙土料不发生渗透变形，并能防止心墙开裂后的裂缝扩展，最终达到自愈；同时，也是堆石坝壳与防渗体之间强度和变形的过渡，主要是防止不均匀沉陷造成坝体开裂。土石坝及围堰的反滤料和过渡料料源应优先使用天然砂砾料，当工程附近缺乏天然砂砾料，或其质量不能满足设计要求，或使用天然砂砾料不经济时，可考虑人工轧制。

反滤料及过渡料的基本要求是：应采用质地坚硬、致密，抗水性和抗风化能力强、不含有机质和可溶盐的材料；具有使用目的要求的颗粒组成；有良好的透水性，不被淤塞。

13.2.2.3　**面板堆石坝的垫层料和过渡料**

1. 垫层料

高坝垫层料是具有良好级配的半透水料，级配要求是：最大粒径 80 ~ 100 mm、小于 5

mm 颗粒含量宜为 30%～50%，小于 0.075 mm 颗粒含量不超过 8%；用天然砂砾料填筑时，垫层料应级配连续，内部结构稳定，碾压后的渗透系数宜为 $1\times10^{-4}\sim1\times10^{-3}$ cm/s。

垫层料区是面板的直接支承体，向堆石体均匀传递水压力，并起到辅助渗流控制作用。垫层料可采用天然砂砾料、人工砂石料，或两者的掺料，人工砂石料应采用坚硬和抗风化能力强的岩石加工。

垫层料的基本要求是：压实后具有低压缩性和高抗剪强度，并具有良好的施工特性。

2. *过渡料*

过渡料区位于垫层区和主堆石区之间，保护垫层并共同起辅助渗流控制作用。过渡料应采用级配连续，最大粒径不宜超过 300 mm 的材料，压实后应具有低压缩性和高抗剪强度，并具有自由排水性。

过渡料可采用专门开采加工的细堆石料、洞室开挖石(渣)料或经筛分加工的天然砂砾料。

#### 13.2.2.4 砌石料和护坡料

1. *砌石料*

从采石场开采出来，形状比较规则的中硬、坚硬岩条石可作为砌石坝和土石坝上、下游坝面护坡，也广泛用于条石重力坝和条石拱坝。

砌石料应采用质地致密，抗水性和抗风化性能满足工程应用条件的石料，岩块尺寸应满足设计要求。不得使用翘口石(一边厚、一边薄的石料)和龙口石(石料很薄的边口，未经砸掉)。

2. *护坡料*

堆石坝可采用堆石料中的粗颗粒或超径石做护坡。上游坝坡使用天然建筑材料的护坡形式时，可采用堆石(含抛石)、干砌石或浆砌石，有条件时宜尽量采用堆石或抛石，即在堆石填筑面上，将超径大块石用推土机或抓石机置于上游坡面，或用超径石抛填于坡面，适合于机械化施工，既快又省，且能保证安全。上游护坡的作用是：防止波浪淘刷、顺坝水流冲刷，漂浮物和冰层的撞击及冻冰的挤压等对坝坡的危害。

下游护坡主要是防止雨水冲刷和人为破坏，一般采用简化的方式。均质坝常采用草皮护坡，结合坡面排水，护坡效果良好；对砂或砂砾石的下游坡，一般采用卵砾石、碎石护坡。堆石体可不专门设下游护坡，有条件时可将超径石块码砌。

#### 13.2.2.5 防渗土料

防渗土料为有强度和级配要求的不透水料，用于填筑均质坝及分区土石坝(如直心墙坝、斜心墙坝、斜墙坝等)的防渗体，作用是使库水渗漏量控制在安全、经济限度内。对防渗土料的基本要求是：具有良好的防渗透性和渗透稳定性、有机质和可溶盐含量低，压缩性低、有较高的抗剪强度和较好的施工特性。

防渗土料可分为细粒土料和粗粒土料：

(1)细粒土料。如一般土料、特殊土料(其中分散性土，由于工程性质差，一般不宜作为防渗土料)，其主要特点是颗粒细，抗渗性能良好，抗剪强度较低，压缩性较高。

(2)粗粒土料。如碎(砾)石类土料、风化土料，其主要特点是颗粒分布范围大(有相当多大于 5 mm 的粗颗粒，也有一定数量小于 5 mm 的细颗粒)，级配良好，但可塑性较低，适应坝体变形的能力较差;具有良好的抗剪强度和不透水性、抗冲蚀能力强和较低的压缩性,压实性较好,便于施工。

当有两种以上土料的质量指标均基本满足设计要求时,应优先选用粒径范围较宽的土料。

土料颗粒级配不能满足筑坝要求时,可采取以下技术措施进行处理:

(1)土料的细粒(小于0.075 mm)或黏粒(小于0.005 mm)含量太高,砾石(大于5 mm)含量太低,力学性能较差,可掺入适量砂砾(碎)石,既能满足防渗要求,又可改善土料的压缩性,提高抗剪强度。

(2)当天然碎(砾)石土的粗颗粒含量太高不能满足防渗要求时,可用筛筛去大于某一粒径以上颗粒,也可人工掺入适量细粒,调整土料级配,使之满足防渗要求。

(3)堆料。当料场含砾量极不均匀(如0~80%),与要求(如20%~50%)差别太大时,可采用料场开采后在存料场堆放后二次开采混合后上坝,使含砾量在规定范围之内。

#### 13.2.2.6　接触黏土料

土质防渗体与基础接触处,在邻近接触面0.5~1.0 m内采用的防渗土料称为接触黏土料,或周边黏土料。要求颗粒细,有较高的塑性,并在略高于最优含水率下填筑。作用是使防渗体施工填筑时易于与岸坡及坝基基础结合,以较好适应不均匀沉降,降低心墙的拱效应。

## 13.3　其　他

### 13.3.1　固壁土料

混凝土防渗墙在水电工程中广泛使用,要求选择含砂量少的高塑限黏土(如高岭土、膨润土、红土、胶泥等)作为槽孔固壁土料,用于生产防渗墙施工所需的固壁泥浆。固壁泥浆还可作为钻探的一种冲洗液,除起保护孔壁、防止塌孔作用外,还具有挟带、悬浮与排除岩粉,冷却钻头、润滑钻具、堵漏等功能,要求泥浆具有黏度小、失水量少、静切力大的特点。

膨润土泥浆性能优于黏土泥浆,制浆土料宜优先选用膨润土。

### 13.3.2　混凝土天然掺和料

混凝土天然掺和料为天然产出的混入胶凝材料中的材料,按性质可分为:

(1)惰性天然掺和料。如石灰岩、白云岩等磨成的微粒,与水泥不起水化作用,属充填性天然掺和料,其主要作用是增加混凝土的和易性。

(2)活性天然掺和料。主要为酸性-中性火山岩、沉积的硅质岩(主要有硅藻土、硅藻岩、海绵岩、蛋白土、板状硅藻土、层状燧石和结核状燧石等),统称为天然火山灰质混合材料,成分主要为硅酸盐结晶矿物及活性物质(以微晶-隐晶质石英、硅质火山玻璃、蛋白石和玉髓等为主),磨成的微粒掺用于混凝土中,能发生水化反应,并兼有充填料的作用,既可节约水泥、降低成本,又可改善混凝土的某些性能,如抑制碱骨料反应;放慢水化速度、降低水化热,利于水电工程大体积混凝土浇筑等。

常见的混凝土活性天然掺和料多为酸性-中性火山岩,经品质鉴定:火山灰和多孔状浮石,掺量30%的混凝土胶砂28 d抗压强度比多不小于62%,表明掺和料活性较高、质量较好,仅个别水泥生产厂家曾将火山灰作为生产水泥的掺和料,目前尚无工程现场应用的实例;流纹岩、火山碎屑岩、酸性火山熔岩、酸性火山角砾岩、凝灰角砾岩、凝灰质粉砂岩、凝灰岩、变质凝灰岩等,掺量30%的混凝土胶砂28 d抗压强度比为40%~58%,表明掺和料活性较低、质量较差。目前,只有少数料种在少数工程使用过(漫湾水电站浇筑的混凝土掺和料采用凝灰质粉砂岩,为单掺,掺量20%左右;大朝山水电站碾压混凝土则采用凝灰质粉砂岩与磷矿渣做双掺料,掺量各为50%)。由于此类掺和料质量差异较大,其可掺性及掺量应经混凝土掺料试验论证后,本着技术上可行、经济上合理的原则确定。

混凝土活性掺和料料源选择宜根据酸性-中性火山岩、沉积的硅质岩岩石磨片鉴定成果,选择微晶-隐晶质石英、火山灰、硅质火山玻璃等活性成分含量高,未经脱玻化或变质的岩石;掺活性天然掺和料混凝土的质量,以抗压强度比进行检测,宜选择掺30%天然掺和料时水泥胶砂28 d抗压强度比不小于62%,质量较好的半晶质结构硅酸盐岩石。

加工混凝土活性天然掺和料的岩石,用作混凝土骨料时,会产生碱骨料反应,故不宜轧制人工骨料。

## 13.4　天然建筑材料试验案例

由于修建工程建筑物时都就近取材,在水电工程的混凝土坝修建或道路工程路基的填筑时,常采用砂卵石土、强风化泥质砂岩或残坡积土等作为工程修建的建造材料,而对于这些材料的性能,如抗剪强度、渗透系数和长期强度等,通常需要通过室内试验进行测定。

### 13.4.1　砂卵石土的强度及渗透特性研究

砂卵石土是典型的散体结构土体,其与黏性土相比有很大的不同,对砂卵石土特性的研究工作较为困难,取得的研究成果也很有限。通过不同含石量下砂卵石土的室内大型直剪试验和渗透试验,深入系统地研究了含石量对砂卵石土抗剪强度、剪切特性及渗透性的影响规律。

#### 13.4.1.1　砂卵石土基本特性

试验所取砂卵石土样地层上覆第四系全新统冲积($Q_4^{al}$)黏土、粉质黏土、粉土;其下为第四系上更新统冰水沉积砂类土和卵石土($Q_3^{fgl+al}$);下伏基岩为上白垩统灌口组($K_2^g$)泥岩层。取土处砂卵石地层的埋深为2.5~9.6 m,卵、砾石的岩性成分以灰岩、花岗岩等硬质岩为主,一般粒径为2~5 cm,最大粒径约18 cm,卵石呈圆形、亚圆形,磨圆度良好,分选性差,均匀性差,离散型大,密实度差异较大,卵石间有圆砾、中细砂充填,卵、砾含量高,密度为2.27 g/cm$^3$,含水率为9%。

由于室内试验采用仪器的最大控制粒径为80 mm,对于实际取样砂卵石土中超过80 mm的颗粒用2~80 mm等量替代。国际制分级标准将2 mm作为土与石的分界粒径,定义2~80 mm的砾、卵石所占砂卵石土总质量的百分比为“含石量”。对天然状态下的试样进行室内筛分试验,试验结果如表13-4所示。可以看出砂卵石中卵、砾石含量较高,粒径为 2~80 mm 的颗粒所占比例达到了 60%(含石量为 60%),小于 0.075 mm 的细颗粒所占比例不足 0.6%。经计算,天然状态下砂卵石土的不均匀系数 $C_u=37.88>5$,曲率系数 $C_c=0.155<1$,该砂卵石土样级配不良。

表 13-4 砂卵石试样粒径含量

| 土粒径/mm | 0.075 | 0.25 | 0.5 | 1 | 2 | 5 | 10 | 20 | 40 | 60 | 80 |
|---|---|---|---|---|---|---|---|---|---|---|---|
| 小于某粒径的土粒含量/% | 0.574 | 6.0 | 19.15 | 33.37 | 39.93 | 54.7 | 56.97 | 70.56 | 81.43 | 93.66 | 100 |

#### 13.4.1.2 试验方案及试验仪器

根据砂卵石土的基本特征,为了深入研究含石量对实际工程的影响,配制了卵、砾石含量为 20%、40%、60%和 80%、90%的土体,试样含水率为 9%。通过对不同含石量砂卵石土的大型剪切试验、渗透试验,研究了含石量对砂卵石土抗剪强度、剪切特性和渗透性的影响。不同含石量砂卵石土的试样和级配曲线如图 13-1、图 13-2 所示。

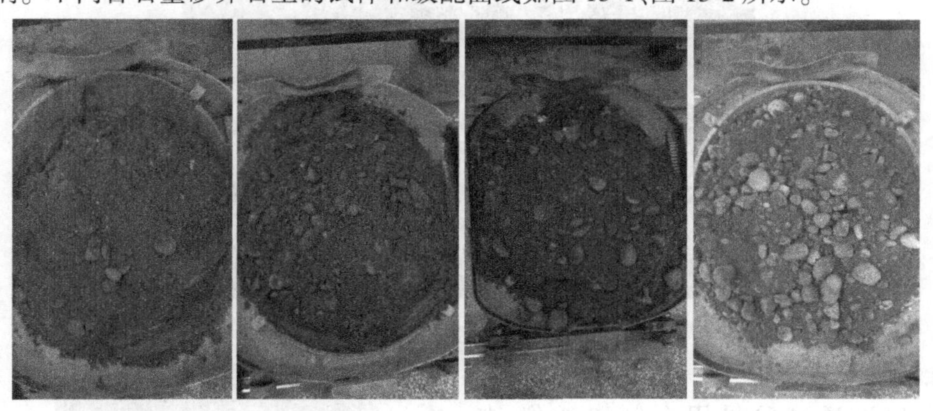

(a)含石量 20%　(b)含石量 40%　(c)含石量 60%　(d)含石量 80%

图 13-1 不同含石量下的砂卵石土试样

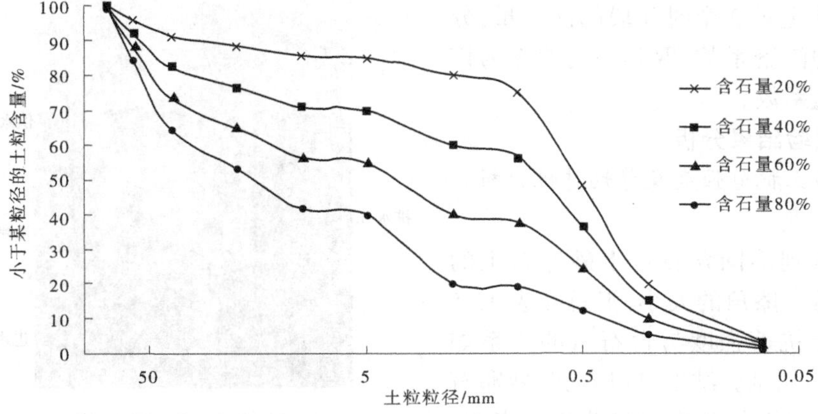


图 13-2 不同含石量下的砂卵石土的级配曲线

1. 大型直剪试验

大型直剪试验所用仪器为 ZJ50－2G 大型应变控制式直剪仪，该仪器是根据《水电水利工程粗粒土试验规程》(DL/T 356—2006)直接剪切试验的规定研制的。采用重塑样进行室内大型直剪试验，试样的直径为 500 mm、高度为 400 mm，试验中施加的竖向压力分别为 100 kPa、200 kPa、300 kPa，剪切速率为 2 mm/min，在水平剪应变达到 16%(即上、下剪切盒的相对位移为 80 mm)时结束试验。试验过程中自动采集数据，主要包括 1 个水平位移传感器和 4 个垂直位移传感器，如图 13-3 所示。

图 13-3　大型应变控制式直剪仪

2. 大型渗透试验

大型渗透试验采用自制渗透仪，如图 13-4 所示。该渗透仪直径为 30 cm，高度为 60 cm，试验中采用常水头，水头差为 2 m，每次渗透试验记录 3 个时间段的渗流量，分别求出它们的渗透系数，取其平均值作为该次试验的渗透系数。

图 13-4　自制渗透仪

### 13.4.1.3　试验结果分析

1. 砂卵石土抗剪强度及剪切特性分析

1) 抗剪强度

由试验得到不同含石量下砂卵石土的抗剪强度及内摩擦角的大小，汇总在表 13-5 中。砂卵石土抗剪强度与含石量的关系如图 13-5 所示。从试验结果可以看到，砂卵石土抗剪强度随含石量的增加呈非线性变化，且表现出一致性规律，总体趋势是随着含石量的增加，砂卵石土的抗剪强度逐渐增大。这与其他学者对土石混合体的抗剪强度研究结论近似。

表 13-5 不同含石量下砂卵石土的抗剪强度和内摩擦角

| 含石量/% | 竖向压力/kPa | 抗剪强度/kPa | 内摩擦角/(°) |
|---|---|---|---|
| 20 | 100 | 87 | 30.43 |
| | 200 | 150.5 | |
| | 300 | 216 | |
| 40 | 100 | 119.5 | 31.49 |
| | 200 | 165 | |
| | 300 | 232 | |
| 60 | 100 | 124.5 | 44.93 |
| | 200 | 200 | |
| | 300 | 320.5 | |
| 80 | 100 | 144.5 | 48.3 |
| | 200 | 252 | |
| | 300 | 344 | |

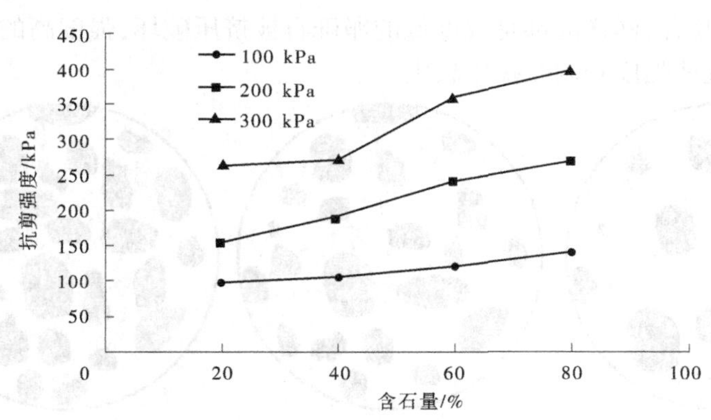


图 13-5 不同竖向压力下抗剪强度-含石量关系曲线

图 13-6 反映了随着砂卵石土含石量的增加，其内摩擦角的变化情况。内摩擦角随含石量的增加呈非线性增大，砂卵石土含石量从 20%增加到 40%时，内摩擦角从 30.43°增

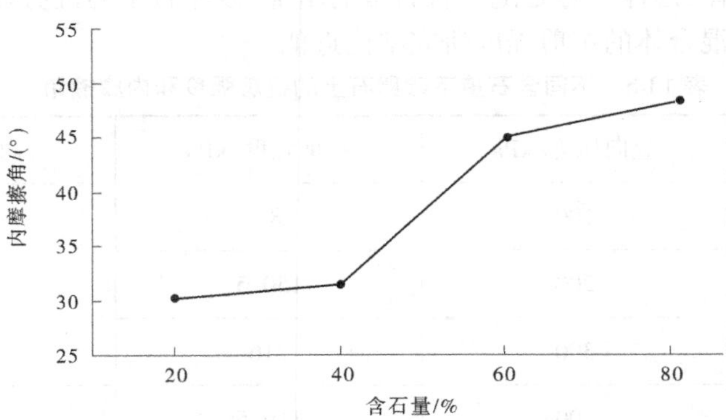


图 13-6　内摩擦角-含石量关系曲线

加到了 31.49°，内摩擦角变化较小；而当含石量位于 40%～80%时，土体内摩擦角从 31.49°增大到了 48.3°，增加较为显著。

含石量对砂卵石土强度的影响反映了砂卵石土结构形式对抗剪强度及参数的影响，随着含石量的增加，砂卵石土的结构从典型的悬浮密实结构逐步转变为骨架孔隙结构，并最终变为骨架密实结构，如图 13-7 所示。不同结构形式的砂卵石土抗剪强度及内摩擦角存在明显的差异，且随含石量变化大致分为 3 种情况：①当含石量为 20%即处于低含石量状态时，砂卵石土中以砂土为主，其结构为典型的悬浮密实结构，抗剪强度和内摩擦角主要取决于砂土的密实度和砂土的含量；②当含石量为 40%和 60%即处于中等含石量状态时，砂卵石土处于骨架孔隙结构，剪切面上卵砾石起到骨架主导作用，在剪力作用下土体首先破坏，卵砾石之间相互接触和咬合，明显增大摩擦力；③当含石量达到 80%即处于高含石量状态时，砂卵石土为骨架密实结构，试样剪切面基本上都为卵砾石，卵砾石在剪力作用下互相摩擦和咬合，同样的都是强度低的卵砾石被挤压破坏，强度高的卵砾石起骨架作用，以致土体的抗剪强度和内摩擦角较大。

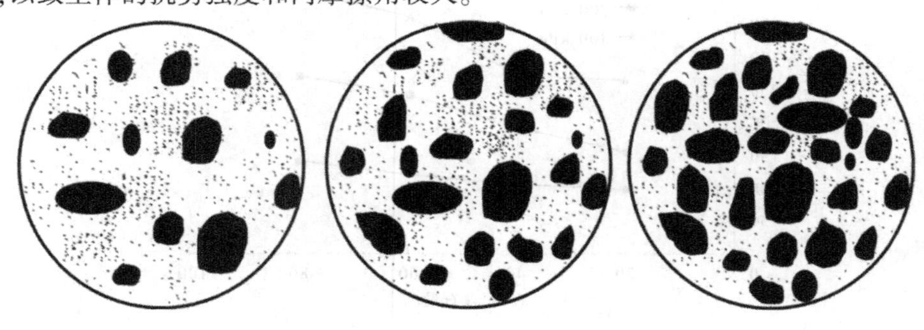

(a)悬浮密实结构　　(b)骨架孔隙结构　　(c)骨架密实结构

图 13-7　不同含石量砂卵石土的结构示意图

2)剪切特性

图 13-8 为不同含石量下砂卵石土在 3 个不同竖向压力下的剪应力与剪应变之间的关系。随着剪切位移的增大,剪应力随之单调增大,同时随着竖向压力的增大,剪应力也相应增大,这是松散颗粒材料的典型特性。不同含石量砂卵石土剪应力-剪切位移曲线形态基本一致,可以明显划分为 3 个阶段:①线弹性变形阶段,即剪应力-剪切位移曲线近似为一条直线,此阶段变形主要是土体的挤压密实,且在同一含石量情况下,竖向压力越大,卵砾石颗粒间结合越紧密,咬合作用也越强,剪应力-剪切位移曲线对应的线弹性变形阶段越长;②屈服阶段,曲线斜率由陡变平,此阶段试样中作为充填成分的土体首先达到屈服;③硬化阶段,此阶段变形主要是卵石与卵石、卵石与砂土之间相互咬合产生的结构效应,试样强度因卵、砾石间的咬合和摩擦而再次出现较小幅度的增大。

同时,砂卵石土剪应力-剪切位移曲线伴随有剪切"跳跃"现象的发生,且随含石量的增加,"跳跃"现象逐渐显著[见图 13-8(d)]。出现这种现象的原因是:剪切过程中卵砾石的破碎、错动、相对位置的不断调整等都是造成"跳跃"现象的主要原因,且含石量越高,卵砾石破碎、翻转、错动的现象越频繁,因此"跳跃"现象也就更加明显。

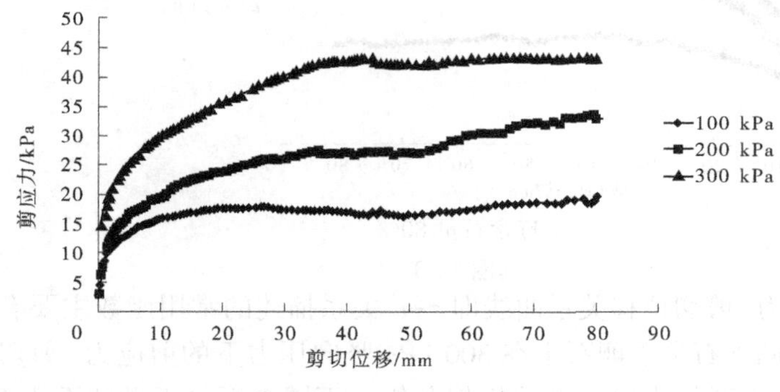


(a)含石量 20%

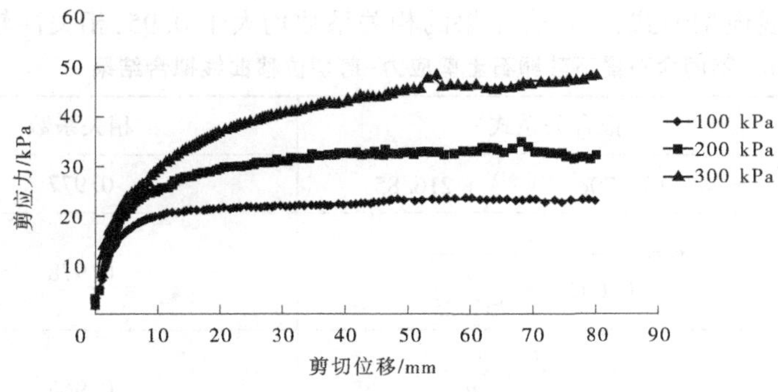


(b)含石量 40%

**图 13-8　不同含石量下砂卵石土剪应力-剪切位移关系曲线**

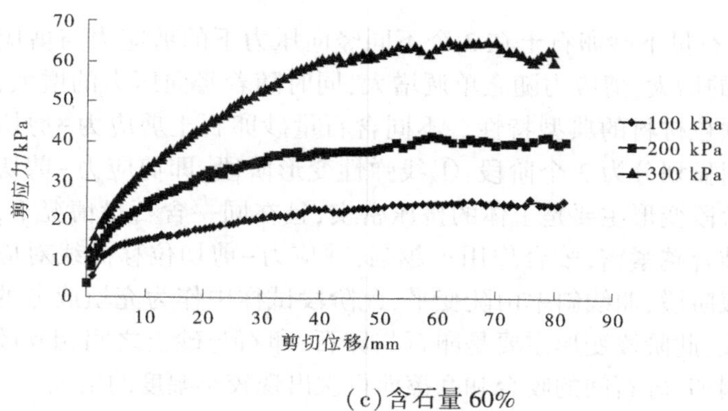


(c)含石量 60%

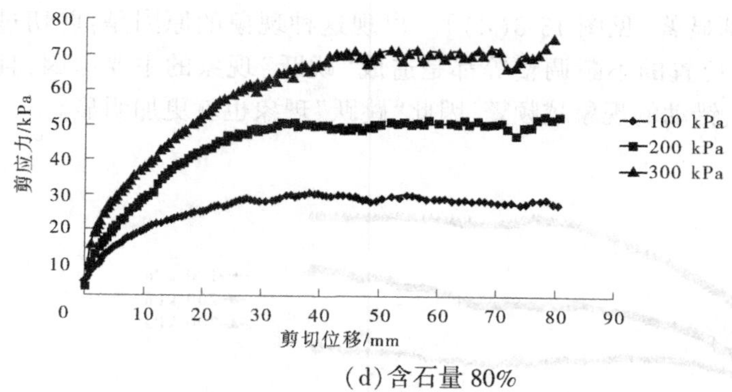


(d)含石量 80%

续图 13-8

直剪试验中剪应力-剪切位移关系曲线即 $\tau-u$ 关系描述的常用函数主要有双曲线模型和指数模型。以不同含石量砂卵石土在 300 kPa 竖向压力下的剪应力-剪切位移关系曲线为例,进行双曲线模型与指数模型的模拟分析。不同含石量下砂卵石土剪应力-剪切位移曲线拟合结果如表 13-6 及图 13-9 所示。含石量 20%、80%砂卵石土的剪应力-剪切位移关系曲线符合指数模型形式,而含石量 40%、60%砂卵石土的剪应力-剪切位移关系曲线则更符合双曲线模型形式,且拟合结果的相关系数均大于 0.95,相关性较好。

表 13-6　不同含石量下砂卵石土剪应力-剪切位移曲线拟合结果

| 含石量 | 拟合关系式 | 相关系数 |
| --- | --- | --- |
| 20% | $\tau = -139.70e^{(-u/13.63)} + 216.85$ | 0.977 |
| 40% | $\tau = \dfrac{u}{0.0025 + \dfrac{u}{251.25}}$ | 0.978 |
| 60% | $\tau = \dfrac{u}{0.0031 + \dfrac{u}{368.38}}$ | 0.965 |
| 80% | $\tau = -307.73e^{(-u/17.06)} + 361.91$ | 0.989 |

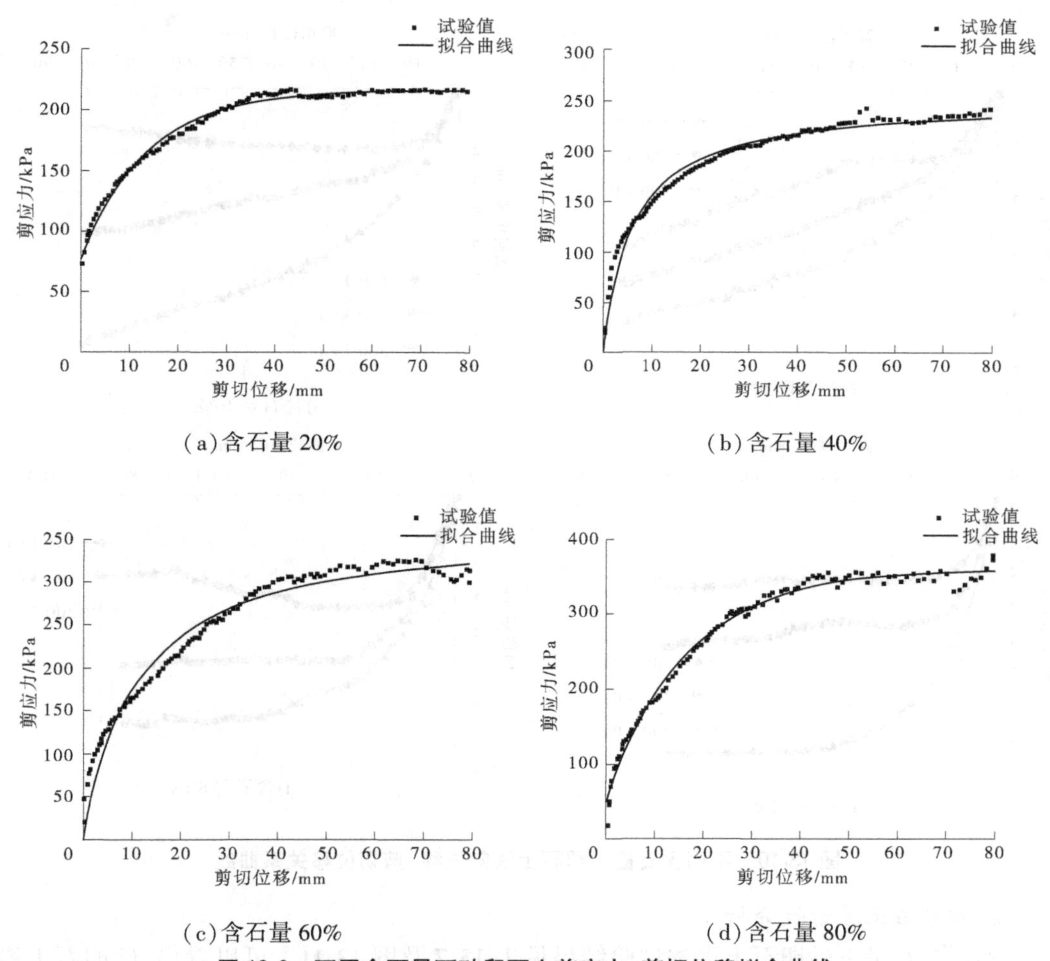


图13-9　不同含石量下砂卵石土剪应力-剪切位移拟合曲线

不同含石量下砂卵石土在3个竖向压力下的法向位移-剪切位移关系曲线如图13-10所示。试样在剪切过程中将伴随着高度的下降,土体被压缩,体积减小,在法向位移-剪切位移关系曲线中以剪缩为正。图13-10表现出了明显的剪缩现象,出现这种现象的原因是较原来相对松散的颗粒排列,在试验过程中,土体颗粒错动会填充原来的空隙,进而表现为剪切过程中的高度下降,此过程会导致试样趋于密实。同时,随着竖向压力的增大,试样高度下降越明显。砂卵石土是由卵、砾石和砂土混合而成的,含石量对其变形特性影响较大。在含石量为20%时,砂卵石土中砂土占主导地位,此时砂卵石土偏向"土性",抗剪强度、剪切变形均与砂土的性质接近,抗剪强度较低、竖向变形较大;当含石量为40%、60%时,砂卵石土中细颗粒充填在卵、砾石组成的骨架中,较低的竖向压力下试样就处于较为密实的状态,因此剪切过程中竖向变形较小;而当含石量达到80%时,砂卵石土中卵砾石所占比例较高,颗粒之间相互接触形成砂卵石土的骨架,由于砂卵石土颗粒之间的接触较为松散,在剪切过程中易发生错动变形,竖向变形较为显著。

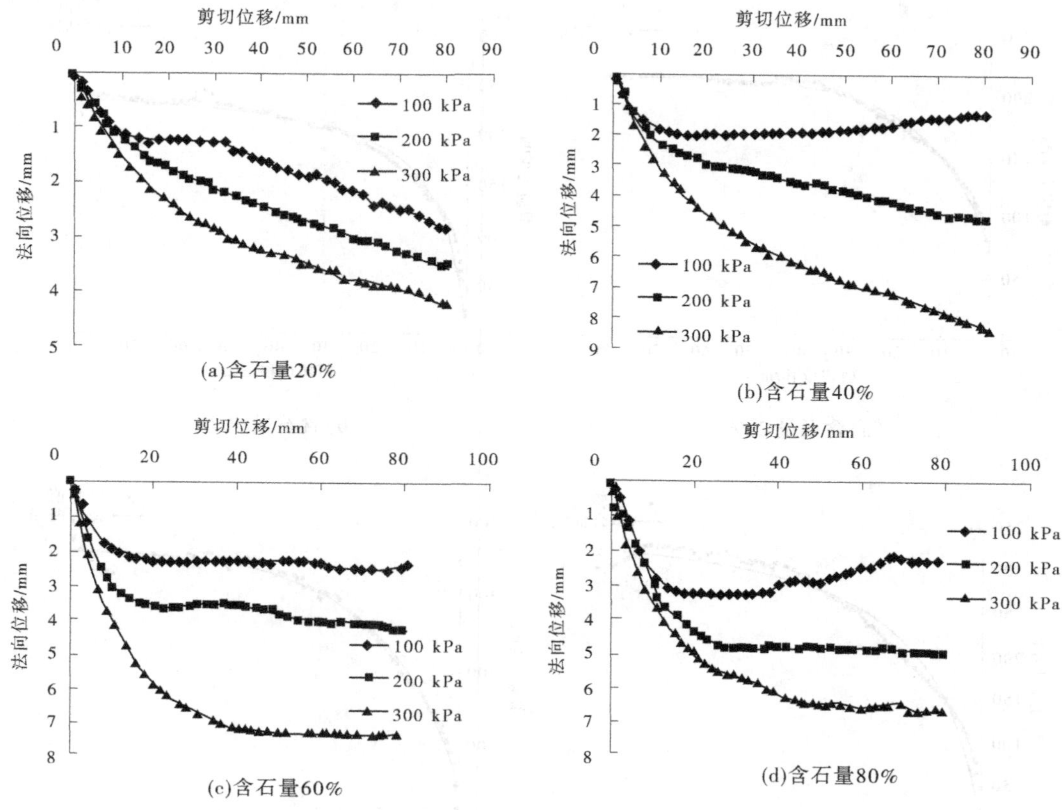


**图 13-10　不同含石量砂卵石土法向位移-剪切位移关系曲线**

2. *砂卵石土渗透性分析*

不同含石量下砂卵石土渗透试验结果见表 13-7 及图 13-11。可以看出,砂卵石土渗透系数随含石量增加呈非线性变化,且含石量增大的过程中,渗透系数表现出增大的趋势可划分为两个阶段:当含石量低于 40%时,渗透系数仅从 $3.22\times10^{-4}$ m/s 增大到 $2.10\times10^{-3}$ m/s,增加较为缓慢;当含石量从 40%增加到 80%时,渗透系数从 $2.10\times10^{-3}$ m/s 增大到了 $1.57\times10^{-2}$ m/s,增加较为显著。

**表 13-7　不同含石量下砂卵石土的渗透系数**

| 含石量/% | 渗透系数/(m/s) | 含石量/% | 渗透系数/(m/s) |
|---|---|---|---|
| 20 | $3.22\times10^{-4}$ | 60 | $8.32\times10^{-3}$ |
| 40 | $2.10\times10^{-3}$ | 80 | $1.57\times10^{-2}$ |

出现上述试验结果的原因是:含石量≤40%时,砂卵石土中粗、细颗粒分布均匀,颗粒结合良好,土体密实,颗粒间孔隙较小,使得渗透系数变化较小;而随着含石量的增加,在含石量达到 40%以后,粗颗粒所占比例增多,导致试样中孔隙增多,使得土体的渗透系数增大较快。

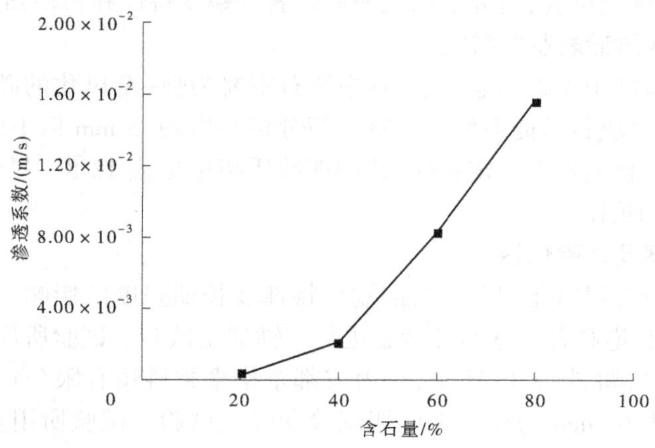


图 13-11　渗透系数-含石量关系曲线

#### 13.4.1.4　结论

(1)砂卵石土抗剪强度和内摩擦角随含石量增加呈非线性变化,含石量为20%时,砂卵石土中以砂土为主,其结构为典型的悬浮密实结构,此时砂卵石土的抗剪强度和内摩擦角较小;在含石量为40%和60%时,砂卵石土为骨架孔隙结构,随含石量增加砂卵石土的抗剪强度和内摩擦角显著增大;当含石量达到80%时,砂卵石土为骨架密实结构,此时砂卵石土的抗剪强度和内摩擦角均较大。

(2)砂卵石土剪切过程中剪应力-剪切位移关系曲线一般分为斜率近似线性变化的线弹性变形阶段、土体逐渐达到屈服的屈服阶段、剪切过程中强度持续增加的硬化阶段。不同含石量砂卵石土的剪应力-剪切位移关系曲线表现出一致性的变化规律,但同一剪切位移下,含石量越大,剪切过程中所需的剪应力越大。同时,含石量为20%、80%砂卵石土的剪应力-剪切位移曲线符合指数模型,而含石量为40%、60%砂卵石土的剪应力-剪切位移曲线则符合双曲线模型。

(3)当含石量为20%时,砂卵石土中法向位移-剪切位移关系曲线持续变化,剪切过程中的竖向变形较大;当含石量为40%和60%时,土体较为密实,法向位移增加较小;当含石量为80%时,直剪过程中卵砾石破碎和错动变形,使得剪切过程中法向位移增加显著。同时,当含石量大于或等于60%时,法向位移-剪切位移关系曲线有波动现象,也说明了剪切过程中卵石颗粒的错动、破碎现象。

(4)砂卵石土渗透系数随含石量增加而增大。当含石量小于或等于40%即低含石量时,土体较为密实,渗透系数变化较小;当含石量达到40%以后时,土体中存在的孔隙随含石量增加而增大,导致砂卵石土渗透系数随含石量增加而明显增大。

### 13.4.2　强风化泥质砂岩的长期强度研究

强-全风化岩层为次生软弱层,力学强度较低,工程性质较差,并且具有流变性质,在边坡治理或隧道修筑等工程中若遇到此类岩层很容易产生强度劣化的现象,从而影响工程的整体稳定性。为不断完善风化类岩土体的力学特性研究,以强风化泥质砂岩为研究对象,通过大型三轴蠕变试验,研究强风化泥质砂岩的蠕变特性和长期强度。

#### 13.4.2.1　强风化泥质砂岩基本特性

试验材料取自滑坡中出露的老岩层,其中块石主要为强-全风化的砂岩和泥岩,由于风化程度高,致使部分块石可徒手掰断。室内筛分试验发现,5 mm 以下的细粒土呈灰褐色,多为粉砂和粉土,且遇水有一定黏性,其物理性质指标见表 13-8。强风化泥质砂岩的级配曲线如图 13-12 所示。

#### 13.4.2.2　试验方案及试验仪器

为了探讨含水量对强风化泥质砂岩的蠕变特性及长期强度的影响,选取了天然含水率(含水率为 13%)和饱和含水率两种状态进行三轴蠕变试验。试验所用设备为 SZLB-4 型粗粒土三轴蠕变仪,如图 13-13 所示,是由成都东华卓越科技有限公司生产研制的,可用于测量最大粒径为 60 mm 的粗粒土剪切试验和蠕变试验。试验所用材料为 60%含石量的强风化泥质砂岩,制样时的干密度均控制为 1.85 g/cm$^3$,在围压 100 kPa、200 kPa 和 300 kPa 下进行试验,总计六组蠕变试样。首先进行常规三轴剪切试验,确定这六组试样破坏时的剪应力,即极限偏应力 $q_f$;为节约试验时间及减少试样离散性,蠕变试验采用分级加载,应力水平选取了 $0.2q_f$、$0.4q_f$、$0.6q_f$、$0.8q_f$ 和 $1.0q_f$ 五个等级,蠕变试验中稳定标准为 24 h 内试样的轴向应变率小于 $5\times10^{-5}$,具体蠕变试验方案见表 13-9。

表 13-8　试验强风化泥质砂岩物理性质指标

| 土的物理性质 | | | 界限含水率 | | |
|---|---|---|---|---|---|
| 天然含水率 $W$/% | 密度 $\rho$/(g/cm$^3$) | 相对体积质量 $G_s$ | 液限 $W_L$/% | 塑限 $W_P$/% | 塑性指数 $I_P$ |
| 13 | 2.09 | 2.68 | 24.6 | 16.6 | 8.0 |

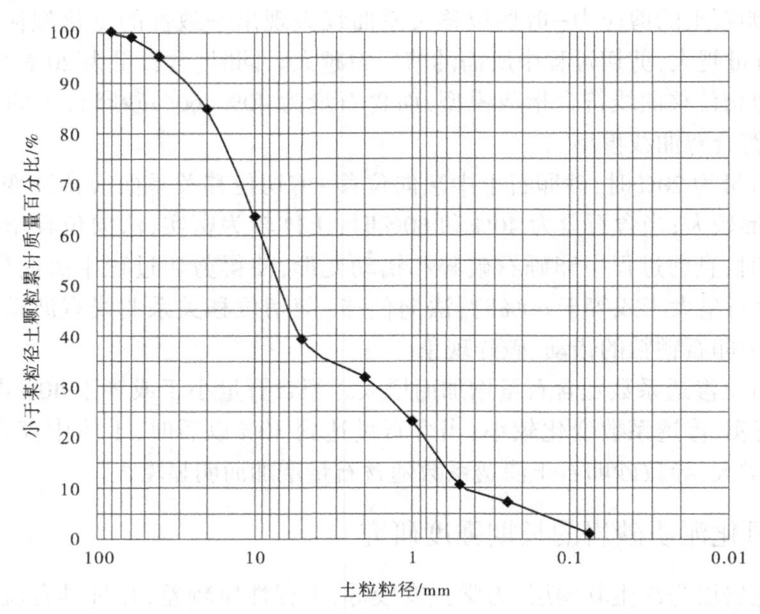


图 13-12　试验强风化泥质砂岩的级配曲线

图 13-13 粗粒土三轴蠕变仪

表 13-9 三轴蠕变试验方案

| 含水率 | 围压/kPa | 剪应力/kPa |
|---|---|---|
| 13% | 100 | 125→250→375→500→620 |
| | 200 | 180→360→540→720→880 |
| | 300 | 210→420→630→840→1 050 |
| 饱和 | 100 | 65→130→195→260→320 |
| | 200 | 110→220→330→440→530 |
| | 300 | 150→300→450→600→750 |

#### 13.4.2.3 试验结果分析

1. 分级加载曲线

图 13-14 为强风化泥质砂岩在不同围压下的蠕变曲线。从试验结果可以看出，蠕变曲线呈台阶状，且由于试样在施加第五级荷载($1.0q_f$)时破坏，所以曲线中共有四个台阶。出现这种试验结果的原因是在施加每级剪切荷载时，试样均会出现一个瞬时位移，且随着时间的推移，位移增量逐渐减小，蠕变曲线趋于平缓，则试验进入稳定的蠕变变形阶段。

从图 13-14 中还可以看出，应力水平越高，曲线台阶越高，试样的瞬时位移和蠕变位移量越大。同时，在每级剪应力施加后，含水率 13%试样的应变增长幅度近似相同，但饱和状态下试样的应变在第四级剪应力施加时均出现了陡增现象，且第四级剪应力施加后，饱和状态下试样的应变明显大于含水率为 13%时试样的应变。

2. 分别加载曲线

利用陈氏加载法将试验所得的分级加载曲线转化为分别加载曲线，如图 13-15 所示。从图 13-15 中可以看出，在每级加载下，试样首先产生瞬时应变，随后逐渐平缓进入蠕应变。瞬时应变多在半个小时内完成，占据曲线位移量的主要部分；蠕应变虽然位移量相对较小，但它是曲线的关键部分，它决定着试样的发展趋势。相同围压时，饱和状态试验在第四级加载后的应变均大于含水率为 13%时试样的应变。

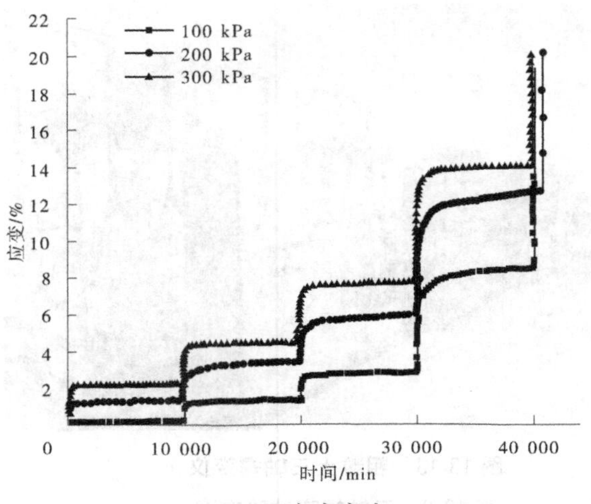


(a)含水率为 13%

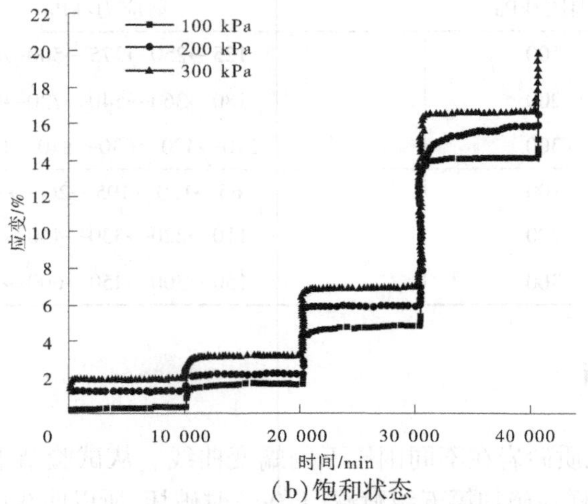


(b)饱和状态

**图 13-14　试验强风化泥质砂岩的分级加载曲线**

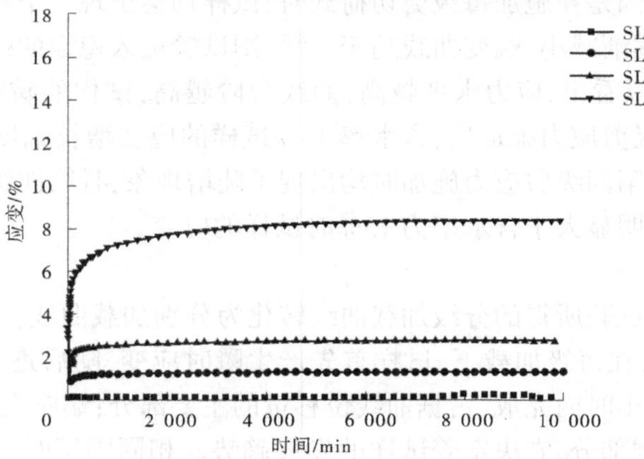


(a)13%含水率、围压 100 kPa 下的蠕变曲线

**图 13-15　试验强风化泥质砂岩的分别加载曲线**

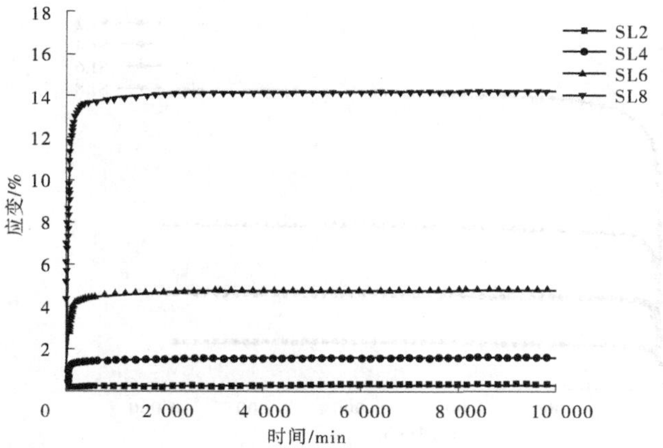


(b)饱和状态、围压 100 kPa 下的蠕变曲线

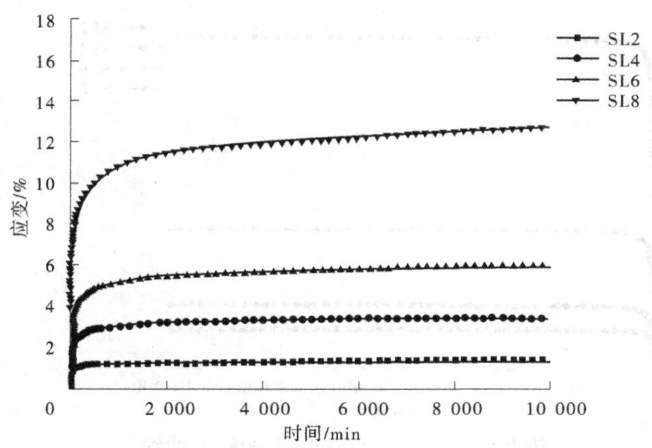


(c)13%含水率、围压 200 kPa 下的蠕变曲线

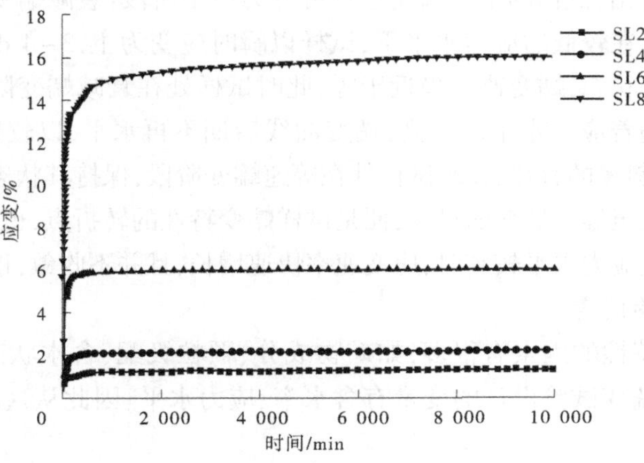


(d)饱和状态、围压 200 kPa 下的蠕变曲线

续图 13-15

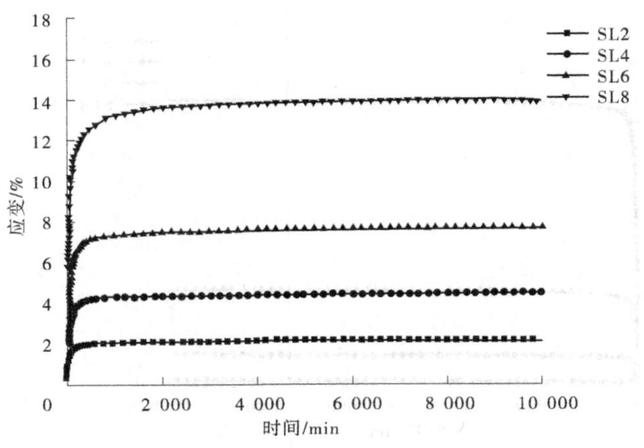


(e)13%含水率、围压 300 kPa 下的蠕变曲线

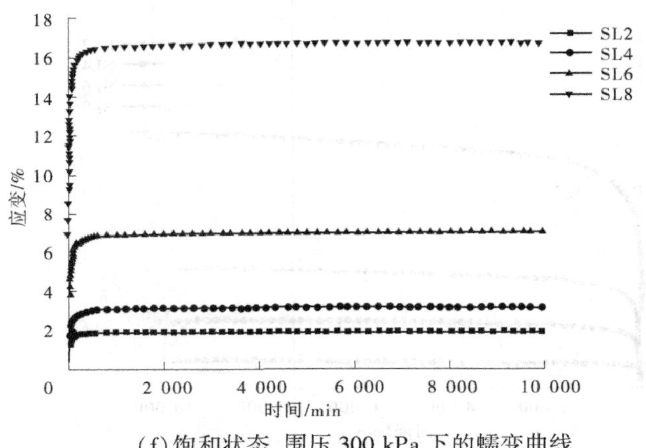


(f)饱和状态、围压 300 kPa 下的蠕变曲线

**续图 13-15**

从试验结果可以看出,试样的整个蠕变过程可分为三个阶段:衰减蠕变阶段、等速蠕变阶段和加速蠕变阶段。在较低的应力水平下,试样以瞬时应变为主,3~4 d 就能稳定下来,且曲线后期近似呈水平状态,蠕变速率趋近于零,此时试样处在衰减蠕变阶段,保持其状态试样并不发生破坏。随着应力水平的提高,蠕变曲线后期不再水平,以较低的蠕变速率增长,近似表现为一个有斜率的直线,此时试样处在等速蠕变阶段,保持其状态,试样最终会缓慢破坏。可见衰减蠕变至等速蠕变的过渡,便是试样蠕变特性的转折点,也是该试样的长期强度。加速蠕变阶段是应力水平较高时,应变速率快速增长,且并不收敛,很快剪至破坏。

3. 蠕变特性的影响因素

影响岩土体蠕变特性的因素有很多,如矿物成分、颗粒级配、含水状态、应力水平等,由于强风化泥质砂岩蠕变试验设计的变量有含水率、应力水平,因此从这两个方面对蠕变特性的影响进行讨论。

通过对比发现,13%含水率的蠕变试样,瞬时应变量的占比相对较小,为 43%~70%,蠕应变较大,曲线过渡表现平缓,达到稳定的时间较长,整体表现为一个缓慢的调整过程。而饱和试样瞬时应变量占比较高,为62%~81%,曲线过渡表现较为平直,达到稳定的时间也较短,整体表现为一个相对较快的调整过程。这种差异主要是由于试样含水状态不同,水可降低颗粒之间的胶结作用,并对土石移动起润滑作用。在施加外力时,饱水状态下颗粒间的胶结力、摩擦力被大幅减弱,颗粒之间的移动、旋转和翻越阻力小,可较快完成内部调整。

此外,由图13-15还可以看出,在同比例增长的应力水平下,13%含水率的蠕变试样呈现出较好的规律性,即应变随应力水平的增加而增加,前期增加幅度近似相同,第四级荷载时略大。饱和蠕变试样,应变随应力水平的增加而增加,但增加幅度却各不相同,低应力水平下,位移变化较小;中等应力水平下,位移变化趋势加大;高应力水平下,位移快速增长。饱和试样的破坏剪力本身就小,在高应力水平下位移呈快速增长,稳定性差。可见含水状态对强风化泥质砂岩的蠕变特性有着重要影响,在边坡防护治理中要切实做到有效的疏水、排水措施。

应力水平对试样蠕变特性的影响最为明显。应力水平越高,试样的瞬时位移和蠕变位移量就越大,进入稳态蠕变的时间也越长(稳态蠕变指的是后期蠕变速率固定,既包括衰减蠕变,蠕变速率近似为零,也包括等速蠕变,蠕变速率近似为一固定常数)。此外,应力水平的大小还决定着试样的蠕变状态,当应力水平较低($0.2 \leqslant S_L \leqslant 0.4$)时,试样表现为衰减蠕变;中等应力水平($0.6 \leqslant S_L \leqslant 0.8$)时,试样表现为等速蠕变;当应力水平很高($S_L = 1.0$)时,试样为加速蠕变,很快便剪切破坏。

4. 长期强度

在工程实践中蠕变试验的主要目的是确定岩土体的长期强度,通过把长期强度与即时受力情况进行对比来分析稳定性,并为其演化预测提供依据。本书根据强风化泥质砂岩的三轴蠕变试验结果,通过等时曲线法来确定其长期强度。等时曲线是指在一定围压下某个时刻的应力-应变关系曲线,当试样开始进入非衰减蠕变阶段,其变形值会急剧增长,造成曲线发生明显弯曲,故可取此弯曲点作为长期强度。强风化泥质砂岩的应力-应变等时曲线如图13-16所示。由等时曲线法所确定的试样长期强度见表13-10。

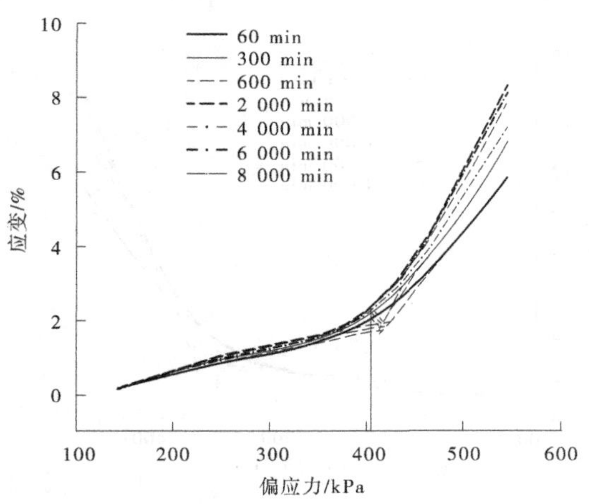


(a)13%含水率、围压100 kPa下的等时曲线

**图13-16　应力-应变等时曲线**

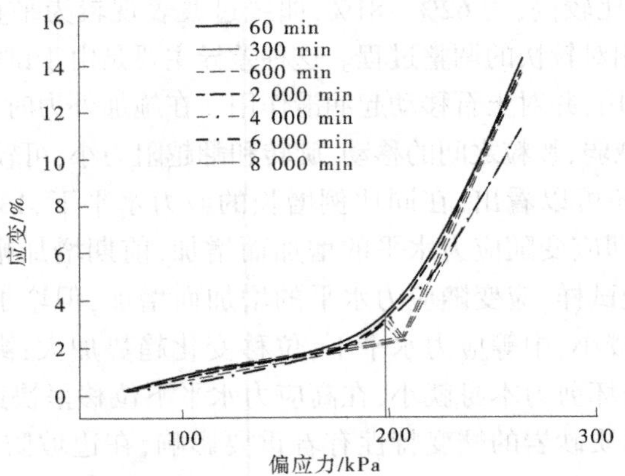


(b)饱和状态、围压 100 kPa 下的等时曲线

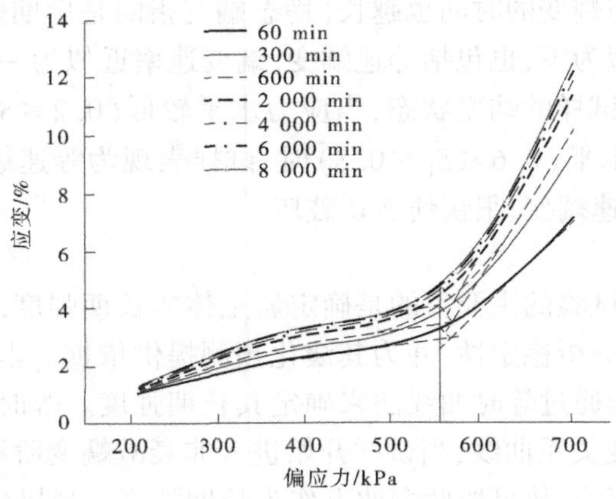


(c)13%含水率、围压 200 kPa 下的等时曲线

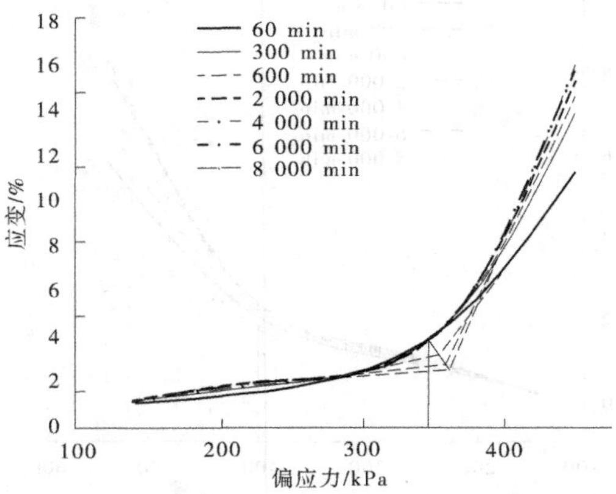


(d)饱和状态、围压 200 kPa 下的等时曲线

续图 13-16

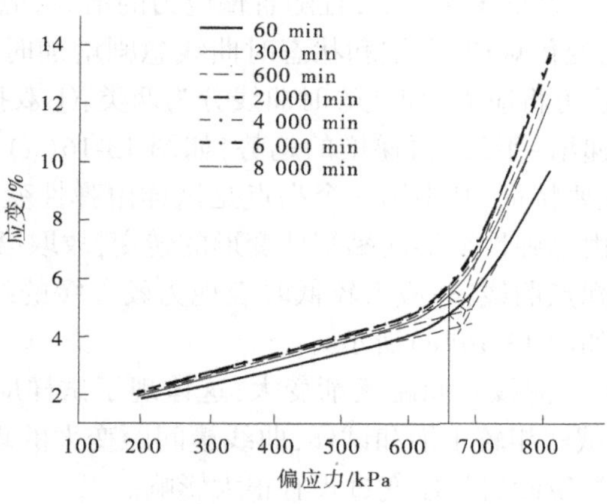


(e)13%含水率、围压 300 kPa 下的等时曲线

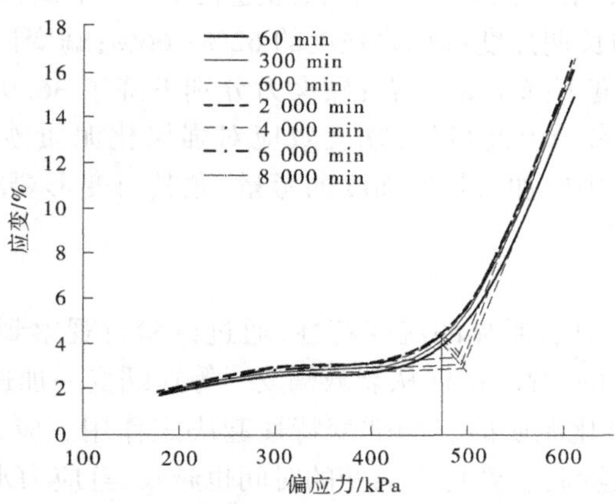


(f)饱和状态、围压 300 kPa 下的等时曲线

**续图 13-16**

**表 13-10 长期强度与瞬时强度对比**

| 状态 | 强度 | 围压 | | | 强度参数 | |
|---|---|---|---|---|---|---|
| | | 100 kPa | 200 kPa | 300 kPa | 黏聚力 | 内摩擦角 |
| 13%含水率 | 长期强度 | 405 kPa | 557 kPa | 662 kPa | 94 kPa | 23° |
| | 瞬时强度 | 617.5 kPa | 876.8 kPa | 1 048.2 kPa | 130.9 kPa | 32.1° |
| | 比值 | 66% | 64% | 63% | 72% | 72% |
| 饱和状态 | 长期强度 | 198 kPa | 347 kPa | 471 kPa | 21 kPa | 23.9° |
| | 瞬时强度 | 317.1 kPa | 522.7 kPa | 745.1 kPa | 30.5 kPa | 30.6° |
| | 比值 | 62% | 66% | 63% | 69% | 78% |

从应力-应变等时曲线可以看出：

（1）等时曲线具有明显的非线性特征，且随着偏应力的增大，应变均呈现出了平缓增加和急剧增加两个阶段的变化规律，但饱和状态时曲线急剧增加时的陡增状态较含水率13%时显著。同时，按形状可将应力–应变等时曲线分为两类：①双拐点曲线，即随着应力的增大，应变速率表现为递增–平缓–再递增的趋势，如图 13-16(a)～(d)和图 13-16(f)，可见双拐点是该试样的主要特征，其中第一个拐点是试样由弹性变形向黏弹性变形的转变，第二个拐点则是试样由黏弹性变形向黏塑性变形的转变，故取第二个拐点所对应的偏应力作为长期强度；②单拐点曲线，在应力较低时表现为较平缓的线性特征，随着应力的增大曲线发生弯曲变陡，如图 13-16(e)所示。

（2）随着偏应力的增大，曲线簇间距逐渐变大，这体现了试样应力–应变的时间效应逐渐加强，且 13%含水率试样相较于饱和试样，曲线簇间距变大的现象更为明显，因此可推测，含水状态对强风化泥质砂岩的蠕变过程有很大影响。

从表 13-10 中可以看出，饱和状态下试样的长期强度要远小于 13%含水率时，且两者的长期强度均随着围压的增大而增大。同时，通过表 13-10 中试样长期强度与瞬时强度的对比可以得到，试样的长期强度占瞬时强度的 62%～66%；蠕变试样的内摩擦角稳定在 23°～24°，相对于瞬时强度下降了 8°左右；黏聚力分别下降了 36.9 kPa 与 9.5 kPa，约占瞬时强度指标的 70%左右。由此可见，蠕变效应对强风化泥质砂岩的强度有着重要影响，在工程的稳定性计算中应加入长期强度的考量，尤其对变形要求较高的工程，建议采用长期强度参数。

#### 13.4.2.4 结论

（1）强风化泥质砂岩具有明显的流变特性，通过试验可观察到试样的瞬时应变和蠕应变，以及随着应力水平的增高，试样从衰减蠕变→等速蠕变→加速蠕变的破坏过程。

（2）应力水平对强风化泥质砂岩的蠕变特性起决定作用。应力水平越高，试样的瞬时位移和蠕变位移量就越高，达到稳态蠕变的时间也越长，且应力水平的高低还决定着试样所处的蠕变阶段（衰减蠕变、等速蠕变或加速蠕变）。

（3）含水状态对强风化泥质砂岩的蠕变特性也有着重要影响。13%含水率的蠕变试样，颗粒移动摩擦阻力大，调整过程缓慢，表现出较好的稳定性；饱和蠕变试样，内部水分对颗粒的移动有润滑作用，颗粒调整过程较快，且随着应力水平的增高会出现位移量陡然增大的现象，稳定性差。

（4）蠕变过程中，应力水平较低时，试样内部结构的调整以空隙压缩和颗粒移动为主，颗粒破碎现象多发生在高应力水平下，此时试样内部块石的接触较多，且接触应力大。

（5）强风化泥质砂岩的长期强度占瞬时强度的 62%～66%；内摩擦角相对于瞬时强度时下降了 8°左右；黏聚力下降至瞬时强度指标的 70%左右。可见，蠕变效应对强风化泥质砂岩的强度有着重要影响，在工程的稳定性计算中应加入长期强度的考量。

### 13.4.3 残坡积土的长期强度研究

残坡积土是岩石风化形成的一种粒径分布较广的土石混合离散材料。由于土石混合体的物理力学特性较为复杂，既不同于土体，又不同于岩体，因此在上部荷载或渗透条件的长期作用下导致的边坡变形破坏问题复杂。这一问题的实质，一方面是竖直方向的沉降,另一方面则是剪切变形导致的失稳。从长期效应来看,剪切蠕变无疑就成为研究的重点,尤其是剪切蠕变的特性研究。

#### 13.4.3.1　残坡积土基本特性

试验土样取一滑坡的残坡积土。该滑坡坡顶和中部地区基岩裸露,整个滑坡区域为第四系残坡积土块石、残积土和坡积土覆盖。依据现场地勘资料,结合室内土工试验,得出滑坡体为第四系残坡积土块石,其中夹杂粉质黏土。块石主要为石英片岩,块径为20~45 cm,呈现浅灰色,块石土所处的位置不同块石含量也不同,块石含量为45%~75%,斜坡表层植被茂盛,块石土中富含植物根系。土体为粉质黏土,浅灰色,有青灰色条纹。天然状态下残坡积土的密度为2.03 g/cm$^3$,含水率为15%。

室内试验的最大控制粒径为80 mm,对于实际取样残坡积土中超过80 mm的颗粒用2~80 mm等量替代。国际制分级标准将2 mm作为土与石的分界粒径,定义2~80 mm的块石所占残坡积土总质量的百分比为“含石量”。对天然状态下的试样进行室内筛分试验,试验结果如表13-11所示。可以看出,残坡积土中块石含量较高,粒径2~80 mm的颗粒所占比例达到了85%(含石量为85%),小于0.075 mm的细颗粒所占比例仅为0.60%。经计算,天然状态下残坡积土的不均匀系数$C_u=9>5$,曲率系数$C_c=2.3$,该残坡积土样级配良好。

**表13-11　试验残坡积土试样粒径含量**

| 土粒径/mm | 0.075 | 1 | 2 | 5 | 10 | 20 | 40 | 60 | 80 |
|---|---|---|---|---|---|---|---|---|---|
| 小于某粒径的土粒含量/% | 0.60 | 7.40 | 14.20 | 25.00 | 50.10 | 66.10 | 75.50 | 87.80 | 100 |

#### 13.4.3.2　试验方案及试验仪器

根据残坡积土的基本特征,为了深入研究含石量对实际工程的影响,制备了块石含量为10%、30%、50%和70%的土体,试样含水率为15%。利用ZJ50-2G大型直接剪切试验机进行直剪蠕变试验,试验过程中自动采集数据,主要包括1个水平位移传感器和4个垂直位移传感器。采用重塑样进行室内大型直剪蠕变试验,不同含石量残坡积土的级配曲线如图13-17所示。试验中施加的竖向固结压力为200 kPa,当试样的竖向位移在1 h内小于0.05 mm时,可以认定试样达到固结稳定。蠕变试验中剪切应力的分级根据常规直剪试验测得的不同含石量下残坡积土强度参数进行预测,试验过程采用力加载控制方式。当剪切变形量小于0.01 mm/d时,再施加下一级剪切荷载。不同含石量残坡积土试样的抗剪强度和分级荷载情况如表13-12所示。

#### 13.4.3.3　试验结果分析

1. 剪切蠕变特性

图13-18为残坡积土试验在不同剪切应力下的剪切蠕变曲线。试验结果表明,残坡积土是一种典型的蠕变材料,在蠕变试验过程中表现出以下变形与破坏特征:①恒定法向荷载下,各级剪应力作用后,试样首先表现出瞬时变形特征,短时间内出现较大的剪切应变,一般情况下,瞬时变形在总变形中占主要部分,并且随着含石量的增加,试样的瞬时变形量逐渐减小。②随着时间推移,变形量的增加速率由快逐渐变慢,最后达到一个稳定的

流变速率。③当施加的应力水平较高时，变形若急剧增长，稳定蠕变阶段几乎不存在，直接出现加速蠕变，试样在短时间内发生破坏，如图 13-18（a）所示。④同一恒定的法向荷载下，每施加一级剪应力，剪切应变一般都会发生相应的变化，如图 13-18 所示；随着剪应力的逐级增大，剪应变也逐级增长。

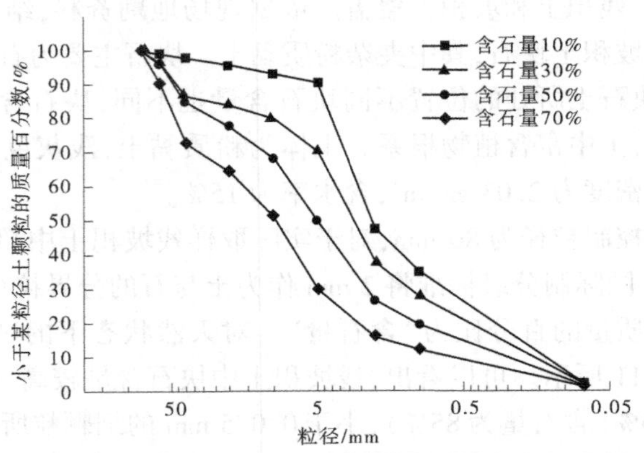


图 13-17　不同含石量残坡积土的级配曲线

表 13-12　残坡积土试样剪切蠕变试验设计方案

| 固结压力/kPa | 含石量/% | 抗剪强度/kPa | 每级加载应力/kPa |
|---|---|---|---|
| 200 | 10 | 140 | 28、56、84、112 |
| 200 | 30 | 161.5 | 32、64、96、128 |
| 200 | 50 | 184 | 36、72、108、144 |
| 200 | 70 | 198 | 40、80、120、160 |

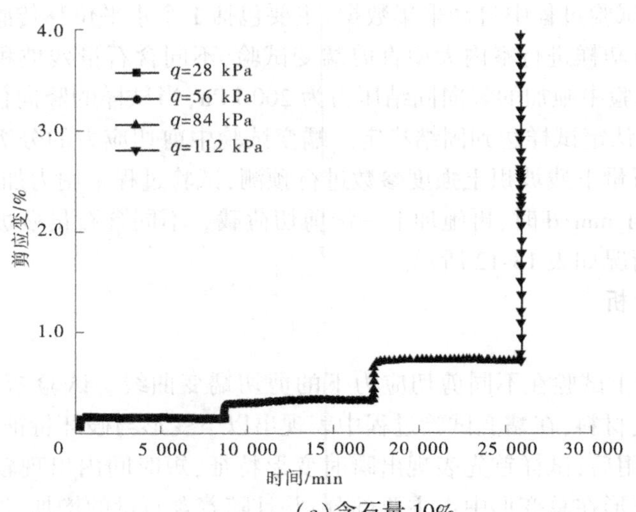


（a）含石量 10%

图 13-18　残坡积土剪切蠕变曲线

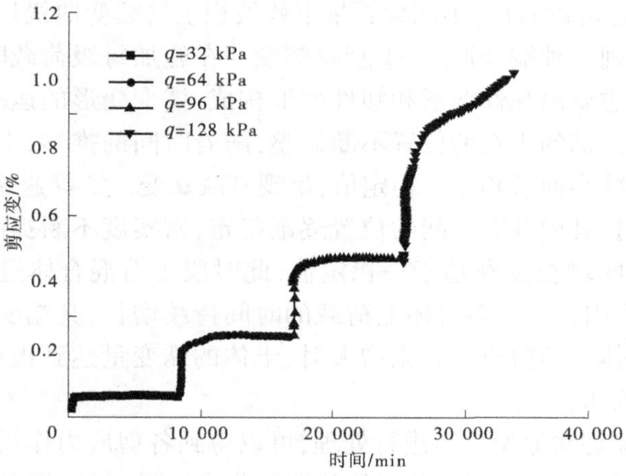


(b)含石量 30%

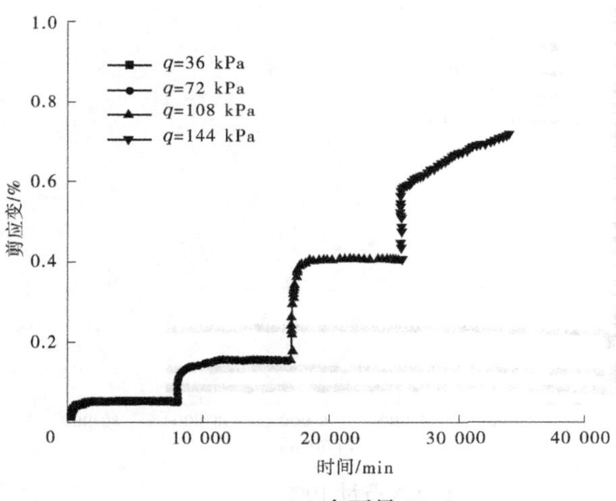


(c)含石量 50%

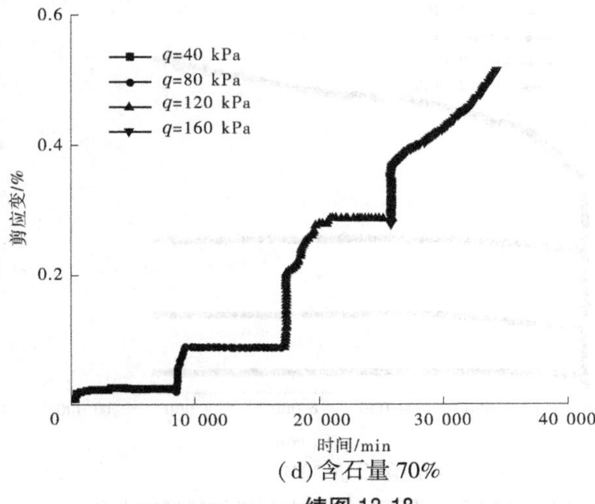


(d)含石量 70%

续图 13-18

同时,结合图 13-18 还可以看出,不同含石量下残坡积土的蠕变曲线均属于不稳定蠕变曲线,蠕变过程大致呈现三种蠕变形式:①衰减蠕变。在施加每级荷载时,试样在初始阶段的变形会急剧增长,主要由弹性变形和塑性变形构成,蠕变变形的速率大,这表明在试样受剪切应力作用时,内部的土石的位置不断调整,随着时间的推移,土石颗粒间逐渐紧密,蠕变速率也在不断减小而后趋于一稳定值,呈现衰减蠕变。②等速蠕变。土石混合体试样在恒定应力作用时,其内部颗粒间的位置逐渐稳定,密实度不断提高,应变量增长缓慢,其蠕变的速率随时间增长逐渐趋于一稳定值,此时段土石混合体进入等速蠕变阶段。③加速蠕变。随着作用在土石混合体上荷载的时间持续增长,其蠕变变形量在持续不断的增长,当作用于土体上的剪应力急剧增大时,土体的蠕变量达到极值,最终导致土体因变形过大而被剪切破坏。

利用 Boltzman 叠加原理对原始资料进行处理,可以得到各剪应力作用下的剪应变和时间蠕变曲线。不同含石量下残坡积土分级加载蠕变曲线如图 13-19 所示。

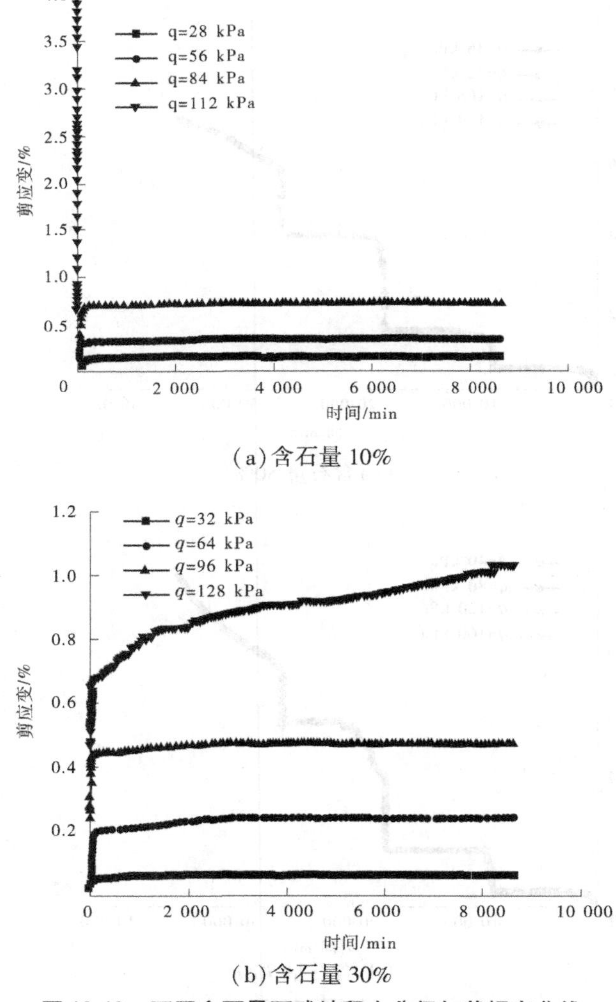


(a)含石量 10%



(b)含石量 30%

**图 13-19　不同含石量下残坡积土分级加载蠕变曲线**

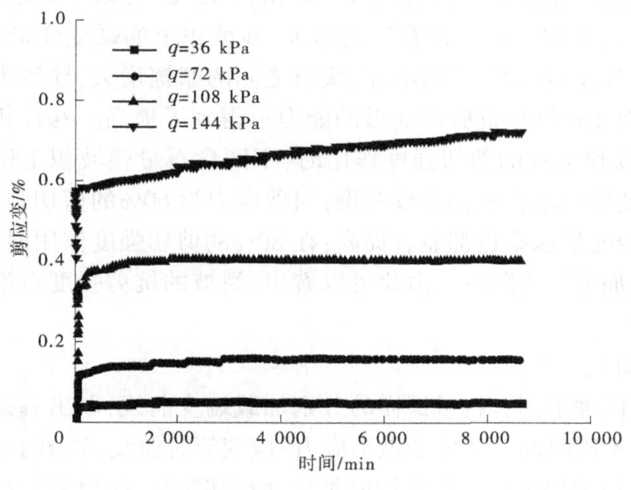


(c)含石量 50%

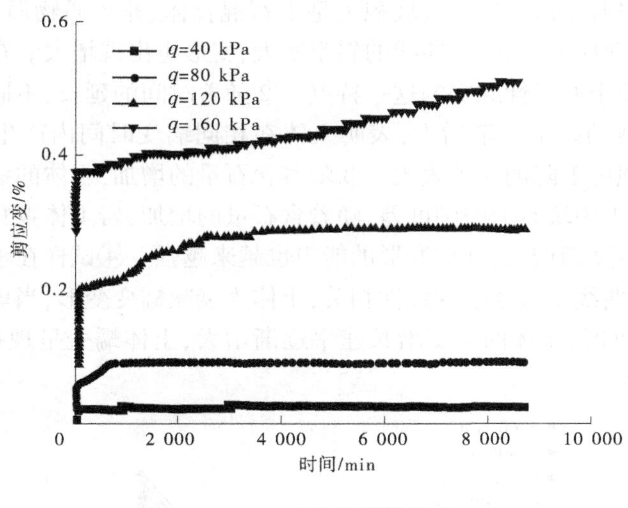


(d)含石量 70%

续图 13-19

从试验结果可以看出:①四个不同含石量的试样在同一固结压力 200 kPa 下,分级加载过程中,每一级剪应力下都有较大的瞬时变形,试样在每一级荷载加载的第一个小时的变形量占总变形的 60%以上,并且随着剪应力的增大,瞬时变形也在增大。②蠕变试验中,试样的蠕变量和剪应力关系密切相关,当作用在试样上的剪应力增大时,其蠕变变形量和剪应力呈现正相关关系。由于试样的蠕变变形量增大,最终试样也不容易进入稳定蠕变,其达到稳定蠕变的时间也会增长。③试样即便是在较小的剪切应力下,其变形也是随着时间的增长而不断增长,这充分表明该土体有着明显的蠕变特性。④试验研究表明,四组不同含石量的土石混合体试样在第四级剪切应力的作用下,试样的蠕变变形随着时间的增长而不断增长,呈现加速蠕变,尤其是含石量 10%的试样在其 80%剪切强度的作用下,迅速进入加速蠕变,试样发生了剪切破坏。⑤由图 13-19 可以明显地看出,含石量对残坡积土的蠕变有很大影响。随着含石量的增大,残坡积土的蠕变变形量不断减小。这是由于块石的磨圆度差,随着含石量的增加,块石之间的摩擦增大,导致土石混合体的抗剪强度得到提高,进而使试样抵抗剪切变形的能力也得到了提高。⑥在相同固结压力下的四组试样,施加 20%和 40%的剪切强度作用时,不同含石量残坡积土试样的蠕变变形量均相对较小,蠕变变形的增长也都比较缓慢;当剪应力为 60%的剪切强度时,试样的蠕变变形量均变大,蠕变变形速率也都显著提高;在 80%的剪切强度作用时,不同含石量残坡积土试样都进入了加速蠕变阶段。由此可以看出,滑坡的抗剪强度对治理滑坡体稳定有着极其重要的作用。

2. 应力-应变等时曲线

依据试验数据做出四种不同含石量试样的分别加载蠕变曲线,取出各试样在其各自剪应力下相对应的 7 个不同时间点的应变做出应力-应变等时曲线,如图 13-20 所示。由于含石量 10%的试样在第四级剪切荷载作用时被快速剪切破坏,所以只做出了前三级荷载的应力-应变等时曲线。

从试验结果可以得到:①由于所用残坡积土是土石混合体、非均质物质,其等时曲线具有明显的非线性。当剪应力增大时,曲线的斜率变大,变形也出现增大。在建立蠕变本构模型时,应考虑残坡积土非线性蠕变的这一特点。②随着时间的延长,不同含石量残坡积土应力-应变等时曲线的斜率逐渐增大,表明土体在相同蠕变时间内产生的蠕变增量不断增大,这也是土体强度下降的一种表现。③随着含石量的增加,土体的蠕变变形不断减小。这是由于残坡积土中块石的磨圆度差,随着含石量的增加,岩土体颗粒间的摩擦力越来越大,土体的强度也逐渐增大,抵抗变形的能力也越来越强。④试样在承受较小剪应力时,蠕变应变增长慢,曲线图大致呈现线性相关,土体为衰减蠕变变形,当剪应力增大到其 60%~80%的抗剪强度时,土体的应变增长速率逐渐增大,土体蠕变呈现指数型增长,

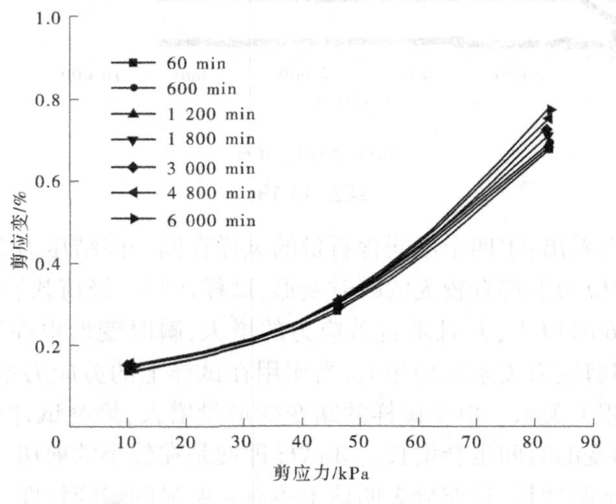


(a)含石量 10%

图 13-20　残坡积土应力-应变等时曲线

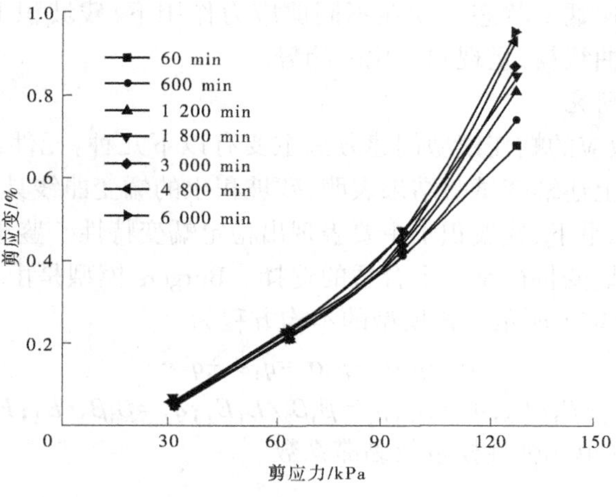


(b)含石量30%

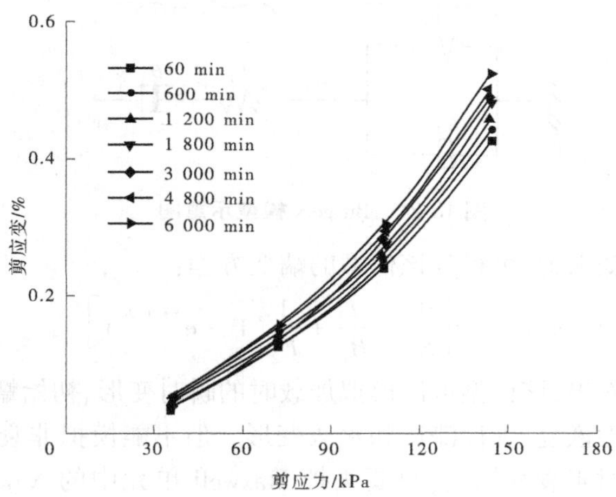


(c)含石量50%

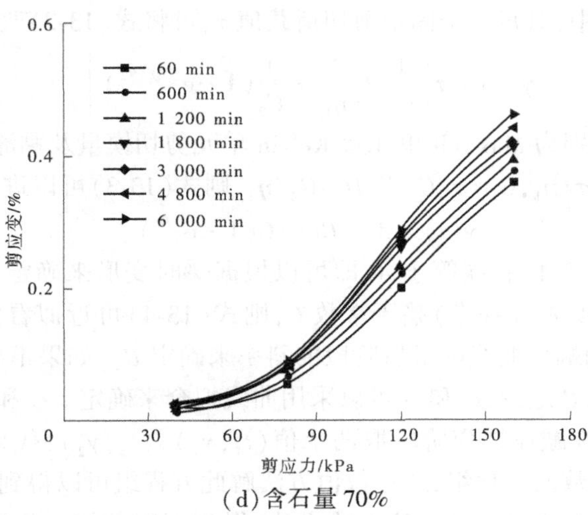


(d)含石量70%

续图 13-20

土体进入等速或者加速蠕变状态。⑤在不同剪应力作用下,残坡积土的应力-应变等时曲线大致表现为一束曲线簇,呈现归一化的趋势。

3. 剪切蠕变模型研究

目前,考虑时间效应的蠕变模型创建方法主要有以下几种:元件组合法,经验公式法及屈服面蠕变模型。上述蠕变试验结果表明,残坡积土的蠕变曲线具有以下特征:瞬时变形明显;在不同应力水平下,残坡积土主要表现出稳定蠕变特性。鉴于此,选用 Burgers 模型来描述残坡积土的蠕变特征是一个合适的选择。Burgers 模型是由 Kelvin 体和 Maxwell 体串联而成的,如图 13-21 所示。该模型的本构方程为

$$\sigma + p_1\dot{\sigma} + p_2\ddot{\sigma} = q_1\dot{\varepsilon} + q_2\ddot{\varepsilon} \tag{13-1}$$

式中:$p_1 = \beta_2/E_2 + \beta_1/E_1 + \beta_1/E_2$;$q_1 = \beta_1$;$p_2 = \beta_1\beta_2/E_1E_2$;$q_2 = \beta_1\beta_2/E_2$;$E_1$,$E_2$,$\beta_1$,$\beta_2$ 分别为 Maxwell 单元及 Kelvin 单元弹性模量及黏滞系数。

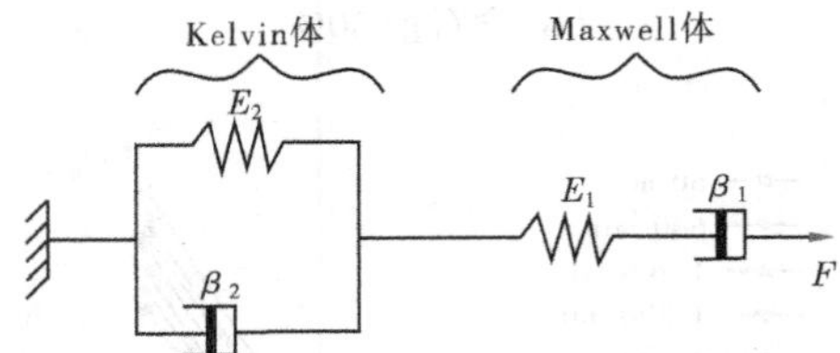


图 13-21　Burgers 模型示意图

对式(13-1)按应变求解,可得到该模型的蠕变方程:

$$\varepsilon(t) = \sigma\left[\frac{1}{E_1} + \frac{t}{\beta_1} + \frac{1}{E_2}\left(1 - \mathrm{e}^{-E_2t/\beta_2}\right)\right] \tag{13-2}$$

从式(13-2)可以看出,该模型可以模拟加载时的瞬时变形、初始蠕变、稳定蠕变,在卸载时可以模拟瞬时弹性恢复、弹性滞后和永久变形。但不能模拟非衰减蠕变的最后一个阶段——加速变形。对于衰减蠕变,只要去掉 Maxwell 单元中的 Newton 黏性元件,也就是去掉式(13-2)中的 $t/\beta_1$ 即可。

在剪切蠕变试验中,对每一个固定剪切荷载值 $\tau$,可将式(13-2)改写为如下形式:

$$\gamma(t) = \tau\left[\frac{1}{G_1} + \frac{t}{\eta_1} + \frac{1}{G_2}\left(1 - \mathrm{e}^{-G_2t/\eta_2}\right)\right] \tag{13-3}$$

式中:$G_1$,$G_2$,$\eta_1$,$\eta_2$ 分别为 Maxwell 单元及 Kelvin 单元剪切模量及黏滞系数。

令 $A = \tau/G_1$,$B = \tau/\eta_1$,$C = \tau/G_2$ 及 $D = G_2/\eta_2$,则式(13-3)可以进一步简化为

$$\gamma(t) = A + Bt + C(1 - \mathrm{e}^{-Dt}) \tag{13-4}$$

令时间 $t = 0$,式(13-4)右端等于 $A$,即可以根据瞬时变形来确定 $A$。当时间足够大,式(13-4)右端最后一项 $C(1-\mathrm{e}^{-Dt})$ 趋于常数 $C$,则式(13-4)可近似看作直线方程,$B$ 为直线的斜率,这样可以用蠕变曲线的最后阶段的斜率来确定 $B$。如果不出现稳定蠕变阶段,则 $B$ 为 0;在得到 $A$ 和 $B$ 之后,$C$ 和 $D$ 可以采用曲线拟合来确定。$C$ 和 $D$ 的值也可以通过下面的方法来确定。在减速蠕变阶段取两个值$(t_1, \gamma_1)$,$(t_2, \gamma_2)$,代入式(13-4),可以得到两个含 $C$、$D$ 为未知数的方程组,通过数值方法解此方程组可以得到 $C$ 和 $D$ 的值。这样 Burgers 模型所有的参数均可得到。按上述方法,得到不同剪切力作用下的 Burgers 模型

参数,如表13-13~表13-16所示。

表13-13 含石量10%时试样的Burgers模型参数

| $\tau$/kPa | $G_1$/kPa | $G_2$/kPa | $\eta_1$/(kPa·min) | $\eta_2$/(kPa·min) | $R^2$ |
|---|---|---|---|---|---|
| 28 | $0.4\times10^3$ | $0.3\times10^3$ | $4.4\times10^7$ | $0.8\times10^3$ | 0.972 5 |
| 56 | $0.3\times10^3$ | $0.4\times10^3$ | $1.0\times10^6$ | $1.1\times10^3$ | 0.934 95 |
| 84 | $1.1\times10^3$ | $0.4\times10^4$ | $1.8\times10^7$ | $0.2\times10^3$ | 0.926 24 |
| 112 | $0.9\times10^3$ | $3.7\times10^3$ | $1.0\times10^7$ | $5.9\times10^3$ | 0.991 23 |

表13-14 含石量30%时试样的Burgers模型参数

| $\tau$/kPa | $G_1$/kPa | $G_2$/kPa | $\eta_1$/(kPa·min) | $\eta_2$/(kPa·min) | $R^2$ |
|---|---|---|---|---|---|
| 32 | $0.9\times10^3$ | $1.2\times10^3$ | $3.3\times10^7$ | $3.1\times10^3$ | 0.969 75 |
| 64 | $0.7\times10^3$ | $0.5\times10^3$ | $1.2\times10^7$ | $1.2\times10^3$ | 0.934 95 |
| 96 | $0.5\times10^3$ | $0.4\times10^3$ | $1.9\times10^7$ | $0.3\times10^3$ | 0.889 11 |
| 128 | $0.2\times10^3$ | $0.5\times10^3$ | $0.3\times10^7$ | $5.6\times10^3$ | 0.991 23 |

表13-15 含石量50%时试样的Burgers模型参数

| $\tau$/kPa | $G_1$/kPa | $G_2$/kPa | $\eta_1$/(kPa·min) | $\eta_2$/(kPa·min) | $R^2$ |
|---|---|---|---|---|---|
| 36 | $4.8\times10^3$ | $0.9\times10^3$ | $5.2\times10^7$ | $1.7\times10^3$ | 0.969 75 |
| 72 | $0.9\times10^3$ | $1.2\times10^3$ | $2.3\times10^7$ | $2.5\times10^3$ | 0.935 91 |
| 108 | $0.3\times10^3$ | $1.0\times10^3$ | $1.9\times10^7$ | $1.8\times10^3$ | 0.866 43 |
| 144 | $0.4\times10^3$ | $0.6\times10^3$ | $0.8\times10^7$ | $0.5\times10^3$ | 0.980 91 |

表13-16 含石量70%时试样的Burgers模型参数

| $\tau$/kPa | $G_1$/kPa | $G_2$/kPa | $\eta_1$/(kPa·min) | $\eta_2$/(kPa·min) | $R^2$ |
|---|---|---|---|---|---|
| 40 | $3.2\times10^3$ | $5.2\times10^3$ | $5.9\times10^7$ | $1.2\times10^3$ | 0.840 52 |
| 80 | $2.2\times10^3$ | $1.5\times10^3$ | $1.3\times10^8$ | $2.3\times10^4$ | 0.991 53 |
| 120 | $2.5\times10^3$ | $0.9\times10^4$ | $1.1\times10^7$ | $1.3\times10^4$ | 0.918 87 |
| 160 | $0.6\times10^3$ | $2.0\times10^3$ | $0.1\times10^8$ | $3.7\times10^3$ | 0.989 94 |

4. 长期强度

选取合理的残坡积土剪切强度设计参数,对残坡积土蠕变模型的建立及工程长期稳定运行具有重要作用。目前,工程中常以残余强度作为主要设计参数,而把残坡积土的蠕变特性和长期强度作为评价其长期稳定性的重要依据。

前人总结了多种方法来获取岩体的长期强度参数,如陈宗基转折点法、正交法、垂线法等,这些方法各有优、缺点,其中所包含的基本原理可概括如下:蠕变过程从一个阶段向另一个阶段转变,与一定的应力大小和其蠕变时间有关。在这一过程必定存在一个长期剪应力水平$\tau_{□}$,当受到的剪应力小于$\tau_{□}$时,残坡积土处于稳定蠕变阶段,反之,则进入加速蠕变阶段。

整理残坡积土蠕变试验数据,建立应力-应变等时曲线可以发现其曲线拐点不明显,所以不采用等时曲线法。应变速率等时曲线法适合于应力-应变等时曲线没有拐点的蠕变试验,因此本研究采用应变速率等时曲线法求解残坡积土的长期强度。同一固结压力下四组不同含石量的试样,求得不同时刻所对应的不同应力下的蠕变速率,建立蠕变速率-应力等时曲线图。由于含石量10%时试样在第四级剪应力作用下被迅速剪切破坏,因此含石量10%的试样只求得前三级荷载的蠕变速率。不同含石量下残坡积土蠕变速率-应力时间曲线如图13-22所示。

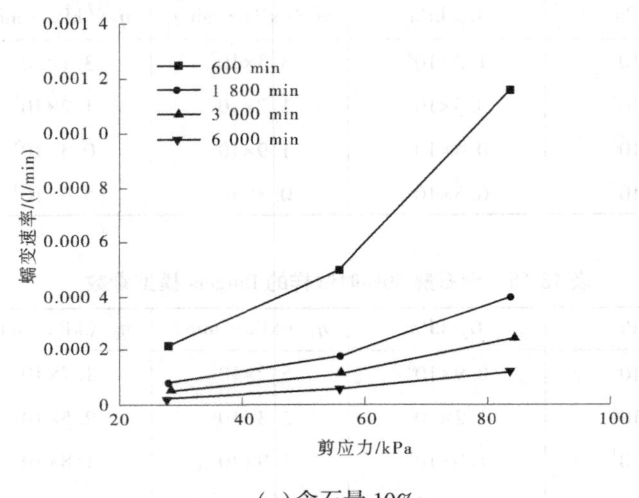


(a)含石量10%

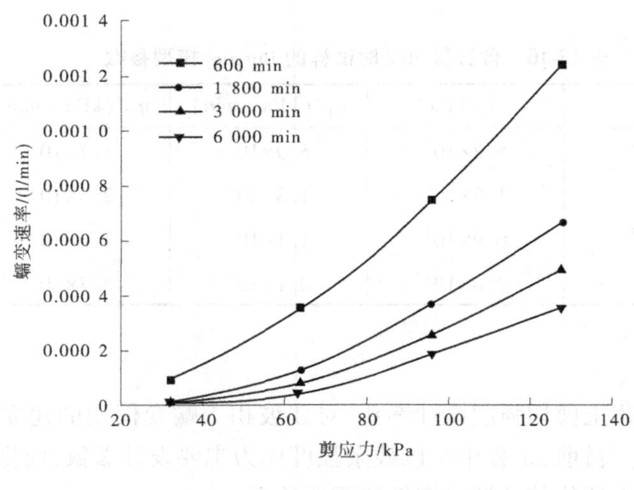


(b)含石量30%

**图13-22 不同含石量下残坡积土蠕变速率-应力时间曲线**

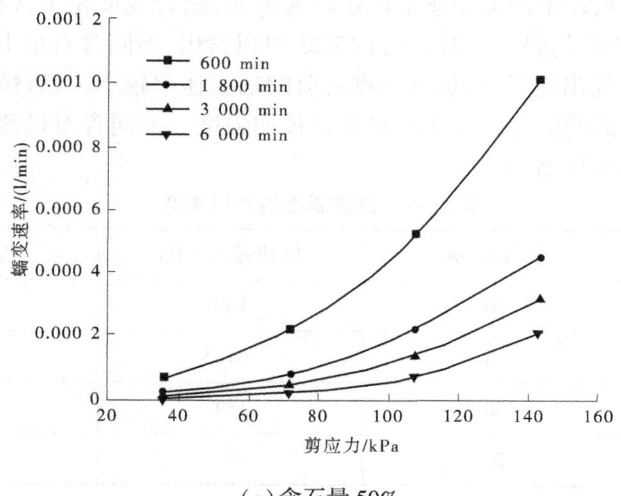


(c)含石量50%

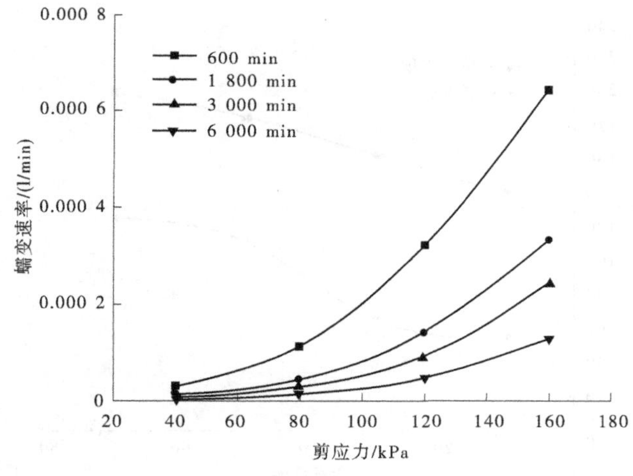


(d)含石量70%

图 13-22

蠕变速率就是单位时间内的蠕变量。通过选取一参考时间点$t_1$，找出其对应的蠕变量$\varepsilon_1$，然后选取时间点$t_2$及其对应的蠕变量$\varepsilon_2$，将两个时间点的蠕变量相减得出该时间段之间的蠕变变形总量$\Delta\varepsilon$，然后将两个时间点的变形量差值$\Delta\varepsilon$除以两者时间的差值$\Delta t$，则可计算得出蠕变速率$\Delta\dot{\varepsilon}$。

$$\Delta\dot{\varepsilon} = \frac{\Delta\varepsilon}{\Delta t} \tag{13-5}$$

蠕变速率是反映残坡积土蠕变试验中变形速率快慢的一个重要指标，它对在实际工程中防治滑坡有着很重要的意义。依据滑坡体长期破坏准则理论，我们可以知道为了滑坡体能够在后期很长一段时间内保持稳定状态，其中一个办法就是降低滑坡岩土体的蠕变速率。试验中配置了四组不同含石量(10%、30%、50%、70%)进行蠕变试验，由试验结果可知,含石量对残坡积土的蠕变速率存在较大影响,随着残坡积土含石量的增加,其蠕变速率呈现逐渐减小的趋势。同时,从图 13-23 可以看出,不同含石量下残坡积土的蠕变速率-应力时间曲线均出现了拐点,且拐点之前的蠕变速率较小,其后蠕变速率变大且快速增长,该拐点对应的剪应力就是残坡积土的长期强度。不同含石量残坡积土的长期强度如表 13-17 及图 13-23 所示。

**表 13-17　残坡积土的长期强度**

| 固结压力/kPa | 含石量/% | 抗剪强度/kPa | 长期强度/kPa |
|---|---|---|---|
| 200 | 10 | 140 | 55 |
| | 30 | 161.5 | 65 |
| | 50 | 184 | 110 |
| | 70 | 198 | 125 |

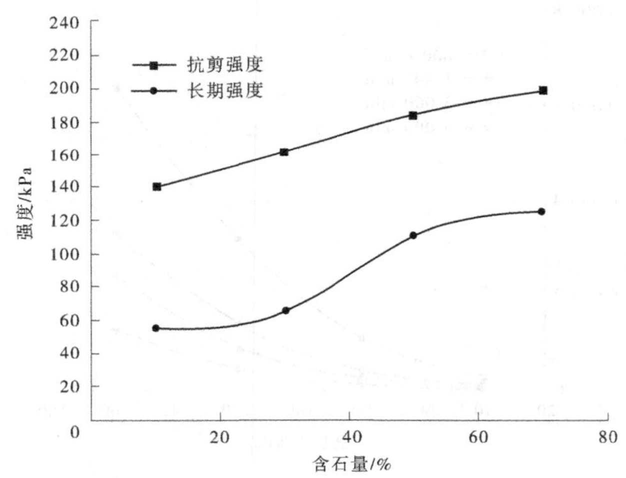


**图 13-23　不同含石量残坡积土的长期强度**

从试验结果可以看出,含石量不仅影响着残坡积土的抗剪强度,而且对残坡积土的长期强度也存在显著影响。随着含石量的增加,残坡积土的长期强度呈现非线性增大的趋势。残坡积土含石量从 10%增加到 30%时,长期强度从 55 kPa 增加到 65 kPa,长期强度变化较小;而当含石量从 30%增加到 50%时,残坡积土的长期强度从 65 kPa 增加到 110 kPa,增加较为显著。这也说明了相同坡度的土质边坡较土石混合体边坡更易发生失稳破坏。同时,不同含石量残坡积土试样的长期强度均远低于其抗剪强度,且随着含石量的增加两者之间的差距越小,含石量 10%~70%残坡积土的长期强度是其抗剪强度的 39.3%~63.1%。

#### 13.4.3.4　结论

(1)不同含石量下残坡积土的蠕变均呈衰减蠕变;随着含石量的增加,施加各级剪应力后残坡积土的瞬间变形量逐渐减小;用 Boltzman 叠加原理将残坡积土的分级加载数据处理后发现,随着剪切应力的增大,剪切蠕变呈增加趋势;含石量对残坡积土的蠕变变形量也有很大影响,随着含石量的增大,残坡积土的蠕变变形量不断减小。

(2)随着时间的增长,不同含石量残坡积土等时应力-应变曲线的斜率逐渐增大,表明土体在相同蠕变时间内产生的蠕变增量不断增大。

(3)通过对不同含石量残坡积土的剪切蠕变试验可以看出,该残坡积土表现出比较明显的流变特征,因此采用了 Burgers 模型来模拟残坡积土的流变过程。

(4)含石量对残坡积土的抗剪强度和长期强度均存在显著影响,随着含石量的增加,残坡积土的抗剪强度和长期强度均逐渐增大。同时,通过不同含石量下残坡积土的抗剪强度和长期强度对比,可得到长期强度为抗剪强度的 39.3%~63.1%。

# 第 14 章 料场勘探、试验取样和材料技术要求

料场勘探前，应根据地质条件进行分类，在此基础上结合料场规模和各勘察级别的精度要求布置勘探、试验工作。

料场勘探、试验取样一般要求如下：

（1）料场初查和详查勘探点一般应按网格状布置，具体布置形式依场地条件可按正方形、矩形、梯形或菱形梅花状布置。

（2）勘探剖面一般应垂直于地层走向或地貌单元方向布置。

（3）所有材料试验都要分层取样，分层是取样的基本单位，对于防渗土料和天然砂砾料，必要时应分层混合取样。取样层所取样品在数量上和平面与剖面上均应具代表性。

## 14.1 天然砂砾料料场勘探、试验取样和技术要求

### 14.1.1 料场类别

料场按地质条件分为以下三类：

Ⅰ类：料层厚度变化小，相变小，没有无用层或有害夹层。

Ⅱ类：料层厚度较大，相变较大，无用层或有害夹层较少。

Ⅲ类：料层厚度变化大，相变大，无用层或有害夹层较多，或料均受人工扰动较大。

### 14.1.2 料场勘探要求

#### 14.1.2.1 勘探布置

勘探线应尽量垂直河流方向或地貌单元方向。初查、详查阶段勘探一般采用网格状布置，勘探点间距见表 14-1。

**表 14-1 天然砂砾料料场混凝土骨料勘探网（点）间距**

| 料场类型 | 勘察级别 | | |
|---|---|---|---|
| | 普查 | 初查 | 详查 |
| | | 间距/m | |
| Ⅰ类 | 每一料场布置 3~5 个勘探点；可布置物探剖面 2~3 条 | 200~300 | 100~200 |
| Ⅱ类 | | 100~200 | 50~100 |
| Ⅲ类 | | <100 | <50 |

#### 14.1.2.2　勘探点深度

需揭穿有用层底板以下 0.5~1 m。水下部分的有用层厚度较大时，钻孔的深度需达最大开采深度以下 1 m，并布置少量揭穿有用层的控制性钻孔。

#### 14.1.2.3　勘探方法

水上部分采用坑、井探为主，槽探、钻探为辅；水下部分以钻探为主，用以查明有用层的厚度和分布范围。

#### 14.1.2.4　描述内容

勘探点描述内容包括：层位名称、颜色、颗粒组成及泥（黏粒、粉粒）、砂、砾、蛮石的大致含量，砂的矿物成分和砾石的岩石成分、风化程度和形状，砂砾层的密实度，夹层或透镜体特征，胶结物、胶结程度与厚度；记录勘探时的地下水位及相应的河水位，取样地点、深度与编号等。

### 14.1.3　试验取样要求

（1）样品应具代表性。

（2）需分区、分层取样，必要时需分层混合取样。混凝土骨料单层取样组数见表 14-2，用于填筑料、反滤料的料场，全分析试验组数可适当减少。

表 14-2　砂砾料取样试验组数

| 料场储量/万 $m^3$ | 勘察级别 | |
|---|---|---|
| | 初查 | 详查 |
| <10 | 2 | 4 |
| 10~50 | 4 | 7 |
| 50~100 | 6 | 10 |
| >100 | 8 | 12 |

（3）砂砾层中的砂夹层厚度大于 0.5 m 时应单独取样。

（4）水上、水下为同一砂砾层时也需分别取样。

（5）水上部分的天然砂砾料取样：多在试坑中以刻槽法为主，有时也采用吊桶抽取法和全坑法取样。

（6）水下部分的天然砂砾料取样：由于钻探机械的破碎作用及细料涌入等，致使钻孔取芯含砂率偏高 10%~20%，含砾率偏低 10%~ 20%，岩芯级配代表性差，一般应在代表性地段，采用沉井式井探或反铲、索铲、挖掘机、采砂船等机械，在静水或低流速的环境中进行取样；当采用钻孔岩芯取样时，孔径不小于 168 mm，并可采用 SM 胶取芯技术，以保证试验样品真实可靠。

（7）取样数量需满足试验要求。全分析取样不少于 1 000 kg，简分析取样不少于 300 kg。室内试验样品、砾石（除去大于 80 mm 颗粒）不少于 30 kg，砂不少于 10 kg。对超量样品应拌匀后常用四分法缩取。坝壳填筑料的大型试验样品数量，按试验任务书要求进行取样。

### 14.1.4　注意事项

(1)河滩砂砾层涌水量大,水下开挖深度一般为0.1~0.3 m,取样不具代表性,所以勘探方法不宜采用坑探和浅井。

(2)一般河漫滩砂砾层与大冲沟交汇处及下游附近地段,黏土、粉土夹层多或泥质及草根、树叶等杂质含量高,质量较差,料场圈定范围宜尽量避开。

(3)要特别重视砂砾层中的黏、粉土夹层,其易形成黏土团块,有时虽无黏土夹层,但由于层中泥质局部集中,也可形成土团。

(4)砂砾料编录时,要特别注意砂、砾石有无胶结现象及胶结物的成分;砾石表面有无泥、钙质薄膜。

(5)应在试坑中刻槽取样,不允许随意将坑边堆放的渣料作为筛分和试验样品。

(6)一般不能用水上部分砂砾层的颗分成果代替水下部分砂砾层的颗分成果。

(7)砂砾料场存在基本无覆盖层的低漫滩砂砾层及具二元结构的高河漫滩下部为同一砂砾层时,为减少剥离量,一般情况下宜尽量选择低漫滩及河道中的砂砾层为主采区。

(8)天然粗骨料中常见的软弱颗粒岩矿成分有全、强风化状砾石,构造破碎岩的砾石;泥岩、页岩、泥灰岩、云母片岩、千枚岩等软岩的砾石;钙华、云母、方解石等。

(9)天然粗骨料进行碱活性鉴定(如砂浆长度法)时,应将料场所取粗骨料中的活性和非活性两部分分别破碎成规定用砂级配,并根据岩相鉴定的结果将活性骨料和非活性骨料按比例组合成试验用砂。

(10)砂砾料中常见含碱活性成分的岩石,主要有流纹岩、安山岩、凝灰岩等;矿物成分主要有燧石、碧玉、玛瑙等。

## 14.2　土料料场勘探、试验取样和技术要求

### 14.2.1　一般土料及特殊土料料场勘探、试验取样和技术要求

#### 14.2.1.1　一般土料及特殊土料料场类别

料场按地形地质条件分为以下三类:

Ⅰ类:地形平缓完整;有用层厚度大且稳定,土层成因类型、岩性、结构单一;下伏层埋深大或开采范围内下伏层表面平整;剥离层薄。

Ⅱ类:地形起伏较完整;土层成因类型较复杂;有用层层次较多,岩性、结构及厚度较稳定或呈有规律变化;开采范围内下伏层表面较平整;剥离层较薄。

Ⅲ类:地形不完整;有用层层次多,土层成因类型、岩性、结构复杂,厚度变化大,夹无用层;开采范围内下伏层表面起伏大;剥离层较厚。

#### 14.2.1.2　勘探要求

(1)料场勘探布置。勘探线应尽量垂直地貌单元方向布置。初查、详查勘探阶段一般采用网格状布置,勘探网(点)间距见表14-3。

表 14-3　一般土料及特殊土料料场勘探网(点)间距

| 料场类型 | 勘察级别 | | |
|---|---|---|---|
| | 普查 | 初查 | 详查 |
| | | 间距/m | |
| Ⅰ类 | 每一料场布置3~5个勘探点 | 200~400 | 100~200 |
| Ⅱ类 | | 100~200 | 50~100 |
| Ⅲ类 | | <100 | <50 |

(2)勘探点深度。应揭穿有用层底板以下0.5~1.0 m,或至地下水水面;有用层较厚时,勘探深度应超过最大开采深度。

(3)勘探方法。以坑探、井探为主,钻探、槽探为辅。

(4)勘探点描述内容。勘探点的地层要求按成因类型及结构进行分层。需分层描述土层成因类型及土的统一分类名称、颜色、结构、颗粒组成及目估含量、砾石的岩矿成分与风化程度、土质的均一性、潮湿状态、稠度状态、厚度等;夹层的性质和厚度;植物根系等杂质含量及分布;剥离层和无用层的物质组成、厚度;记录地下水位及其浸润线高度; 取样位置、编号、高程等,并标注在展示图或柱状图的相应位置。

14.2.1.3　**取样要求**

(1)土样应具代表性。取样位置尽量布置于进行天然含水率试验的勘探点中。

(2)一般在试坑中采用刻槽法取样。

(3)需分区、分层取样,必要时需分层混合取样。防渗土料单层(分层混合)全分析取样试验组数见表14-4,填筑料全分析取样试验组数可适当减少。

表 14-4　单层(分层混合)常规试验扰动样取样组数

| 料场(分区)规模/万 $m^3$ | 勘察级别 | | |
|---|---|---|---|
| | 普查 | 初查 | 详查 |
| 10 | 1~3 | 3 | 6 |
| 10~30 | | 4 | 8 |
| 30~50 | | 5 | 10 |
| >50 | | 7 | 12 |

(4)取样数量需满足试验要求。防渗土料常规试验样品,每组取样数量不少于40 kg;槽孔固壁土料试验样品,每组取样数量不少于5 kg。为使所取样品具代表性,超重样品要求拌匀后常用四分法缩取。

(5)天然含水率和天然密度取样试验要求:

①普查进行天然含水率试验取样,必要时可在为取样专门开挖的探坑中采取少量天

然含水率试验样品。

②初查、详查均要求进行天然含水率和天然密度取样试验工作。为保证天然含水率试验样品具有代表性,要求取样坑宜占计划开挖探坑总数的40%,在料场中宜分布均匀,也可沿勘探线布置;地质条件简单的料场,在取样坑中间隔2 m取一组天然含水率试验样品;地质条件复杂的料场,如红黏土料场、膨胀土料场等,每1 m取一组天然含水率试验样品; 为便于资料整理分析,每个试验坑宜由地面起算,每1 m或2 m整数位置取一组天然含水率试验样品,直至坑底;测试天然密度的试验坑,宜占天然含水率试验坑的1/4,每个试验坑宜由地面起算,间隔2 m整数位置做一组天然密度与天然含水率相配套的试验,直至坑底;为了天然含水量和天然密度试验资料真实、可靠,要求与勘探工作同步进行。

## 14.2.2 碎(砾)石类土料场勘探、试验取样和技术要求

### 14.2.2.1 料场类别

料场按地形地质条件分为以下两类:

Ⅰ类:地形较平缓,有用层厚度大且较稳定,土层成因类型单一,岩性、结构较简单。

Ⅱ类:地形起伏,土层成因类型较复杂, 有用层厚度、岩性和结构变化较大。

### 14.2.2.2 勘探要求

(1)料场勘探布置。勘探线需尽量垂直地貌单元方向布置。初查、详查阶段勘探应采用网格状布置,勘探网(点)间距见表14-5。

表14-5 碎(砾)石类土料场勘探网(点)间距

| 料场类型 | 勘察级别 | | |
|---|---|---|---|
| | 普查 | 初查 | 详查 |
| | | 间距/m | |
| Ⅰ类 | 每一料场可布置1~3个勘探点 | 200~400 | 100~200 |
| Ⅱ类 | | 100~200 | 50~100 |
| Ⅲ类 | | <100 | <50 |

(2)勘探点深度。应揭穿有用层底板以下0.5~1.0 m;有用层较厚时,勘探深度要求超过拟最大开采深度。

(3)勘探方法。以坑探、井探及钻探为主,槽探、洞探为辅。

(4)勘探点描述内容:碎(砾)石类土的成因类型,粗料、细料(以粒径5 mm为界)大致含量,粗料的粒度成分、岩石成分、风化程度,细料的颜色、粒度成分、潮湿状态、可塑性及稠度状态、黏粒的大致含量;应根据粒度变化情况进行分层;应记录取样位置及编号。

### 14.2.2.3 取样要求

(1)土样应具代表性。

(2)应分区、分层取样,分层混合取样可基于施工实际需要进行。单层(分层混合)常

规试验扰动样取样组数见表14-4。

(3)宜采用刻槽法或吊筐抽取法。

(4)简分析取样数量不宜少于300 kg。全分析取样数量不宜小于800 g。

(5)天然含水量和天然密度取样试验与一般土料相同。

## 14.2.3 风化土料场勘探、试验取样和技术要求

风化土料具有以下特点:料源一般在坝址附近就可以找到,运距近,采用方便,造价低;最优含水量接近天然含水量和塑限含水量,且适应性强,一般可直接上坝,施工较为方便;级配良好,多为黏土质砾和粉土质砾,压实性好,抗冲蚀能力强;力学强度高,稳定性好;大多数分布在山地,对居民、农田干扰小,破坏性小,环保简单。

### 14.2.3.1 料场类别

料场按地形地质条件分为以下两类:

Ⅰ类:料场地形基本完整;母岩岩性和全风化层较均一; 全风化土层岩性、结构简单;厚度大、分布稳定或呈有规律变化;无用夹层较少;水文地质条件简单。

Ⅱ类:地形起伏;母岩岩性、结构复杂或虽岩性单一,但风化不均一; 全风化土层岩性、结构和厚度变化大;无用夹层较多;水文地质条件较复杂。

勘探资料表明:由于场地内岩性和岩石风化程度不均一、微地形及局部水文地质条件的差异,致使小范围内有用层厚度变化大,岩性、结构均一性差,是风化料的一般规律,所以风化土料多为Ⅱ类料场。

### 14.2.3.2 勘探要求

(1)料场勘探布置与碎(砾)石类土的相同。

(2)勘探点深度。应揭穿有用层至强或弱、微风化层顶板以下1.0 m,或至地下水水面。有用层较厚时,勘探深度应超过拟最大开采深度。

(3)勘探方法。与碎(砾)石类土的相同。

(4)勘探点描述内容。勘探点的地层需按成因类型不同进行分层。分层描述内容除需符合一般土料的要求外,尚应重点描述风化土料母岩的地层、岩性、岩层产状、岩层单层厚度、风化程度及均一性和成层性;全风化土层的颜色、岩性、结构、颗粒组成、潮湿状态和塑性状态、厚度等;强风化岩体的岩性、结构、岩石碎块的坚硬程度及压碎性能; 夹层的性质、厚度、颜色、状态、颗粒组成及目估含量、粗颗粒的硬度特征等。

### 14.2.3.3 取样要求

料场试验取样一般要求、天然含水率和天然密度取样试验与一般土料相同,但取样数量对常规试验扰动样需按土样中粒径大于5 mm的砾石含量确定:当砾石含量小于30%时,每组土样可取50 kg;当砾石含量为30%~50%时,每组土样可取100 kg;当砾石含量大于50%时,每组土样可取150 kg。超重样品需拌匀后用四分法缩取。

### 14.2.3.4 注意事项

(1)岩浆岩、沉积岩和变质岩地区,在合适的地质条件下,均可发育成风化土料。风化土料场多分布于地形较完整的缓坡(10°~20°)地带,在现场踏勘时,可根据路堑、冲沟壁等露头的地质情况对料层的厚度和材料的种类及性质做出初步判断。

(2)风化土层由于厚度变化大,结构均一性差,使用前要经过详查,详查储量要为设计需要量的2倍,一般可在勘探、试验资料圈定的范围内进行储量计算,其外围富裕储量可作为备用储量。

(3)风化土料料场勘探点的地层宜按成因不同进行分层,一般分为两层,即上覆第四系松散层(多为坡积层)和风化土层,风化土层可划分为全风化土层及强风化岩体。

(4)风化土料场由于地形及水文地质条件的差异,使岩性、结构及天然含水量变化大,天然含水量试验应有足够的数量,查明天然含水量在空间及随时间的变化规律,根据统计分析资料进行分区,以利于土料的施工开采。

(5)风化土料场中的无用料夹层包括具有一定厚度的强、弱、微风化的硬岩夹层;沉积岩中有时有机质含量较高。

(6)风化土料击实前、后的级配常差异较大,所以应用大样击实(或碾压)后的级配作为设计依据。

(7)风化土料料场勘探采用坑探和钻探时,有用层厚度一般相差较大,均一性差,硬岩夹层及风化残块较多,坑探在不爆破的情况下,遇硬岩夹层或残块则难以进行,钻探则可穿透硬岩夹层或残块。基于施工开采及从储量可靠性考虑,一般以探坑揭露的深度作为储量计算依据,钻探揭露的有用层厚度作为储量计算的参考。

(8)选择天然含水量试验坑时,应按不同地貌单元及分布进行均匀布置。

(9)风化土料场勘探常遇地下水问题,地下水的存在对料场的勘探和土料的质量开采、使用影响很大,需查明地下水的类型、埋藏条件及动态变化,然后相应采取限制土料开采范围和深度等减少地下水影响的工程措施。

(10)重大工程的主干料场或主采区,应用代表性全料(勘探深度或拟采深度范围内不同成因的土层,或同一成因类型的不同的可用层的混合样)进行大型击实功能对比试验,目的是经过各种击实功能比较,获得最大干密度和最优含水量,并用于选择施工的碾压设备和碾压参数。

(11)注意料场的开采方法,应采用立体混合开采方式或顺等高线长距离推运混合集料方式。

## 14.3 石料料场勘探、试验取样和技术要求

### 14.3.1 堆石料和砌石料料场勘探、试验取样和技术要求

#### 14.3.1.1 料场类别

料场按地形地质条件分为以下三类:

Ⅰ类:料场地形完整,沟谷不发育,岩性单一,岩相稳定,没有无用层,断裂、岩溶不发育,风化层及剥离层较薄。

Ⅱ类:料场地形较完整,沟谷较发育,岩性岩相较稳定,没有或少有无用夹层,断裂、岩溶较发育,风化层及剥离层较厚。

Ⅲ类：料场地形不完整，起伏大，沟谷发育，岩性岩相变化较大，夹无用层，断裂、岩溶发育，风化层及剥离层厚。

### 14.3.1.2 勘探要求

(1)料场勘探布置。勘探线要求尽量垂直地层走向及岩体的延伸方向，或地貌单元方向布置；料场初查、详查阶段勘探一般采用网格状布置，勘探网(点)间距见表14-6。此外，勘探布置尚应满足料场开挖边坡稳定性评价的要求。

表14-6 堆石料和砌石料料场勘探网(点)间距

| 料场类型 | 勘察级别 | | |
|---|---|---|---|
| | 普查 | 初查 | 详查 |
| | | 间距/m | |
| Ⅰ类 | 利用天然露头，必要时每个料场可布置少量勘探点 | 300~500 | 150~250 |
| Ⅱ类 | | 200~300 | 200~300 |
| Ⅲ类 | | <200 | <100 |

(2)勘探点深度。需揭穿有用层底板以下5 m左右；有用层较厚时，一般勘探点应揭穿有用层一定厚度，并提供常规试验取样条件。控制性钻孔或平洞应揭穿有用层或拟开采底板线以下5~10 m。

(3)勘探方法。以平洞、钻探为主，物探、坑探、竖井为辅。

(4)勘探点描述内容。包括：岩层名称、岩性、产状、构造、岩石块度、风化程度、岩溶与充填物；岩芯获得率与岩石质量指标(RQD)等，并记录取样位置、高程及编号等。

(5)在岩溶地区进行石料场勘探时，应特别重视岩溶发育程度和影响、充填物对料物的可能污染。

### 14.3.1.3 取样要求

(1)取样位置在料场中应较均匀分布，在平面和剖面上应具代表性。

(2)按不同地层、不同岩性、不同风化程度分别取样，有用层单层取样组数见表14-7。

表14-7 有用层单层取样组数

| 料场(分区)规模/万 $m^3$ | 勘察级别 | | |
|---|---|---|---|
| | 普查 | 初查 | 详查 |
| 30 | 可视需要取样试验 | 3 | 6 |
| 30~50 | | 4 | 7 |
| 50~100 | | 5 | 8 |

(3)强风化层须取少量试验样品，成果可作为质量评价之用；当强风化层拟用作堆石料时，根据料场不同面积，试验样品满足表14-8要求。

(4)样品可在钻孔岩芯中选取,也可在平洞、坑槽(探)、竖井及天然露头中凿取。

(5)样品数量应满足试验要求。

### 14.3.2　开挖渣料料场勘(探)、试验取样和技术要求

(1)勘探工作要结合工程建筑物勘察进行,并按材料的相应用途、勘察级别进行勘探布置,勘探网(点)间距要符合相应材料种类勘察级别的要求。

(2)取样与试验要在工程建筑物勘察取样试验的基础上,根据材料的实际用途和相应勘察级别要求进行补充,取样数量和试验项目要符合相应材料种类和勘察级别的精度要求。

(3)开挖渣料的质量技术指标,要符合材料相应用途的质量技术要求。

(4)开挖渣料的储量应在设计的开挖体型线内,根据地质剖面图标示的地层岩性和岩石风化界线、料物分选标准等,分别计算各建筑物的有用料储量和无用料体积。

### 14.3.3　人工骨料料场勘探、试验取样和技术要求

#### 14.3.3.1　料场类别

料场类别按地形地质条件分为三类,划分标准与堆石料、砌石料料场相同。

#### 14.3.3.2　勘探要求

(1)料场勘探布置。勘探线要尽量垂直岩层走向及岩体的延伸方向或地貌单元方向布置。初查、详查阶段勘探一般按网格状布置,勘探网(点)间距见表 14-8。此外,勘探布置尚应满足料场开挖边坡稳定性评价的要求。

表 14-8　人工骨料料场勘探网(点)间距

| 料场类型 | 勘察级别 | | |
|---|---|---|---|
| | 普查 | 初查 | 详查 |
| | | 间距/m | |
| Ⅰ类 | 利用天然露头,必要时每个料场布置1~3个勘探点 | 200~300 | 100~200 |
| Ⅱ类 | | 100~200 | 50~100 |
| Ⅲ类 | | <100 | <50 |

(2)勘探深度及勘探方法与堆石料、砌石料料场相同。

(3)勘探点描述内容。包括:岩层名称、岩性、产状、无用夹层,断层、裂隙发育及夹泥情况,风化程度、岩溶及充填物、岩芯获得率与 RQD 等,并记录地下水位、取样位置及编号等。

(4)在岩溶地区进行人工骨料料场勘探时,应特别重视岩溶发育程度、强岩溶化岩体的底界,并充分考虑岩溶裂隙夹泥和洞穴充填物对骨料质量的影响及料源的可能污染。

#### 14.3.3.3　取样要求

人工骨料料场的一般试验取样与堆石料、砌石料料场相同。分层取样组数:初查不少于 3 组,详查不少于 7 组,对骨料碱活性试验取样应按岩层分层取样,宜不少于 2 组。

# 第 15 章　料场储量计算及试验成果整理

每个勘察设计阶段的天然建筑材料勘察工作结束时,都要对料场所探明的天然建筑材料储量进行计算,在计算前,要系统地收集、整理、分析全部勘察成果,绘制出相应的地质平面图、剖面图及辅助表格等。

## 15.1　基本要求

### 15.1.1　有用层和无用层

#### 15.1.1.1　有用层

有用层指料物性质符合工程设计要求,施工开采条件适宜的料层,其厚度称有用层厚度,其计算成果称勘察储量。

允许最小有用层厚度:一般应由设计或施工部门给定。通常认为天然建筑材料在机械开采条件下允许最小有用层厚度为 2.5 m,人工开采条件下为 1.5 m。料层过薄则不易开采,也不经济。

#### 15.1.1.2　无用层

无用层指料物性质不符合工程设计要求,或料物性质虽符合工程设计要求,但施工开采条件不适宜的料层,如表土层,耕殖层,表部风化层,上覆无用岩层(以上称剥离层),小于允许最小有用层厚度、有用层中的无用料夹层等,其厚度称无用层厚度,其计算成果称剥离量或剥离体积。

### 15.1.2　储量计算边界的确定

#### 15.1.2.1　有用层的平面界线的确定

(1)储量计算的内边界线应沿揭露有用层的边缘勘探点，结合地形地质条件综合分析合理确定。储量计算的外边界线一般采用有限外推法,即外边界线除考虑地形地质条件外,其与内边界线的距离应不大于勘探网(点)间距的 1/2。天然建筑材料应以内边界线为储量计算范围,一般不推测外边界线。内、外边界线间的储量在必要时仅作为储备考虑。

(2)当内边界线范围的部分地段分布有无用层时,可采用几何比例法、中点连线法等圈定无用层分布范围。

#### 15.1.2.2　有用层的上、下界线的确定

(1)勘探点揭穿无用层间的有用层时,为保证开采料物的质量及储量的可靠性,砂砾层和土层应以其顶、底板各扣除 0.2~0.3 m 后为储量计算的上、下限;石料应分别扣除

0.5~1.0 m 后为储量计算的上、下限。

(2)勘探点未揭穿有用层时,砂砾层和土层应以实际勘探深度为储量计算的下限,也可以拟开采深度(应不大于勘探点揭露深度)为储量计算的下限;石料的储量计算下限,可根据地质和开采条件适当放宽,但应有部分勘探点揭露高程低于或等于储量计算时采用的终采平台高程。

(3)当有用层出露于地表时,天然露头即为储量计算的上限。

(4)土料的有用层中揭露地下水位时,应以地下水位为界,向上扣除 0.2~0.3 m 后为储量计算的下限。

### 15.1.3 储量计算注意事项

(1)储量计算应根据地形地质条件、勘察级别、勘探点布置情况选用平均厚度法或断面法、三角形法计算,为检查储量计算方法造成的误差,应选用另一种方法进行校核,两种方法的计算误差应不大于 5%。储量的采用值,可为两种方法计算结果的平均值,也可采用两种方法计算结果中相对小者;三维模型计算法计算的储量和剥离量宜作为采用值。

(2)砂砾料和土料由于开采边坡较低,一般可在圈定的范围内进行储量计算;石料一般开采边坡较高,故应按确定的终采平台高程及经边坡稳定性评价后确定的总平均坡比进行储量计算。

(3)储量计算时,砂砾料和土料中的有害夹层的厚度应比实际厚度多扣除 0.4~0.6 m(有害夹层的顶、底板多扣除 0.2~0.3 m);石料应比实际厚度多扣除 1.0~2.0 m(有害夹层的顶、底板多扣除 0.5~1.0 m)。夹层统计时,也可采用线率表示,储量计算时称剥离率或剥离系数。

(4)河漫滩和心滩砂砾层水上、水下储量计算的界限水位,宜以枯水期一般河水位为标准;严寒地区宜以平水年份一般河水位为标准;当无上述资料时,可采用勘探水位。

(5)当料场地形完整性较差时,勘察储量应根据地形完整性系数(一般为 0.7~0.9)进行修正。

(6)混凝土用砂砾料按下式计算净砂储量和净砾石储量及砾石分级储量:

$$\text{净砂储量} = \frac{\text{砂砾层储量} \times \text{砂砾石天然密度} \times \text{含砂率}}{\text{砂堆积密度}} \tag{15-1}$$

$$\text{净砾石储量} = \frac{\text{砂砾层储量} \times \text{砂砾石天然密度} \times \text{含砾率}}{\text{砾石堆积密度}} \tag{15-2}$$

$$\text{砾石分级储量} = \frac{\text{砂砾石储量} \times \text{砂砾石天然密度} \times \text{某级砾石占整个砂砾石的百分含量}}{\text{某级砾石堆积密度}} \tag{15-3}$$

净砾石、净砂储量计算表格式见表 15-1,净砾石分级储量计算表见表 15-2。

表 15-1　净砾石、净砂储量计算表

料场(及区)名称:　　　　　　　　　　勘察级别:

| 砂砾层储量/万 $m^3$ | 砂砾层天然干密度/($g/cm^3$) | 含砾率/% | 含砂率/% | 混合砾石堆积密度/($g/cm^3$) | 砂堆积密度/($g/cm^3$) | 净砾石储量/万 $m^3$ | 净砂储量/万 $m^3$ |
|---|---|---|---|---|---|---|---|
| | | | | | | | |

表 15-2　净砾石分级储量计算表

料场(及区)名称:　　　　　　　　　　勘察级别:

| 砂堆积密度/($g/cm^3$) | 净砾石总储量/万 $m^3$ | 混合砾石堆积密度/($g/cm^3$) | 粒径组/mm | 分级含砾率/% | 分级砾石堆积密度/($g/cm^3$) | 砾石分级储量/万 $m^3$ |
|---|---|---|---|---|---|---|
| | | | 80~150 | | | |
| | | | 40~80 | | | |
| | | | 20~40 | | | |
| | | | 5~20 | | | |

(7)当需要推测储量计算的外边界线时,内、外边界线之间的储量级别比内边界线以内的储量级别低一级。

(8)天然建筑材料储量计算时,均应计算料场及分区、分层的剥采比(天然建筑材料料场的无用层剥离量与有用层开采量的比值)。剥采比是评价料场开采合理性的主要经济技术指标之一,通常认为天然建筑材料的剥采比不小于1:5时,料场开采的经济技术指标比较合理;剥采比小于1:3时,料场开采的经济技术指标合理性差;剥采比1:3~1:5时,料场开采的经济技术指标的合理性应予以论证。

## 15.2　计算方法及适用范围

天然建筑材料常用的储量计算方法有:平均厚度法、断面法、三角形法,以及新采用的三维模型计算法。

### 15.2.1　平均厚度法

储量(或体积)是用储量计算范围的总面积乘以计算层的平均厚度。按下式计算:

$$V = Sm \tag{15-4}$$

$$m = \frac{m_1 + m_2 + m_3 + \cdots + m_i}{n} \tag{15-5}$$

式中:$V$为计算层的储量(或体积);$S$为计算层的面积;$m$为计算层的平均厚度;$m_1$、$m_2$、…、$m_i$为第1、2、…、$i$个勘探点计算层的厚度测定值;$n$为勘探点个数。

应绘制平均厚度法储量计算表(见表15-3),简单明了地说明储量计算的过程和成果,该表是料场勘察报告中的重要附表之一。

**表15-3 平均厚度法储量计算表**

料场(及区)名称: 勘察级别:

| 勘探点 | | 无用层厚度/m | | | 有用层厚度/m | | | | | 料场面积/$km^2$ | 无用层体积/万 $m^3$ | | | 有用层厚度/m | | | | | 剥采比 |
|---|---|---|---|---|---|---|---|---|---|---|---|---|---|---|---|---|---|---|---|
| 编号 | 深度/m | 剥离层 | 夹层 | 合计 | 水上 | | | 水下 | 总计 | | 剥离层 | 夹层 | 合计 | 水上 | | | 水下 | 总计 | |
| | | | | | 第层 | 第层 | 合计 | 第层 | | | | | | 第层 | 第层 | 合计 | 第层 | | |
| | | | | | | | | | | | | | | | | | | | |
| | | | | | | | | | | | | | | | | | | | |
| 平均 | | | | | | | | | | | | | | | | | | | |

平均厚度法适用于地形平缓、有用层厚度比较稳定,勘探点分布均匀的料场储量计算,或勘察级别低,勘探点较少的料场。

## 15.2.2 断面法

断面法可分为平行断面法和不平行断面法两种。

### 15.2.2.1 平行断面法

水平断面图或垂直断面图相互平行,采用平行断面法计算。

(1)当两断面面积($S_1>S_2$)差$\frac{S_1-S_2}{S_2}<40\%$时,分段储量按下式计算:

$$V_1=L\frac{S_1+S_2}{2} \tag{15-6}$$

式中:$V_1$为1号地段计算层的储量;$S_1$、$S_2$为1号地段两侧断面计算层的面积。

(2)当两断面面积($S_1>S_2$)差$\frac{S_1-S_2}{S_2}>40\%$时,分段储量按下式计算:

$$V_1=\frac{L}{3}(S_1+S_2+\sqrt{S_1S_2}) \tag{15-7}$$

$$V=V_1+V_2+\cdots+V_i \tag{15-8}$$

式中:$V$为圈定范围计算层的总储量;$V_i$为第1、2、…、$i$块段的储量。

### 15.2.2.2 不平行断面法

垂直断面图或水平断面图相互不平行(见图15-1),须采用不平行断面法计算。

(1)两侧断面夹角不超过10°时,分段的储量按下式计算:

$$V_1=\frac{L_1+L_2}{2}\times\frac{S_1+S_2}{2} \tag{15-9}$$

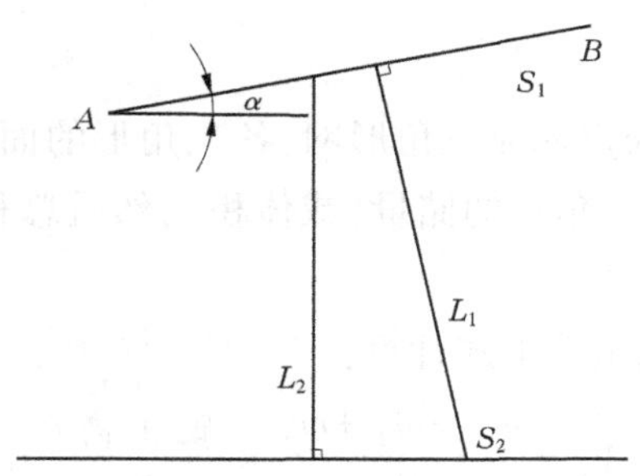


图 15-1　不平行断面示意图

式中：$V_1$ 为 1 号地段计算层的储量；$L_1$、$L_2$ 为从断面中心至相对的断面上所作的垂线长度（两断面之间的距离）。

（2）两断面间的夹角超过 10°时，分段的储量按下式（左洛塔列夫公式）计算：

$$V_1 = \frac{\alpha}{\sin\alpha} \times \frac{L_1 + L_2}{2} \times \frac{S_1 + S_2}{2} \tag{15-10}$$

式中：$\alpha$ 为两断面间的弧度角；$L_1$、$L_2$、$S_1$、$S_2$ 意义同前。

$$V = V_1 + V_2 + \cdots + V_i$$

应绘制断面法储量计算表（见表 15-4），说明储量计算过程和成果，并作为料场勘察报告储量计算条款中的附表。

表 15-4　断面法储量计算表

料场（及区）名称：　　　　　　勘察级别：

<table>
<tr><th rowspan="3">断面编号</th><th rowspan="3">勘探点编号</th><th colspan="3">无用层厚度/m</th><th rowspan="3">有用层厚度/m</th><th colspan="4">断面面积/m²</th><th colspan="4">两断面平均面积/m²</th><th rowspan="3">两断面平均距离/m</th><th colspan="3">无用层体积/万 m³</th><th rowspan="3">有用层储量/万 m³</th><th rowspan="3">剥采比</th></tr>
<tr><th rowspan="2">剥离层</th><th rowspan="2">夹层</th><th rowspan="2">合计</th><th colspan="3">无用层</th><th rowspan="2">有用层</th><th colspan="3">无用层</th><th rowspan="2">有用层</th><th rowspan="2">剥离层</th><th rowspan="2">夹层</th><th rowspan="2">合计</th></tr>
<tr><th>剥离层</th><th>夹层</th><th>合计</th><th>剥离层</th><th>夹层</th><th>合计</th></tr>
<tr><td rowspan="3"></td><td></td><td></td><td></td><td></td><td></td><td rowspan="3"></td><td rowspan="3"></td><td rowspan="3"></td><td rowspan="3"></td><td rowspan="6"></td><td rowspan="6"></td><td rowspan="6"></td><td rowspan="6"></td><td rowspan="6"></td><td rowspan="6"></td><td rowspan="6"></td><td rowspan="6"></td><td rowspan="6"></td><td rowspan="7"></td></tr>
<tr><td></td><td></td><td></td><td></td><td></td></tr>
<tr><td></td><td></td><td></td><td></td><td></td></tr>
<tr><td rowspan="3"></td><td></td><td></td><td></td><td></td><td></td><td rowspan="3"></td><td rowspan="3"></td><td rowspan="3"></td><td rowspan="3"></td></tr>
<tr><td></td><td></td><td></td><td></td><td></td></tr>
<tr><td></td><td></td><td></td><td></td><td></td></tr>
<tr><td colspan="15"></td><td></td><td></td><td></td><td></td></tr>
</table>

断面法适用于地形有起伏、计算厚度有变化的料场。当料场采用勘探线或勘探网布置时，储量（或体积）均可采用断面法计算。

### 15. 2. 3　三角形法

将储量计算范围内的勘探点连成三角形网，各三角形的面积乘以其三个顶点计算层厚度的平均值，分别求出各个三角形的储量（或体积），然后总和各个三角形的储量（或体积）。

（1）单个三角形计算层储量按下式计算：

$$V_1 = \frac{m_1 + m_2 + m_3}{3} \times \frac{底 + 高}{2} \tag{15-11}$$

式中：$V_1$ 为第一个三角形的储量；$m_1$、$m_2$、$m_3$ 为三角形三个顶点（勘探点）揭露的计算层厚度。

（2）计算范围的总储量按下式计算：

$$V = V_1 + V_2 + \cdots + V_i$$

式中：$V$ 为计算范围内的总储量；$V_i$ 为第 1、2、…、$i$ 个三角形的储量。

应绘制三角形法储量计算表（见表 15-5），说明计算过程和成果，作为料场勘察报告中的主要附表之一。

三角形法适用于勘探点距离不等或勘探点布置不规则的料场。

**表 15-5　三角形法储量计算表**

料场（及区）名称：　　　　　　勘察级别：

<table>
<tr><th rowspan="3">三角形编号</th><th colspan="2">勘探点</th><th colspan="3" rowspan="2">无用层厚度/m</th><th rowspan="3">有用层厚度/m</th><th colspan="4">平均厚度/m</th><th rowspan="3">三角形面积/m²</th><th colspan="3" rowspan="2">无用层体积/万 m³</th><th rowspan="3">有用层储量/万 m³</th><th rowspan="3">剥采比</th></tr>
<tr><th rowspan="2">编号</th><th rowspan="2">深度/m</th><th colspan="3">无用层</th><th rowspan="2">有用层</th></tr>
<tr><th>剥离层</th><th>夹层</th><th>合计</th><th>剥离层</th><th>夹层</th><th>合计</th><th>剥离层</th><th>夹层</th><th>合计</th></tr>
<tr><td rowspan="3"></td><td></td><td></td><td></td><td></td><td></td><td></td><td rowspan="3"></td><td rowspan="3"></td><td rowspan="3"></td><td rowspan="3"></td><td rowspan="3"></td><td rowspan="3"></td><td rowspan="3"></td><td rowspan="3"></td><td rowspan="3"></td><td rowspan="3"></td></tr>
<tr><td></td><td></td><td></td><td></td><td></td><td></td></tr>
<tr><td></td><td></td><td></td><td></td><td></td><td></td></tr>
<tr><td></td><td colspan="11"></td><td colspan="3"></td><td></td><td></td></tr>
</table>

### 15. 2. 4　三维模型计算法

三维模型计算法是指利用计算机数值模拟技术对料场储量进行准确计算的方法，通过建立料场的三维模型计算其储量。其原理是先对料场进行边界处理，得到有用层和无用层的边界，然后对边界进行围合，得到封闭的围合面，再对围合面进行网格单元剖分，剖分成若干个微元，利用积分原理对所有微元的体积求和，最终得到料场的储量。如图 15-2 所示，坐标（$x$，$y$）处的微元面积为 $dxdy$，对应的无用层厚度为 $\Delta z_1 = f(x,y) - g(x,y)$、有用

层厚度为 $\Delta z_2 = g(x,y) - h(x,y)$，在料区范围 $D$ 内进行积分，可得无用层储量 $V_1$ 和有用层储量 $V_2$ 分别为

$$V_1 = \iint_D [f(x,y) - g(x,y)]\mathrm{d}x\mathrm{d}y \tag{15-12}$$

$$V_2 = \iint_D [g(x,y) - h(x,y)]\mathrm{d}x\mathrm{d}y \tag{15-13}$$

式中：$f(x,y)$ 为料场无用层的上边界；$g(x,y)$ 为料场无用层的下边界（有用层的上边界）；$h(x,y)$ 为料场有用层的下边界。

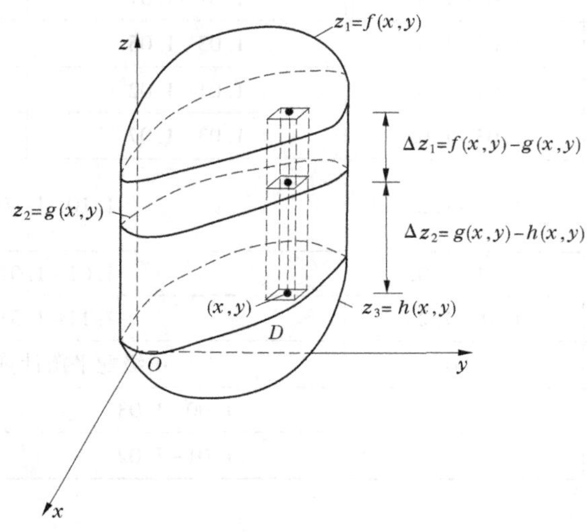


图 15-2 料场储量积分计算简图

目前，流行的计算软件采用逐步逼近的算法对式（15-12）、式（15-13）进行数值计算简化，得到的结果误差非常小，且运算速度相当快，该方法正广泛应用于设计生产中。

## 15.3 设计需要量及计算原则

设计需要量是指工程设计所需要的各种天然建筑材料的勘察储量。

### 15.3.1 混凝土骨料

混凝土各级骨料的设计需要量需依据永久工程和大型临建工程设计的各种浇筑混凝土量、喷混凝土量，按有关混凝土配合比试验成果，并考虑开采、运输、加工及储存的损耗进行计算。在缺乏有关试验资料时，可参考分析类似工程经验，初步计算单位体积（以 $m^3$ 计）混凝土的骨料用量。损耗补偿系数宜根据各工程具体条件分析确定，也可参考表 15-6 选用。

表 15-6 混凝土骨料开采、运输加工损耗补偿系数

| 项目 | | 人工骨料 | 天然骨料 | |
|---|---|---|---|---|
| | | | 设级配调整设施 | 无级配调整设施 |
| 开采 | 水上 | 1.02~1.05 | 1.02~1.05 | |
| | 水下 | — | 1.05~1.10 | |
| 粗碎或超径处理 | 预洗 | 1.02~1.05 | 1.02~1.05 | 1.02~1.05 |
| | 储运 | 1.01~1.02 | 1.01~1.02 | 1.01~1.02 |
| | 小计 | 1.01~1.07 | 1.01~1.07 | 1.02~1.07 |
| 筛洗或中细碎 | 冲洗 | 1.02~1.03 | 1.03~1.05 | 1.05~1.15 |
| | 储运 | 1.01~1.02 | 1.01~1.02 | 1.01~1.02 |
| | 小计 | 1.03~1.05 | 1.03~1.07 | 1.06~1.07 |
| 制砂和洗砂 | 石粉或细砂流失 | 1.15~1.25 | 1.10~1.30 | |
| | 储运 | 1.01~1.02 | 1.01~1.02 | |
| | 小计 | 1.16~1.28 | 1.11~1.33 | |
| 级配不平衡 | | 1.0 | 由级配平衡计算确定 | |
| 成品骨料储运 | | 1.00~1.03 | | |
| 混凝土运输浇筑 | | 1.01~1.02 | | |

## 15.3.2 土石坝填筑料

填筑料的设计需要量应依据坝体和围堰的设计工程量,按坝料的自然方、松方、填筑方的相应密度计算折方系数,并考虑开采、加工、运输及堆存的损耗进行计算。设计需要量宜以 $m^3$ 计。在缺乏有关试验资料时,折方系数可参考表 15-7 选用,损耗补偿系数宜根据各工程具体条件分析确定,也可参照表 15-7 选用。

表 15-7 土石坝坝料折方系数

| 料种 | 方别 | | |
|---|---|---|---|
| | 自然方 | 松方 | 填筑方 |
| 堆石料 | 1 | 1.01~1.02 | 1.01~1.02 |
| 砂砾料 | 1 | 1.01~1.02 | 1.01~1.02 |
| 土料 | 1 | 1.01~1.02 | 1.01~1.02 |

砌石料及各种建筑回填料的设计需要量可参照土石坝坝料的设计原则进行计算。

### 15.3.3　混凝土天然掺和料

混凝土天然掺和料的设计需要量依据主体工程和大型临建工程设计的所需掺用掺和料的混凝土量，按有关混凝土配合比试验成果，并考虑开采、加工、运输及储存的损耗进行计算。

## 15.4　试验成果整理

料场勘察试验工作结束后，应将试验资料按照规定的方法进行分析、整理，得出的料源客观存在的物理力学性质相适应的一套完整的试验指标，供材料质量评价及设计计算使用。

### 15.4.1　一般原则

(1)试验成果应及时整理，以便发现问题，利于资料校正和补充。

(2)试验成果应按材料类别、分料场、分区、分层、水上、水下分别整理汇总。特殊项目(如土料分散性试验、骨料碱活性试验等)的试验成果，应单独进行整理。

(3)列入整理的试验成果，其试验方法和条件应相同。经分析，应剔除明显不合理的试验值，以保证所使用数据的真实性。

(4)各项试验成果宜列表汇总，并计算出各项试验指标的算术平均值或加权平均值，可列出最大值和最小值；必要时应计算出大值平均值和小值平均值。

(5)应根据整理出来的颗粒级配平均值资料，利用半对数表绘制天然砂砾料、土料及人工骨料颗粒级配曲线(土料还需绘制包络线)。必要时可依据土料整理出来的其他试验指标平均值资料，绘制相关曲线。

### 15.4.2　整理方法

#### 15.4.2.1　**算术平均值**

算术平均值按下式计算：

$$\bar{x} = \frac{\sum x_i}{N} \tag{15-14}$$

式中：$\bar{x}$ 为算术平均值；$x_i$ 为第 1、2、…、$i$ 个试验测定值；$N$ 为试验组数。

根据变异系数($C_v$)判定算术平均值的可靠性。变异系数($C_v$)按下式计算，并按表 15-8 评价变异性。

$$C_v = \frac{S}{\bar{x}} \tag{15-15}$$

$$S = \sqrt{\frac{1}{n-1}\sum (x_i - \bar{x}_i)^2} \tag{15-16}$$

式中：$S$ 为标准差。

表 15-8　算术平均值可靠性判别

| 变异系数 | $C_v<0.1$ | $0.1\leqslant C_v\leqslant0.2$ | $0.2\leqslant C_v<0.3$ | $0.3\leqslant C_v<0.4$ | $C_v\geqslant0.4$ |
|---|---|---|---|---|---|
| 变异性 | 很小 | 小 | 中等 | 大 | 很大 |

#### 15.4.2.2　加权平均值

加权平均值按下式计算：

$$B=\frac{\sum_i \omega_i x_i}{\sum_i \omega_i} \tag{15-17}$$

式中：$B$ 为加权平均值；$x_i$ 为第 1、2、…、$i$ 个试验测定值；$\omega_i$ 为第 1、2、…、$i$ 个试验测定值的对应权值。

#### 15.4.2.3　混凝土骨料细(粒)度计算

1. 砂的平均粒径

砂的平均粒径按下式计算：

$$\overline{D}=0.5\sqrt[3]{\frac{a_1+a_2+a_3+a_4+a_5}{11a_1+1.37a_2+0.171a_3+0.02a_4+0.0024a_5}} \tag{15-18}$$

式中：$\overline{D}$ 为砂的平均粒径，mm；$a_1$、$a_2$、$a_3$、$a_4$、$a_5$ 分别为孔径 0.158 mm、0.315 mm、0.63 mm、1.25 mm、2.5 mm 筛上累计筛余百分数。

2. 砂的细度模数

砂的细度模数按下式计算：

$$\text{FM}=\frac{A_{2.5}+A_{1.25}+A_{0.63}+A_{0.315}+A_{0.158}}{100} \tag{15-19}$$

式中：FM 为砂的细度模数；$A_{2.5}$、$A_{1.25}$、$A_{0.63}$、$A_{0.315}$、$A_{0.158}$ 分别为孔径 2.5 mm、1.25 mm、0.63 mm、0.315 mm、0.158 mm 筛上累计筛余百分数。

#### 15.4.2.4　砾(碎)石的粒度模数

砾(碎)石的粒度模数按下式计算：

$$\text{GM}=\frac{A_{80}+A_{40}+A_{20}+A_5+5\times100}{100} \tag{15-20}$$

式中：GM 为砾(碎)石的粒度模数；$A_{80}$、$A_{40}$、$A_{20}$、$A_5$ 分别为孔径 80 mm、40 mm、20 mm、5 mm 筛上累计筛余百分数。

# 第16章　混凝土骨料碱活性

## 16.1　碱-骨料反应特征及机制

### 16.1.1　反应特征

混凝土发生碱-骨料(AAR)反应破坏,就会表现出碱-骨料反应的特征,在外观上主要是表面裂缝、变形和渗出物;内部特征主要有内部凝胶、反应环、活性骨料、碱含量等。工程发生碱-骨料反应出现裂纹后,加速混凝土的其他破坏。例如,空气、水、二氧化碳等侵入,这会使混凝土碳化加快,在钢筋周边的混凝土碳化后,则将引起钢筋锈蚀,而钢筋锈蚀体积膨胀约3倍,又会使裂缝扩大;若在寒冷受冻地区,混凝土出现裂缝后又会使冻融破坏加速,这样就造成了混凝土发生综合破坏。然而,判断混凝土中是否发生了碱-骨料反应并不那么容易,但只要发生了碱-骨料反应破坏,就会留下碱-骨料反应的内部和外部特征,通过对工程混凝土进行检测和分析,找出下述特征,可以判定是否发生了碱-骨料反应破坏及破坏的程度。

#### 16.1.1.1　时间性

受碱-骨料反应影响的混凝土需要几年或更长的时间才会出现开裂破坏。由于碱-骨料反应是混凝土孔隙液中的可溶性碱与骨料中的活性成分之间逐渐发生的一种化学反应,反应有渗透、溶解、发生化学反应、吸水膨胀等几个阶段,因此不可能在浇筑后的很短的时间内表现出开裂。据国内外发现碱-骨料反应工程破坏的报道,一般需要几年或更长的时间。例如,最早发现碱-骨料反应的美国加利福尼亚州王城桥建于1919~1920年,在建成后第三年发现桥墩顶部发生开裂,此后裂缝逐渐向下部发展;美国派克坝建于1938年,1940年发现大坝混凝土严重开裂;英国泽岛大坝建成10年后因发生碱-硅反应膨胀开裂。

#### 16.1.1.2　表面开裂

碱-骨料反应破坏最重要的现场特征之一是混凝土表面的开裂。如果混凝土没有施加预应力,裂纹呈网状(龟背纹),每条裂纹长度为数厘米。开始时,裂纹从网点三分岔成三条放射状裂纹,起因于混凝土表面下的反应骨料颗粒周围的凝胶或骨料内部产物的吸水膨胀。当其他骨料颗粒发生反应时,产生更多的裂纹,最终这些裂纹相互连接,形成网状。随着反应的继续进行,新产生的裂纹将原来的多边形分割成小的多边形,此外,已存在的裂纹变宽、变长。

如果预应力混凝土构件遭受严重的碱-骨料反应破坏,其膨胀力将垂直于约束力方向,在预应力作用的区域,裂纹将主要沿预应力方向发展,形成平行于钢筋的裂纹,在非预应力作用的区域或预应力作用较小的区域,混凝土表现出网状开裂。在碱-骨料反应膨胀很大时,也会在预应力区域形成一些较细的网状裂纹。如果反应没有完全结束,裂纹宽度将持续增加。

在工程破坏诊断时,应注意碱-骨料反应裂缝与混凝土收缩裂缝的区别。混凝土工程的收缩裂缝也会出现网状裂缝,但出现时间较早,多在施工后若干日内;而碱-骨料反应裂缝出现较晚,多在施工后数年甚至一二十年后。环境愈干燥,收缩裂缝愈扩大,而碱-骨料反应裂缝随环境条件湿度增大而增大。在受约束的情况下,碱-骨料反应膨胀裂缝平行于约束力的方向,而收缩裂缝则垂直于约束力的方向。

另外,碱-骨料反应在开裂的同时,有时出现局部膨胀,以致裂缝的两个边缘出现不平整状态,这是碱-骨料反应裂缝所特有的现象。碱-骨料反应裂缝首先出现在同一工程的潮湿部位,湿度愈大愈严重,在同一结构工程或同一混凝土构件的干燥部位却安然无恙,这也是碱-骨料反应膨胀裂缝与其他原因裂缝最明显的一个外观特征差别。

#### 16.1.1.3 膨胀

碱-骨料反应破坏是由膨胀引起的,通过检查工程接头或相邻混凝土单元的位移可以提供混凝土是否发生膨胀的信息。

碱-骨料反应膨胀可使混凝土结构工程发生整体变形、移位等现象,如某些长度大的构筑物的伸缩缝变形,甚至被挤压破坏;有的桥梁支点因膨胀增长而错位;有的大坝因膨胀导致坝体升高;有些横向结构在两端限制的条件下因膨胀而发生弯曲、扭翘等现象。总之,混凝土工程发生变形、移位、弯曲、扭翘等现象,是混凝土工程发生膨胀的特征,结合其他特征再确定该膨胀是否碱-骨料反应引起的膨胀。

#### 16.1.1.4 渗出凝胶

碱-硅酸盐反应生成的碱-硅酸凝胶有时会从裂缝中流到混凝土的表面,新鲜的凝胶是透明的或呈浅黄色,外观类似于树脂状。脱水后,凝胶变成白色。是否有凝胶渗出,取决于碱-硅酸盐反应进行的程度和骨料种类,反应程度较轻或骨料中碱活性组分为分散分布的微晶质至隐晶质石英等矿物(如硬砂岩)时,一般难以观察到明显的凝胶渗出。当骨料只具有碱-碳酸盐反应活性时,混凝土中没有类似于碱-硅酸凝胶的物质生成,混凝土表面一般不会有凝胶渗出。

凝胶在流经裂缝、孔隙的过程中吸收钙、铝、硫等化合物也可变为茶褐色以至黑色,流出的凝胶多有较湿润的光泽,长时间干燥后变为无定形粉状物,借助放大镜,可与颗粒状的结晶盐析物区别开来。混凝土工程受雨水冲刷后,体内的 $Ca(OH)_2$ 也会溶解渗流出来,在空气中碳化后成为白色,有时还可形成喀斯特滴柱状,这可用稀盐酸加以区别。例如,混凝土中含氯盐、硫酸盐、硝酸盐等溶出时也会出现渗流物,用水擦洗可以擦掉,而混凝土中的凝胶则不那么容易擦掉。

#### 16.1.1.5 内部凝胶

碱-硅反应的膨胀是由生成的碱-硅酸凝胶吸水引起的,因此碱-硅酸凝胶的存在是混凝土发生了碱-硅酸盐反应的直接证明。通过检查混凝土芯样的原始表面、切割面、光片和薄片,可在空洞、裂纹、骨料-浆体界面区等处找到凝胶,因凝胶流动性较大,有时可在远离反应骨料的地方找到凝胶。

#### 16.1.1.6 反应环

有些骨料在与碱发生反应后,会在骨料的周边形成一个深色的薄层,称为反应环,有时活性骨料会有一部分被作用掉。但也有些骨料发生碱-骨料反应后不形成反应环,因此不能将反应环的存在与否用来直接判定是否存在碱-骨料反应破坏。但如果鉴定反应环的确是碱-骨料反应的产物后,可作为发生了碱-骨料反应的证据之一。

#### 16.1.1.7 活性骨料

活性骨料是混凝土遭受碱-骨料反应破坏的必要条件。通过检查混凝土芯样薄片,可以确定粗骨料的岩石类型,不同岩石的数量、形状、尺寸,具有潜在活性的岩石类型及其活性矿物类型,可以确定细骨料的主要组成、各种颗粒的数量、是否具有潜在碱活性及活性矿物所占的比例。

#### 16.1.1.8 内部裂纹

一般认为,碱-硅酸反应(alkali-silica reaction,ASR)膨胀开裂是由存在于骨料-浆体界面和骨料内部的碱-硅酸凝胶吸水肿胀引起的;碱-碳酸盐反应(alkali-carbonate reaction,ACR)膨胀开裂是由反应生成的方解石和水镁石在骨料内部受限,空间结晶生长形成的结晶压力引起的。也就是说,骨料是膨胀源,这样骨料周围浆体中的切向应力始终为拉伸应力,且在骨料-浆体界面处达最大值,而骨料中的切向应力为压应力,骨料内部的肿胀压力或结晶压力将使得骨料内部局部区域承受拉伸应力,而浆体和骨料径向均受压应力。结果,在混凝土中形成与膨胀骨料相连的网状裂纹,反应的骨料有时也会开裂,其裂纹会延伸到周围的浆体或砂浆中去,裂纹能延伸到达另一颗骨料,裂纹有时会从未发生反应的骨料边缘通过。当骨料具有碱-硅酸盐反应活性时,一些裂纹中有可能部分或全部填充有 ASR 凝胶,有时反应的骨料部分被溶掉。骨料-浆体界面不产生空隙,骨料与浆体间的黏结良好。这些特征有别于冻融、硫酸盐侵蚀和延迟性钙矾石形成等源自浆体的膨胀开裂特征。

#### 16.1.1.9 混凝土碱含量

碱含量高是混凝土发生碱-骨料反应的重要条件。一般认为,对于高活性的硅质骨料(如蛋白石),混凝土碱含量大于 2.1 $kg/m^3$ 时将发生碱-骨料反应破坏;对于中等活性的硅质骨料,混凝土碱含量大于 3.0 $kg/m^3$ 时将发生碱-骨料反应破坏;当骨料具有碱-碳酸盐反应活性时,混凝土碱含量只需大于 1.0 $kg/m^3$ 时就有可能发生碱-骨料反应破坏。

由于样品的代表性问题、混凝土表面因雨水和其他来源的水的作用使得部分碱浸出、部分混凝土表面潮湿而其他表面干燥导致碱的迁移,骨料中的碱、掺和料中的碱、骨料对碱的吸附等因素的影响,混凝土的碱含量不容易分析准确。在确定工程构件的混凝土碱含量时,最好从内部芯样取样进行分析,以减少除冰盐和表面碱浸出或迁移等因素的影响。

### 16.1.2 反应机制

1940 年,Stanton 发现的碱-骨料反应指的是碱-硅酸盐反应。到了 1957 年,Swenson 发现了碱-碳酸盐反应。其后加拿大又提出碱-硅酸盐反应。1992 年唐明述论述过碱-骨料反应的分类,通过收集大量硅酸盐矿物来研究其与碱的反应,证明不会引起膨胀,从而否定了碱-硅酸盐反应的存在。近年来大家一致认为,所谓慢膨胀的碱-硅酸盐反应,实质上是微晶石英分散分布于岩石之中，从而延缓了反应的历程，而其实质仍为碱-硅酸盐反应。因此，现在一致认为，碱-骨料反应可分为碱-硅酸盐反应和碱-碳酸盐反应。

#### 16.1.2.1 碱-硅酸盐反应

碱-硅酸盐反应是指活性二氧化硅与水泥中的碱发生的膨胀反应。活性二氧化硅包括蛋白石、玉髓、鳞石英、方石英和隐晶、微晶或玻璃质石英。粗晶石英破裂严重或受应力者也可能具有碱活性。就结晶化学角度而言，实质上是指晶体内部缺陷多的石英。地球的80%由硅酸盐矿物构成。这包括长石、云母、橄榄石、石英等。所幸大多数文献所说的活性二氧化硅并不包括结晶完好的石英及仅在化学成分上含有 $SiO_2$ 的岩石。所谓活性二氧化硅，一般是指无定形二氧化硅及隐晶质、微晶质和玻璃质二氧化硅。这包括蛋白石、玉髓、石英玻璃体、隐晶质和微晶质二氧化硅及受应力变形的石英。

其与碱的化学反应式为

$$2NaOH + xSiO_2 = Na_2O \cdot xSiO_2(aq) \tag{16-1}$$

碱-硅酸盐反应机制，存在两种理论：渗透压理论和吸水肿胀理论。渗透压理论认为骨料周围的水泥浆起半透膜作用。半透膜由碱-骨料反应生成的石灰-碱-氧化硅凝胶组成。碱性氢氧化物和水可以通过半透膜扩散到反应区（骨料颗粒），产生膨胀压；而对碱-氧化硅反应生成的硅酸离子，这个膜是非渗透性的。因此，反应生成物堆积于骨料颗粒上形成巨大的渗透压力，当这种渗透压超过混凝土强度时即造成混凝土结构破坏。吸水肿胀理论认为，骨料中的活性 $SiO_2$ 与水泥中的碱反应，从而在骨料与水泥石界面生成碱-硅酸凝胶，因这些凝胶具有较强的吸水肿胀性，当肿胀产生的应力超过混凝土强度时，会使混凝土开裂。

Monica Prezzi 等提出扩散双电层理论，进一步解释凝胶吸水肿胀的原因。该理论认为，在碱性环境下，由于 OH 的作用使活性 $SiO_2$ 的三维网状结构解体，形成分立的≡Si-O⁻单体。为平衡≡Si-O⁻的电负性，溶液中的正离子如 $Na^+$、$K^+$或 $Ca^+$等与≡Si-O⁻结合，形成碱-硅（如≡Si-O-Na）溶胶。但由于溶胶中的碱-氧（如 Na-O）键较弱，使溶胶结构为带负电的≡Si-O⁻单体外包裹了由 $Na^+$、$K^+$或 $Ca^+$等离子形成的正电层，即扩散双电层。若胶体的扩散双电层厚，则胶体颗粒间的斥力大，即产生较大的 AAR 膨胀。

由于 ASR 主要取决于 $SiO_2$ 的结晶程度，因此采用什么判据来鉴定 $SiO_2$ 的结晶度就成为大家追求的目标。采用光学显微镜可以在一定程度上做出定性的判定。

为了能定量表达石英的结晶程度，DlarMantuani 提出变形石英的活性高低可由波状消光角来决定，并认为当波状消光角大于15°时为活性。但在长期用显微镜观察我国收集到的各种岩样发现，大多数石英均表现出程度不同的波状消光，特别是山东石臼港的花岗岩样，但测长试验表明碱活性并不高。同时还发现波状消光是各种各样的，广西红水河岩滩大坝用骨料，其细小晶体呈环形波状消光，这种消光是无法测量消光角的。其实除波状消光中的带状消光外，其他如帚状消光、块状消光、鳞骨消光、花边消光、环形消光、“x”型消光、T型消光、“+”型消光等均无法测定消光角。同时 Chttan Bellew、Andensen 和 Thaulow 均证明膨胀与消光角之间不存在密切的相关性。为了探索定量表征二氧化硅的结晶程度，唐明述等先后探索过用差示扫描量热计测石英573 ℃晶型转变的吸热谷，用正电子湮没测晶体缺陷及用X射线上五指峰图型来判断石英的结晶程度，得到如下结果：

硅质岩石的碱活性主要取决于 $SiO_2$ 的结晶度,无定型者活性越大,晶体缺陷越强,则活性越高。Zhang 曾用电子显微镜研究过石英的晶体缺陷密度,发现其与碱活性具有明显的相关性。

#### 16.1.2.2　碱-碳酸盐反应

碱-碳酸盐反应主要是脱(去)白云石反应,即某些特定的微晶白云石和氢氧化钠(NaOH)、氢氧化钾(KOH)等碱类反应生成氢氧化镁[$Mg(OH)_2$]和碳酸盐等。这些生成物和水泥水化产物氢氧化钙[$Ca(OH)_2$]又起反应,重新生成碱,使脱白云石反应继续下去,直到白云石被完全作用完,或碱的浓度被继续发生的反应降至足够低。其反应式可归纳为

$$CaMg(CO_3)_2 + 2MOH \longrightarrow Mg(OH)_2 + CaCO_3 + M_2CO_3 \tag{16-2}$$

$$M_2CO_3 + Ca(OH)_2 \longrightarrow 2MOH + CaCO_3 \tag{16-3}$$

几十年来,已提出了各种解释碱-碳酸盐反应膨胀机制的假说,并一致认为碱-碳酸盐反应膨胀是以去白云石化反应为前提的一系列化学反应和物理过程的总的结果。但各种假说不尽相同,争论的焦点是什么过程引起碱-碳酸盐反应膨胀,归纳起来分为直接反应机制和间接反应机制。

1. 直接反应机制

对直接反应机制的解释有复杂的水化复盐产物学说和结晶压学说。

复杂的水化复盐产物学说由 Sherwood 和 Newlon 提出。膨胀是因为反应生成了晶胞尺寸较大的水化复盐晶体,如斜钠钙石、水碳钾钙石或水滑石-水镁铁石等。

岩石碱-碳酸盐反应膨胀的结晶压学说首先由唐明述及其研究组创立。碱溶液通过黏土网络渗透进入限制空间,与白云石产生去白云石化反应。虽然去白云石化反应是固相体积减小的过程,但反应产物碳酸钙与水镁石为细颗粒,产物间存在许多孔洞,因此包括孔洞在内的固相产物的总体积增大,使反应产物尤其是水镁石在限制空间的重排和定向生长产生高的结晶压。

2. 间接反应机制

间接反应机制以 Gillott 的吸水肿胀学说和 Hadley 的渗透压学说为代表。

Gillott 认为,去白云石化过程使菱形白云石晶体破坏,使包裹于晶体中的干燥黏土暴露。当干燥的黏土与碱溶液接触时会吸附水合离子产生扩散双电层,引起肿胀压。肿胀压的作用使岩石开裂,把基质中的黏土暴露并吸水肿胀,使岩石进一步膨胀开裂。

Hadley 的渗透压学说认为,黏土矿物与其表面有机物覆盖层的离子交换和迁移可能增加它们的吸水性。碱与白云石反应后,在其周围生成了液相的碳酸钾(钠)、固相碳酸钙和水镁石。由于液相碳酸钾(钠)与氢氧化钾有不同的溶液性质,使骨料周围液相碳酸钾(钠)通过间隙黏土向外流动,它与外部 KOH 通过间隙黏土向内流动的趋势不同,这种差别形成渗透压,产生膨胀。

此外,钱光人通过收集国内外大量各种地质条件下的白云岩并在实验室详细研究相应的微观结构得出:具有潜在高 ACR 活性的岩石形成的沉积环境应具备浅水低能、偏离正常海水盐度、毗邻大陆边沿等特点,其中具有高 ACR 膨胀性的泥晶白云质灰岩应形成于局限台地的上潮间古环境,泥质泥晶白云岩则形成于萨哈布模式的潮上带。此结论可

用 Wilson 的相带模型表示(见图 16-1)。基于地质科学所得的结论,对寻找和确定新的骨料基地是十分有利的。

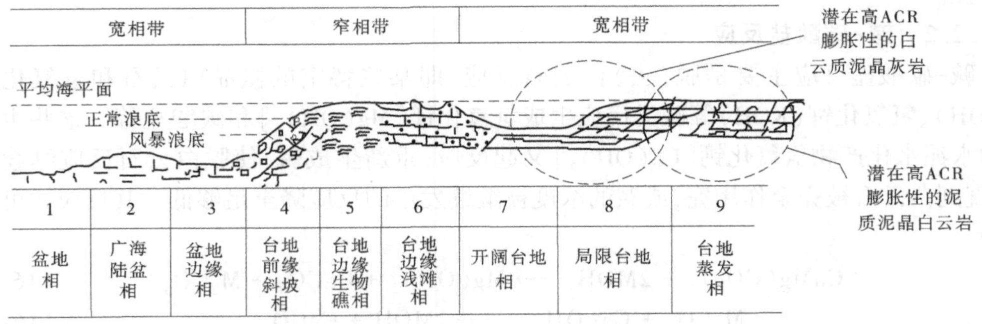


图 16-1　Wilson 的相带模型及高 ACR 膨胀性岩石的存在区

# 16.2　碱-骨料鉴定方法与判别标准

Oberholster 等综合了各国学者的研究成果,将具有碱活性的矿物和岩石及其中的活性成分和含量综合示于表 16-1。

表 16-1　具碱活性岩石及成分

| 岩石 | | 活性成分及含量 |
|---|---|---|
| 火成岩 | 花岗岩、花岗闪长岩、紫苏花岗岩 | 波状消光的应变石英含量大于 30% |
| | 浮石、流纹岩、安山岩、英安岩、安粗岩、珍珠岩、黑曜岩、火山凝灰岩 | 酸至中性富二氧化硅的火山玻璃体、反玻化玻璃、磷石英 |
| | 玄武岩 | 玉髓、蛋白石、橙玄玻璃 |
| 变质岩 | 片麻岩、片岩 | 波状消光的应变石英含量大于 30% |
| | 石灰岩 | 波状消光的应变石英含量大于 30%、燧石含量大于 5% |
| | 角页岩、千枚岩、泥板岩 | 页硅酸盐、应变石英 |
| 沉积岩 | 砂岩 | 应变石英、燧石含量大于 5% |
| | 硬砂岩 | 页硅酸盐、应变石英 |
| | 燧石(球状)、燧石(板状) | 微晶石英、玉髓、蛋白石 |
| | 硅藻土 | 白云石、页硅酸盐 |
| | 碳酸盐 | 细粒泥质灰岩、白云岩或白云灰岩、硅质白云岩 |
| 其他物质 | | 某些合成玻璃,如硬质玻璃、硅胶 |

各国根据各自骨料的特点提出的鉴别碱活性骨料的方法已有几十种之多，主要有测长法［砂浆棒法、快速砂浆棒法（AMBT）、混凝土棱柱体试验法（CPT）、岩石柱法等］、化学法（如 ASTM C289 化学方法、德国溶解法、丹麦化学收缩法、渗透盒试验法和凝胶小块试验法等）和骨料的岩相法等。

## 16.2.1 岩相法

岩相法为岩石学估计法，由有经验的资深岩相学家通过偏光显微镜对样品薄片进行鉴定，如果鉴定骨料中不含或含有少量碱活性的岩石或矿物，可判为非活性骨料；如果鉴定骨料中含有碱活性的矿物成分［对于碱-硅酸盐反应，活性矿物是一些含活性二氧化硅（无定形二氧化硅及隐晶质、微晶质和玻璃质二氧化硅）的矿物，包括蛋白石、玉髓、鳞石英、方石英、酸性-中性火山玻璃、隐晶-微晶石英及应变石英等。对于碳酸盐岩，则重点观察岩石中是否存在黏土矿物及白云石是否为自形菱形晶体］，则推荐使用其他试验方法来进一步论证，以确定这些骨料能否在混凝土中发生碱-骨料反应。

岩相法一般作为碱活性骨料检测程序的初判，目前的方法标准有美国的 ASTM C295-90 混凝土骨料岩相分析指南、RILEM 标准系列的 AAR-1 方法。

岩相法主要解决两方面的问题：一是骨料中矿物中有无碱活性组分及其含量；二是如含有活性组分，描述其分布状态、颗粒大小，确定其属于哪一类型的碱活性组分，是碱-硅活性还是碱-碳酸盐活性。由于岩相法的特殊性，只能给出指导性的结论，但是当岩相法认为骨料为非活性时，可以作为最终结果。

## 16.2.2 化学法

化学法以骨料在碱性溶液中的反应速度作为判断依据，反映骨料与碱的反应能力，一般认为其与对混凝土的破坏能力没有直接关系，用于评定非活性骨料是合适的，但不能准确地评定具有潜在活性的骨料。目前，提出的化学法一般都有一定的局限性，每一种方法仅适用于一定的骨料类型。另外，化学法易受一些元素的干扰，使评定结果产生较大的误差，现在使用较少。由于误差较大，加拿大标准已率先取消了化学法；RILEM 技术委员会制定的骨料碱活性检测方法中也不再考虑化学法。目前的方法标准有美国的 ASTM C289 方法，我国的一些规范中仍在沿用该方法。

## 16.2.3 测长法

测长法为制作特定的试件，在特定的养护条件下，测定其在一定时间内的膨胀率。测长法以测试件的膨胀量为依据，结果直观，与工程实际情况有比较好的关联性。所以，成为使用最为广泛的骨料碱活性检测方法。常见的测长法有以下几种。

### 16.2.3.1 砂浆棒法

砂浆棒法一直是作为碱活性鉴定中的经典方法，1951 年由美国提出并制定了试验标准，并列入许多国家的标准中。此方法使用的水泥碱含量应大于 0.6%或使用高碱水泥。骨料采用五级配，水泥与骨料的重量比为 1∶2.25。试件尺寸为 25 mm×25 mm×285 mm。试件在温度 38 ℃与相对湿度为 100%条件下养护，如试件半年的膨胀率大于或等于

0.1%,则评定为具有潜在危害的活性骨料;如试件半年的膨胀率小于0.1%则为非活性骨料。在缺少6个月试验资料的情况下,可采用试件3个月的膨胀率,试件3个月的膨胀率大于0.05%,判定为碱活性骨料,否则为非碱活性骨料。

采用该方法的标准主要有ASTM C227,因为砂浆棒法尚存在许多问题,RILEM标准系列并未列入此方法。砂浆长度法作为一个传统的方法,已使用了40余年。国内外的实践表明,这种方法对骨料适应性差,仅适用于一些高活性、快膨胀的岩石和矿物,如组成流纹岩、安山岩的蛋白石质材料和风化变质玻璃体的微晶质材料,对慢膨胀的骨料如片麻岩、片(页)岩、杂(硬)砂岩、灰岩、泥质板岩和偏火山岩等则广泛存在漏判错判实例。国际上一些专家对此方法提出了质疑,特别是英国和日本由于该方法的误判,给工程带来了巨大的损失,英国在20世纪四五十年代对本国的燧石用ASTM C227方法试验,得出了非活性的结论,但20世纪70年代以后,发现了数百座混凝土工程出现了不同程度的AAR(碱-骨料反应)破坏,有的破坏非常严重。日本由于AAR破坏的修补,付出了昂贵的代价,现在有的国家甚至在本国标准中取消了砂浆长度法。

### 16.2.3.2 快速砂浆棒法

由于砂浆长度法试验周期长,往往不能满足工程施工进度的需要。从20世纪80年代开始,各国都在探求快速的试验方法,以使在短期内对骨料的碱活性做出判断。我国南京化工学院唐明述等在1983年提出的压蒸法,现已列为中国工程标准化委员会标准,标准号为CECS 48:93。该方法适用于检测碱-硅酸盐反应活性。法国将该方法改进后列入了该国的国家标准NFP18-588,日本等国也在大量使用。另一种比较典型的方法是以南非建筑研究所(NBRI)R. E. Oberholster和G. Davies在1986年首先提出的快速砂浆棒法,于1994年同时被订为美国材料测试协会和加拿大标准协会标准,标准号分别为ASTM C1260和CSA A23-2-25A。2001年正式被RILEM定为快速检测骨料碱活性的方法,标准号为AAR-2。

1.压蒸法

快速砂浆棒法试样粒径为0.16~0.63 mm,水泥使用碱含量在0.4%~0.8%的硅酸盐水泥,通过外加碱KOH达到碱含量为1.5%,水泥与骨料的重量比为10:1、5:1和2:1。水灰比为0.3。试件尺寸为40 mm×10 mm×10 mm。试件成型1 d后脱模,并测量基准长度;然后在100 ℃下蒸养护4 h,再浸泡在10%KOH溶液中,在150 ℃下压蒸6 h,测量其最终长度。试验结果评定时,用三个配比中最大膨胀值来评定骨料的碱活性,如膨胀值大于或等于0.1%,则评定为活性骨料;如膨胀值小于0.1%,则为非活性骨料。

压蒸法的特点:一是工作量小,操作简便,试验周期短,能够很快地对骨料的活性做出判断,可以广泛用来筛选和鉴别骨料;二是需要的设备简单,试验方法简便,容易掌握。但是由于该方法用碱量(水泥补碱到1.5%和浸在高碱溶液中反应)较大,又采取高温-高压的非常态反应路线,与实际工程中碱与骨料的反应条件相差甚远。高温下水泥水化产生的二次钙矾石也会对试验结果产生误差。验证后普遍认为有较多的错判,但不会有漏判。这种方法测定单一岩石较为合适,对天然砂、石料场中的多种活性骨料的混合料,由于试件太小、取样有限,测定起来误差会大一些。

2. 快速膨胀法砂浆棒

NBRI 方法按照 ASTM C227 的规定制备砂浆棒，脱模后在 23 ℃下放进带有水的容器中，再放进 80 ℃的烘箱。24 h 后将砂浆棒从热水中移出，在 20 s 内测量其长度作为初始值。然后将砂浆棒放进 80 ℃的 $C$(NaOH) = 1 mol/L 的溶液中，并重新放回烘箱。用试件在 NaOH 溶液中 12 d 后的平均膨胀值作为评定骨料潜在活性的依据。Dabvies 和 Oberholster 提出的判据是：膨胀率小于 0. 10%时，评定为无害骨料；膨胀率为 0. 10% ~ 0. 25%时，评定为具有潜在活性的慢膨胀骨料；膨胀率大于 0. 25%时，评定为具有潜在活性的快膨胀骨料。

ASTM C1260 是在这一基础上经修改而成的。ASTM C1260 主要做了如下修改：①取消了水泥碱含量限制。②采取了固定水灰比。③将试件长度由 250 mm 延长至 285 mm。④将试件在 NaOH 溶液中的时间延长了 2 d。⑤对判据做了修改，规定膨胀率小于 0. 10%时，评定为无害骨料；膨胀率为 0. 10% ~ 0. 20%时，对该骨料无法做出判断，需进行一些辅助的试验；膨胀率大于 0. 20%时，评定为活性骨料。

目前，ASTM C1260 和 RILEM AAR-2 规定 14 d 膨胀率小于 0. 10%为非活性，膨胀率大于 0. 20%为活性，膨胀率在 0. 10% ~ 0. 20%为潜在活性。CSA A23-2-25A 则根据骨料岩石类型确定判据，灰岩骨料 14 d 膨胀率小于 0. 10%为非活性，其他骨料则以 14 d 膨胀率 0. 15%作为活性与否的判据。同时，规定该方法可以接受膨胀率小于 0. 10%的骨料，但不能作为拒绝骨料的根据，即仅能用于快速筛选骨料。该方法结果可疑时，应用混凝土棱柱体法进一步鉴定。

综合世界各国的实践经验，AMBT 可以成功筛选出大部分骨料的碱活性，但也有很大的局限性。在 AMBT 中异常膨胀的骨料同时包含 AMBT 偏严和漏判两种情况，偏严的骨料主要有变质岩和少数火成岩、变质沉积岩，漏判的骨料主要是某些碳酸盐骨料、少数花岗岩、花岗闪长岩、片麻岩及某些层位的 Potsdam 砂岩。另外，各地区的试验结果都显示骨料在 AMBT 和混凝土棱柱体试验法中的膨胀值没有明显相关性，表明 AMBT 不能正确预测骨料在混凝土中的膨胀水平。

#### 16. 2. 3. 3　混凝土棱柱体试验法

混凝土棱柱体试验法采用的标准有加拿大标准 CSA A23. 2-14A 和美国 ASTM C1293-95 及 RILEM 标准的 AAR-3。

美国 ASTM C1293-95 方法试验用硅酸盐水泥，含碱量为(0. 9±0. 1)%($Na_2Oeq$)通过外加碱 NaOH 使水泥的碱含量达到 1. 25%。混凝土中水泥用量为(420±10) kg/m$^3$。水灰比 0. 42~0. 45。试件尺寸为 75 mm×75 mm×300 mm ~ 120 mm×120 mm×400 mm，测试细骨料碱活性时使用非碱活性砂，砂的细度模数为 2. 7±0. 2。测试粗骨料碱活性时使用非碱活性粗骨料。试件成型 24 h 后脱模测定初长。随后在(38±2)℃、相对湿度 100%的条件下储存，1 年龄期试件的膨胀率大于或等于 0. 04%，则判定骨料有潜在有害反应。这个方法适用于碱-硅酸盐反应。

加拿大标准 CSA A23. 2-14A 使用硅酸盐水泥，含碱量为(1. 0±0. 2)%($Na_2Oeq$)，并通过外加碱 NaOH 使水泥的碱含量达到 1. 25%。混凝土中水泥用量为(310±5) kg/m$^3$。

水灰比为 0.42~0.45。试件尺寸为 75 mm×75 mm×300 mm~120 mm×120 mm×400 mm，使用非碱活性砂，砂的细度模数为 2.70±0.2。试件成型 24 h 后脱模，浸水 30 min 后取出测定初长。对于碱-碳酸盐反应骨料，在(23±2)℃、相对湿度 100%的条件下储存，在 1 年龄期混凝土试件的膨胀率如果大于 0.04%，则骨料具有潜在有害活性；对慢膨胀碱-硅酸盐/硅酸反应骨料，在(38±2)℃、相对湿度 100%的条件下储存，1 年龄期试件的膨胀率大于 0.25%或 3 个月的膨胀率大于 0.01%，则判定为有潜在反应性。这个方法适用于碱-硅酸盐反应和碱-碳酸盐反应。

混凝土棱柱体法采用的混凝土的试体参数与现场混凝土最为接近。国外研究经验表明，CPT 试验结果与现场混凝土记录十分吻合，因此被认为是目前最可靠的骨料碱活性检测方法，并广泛用于骨料是否具有碱活性的最终判定。

由于 CPT 方法所需时间太长，RILEM 标准在 CPT 方法及基础上进行了改进。它的试件尺寸、骨料粒径及级配、配合比等与 CPT 法完全相同，为了加快反应速度、缩短评价的时间，AAR-4 法将养护温度提高到 60 ℃，养护时间缩短为 20 周。该方法以试件 3 个月的膨胀率 0.02%作为判据，得到了与实际较符合的检测结果。

#### 16.2.3.4 岩石柱法

岩石柱法是一种专门检验碱-碳酸盐活性的试验方法，岩石柱法是将骨料(岩石)加工成(9±1)mm×35 mm 的小圆柱体，测量初始长度后在室温下浸泡于 1 mol/L 的 NaOH 溶液中，在规定的时间测量试件的长度变化，以 84 d 的膨胀率作为判据。膨胀率小于 0.10%时认为骨料是无害的，膨胀率大于 0.10%时认为骨料是有害的。岩石柱的膨胀具有很强的方向性，所以应在同块岩石的不同岩性方向取样。此方法需时较长，对某些慢膨胀的骨料可能测不出。

该方法的标准主要有 ASTM C586。

#### 16.2.3.5 碱碳酸盐骨料快速初选法

该方法是针对 ACR 的快速鉴定方法，由南京化工大学唐明述等提出，采用 RILEM AAR-5 试行标准。该法以压蒸法为试验基础，适当增大碳酸盐骨料的粒径以强化骨料膨胀对混凝土膨胀所起的作用。对于大部分硅质骨料，骨料粒径的减小可促进碱-骨料反应；而对于碳酸盐类骨料，在 0.8~10 mm 粒径范围内随着粒径的增大，膨胀加剧。该法采用 5~10 mm 单一粒径的骨料，使用纯硅酸盐水泥，水泥碱含量小于 0.6%，外加 KOH 调整水泥碱含量至 1.5%，试体尺寸 40 mm×40 mm×160 mm，水泥与骨料比为 1:1，水灰比为 0.30。试件成型后在(20±2)℃、相对湿度 85%的养护室内预养护 24 h，脱模后编号并将试件放入已升温至 80 ℃、1 mol/L NaOH 养护液中预养护 4 h，以保证试件内外温度都达到 80 ℃，迅速取出测初长，再将试体放回至 80 ℃碱溶液中，定期测量 7 d、14 d、21 d、28 d 各龄期的膨胀率。若 28 d 膨胀率大于或等于 0.1%，则骨料为活性。

该方法在对含有泥质泥晶白云岩、泥质粉晶白云岩、泥质白云质灰岩和白云质灰岩的骨料检测中，获得了较好的结果。由于该方法为试行方法，还需要经过大量的试验加以验证。

# 16.3　抑制碱-骨料反应的方法

## 16.3.1　抑制措施

从AAR发生的条件可得出预防和抑制AAR的措施有以下几点：

(1)控制混凝土碱含量。一般认为混凝土碱含量低于3 $kg/m^3$ 时不发生碱-骨料反应或反应较轻，不足以使混凝土开裂破坏。在早期发生AAR破坏严重的国家，如美国、英国、日本等曾广泛使用碱含量低于0.6%的水泥以降低混凝土中的碱含量，并在一定程度上缓解了AAR问题。因此，严格控制混凝土碱含量是至关重要的。

(2)使用非活性骨料。虽然使用非活性骨料是预防AAR发生的最安全可靠的措施，但我国幅员辽阔、地质结构复杂，活性骨料的分布非常广泛。因此，非活性骨料的使用往往因区域地质形成条件的相同性和经济方面的原因而难以实现，不得不使用有一定活性的骨料。

(3)控制混凝土湿度。实际混凝土所处的湿度条件是不易人为控制的，如水工建筑物长期处于饱水状态，为AAR的发生提供了有利条件。

(4)掺入外加剂。目前，用于抑制ASR的外加剂分为两种：一是矿物外加剂，包括粉煤灰、硅灰、矿渣和沸石粉等。实践证明，使用掺和料是抑制AAR最实用、经济、有效的途径。研究表明，混合材的掺入，能够有效降低水化产物的Ca/Si，从而起到抑制碱-骨料反应的作用。国外的工程研究发现，掺加粉煤灰的水工混凝土在碱含量大于3 $kg/m^3$ 的条件下，经过数十年都没有发生ASR破坏，而采用同样骨料未掺粉煤灰的混凝土，在碱含量小于3 $kg/m^3$ 时也发生了严重的破坏。二是化学外加剂。在发生AAR较早的一些国家，已经进行了大量的研究，证实化学外加剂能够有效抑制AAR，常用化学外加剂是锂盐。对于已经发生AAR的混凝土建筑物，人们尝试采用注入化学外加剂，如 $LiNO_2$ 来防止AAR的进一步破坏，但昂贵的锂盐价格制约了它的广泛应用。

## 16.3.2　粉煤灰对碱-骨料的抑制性反应

可抑制碱-骨料的材料有粉煤灰、矿渣、火山灰及各种外加剂，这里只讨论粉煤灰对碱骨料的抑制性反应。

粉煤灰是以燃煤发电的火力发电厂排出的工业弃料。磨成一定细度的煤粉在煤粉锅炉中燃烧后，由烟道气体中收集的粉末称为粉煤灰，部分烧结粘连成块从炉底排出的多孔状炉渣和粉状物称炉底灰渣。其中，粉煤灰约占灰渣总量的85%。

掺用适量的活性掺和料，如粉煤灰、矿渣粉等，均可以抑制危害性的碱-骨料反应。因为粉煤灰、矿渣粉等活性掺和料具有比活性骨料大得多的比表面积，能很快将碱吸收到其表面上来，降低碱与活性骨料的反应程度。另外，掺和料与骨料不同，它在混凝土内是均匀分布的，不会产生局部危害性膨胀。

碱-骨料反应,如碱-硅反应,是活性二氧化硅与碱之间的反应,$SiO_2$ 消耗液相中的碱离子,把分散的能量集中于局部(活性颗粒表面),导致局部承受很大的膨胀力,引起局部损坏和开裂。如果将活性 $SiO_2$ 粉磨成微粒,散布于体系的整体各部位,将有限的局部化解成无限多的活性中心,每一个中心都参与化学反应而消耗碱,能量只能分散而不能局部集中,从而可抑制碱-骨料反应。

按照这一原理,许多研究者利用碱活性抑制材料,如矿渣粉、粉煤灰、天然火山灰、煅烧黏土矿物、天然硅藻土和硅粉等,来抑制碱-骨料反应。

目前,采用的活性抑制材料可以分为两类:第一类为玻璃态或无定形态的硅(铝)酸或硅铝酸盐材料,如粉煤灰、硅粉、矿渣粉等;第二类为具有强烈吸附和交换阳离子功能的矿物材料,如沸石、膨润土、蛙石等。

第一类材料与碱反应过程与活性的 $SiO_2$ 骨料类似。只是由于它们经过淬冷过程,形成比较致密的过冷玻璃结构,表面层相当紧密,溶解活化能较高,需要经过 $OH^-$ 的作用才能表现出活性。

碱激发的效果比 $Ca(OH)_2$ 的效果好,主要原因:一是 $OH^-$ 浓度更高;二是生成的碱的硅酸盐或铝酸盐有比钙盐高得多的亲水性和溶解度。因此,碱的激发在较短时间内就会造成这些材料中玻璃态颗粒的大量溶解、崩解,暴露出大量的表面积,产生大量活性的 Si—OH 和 Al—OH 基团,这种活化效果比 $Ca(OH)_2$ 要强烈得多。进入活化状态的活性抑制材料,快速吸附大量的碱金属离子,消耗大量的 $OH^-$,pH 因而下降,这就是碱的耗散过程。所以,在含碱混凝土中,首先表现出碱(包括碱金属离子和 $OH^-$)的耗散。但碱的耗散只能进行到一定程度就要被钙的耗散所代替,因为加入的活性抑制材料的数量是有限的。孔洞溶液中 $Ca^{2+}$ 浓度上升到一定程度后,$Ca^{2+}$ 就会取代碱阳离子的位置,把部分碱从吸附态置换出来,重新回到溶液中。这种再生的碱及随之增加的 $OH^-$ 又对未活化的活性玻璃继续进行上述过程,直至全部活性抑制材料反应完毕。反应的最终产物是硅酸钙、铝酸钙的水合物及硅(铝)凝胶。

由此可见,最终被活性抑制材料消耗的碱只占活性基团总数的一部分。除非进一步增加活性抑制材料的掺量,否则碱硅反应仍然有可能进行下去。第二类材料与碱的作用和第一类材料有所不同。它们是高效的阳离子吸附材料,在碱溶液中一般不被破坏和只有少量的溶解。但是对碱的作用效果是一样的,也能产生碱的耗散和钙的耗散过程。

对不同粉煤灰及经过专门技术活化的粉煤灰吸收碱和吸收钙的能力进行过试验。试验结果见表 16-2。试验结果表明,只要经过预先的活化过程,增加吸收碱及钙的表面积和活性基团数量,完全有可能用较少的掺量达到大幅度降低溶液中碱含量的目的。原状粉煤灰吸收碱及钙的能力远不如活化粉煤灰。在用混合液代替 NaOH 溶液后,原状粉煤灰中的 $Na_2O$ 基本上被 CaO 所代替。只是液相中缺乏足够的钙,所以活化粉煤灰中吸收的 $Na_2O$ 才没有被 CaO 完全取代,否则将可以完全取代 $Na_2O$。

表 16-2　各种粉煤灰吸收碱及钙的试验

| 粉煤灰种类 | 在 NaOH 溶液中 | 在 NaOH+饱和 Ca(OH)中 | |
|---|---|---|---|
| | 吸收 $Na_2O$ (mmol/kg 粉煤灰) | 吸收 $Na_2O$ (mmol/kg 粉煤灰) | 吸收 CaO (mmol/kg 粉煤灰) |
| Ⅰ级原状粉煤灰 | 43.9 | 0 | 40.6 |
| Ⅱ级原状粉煤灰 | 33.3 | 0 | 36.5 |
| 活化粉煤灰 A | 171 | 151 | 90.5 |
| 活化粉煤灰 B | 19.6 | 0 | 93.8 |
| 活化粉煤灰 C | 157 | 116 | 91.4 |
| 活化粉煤灰 D | 123 | 79.4 | 86.4 |
| 活化粉煤灰 E | 101.5 | 109 | 88.9 |

注:1. 各种活化粉煤灰均由Ⅱ级粉煤灰加工而成。

2. NaOH 溶液浓度(以 $Na_2O$ 含量计):[$Na_2O$]=0.03 mol/L;混合液浓度(以 $Na_2$ 和 CaO 含量计):[$Na_2O$]=0.03 mol/L,[CaO]=9.8 mmol/L。

按《水工混凝土砂石骨料试验规程》(DL/T 5151—2014)检验粉煤灰抑制作用的方法是采用工程所用骨料和水泥中掺入粉煤灰,用快速砂浆棒法、砂浆棒长度法、混凝土棱柱体试验法检验粉煤灰实际抑制效果。

## 16.4　工程案例

### 16.4.1　燕山水库

#### 16.4.1.1　施工期天然建筑材料关键问题的研究与评价

1. 土料的分散性研究与评价

2006 年 8 月中国水利水电科学研究院对燕山土样采用现行鉴定分散性土料的方法进行了鉴定,即双比重计法、针孔试验、碎块试验、钠吸附比(SAR)、可交换性 $\overline{Na}$ 离子百分比。根据《水利水电工程天然建筑材料勘察规程》(SL 51—2000)中的判别标准,对土样的分散性进行综合判定。分散性土料多种试验方法均有其局限性,故土样的分散性鉴定应综合判定。综合结论为:在 10 组样品中 S5-1-2(夹层)为过渡性土料,其余土样均为非分散性土料。用 5 种试验方法鉴定土样获得的试验结果见表 16-3~表 16-8。燕山土样的分散性与可溶盐含量关系见图 16-2。

表 16-3 双比重计试验结果

| 土样名称 | 分散度/% | 分散性鉴定 |
|---|---|---|
| S2-2-1 | 47.1 | 过渡性土 |
| S2-2-3 | 75.0 | 分散性土 |
| S5-1-2 | 40.8 | 过渡性土 |
| S5-2-2 | 49.3 | 过渡性土 |
| S5-3-3 | 49.8 | 过渡性土 |
| S6-1-3 | 61.1 | 分散性土 |
| B2-2 | 72.8 | 分散性土 |
| B5-4 | 70.9 | 分散性土 |
| S5-2-1 | 76.4 | 分散性土 |
| S6-2-2 | 88.2 | 分散性土 |

表 16-4 针孔试验结果

| 土样名称 | 试验结束时水头/cm | 水头历时/min | 试验结束时流量/(mL/s) | 试验结束时的水色 | 试验后孔径(与原针孔直径比较) | 分散性鉴定 |
|---|---|---|---|---|---|---|
| S2-2-1 | 1 020 | 5 | 3.2 | 稍透明 | 1.1 | 非分散性土 |
| S2-2-3 | 1 020 | 5 | 4.6 | 透明 | 1.0 | 非分散性土 |
| S5-1-2 | 180 | 5 | 2.1 | 稍混浊 | 1.2 | 过渡性土 |
| S5-2-2 | 1 020 | 5 | 4.5 | 透明 | 1.0 | 非分散性土 |
| S5-3-3 | 1 020 | 5 | 4.8 | 稍透明 | 1.1 | 非分散性土 |
| S6-1-3 | 1 020 | 5 | 4.6 | 透明 | 1.0 | 非分散性土 |
| B2-2 | 1 020 | 5 | 3.9 | 稍透明 | 1.1 | 非分散性土 |
| B5-4 | 1 020 | 5 | 4.7 | 稍透明 | 1.3 | 非分散性土 |
| S5-2-1 | 1 020 | 5 | 4.2 | 稍透明 | 1.1 | 非分散性土 |
| S6-2-2 | 1 020 | 5 | 4.7 | 稍透明 | 1.2 | 非分散性土 |

表 16-5 碎块试验结果

| 土样名称 | 试验用水 | 试验现象 | 类别 |
|---|---|---|---|
| S2-2-1 | 蒸馏水 | 水清,无分散出胶体,土块部分水解 | 非分散性土 |
| | 河水 | 水清,无分散出胶体,土块部分水解 | 非分散性土 |
| S2-2-3 | 蒸馏水 | 水清,无分散出胶体,土块少量水解 | 非分散性土 |
| | 河水 | 水清,无分散出胶体,土块完整 | 非分散性土 |

续表 16-5

| 土样名称 | 试验用水 | 试验现象 | 类别 |
|---|---|---|---|
| S5-1-2 | 蒸馏水 | 土块入水后开始水解，四周有微量混浊水，但扩散范围很小 | 过渡性土 |
| | 河水 | 水清，土块入水后开始水解，土块水解速度低于在蒸馏水中 | 非分散性土 |
| S5-2-2 | 蒸馏水 | 土块入水后开始水解，四周有微量混浊水，但扩散范围很小 | 过渡性土 |
| | 河水 | 水清，土块入水后开始水解，土块水解速度低于在蒸馏水中 | 非分散性土 |
| S5-3-3 | 蒸馏水 | 水清，无分散出胶体，土块完整 | 非分散性土 |
| | 河水 | 水清，无分散出胶体，土块完整 | 非分散性土 |
| S6-1-3 | 蒸馏水 | 水清，无分散出胶体，土块部分水解 | 非分散性土 |
| | 河水 | 水清，无分散出胶体，土块部分水解 | 非分散性土 |
| B2-2 | 蒸馏水 | 水清，无分散出胶体，土块部分水解 | 非分散性土 |
| | 河水 | 水清，无分散出胶体，土块完整 | 非分散性土 |
| B5-4 | 蒸馏水 | 水清，无分散出胶体，土块完整 | 非分散性土 |
| | 河水 | 水清，无分散出胶体，土块完整 | 非分散性土 |
| S5-2-1 | 蒸馏水 | 水清，无分散出胶体，土块部分水解 | 非分散性土 |
| | 河水 | 水清，无分散出胶体，土块完整 | 非分散性土 |
| S6-2-2 | 蒸馏水 | 水清，无分散出胶体，土块完整 | 非分散性土 |
| | 河水 | 水清，无分散出胶体，土块完整 | 非分散性土 |

表 16-6 孔隙水中阳离子含量与 TDS 值

| 土样名称 | $Na^+$含量/% | TDS/(meq/L) | SAR |
|---|---|---|---|
| S2-2-1 | 6.4 | 326 | 0.17 |
| S2-2-3 | 13.3 | 233 | 0.31 |
| S5-1-2 | 10.3 | 407 | 0.31 |
| S5-2-2 | 6.9 | 345 | 0.19 |
| S5-3-3 | 10.8 | 203 | 0.23 |
| S6-1-3 | 7.2 | 525 | 0.25 |
| B2-2 | 23.0 | 415 | 0.76 |
| B5-4 | 12.0 | 209 | 0.26 |
| S5-2-1 | 7.5 | 324 | 0.20 |
| S6-2-2 | 16.0 | 205 | 0.36 |

注：$TDS=K^++Na^++Ca^{2+}+Mg^{2+}$。

表 16-7　CEC、$\overline{Na}$、ESP 值

| 土样名称 | CEC/（meq/100 g 土） | $\overline{Na}$/（meq/100 g 土） | ESP/（meq/100 g 土） | 分散性判别 |
|---|---|---|---|---|
| S2-2-1 | 16.8 | 0.22 | 1.3 | 根据美国与澳大利亚经验,本次土样中,S5-1-2 土样的 ESP 值等于 7.1,按上述经验值属于过渡性土料;其余 9 种土样的 ESP 值小于 1.9,按上述经验值均属于非分散性土 |
| S2-2-3 | 18.5 | 0.22 | 1.2 | |
| S5-1-2 | 48.0 | 3.45 | 7.1 | |
| S5-2-2 | 20.8 | 0.22 | 1.0 | |
| S5-3-3 | 20.5 | 0.22 | 1.0 | |
| S6-1-3 | 21.2 | 0.22 | 1.0 | |
| B2-2 | 13.8 | 0.12 | 0.9 | |
| B5-4 | 10.4 | 0.14 | 1.3 | |
| S5-2-1 | 13.3 | 0.20 | 1.5 | |
| S6-2-2 | 12.0 | 0.23 | 1.9 | |

表 16-8　分散性黏土鉴定结果

| 土样名称 | 分散性黏土试验方法 | | | | | 综合分散性判别 |
|---|---|---|---|---|---|---|
| | 双比重计法 | 针孔试验 | 碎块试验 | 钠吸附比 | 可交换性$\overline{Na}$离子百分比 | |
| S2-2-1 | 过渡性土 | 非分散性土 | 非分散性土 | 非分散性土 | 非分散性土 | 非分散性土 |
| S2-2-3 | 分散性土 | 非分散性土 | 非分散性土 | 非分散性土 | 非分散性土 | 非分散性土 |
| S5-1-2 | 过渡性土 | 过渡性土 | 过渡性土 | 非分散性土 | 过渡性土 | 过渡性土 |
| S5-2-2 | 过渡性土 | 非分散性土 | 过渡性土 | 非分散性土 | 非分散性土 | 非分散性土 |
| S5-3-3 | 过渡性土 | 非分散性土 | 非分散性土 | 非分散性土 | 非分散性土 | 非分散性土 |
| S6-1-3 | 分散性土 | 非分散性土 | 非分散性土 | 非分散性土 | 非分散性土 | 非分散性土 |
| B2-2 | 分散性土 | 非分散性土 | 非分散性土 | 非分散性土 | 非分散性土 | 非分散性土 |
| B5-4 | 分散性土 | 非分散性土 | 非分散性土 | 非分散性土 | 非分散性土 | 非分散性土 |
| S5-2-1 | 分散性土 | 非分散性土 | 非分散性土 | 非分散性土 | 非分散性土 | 非分散性土 |
| S6-2-2 | 分散性土 | 非分散性土 | 非分散性土 | 非分散性土 | 非分散性土 | 非分散性土 |

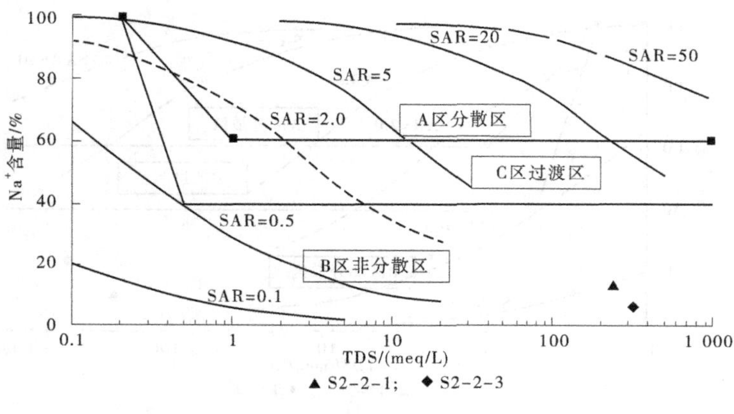


(a)

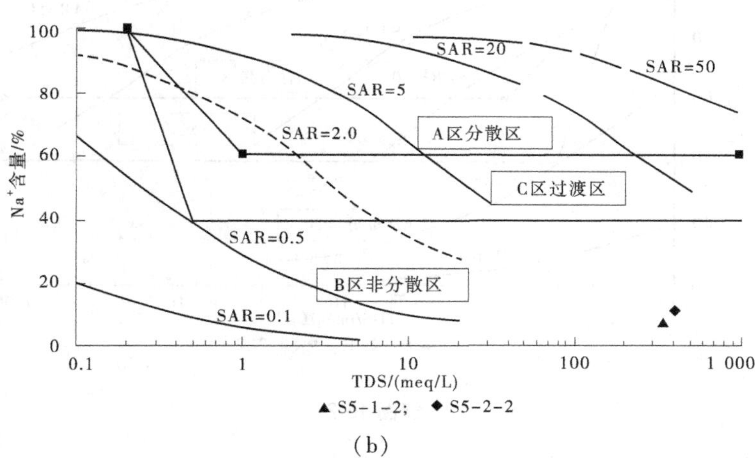


(b)

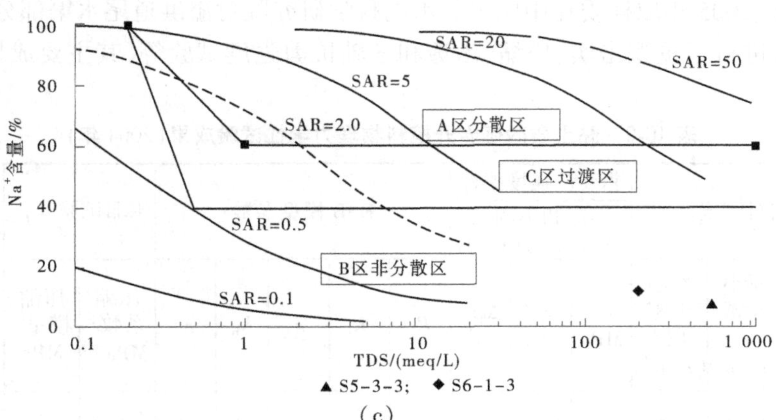


(c)

**图 16-2 燕山土样的分散性与可溶盐含量关系**

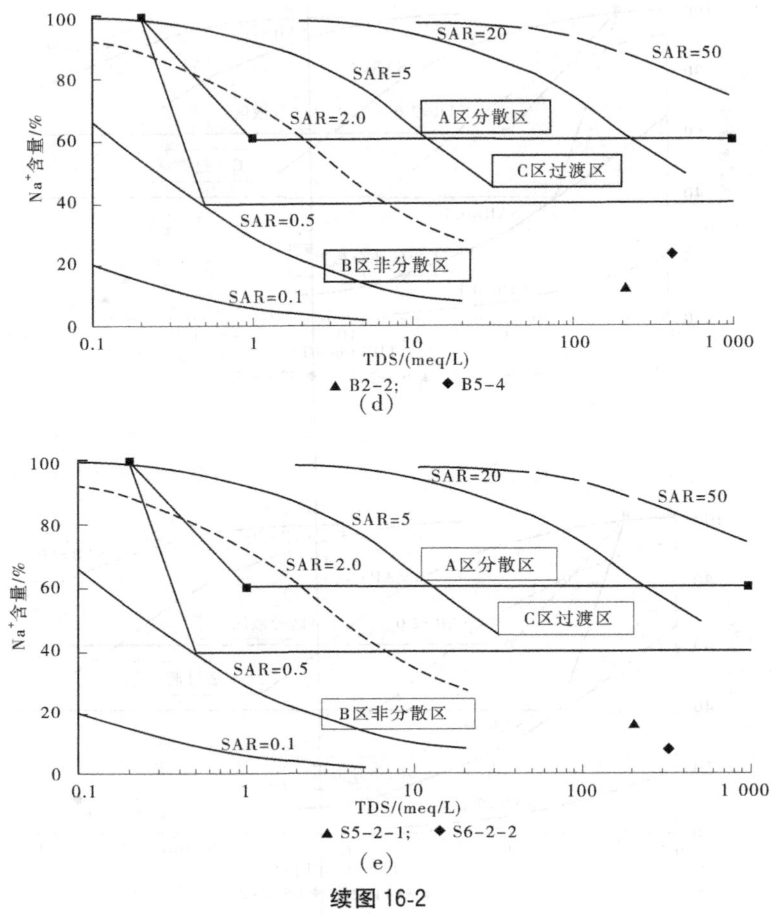

(d)

(e)

**续图 16-2**

2. 黏土质砂砾岩物理力学特性研究与评价

2004 年、2005 年取样委托中国水利水电科学研究院对溢洪道尾水渠部分的第三系黏土质砂砾岩进行了重型击实、压缩、渗透和三轴抗剪强度试验等，其主要成果见表 16-9、表 16-10。

**表 16-9　黏土质砂砾岩开挖料物理力学性试验成果(2004 年)**

| 料物名称 | 相对密度 | | | 非线性强度指标 不饱和不固结不排水剪(UU) | | | E-B 模型参数 | | | | | 压缩试验 $a_{v1-2}$ | | 渗透试验 | |
|---|---|---|---|---|---|---|---|---|---|---|---|---|---|---|---|
| | 最大干密度/(g/cm³) | 最小干密度/(g/cm³) | 控制干密度/(g/cm³) | $c$/MPa | $\varphi_0$/(°) | $\Delta\varphi$/(°) | $R_f$ | $K$ | $n$ | $K_b$ | $m$ | 压缩系数/$MPa^{-1}$ | 压缩模量/MPa | 渗透系数 $K_{20}$/(cm/s) | 破坏比降 |
| 黏土质砂砾岩 | 1.74 | 1.25 | 1.74 | 0 | 20.5 | 7.6 | 0.89 | 110 | 0.53 | 63 | 0.22 | 0.283 | 5.5 | $5.05\times10^{-5}$ | 1.24 |
| | | | 1.87 | 0 | 22.2 | 10.4 | 0.946 | 116 | 0.29 | 10 | 0.29 | 0.081 | 18 | | |

**表 16-10　黏土质砂砾岩开挖料物理力学性试验成果(2005 年)**

| 料物名称 | 试验方法 | 控制干密度/($g/cm^3$) | 线性强度指标 | | 非线性强度指标 | | |
|---|---|---|---|---|---|---|---|
| | | | $c$/MPa | $\varphi$/(°) | $c$/MPa | $\varphi_0$/(°) | $\Delta\varphi$/(°) |
| 黏土质砂砾岩 | 不饱和不固结不排水剪(UU) | 1.87 | 0.202 | 27.5 | 0 | 50.5 | 18.5 |
| | 饱和固结排水剪(CD) | 1.87 | 0.051 | 10.1 | 0 | 22.2 | 10.4 |

根据中国水利水电科学研究院 2005 年 1 月燕山水库坝体材料补充试验报告,矿物成分主要为石英 39%、钾长石 9.3%、斜长石 6.2%,黏土矿物 45.5%,其中黏土矿物中蒙脱石占 88%、伊利石占 3%、高岭土占 9%。黏土质砂砾岩,自由膨胀率 58%。

由试验可知,溢洪道尾水渠第三系黏土质砂砾岩开挖料颗粒强度低,遇水软化,在外力作用下,颗粒破碎较剧烈,抗剪强度指标明显降低,故该坝料宜填筑在心墙下游干燥区。

2007 年南京水利科学研究院对溢洪道尾水渠第三系黏土质砂砾岩进行了物理力学性试验,成果见表 16-11~表 16-17。

**表 16-11　试验用料的颗粒级配(2007 年)**

| 土样名称 | | 颗粒组成/% | | | | | | | | | |
|---|---|---|---|---|---|---|---|---|---|---|---|
| | | >40 mm | 40~20 mm | 20~10 mm | 10~5 mm | 5~2 mm | 2~0.5 mm | 0.5~0.25 mm | 0.25~0.075 mm | 0.075~0.005 mm | <0.005 mm |
| 黏土质砂砾岩 1 | 原始 | 9.3 | 2.3 | 5.3 | 13.8 | 23.2 | 12.4 | 5.4 | 5.7 | 14.8 | 7.8 |
| | 试验用 | | | 5.7 | 15.6 | 26.3 | 14.1 | 6.1 | 6.5 | 16.9 | 8.8 |
| 黏土质砂砾岩 2 | 原始 | 5.8 | 3.8 | 9.0 | 9.8 | 21.1 | 25.1 | 12.3 | 10.0 | 3.1 | |
| | 试验用 | | | 9.9 | 10.9 | 23.4 | 27.8 | 13.6 | 11.1 | 3.3 | |
| 黏土质砂砾岩 3 | 原始 | 16.7 | 8.4 | 11.8 | 8.5 | 16.2 | 18.9 | 8.2 | 8.1 | 3.2 | |
| | 试验用 | | | 26.4 | 19.0 | 16.2 | 18.9 | 8.2 | 8.2 | 3.1 | |

**表 16-12　常规试验结果(2007 年)**

| 土样名称 | 干密度 $\rho_d$/($g/cm^3$) | 液限 $W_L$/% | 塑限 $W_P$/% | 塑性指数 $I_p$ | 相对体积质量 $G_s$ | 自由膨胀率 $\delta_{ef}$/% | 压缩系数 $a_v$/$MPa^{-1}$ | 压缩模量 $E_S$/MPa | 渗透系数 $K_{20}$/(cm/s) |
|---|---|---|---|---|---|---|---|---|---|
| 黏土质砂砾岩 1 | — | — | — | — | — | 52 | — | — | — |
| 黏土质砂砾岩 2 | — | — | — | — | — | 49 | — | — | — |
| 黏土质砂砾岩 3 | — | — | — | — | — | 41 | — | — | — |

表 16-13　膨胀性试验成果(2007 年)

| 试样名称 | 初始含水率/% | 膨胀率/% | 膨胀力/kPa | 说明 |
|---|---|---|---|---|
| 黏土质砂砾岩 1 | 7.6 | 4.4 | 316.8 | 膨胀率试验为有荷载膨胀率试验(上覆荷载为 50 kPa) |
| | 11 | 2.4 | 203.7 | |
| | 14.4 | 0.1 | 24.9 | |
| | 17.6 | 0 | 22.6 | |
| 黏土质砂砾岩 2 | 7.8 | 3.7 | 320.0 | |
| | 10.8 | 3.1 | 300.6 | |
| | 14 | 0.5 | 217.6 | |
| | 15.8 | 0.3 | 74.7 | |
| 黏土质砂砾岩 3 | 8.6 | 3.0 | 264.1 | |
| | 11.2 | 1.5 | 170.7 | |
| | 13.6 | 0.8 | 121.0 | |
| | 15.1 | 0.3 | 82.8 | |

表 16-14　三轴剪试验成果(2007 年)

| 土样名称 | 干密度 | 不固结不排水剪(快剪) | | 固结不排水剪(固快) | | | | 固结排水剪(慢剪) | |
|---|---|---|---|---|---|---|---|---|---|
| | $\rho_d$/(g/cm$^3$) | $c_u$/kPa | $\varphi_u$/(°) | $c_{cu}$/kPa | $\varphi_{cu}$/(°) | $c'$/kPa | $\varphi'$/(°) | $c_d$/kPa | $\varphi_d$/(°) |
| 黏土质砂砾岩 1 | 1.87 | 86 | 3.0 | 45 | 17.1 | 42 | 23.2 | 54 | 21.0 |
| 黏土质砂砾岩 2 | 1.87 | 64 | 3.4 | 80 | 12.9 | 52 | 21.8 | 76 | 19.0 |
| 黏土质砂砾岩 3 | 1.87 | 64 | 0.5 | 32 | 20.8 | 0 | 34.2 | 48 | 25.8 |

表 16-15　邓肯模型参数(2007 年)

| 土样名称 | 干密度 | 模型参数 | | | | | | | | | |
|---|---|---|---|---|---|---|---|---|---|---|---|
| | | 共用参数 | | | | | E-v 模型 | | | E-B 模型 | |
| | $\rho_d$/(g/cm$^3$) | $\varphi_0$/(°) | $\Delta\varphi$/(°) | $K$ | $n$ | $R_f$ | $G$ | $D$ | $F$ | $k_b$ | $m$ |
| 黏土质砂砾岩 1 | 1.87 | 33.9 | 13.6 | 255.1 | 0.37 | 0.87 | 0.38 | 2.15 | 0.09 | 159 | 0.18 |
| 黏土质砂砾岩 2 | 1.87 | 30.8 | 6.2 | 236.2 | 0.65 | 0.91 | 0.34 | 2.16 | 0.04 | 80.5 | 0.70 |
| 黏土质砂砾岩 3 | 1.87 | 34.7 | 8.6 | 299.8 | 0.35 | 0.88 | 0.32 | 2.1 | 0.01 | 95 | 0.41 |

表 16-16　大型静三轴固结排水剪试验成果(2007 年)

| 土样名称 | 干密度 | 三轴慢剪 | |
|---|---|---|---|
| | $\rho_d$/(g/cm$^3$) | $C_d$/kPa | $\varphi_d$/(°) |
| 黏土质砂砾岩 1 | 1.87 | 77 | 14.0 |
| 黏土质砂砾岩 2 | 1.87 | 88 | 15.5 |
| 黏土质砂砾岩 3 | 1.87 | 127 | 16.3 |

表 16-17　干湿循环无侧限抗压强度试验结果(2007 年)

| 土样名称 | 干密度 | 无侧限抗压强度 $q_u$/kPa | | | | | |
|---|---|---|---|---|---|---|---|
| | $\rho_d$/(g/cm$^3$) | 0 | 1 | 2 | 3 | 4 | 5 |
| 黏土质砂砾岩 1 | 1.87 | 151.6 | 116.1 | 97.5 | 80.4 | 66.0 | 53.6 |
| 黏土质砂砾岩 2 | 1.87 | 103.0 | 71.5 | 64.0 | 60.4 | 56.1 | 49.9 |
| 黏土质砂砾岩 3 | 1.87 | 87.0 | 65.0 | 56.0 | 49.6 | 38.2 | 26.6 |

2007 年 9 月南京水利科学研究院《燕山水库大坝溢洪道尾水渠膨胀岩土试验报告》结论如下:

(1)黏土质砂砾岩中黏性土按 1987 年建设部发布执行的《膨胀土地区建筑技术规范》(GBJ 112—87)的判别标准,为低膨胀土,通过膨胀力及荷载膨胀率试验,本次试验用黏土质砂砾岩,黏土含量虽少,但试样仍具有一定膨胀性。

(2)膨胀土因含有大量膨胀性黏土矿物,在气候干湿交替作用下极易产生干燥收缩和吸水膨胀作用。旱季常形成纵向裂缝,雨季降雨又从裂缝渗入,导致强度下降,而膨胀土除一般非饱和土的共性外,最大的特点就是多次干湿循环后膨胀土的强度发生较大衰减,通过试验可以得出,干湿循环对土料强度影响较大,试样经过五次干湿循环,黏土质砂砾岩 1 无侧限抗压强度下降了 64.7%,黏土质砂砾岩 2 无侧限抗压强度下降了 52%,黏土质砂砾岩 3 无侧限抗压强度下降了 67%。

### 16.4.1.2　开采料场的用量与质量评述

1. *砂砾料*

天然砂砾料主要用作排水反滤层和砂砾石排水带。反滤层为无黏性土,它和砂砾料之间是否满足层间反滤关系可通过《碾压式土石坝设计规范》(SL 274—2020)附录 B 计算公式验算,判断反滤是否满足对被保护土的级配包线要求。从安全考虑取 $d_{85}$ 的小值,保护土在级配包线中取 $D_{15}$ 的大值,满足排水则相反。2+700.00~4+150.00 段 $D_{15}/d_{85}$=0.93,小于 4~5,满足反滤要求;$D_{15}/d_{15}$=1.7<5,不满足排水要求。4+150.00~4+704.00 段 $D_{15}/d_{85}$=1.43,小于 4~5,满足反滤要求;$D_{15}/d_{15}$=1.18<5,不满足排水要求,说明天然砂砾石料作为反滤层的反滤偏细。但反滤排水层厚度较大,根据渗流计算结果,可有效降低浸润线,保证大坝的渗流安全。

从表 16-18 可以看出,反滤控制粒径满足保护和排水要求。第三方检测防渗土料水平向渗透系数为 $10^{-6}$ ~ $10^{-7}$ cm/s,反滤层的渗透系数为 1.5× $10^{-2}$ ~ 8.0× $10^{-2}$ cm/s,渗透系数相差数千倍,反滤层的排水能力是有保证的。

**表 16-18 反滤层和过渡层上坝颗分汇总**

| 料区名称 | 控制粒径/mm | | | | |
|---|---|---|---|---|---|
| | 最大粒径 | $d_{60}$ | $d_{10}$ | $d_{15}$ | $d_{85}$ |
| 2+700.00~4+150.00 段反滤 | 40 | 0.6~2.0 | 0.12~0.3 | 0.16~0.4 | 1.5~13.0 |
| 2+700.00~4+150.00 段砂砾石排水层 | | 28.0~42.0 | 0.4~0.7 | 0.68~1.4 | 65.0~74.0 |
| 4+150.00~4+704.00 段反滤 | 40 | 0.5~2 | 0.10~0.29 | 0.12~0.38 | 2.1~11.0 |
| 4+150.00~4+704.00 段砂砾石排水层 | 200 | 1.5~80 | 0.28~1.6 | 0.45~3.0 | 9.0~100.0 |

本工程砂砾料筛分,从坝上、下游 0.5~2.5 km 范围内的砂砾料区采取,开采砂砾料运至大坝下游筛分厂集中筛分。筛分厂位置位于大坝下游,距下游坝脚线 300 m 左右。筛分后的砂及筛余料实行分区集中堆放。砂料用于坝体过渡层和反滤层填筑料及混凝土人工细骨料,筛余料用于大坝坝体上游反滤料。根据 2004 年国家建筑材料工业地质工程勘查研究测试中心料场,砂为非活性细骨料。

工程实际用砂约 35.5 万 $m^3$。

2. 土料

各土料场实际开采用量见表 16-19。总体来看,料源情况与前期勘察成果基本一致。$Q_3$ 低液限黏土除天然含水率较高(平均高于最优含水率 5.4%)、少部分料场塑性指数偏大外,基本满足均质坝土料及防渗体土料质量标准。土料物理力学指标详见表 16-20~表 16-23。

**表 16-19 各土料场实际开采用量**

| 位置 | 面积/万 $m^2$ | 开采深度/m | 使用土方量/万 $m^3$ | 合计/万 $m^3$ |
|---|---|---|---|---|
| 文井河右岸方庄,莱屯东 0.6 km | 14.12 | 1.2~3.3 | 29.87 | 53.77 |
| | 64.00 | 2~3 | 19.20 | |
| | 9.50 | 1.2~3.3 | 4.70 | |
| 文井河左岸暴沟西 0.5~0.8 km | 4.22 | 1.1~3.5 | 9.38 | 9.38 |
| 文井河右岸小常庄、范庄附近 | 5.27 | 1.6~3.5 | 16.90 | 174.30 |
| | 27.20 | 2.5~4.5 | 108.80 | |
| | 14.00 | 1.6~3.5 | 48.60 | |
| 圪垱店村台 | 4.00 | | 6.50 | 6.50 |
| 合计 | | | | 243.95 |

表 16-20　各料区土类物理及化学性试验成果汇总(2002~2004 年资料)

| 料区分布 | 土料名称 | 料区名称 | 统计方法 | 颗粒分析/mm |  |  |  | 天然含水率 $w$ | 天然干密度 $\rho_d$ | 相对体积质量 $G_S$ | 孔隙比 $e$ | 液限 $W_L$ | 塑限 $W_P$ | 塑性指数 $I_p$ | 液性指数 $I_L$ | 自由膨胀率 $\delta_{ef}$ | 有机质含量 | 烧失量 | 水溶盐含量 | 结核含量 | $SiO_2/R_2O_3$ | pH值 | 黏土矿物含量 |
|---|---|---|---|---|---|---|---|---|---|---|---|---|---|---|---|---|---|---|---|---|---|---|---|
|  |  |  |  | >0.1 | 0.1~0.05 | 0.05~0.005 | <0.005 |  |  |  |  |  |  |  |  |  |  |  |  |  |  |  |  |
|  |  |  |  | % | % | % | % | % | g/cm$^3$ | % |  | % | % |  |  | % | % | % | % | % | % |  | % |
| 大坝上游 | $Q_3$低液限黏土 | 1号料场 | 组数 | 2 | 2 | 2 | 2 | 2 | 2 | 2 | 2 | 2 | 2 | 2 | 2 | 2 | 1 | 1 | 1 | 1 | 1 | 1 | 1 |
|  |  |  | 平均值 | 8.2 | 16.2 | 51.6 | 24 | 23.9 | 1.55 | 2.71 | 0.759 | 37.2 | 16.6 | 20.6 | 0.36 | 31.5 | 0.38 | 5.86 | 0.04 | 0 | 4.06 | 7.85 | 42 |
|  |  |  | 最大值 | 8.4 | 17.2 | 53.2 | 26.4 | 25 | 1.6 | 2.72 | 0.828 | 40.2 | 17.5 | 22.7 | 0.38 | 32 | 0.38 | 5.86 | 0.04 |  | 4.06 | 7.85 | 42 |
|  |  |  | 最小值 | 8 | 15.2 | 50 | 21.6 | 22.7 | 1.49 | 2.7 | 0.69 | 34.1 | 15.6 | 18.5 | 0.33 | 31 | 0.38 | 5.86 | 0.04 |  | 4.06 | 7.85 | 42 |
|  |  | 2号料场 | 组数 | 15 | 15 | 15 | 15 | 29 | 25 | 8 | 6 | 14 | 14 | 14 | 14 | 9 | 9 | 9 | 9 | 3 | 9 | 9 | 9 |
|  |  |  | 平均值 | 2.3 | 14.6 | 57.2 | 25.9 | 22.3 | 1.59 | 2.7 | 0.676 | 36.1 | 17.1 | 19 | 0.3 | 23.9 | 0.19 | 4.1 | 0.03 | 0 | 4.4 | 7.98 | 37 |
|  |  |  | 最大值 | 12.1 | 25.8 | 63.2 | 30.5 | 25.8 | 1.69 | 2.72 | 0.723 | 41 | 19.8 | 21.8 | 0.62 | 37 | 0.71 | 5.5 | 0.05 | 0 | 6.15 | 8.38 | 45 |
|  |  |  | 最小值 | 0 | 6.3 | 47.7 | 14.7 | 16.1 | 1.5 | 2.68 | 0.6 | 28.2 | 15.4 | 12.9 | 0.04 | 15.5 | 0.01 | 2.86 | 0.02 | 0 | 3.34 | 7.66 | 37 |
|  |  | 3号料场 | 组数 | 10 | 10 | 10 | 10 | 17 | 14 | 9 | 7 | 10 | 10 | 10 | 10 | 8 | 7 | 7 | 7 | 3 | 7 | 7 | 7 |
|  |  |  | 平均值 | 2.9 | 16.1 | 57.2 | 23.8 | 22.5 | 1.58 | 2.69 | 0.681 | 35.1 | 16.9 | 18.2 | 0.34 | 26.1 | 0.21 | 4.4 | 0.04 | 1 | 4.26 | 8.15 | 42 |
|  |  |  | 最大值 | 20.7 | 20.9 | 68.1 | 28.7 | 24.8 | 1.74 | 2.71 | 0.779 | 42 | 18.3 | 25 | 0.6 | 45 | 0.38 | 6.92 | 0.08 | 3.1 | 5.77 | 9.06 | 50 |
|  |  |  | 最小值 | 0 | 13.6 | 38.1 | 16.6 | 15.7 | 1.5 | 2.67 | 0.54 | 30.3 | 16.2 | 12.9 | 0.03 | 13 | 0.03 | 3.41 | 0.02 | 0 | 3.42 | 7.63 | 35 |

续表 16-20

| 料区分布 | 土料名称 | 料区名称 | 统计方法 | 颗粒分析/mm | | | | 天然含水率 $w$ | 天然干密度 $\rho_d$ | 相对体积质量 $G_S$ | 孔隙比 $e$ | 液限 $W_L$ | 塑限 $W_P$ | 塑性指数 $I_P$ | 液性指数 $I_L$ | 自由膨胀率 $\delta_{ef}$ | 有机质含量 | 烧失量 | 水溶盐含量 | 结核含量 | $SiO_2/R_2O_3$ | pH值 | 黏土矿物含量 |
|---|---|---|---|---|---|---|---|---|---|---|---|---|---|---|---|---|---|---|---|---|---|---|---|
| | | | | >0.1 | 0.1~0.05 | 0.05~0.005 | <0.005 | | | | | | | | | | | | | | | | |
| | | | | % | % | % | % | % | g/cm³ | % | | % | % | | | % | % | % | % | % | % | | % |
| 大坝上游 | $Q_3$低液限黏土 | 4号料场 | 组数 | 9 | 9 | 9 | 9 | 16 | 12 | 9 | 6 | 9 | 9 | 9 | 9 | 5 | 6 | 6 | 6 | 3 | 6 | 6 | 6 |
| | | | 平均值 | 1.4 | 15 | 59.7 | 23.9 | 18.3 | 1.57 | 2.69 | 0.753 | 33.5 | 17.3 | 16.2 | 0.23 | 23.2 | 0.32 | 3.88 | 0.07 | 0 | 4.4 | 7.78 | 40 |
| | | | 最大值 | 9.2 | 20.6 | 64 | 29.8 | 24.1 | 1.62 | 2.71 | 0.849 | 37 | 19.6 | 19.8 | 0.6 | 27.5 | 0.97 | 5.03 | 0.22 | 0 | 4.98 | 8.14 | 45 |
| | | | 最小值 | 0 | 9.4 | 53.7 | 16.7 | 10.2 | 1.54 | 2.68 | 0.719 | 28.4 | 14.8 | 13.6 | -0.41 | 18 | 0.03 | 3.2 | 0.03 | 0 | 3.49 | 7.42 | 35 |
| | | 5号料场 | 组数 | 19 | 19 | 19 | 19 | 52 | 45 | 14 | 11 | 19 | 19 | 19 | 19 | 11 | 11 | 11 | 11 | 3 | 11 | 11 | 11 |
| | | | 平均值 | 0.1 | 12.5 | 58.5 | 28.9 | 22.9 | 1.58 | 2.7 | 0.634 | 37.2 | 17.5 | 19.7 | 0.3 | 25.5 | 0.14 | 4.15 | 0.04 | 0 | 3.73 | 7.77 | 43 |
| | | | 最大值 | 2 | 15.2 | 67.4 | 32.8 | 28 | 1.72 | 2.72 | 0.768 | 39.9 | 18.8 | 22.5 | 0.57 | 32.5 | 0.21 | 4.41 | 0.07 | 0 | 4.25 | 8.6 | 50 |
| | | | 最小值 | 0 | 8.3 | 53.4 | 20.5 | 14.3 | 1.5 | 2.68 | 0.558 | 31.4 | 14.3 | 15 | 0.05 | 17.5 | 0.06 | 3.72 | 0.03 | 0 | 3.3 | 7.52 | 34 |
| | | 圪垱店料场 | 组数 | 14 | 14 | 14 | 14 | 36 | 36 | 15 | | 14 | 14 | 14 | | | | | | | | | |
| | | | 平均值 | 2.2 | 10.4 | 59.4 | 28 | 20.4 | 1.64 | 2.71 | | 39.4 | 18.6 | 20.8 | | | | | | | | | |
| | | | 最大值 | 9.8 | 13.9 | 63.7 | 33.8 | 25.6 | 1.7 | 2.72 | | 42.6 | 20.9 | 22.9 | | | | | | | | | |
| | | | 最小值 | 0 | 5.6 | 53.7 | 23.2 | 16.2 | 1.57 | 2.7 | | 34.6 | 16.7 | 16.4 | | | | | | | | | |

注：圪垱店料场为2007年资料。

表 16-21　各料区土类重塑土力学性试验成果汇总表(2002~2004 年资料)

| 料区分布 | 土料名称 | 料区名称 | 统计方法 | 击实试验(25 击) | | 重塑土试验 | | | | | | | | | | | | | | | | | | | | |
|---|---|---|---|---|---|---|---|---|---|---|---|---|---|---|---|---|---|---|---|---|---|---|---|---|---|---|
| | | | | | | 控制干密度 $\rho_d=1.68\ g/cm^3$ | | | | | | | 控制干密度 $\rho_d=1.70\ g/cm^3$ | | | | | | | 控制干密度 $\rho_d=1.72\ g/cm^3$ | | | | | | |
| | | | | | | 饱和快剪 | | 饱和固结快剪 | | | | | 饱和快剪 | | 饱和固结快剪 | | | | | 饱和快剪 | | 饱和固结快剪 | | | | |
| | | | | 最大干密度 $\rho_{dmax}$ | 最优含水率 $w_{op}$ | 凝聚力 $c$ | 内摩擦角 $\varphi$ | 凝聚力 $c$ | 内摩擦角 $\varphi$ | 压缩系数 $a_{v1-3}$ | 压缩模量 $E_S$ | 渗透系数 $K$ | 凝聚力 $c$ | 内摩擦角 $\varphi$ | 凝聚力 $c$ | 内摩擦角 $\varphi$ | 压缩系数 $a_{v1-3}$ | 压缩模量 $E_S$ | 渗透系数 $K$ | 凝聚力 $c$ | 内摩擦角 $\varphi$ | 凝聚力 $c$ | 内摩擦角 $\varphi$ | 压缩系数 $a_{v1-3}$ | 压缩模量 $E_S$ | 渗透系数 $K$ |
| | | | | $g/cm^3$ | % | kPa | (°) | kPa | (°) | $MPa^{-1}$ | MPa | cm/s | kPa | (°) | kPa | (°) | $MPa^{-1}$ | MPa | cm/s | kPa | (°) | kPa | (°) | $MPa^{-1}$ | MPa | cm/s |
| 大坝上游 | $Q_3$ 低液限黏土 | 2 号料场 | 组数 | 15 | 15 | 6 | 6 | 6 | 6 | 6 | 6 | 6 | 6 | 6 | 5 | 5 | 6 | 6 | 6 | 12 | 12 | 12 | 12 | 12 | 12 | 12 |
| | | | 平均值 | 1.77 | 16.5 | 29.1 | 12.8 | 23.1 | 18.6 | 0.1 | 12.67 | $5.38\times10^{-6}$ | 30.77 | 14.2 | 25.02 | 20.2 | 0.118 | 14.27 | $4.25\times10^{-6}$ | 28.89 | 18.74 | 27.51 | 22.24 | 0.09 | 18.09 | $3.02\times10^{-6}$ |
| | | | 最大值 | 1.84 | 19.4 | 34.2 | 21 | 31.2 | 22.5 | 0.162 | 21.08 | $1.56\times10^{-5}$ | 35.00 | 24.3 | 31.40 | 25.7 | 0.149 | 22.54 | $1.13\times10^{-5}$ | 37.0 | 27.5 | 44.0 | 29.8 | 0.138 | 28.38 | $9.03\times10^{-6}$ |
| | | | 最小值 | 1.68 | 14.1 | 17.8 | 10.1 | 16.27 | 16.9 | 0.076 | 9.93 | $1.40\times10^{-6}$ | 19.93 | 11.4 | 18 | 17.4 | 0.070 | 10.69 | $9.54\times10^{-7}$ | 16.0 | 12.2 | 15.0 | 18.2 | 0.055 | 11.38 | $1.80\times10^{-7}$ |
| | | 3 号料场 | 组数 | 11 | 11 | 3 | 3 | 3 | 3 | 3 | 3 | 3 | 3 | 3 | 3 | 3 | 3 | 3 | 3 | 7 | 7 | 7 | 7 | 7 | 7 | 3 |
| | | | 平均值 | 1.77 | 15.9 | 24.42 | 15.3 | 21.36 | 20.6 | 0.116 | 13.94 | $9.67\times10^{-6}$ | 27.28 | 16.2 | 23.80 | 21.9 | 0.099 | 16.03 | $5.77\times10^{-6}$ | 29.32 | 18.19 | 31.80 | 22.09 | 0.08 | 19.00 | $1.32\times10^{-6}$ |
| | | | 最大值 | 1.86 | 17.9 | 26.80 | 17.9 | 26 | 21.8 | 0.131 | 15.57 | $1.34\times10^{-5}$ | 29.47 | 18.4 | 27.80 | 22.6 | 0.112 | 17.02 | $7.86\times10^{-6}$ | 34.0 | 22.40 | 42.0 | 25.80 | 0.10 | 23.93 | $2.80\times10^{-6}$ |
| | | | 最小值 | 1.72 | 13.6 | 21.20 | 12.4 | 17.07 | 19.8 | 0.103 | 12.24 | $5.51\times10^{-6}$ | 24.60 | 14.1 | 18.80 | 21 | 0.093 | 14.1 | $2.69\times10^{-6}$ | 20.0 | 14.30 | 20.63 | 18.40 | 0.07 | 15.61 | $2.80\times10^{-7}$ |

续表 16-21

| 料区分布 | 土料名称 | 料区名称 | 统计方法 | 击实试验（25 击） | | 重塑土试验 | | | | | | | | | | | | | | | | | | | | |
|---|---|---|---|---|---|---|---|---|---|---|---|---|---|---|---|---|---|---|---|---|---|---|---|---|---|---|
| | | | | | | 控制干密度 $\rho_d = 1.68\ g/cm^3$ | | | | | | | 控制干密度 $\rho_d = 1.70\ g/cm^3$ | | | | | | | 控制干密度 $\rho_d = 1.72\ g/cm^3$ | | | | | | |
| | | | | | | 饱和快剪 | | 饱和固结快剪 | | | | | 饱和快剪 | | 饱和固结快剪 | | | | | 饱和快剪 | | 饱和固结快剪 | | | | |
| | | | | 最大干密度 $\rho_{dmax}$ | 最优含水率 $w_{op}$ | 凝聚力 $c$ | 内摩擦角 $\varphi$ | 凝聚力 $c$ | 内摩擦角 $\varphi$ | 压缩系数 $a_{v1-3}$ | 压缩模量 $E_S$ | 渗透系数 $K$ | 凝聚力 $c$ | 内摩擦角 $\varphi$ | 凝聚力 $c$ | 内摩擦角 $\varphi$ | 压缩系数 $a_{v1-3}$ | 压缩模量 $E_S$ | 渗透系数 $K$ | 凝聚力 $c$ | 内摩擦角 $\varphi$ | 凝聚力 $c$ | 内摩擦角 $\varphi$ | 压缩系数 $a_{v1-3}$ | 压缩模量 $E_S$ | 渗透系数 $K$ |
| | | | | $g/cm^3$ | % | kPa | (°) | kPa | (°) | $MPa^{-1}$ | MPa | cm/s | kPa | (°) | kPa | (°) | $MPa^{-1}$ | MPa | cm/s | kPa | (°) | kPa | (°) | $MPa^{-1}$ | MPa | cm/s |
| 大坝上游 | $Q_3$ 低液限黏土 | 4号料场 | 组数 | 9 | 9 | 3 | 3 | 3 | 3 | 3 | 3 | 3 | 3 | 3 | 4 | 4 | 3 | 3 | 3 | 6 | 6 | 6 | 6 | 6 | 6 | 6 |
| | | | 平均值 | 1.77 | 16.2 | 20.43 | 18.7 | 17.53 | 24.8 | 0.083 | 19.91 | $1.22\times10^{-5}$ | 21.94 | 21.5 | 20.48 | 25.6 | 0.080 | 20.57 | $6.04\times10^{-6}$ | 27.60 | 22.12 | 25.32 | 24.42 | 0.08 | 21.07 | $4.82\times10^{-6}$ |
| | | | 最大值 | 1.82 | 17.9 | 25.80 | 21.9 | 20.40 | 26 | 0.097 | 24.36 | $2.43\times10^{-5}$ | 26.40 | 22.9 | 26.20 | 28.9 | 0.093 | 26.18 | $9.61\times10^{-6}$ | 39.0 | 28.0 | 44.0 | 28.90 | 0.09 | 27.19 | $2.39\times10^{-5}$ |
| | | | 最小值 | 1.73 | 14.4 | 15.70 | 17 | 14.80 | 23.6 | 0.066 | 16.47 | $5.33\times10^{-6}$ | 18.60 | 20.8 | 17.20 | 23.3 | 0.06 | 17.1 | $2.45\times10^{-6}$ | 19.0 | 15.80 | 16.0 | 20.30 | 0.06 | 17.54 | $1.50\times10^{-7}$ |
| | | 5号料场 | 组数 | 19 | 19 | 6 | 6 | 6 | 6 | 6 | 6 | 6 | 6 | 6 | 6 | 6 | 6 | 6 | 6 | 13 | 13 | 13 | 13 | 12 | 12 | 13 |
| | | | 平均值 | 1.75 | 17.4 | 27.59 | 13.5 | 21.00 | 19.6 | 0.127 | 12.79 | $4.47\times10^{-6}$ | 30.41 | 15.1 | 23.57 | 20.7 | 0.113 | 14.20 | $3.01\times10^{-6}$ | 32.78 | 17.15 | 30.14 | 22.21 | 0.10 | 15.74 | $1.95\times10^{-6}$ |
| | | | 最大值 | 1.8 | 18.3 | 35.95 | 18.4 | 25.93 | 21.1 | 0.137 | 15.21 | $6.97\times10^{-6}$ | 37.60 | 19.5 | 29.80 | 22 | 0.13 | 16.55 | $4.60\times10^{-6}$ | 45.0 | 21.10 | 44.0 | 35.90 | 0.13 | 21.44 | $1.00\times10^{-5}$ |
| | | | 最小值 | 1.71 | 15.6 | 17.2 | 8.8 | 14.6 | 17.9 | 0.106 | 11.76 | $2.15\times10^{-6}$ | 18.30 | 9.8 | 15.85 | 19.1 | 0.096 | 12.24 | $2.04\times10^{-6}$ | 25.0 | 11.0 | 8.0 | 16.3 | 0.073 | 12.54 | $1.20\times10^{-7}$ |

续表 16-21

| 料区分布 | 土料名称 | 料区名称 | 统计方法 | 击实试验（25 击） | | 重塑土试验 | | | | | | | | | | | | | | | | | | | | |
|---|---|---|---|---|---|---|---|---|---|---|---|---|---|---|---|---|---|---|---|---|---|---|---|---|---|---|
| | | | | | | 控制干密度 $\rho_d=1.68\ g/cm^3$ | | | | | | | 控制干密度 $\rho_d=1.70\ g/cm^3$ | | | | | | | 控制干密度 $\rho_d=1.72\ g/cm^3$ | | | | | | |
| | | | | | | 饱和快剪 | | 饱和固结快剪 | | | | | 饱和快剪 | | 饱和固结快剪 | | | | | 饱和快剪 | | 饱和固结快剪 | | | | |
| | | | | 最大干密度 $\rho_{dmax}$ | 最优含水率 $w_{op}$ | 凝聚力 $c$ | 内摩擦角 $\varphi$ | 凝聚力 $c$ | 内摩擦角 $\varphi$ | 压缩系数 $a_{v1-3}$ | 压缩模量 $E_S$ | 渗透系数 $K$ | 凝聚力 $c$ | 内摩擦角 $\varphi$ | 凝聚力 $c$ | 内摩擦角 $\varphi$ | 压缩系数 $a_{v1-3}$ | 压缩模量 $E_S$ | 渗透系数 $K$ | 凝聚力 $c$ | 内摩擦角 $\varphi$ | 凝聚力 $c$ | 内摩擦角 $\varphi$ | 压缩系数 $a_{v1-3}$ | 压缩模量 $E_S$ | 渗透系数 $K$ |
| | | | | $g/cm^3$ | % | kPa | (°) | kPa | (°) | $MPa^{-1}$ | MPa | cm/s | kPa | (°) | kPa | (°) | $MPa^{-1}$ | MPa | cm/s | kPa | (°) | kPa | (°) | $MPa^{-1}$ | MPa | cm/s |
| 大坝上游 | $Q_3$ 低液限黏土 | 圪挡店料场 | 组数 | 15 | 15 | | | | | | | | 6 | 6 | 6 | 6 | 7 | 7 | 7 | | | | | | | |
| | | | 平均值 | 1.73 | 18.1 | | | | | | | | 37.5 | 10 | 29 | 20.3 | 0.152 | 10.8 | $9.27\times10^{-7}$ | | | | | | | |
| | | | 最大值 | 1.77 | 19.3 | | | | | | | | 43 | 13.9 | 39 | 23.5 | 0.191 | 14.7 | $1.80\times10^{-6}$ | | | | | | | |
| | | | 最小值 | 1.70 | 16.9 | | | | | | | | 32 | 6.2 | 16 | 16.5 | 0.108 | 8.31 | $3.30\times10^{-7}$ | | | | | | | |

注：圪挡店料场为 2007 年资料。

**表 16-22 坝体防渗料三轴剪试验成果(2004 年小型直径 3.8 cm、高 8 cm)**

| 土样名称 | 取样深度 | 干密度 | 非饱和不固结不排水剪(快剪) | | 固结不排水剪(固快) | | | | 固结排水剪(慢剪) | |
|---|---|---|---|---|---|---|---|---|---|---|
| | | $\rho_d$/(g/cm$^3$) | $c_u$/kPa | $\varphi_u$/(°) | $c_{cu}$/kPa | $\varphi_{cu}$/(°) | $c'$/kPa | $\varphi'$/(°) | $c_d$/kPa | $\varphi_d$/(°) |
| 坝体防渗料 | 扰动样 | 1.74 | | | | | | | 44.6 | 25.4 |
| | 1.7~2.0 | 1.74 | 110.1 | 15.8 | 24.3 | 20.8 | 30.6 | 21.4 | | |
| | 2.7~3.0 | 1.74 | 112.5 | 16.0 | 25.5 | 21.1 | 33.7 | 21.8 | | |
| | 4.7~5.0 | 1.74 | 113.3 | 16.1 | 26.1 | 21.4 | 34.2 | 22.1 | | |
| 坝体反滤粗砂 | 扰动样 | | | | | | | | | 18.4 | 34.7 |

**表 16-23 各料区土类质量技术要求与试验成果对比评价**

| 料区分布 | 土料名称 | 料区名称 | 质量指标 | 黏粒含量/% | 塑性指数 $I_p$ | 渗透系数 $K$/(cm/s) | 有机质含量/% | 水溶盐含量/% | 天然含水率 $w$/% | 最优含水率 $w_{op}$/% | 塑限 $W_p$/% | pH值 | 紧密密度 $\rho_{dmax}$/(g/cm$^3$) | 天然密度 $\rho_d$/(g/cm$^3$) | $SiO_2$/$R_2O_3$ | 质量评价 | |
|---|---|---|---|---|---|---|---|---|---|---|---|---|---|---|---|---|---|
| | | | 均质坝土料 | 10~30 | 7~17 | 碾压后<1×$10^{-4}$ | <5 | <3 | 天然含水率与最优含水率或塑限接近者为优 | | | >7 | 紧密密度宜大于天然干密度 | | >2 | 均质坝土料 | 防渗体土料 |
| | | | 防渗体土料 | 15~40 | 10~ 20 | 碾压后<1×$10^{-5}$并应小于坝壳透水料的50倍 | <2 | | | | | | | | | | |
| 大坝上游 | $Q_3$低液限黏土 | 2号料场 | | 14.7~30.5 | 19 | 3.02×$10^{-6}$ | 0.19 | 0.03 | 22.30 | 16.50 | 17.10 | 7.98 | 1.77 | 1.59 | 4.4 | $I_p$及$w$偏高 | $w$偏高 |
| | | 3号料场 | | 16.6~28.7 | 18.2 | 1.32×$10^{-6}$ | 0.21 | 0.04 | 22.50 | 15.90 | 16.90 | 8.15 | 1.77 | 1.58 | 4.26 | $I_p$及$w$偏高 | $w$偏高 |
| | | 4号料场 | | 16.7~29.8 | 16.2 | 4.82×$10^{-6}$ | 0.32 | 0.07 | 18.30 | 16.20 | 17.30 | 7.78 | 1.77 | 1.57 | 4.4 | $w$偏高，其余合格 | |
| | | 5号料场 | | 18.4~32.8 | 19.7 | 1.95×$10^{-6}$ | 0.14 | 0.04 | 22.90 | 17.40 | 17.50 | 7.77 | 1.75 | 1.58 | 3.73 | $I_p$及$w$偏高 | $w$偏高 |
| | | 圪垱店料场 | | 23.2~33.8 | 20.8 | 1.80×$10^{-6}$ | | | 20.40 | 18.10 | 18.60 | | 1.73 | 1.64 | | $I_p$及$w$偏高 | $I_p$及$w$偏高 |

3. 其他坝料

1) 石渣料

开挖石渣岩性为不同风化程度的马山口组石英砂岩和安山岩、云梦山组石英砂岩和页岩。其中,马山口组石英砂岩抗风化能力较强,开挖料基本为弱微风化料,为较好的硬岩堆石料,在大坝下游坝壳填筑利用量最大,该坝料主要用于河槽等较高坝段下游坝壳填筑,下游最高尾水位 94.14 m 高程以下坝壳应优先采用该坝料填筑,实际填筑至 95 m 高程。其他石渣用在 95 m 高程以上。

根据室内大型三轴试验结果,全风化安山岩的抗剪强度最低,线性强度指标为 $c'_{cu}$ = 0.003 MPa,$\varphi'_{cu}$ = 14.1°,非线性抗剪强度指标为 $\varphi_0$ = 14.8°,$\Delta\varphi$ = 0.6°,根据稳定计算结果,使用该坝料因其强度指标过低,坝坡稳定不满足要求。因此,全风化安山岩开挖料不允许上坝,做弃料处理。

全、强风化砂页岩混合料的抗剪强度相对较高,线性抗剪强度指标为 $c'_{cu}$ = 0.089 MPa,$\varphi'_{cu}$ = 29.3°,非线性抗剪强度指标为 $\varphi_0$ = 42.1°,$\Delta\varphi$ = 11.1°,室内试验最大干密度达 2.09 g/cm$^3$,渗透系数 2.3　$10^{-2}$ cm/s,破坏比降 0.38,在实际受力条件下的压缩系数为 0.09~0.077 MPa$^{-1}$,压缩模量为 14.8~17.3 MPa,抗剪强度较高,压缩性较低。该坝料因全、强风化岩比例不同,性质可能会有较大差别,属于比较软弱的堆石料,用于河槽段及台地较高坝段下游干燥区坝壳填筑,可以满足设计要求。

石渣坝料的填筑标准按原设计为:设计孔隙率不大于 23%,施工时用振动碾压实,铺层厚度为 800 mm,碾压 8 遍,最大粒径 600 mm,要求连续级配。堆石料与砂砾料之间设过渡带,过渡料设计孔隙率为 18%~23%,施工时用振动碾压实,铺层厚度为 400~450 mm,碾压 8 遍,最大粒径 300 mm,要求连续级配。

实际施工过程中根据石渣坝料的具体情况,对于最大粒径小于 300 mm 的石渣坝料,填筑时不再区分坝料和过渡石渣料。

坝料的填筑标准和碾压参数根据现场碾压试验确定。施工单位和监理现场检测结果均满足设计要求。

2) 黏土质砂砾岩

由于溢洪道开挖的第三系半成岩的黏土质砂岩、砂砾岩数量很大,且该坝料的渗透系数较小,多数为 $10^{-5}$ cm/s 量级,初步设计阶段对利用该开挖料作为均质坝防渗料的可能性进行了论证。经初设补充勘探发现,该开挖料的岩性以黏土质砂砾岩为主,其级配偏粗。黏土质砂岩、砂砾岩级配试验成果及溢洪道黏土质砂砾岩级配试验成果见表 16-11,第三系黏土质砂岩、砂砾岩地层岩性变化很大,其散状样定名为黏土质砂、级配良好砾或卵石。就其料物的级配而言,可以作为坝体的填料,虽然其黏土矿物成分中蒙脱石的含量达 63.3%~90.0%,但黏粒含量少,根据试验试样自由膨胀率和膨胀力都不算大,见表 16-13。

第三系黏土质砂岩、砂砾岩室内渗透变形试验破坏比降为 1.24,允许比降按安全系数为 3 考虑仅为 0.41,与 $Q_3$ 低液限黏土防渗料允许比降 3~5 相比明显偏小,而且该坝料不仅偏粗且相变很大,有明显的不均匀性。该坝料饱和后强度明显降低,压缩性明显增加,饱和条件下的力学特性亦很差。因此,作为防渗体和反滤料使用均不合适。该坝料主要用于台地段下游坝壳料干燥区。

参照前期和初设阶段室内试验及现场碾压试验结果，并考虑该坝料的不均一性等因素，黏土质砂岩、砂砾岩填筑标准按设计最大干密度为1.87 g/cm³、压实度99%控制。

为减少气候干湿交替对黏土质砂砾岩的影响，对该坝料的使用范围和分区方法进行了调整：在黏土质砂砾岩的下游外包厚度为4 m的非膨胀的页岩为主风化渣料，同时为尽量利用黏土质砂砾岩，将其使用范围扩大到了整个台地斜墙坝段和河槽段106 m高程以上。

# 第六篇　监测、预警、信息化

## 第17章　监　测

对大坝的安全监测技术研究开始于19世纪末。1891年对德国的埃斯希巴赫重力坝进行了变形观测。20世纪初,对澳大利亚的鲑溪拱坝和瑞士的孟萨温斯拱坝进行了挠度观测,孟萨温斯拱坝内还埋设了压阻式仪器;对美国新泽西州的波顿重力坝进行了温度观测。这些监测最初主要是为了研究大坝设计计算方法,发展坝工技术,其后才真正成为大坝安全管理的手段。法国、德国等国家先后研制出了钢弦式仪器,利用钢弦自振频率将所有对应的大坝的应力、应变、渗流压力等物理量计算出来。与此同时,美国开发研制的差动电阻式仪器,在世界上许多国家得到了广泛应用。

我国土石坝的原型监测起步于20世纪50年代,首先在永定河上官厅水库和淮河上南湾、薄山等大型水库大坝上进行了水平位移、垂直沉降和浸润线等项目的观测。其后,在丰满、佛子岭、梅山水电站及上犹江、流溪河等水库大坝上安装了温度、应变计等监测仪器。20世纪60年代后期,我国在一些大型水库大坝上开始对渗流、渗流量、渗水浊度、波浪、倾斜、挠度、扬压力、接裂缝和应力应变及水位、雨量等项目进行了观测。20世纪70年代中期以后,随着科学技术的发展和安全监测人员的努力工作,检测仪器、安装预埋技术质量、资料分析及观测成果的应用等都取得了不小进展,尤其是20世纪80年代中后期以来,随着计算机技术的发展与应用,监测仪器自动化采集系统和资料处理分析技术得到了快速发展。20世纪90年代后,大坝安全监测技术飞速发展,许多大坝完成了自动化监测系统的更新改造,新建土石坝具有了功能较齐全的监测系统。目前,土石坝安全监测实现了数据采集、数据管理、在线分析、成果预警的计算机自动化监控。土石坝安全监测发展历程见表17-1。

**表17-1　土石坝安全监测发展历程**

| 发展阶段 | 数据采集及存图方式 | 数据处理及存储方式 | 决策分析 |
| --- | --- | --- | --- |
| 20世纪<br>50~60年代 | 光学、机械仪器采集数据,手工记录 | 手算及简单编程处理数据,手绘图形 | 专业知识与经验判断 |

续表 17-1

| 发展阶段 | 数据采集及存图方式 | 数据处理及存储方式 | 决策分析 |
| --- | --- | --- | --- |
| 20 世纪 70~80 年代 | 光电机械化，激光类仪器使用，小型计算器存储数据 | 程序处理限量的数据集成 | 结合定期的资料分析结果与经验判断 |
| 20 世纪 90 年代至今 | 传感器、电子、激光类设备自动采集系统，数据库存储 | 数据处理软件进一步优化，GIS 数字化成图发展至 3D 图像 | 由人机结合向安全评判专家系统发展 |

随着技术的进步，大坝安全监测仪器设备得到了长足的发展。经过多年的努力，我国主要观测仪器的研制及工艺技术水平也取得了很大的进展，一些高、精、尖的技术和先进的仪器、设备应用到了大坝安全监测中，如基础岩层电测、光纤传感、CCD、GPS、大坝 CT 和渗流热监测等技术。

## 17.1 覆盖层地基变形监测

### 17.1.1 监测布置及监测手段

覆盖层地基的变形主要是沉降。根据工程规模、结构形式，覆盖层地基变形监测主要有如下两种类型：

(1)有基础廊道的混凝土防渗墙地基。覆盖层地基的沉降主要是通过布置在混凝土防渗墙及其上、下游地基内的沉降环和布置在混凝土防渗墙的位错计进行监测，也可在廊道内布置外观变形测点，通过水准法校测廊道的沉降量。相应监测手段及其方法可以采用单点或多点位移计、测斜仪、沉降仪、水准法、位移计监测其水平、沉降和开度变形。

(2)无基础廊道的防渗墙基础。可在混凝土防渗墙上布置沉降仪、位错计监测覆盖层地基相对混凝土防渗墙的相对变形，通过与基础三维计算成果比较、结合来分析判断基础的沉降变形。覆盖层地基沉降主要监测手段及其方法可以采用测斜仪、位错计监测其水平位移和开度，采用沉降仪、水准法、位移计监测其沉降变形。

### 17.1.2 监测施工技术

(1)水准法。分别在混凝土闸坝顶部或廊道内埋设安装沉降标点，通过水准仪监测。

(2)沉降仪法。分别在混凝土或帷幕防渗体上、下游基础的建基面及其下的基础内钻孔安装埋设沉降环，对基础以上坝体可以预埋测斜管直至坝顶或基础廊道内。

(3)位移计法。分别在建基面及其以下基础内钻孔安装位移计错头及其测杆，并将其测杆向上引至廊道内安装相应位移计；在混凝土防渗墙内预埋或钻孔安装位移计，并将其电缆引至下游坝面。

# 17.2 渗流监测

## 17.2.1 监测布置

了解坝基渗流,判断建筑物的防渗状态和排水设施的工作性能,针对不利的渗流状态,采取有效的处理措施,需在选定的监测断面坝基布置埋设渗压计、水位计等渗流监测仪器,结合工程和水文地质条件进行坝基渗透稳定性分析。

渗流监测断面选择除需根据工程规模、所处地形和水文地质条件及坝型的结构、防渗和排水的措施外,断面应尽量与变形监测结合并与坝体浸润线监测断面保持一致。对于大型和重要的中型工程,观测断面应不少于3个;对坝体较长,断面情况大体相同的情况,断面可以适当增加。

## 17.2.2 监测施工技术

### 17.2.2.1 坝基渗压计

(1)坝基渗压计埋设前应按要求进行检验,并按相关要求使其达到饱和状态。

(2)按位置在测点处钻孔或挖同样尺寸的坑。

(3)在孔内回填细砂,将渗压计埋在细砂中。

(4)孔口用盖板封上,并用水泥砂浆封住,埋设后的渗压计,仪器以上的填方安全覆盖厚度应不小于1 m,连接电缆沿坝基开挖沟槽敷设。

### 17.2.2.2 测压管

(1)在所需位置钻孔(直径76 mm),用压力水将孔内的岩屑和泥沙冲洗干净,并排干孔内的积水。

(2)按相应安装埋设技术要求将加工制作的测压管安装完毕。对压力水需安装压力表及水龙头,测定管口高程。

(3)安装水位计(渗压计)和孔口附件,并将电缆引出自动测量地下水位,也可利用电测水位计进行人工定期观测。注意收集当地降雨和河水资料,用于进行相关分析。

# 17.3 流量监测

## 17.3.1 监测布置

流量监测是深厚覆盖层地基上建筑物安全监测的重要组成部分,包括渗漏水的流量及其水质分析监测。结合覆盖层性质、渗漏水的流向、集流和排水设施统筹规划进行渗流量的监测布置和观测。

渗流量的测点布置有以下几种方法:

(1)在大坝左右岸的排水沟、廊道内的排水沟设一三角形量水堰,以监测两岸坝肩和绕坝的渗流量。

(2)对于建在覆盖层地基上的大坝,应在坝下游弃渣盖重区踵部基础下沿量水堰断面设置截水墙,用连接基岩的灌浆或高压喷灌阻止和集中坝体渗流水。

(3)在厂房排水洞或排水廊道内设置量水堰进行观测,当渗水成滴水状时可用量筒和秒表测量。

(4)尽量进行单井流量、井组流量和总汇流量的观测,利用坝段集水井的平均渗流量,设置专用测控装置及配套的水位传感器测量,监测集水井的水位变化获得总渗流量。

(5)对于混凝土坝的河床坝段、两岸边坡坝段、电站坝段及溢流坝段等可用孔口流量仪观测单个排水孔的渗流量,也可用容积法量筒观测单个排水孔的渗流量,然后叠加求各部位的渗流量。

(6)对于覆盖层地基河床部位有渗水量大的泉眼时,可在坝基做隔墙,分区观测;当下游有渗漏水出逸时,有条件的一般在下游坝基中设置排水沟,在排水沟的出口处布置量水堰,用体积法观测总渗流量。

### 17.3.2 流量的量测

渗流量测量有多种方案,如高精度微压计量水堰水位监测,或采用超声波流量计等。一些不适宜用量水堰测量的渗流量可以采用翻斗式的遥测渗流量计。

## 17.4 岩石层地基变形监测

### 17.4.1 监测设计原则

针对岩石坝基的特点,岩基观测与监测布置应分阶段,具有针对性和及时性,对工程的设计和施工具有指导性,一般应遵循以下原则:

(1)按监测时段,岩基监测可划分为前期、施工期、首次蓄水期和运行期监测,前期又可划分为可行性研究阶段监测和招标设计阶段监测。监测设计应针对不同时期的监测目的和监测内容做全面考虑,使前后衔接,保持监测资料的连续性和完整性。

(2)岩石坝基的监测设计应结合上部坝体等建(构)筑物的安全监测设计统一布置,并纳入大坝安全监测系统。

(3)岩基监测的重点应在地质条件、坝体结构有代表性的部位,对断层带、不利结构面组合块体、软弱带、蚀变岩体、破碎带、软弱夹层、地下水出逸点等不利地质地段及坝踵、坝趾等重要工程部位应重点进行监测。

(4)岩基监测项目和监测网点布置应能反映岩石地基应力应变动态、加固结构的受力特点,地面与地下监测相结合构成立体监测系统。岩石坝基的监测必须包括巡视、检查及观察、判断,监测项目布置宜少而精,尽可能降低监测成本。同时,监测项目内容及布置应符合相应坝型的安全监测技术规范的有关要求。

(5)根据工程规模、坝体结构特点及坝基岩体地质条件,确定监测仪器类型、量程和精度,进行仪器选型。监测仪器和监测方法应力求先进、经济合理;仪器、设备应实用、可靠,易于置换。

(6)根据工程经验和初期动态监测成果,确定监测周期。应及时整理和分析观测成果,并将观测成果及时反馈至设计、施工和监理单位,以便改进设计及对施工方案进行调整和完善,及时发挥监测应有的作用。

(7)做到监测连续、数据可靠、记录真实、注明齐全、整理及时,一旦发现问题,及时上报。

### 17.4.2 常用检测方法

(1)巡视检查,也叫目视观察,是仪器监测的补充,在岩石地基的监测中是不可缺少的方法。根据巡视检查频度,可分为日常、年度和专项巡视检查,对重大地质缺陷和存在地质隐患的地段,应加强巡视并及时进行专项检查;建基面开挖及形成后,也需进行专门的巡视和检查、验收。

(2)基岩位移及变形监测,主要包括基岩垂直变形、水平变形,夹层或结构面错动变形,地应力释放形成的松弛、回弹及塑性变形等的监测,必要时可进行转动监测和挠度监测。按监测部位,可分为基岩表面位移监测及深部变形监测,一般情况下宜将地表和地下进行同步监测。高山峡谷地区,为监测坝址两岸边坡岩体的变形情况,还可开展谷幅测量。

变形监测是岩石坝基最重要的监测内容之一。按监测程度和精度,可分为简易监测和仪器监测两类。简易监测可在裂缝、滑移面处设置贴片、贴条或垂线等进行量测;仪器监测的精度高,可采用大地测量法(全站仪、水准仪)、GPS 全球卫星定位、遥感(RS)和摄影法、激光全息摄影法与激光散斑法、测斜法、测缝法等监测。

(3)岩石坝基的应力应变监测,主要为岩基的应力应变、坝体与基岩接触面应力变化的监测。

(4)岩石坝基的水文地质及渗流监测,主要包括地下水位、扬压力、渗流量、地下水水质、水温等的监测。按监测部位,可分为坝基渗漏及绕坝渗流监测。地下水是影响大坝稳定、安全的主要因素之一,渗流监测的布置、监测项目的选择等应根据坝体布置、规模、形式及坝基地质条件等情况,经综合分析后确定。地下水渗流监测一般应布置在水文地质有代表性的单元和部位,并沿坝基及绕坝渗流方向,纵向布置监测剖面;帷幕部分,应布置地下水渗流监测的纵、横剖面;对特殊地段或地质条件复杂,有大断裂、破碎带及其他透水性强的地段,需加密布置渗流监测点。

(5)岩石坝基质量监测主要对坝基开挖前、后及坝基处理、混凝土浇筑后岩体质量变化情况进行监测,可作为坝基开挖质量、地基处理效果、大坝安全评价的重要参考数据,并检验前期勘察成果。

坝基岩体质量监测项目主要为坝基岩体弹性波检测、变(弹)形模量监测,是目前坝基岩体质量检测的主要手段。根据坝基岩性及特征、岩体结构及质量类别等,也可对岩体松弛变化情况、岩石抗压强度、结构面变化及张合、膨缩性、崩解情况等监测。

松动范围(低波速带)的监测一般观测坝基开挖过程中应力释放和爆破动力作用两个因素引起的对岩体扰动的范围,为工程处理及稳定性计算提供依据。通常采用声波法和声波仪监测,也可采用地震法和地震仪进行监测。监测的布置方法有双孔测试和单孔测试。

(6)基岩温度监测不仅在于了解坝体混凝土温度对基岩的影响和温度计算的边界条件,更重要的是了解坝基渗流是否有异常现象。在重点观测坝段的基岩内,宜在靠近上、下游附近设置一排钻孔,在距建基面不同的深度(如深 1 m、3 m、5 m、10 m)处布设温度计。

若坝基有断层、破碎带、节理破碎带、软弱带等透水构造从上游通至下游,宜在软弱破碎带上从上游至下游布置一排温度计。根据温度分布可了解坝基渗流情况。帷幕前、后,排水幕,排水幕至下游之间等应布设测点。基岩温度监测点宜布置于建基面下 3 m,且应采用高灵敏的温度计。

应根据监测数据,及时绘制坝基岩体温度等温线图或其他温度分布图,并绘制不同部位、不同测点温度随时间的变化关系曲线。

## 17.5 边坡监测

### 17.5.1 监测内容

边(滑)坡监测主要以变形或位移及地下水位为主。但从系统性、全面性、环境条件考虑,可兼有更多的监测内容。《崩塌、滑坡、泥石流监测规范》(DZ/T 0221—2006)规程中,将监测的内容细分为变形监测、相关因素监测和宏观前兆监测三项。很明显,在此内容框架下,以位移、变形为主,同时考虑了赋存环境条件和影响因素。

### 17.5.2 监测方法

#### 17.5.2.1 常规监测

变形监测是滑坡、边坡监测的首要任务。根据滑坡、边坡监测的目的及勘察工作的深度,往往采用不同程度和精度的监测。大致按监测程度和精度,可分为简易监测和仪器监测两类,前者的精度较低,适用于勘察深度较浅或工程设计的低阶段,如裂缝或滑面处的各类材质的桩、筋、玻璃贴片、水泥砂浆贴条、垂线等;后者的精度高,适用于勘察深度较高或工程设计的高阶段。对于涉及工程可否成立的重大边(滑)坡问题,有时一边勘察、一边开始进行仪器监测。仪器监测按其布置或设置位置,分为地表仪器监测和地下仪器监测两类。

水电工程中滑坡、边坡的监测一般都能做到地表和地下同步监测,地表监测多为大地测量方法,由早期经纬仪、水准仪已过渡到现今的全站仪配水准仪。而 GPS 在监测中也已有较多应用;地下监测多以测斜法和测缝法为主。中国电建集团西北勘测设计研究院有限公司在黄河上游龙羊峡、李家峡、积石峡等工程的滑坡、边坡变形监测中均应用了上述方法。

#### 17.5.2.2 遥感监测

现代遥测遥感技术的发展,包括高分辨率的光学卫星(QuickBird 和 Ikonos 等,分辨率优于 1 m)和近年开发完成的合成孔径雷达(Synthetic Aperture Radar,SAR)卫星数据等,为大范围地质环境监测与灾害控制提供了经济而有效的技术手段，目前该技术的应用只有少数几个研究机构在进行。

运用合成孔径雷达干涉及其差分技术（InSAR、D-In-SAR、PS-InSAR 等）进行地面微位移监测，是 20 世纪 90 年代逐渐发展起来的新方法。该技术主要用于地形测量（建立数字化高程）、地面形变监测（如地震形变、地面沉降、活动构造、滑坡和冰川运动监测），以及火山活动等方面。

# 第 18 章 预警及信息化

地质环境监测技术系统由硬件和软件两部分构成。根据要求，这里重点对软件部分即支持系统进行研究。软件部分的运行是通过 GIS 平台完成的。监测系统构成如图 18-1 所示。

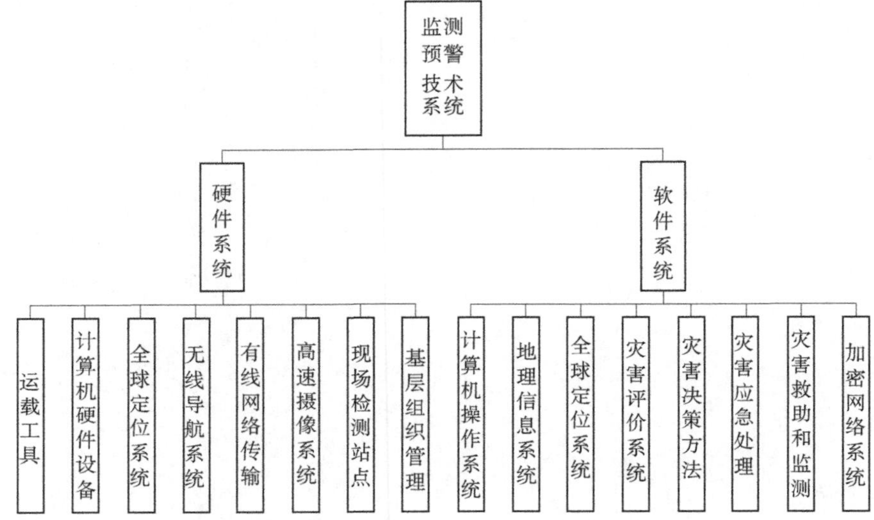


图 18-1 地质环境与灾害监测技术系统构成

软件系统所面对的研究对象是最终应该解决的地质灾害问题，问题的解决是以信息网络管理为基础，在信息操作系统平台完成的，信息采集服务系统流程如图 18-2 所示。

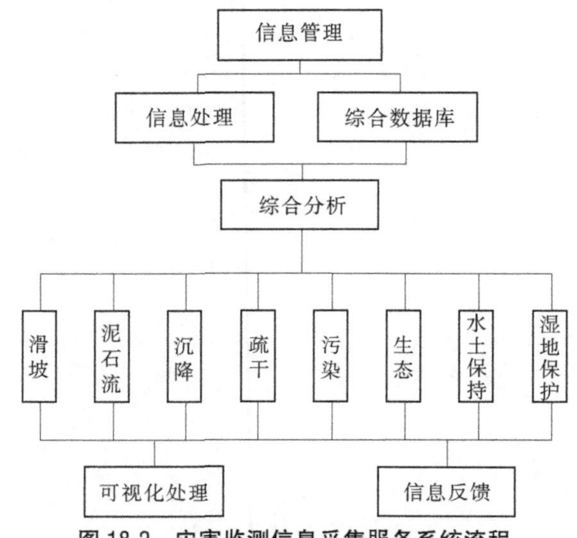


图 18-2 灾害监测信息采集服务系统流程

# 18.1 GIS 支持平台及应用

在环境灾害问题的预警、应急控制中,借助于 GIS、GPS 和网络系统平台对图件及数据进行系统分析和信息加工处理,是一项最新的技术方法。其中的 GIS 平台应用的优势在于它具有信息加工的图式化、可视化和现场直接决策的机动性和快速反应特点,GIS 是相当重要的地图系统平台,具有图形处理、图像服务、图像处理、库管理、空间分析和空间统计功能。

## 18.1.1 图形处理

图形是指由外部轮廓线条构成的矢量图,即由计算机绘制的直线、圆、矩形曲线、图表等;图形用一组指令集合来描述图形的内容,如描述构成该图的各种图元位置维数、形状等。描述对象可任意缩放不会失真;图形适用于描述轮廓不很复杂、色彩不是很丰富的对象,如几何图形、工程图纸 CAD 3D 造型软件等。在 ArcCIS 软件中,图形主要以矢量数据的形式表现。图形处理内容主要包括数字测图、输入编辑、输出、文件转换等。

### 18.1.1.1 数字测图

数字测图是通过测图系统实现的。数字测图(Digtal Surveying and Mapping,DSM)系统是以计算机及其软件为核心在外接输入输出设备的支持下,对地形空间数据进行采集、输入、成图绘图、输出、管理的测绘系统。

数字地图是以数字形式存贮在磁盘、磁带、光盘等介质上的地图,或称为电子地图。它是存储在计算机的硬盘、软盘或磁带等介质上的,地图内容是通过数字来表示的,需要通过专用的计算机软件对这些数字进行显示、读取、检索、分析。数字地图上可以表示的信息量远大于普通地图。

数字地图可以非常方便地对普通地图的内容进行任意形式的要素组合、拼接,形成新的地图。可以对数字地图进行任意比例尺、任意范围的绘图输出。它易于修改,可极大地缩短成图时间;可以很方便地与卫星影像、航空照片等其他信息源结合,生成新的图种;可以利用数字地图记录的信息,派生新的数据。如地图上等高线表示地貌形态,但非专业人员很难看懂,利用数字地图的等高线和高程点可以生成数字高程模型,将地表起伏以数字形式表现出来,可以直观立体地表现地貌形态,这是普通地形图不可能达到的表现效果。“数字地球”也由此应运而生。

### 18.1.1.2 输入编辑

在 ArcGIS 中要想获得矢量数据的途径有数字化输入、扫描矢量化输入、CPS 输入和其他数据源的直接转换。上述获取方式均要求对已知图像进行矢量化。方法是打开 ArcMap,在 ArCatalog 中新建 ShapoFile 图层(点、线、面),将新建的图层拖入 ArcMap,并增加 EditorToolbar 工具条(见图 18-3),进行矢量化操作。

Editor ▾ ▸ Task: Create New Feature ▾ Target: test

图 18-3 数字地图的编辑工具条

#### 18.1.1.3 输出

在 ArcGIS 中图形可以根据用户的需要输出 10 种不同的格式，具体操作是：单击 File - > Export Map，弹出 Export Map 窗体。可以在 Option 选项页的 General、Format 两个选项卡根据不同的要求做相应的选择，单击“保存”最终输出地图。

#### 18.1.1.4 文件转换

打开 ArcCatalog，选中想要转换的文件，然后右击，在弹出的快捷菜单中选择 Export 命令，在二级子菜单里选择要转换成的格式，对所做的图层在 AutoCAD 里面进行修改、编辑，以此来达到图层的不同用途。

### 18.1.2 图像服务

#### 18.1.2.1 误差修正

为了对输入的图元文件进行校正，首先得确定图形的控制点，如图形中经纬网交点，从位置上它可指示一幅图的位置情况，其周围点的位置坐标往往是以其为依据。控制点一般为三角点、水准点和经纬点，点的选取应尽量能覆盖全图，均匀分布，若图件较大、要求的精度较高，控制点就多。数字地图的精度校正比较复杂，须由专业人员完成。

#### 18.1.2.2 投影变换

投影的方法可以使带某种坐标信息数据源向另一坐标系统做转换，并对源数据中的 $X$ 值和 $Y$ 值进行修改。

一般情况下，地理数据库（如 Personal GeoDabase 的 Fealure DataSet、Shape File 等）在创建时都具有空间参考的属性，空间参考定义了该数据集的地理坐标系统或投影坐标系统，没有坐标系统的地理数据在生产应用过程中是毫无意义的，但由于在数据格式转换、转库过程中可能造成坐标系统信息丢失，或创建数据库时忽略了坐标系统的定义，因此在不改变当前数据集中特征 $X$ 值、$Y$ 值的情况下，需要对没有坐标系统信息的数据集进行坐标系统定义和处理。

#### 18.1.2.3 图像裁剪

裁剪是从地图矢量数据集合中提取所需信息的过程，它是空间数据处理过程中经常遇到的问题。在进行地形图的开窗、放大漫游显示和空间目标提取，以及多边形叠置分析时必须进行数据裁剪。

### 18.1.3 图像处理

图像是由扫描仪摄像机等输入设备捕捉实际的画面产生的，是由像素点阵构成的数字位图。图像用数字任意描述像素点强度和颜色。图像处理主要包括镶嵌配准和图像分析两种方法。

#### 18.1.3.1 镶嵌配准

在 ArcCatalog 中找到需要配准的图，给它定义一个投影系统（注意和投影变换的区别）。这里用的是 1:5 000 的地形图，它是基于 1954 北京坐标系，6°分带的高斯-克吕格投影。在地形图方里网上可以看出本图幅位于哪个分度带，这里假设是 19，因此要选择的是 Beijing 1954 GK Zone 19. prj。同时目录里面还有一个 Beijing 1954 GK Zone 19N.

prj,这个是用于没有分度带号的,而我们的图幅是包括分度带号。

给配准的图定义了一个投影系统,把图加载到 ArcMap 里面,打开 CeoReferencing 工具,直接利用方里网交点进行配准。这里要注意的问题是,地形图上的方里网坐标为千米,而需要输入的应该是米,所以在方里网对应坐标后面加"000"。如地形图上读出一个交点为(19387,3420),19387 的 19 为分带号,也要一并输入,那么这个点应该输入(1938700,3420000)。

图像配准后可以在 LayPropríty 面把显示单位改成度分秒,于是地图就以经纬度格式显示了。此时的经纬度是基于 1954 北京坐标系的,可以把光标指向四角的经纬度标记,以核对配准的精确度。

#### 18.1.3.2 图像分析

在 ArcGIS 软件中的有关图像分析功能,有专门的功能模块,不必专门建立。

具体内容为:运行 ENVI,File- Open Image File ,选择要加入的 TM 遥感影像(事先已经做过校正),选择 R(4)、G(3)、B(2)三个波段进行标准假彩色合成。然后在 Displayer 显示界面的菜单中选择 Enhance -> Gussian 对原始图像进行高斯变换,以达到图像增强的效果。在主菜单 Basic Tools -> Region of Interest- > ROI Tools 中,根据需要选择不同的已知地物感兴趣区域(7 个以上),然后在主菜单 Classfication- >Supervised- >Parallelepiped 中选择刚才加载的遥感图像,对遥感图像进行特征曲线窗口法的监督分类。这样就可以根据已知地物来推测未知地物的类型,然后根据实地勘察确定具体地物类型,因此进行图像的分析有很大的作用。例如,通过遥感图像分析可以获知洪水区的面积、山体滑坡、泥石流等由于强降雨带来的灾害,在最短的时间内制作出专题地图确定道路损坏情况、车辆通行情况、是否需要空投急需物品进行救灾等一系列灾情信息。为救援行动提供了极大的便利,也能够在第一时间解救人民群众的生命财产安全于急难之中。

### 18.1.4 库管理

ArcGIS 具有表达要素、栅格等空间信息的高级地理数据模型,ArcGIS 支持基于文件和 DBMS(数据库管理系统)两种数据模型。基于文件的数据模型包括 Coverage、Shape 文件、Crids、影像、不规则三角网(TIN)等 GIS 数据集。

(1)Geodatabase 是一种采用标准关系数据库技术来表现地理信息的数据模型。Geodatabase 是 ArcGIS 软件中最主要的数据库模型。Geodatabase 支持在标准的数据库管理系统(DBMS)表中存储和管理地理信息。Geodatabase 支持多种 DBMS 结构和多用户访问,且大小可伸缩。

在 Geodatabase 数据库模型中,可以将图形数据和属性数据同时存储在一个数据表中,每一个图层对应这样一个数据表。如河南省行政区划图。

Geodatabase 可以表达复杂的地理要素如河流网络、电线杆、流域等。

(2)ArcCatalog 提供了一个操作环境,可以对 GIS 数据进行组织及管理,从 ArcCatalog 的角度看 GIS 就是数据库。ArcCatalog 类似 Windows 操作系统中的资源管理器。左边是 GIS 数据目录树,可以建立来自于 Shape 文件、单用户地理数据库(Personal Geodatabase)、ArcSDE 空间数据库引擎、ArcIMS 服务器、ArcCIS Sever 服务器、ArcGIS 跟踪服务器

(Tracking Server)的数据源的连接,对基于文件或服务器的地理数据进行存取和管理。右边是“数据显示区”,它有三种不同的视图可以对数据进行浏览和管理,分别是“内容”视图、“预览”视图和“元数据”视图。显示目录树里的所有 Shape 图层、地理数据库的所有要素或要素类、栅格数据等。以列表的形式,展现在“内容”视图界面里。

通过操作工具栏上相应的按钮可以创建、修改、更新,导入、导出元数据。

(3)元数据可以导出为标准网页格式(.htm)。

(4)在 ArcCatalog 中管理数据库。

ArcCatalog 是对空间数据库进行管理的工具,选定某个文件夹后,可以新建以下类型的空间数据:单用户地理数据库、Shape 文件、Coverage 数据库、dBase 数据表、INFO 表。如果连接到 ArcSDE 空间数据库服务器,也可以创建基于 SDE 的多用户地理数据库。在 ArcCatalog 中,对已创建的 Shape 文件可以很方便地进行重命名、复制、剪切、粘贴等基本操作,与 Shape 文件相关联的属性信息,根据操作进行相应的更改。

### 18.1.5 空间、网络及统计分析

空间分析是 GIS 的核心和灵魂,能够提供强大、丰富的空间数据查询功能。

空间分析是为了解决地理空间问题而进行的数据分析与数据挖掘,空间目标的信息,如空间位置分布、形态、距离、方位、拓扑关系等,通过划分为点、线、面不同的类型,可以获得不同类型目标的形态结构,并进行特定任务的空间计算与分析。

#### 18.1.5.1 空间信息分类

这是 GIS 功能的重要组成部分。对于线状地物,求长度、曲率、方向,对于面状地物,求面积、周长、形状、曲率等;求几何体的质心;空间实体间的距离等。常用的空间信息分类的数学方法有主成分分析法、层次分析法、系统聚类分析、判别分析等。

#### 18.1.5.2 缓冲区分析

缓冲区分析是针对点、线、面等地理实体,自动在其周围建立一定宽度范围的缓冲区多边形。

所谓缓冲区,就是地理空间目标的一种影响范围或服务范围。假定 Point 图层表示的是几个点状污染源,距污染源的远近不同,受污染的状况也不同,距污染源越近,受污染越严重,据此对污染源附近地区进行分等定级。

#### 18.1.5.3 叠加分析

大部分 GIS 软件是以分层的方式组织地理景观,将地理景观按主题分层提取,同地区的整个数据层集表达了该地区地理景观的内容。地理信息系统的叠加分析是将有关主题层组成的数据层面,进行叠加产生一个新数据层面的操作,其结果综合了原来两层或多层要素所具有的属性。叠加分析不仅包含空间关系的比较,还包含属性关系的比较。叠加分析可以分为以下几类:视觉信息叠加、点与多边形叠加、线与多边形叠加、多边形叠加、栅格图层叠加。

#### 18.1.5.4 网络分析

对地理网络(如交通网络)、城市基础设施网络(如各种网线、电力线、电话线、供排水管线等)进行地理分析和模型化,是地理信息系统中网络分析功能的主要目的。网络分

析是运筹学模型中的一个基本模型,它的根本目的是研究、筹划一项网络工程如何安排,并使其运行效果最好,如一定资源的最佳分配,从一地到另一地的运输费用最低等。

#### 18.1.5.5 空间统计分析

GIS 得以广泛应用的重要技术支撑之一就是空间统计与分析。例如,在区域环境质量现状评价工作中,可将地理信息与大气、土壤、噪声等环境要素的监测数据结合在一起,利用 GIS 软件的空间分析模块,对整个区域的环境质量现状进行客观、全面的评价,以反映出区域中受污染的程度和空间分布情况。通过叠加分析,可以提取该区域内大气污染分布图、噪声分布图;通过缓冲区分析,可显示污染源影响范围等。

## 18.2 GPS 的功能和应用

### 18.2.1 GPS 的功能简介

GPS 翻译成中文就是全球定位系统,核心功能是确定地球上某一点的经纬度。GPS 最初是被美国用于军用目的,是一项非常高端的技术,后被用于民用领域。一般来说,GPS 全球定位系统由太空的卫星和地面接收器组成,同时和相应的电子地图配套。所谓电子地图,是指具有不同比例尺的用于不同目的的各类数字式地图(各类地质图、地理图、专用工程地图、军事地图等)。美国在 20 世纪 90 年代初,向太空中发射了 24 颗同步卫星,这 24 颗卫星环绕地球,可以勘察到全球各个地方的地理信息。有了这 24 颗同步地球卫星,地面上的人只需要通过接收器与卫星取得联系,就能清楚地了解到自己所在地方的地理情况,达到实现勘察、确定位置和熟悉环境的目的。由于 GPS 给出的只是信号,信号必须标识在地图上,没有电子地图,GPS 是没有用的。只有知道自己在地图中的位置,GPS 才能产生实际作用。

此外,GPS 还有其他的扩展功能,可以测量面积、高程和体积,用于绘制地形图等。为了保障 GPS 的安全性,我国自主建设了北斗卫星导航定位系统。

### 18.2.2 GPS 的应用

在本次研究中,主要目的是将 GPS 应用于相关灾情的防治定位。实际上,GPS 的用途是非常广泛的,在一般情况下,GPS 主要有以下几个方面的应用:

(1)地面应用:主要包括交通工具导航、各类灾害应急反应、低空大气物理观测、地球物理资源勘探、各种工程测量、地面变形监测、地壳运动监测、国土资源监控、市政规划控制等。

(2)海洋应用:包括远洋船舶航程航线测定、船只实时调度与导航、海洋救援、海洋水文地质测量及海洋平台定位、海平面升降监测、海洋考古和探矿等。

(3)航空航天应用:包括飞机导航、航空遥感和姿态控制、低轨卫星定轨、导弹制导、航空救援和载人航天器控制、移动雷达监控等。

### 18.2.3 GPS 的无线性

全球定位系统是无线的，它必须和无线网络(卫星导航系统)连接才能用于实践。如果正确地设定了数字地图上的经纬度，则 GPS 即刻转换为有线的地图定位系统，其中的要求是地图定位点、实测地理位置和 GPS 的视图经纬度数三者之间必须保持一致，不能超过规定的误差，否则会失去 GPS 的应用价值。

## 18.3 网络信息平台的构建

由于研究中的预警应急救助技术系统具有信息采集、传递、储存、加工、显示和交互要求，必须以互联网的形式建立相应的信息网络系统。本次研究的技术系统专门从网站切出了一块保密空间，形成了自己专用的网络服务器，共有 8G 的空间可供技术系统应用。同时设计建立了相应的网站，在网站操作员的控制下，相关灾害事件的信息可以在该网站上进行信息存储、加工转换、传输和提出决策意见。网站还能扮演应急救助指挥中心的角色。

网络信息服务技术平台处理和分析的内容包括建立滑坡、泥石流、沉降、疏干、生态水土保持和湿地保护等 8 个方面的评价指标体系，对某些生态和环境地质问题进行实际的评价及分析预报。下面以框图的形式说明网络平台的构成及作用(见图 18-4)。

图 18-4 网络信息服务技术平台框图

## 18.4 灾害的识别和判断

灾害的发生千变万化、千奇百怪，有些灾害隐蔽性很强，有些灾害在发生以后的识别是比较容易的，有一些灾害即便发生了，甚至在一定的时间内已经发生了，有的还不能识别和判断，这种情况一旦出现，往往会造成极大的社会、经济环境、国家或个人安全及健康损失。因此，及早发现、及早应急和救助是问题的关键，如何识别和判断灾害的发生，以及将灾害减少到最小损失，这里提出 3 个方面的识别与判断方法，以供参考。

## 18.4.1　灾害的科学识别与判断

灾害的识别包括对灾害发生的时间、地点、规模、级别、条件、发生的可能性及可能造成的影响损失等问题进行预测预估和判断。科学识别与判断主要是利用科学技术手段和方法对灾害的发生、潜在发生和发展进行预测、预警、预报。不同的灾害预测、预警所采用的技术方法是不同的，归纳起来有仪器测试方法、模拟试验方法、数学计算方法，这三种方法构成了灾害的科学识别与判断。这三种方法是灾害预警和应急救助的主要手段，也是最重要和最需要的方法手段，科学技术方法越先进，手段越高级，预警预报的准确性、快速性、及时性体现得就越明显，灾害预警和应急救助的成功率就越大，所造成的损失就越小。因此，加强减灾救灾的科学技术研究，尽快提高对灾害研究的科学技术水平，运用现代化的科学技术手段实施灾害预警应急和救助，达到准确、及时、快速、全面的预警、应急救助，真正做到防患于未然是我国面临的一项迫切任务。

## 18.4.2　灾害的经验识别与判断

人类在生产和生活实践中积累了大量的抵御灾害的实践经验，通过日常生活中的某些自然现象和异常特征（如生物异常、气候异常、水环境异常等），可以识别和判断灾害发生的可能性。借助实践经验预警和规避自然灾害，是人们经常运用的有效方式方法。因此，人们应该不断总结实践经验，更好地应对各类灾害的发生和发展。

## 18.4.3　灾害的直辨识别与判断

有些自然灾害发生的初期，往往表现得微不足道，具有渐变特征，必须经过一段时间的发展和演变才能够认清灾害发生的实际情况，特别是一些流行性疾病的传染和发生，需要一些时间的调查认证，才可以确定预防或救助方式。因此，对于某些灾害的发生与发展，必须做出深入细致的调查研究，通过实际的考察直辨，确定灾害发生的事实和严重程度。

## 18.4.4　灾害的预警级别与预警信号

对灾害级别的合理划分是构成灾害预警应急救助体系的重要环节。为了规范灾害预警信号的发布与传播，提高灾害预警信息使用效率，有效防御和减轻各类灾害，保护国家和人民生命财产安全，并按照应急预案的要求实施科学应急救助，这里对灾害的级别划分问题进行了必要的分析。

### 18.4.4.1　**灾害预警级别**

根据国际的管理及我国目前划分的实际情况，灾害预警一般分为四个级别，即一级、二级、三级和四级（一级最高、四级最低，有时候用Ⅰ、Ⅱ、Ⅲ、Ⅳ符号描述）。如果用语言描述,则是特级预警、一级预警、二级预警及一般预警。这四个级别一般用不同的颜色信号和图标来标示,即红、橙、黄、蓝四种颜色,加上该种灾害的符号。红色信号级别最高,灾害最为严重,蓝色信号级别最低。在灾害预警过程中,有些灾害规定为二级或三级,或者只发布黄、橙、红三种信号。下面用暴雨的预警信号发布来说明灾害预警的级别。

#### 18.4.4.2 灾害预警级别划分的依据

灾害的四个等级划分中,每一个等级的含义都有不同,甚至对发生的同一个灾害而言,不同地区、不同国家和不同行业所给出的警示信号也有所不同。因此,灾害级别的认定,依据了以下几个方面。

1. 按专业或行业规定确定级别

比如地震震级是依据地震能量大小划分的,截至目前还没有10级以上的地震发生。按照烈度划分时,又分成了Ⅻ度。在什么状态下发布红色信号或橙色信号,要按照地震发生后的相关专业技术评价指标体系进行认定。

2. 依据经验方法确定级别

有些灾害的级别认定是根据过去已经发生的灾害所得到的经验教训确定的,如气象灾害的级别,不但取决于气象本身专业特点给定的级别,同时还取决于人们对灾害的预防和应急能力。对于洪旱灾害来说,虽然灾害重大,但由于应对措施得当、准备充分,可以将级别降低,甚至于不预警,不用发布预警信号。

3. 潜在影响程度

有些灾害从行业和技术要求的层面去评价时,虽然等级不高,但是由于所处的位置敏感、发生的时间比较特殊,灾害产生的潜在影响巨大,后续影响更为严重,因此在标示预警级别和给出预警信号时,仍然是高等级的,给出的是橙色信号,甚至红色信号。

4. 运用相似比较法

当灾害的级别无法从技术层面上通过技术评价指标进行级别划分时,可以用相似的灾害作为评价样品,给予级别的划分。例如,某一个河流的防洪预警信号级别的发布,由于在历史上从未发生过洪灾,在特殊情况下,如何确定防洪标准、如何发布防洪级别的信息,可以参照已经有的相似的河流的防洪级别标准,给予科学合理的预警信息和发布信号。

5. 综合方法确定预警的级别

任何灾害预警级别的确定和发布都必须遵循准确、及时、快速有效的原则。因此,灾害级别的确定,必须综合考虑,做到准确发布。综合考虑的因素包括技术评价指标的认定,曾经发生过的灾害实际经历,灾害产生的各种影响,以及现实需求等。

# 第 19 章 灾害预警应急救助系统体系的构建

我国幅员辽阔,各类灾害的发生率极高,据统计,我国平均每年因自然灾害造成的经济损失在 1 300 亿元以上。因此,灾害预警救助应急是各级政府工作的重要组成部分,各级预警应急救助应急体系是否健全,直接影响应急救助工作的效率和受灾群众基本生活的保障水平,直接影响国民经济的发展。河南省是气象灾害、生物灾害和地质灾害发生严重的省份,建立健全灾害预警应急救助体系尤其重要,是各级政府的重要职责和任务。完善的应急救助体系将会大大降低各种灾害造成的经济损失,避免造成人群伤亡等事故。

近年来,随着各项大型水利工程运行时间的加长,不断出现渠道漏水、水库渗漏、库区滑坡、库区泥石流等不良地质灾害,给生产生活、人员安全等带来了不利的影响,特别是大型水利工程受众面广、影响范围大,这种突发的地质灾害必须在尽可能短的时间内解决,把影响降到最小。

《中华人民共和国地质灾害防治条例》规定,地质灾害包括自然因素或者人为活动引发的危害人民生命和财产安全的山体崩塌、滑坡、泥石流、地面塌陷、地裂缝、地面沉降等与地质作用有关的灾害。地质灾害的产生主要有两个原因:一是自然原因,二是人为原因。地质灾害给水利工程造成了巨大的影响,如何有效地预防这些地质灾害,在灾害发生的时候如何有效地救援,灾后如何有效地修复并投入使用,都是当前急需解决的问题。大型水利工程的地质灾害类型有渗漏问题、滑坡、泥石流、崩塌几种,其中渗漏是一个长期的缓变过程,滑坡、泥石流是突变过程,它们的影响因素主要有地质条件、运行工况、降水条件及人类活动等几方面。无论是缓变灾害还是突变灾害,在完善的监测手段下都可以提前发现、预警,从而为应急抢险工作赢得宝贵的时间。

## 19.1 灾害预警应急救助系统结构

从体系的功能和系统性考虑,灾害预警应急救助体系实际是一个大系统,它是由两个次级分支系统构成的。这两个分支系统是:①预测预警决策支持子系统;②灾害应急救助和恢复重建子系统。这两个子系统有机结合,构成了一个整体,任何灾害预警应急体系的建设都必须围绕这两个方面进行,才能更好地发挥灾害预警应急体系的作用。

### 19.1.1 灾害预警决策支持子系统

灾害预警决策支持子系统是以高科技技术为支撑的灾害预测预警技术系统。例如,河流防洪预警预测系统、地震发生预测预警系统、瓦斯含量检测支持系统等,这个系统经常应用于灾害发生前的技术服务系统。灾害预警决策支持子系统有两个支持平台:一是技术支持和系统应用平台,包括网络系统、地理信息系统、决策系统,以及起决定作用的高科技技术,如计算机技术、信息网络传输技术及自动化、智能化技术等。该子系统从响应启动、调查评价、监测预警、会商定性、防控论证、决策指挥、实施检验和总结完善等 8 个软件操作环节,构成了一个有效的现代化技术链。二是硬件设施平台。硬件设备包含无人驾驶飞机、飞艇、三维激光扫描仪等高科技设备,作为宏观和定量监测装备,并配置单兵作业、单兵防护、专业探测、信息通信、室内作业等应急装备和应急设备,还应包括卫星应急通信系统、视频会议系统、稳压电源系统、海事卫星电话、对讲机、发电机、超短波电台、手持 GPS 等。

### 19.1.2 灾害应急救助和恢复重建子系统

灾害应急救助和恢复重建子系统是以行政管理、法治法规、媒体监督及部分技术层面构成的子系统,同样包含了响应启动程序、调查评价、监测预警、会商定性、防控论证、决策指挥、实施检验和总结等 8 个软件操作环节。

按照系统的功能要求和作用不同,该子系统又可以细化为综合的、专业的、地方的和单项的灾害应急救助系统(又称预案),如《河南省灾害应急救助综合预案》《卫河防洪水库调度、分洪、滞洪预案》等。

## 19.2 灾害预警应急体系的基本结构

在研究灾害预警应急体系构成的过程中,有必要指出:应急体系有一个基本结构。这个基本结构由硬件和软件两部分构成。硬件部分包括无人驾驶机、三维激光扫描仪等监测装备,地质灾害应急网络、地质灾害信息系统和单兵作业、单兵防护、专业探测、信息通信、室内作业等应急装备和应急设备。设备包括卫星应急通信系统、视频会议系统、稳压电源系统、海事卫星电话、对讲机、发电机、超短波电台、手持 GPS 等。软件部分有响应启动程序、调查评价、监测预警、会商定性、防控论证、决策指挥、实施检验和总结等 8 个软件操作环节,地质灾害应急基础平台(网络体系、远程视频会商系统、应急信息系统、GIS 系统)。

在建立灾害预警应急体系的过程中,由于体系的软件部分的完成,相对于硬件部分,完成起来比较容易。因此,有的地方或部门只注重软件部分结构的建设,忽视了硬件部分。真正做到"预防为主,预防第一"的灾害预防,必须加强硬件部分的建设。

### 19.2.1 灾害预警应急体系的不同时段序列构建

如果从时间序列考虑,灾害的发生过程是有规律的,灾害的应急救助是有阶段性的,救灾的过程包含了 4 个不同阶段:

(1)预警阶段(包括检测、预报、预警)。

(2)突发灾害应急阶段。

(3)救助阶段。

(4)恢复重建阶段。

这 4 个不同的阶段构成了灾害预警应急体系的整体。灾害预警应急体系的不同阶段,对防灾救灾的功能特点、目的和方法都有不同的要求标准和重点,应从不同的阶段要求考虑,有针对性地研究、解决和加强防灾救灾体系的建设。比如,第一阶段的预测预报和预警要以现代化科学技术的研发和应用为主;应急阶段应当是“快”字当先,一切行动要贯彻“准、快、灵”三字方针;在救助和恢复重建时期,应该贯彻“以人为本”的救助理念,动员全社会的力量,实施全民救助行动。

### 19.2.2　灾害预警应急体系的功能性构建

为了充分发挥灾害预警应急体系在防灾救灾过程中的作用,应该把灾害预警应急体系的功能、地位和作用提升到一定的高度去认识。从某种意义上讲,灾害预警应急体系的建设高度,就是政府“以人为本,为民造福,当好公仆,奉献社会”的认识高度。

#### 19.2.2.1　作用

一个完善的灾害预警应急体系至少应该具备以下几个主要作用:①灾害的科学预测预警作用;②最大限度地组织动员社会力量的作用;③积极的媒体宣传和法制监督作用;④信息储存加工传输作用;⑤给受灾民众带来福祉和重建家园的信心。

#### 19.2.2.2　功能

为了有效发挥灾害预警应急体系的上述最大作用,必须保持体系具备很好的功能,并且功能越强大,效益越好。主要功能包括:①灾害预警识别判断功能;②灾害事件紧急处置功能;③强制指挥和统一指挥功能;④对外开放功能;⑤信息管理和加工功能。

#### 19.2.2.3　目标

灾害预警应急体系具备了强大的防灾救灾功能,在防灾救灾中,就能够达到人们预期的目标和要求,取得理想的防灾救灾效果。这里设置的目标是:①防灾救灾预防为主,防患于未然;②正确指挥和给出最佳应急救助方案;③把损失减少到最小;④引导灾区民众恢复重建。

## 19.3　完善灾害预警应急救助体系的内在机制

灾害预警应急体系是一个能够运转的活的有机体。它的运转是靠机制推动的,机制好比汽车的发动机,体系要靠它去运行。机制的载体是组织构架、行政职责、法律约束和监督管理四个方面。完善机制就是把它的载体设置好,形成坚实的机制基础。

### 19.3.1　机制的载体

#### 19.3.1.1　组织架构和行政职责

(1)领导机构。就河南省而言,省人民政府是突发公共事件应急管理工作的最高行政组织,任命有最高指挥首长,最高行政指挥首长负责灾害应急救助的全面指挥工作,也可以向河南省辖区派出代表或设置紧急办事机构。

(2)常设机构。为了应对重大突发公共事件,在省政府办公厅设立应急管理办公室,其任务是履行值守应急、进行信息汇总和综合协调,发挥运转枢纽和日常办公的作用。

(3)工作机构。应对于任何重大突发公共事件都存在类别归属和任务分工问题。省属各有关部门是实施灾害预警救助的部门工作机构，在省政府的领导下，贯彻落实有关决定事项。依据有关法律、行政法规和各自的职责，负责本行业相关突发公共事件专项和部门应急预案的起草与实施突发公共事件的应急管理工作。依据灾害的性质、类别、规模和影响程度不同，分别承担相应的联动或主动救助任务。

(4)地方机构。省属各级地方人民政府是应对本辖区内突发公共事件的行政领导机构，负责本行政区各类突发公共事件的应对工作。

(5)专家组织。为应对各种灾害，可以根据实际需要聘请有关专家组成专家组，为应急管理提供科学的预警、预测和决策建议，参与突发灾害事件的应急处置。

#### 19.3.1.2 法律约束和监督管理

机制既是动力，也是制约，最好的制约方式是法律约束和监管。在灾害预警救助过程中，任何地方政府、部门或单位都必须把民生和安全放在第一位，贯彻“以人为本”“依法办事”的基本原则，不能任意行事。为此，针对不同的灾害，省和各级地方政府应该制定有相应的法规、条例或办法。这些法规应该明确给出灾害预警救助的职责权限、目标和任务等，这些都是硬性指标，是防灾救灾的行为准则，是规范灾害预警救助的核心内容，它构成了应对灾害的内在机制。

应对灾害必须有行之有效的监管机制和监管组织，也就是运用所指定的相关法规文件，由某个组织、某种形式或个人对预警救灾情况进行监管。在突发重大事件面前，如果没有强有力的监管系统，实施救灾会带来许多困难，计划难以落实，可能有人借机大发灾难财、有人乘机搞破坏、有人可能临阵脱逃。法律约束和监督管理是灾害预警救助中不可或缺的内在机制。

### 19.3.2 机制的作用

#### 19.3.2.1 赋予指挥、协调权利

在灾害防御和救助运转过程中，机制明确展示政府起主导作用，并赋予政府对预警救灾的指挥权利；灾害预警应急救助中，政府还要对各个相关部门提出重要任务，并进行内外协调，以保证预警救灾的顺利进行。

#### 19.3.2.2 明确联动关系

在应对救灾中，机制通过政府的协调作用，进行内内合作、内外合作，形成一个有机团队，有条不紊地开展工作。没有这种运转机制，救灾就会乱成一团，无法协调致地救灾。因此，机制的功能能够给出相关部门和单位的有机联动职责。

#### 19.3.2.3 为保障监管、公众参与和媒体提供平台

机制为法制监督和社会参与提供了必备的条件，强化了灾害预警信息发布的地位，这是机制的功效。

### 19.3.3 机制的特点

#### 19.3.3.1 充分体现政府的责任和态度

灾害涉及人群生命和安全，灾害具有极大的风险性和应急救助的艰苦性，救灾现场就是战场，有时候甚至需要付出生命的代价。因此，作为救灾的主体，政府公务员必须具备

高度的使命感、强烈的责任感、踏实有效的公仆意识和服务意识,绝不浮躁。只此一条,没有别的选择。

#### 19.3.3.2 应急预案内容具有系统性特点

前面提到的4项内容为机制构成的灾害预防救助体制,是一个大的系统,作为系统具有完整性、层次性和有机性特点。实践表明,一个具备良好运作机制的灾害预警应急救助系统,能够顺利运作,有条不紊地开展救助工作,达到事半功倍的目标,因为系统总是可以为完成某一项工作提供最佳的实施方案。

#### 19.3.3.3 有利于IT技术的应用,做到准确、快速反应

机制是系统的灵魂。一个具有完善机制的灾害预警救助系统,如果和现代化的信息技术相结合,就会如虎添翼,产生质变,极大地提高灾害救助效率。目前,国家的灾害应急救助系统,已经在积极利用GPS、GIS、计算机技术及现代化运输工具实施预警和救灾。"5·12"汶川地震救灾效率之所以比1998年长江特大大水救灾效率高,就是做了比较好地运用现代化卫星通信、空中运输和计算机技术等方面的准备。

## 19.4 灾害预警应急体系的管理

灾害预警应急体系具有完整性和系统性特点,也是一个严密的组织和管理系统,必须有严格要求。

### 19.4.1 灾害预警应急体系的层次性和管理系统要求

灾害预警应急体系要求在管理上和组织上必须具有完整性,它的完整性是指从中央国务院到各省市、县、乡(镇)、村构成了一个完整的有机体系,这个体系必须形成上下一致、十分协调的行政指挥系统,缺失了任何一个级别的行政层次都是不可以的。

### 19.4.2 灾害预警应急体系的管理形式和组织建制

灾害预警应急体系的管理形式和组织建制,要和政府体系的建制相一致,应该包含综合应急预案、专项应急预案、单项应急预案及企事业单位的特殊应急预案4类。

#### 19.4.2.1 综合应急预案

除去国家制订的应急预案外,从河南省政府一直到各个市、县、乡(镇)和村,都应有自己的灾害预警应急救助综合预案。

#### 19.4.2.2 专项应急预案

从行业的角度出发,省政府和市、县三级政府的相关部门,应该制订针对某一类灾害的应急救助专项预案,如国土资源部门的地质灾害应急预案、农业部门的气象灾害应急预案、水利部门的防洪减灾应急预案等。

#### 19.4.2.3 单项应急预案

单项应急预案是针对某一项工程或某一个灾害制订的预案,如河南省卫河流域防洪和滞洪应急救助预案、巩义市杨家岭煤矿透水应急救助预案、周口地区特大旱灾预警应急救助专项预案,等等。

#### 19.4.2.4 企事业单位的特殊应急预案

各个企事业单位都应该依据本单位的重点目标和要求，制订适合自身特点和利益的灾害应急预案。例如，医院、大中小学校、各个厂矿企业、食品加工企业等。

### 19.4.3 灾害应急预案的几个关键点

(1)灾害应急预案的核心是以人为本，关注民生。

(2)灾害应急预案的机制是有效实施法制管理，否则就会产生一个“乱”字。

(3)关键是各级领导要有良好的公仆意识和奉献精神。

(4)手段是尽可能采用先进的技术方法，优先采用新技术、新方法。

(5)灾害应急预案的最终目的是为民除害，为民造福。

# 参 考 文 献

[1] 中华人民共和国水利部. 2017 年全国水利发展统计公报[M]. 北京:中国水利水电出版社,2018.
[2] 周建平,杜效鹄,周兴波,等. 世界高坝研究及其未来发展趋势[J]. 水力发电学报,2019(2):1-14.
[3] 张瑞她. 平原水库健康评价指标与评价方法研究[D]. 泰安:山东农业大学,2015.
[4] 李中国. 平原水库土坝防渗处理方案[J]. 黑龙江科技信息,2014,(4):161.
[5] 黄建清,路莅枫. 平原微丘河段水库农田淹没处理探讨[J]. 湖南交通科技,2006,32(4):153-154.
[6] 河南统计局. 2019 河南统计年鉴[M]. 北京:中国统计出版社,2019.
[7] 郜国玉. 河南省生态功能区划研究[D]. 郑州:河南农业大学,2010.
[8] 孙刚,先忠,宋五朋,等. 河南省出山店水库工程竣工工程地质报告[R]. 郑州:河南省水利勘测有限公司,2019.
[9] 蒋甫南,张广才,谭永久,等. 河南省大型水利枢纽工程地质[R]. 郑州:河南省水利学会,1996.
[10] 赵健仓,来光,张志敏,等. 河南省混凝土集料的碱活性研究与应用[M]. 郑州:黄河水利出版社,2017.
[11] 焦萱,李鹏. 平原型水库典型地质灾害危险性评估[J]. 陕西水利,2015(2):104-105.
[12] 张咸恭,王思敬,李志毅. 工程地质学概论[M]. 北京:地震出版社,2005.
[13] 陆兆溱. 工程地质学[M]. 2 版. 北京:中国水利水电出版社,2001.
[14] 水利水电部水利水电规划设计院. 北京:水利水电工程地质手册[M]. 北京:水利电力出版社,1985.
[15] 李智毅,杨裕云. 工程地质学概论[M]. 北京:中国地质大学出版社,1994.
[16] 朱崇辉,刘俊民,王增红. 粗粒土的颗粒级配对渗透系数的影响规律研究[J]. 人民黄河,2005,27(12):79-81.
[17] 赵健仓. 燕山水库坝基顺河向断层带特征及渗透稳定性分析[J]. 水电能源科学,2009(6):45-49.
[18] 赵海斌,蒯波,王思敬,等. 坝基破碎岩体高压渗透变形原位试验[J]. 岩石力学与工程学报,2009(11):2295-2300.
[19] 彭土标. 水力发电工程地质手册[M]. 北京:中国水利水电出版社,2011.
[20] 杨洋. 出山店土石坝渗流与变形分析[D]. 郑州:华北水利水电大学,2020.
[21] 段世忠,孙刚. 坝基渗透稳定性现场试验方法研究[J]. 河南水利与南水北调,2008(5):53-54.
[22]《工程地质手册》编委会. 工程地质手册[M]. 5 版. 北京:中国建筑工业出版社,2018.
[23] 杨军. 平原水库液化地基判别与加固处理研究[D]. 南京:河海大学,2006.
[24] 王维铭. 场地液化特征研究及液化影响因素评价[J]. 国际地震动态,2014(5):45-47.
[25] 魏伟. 孟底沟水电站坝址区蚀变岩工程地质特性研究[D]. 成都:成都理工大学,2015.
[26] 赵健仓,张兆生,来光等. 前坪水库碎裂结构型岩体分级与力学参数优选方法应用研究[M]. 郑州:黄河水利出版社,2021.
[27] 李文溢. 平原水库渗漏及其对区域地下水动态影响研究[D]. 西安:长安大学,2019.
[28] 陈亮亮. 内陆干旱区平原水库防渗节水及对下游土壤次生盐渍化影响研究[D]. 乌鲁木齐:新疆农业大学,2017.
[29] 申春芳,孔宁宁. 平原水库土工膜防渗技术研究与应用[J]. 工程技术(引文版),2016(12):00314-

00314.

[30] 汤明高,许强,黄润秋. 三峡库区典型塌岸模式研究[J]. 工程地质学报,2006,14(2):172-177.

[31] 陈卫东,彭仕雄. 水库塌岸预测[M]. 北京:中国水利水电出版社,2015.

[32] 李俊美. 新疆地区典型引水隧洞围岩力学特性及稳定性分析[D]. 重庆:重庆大学,2017.

[33] 马福恒. 病险水库大坝风险分析与预警方法[D]. 南京:河海大学,2006.

[34] 孙绪金,张志敏. 工矿区地质灾害监测预警技术研究[M]. 西安:西安地图出版社,2011.

[35] 董金玉,杨继红,孙文怀,等. 库水位升降作用下大型堆积体边坡变形破坏预测[J]. 岩土力学,2011,32(6):1774-1780.

[36] Dong Jinyu, WangChuang, HuangZhiquan, et al. Dynamic response characteristics and instability criteria of aslope with a middle locked segment[J]. Soil Dynamic sand Earthquake Engineering, 2021, 150: 106899.

[37] Qian-qing Zhang, Zhao-geng Chen, Jin-liang Li, et al. Pressure-cast-in-situ pile with spray-expanded frustum: construction equipment and process[J]. Journal of Construction Engineering and Management, 2021, 47(6): 06021002.

[38] Xiao-mi Li, Qian-qing Zhang, Ruo-feng Feng, et al. Long-term deformation analysis for avertical concentrated for ceacting in the interior of fractional derivative viscoelastic soils[J]. International Journal of Geomechanics ASCE, 2020, 20(5): 04020040.

[39] Xia Teng, Dong Yan hui, Mao De qian, et al. Delineation of LNAPL contaminant plumes at a former perfumery plant using electrical resistivity tomography[J]. Hydrogeology Journal, 2021, 29(3): 1189-1201.

[40] 付长. 白龟山水库堤坝地震可液化地基的抗震处理[J]. 人民黄河,2010(7):118-119,121.

[41] 栾约生,王周萼,易杜,等. 病险水库主要工程地质问题与勘察研究[J]. 人民长江,2011,42(22):18-19.

[42] 胡斌,刘永林,李方成,等. 出山店水库平昌关地块浸没预测[J]. 工程勘察,2011,39(7):46-49.

[43] 邱亚兵,朱晟. 地震液化判别及危害性评价[J]. 地震工程学报,2014,(3):555-561.

[44] 何元宵,许强,朱占雄. 典型山区河道型水库塌岸模式研究[J]. 地质灾害与环境保护,2011,22(1):63-66.

[45] 王碧,杜兴武,胡成,等. 二元结构平原地区水库浸没预测方法研究[J]. 安全与环境工程,2018,25(4):7.

[46] 陈星光. 高速公路扩建工程差异沉降控制技术研究[D]. 西安:长安大学,2006.

[47] 刘杰,谢定松,崔亦昊. 江河大堤双层地基渗透破坏机理模型试验研究[J]. 水利学报,2008(11):63-72.

[48] 周鑫. 平原水库渗漏成因分析及其防止对策研究[D]. 扬州:扬州大学,2015.

[49] 杨军. 平原水库液化地基判别与加固处理研究[D]. 南京:河海大学,2006.

[50] 余际可,黄辉. 平原型水库浸没治理措施探讨[J]. 湖南水利水电,2008(5):64-66.

[51] 王汇明. 平原型水库库区浸没分析与研究[D]. 南京:河海大学,2004.

[52] 戴建龙,毛地卫. 浅析水利工程施工中土坝软土地基处理方法[J]. 价值工程,2010,29(12):21.

[53] 汤明高,许强. 山区型水库塌岸防护对策研究[J]. 水利水电技术,2009(2):81-84.

[54] 荆海丰. 石佛寺水库坝基液化评价及处理措施[J]. 水利规划与设计,2017(9):91-94.

[55] 曾楚武. 水库大坝安全评价及病险土石坝治理对策研究[D]. 南京:华南理工大学,2010.

[56] 户朝旺,谢罗峰,段祥宝,等. 水库蓄水库区浸没影响因素评价[J]. 水电能源科学,2018,36(5):114-116,121.

[57] 张志敏,周亮,陈全礼,等. 现场钻孔管涌试验流程与应用[J]. 土工基础,2004(3):11-13.

[58] 赵林伟,袁群,李宗坤,等. 燕山水库混凝土骨料碱活性的试验研究[J]. 南水北调与水利科技,

2008,6(4):105-106,112.

[59] 张宜虎,尹红梅,杨裕云,等.燕山水库坝基防渗墙优化设计[J].岩土力学,2005,26(7):1161-1164.

[60] 张帆,陈平货,乔新颖.燕山水库坝基渗漏及其渗透变形问题分析[J].西部探矿工程,2009,21(3):133-133.

[61] 周鑫.平原水库渗漏成因分析及其防止对策研究[D].扬州:扬州大学,2015.

[62] 山东省质量技术监督局.平原水库工程设计规范:DB37/1342—2009[S].北京:中国水利水电出版社,2010.

[63] 中华人民共和国住房和城乡建设部,中华人民共和国国家质量监督检验检疫总局.水利水电工程地质勘察规范(2022年版):GB 50487—2008[S].北京:中国计划出版社,2009.

[64] 国家铁路局.铁路隧道设计规范:TB10003—2016[S].北京:中国铁道出版社,2017.

[65] 侯法文,来光,李永新,等.河南省平顶山市白龟山水库顺河坝、北副坝工程建设用地地质灾害危险性评估报告[R].郑州:河南省水利勘测总队,2003.

[66] 张志敏,马文婷,等.河南省孤石滩水库除险加固工程初步设计阶段工程地质勘察报告[R].郑州:河南省水利勘测有限公司,2010.

[67] 李凤稳,宋义东,刘蓓,等.河南省昭平台水库扩容工程(替代下汤水库)可行性研究阶段工程地质勘察报告[R].郑州:河南省水利勘测有限公司,2010

[68] 陈全礼,李永新,李凤稳,等.河南省鲇鱼山水库除险加固工程初步设计阶段工程地质勘察报告[R].郑州:河南省水利勘测总队,2004.

[69] 李凤稳,罗保才,赵华中,等.信阳市泼河水库除险加固工程初步设计阶段工程地质勘察报告[R].郑州:河南省水利勘测总队,2007.

[70] 孙培欣,罗保才,张利滨,等.濮阳市引黄灌溉调节水库工程初步设计阶段工程地质勘察报告[R].郑州:河南省水利勘测有限公司,2011.

[71] 张志敏,琚宁,韩志浩,等.河南省石漫滩水库除险加固工程蓄水验收地质工作报告[R].郑州:河南省水利勘测有限公司,2019.

[72] 陈新朝,张志敏,张永央,等.河南省燕山水库竣工验收地质工作报告[R].郑州:河南省水利勘测有限公司,2010.

[73] 王世,吴若洵,张志敏,等.河南省石山口水库除险加固工程初步设计阶段工程地质勘察报告[R].郑州:河南省水利勘测总队,2004.

[74] 张志敏,赵毅鹏,曹东勇,等.河南省五岳水库除险加固工程初步设计阶段工程地质勘察报告[R].郑州:河南省水利勘测有限公司,2008.